URWALDMENSCHEN AM ITURI

ANTHROPO-BIOLOGISCHE FORSCHUNGSERGEBNISSE BEI
PYGMÄEN UND NEGERN IM ÖSTLICHEN BELGISCH-KONGO
AUS DEN JAHREN 1934/35

VON

MARTIN GUSINDE
WIEN-LAXENBURG

MIT 99 ABBILDUNGEN IM TEXT
UND ZWEI KARTEN

WIEN
SPRINGER-VERLAG
1948

ISBN 978-3-7091-3134-3   ISBN 978-3-7091-3133-6 (eBook)
DOI 10.1007/978-3-7091-3133-6

MATRI MEAE OPTIMAE

Vorwort

Diese Arbeit bringt den Hauptteil meiner anthropo-biologischen Forschungsarbeiten im östlichen Waldbereich der belgischen Kongo-Kolonie aus den Jahren 1934/35 zur Darstellung. Sie will nicht mehr sein als eine sogenannte Materialpublikation im strengsten Wortsinne und enthält demnach ausschließlich solche rassenkundliche Untersuchungen bzw. Beobachtungen, die ich persönlich an den Pygmäen und Negern im Ituri-Walde durchgeführt habe. Wenn ausnahmsweise ein vereinzelter Hinweis auf die Beurteilung bedeutsamer Tatsachen oder entscheidender Merkmale durch frühere Forscher eingeflochten wurde, so geschah es mit der offenkundigen Absicht, die eigenen Ergebnisse zu stützen oder die besprochene Eigenart dieser Eingeborenen hervorzuheben. Einer für später geplanten Schilderung bleibt es vorbehalten, alle brauchbaren Mitteilungen über die zentral-afrikanischen Pygmäen aus ältester wie neuester Zeit zugleich mit meinem eigenen Forschungsertrag in quellenkritischer Auswertung zu verarbeiten.

Das Bild von der rassischen Körperprägung der Pygmäen und Neger im Ituri-Walde erfährt seine naturhafte Vervollständigung durch die eingefügte Schilderung ihrer Daseinsweise. Für die Pygmäen stütze ich mich ausschließlich auf eigene Beobachtungen. Die nicht minder befremdliche Lebensform der Waldneger zeichne ich zusammenfassend allein nach den wesentlichen Grundzügen und ziehe hierfür auch die Erkundungen einiger Fachleute der Neuzeit heran. Mit alledem erhellt sich für unsere anthropologische und ethnologische Erkenntnis das tiefe Dunkel, das bisher auf den Eingeborenen im schwer zugänglichen östlichen Urwaldabschnitt der zentral-afrikanischen Hyläa lag.

Da die gegenwärtig sehr bedrängten Wirtschaftsverhältnisse in ganz Europa eine kluge Beschränkung auf das unbedingt Notwendige auch in wissenschaftlichen Veröffentlichungen ausnahmslos zur Pflicht machen, habe ich es unterlassen, die seit meiner Rückkehr aus Afrika herausgegebenen Einzelschilderungen, nur Teilergebnisse meiner Forschungsarbeiten, hier ausführlicher einzubeziehen, als zum Verständnis dieses Buches erforderlich erschien; auf sie möge der Leser gegebenenfalls zurückgreifen. Er findet in meiner Abhandlung (a) das Hauptziel und den allgemeinen Verlauf des gesamten Reiseunternehmens entworfen; ferner in (d) alles, was sich als die klimatischen Besonderheiten des Ituri-Waldes herausheben ließ; in (f) hingegen einen ausführlichen Bericht über mein monatelanges Zusammensein mit den zwerghaften Urwaldmenschen samt einer inhaltsreichen Zeichnung vom völkischen Sein der Bambuti und von ihren rassischen wie kulturellen Beziehungen zu den benachbarten Waldnegern; schließlich in (e) eine Aufstellung der erbgenetischen Folgeerscheinungen aus der Blutmischung beider Rassegruppen. Angedeutet sei in diesem Zusammenhange, daß in das vorliegende Schriftwerk durchaus nicht sämtliche Merkmale und jede Einzelheit eingereiht werden konnten, um die ich mich bei der Bestandsaufnahme an Ort und Stelle bemüht habe und die das somatologische wie auch physiologische Wesensbild von der Körperform unserer Ituri-Pygmäen um einiges zu vervollständigen vermöchten.

Bei der seit Kriegsende hierzulande herrschenden allgemeinen Notlage war es schlechterdings unmöglich, die Gesamtheit aller bei meinen anthropologischen Aufnahmen gewonnenen Maßzahlen zu veröffentlichen; handelt es sich doch um mehr als 1200 Erwachsene, deren körperliche Gestalt je von insgesamt 94 Zahlenwerten, einschließlich der berechneten wichtigeren Indices, bestimmt wurde. Damit nun endlich, ohne weitere Verzögerung als bisher, wenigstens die unmittelbaren Beobachtungen und die herausgestellten Mittelwerte samt Variationsbreiten für die einzelnen Körper- und Kopfmaße einer wissenschaftlichen Ausbeutung zugänglich werden, blieb mir kein anderer Ausweg offen, als auf die Beigabe der langen Zahlenreihen mit den individuellen Maßen in diesem Buche zu verzichten. Wem jedoch daran gelegen ist, sich auch mit diesen Einzelmaßen zu beschäftigen und sich ihrer zu vertiefender Ausnützung zu bedienen — welche Bemühungen ich persönlich außerordentlich begrüßen würde —, dem lasse ich sie in vollem Umfang nach einem phototechnischen Verfahren eigens reproduzieren, allerdings auf seine Kosten. Außerdem übergebe ich in treuhänderischen Gewahrsam dem *Bureau of Ethnology, Smithsonian Institution in Washington (U. S. America)*, sowie dem *Musée de l'Homme (Trocadéro) in Paris (France)* eine vollständige Abschrift zur Benützung für Fachleute; und auch das Original selbst stelle ich bereitwilligst jedermann zur Verfügung. Eben an der offenkundigen Unmöglichkeit, auf kaum absehbare Zeit die sehr umfangreichen Zahlenmengen der Körpermaße von Pygmäen und Negern zu veröffentlichen, wollte ich die baldige Herausgabe dieses Buches nicht scheitern lassen. Begreiflicherweise mußte sich auch die Auswahl der beigegebenen Abbildungen in sehr beschränkten Grenzen halten. Sämtliche Bilder sind eine Wiedergabe meiner photographischen Aufnahmen. Die überwiegende Mehrheit der Bilder in Großformat konnte hier nicht eingefügt werden; gar nicht zu reden von einigen Tausend Kleinaufnahmen. Wünschenswerte Zeichnungen von den Gebrauchsgegenständen der Pygmäen und Neger mußten leider ebenso zurückgestellt werden, aus Pflicht zu strengstem Maßhalten; man findet eine gute Auswahl in meinem früheren Werk (f). Die aus aller Zerstörung des letzten Weltkrieges unerwartet geretteten Hand- und Fingerabdrücke blieben mir persönlich bis heute unerreichbar; sie stellen leider nur einen Bruchteil von der Menge dar, die ich aus Afrika mitgebracht hatte. Auf mein Ersuchen hat Herr Prof. Georg GEIPEL freundlichst die Mühe auf sich genommen, sie auszuwerten; das Ergebnis seiner Untersuchung fügt er als selbständige Abhandlung diesem Buche an. Zu meiner angenehmen Überraschung wurden vor wenigen Monaten auch einige hundert Haarproben von Pygmäen und Negern des Ituri-Waldes in einem Schutzkeller, wo sie lange geborgen lagen, aufgefunden; die mikroskopische Bearbeitung wird inzwischen langsam weitergeführt und der Befund soll bei erster Gelegenheit zur Veröffentlichung gelangen.

Finanzielle und sachliche Zuwendungen zu Gunsten meines Forschungsunternehmens von seiten der *Akademie der Wissenschaften in Wien,* durch Vermittlung ihres damaligen Präsidenten Herrn Hofrat Dr. Oswald Redlich; sowie der *Deutschen Notgemeinschaft in Berlin,* durch Vermittlung des Herrn Prof. Dr. Eugen Fischer; ferner einiger privater Stellen und nicht zuletzt der Missionsprokur der *Steyler Missionsgesellschaft (S. V. D.),* welch letzterer ich als Mitglied angehöre, haben die Durchführung der umständlichen, mühevollen Arbeiten im östlichen Urwald der belgischen Kongo-Kolonie und in Ruanda entscheidend ermöglicht. Ich habe sie teilweise im Rahmen eines gemeinschaftlichen Unternehmens mit Herrn Dr. Paul Schebesta (S. V. D.) bewerkstelligt; seine Erfahrungen im Umgang mit den dortigen Eingeborenen von seiner ersten Reise durch den Kongo her gereichten mir zu außerordentlichem Vorteil. Unter Hinweis auf die ausgiebigen heimgebrachten Erfolge ist es mir eine ehrenvolle Genugtuung, allen diesen Förderern aufrichtig zu danken; und darüber hinaus noch manchen anderen, die nicht eigens genannt zu werden wünschen. Den ersten Platz unter diesen nehmen die katholischen Missionare und die belgischen Kolonialbeamten auf afrikanischem Boden ein; sie haben mich in nimmermüder Hilfsbereitschaft unterstützt und nach bestem Können beraten, ihre wohltuende Gastfreundschaft bewahre ich in angenehmster Erinnerung.

Die folgende Schilderung enthält ausführliche anthropologische Beobachtungen an rund 900 erwachsenen Bambuti und 300 Negern im Ituri-Walde. Eine derart hohe Anzahl von Pygmäen ist bisher noch niemals von einem einzigen Fachmann nach einheitlicher, international anerkannter Methode untersucht und zur Darstellung gebracht worden. Die rasche Ausarbeitung der zahlreichen Messungswerte wurde durch die *Österreichische Akademie der Wissenschaften in Wien* gefördert, die in ihrer Gesamtsitzung vom 28. Juni 1940, aus den Erträgnissen der Treitl-Stiftung, eine ansehnliche Subvention mir eigens dafür bereitwilligst überlassen hat. Für diese wertvolle Hilfe sowie für eine besondere geldliche Beihilfe zur Drucklegung dieses Werkes eigens zu danken, ist mir eine angenehme Pflicht.

Schließlich gebührt aufrichtiger Dank auch dem Herrn Verleger, der, in seiner bekannten großzügigen Art, meinen persönlichen Wünschen bei Ausstattung des Werkes bereitwilligst entgegenkommend, dessen Erscheinen trotz vielfältiger zeitbedingter Behinderungen durchgesetzt hat.

Wien-Laxenburg, Schlossplatz 15,   Martin Gusinde.
    am 29. Oktober 1947.

Inhaltsverzeichnis

Seite

Einführung

Hauptaufgabe für meinen sich durch elf Monate hinziehenden Aufenthalt bei den Bambuti im schummrigen Dunkel ihres regenreichen Ituri-Urwaldes war eine umfangreiche Aufnahme und genaue Bestimmung der körperlichen Eigenart dieser zwerghaften Eingeborenen. Mein Bestreben richtete sich darauf, mit pygmäischen Vertretern aus allen größeren Waldbezirken zusammenzutreffen; obwohl sich daher die unausweichliche Verpflichtung zu mühsamen, langgezogenen Wanderungen ergab. Nicht minder schwierig als kostspielig war es, die scheuen Waldmenschen für alle Einzelforderungen einer umständlichen somatologischen Untersuchung zu gewinnen. Die vielgestaltigen Anstrengungen krönte der schöne Erfolg, daß 900 erwachsene Pygmäen aus dem Gesamtbereich des Ituri-Waldes anthropologisch erfaßt wurden. Gegenüber den gelegentlich in früheren Jahren dort tätigen Forschern ist diese hohe Zahl allein von mir erreicht worden und niemandem war es bisher gelungen, die mühsamen, zeitraubenden Kleinarbeiten des neuzeitlichen Beobachtungsverfahrens durchzuführen. Mit Berechtigung glaube ich erklären zu dürfen, daß vorliegende Aufzeichnungen ein vollständiges Bild von der einzigartigen und ungewöhnlichen Körperform der zwerghaften Bambuti vermitteln.

Die rassische Eigenart der seit Jahrzehnten im Ituri-Walde ebenfalls ansässigen Negergruppen wollte und durfte ich nicht unberücksichtigt lassen. Obwohl seinerzeit CZEKANOWSKI von den meisten dieser Waldvölker manche Körpermaße abgenommen und veröffentlicht hat, blieb die dazu erforderliche und von ihm angekündigte somatographische Ergänzung aus. In der menschlichen Rassenkunde fehlte es bislang an einer ausführlichen und eindeutigen Schilderung jener ungewöhnlichen Abteilung von Negern im Ituri-Bereich, die, ursprünglich der Steppe entstammend, sich den dunklen, heiß-feuchten Tropenwald zur zweiten Heimat erwählt haben; was ebenso für ihre Rassegenossen in den mittleren und westlichen Abschnitten der zentral-afrikanischen Hyläa gilt.

Schließlich konnte ich an den reizvollen Erscheinungen der Blutmischung bei Pygmäen-Neger-Bastarden nicht vorübergehen, ohne die entscheidenden Gesetze für die Richtung ihrer erbgenetischen Dynamik herauszuholen. Diese reichlich 300 Waldneger und Bastarde helfen ihrerseits mit, das Rassebild voll hochspezialisierter Sondermerkmale der Bambuti bei Gegenüberstellung untrüglich zu verdeutlichen. In die vorliegende Abhandlung wurden tiefergehende Einzelbeobachtungen an einem bestimmten Körperabschnitt nicht aufgenommen, ebensowenig die somatometrischen Erhebungen an Pygmäen-Kindern.

a. Meine Arbeitsweise: Mit einigen Worten nur brauche ich die angewandten Untersuchungsmethoden zu erläutern. Zunächst unterblieb eine Auslese für die anthropologischen Messungen nach irgendwelchen Rücksichten grundsätzlich. Unterschiedslos habe ich alle Pygmäen vorgenommen, die körperlich hinreichend ausgebildet waren und entweder sich selbst als rasserein ausgaben oder als frei von negerischer Blutmischung zu erkennen waren. Nur um die körperlich einwandfreien Bambuti habe ich mich bemüht; demnach solche nicht abgewiesen, die bereits an der Grenze zum Greisenalter standen. Zum tieferen Eindringen in die sogenannte Familienanthropologie hätte es sich empfohlen, die verwandtschaftlichen Beziehungen der untersuchten Erwachsenen festzuhalten; doch wäre damit zu viel Zeit verloren worden, weil den ungeduldigen Eingeborenen allein das kurze Stillehalten während der Maßabnahme kaum erträgliche Selbstüberwindung kostete und sie sich außerdem bei Fragen nach dem Grade der Blutsverwandtschaft mit dieser oder jener Person unsagbar schwerfällig benahmen.

Gleichfalls habe ich von einer Zusammenstellung der für die Messung erreichbaren Pygmäen nach naturgegebenen oder vermeintlichen Typen bewußt Abstand genommen; vielmehr ließ ich die einzelnen Mitglieder einer Horde nach ihrem eigenen Entschluß in unbeeinflußter Reihenfolge antreten. Wer die vorgelegten Maße im erwähnten Sinne auszuwerten wünscht, vermag selbst das Erscheinungsbild eines jeden dieser schwachen ethnischen Verbände herauszustellen; zur Gesamtbeurteilung wird, wie mir scheint, diese mühsame Kleinarbeit nichts Entscheidendes zutage fördern. Nicht einmal die drei Großgruppen Efé, Basúa und Aka grenzen sich anthropologisch gegeneinander hinreichend unterschiedlich ab, daß sie als Typen oder unter einer anderen morphologischen Rücksicht gesondert behandelt zu werden verdienen; einzig empfiehlt sich, die absichtliche Schädeldeformation bei den Aka mit ihrem Einfluß auf die Kopfmaße gegebenenfalls zu beachten.

Was die Abnahme der Körpermaße betrifft, so habe ich mich in den einschlägigen Einzelheiten an das Messungsverfahren gehalten, welches R. Martin in seinem richtunggebenden „Lehrbuch der Anthropologie" (1914) grundgelegt hat. Mit dieser kurzen Erklärung ist alles dargelegt, was meine Arbeitsmethode betrifft. Nachdem die ersten Pygmäen ihre anfängliche Angst und Befürchtung überwunden hatten, stellten sich alle folgenden willig zur Messung; erst recht, seitdem sie sich mit den Instrumenten selbst spielerisch zu gegenseitiger Belustigung unterhalten durften.

Trotz der außerordentlichen Schwierigkeiten, die von der andauernd schwankenden Witterung nahezu alltäglich dem Photographieren bereitet wurden, ist es mir gelungen, von nahezu jeder Person, die gemessen wurde, auch Bilder aufzunehmen, wenigstens solche mit einem Leica-Apparat. In der Regel erfolgte die Aufnahme von vorn, im Profil und Halbprofil des ganzen Kopfes, bei Zeitmangel allein in Vorderansicht. Zu Ganzkörper- und Gruppenaufnahmen diente ein größerer Zeiß-Ikon-Apparat für Platten und Filme in Format 9 × 12 cm. Das bekannte Einstellgerät zum Leica-Apparat für Nahaufnahmen hat sich bei Bildern von den Ohren und Zähnen, von den Händen und Füßen gut bewährt; solche habe ich begreiflicherweise in viel bescheidenerer Menge angefertigt. Die tagsüber belichteten Planfilme sowie die Filmstreifen

gelangten noch am Abend des gleichen Tages zur Entwicklung, damit sie von
der dort herrschenden Feuchtigkeit nicht nachteilig beeinflußt würden. In der
mit Wasserdampf bis zur Sättigung erfüllten Nachtluft trockneten sie selbstverständlich nur sehr wenig und am Tage durfte ich sie wegen unausbleiblicher
Gefährdung durch Insekten nicht frei hängen lassen; also gab es sehr häufig
keinen anderen Ausweg, als jeden Film einzeln und unter größter Vorsicht an
einem offenen Feuer zu trocknen. Um die empfindlichen Negative, auf deren
Gelatineschicht es die ungezählten Insekten hauptsächlich absahen, unter den
zahlreichen schädigenden Einflüssen nicht verderben zu lassen, schickte ich sie,
nach einem letzten gründlichen Trocknen, in kurzen Zeitabständen zum nächsten, d. h. regelmäßig mehrere Tagereisen entfernten belgischen Postamt, von
wo sie auf dem Luftwege nach Wien gelangten. Außerordentlich würde ich es
begrüßen, wenn wenigstens ein Großteil der vielen Hunderte photographischer
Aufnahmen durch Veröffentlichung einer mehrfachen Verwertung zugeführt
werden könnte.

Das Kaiser Wilhelm-Institut für Anthropologie in Berlin-Dahlem hat mich
mit dem erforderlichen Werkzeug und einer reichlichen Menge von Negocol
zum plastischen Abformen einzelner Körperteile und Organe ausgerüstet.
Diese von dem Wiener Arzt Dr. POLLER erfundene Masse hat gegenüber dem
Gips derart schätzenswerte Vorteile, daß ich mich auf Forschungsreisen auch
fernerhin ihrer ausschließlich bedienen werde. Zur Behandlung mit dieser
Masse drängten sich die Bambuti mancherorts aus eigenem Lustgefühl heran;
aus den dabei gewonnenen Negativformen von Händen und Füßen, von Ohren
und Gesichtsteilen verfertigte das genannte Institut brauchbare Positive. Das
Negocol erfreut sich gegenwärtig einer dermaßen ausgedehnten und mannigfaltigen Verwendung, daß sich jede Erörterung seiner Zweckdienlichkeit erübrigt.

Von jedem Pygmäen, der zur Körpermessung antrat, selbstverständlich
auch von Kindern jeglichen Alters, habe ich Haarproben abgenommen,
um eine möglichst ausgiebige Untersuchung derselben in der Heimat vorzu-
bereiten. Nahe der Haut wurde mit der Schere ein mäßig dickes Haarbüschel
abgeschnitten und in einem Pergamentbeutel derart verwahrt, daß es gegen
Austrocknen und starkes Pressen geschützt blieb; in vielen steckte reichlich
Schmutz und auf den Achselhaaren klebten schmierige Salzkrusten von Schweiß.
Nur vereinzelt sträubte sich ein Pygmäe gegen meine Schere, offensichtlich aus
abergläubischer Befürchtung. Manche jüngeren Männer und Frauen äußerten
bei ihrer willigen Bereitschaft nur den Wunsch, ich möchte nicht durch ein zu
großes Loch im dichten Haarbusch ihren ganzen Kopf verschandeln und sie
selbst dem Gelächter der anderen Volksgenossen aussetzen. Fachleute bearbeiten diese Haarproben; wegen kriegsbedingter Behinderung konnte ein
abschließendes Ergebnis noch nicht veröffentlicht werden.

Schließlich habe ich es nicht unterlassen, von nahezu jedem Pygmäen die
üblichen Handabdrücke nebst den Abdrücken von jeder Fingerbeere zu
nehmen. Eine ausnahmslos langwierige Reinigung der Hände mußte vorausgehen; und daran fanden die Bambuti ihre helle Freude, weil es sie belustigte,

sich mit viel Seifenschaum tändelnd abzugeben. Für alle war das Stück Seife in ihren Händen, mit dem ich sie für den genannten Zweck beschenkte, das erste zeitlebens. Gleichfalls war es mir darum zu tun, Abdrücke von der Fußsohle zu gewinnen. Hierfür eignete sich nicht jeder Pygmäe; die meisten trugen tiefeinschneidende oder ausgedehnte Verletzungen der Hornhaut und andere hatten beträchtliche Flächen mit pflanzlichem Harz beklebt. Die Fußsohle eines Pygmäen bis zu dem Grade zu reinigen, daß ein brauchbarer Abdruck auf weißem Papier ausfällt und jede Verzerrung unterbleibt, forderte eine derart umständliche Vorbereitung, daß ihm selbst und mir persönlich gar manchmal die Geduld ausging. Hatte er nach angestrengtem Bemühen seine Fußsohle im fließenden Wasser eines Baches gut gereinigt, mußte er diesen Fuß in Phrynium-Blätter einhüllen, damit er ihn nicht neuerdings auf dem Wege zu meiner Hütte beschmutzte; nach gründlichem Trocknen erfolgte der Abdruck. Vorbehaltlos gestehe ich, daß sich jeder Pygmäe ehrlich das Geschenk verdient hat, mit dem ich nachher seine ihm ungewohnten, erstmalig aufgetragenen Reinigungsbemühungen belohnte.

Alle Hand- und Fußabdrücke habe ich mit der imprägnierten Holzplatte in dünner Blechfassung und mit dem Gummiroller bewerkstelligt, welche für diese Zwecke von der bekannten Firma KORES geliefert werden. Wohltuend angenehm läßt sich damit arbeiten, die Abdrücke fallen sehr klar und scharf aus, verwischen nicht, bleiben jahrelang haltbar und der Farbstoff läßt sich spielend leicht mit gewöhnlicher Seife abwaschen. Die mühsame Auswertung der vielen hundert Abdrücke hat bedauerlicherweise, infolge des letzten Krieges, eine Unterbrechung erfahren; und gegen Schluß ging der Großteil verloren.

Nach dieser ausreichenden Schilderung der von mir angewandten Arbeitsmethode beschränke ich mich abschließend auf den kurzen Hinweis, daß es reichlich Arbeit gekostet hat, an jedem einzelnen der 900 erwachsenen Pygmäen und 300 Waldneger dieses umständliche Untersuchungsprogramm zu erfüllen. Zwar hatte ich den Lese-Neger AZANI zu Hilfeleistungen abgerichtet und ihn ständig zur Seite; doch dieser einfache Naturmensch wurde des langgezogenen Messungsvorganges an jedem einzelnen seiner Landsleute bald überdrüssig und eine regsame Mithilfe mißfiel ihm, weil er von Natur aus ein schwerfälliger Phlegmatiker war. Um so mehr Lob gebührt den Bambuti, die, obzwar mit ungeduldigem Selbstzwang, schließlich doch das Vielerlei der langwierigen Untersuchung über sich ergehen ließen; um als Gegenleistung zwei Meter bunten Stoffs zu erlangen, dessen Besitz sie maßlos beglückte.

b. Die abgenommenen Maße: Um die somatologische Formprägung der Ituri-Waldmenschen möglichst vollständig zu erfassen, habe ich zur Aufnahme der einzelnen Körpermerkmale, hauptsächlich der des Gesichtes, ein Schema zusammengestellt, das im wesentlichen mit dem von R. MARTIN ausgegebenen „Beobachtungsblatt" übereinstimmt. Die einzelnen Rubriken bzw. Stichworte zu beschreibenden Eintragungen füllen ein ganzes Blatt. Ein davon getrenntes selbständiges Blatt vereinigt die abzunehmenden absoluten Kopf- und Körpermaße. Indices und andere aus den absoluten Maßen abgeleitete Berechnungen fehlen auf diesen beiden Blättern, weswegen sie nur einseitig bedruckt sind, jedoch mit gut leserlichen Typen. In paarweiser Anordnung sind je fünfzig Stück beider Blätter, mit der oberen Schmalseite geklammert, zu einem Heft im Größenmaß von 23 zu 14 cm zusammengefaßt. Im wenig geschützten Wohnbereich der Naturvölker ganz allgemein fehlt dem an Ort und Stelle mit Arbeit überladenen Anthropologen meistens sogar bescheidenste Bequemlichkeit. Da läßt sich mit meinem länglichen, kurzen Papierblock viel leichter und sicherer umgehen als mit breiten, gefalteten und beiderseitig zu beschriftenden Einzelblättern; sie machen überdies jenem gegenüber zumindest das Doppelte an Gepäck aus, das zuweilen zu einer drückenden Last werden kann.

Bei der A u s w a h l der abzunehmenden Maße habe ich mich auf solche aufschlußreiche beschränkt, die in ihrer Gesamtheit dazu verhelfen, ein vollständiges und treues Bild vom gesuchten Rassetypus der Bambuti zu vermitteln. Weniger mit einer Übermenge von Maßzahlen als vielmehr mit einer eingehenden morphologischen Beschreibung glaubte ich am sichersten dieses Ziel zu erreichen. Anschließend folgt das Schema der unmittelbar abgenommenen und berechneten Maße. Die jedem absoluten Maße vorgestellte Zahl entspricht der Nummer, die es in R. Martin: Lehrbuch der Anthropologie (1914) trägt; wo auch genau beschrieben wird, wie man es gewinnt. Die Buchstaben vor den Indices habe ich frei gewählt, um auch ihre Aufeinanderfolge übersichtlich zusammenzuordnen.

Körpermaße:

1. Ganze Körperhöhe
4. Höhe des Suprasternale
5. Höhe des Nabels
6. Höhe des Symphysion
8. Höhe des Akromion
9. Höhe des Radiale
10. Höhe des Stylion
13. Höhe des Iliospinale anterius
15. Höhe des Tibiale
16. Höhe des Sphyrion
17. Klafterweite
23a. Stammlänge
27. Rumpflänge
35. Schulterbreite
36. Transversaler Brustdurchmesser
37. Sagittaler Brustdurchmesser
37(3). Sag. Durchmesser des Abdomen
39. Breite der Taille
40. Beckenbreite
45a. Ganze Armlänge

46a. Armlänge ohne Hand
47a. Länge des Oberarmes
48a. Länge des Unterarmes
49. Länge der Hand
50. Länge des Handrückens
52. Breite der Hand
53(1). Ganze Beinlänge
55c. Länge des Oberschenkels
56. Länge des Unterschenkels
58. Länge des Fußes
59. Breite des Fußes
61. Brustumfang
62. Taillenumfang
65. Größter Umfang des Oberarmes
67. Kleinster Umfang des Unterarmes
68. Größter Umfang des Oberschenkels
69. Größter Umfang des Unterschenkels
71. Körpergewicht

a. Länge der vorderen Rumpfwand zur Körperhöhe   (Maß 27   und   1)
b. Länge der Klafterweite zur Körperhöhe   (Maß 17   und   1)
c. Ganze Armlänge zur Körperhöhe   (Maß 45a   und   1)
d. Ganze Beinlänge zur Körperhöhe   (Maß 53[1] und   1)
e. Breite zwischen den Akromien zur Körperhöhe   (Maß 35   und   1)
f. Ganze Armlänge zur Länge der vorderen Rumpfwand   (Maß 45a   und 27)
g. Ganze Beinlänge zur Länge der vorderen Rumpfwand   (Maß 53[1] und 27)
h. Breite zwischen Akromien zur Länge der Rumpfwand   (Maß 35   und 27)
i. Oberarm-Unterarm-Index   (Maß 48   und 47)
k. Hand-Index   (Maß 52   und 49)
l. Oberschenkel-Unterschenkel-Index   (Maß 56   und 55)
m. Extremitäten-Index   (Maß 45   und 53)
n. Rumpfbreiten-Index   (Maß 40   und 35)
o. Index der Körperfülle nach Rohrer.

Kopfmaße:

1. Größte Kopflänge
3. Größte Kopfbreite
4. Kleinste Stirnbreite
5. Breite über dem Gehörgang
6. Jochbogenbreite
8. Unterkieferwinkelbreite
9. Breite zwischen den inneren Augenwinkeln
10. Breite zwischen den äußeren Augenwinkeln
11. Breite der Augenlidspalte
13. Nasenflügelbreite
14. Breite der Mundspalte
15. Ohrhöhe des Kopfes
17. Physiognomische Gesichtshöhe
18. Morphologische Gesichtshöhe
19. Physiognomische Obergesichtshöhe
20. Morphologische Obergesichtshöhe
21. Höhe der Nase
22. Länge des Nasenbodens
24. Stirnhöhe
25. Höhe der Schleimhautlippen
26. Höhe der Ganzen Oberlippe
29. Physiognomische Länge des Ohres
30. Physiognomische Breite des Ohres
31. Morphologische Länge des Ohres
32. Morphologische Breite des Ohres
45. Horizontalumfang des Kopfes
48. Sagittaler Kopfbogen
49. Transversaler Kopfbogen

A. Längenbreiten-Index des Kopfes   (Maß   3 und   1)
B. Längenhöhen-Index des Kopfes   (Maß 15 und   1)
C. Breiten-Ohrhöhen-Index des Kopfes   (Maß 15 und   3)
D. Transversaler Frontoparietal-Index   (Maß   4 und   3)
E. Physiognomischer Gesichts-Index   (Maß 17 und   6)
F. Morphologischer Gesichts-Index   (Maß 18 und   6)
G. Morphologischer Obergesichts-Index   (Maß 26 und   6)
H. Physiognomischer Obergesichts-Index   (Maß 19 und   6)
I. Jugomandibular-Index   (Maß   8 und   6)
K. Jugofrontal-Index   (Maß   4 und   6)
L. Höhenbreiten-Index der Nase   (Maß 13 und 21)
M. Breitentiefen-Index der Nase   (Maß 22 und 13)
N. Physiognomischer Ohr-Index   (Maß 30 und 29)
O. Morphologischer Ohr-Index   (Maß 32 und 31)

c. Die untersuchten Personen: In der gleichen Reihenfolge, welche bei dieser Aufzählung eingeschlagen wurde, stehen die nämlichen absoluten und relativen Maße in den Tabellen zusammengeordnet. Insgesamt sind es je 94 Zahlenwerte, mit denen die Körperform eines jeden der untersuchten 900 erwachsenen Bambuti und 300 Waldneger männlichen und weiblichen Geschlechtes bestimmt wurde. Die erste Zahlenkolonne auf jeder Seite links enthält fortlaufend die jeder Einzelperson zugewiesene Nummer zu bequemer Kennzeichnung. Ihre Aufreihung erfolgt nach Geschlechtern getrennt, in ungezwungener Zusammenstellung nach Horden, gesondert die Efé und Basúa (Nr. 100—748) von den Aka-Leuten (Nr. 750—974) und den Babeyru-Pygmäen (B 11—B 32). Wie noch nachgewiesen werden wird, durchschweifen die erstgenannten den Ostraum des Ituri-Waldes und alle folgenden die weiter westlich gelegenen Bezirke.

Als Überleitung zu den eigentlichen Körpermaßen werden die Namen aller Pygmäen aufgezählt, die sich zur anthropologischen Beobachtung eingefunden haben. Die erste Ziffer links ist, übereinstimmend mit der auf den Zahlentabellen, offenkundig eine einfache Ordnungsnummer, unter welcher die Einzelperson in meinen Manuskripten, photographischen Registrierungen und anderen Aufzeichnungen geführt wird. Dann folgt der Eigenname. Die Ziffer rechts von ihm nennt die Lebensjahre. Hierbei handelt es sich bloß um eine Schätzung, da die Bambuti selbst ihre Lenze nicht zählen und überhaupt nur mangelhafte Anhaltspunkte für ein annähernd richtiges Erfassen ihres Lebensalters zu bieten vermögen. Auf diese Zahl folgt die Bezeichnung der Horde, zu welcher die genannte Person gehört. Bekanntlich ist ein beträchtlicher Teil aller in der gleichen Horde vereinigten Erwachsenen durch Bande engerer oder entfernterer Blutsverwandtschaft zusammengeschlossen; demnach ließen sich bei vollständiger Auswertung der einschlägigen Maße und Beschreibungen, wem daran gelegen ist, eigentliche erbgebundene Familienmerkmale ausfindig machen: was durchzuführen und hier darzustellen indes die Zielsetzung der vorliegenden Veröffentlichung überschreiten würde. Nur auf besondere Anforderung durch einen Fachmann werden, wie ich es im Vorwort begründet habe, diese zahlreichen Tabellen mit Hilfe eines phototechnischen Verfahrens angefertigt und einzeln geliefert.

Auf einer durch weitschichtige Räume des Ituri-Waldes in Richtung von Osten nach Westen und Nordwesten sich hinziehenden Wanderung habe ich Fühlung mit zahlreichen Horden und vielen größeren Ortsgruppen der dort hausenden Pygmäen aufgenommen. Aus den durchgeführten Beobachtungen gewinnt man die unzweifelhafte Erkenntnis, daß sie alle ausnahmslos einer einzigen und einheitlichen Rasse angehören, die nicht einmal in örtlich begrenzte sogenannte Lokaltypen zerfällt. Diesem außerordentlich wichtigen Nachweis dient auch die genaue örtliche Bezeichnung jener Stellen im Urwalde, an denen die aufgezählten Eingeborenen untersucht worden sind. Jede Horde verfügt über ein beträchtlich ausgeweitetes Schweifgebiet. Da es nun gelungen ist, die erwachsenen Vertreter vieler Horden anthropometrisch aufzunehmen

und diese insgesamt einen beachtlichen Teil der einheimischen Insassen des
Ituri-Waldes ausmachen, so spiegeln die gewonnenen Beobachtungsergebnisse
offenkundig das rassische Bild eines ansehnlichen Abschnittes vom Wohnbereich
der Bambuti wider. Eine allgemeine Schlußfolgerung auf die Gesamtheit dieser
Urwaldrasse ist mithin statthaft; handelt es sich doch um rund 900 Erwachsene
aus einer Gemeinschaft von 30 bis 32 Tausend, die ich als Kopfzahl der Ituri-
Bambuti veranschlage.

Meine rassen- und völkerkundlichen Arbeiten nahmen ihren eigentlichen
A n f a n g im Dorfbereich des Negerhäuptlings INGLEZA am Rodjo-Fluß, unweit
der Straße von Irumu über Beni und Lubero nach Ruanda, etwa 34 km südlich
von Irumu. Dort wurden in der Zeit vom 5. Mai bis 5. Juni 1934 die Pygmäen
mit Nr. 100—189 untersucht. Die Personen Nr. 190—255 sowie 290—332 leben
im Dorfbereich des Lese-Häuptlings KARUBU am Ebaéba-Bach, auf der West-
seite der Straße von Irumu nach Beni; dort verweilte ich zwischen 7. Juni und
4. Juli. Unmittelbar danach unterbrach ich die bisherige Tätigkeit und begab
mich nach Ruanda, um hauptsächlich die dortigen Twa-Pygmäen kennenzulernen, die zwischen Bahutu und Batutsi leben.[1]

In den Ituri-Wald zurückgekehrt, ließ ich mich am Maseda-Bach nieder,
der, wie die vorher genannten beiden Flüsse, ebenfalls in den Ituri-Strom
einmündet. Im dortigen Waldabschnitt wurde wieder ein eigenes provisorisches
Arbeitslager eingerichtet, in welchem sich vom 30. Juli bis 2. September die
Bambuti mit Nr. 256—289 sowie 333—366 einfanden. Nächstliegendes Dorf
war das des Lese-Häuptlings PAWANZA, das man vom Lager aus bei einstündiger
Wanderung erreichen konnte. Nachher in westlicher Richtung tiefer in den
Urwald eindringend, nahm ich die gleichen Arbeiten am Koukóu-Bach wieder
auf, wo außer anderen Bambuti vorwiegend die Mitglieder der Mamwu-Horde
zu Hause sind; es handelt sich um die Personen mit Nr. 367—483, bei
denen ich bis 12. Oktober verblieb. Fünf Wegstunden westwärts von der bezeichneten Stelle wurde am Oruéndu-Bächlein und nahe dem Negerdorfe des
Häuptlings PALIGBO eine fünfte provisorische Arbeitsstätte eingerichtet, wo sich
in der Zeit vom 13. Oktober bis 20. November die Pygmäen mit Nr. 484—663
zur somatologischen Bestimmung einfanden. Dort ist bereits Schweifgebiet der
Basúa-Gruppe. Am letztgenannten Tage übersiedelte ich ins Rasthaus beim
Kilometer 568 auf der Straße zwischen Irumu und Avakubi, genau 43 km vor
Mambasa, im Dorfbereich des Bira-Häuptlings AUSE MKUBWA gelegen. Dort
und in der nächsten Umgebung sind die Eingeborenen mit Nr. 664—748 untersucht worden. Am 6. Dezember diesen Standort verlassend, begab ich mich nach
Avakubi, von wo aus ich zunächst einige verstreute pygmäische Kleingruppen
sowie die ansässigen Negerstämme besuchte, um auch sie in meine Beobachtungen einzubeziehen. Messungen an Vertretern der Bafwaguda-Horde, die

---

[1] Diese sogenannten Ruanda- oder Kivu-Pygmäen beurteile ich als einen Sonderzweig der
ausgedehnten Twa-Gruppe und ließ deshalb ihre Beschreibung, auf Grund meiner eigenen
Forschung, als selbständige Abhandlung erscheinen, betitelt: Leben und Gestalt der Twa in
Ruanda. NOMOS Nr. 2. Herbert Stubenrauch-Verlag, Wien 1948.

nahe dem Apare-Bach neuestens zu einer bloß befristeten Seßhaftigkeit übergegangen ist, unterließ ich aus äußeren Gründen; die Horde haust genau 25 km
nördlich von Bafwasende.

Mit unverminderter Aufmerksamkeit habe ich in den Tagen um die Jahres-
wende 1934/35 den Urwald zwischen Lindi und Ngayu, die starke Nebenflüsse
des Ituri sind, durchstreift; das kleine Dorf des sudanesischen Häuptlings
KABENYE diente mir als Stützpunkt. Die unter belgischen Kolonialbeamten
verbreitete Meinung, jene den dortigen Raum beherrschenden Pygmäen seien
die kleinsten Vertreter der Bambuti-Gemeinschaft, war auch mir zu Ohren
gekommen. Unmittelbare Erkundungen an Ort und Stelle haben dieses Gerücht
nicht bestätigt; der Mittelwert für die Ganze Körperhöhe fällt bei ihnen
(Nr. B 11—B 32) sogar ein wenig höher als bei den übrigen pygmäischen
Gruppen aus. Im Bereich des Großhäuptlings KAYUMBA, etwa 30 km östlich von
Avakubi und auf beiden Ufern des breiten Lenda-Flusses, habe ich mich wieder
auf bloßes Beschauen der Körperform aller dort heimischen Pygmäenhorden
beschränkt; auch sie sind keineswegs anders gestaltet als die vielen Teilgruppen
und Grüppchen, denen ich an verschiedenen und weit auseinander liegenden
Stellen im Ituri-Walde begegnet bin. Damit ist zugleich angedeutet, daß die auf
meiner Reise gründlich beobachtete Menge von Bambuti beträchtlich höher als
die Zahl derer ist, an denen sich das umständliche anthropometrische Verfahren
abwickeln ließ.

Den vorteilhaften Stützpunkt Avakubi abermals verlassend, begab ich mich
über den Regierungsposten Wamba westwärts zur Missionsstation Bafwabaka,
zwecks Vorbereitung für die gleichen anthropologischen und ethnologischen
Aufnahmen bei den Aka-Pygmäen. Am 10. Jänner 1935 begann ich die übliche
Untersuchung im Babonde-Dorf, etwa 40 km nordwestlich von Bafwabaka. Teils
kamen die Eingeborenen zu meinem Arbeitsplatz und teils suchte ich persönlich
sie in ihren Siedlungen innerhalb des dort erkennbar stärker gelichteten Waldes
auf; die Mehrzahl dieser kleinen Menschen war schon zu einer zeitbeschränkten
Seßhaftigkeit übergegangen. Die Personen mit Nr. 800—888 sind im weiten
Raume um das Babonde-Dorf zu Hause. Am 21. Jänner zog ich von dort wieder
ab und erreichte auf einer unsagbar mühsamen Wanderung das Aka-Dörfchen
des kleinen Sultani MALOKO im Jurisdiktionsbereich des Großhäuptlings FUN-
GULA-MASO, wo sich die Pygmäen noch eine reichliche Unabhängigkeit von den
benachbarten Negern bewahrt haben. Die Leute mit Nr. 889—939 wohnen dort.
Bereits nach sechs Tagen trat ich mit einer bescheidenen Trägerkarawane den
weiten Marsch nach der Ortschaft Medjé an, wo ich bis zum 3. Februar verblieb.
In dieser kurzen Zeit lernte ich die bis nahe an die offene Savanne vorgeschobenen Pygmäenhorden kennen und erfaßte anthropometrisch wenigstens
einige ihrer Mitglieder, nämlich die mit Nr. 940—950.

Krankheitshalber mußte ich nach Bafwabaka zurückkehren, wo sich bald
einige Vertreter der Batobi-Horde aus ihrer kurzbefristeten Ansiedlung neben
dem Balika-Dorf des kleinen Kapita MALAGWA vorstellten und mich zu einem
Besuch einluden. Vor Wochen schon hatte ich mit diesen Pygmäen die Fühlung

aufgenommen, sie wohnten nur 8 km östlich Bafwabaka. Am 6. Februar begann
ich meine Tätigkeit in ihrem Kreise und nahm die Körpermaße der Leute
Nr. 951—957 auf. Später sind mir im Wabudu-Dorfe des kleinen Sultani
Ngelengele, das zur Verwaltung des Großhäuptlings François gehört und
ungefähr 12 km westlich von Bafwabaka liegt, überraschend ausgeprägte blutreine Bambuti-Typen aus der ganzen Umgegend unter die Augen gekommen;
die ich gemessen habe, werden unter Nr. 958—974 geführt. Bis zum 5. März
verbrachte ich angenehme Tage in jenem Dörfchen.

Meine langwierigen Feldforschungen mußte ich bald danach zu einem
endgültigen, mir selbst schmerzlichen A b s c h l u ß bringen; denn ein längeres
Verweilen in jener ungünstigen Tropenzone hätte mir noch schwereren gesundheitlichen Schaden eingetragen, als ich ihn bereits erlitten hatte. Unverzüglich
machte ich mich davon. Während der Fahrt in einem Privatauto nordostwärts
durch das nördliche Randgebiet des Urwaldes bin ich vor und hinter Gómbari
mit mehreren Pygmäengruppen zusammengekommen, bevor ich in die offene
Landschaft des südlichen Sudan hinaustrat und in Redjaf den Nildampfer
„Gedid" zur Heimfahrt bestieg.

In (f): 193 ss ist mein Aufenthalt und Arbeiten im Osten des belgischen
Kongo ausführlicher geschildert worden. Aber auch der hier vorgelegten knappen Zeichnung meiner Wanderungen durch den Ituri-Wald kann jedermann
entnehmen, daß ich es von vornherein darauf abgesehen hatte, viele Vertreter
des kopfreichen Bambuti-Volkes innerhalb ihres gesamten ausgedehnten Schweifgebietes aufzusuchen und kennenzulernen. Nur ein Teil der Erwachsenen aus
dieser mehr als 30 000 zählenden Menge jeglichen Alters ist zur anthropometrischen Bestimmung gelangt; einen viel größeren eingehend zu beschauen,
hatte ich monatelang ausgiebige und bequeme Gelegenheit. Auf Grund dessen
erweisen sich sämtliche Pygmäen des Ituri-Waldes offenkundig als eine einheitliche, arteigene Rasse.

Mit der Körperform der verschiedenen Waldnegerstämme habe ich mich
nicht minder vertraut gemacht. Obwohl nur vier von ihnen, neben manchen
Bastarden, mit gebotener Ausführlichkeit somatologisch erfaßt wurden, verhilft
dieses Ergebnis dazu, zusammen mit der unmittelbaren Betrachtung der benachbarten Stämme, das äußere Bild von den Ituri-Negern zu genauer Vorstellung
erstehen zu lassen.

Zwei Kartenskizzen, gezeichnet nach meinen Anweisungen vom akade-
mischen Maler Herrn Eduard Sander in Wien, erleichtern den Einblick in die
geographischen Lageverhältnisse der Eingeborenen im Ituri-Raume. Der größeren von beiden liegen zugrunde: 1. Die ethnographische Übersichtskarte des
Nil-Kongo-Zwischengebietes aus Czekanowski (b), 2. Die Karte aus Schebesta
(b) beschriftet mit „Die Ituri-Bambuti und ihre Neger-Wirtsherrn", 3. Die
Einzelkärtchen vom Wohnbereich eines jeden Volksstammes im Belgisch-Kongo
aus Maes et Boone. Die kleinere Kartenskizze legt die räumliche Ausdehnung
und Schichtung der einzelnen Negervölker dar. Selbstverständlich erhebt keine
von beiden den Anspruch, bis auf den letzten Meter genau zu sein; was insofern

auch unmöglich wäre, als fortwährende demographische Schwankungen und
kolonialbehördliche Eingriffe in diesen und jenen Volksstamm die Grenzen für
deren Siedlungsräume häufig verschieben.

Man sähe indes diese Waldmenschen nicht richtig und verstünde sie nur
zum Teil, wenn sie nicht inmitten ihrer gesamten Kulturform stehend
vorgeführt würden. Mit Rücksicht darauf habe ich die Lebensart der Pygmäen
zumindest nach den grundlegenden Wesenszügen gezeichnet und dabei mich
ausschließlich auf persönliche Erfahrungen gestützt; eine ausführliche Schilderung findet man in (f). Nach Umfang und Darbietung davon etwas verschieden verläuft die Beschreibung des gegenständlichen und geistigen Kulturbesitzes jener Negervölker, die teilweise schon vor wenigen Jahrhunderten im
Ituri-Bereich ansässig geworden sind. Als erster hat CZEKANOWSKI sie mit einiger
Ausführlichkeit gezeichnet; seitdem sind ergänzende Monographien erschienen,
die uns jene Waldvölker nahezu vollkommen verständlich machen. Sämtliche
veröffentlichte Forscherleistungen haben großenteils mehr wissenschaftliche Ge-
winne zum Inhalt, als ich selbst noch, neben meinen Bemühungen um die Bambuti, hätte zutage fördern können. Nur so viel aus jenen Werken und meinen
eigenen Beobachtungen habe ich weiter unten zusammengefügt, daß ein vollständiges Verstehen dieser negerischen Waldmenschen gewährleistet ist.

In diesen gedrängt gefaßten Anspielungen liegt mühelos erkennbar ein
deutlicher Hinweis auf eine langfristige und wechselreiche Entwicklung, die
unsere Pygmäen nicht minder als die Waldneger hinter sich haben. Beide
Gruppen verfügen über eine eigentliche Geschichte ihres Volkes, mag auch
diese weder in Steindenkmalen eingegraben noch auf Pergamenten niedergelegt sein. Volk ist eben eine gewordene Erfahrungstatsache wie das Leben
selbst; hier bedeutet letzteres offenkundig Wirken, Gestalten und Entfaltung
auf dem Boden, im Rahmen und in Verbundenheit mit der Volksgemeinschaft.
Aus kleinen Gemeinschaftskernen hat diese sich gebildet; ihre Urzelle ist nicht
die Einzelperson, sondern die naturhaft ihre Aufgabe erfüllende Einzelfamilie.
Indem sich mehrere solche Einzelfamilien zusammenschließen, erweitern sie
sich zu Großfamilien; und diese je in gewisser Anzahl werden zu Horden oder
ausgedehnteren Vereinigungen, um nachher im Volksganzen ihre endgültige
Zusammenfassung, wie auch ihre Abgrenzung gegenüber anderen Völkern, zu
begründen. Von da an ringt die Volksgemeinschaft als solche und für sich um
ihren Fortbestand, sei es mit den blinden Naturgewalten oder sei es mit anderen menschlichen Gesellungseinheiten; sie erkennt ihre Aufgabe, sich selbst
zum Vollkommeneren auszuformen sowie durch Wissen und Leistung, durch
gegenständliche und geistige Güter die eigene Seinsfülle herauszugestalten.
Eigentliche Kulturwerte, wie Technik und Erfahrungswissen, wirtschaftliche
und gesellschaftliche Einrichtungen entstehen, sittliche Normen und religiöse
Betätigungen erlangen verpflichtende Kraft, Sprache und Kunst steigern ihren
Formalgehalt. Daneben läuft das äußere Schicksal dieser Volksgemeinschaft ab,
im besonderen ihr Verhältnis zu benachbarten Volksgruppen; und damit verbinden sich die meist durch Naturkatastrophen erzwungenen Wanderungen in

fremde Ländereien mit ungewohnten Daseinsbedingungen. Wenn schließlich eine derartige Gemeinschaft, für gewöhnlich erst nach einem in Jahrtausenden gesicherten Bestand — wie das für die echten Rassezwerge am Ituri-Strome zutrifft — dem forschenden Kulturhistoriker zugänglich wird, hat sie eine dermaßen unübersehbar lange Entwicklung, tiefstgreifende Beeinflussung und alleserfassende Umgestaltung seit Verlassen ihrer Ursprungsstelle erfahren, daß die anfänglichen Zustände überhaupt nicht mehr erkennbar sind oder sich nur noch andeutungsweise im blassen Grau einiger Mythen erahnen lassen. Also muß sich der Forscher damit bescheiden, die gegenwärtige und augenblickliche Tatsächlichkeit der vor ihm dastehenden Volksgemeinschaft möglichst vollständig aufzunehmen und richtig zu werten; hingegen bleibt ihm das allmähliche Werden solch völkischer Eigenart im gestaltlichen Wandel des geschichtlichen Ablaufes — obwohl es überaus reizvolle Aufschlüsse zu vermitteln vermöchte — nahezu gänzlich verschleiert.

Die hiermit sehr allgemein umrissene kulturelle Entwicklung stellt zugleich die allmähliche und vielfach fortschreitende äußerliche Entfaltung des menschlichen Geistes und seiner Anlagen dar. Nicht etwa in dem Sinne, als habe sich bei ihm das Handeln und Empfinden der Tierwelt bloß gesteigert. Kulturarbeit in ihrer Ganzheit unterscheidet sich wesenhaft von eigentlich animalischem Tun; vor allem deshalb, weil, an Stelle des unbewußt empfundenen Zweckmäßigen sowie an Stelle der Triebe und primären Instinkte des Tieres, bei ihr die klare Erkenntnis von Ursache und Ziel steht, welch letztere den Anstoß zu bewußt zweckmäßiger Betätigungsweise bei freiem Entschluß gibt. Prüfendes Urteilen und nach überlegendem Selbstentscheid handeln, ist und war alleinig ein überragender, kennzeichnender Vorzug des Menschen.

In somatologischer und kulturgeschichtlicher Schau scheinen die Bambuti am Ituri als eine der merkwürdigsten Sondergruppen in der wechselreichen Vielgestaltigkeit der gesamten Menschheit auf. Zwischen ihre Horden haben sich, zu einem erst äußerlich und eng verwobenen Durcheinander, fremdartige Negerstämme eingeschoben; und aus dem anfänglichen, teilweise feindseligen Nebeneinander sind allmählich symbiotische Wechselbeziehungen der beiden kulturell verschieden gestuften und rassisch vielfach gegensätzlich geformten Volksverbände zustande gekommen. Mit diesem eng umgrenzten Ausschnitt aus dem vielgestaltigen Bilde von den menschlichen Kulturformen und der wechselreichen Rassengeschichte des *Homo sapiens* will unser Buch vertraut machen.

Erster Teil

Die Ituri-Pygmäen

Ein gesichertes Wissen um die echten Rassezwerge im tropischen Afrika
haben erst die gewissenhaften Forschungsarbeiten an Ort und Stelle während
der letzten Jahrzehnte eingebracht. Demgegenüber richtet jedermann an die
Geschichte der P y g m ä e n f o r s c h u n g gerechtfertigt die Frage, ob die
ernsthaften, im klassischen Altertum verbreiteten Erzählungen vom Volke der
Pygmäen, das „an des Okeanos strömenden Fluten von den Kranichen mit
Mord und Verderben bedroht wird", sowie die zahlreichen bildlichen und
plastischen Darstellungen zwerghafter Wesen in der Kunst des Alten Ägyptens
aus unmittelbarer Berührung geschöpft haben. Man geht nicht fehl, darauf zu
antworten, daß Ägypter und Griechen der Frühzeit eine aus direkter Beobachtung erflossene Kenntnis von fernen zwerghaften Waldmenschen tatsächlich
besessen haben; doch hielt sie sich in engen Grenzen. Und sie erweiterte sich in
der Folgezeit kaum nennenswert, bis endlich im 18. Jahrhundert die ersten
einigermaßen verläßlichen und ausführlichen Nachrichten über pygmäische
Völkerschaften im afrikanischen Tropengürtel nach Europa gelangten. Trotz
allem, was seitdem aus dem kulturellen, zumal geistigen Besitz jener scheuen
Waldmenschen zutage gefördert wurde, bleibt noch gar manches zu heben und
zu klären, was als dringliche Aufgabe der weiteren Forschung zufällt.

Ein eigener Reiz liegt in dem Vorzug, daß unser neuzeitlicher Wissen-
schaftsbetrieb derart tief ins graue Altertum zurückreichende Nachrichten über
die afrikanischen Pygmäenvölker vermittelt. Kulturgeschichtlich bedeutsamer
ist der eindeutig herausgestellte Nachweis, daß diese Pygmäen seitdem ihre
Lebensart im wesentlichen beibehalten haben; weswegen wir gegenwärtig noch
diese Menschengruppe als Träger unverfälschter H o l z k u l t u r vor Augen
haben. Als solche geben sie uns ein augenscheinliches, lebendiges Bild von
Zuständen, in denen sich die Menschheit zu Beginn ihrer ersten Entfaltung befand,
als sie noch die Stufe des einfachen sammlerischen Nomadentums einnahm und
ebensowenig gelernt hatte, sich Steine und Metalle für ihre Gebrauchsgegenstände dienstbar zu machen. Selbstverständlich unterlagen diese dinglichen
Güter manchen Abänderungen in der langen Zeit, während welcher die Vorfahren der Pygmäen ihre Wanderungen vom Ursprungsherd bis in den heiß-
feuchten Tropenwald durchgeführt haben; jedoch in den Wesenszügen ihres
Kulturbesitzes hat sich nicht viel geändert. Dieses uralte Bild menschlicher
Daseinsweise und sieghaften Ringens zwerghafter Menschen mit der All-
gewalt einer menschenfeindlichen Umwelt rollt die nun beginnende Schilderung auf.

1. Lebensbedingungen

Den gesamten Inhalt einer Rasseform versteht man nur dann zuverlässig, wenn man diese in ihrer Umwelt betrachtet und aus ihr heraus zu deuten sich bemüht. Obwohl damit nicht gesagt werden soll, daß unter jedweder Rücksicht der Mensch ein Produkt seiner Umwelt darstellt, kann man letztere trotzdem nicht abtun als gänzlich unbeteiligt bei der ersten Ausbildung eines gegebenen Menschentypus mit altertümlichen Merkmalen. Mit verstärkter Umweltwirkung zu rechnen, weiß man sich um so mehr verpflichtet bei einer den Bambuti eigenen Rasseform von einmaligem Entwurf innerhalb der gesamten vorgeschichtlichen und neuzeitlichen Menschheit; kann ja doch ihre individuelle Gestalt nur unter Lebensbedingungen von solch ungewöhnlicher Eigentümlichkeit zustande gekommen sein, wie sie sich nirgendwo wiederholen. Das Zusammenspiel von Umwelt, Daseinsweise und Rasseform spricht bei den im Ituri-Walde umherschweifenden Bambuti vollkommen harmonisch an; man darf bei ausführlicher Erörterung des einen der drei Mitspieler unmöglich auf Einbeziehung der beiden anderen verzichten.

Dieser Forderung entsprechend folgt zunächst eine schlichte Zeichnung des Lebensraumes der Bambuti. Im äquatorialen Afrika am Ituri sind sie zu Hause, im düsteren und regenreichen Urwalde, der ein immergrüner, hochstämmiger Blätterwald ist. Darin haben sie sich bestens zurechtgefunden und in seine Bedingungen staunenswert vollkommen eingepaßt. Völlig abwegig wäre der Versuch, deswegen unsere Pygmäen als autochthone Gebilde ihres Urwaldes auszugeben. Vielmehr drängt sich mir die Vermutung auf, es haben in einer nicht berechenbaren Frühzeit die Vorfahren unserer Ituri-Leute ihre Jagden für den Nahrungserwerb im offenen Bereich unmittelbar vor der geschlossenen Waldmasse veranstaltet, hingegen den äußersten Waldrand zum Wohnen erwählt; später haben sie, dem starken Druck heranflutender Völkerwellen vom Norden und Osten her ohnmächtig weichend, im ganzen Innern des Waldraumes endgültig Unterkunft genommen. Erst hier in der ungewöhnlichen Umwelt hat sich durch zweckmäßige Anpassung jene recht eigene Sonderform des Wirtschaftslebens und eine von dieser mitbestimmte artliche Gesellschaftsordnung ausgebildet, die einzig und allein von den Bambuti getragen wird. Beide Bereiche weisen zwar manche Wesenszüge auf, die zum Gefüge der Lebensführung auch jener Restvölker gehören, denen alltägliches niederes Nomadisieren das Dasein ermöglicht; eine genauere Prüfung indes stellt die den Bambuti alleinig eigentümliche Besonderheit in ihren Gerätschaften und den dafür bevorzugten Rohstoffen, in ihren handwerklichen Erzeugnissen und den dabei angewandten Herstellungsmethoden, endlich noch in manchen anderen Einrichtungen und Rücksichten deutlich heraus. Vorbehaltlos muß man die Gesamtheit ihrer wirtschaftlichen und gesellschaftlichen Güter gegenständlicher wie geistiger Art samt allen ideellen Werten als einen kennzeichnenden individuellen Besitz beurteilen. Beim Ausgestalten dieser Sonderzüge in der Gesamtkultur der Ituri-Pygmäen hat die Umwelt maßgebend mitgewirkt; sie verdient es demnach, allseitig berücksichtigt zu werden, will man dieses Kulturganze nach seiner einmaligen Besonderheit erklären und begründen. Die Bezeichnung: *Umwelt* verstehe man im folgenden nach ihrer reichhaltigen Inhaltsfülle.

a. Lebensraum

Die belgische Kongo-Kolonie wird in ihrer beträchtlich breiten Mitte von der dunkelgrünen Farbe des tropischen Regenwaldes überzogen. Die Bambuti sind im östlichen Abschnitt zu Hause, den der Ituri entwässert. Dieser mächtige Fluß von nahezu 1000 km Länge, gespeist von vielen Nebenläufen, durchzieht zuerst in Nord-Süd-, dann in Ost-West-Richtung das waldige Gelände und unterhalb Stanleyville ergießt er sich in den mächtigen Kongostrom. Nicht nur überwältigend, nahezu erdrückend für Körper und Geist wirkt der Einfluß, den dieser Urwald auf alle Europäer, die in ihm untergehen, unwiderstehlich ausübt; jedermann empfindet darin eine beklemmende Schwermut und ein beängstigendes Verlassensein, sodaß sein Selbsterhaltungstrieb ihn instinktmäßig wieder in die freie, offene Landschaft hinausdrängt. Ganz anders die Bambuti, denen dieser Wald lebensvoller Tummelplatz ist, der ihre Heimat und ihre ganze Welt ausmacht.

Der Ituri-Wald bildet auch den östlichen Abschnitt der zentral-afrikanischen Hyläa. Gemeint ist damit eine im wesentlichen einheitliche Waldformation, die in zusammengeketteter f l o r i s t i s c h e r G e s c h l o s s e n h e i t und in Abhängigkeit von mehreren Flußsystemen alle langgezogenen Länderstrecken vom Westen Kameruns zum Großen Afrikanischen Graben bedeckt. Diese Hyläa ist im vollen Wortsinne ein: *Urwald*. Als solcher steht er weder nach seiner biologischen Wesensart noch an räumlicher Ausdehnung und üppiger, überquellender Wachstumsfülle hinter dem brasilianischen oder dem asiatisch-malaiischen Urwalde zurück.

Bis in die neueste Zeit herein war die Annahme vorherrschend, es gebe zwar in diesem und jenem Bezirk des zentralen Afrika ein regelrechtes Regenwaldgebilde, jedoch in den ausgedehnten Flußsystemen gedeihen bestausgeprägte Galeriewälder sowie Gehölze als edaphische Formationen, und die Zwischenstrecken des einen Flußbereiches zum anderen seien mit Savannen ausgefüllt; m. a. W., ein zusammenhängend geschlossenes, langgestrecktes Waldgebiet, das der Hyläa in Amazonien verglichen werden könnte, finde sich im weiten Kongobecken nicht. Diese Vermutung kann jetzt als unzutreffend abgetan werden. Unter Berichtigung mancher Irrtümer in kartographischen Darstellungen aus den letzten Jahrzehnten sowie auf der Grundlage persönlicher Beobachtungen im Lande und genauer Schilderungen mehrerer Forscher hat der Botaniker J. MILDBRAED die etwa zwei Drittel der Äquatorialzone quer überdeckende Waldmasse als eine im großen und ganzen zusammenhängende floristische Einheit sowie als tropisches Regenwaldgebiet erwiesen. Genau umreißt er die Grenzen dieses breitgestreckten Waldbereiches, er überprüft die Niederschlagsmengen in den einzelnen Abschnitten auf ihren Reichtum, soweit darüber

Mitteilungen vorliegen, und erörtert das aus strömenden Regenmassen versorgte vielverzweigte System von Bächen und Flußläufen. „Ausdrücklich sei betont", fügt er (b): 594 erklärend hinzu, „daß es sich bei dieser Darstellung um das Waldgebiet im floristischen Sinne, im Gegensatz zur Savanne handelt. Dieses ist nun aber durchaus nicht überall von 'Urwald' oder auch nur vom Hochwald bedeckt. Es sind vielmehr selbstverständlich die dem Walde abgewonnenen Kulturflächen der Eingeborenen sowie die auf diesen später sich entwickelnden Sekundär-Formationen, von der Krautwildnis über Buschdickichte zu oft sehr

Abb. 1. Ufer des Ituri-Flusses

stattlichem Sekundärwald, der schließlich wieder dem Primärwald ähnlich werden kann, mit einbegriffen. In dicht bevölkerten Gegenden, z. B. in Süd-kamerun zwischen Ebolowa und Sangmelima und südlich Jaúnde, wird man oft größere Stücke von Hochwald suchen müssen und doch zeigen die in den Pflanzungen übriggebliebenen Bäume und der Sekundärwuchs zweifellos das Waldland an." Die gleichen Entblößungen kann man gegenwärtig auch im großen Kongobogen selbst und weiter östlich auf zuweilen beträchtlichen Strecken sehen; sie sind hauptsächlich eine Folge langanhaltender Eingriffe der dort eingedrungenen negriden wie europäischen Ansiedler durch bewußtes Roden und nur zum geringeren Teile natürliche, edaphisch bedingte Lücken in der geschlossenen Baumflora.

Als Endergebnis seiner fachkundlichen Auseinandersetzungen mit allen früheren verschieden gerichteten Annahmen stellt MILDBRAED fest, „daß es im äquatorialen Afrika zwischen der Guinea-Küste und dem zentralafrikanischen Graben in der Breite von ungefähr 4⁰ N. bis 4⁰ S. ein ungeheures Waldgebiet gibt, das von Bächen und Flüssen oder überhaupt von edaphischer Feuchtigkeit gänzlich unabhängig ist, sein Dasein vielmehr den Niederschlägen verdankt,

also unbedingt als Regenwald anzusprechen ist". Die ökologischen Gegebenheiten an und für sich zwingen zu einer solchen Bewertung. Daß daneben der
afrikanische Urwald in seiner äußeren Erscheinung von dem in Amazonien und
im südöstlichen Asien abweicht, ändert an dieser Beurteilung nichts; er zeigt
trotzdem das kennzeichnende Merkmalsbild des tropischen Regenwaldes. Der
genannte Botaniker hat die fortlaufende Geschlossenheit des immergrünen
Tropenwaldes über die oben umgrenzte weite Ausdehnung hinweg nochmals
eindeutig in (a): 667 geschildert und schreibt, „daß es sich um einen riesigen
zusammenhängenden Waldkomplex handelt, der nirgends von Savannenlandschaft unterbrochen wird, durchaus als 'Urwald', d. h. hochstämmiger tropischer
Regenwald zu bezeichnen ist und nicht nur räumlich, sondern auch floristisch
mit den küstennahen Wäldern von Senegambien bis Gabun eine große Einheit
bildet"; welcher das Kennwort: *afrikanische Hyläa* gebührt.

Mit diesem ununterbrochenen räumlichen Zusammenschluß unzählbarer
Urwaldriesen verbindet sich die überraschende Erscheinung einer nahezu vollständigen Gleichheit der Pflanzenarten selbst. Sie veranlaßte MILDBRAED (a): 684
zu dem umfassenden Urteil, „daß die Übereinstimmung der Pflanzenwelt des
östlichen Äquatorialwaldes mit der der Wälder der afrikanischen Westküste
von Sierra Leone bis Gabun außerordentlich groß ist, so daß man wohl berechtigt ist, von einer f l o r i s t i s c h e n E i n h e i t l i c h k e i t dieser Gebiete
zu sprechen". Er konnte den Nachweis erbringen, daß die den westlichen Waldbereich aufbauenden Baumarten in ebenso „reicher Formenfülle, in voller
Geschlossenheit hier, in der nächsten Nähe des zentral-afrikanischen Grabens,
näher der Ost- als der Westküste auftauchte. ... Es wird [von mir] der Standpunkt vertreten, daß die ganze große Hyläa floristisch außerordentlich einheitlich ist und daß es schwer ist, Typen anzugeben, die eine Einteilung des
riesigen Gebietes in kleinere Bezirke ... ermöglichen". Demnach stellt der
unermeßliche Urwald von Kamerun bis an den Großen Graben ein gleichförmig
floristisches Gebilde von nahezu vollkommener Geschlossenheit dar.

Lange vorher hat STANLEY (a), auf die gewaltige Ausweitung des äquatorialen Urwaldes hinweisend, u. a. erklärt: „Von der Kamerun- und Gabun-
Küste des Atlantischen Ozeans rauschen nördlich des Äquators die Wogen
eines afrikanischen Urwaldmeeres ununterbrochen bis an den Fuß des Ruwenzori fern im Osten. Fassen wir nur den östlichen Teil, den eigentlichen Äquatorial-Wald, ins Auge, so sehen wir eine ungeheuere Waldmasse, die begrenzt
wird von dem Bogen des Kongo-Lualaba von Coquilhatville am Äquator bis
Nyangwe, weiter durch eine Linie von Nyangwe zum Burton-Golf des Tanganjika, im Osten ungefähr durch den Westrand des zentral-afrikanischen Grabens,
im Norden durch eine Linie, die etwas südlich des Uelle-Ubangi verläuft und
im Westen durch den Unterlauf des Ubangi; hier aber steht sie mit den Wäldern
Süd-Kameruns in Verbindung. Es ist dies ein Gebiet von rund 600 000 Quadratkilometern, in dem weder nennenswerte Gebirge noch irgendein Streifen
Grasland den Zusammenhang des reinen Tropenwaldes unterbrechen, das nicht
nur jeden der küstennahen Waldkomplexe weit übertrifft, sondern in dieser

Geschlossenheit wohl nur noch im oberen Amazonenbecken seinesgleichen findet." Ziemlich zuverlässig steckte STANLEY damit die Grenzen des Ituri-Waldes, nämlich des östlichen Abschnitts der zentral-afrikanischen Hyläa ab; und wie unübertrefflich naturgetreu er ihn gekennzeichnet hat, kann ich aus eigenem Erleben bestätigen. Grundverschieden sind trotzdem — dieser Nachweis sei kurz gestreift — die Möglichkeiten für menschliche Siedlungen in beiden Bereichen; denn während der Amazonaswald in seiner überwiegenden Ausdehnung eigentliches Überschwemmungsgebiet darstellt und größtenteils nur auf seinen Flüssen den Indianern ein unruhiges Umhertreiben ermöglicht, gewährt der Ituri-Wald seinen Gästen, den alteingesessenen Pygmäen sowohl als auch den neuestens eingedrungenen Negern, ein ungestörtes Verbleiben in dem einmal erwählten Bezirk. Auf andere Unterschiede einzugehen, ist hier nicht angebracht.[1]

Weil es wenigstens andeutungsweise gerechtfertigt werden soll, warum ich mit einiger Ausführlichkeit den geschlossenen Zusammenhang und die floristische Einheitlichkeit der langgestreckten mittel-afrikanischen Hyläa dargelegt habe, sei auf die von mir gehegte Vermutung verwiesen, daß ursprünglich dieser nahezu unermeßliche Waldraum in allen seinen Abschnitten pygmäische Rassegruppen beherbergt hat; welch letztere somit sämtlich unter den genau gleichen Umweltbedingungen gestanden haben und noch stehen. Was diese in ihrer Mannigfaltigkeit und individuellen Wirksamkeit erfolgreichen Kräfte zur endgültigen Ausgestaltung des Rassetypus sowie der wirtschaftlichen und gesellschaftlichen Lebensform aller in jenem Walde umherschweifenden Pygmäengruppen beigetragen haben, wird an geeigneten Stellen der vorliegenden Abhandlung zur Sprache gelangen.

Als ein unmögliches Unterfangen würde sich der Versuch herausstellen, mit einigen kurzen Sätzen die floristische Eigenart des Ituri-Waldes schildern zu wollen. Nur wenige seiner hervorstechenden Merkmale werden hier aufgezählt und sie geben von vornherein ihre empfindliche Unvollständigkeit zu erkennen. Seiner grundzüglichen Physiognomie nach ist auch die Osthälfte der zentral-afrikanischen Hyläa ein immergrüner, h o c h s t ä m m i g e r U r w a l d. Seine Bäume erreichen eine ansehnliche Höhe. Als Riesen ragen die meisten mehr als 50 m empor und viele sogar über 60 m hinauf. Fast ausnahmslos stehen sie kerzengerade da und zeigen mannshoch über dem Erdboden einen Durchmesser von 120 bis 160 cm. Die verschiedenen Species verteilen sich im allgemeinen zwar bunt durcheinander gemischt, daneben aber halten zahlreiche Vertreter der einen und anderen Art bestimmte enge Bezirke vorwiegend oder nahezu ausschließlich besetzt. Selbstverständlich zeigt sich allerorts ein solch raumgebundener Baum wie die *Chlorophora excelsa*, von den Negern *mbara* genannt; doch herrscht neben ihr im östlichen Abschnitt des Ituri-Waldes die Leguminose *Cynometra Alexandri* vor, im westlichen Bereich hingegen das

---

[1] Neuestens hat u. a. auch Ph. von LUETZELBURG die Physiognomie und Ökologie des Amazonas-Urwaldes eingehend dargestellt. Vgl. seine Abhandlung: Amazonien als organischer Lebensraum. In: Ibero-Amerikanisches Archiv, Bd. XIV, S. 222 ss; Berlin 1941.

Macrolobium Dewevrei aus der gleichnamigen Familie. Die wie massige Pfeiler emporstrebenden Baumriesen werden von mehreren flachen Bretterwurzeln gestützt; ziemlich regelmäßig verteilen diese sich rund um den dicken Stamm und reichen über dem Erdboden bis 2¹/₂ m hinauf. Um jede mächtige Säule selbst schlängeln sich in die Baumkrone hinauf verschiedenartige Lianen und viele Luftwurzeln, zwischen denen Parasiten und Epiphyten der seltsamsten

Formen einen festen Halt finden. Wie vollständig eingehüllt in eine dickgepolsterte Überwucherung durch Schmarotzer und fremde Gäste mannigfacher Art ist die Rindenüberkleidung der meisten Baumstämme anzuschauen (Abb. 2).

Eng beieinander stehen die gewaltigen Säulen. Erst in beträchtlicher Höhe beginnt die unbehinderte Verästelung zu einer flachen und um so breiteren Krone. Dort strecken sich Zweige samt Ästen frei dem Lichte entgegen und suchen durch vordrängendes Ausweiten sich für das zu entschädigen, was ihnen unten am ganzen Stamme entlang versagt bleibt. Allerdings treten hoch oben die Verästelungen des einen Baumriesen in lebenbedrohenden Raumstreit mit denen seiner Nachbarn. Viele der in die Breite ausgreifenden Äste und

Abb. 2. Pygmäenhütte an einer Waldlichtung

Zweige reichen tief in die Kronen der nächststehenden Bäume hinüber und verflechten sich mit ihnen zu einem wirr verknäulten Durcheinander, in dem jeder einzelne um die Vorherrschaft ringt und alle somit zu einer noch dichteren Vergatterung beitragen. Die dermaßen krauseste Verwicklung der meisten Baumkronen miteinander auf ungefähr gleicher Wipfelhöhe dehnt sich über weite Strecken aus und bildet sozusagen ein dicht geschlossenes Dach, das mächtige Säulen von unten her tragend stützen und über welches nach oben hinaus nur der eine und andere Einzelwipfel um mehrere Meter übersteht. Man sieht — um einen Vergleich zu gebrauchen — ein weithin quergespanntes Absperrungsdach in den freien Naturraum eingezogen, auf zahllosen gewaltigen Pfosten ruhend, das den Aufblick zum Himmel von unter her ziemlich vollständig abriegelt und ebensowenig den dichten Strahlenbündeln der scharfen

Tropensonne ein Durchdringen zum Waldboden hinunter gestattet. Diese dichtmassige, von den ineinander verkrampften Baumkronen gebildete Vegetationsschicht erfährt eine vollständige, ziemlich scharfrandige Unterbrechung allein durch breitere Flußläufe und stellenweise durch das Zusammensinken morscher Urwaldriesen auf einem ausgedehnten Bezirk; dergleichen gelegentliche Lücken schließen sich indes wieder zur Gänze nach wenigen Jahrzehnten.

In dem hohen und nach allen Richtungen hin sich unbeschränkt ausweitenden Raume zwischen dem Waldboden selbst und allen wie zu einem dichten Dach oben kraus verschlungenen Baumkronen trifft man, als notwendige Folgen aus einem solchen Naturgebilde, ungewöhnlich seltsame Verhältnisse an. Unter dem dicht verknäulten Blätterschirm herrscht bloß ein mehr oder weniger mattes D ä m m e r l i c h t, je nach dem Stand der Sonne; nirgendwo zeigt sich ein klares Durchleuchten des Waldraumes auf nennenswerter Strecke. Dieser empfindliche Mangel an Licht hemmt pflanzliche Entwicklung außerordentlich, weswegen sich fast nirgendwo drinnen im Innern eine ansehnliche Schicht von Sträuchern und niedrigen Kräutern entfaltet. Den Waldboden selbst, der kaum je einmal reichlich — und wäre es bloß vorübergehend — besonnt wird, deckt allerorts eine viele Zentimeter tiefe Schicht abgefallener und faulender Blätter, aus welcher schütter gestellte einjährige Pflanzen da und dort herausragen. Überall riecht es nach angefaulten Baumstämmen und vermodernden Blättermassen, muffige Feuchtigkeit hängt schwer über dem Erdboden. Obwohl die hochstrebenden, umfangreichen Baumstämme, meist mit ansehnlich breiten Bretterwurzeln an ihrem unteren freien Abschnitt ausgerüstet, eng nebeneinander stehen, wird trotzdem die Durchsicht bis auf 30 oder 40 m im Umkreis nicht nennenswert behindert; weder füllendes Gestrüpp noch Unterholz gedeiht. Strichweise allerdings wuchert undurchdringlich dichtes Strauchwerk, während an anderen Stellen abenteuerlich miteinander verwickelte Luftwurzeln und Lianen den von Gebüsch freien Durchgang verhängen. Selbst beim Höchststand der Sonne steigert sich die allgemeine Lichtstärke nicht über ein beängstigend mattes Düster hinaus; vom Aufgang der Sonne bis zu ihrem Niedergange gibt es nur ein hellblasses oder dichteres Dämmerlicht, je nach der Tagesstunde. Zieht man überdies in Erwägung, daß nahezu alltäglich für längere oder kürzere Zeit schwere oder leichte Wolken den Himmel verschleiern, die sich für gewöhnlich in ausgiebigen Regenmassen entladen, dann wird offenkundig, welch dürftige, armselig schummerige Dämmerungsblässe zwischen den mächtigen Baumriesen hängt.

In ihr verbringen unsere Bambuti das ganze Leben. Zwar sind sie jetzt in solch einem beträchtlichen Lichtmangel zu Hause und haben sich mit ihm abgefunden; welch scharfe Ausmerze aber sie bis zu dieser Gewöhnung erlitten haben und welche physiologischen Anpassungen erzielt werden mußten, bis ein von allen Schäden freier Ausgleich der äußeren Einflüsse mit ihrem davon abhängigen Organismus erreicht war, läßt sich im einzelnen kaum nachprüfen. Wohl lohnend wären Untersuchungen im Bereich dieser Triebkräfte und der durch sie ausgelösten biodynamischen Gegenbewegungen. Auf die Frage, inwieweit das erbbiologische Rassegefüge davon unmittelbar betroffen wurde, muß ich mich vorläufig auf den Hinweis beschränken, daß unsern Pygmäen für ihr physiologisches Wohlsein und ihre körperliche wie geistige Gesundheit der lebenslange Aufenthalt in jenem lichtschwachen Dämmerungsmatt nicht nur genügt, sondern auch vorzüglich bekommt. Unzählige Male konnte ich Zeuge ihrer ängstlichen Sorgfalt sein, mit der sie einer direkten Sonnenbestrahlung auszuweichen bedacht sind. Ebensowenig hat ihr Sehvermögen in der andauernden Düsternis eine erweisbare Benachteiligung erfahren; besitzen ja doch auch jene Säugetiere, die mit den Pygmäen in der genau gleichen lichtschwachen Umwelt ihr Dasein fristen, vollauf leistungsfähige Augen. Noch mehr aber muß der unerwartete Nachweis überraschen, daß das einförmig graue, blasse Schummerlicht nicht im mindesten die lebensfrohe, unverwüstlich heitere Gemütsverfassung der tanzwütigen Bambuti trübt.

Was den lichtarmen Lebensraum unserer kleinen Waldmenschen zu alledem noch in hohem Grade unfreundlich macht, ist der nahezu alltägliche Regen, als dessen Folge eine ununterbrochene s c h w e r e F e u c h t i g k e i t anhält. Zu den seltensten Ausnahmen zählen jene wenigen Tage, an denen gar kein Tropfen fällt, oder an denen bloß ein leichtes Rieseln niedergeht. Im nur mäßig sich wandelnden Düster kann zwischen dem einen und dem bald darauf folgenden anderen Regenschauer rein gar nichts vollständig trocknen. Eben deshalb hat man das Gefühl einer in jenem dunklen Raume herrschenden feuchten Kühle; die schwere, drückende Luft legt sich wie beklemmend auf die Brust, wenn man aus der Steppe hereinkommend vom Walde umfangen wird. Übereinstimmend mit der allgemeinen Witterung in anderen Tropengebieten ziehen auch im Ituri-Walde die Wetterwolken schnell auf und entladen ihre überreichlichen Wassermassen während einer halben Stunde oder um ein Mehrfaches länger; bisweilen hält leichter oder mäßig starker Regen durch viele Stunden an. Das dichte Blätterdach der wirr miteinander verknäulten Baumkronen hindert zwar die dicken Regentropfen daran, mit ihrer ganzen Schwere geradenwegs herabfallend am Waldboden aufzuschlagen; die beträchtlichen Mengen aufgefangenen Regenwassers sickern und rieseln aber schließlich durch, so daß nach knapper Frist die lockere Erdschicht wie ein Schwamm aufquillt und allmählich überfließt. Nach Beendigung eines nicht zu reichlichen und kurzen Regens verlaufen sich die Wassermassen wieder ziemlich schnell, denn der Untergrund ist undurchlässiger Lateritstein und die darüber lagernde Humusschicht beträgt bloß wenige Dezimeter.

Seit Jahrhunderten haben sich unzählige Rinnsale und Bächlein in das Erdreich eingeschnitten, die Tag für Tag ihren Inhalt den größeren Bächen und Flüssen zuführen. Oft nun lassen die schweren tropischen Regengüsse das ausgeschüttete Wasser nach kurzen Stunden schon um einige Zentimeter hochsteigen und beträchtliche Flächen des Waldbodens werden überflutet; das Überschwemmungswasser, seichte Seen vortäuschend, ergießt sich stürmisch in alle Bäche, die zusehends anschwellen und in rasender Eile, gleich schäumenden Sturz-

bächen, ihren Hauptströmen zusteuern. Ebenso schnell senkt sich nachher wieder
der Wasserspiegel der Flüsse und Bäche, selbst wenn sich ihre Fluten auf breiter
Ausdehnung über die mancherorts hohen Ufer in das Land vorgedrängt haben.
Für den Verkehr sind nach ergiebigem Regen viele Waldbäche auf einige
Stunden unterbrochen, falls nicht querliegende Baumstämme die überhöhten
Ufer verbinden; sie bequem zu durchwaten ist dann eben unmöglich. Für noch
längere Zeit bleiben beträchtlich ausgebreitete Wasserlachen bestehen, die
leider nur zu oft nicht nur das dem Erdboden aufliegende Hüttenfeuer der
Bambuti gefährden, sondern auch diese selbst dazu verpflichten, sich auf einer
höher gelegenen Fläche niederzulassen. Niemals trocknet der Waldboden annähernd vollständig auf und viele Bezirke verlieren ebensowenig ihren mora-
stigen, moorigen Zustand.

Da der Waldraum nach oben durch die ansehnliche Schicht kraus verfloch-
tener Baumkronen einigermaßen wirksam abgedichtet wird, kommt unterhalb
derselben keine schnelle Verdunstung zustande; er bleibt somit fortwährend
mit einer feuchtigkeitsschwangeren Luft angefüllt, die für die ganze Nacht volle
Sättigung mit Wasserdampf beibehält. Der weite Urwald trieft vor Feuchtigkeit, im vollen Wortsinne; alle Gegenstände und Gerätschaften, Ledersachen
und stoffliche Gewebe zerfallen, verrosten oder lösen sich in schimmelnder
Fäulnis auf; keine noch so vorsorgliche Sicherung kann der raschen Zerstörung
erfolgreich Einhalt gebieten.

In ursächlichem Zusammenhang mit der überreichlichen Feuchtigkeit steht
eine andere für das Auge seltsame Erscheinung. Für gewisse Zeit nach jedem
Regen und regelmäßig zwei bis vier Stunden nach Sonnenaufgang schwebt oberhalb der Baumkronen eine lichtgraue Dunstschicht mit ansehnlichem Wasser-
dampfgehalt; durch sie hindurch vermag der Beschauer vom Erdboden her
weder die Sterne und den Mond in einem reinen, klaren Glanze zu betrachten,
noch zeigt sich ihm bei Tage das Himmelsblau in satter, ungetrübter Tönung.
An jedem Morgen füllen dichte, dunkelgraue Nebelmassen den Innenraum des
Waldes aus; erst zwischen 9 und 10 Uhr ballen sie sich zu Wolken zusammen,
die sich schnell verflüchtigend auflösen. Vor dieser Zeit den Wald auf weite
Strecken zu durchqueren, vermeiden die Pygmäen grundsätzlich; es fehlt dann
noch jedwede Fernsicht.

Die in jedem Monat des ganzen Jahres unvermindert gleichbleibende, trie-
fende Feuchtigkeit durchtränkt den Wald mit einem üblen Moderduft und
stellenweise mit schweren Fäulnisgerüchen. Allerorts herrscht eine schaurige
Stille, als wollte sie verhängnisvolles Unheil androhen. Tritt man aus diesem
matten, düsteren Schummerlicht und der feuchtigkeitsschwangeren Waldluft
auf eine weite, offene Fläche hinaus, prallt man förmlich vor der glühenden
Hitze und der verwirrend blendenden Helligkeit zurück. Gegenüber dergleichen
scharfen Gegensätzen wurde mir vollauf verständlich, daß die Pygmäen allen
weiten Lichtungen und jedweder direkten Sonnenbestrahlung nahezu ängstlich
ausweichen; im blassen Dämmern ihres nassen Waldes fühlen sie sich am
wohlsten.

Allerdings zittern die kleinen Waldmenschen aus begründeter Angst unter den Drohungen der meist plötzlich einsetzenden G e w i t t e r , die von starken, unregelmäßigen Windstößen begleitet werden. Greifen doch dergleichen Sturmgewalten, unter ohrenbetäubendem Krachen, wie mit Gigantenfäusten in das wirr verknäulte Geäst hinein und beugen aus frivoler Willkür die mächtigsten Baumsäulen im zerzausenden Wirbel, daß diese nach haltlosem Schütteln wie taumelnd erst allmählich zur Ruhestellung zurückfinden. In solchem Ringen kraftvoller Gegner verliert gar mancher Stamm seinen Halt und knickt ab, wuchtige und leichte Äste brechen aus, sogar geschlossene Baumgruppen sinken unter der eigenen Schwere zu einem schauerlichen Durcheinander von Stämmen und Zweigen, von Blätterschirmen und Pflanzentauen zusammen. Wehe Menschen und Tieren, die sich in einem derartigen Strudel verfangen! Von hoher Warte aus betrachtet, mag sich die von Sturmstößen zerzauste grüne Wipfelmasse ausnehmen wie brausende Wogen eines aufgewühlten Ozeans. Wenn der Urwald aus seiner starren Ruhe zum wilden Kampfe mit einem nahezu ebenbürtigen Gegner aufgepeitscht wird und er seine ungeheure Titanengewalt spielen läßt, liefert er ein Schauspiel von überwältigender Eindrucksfülle und gefährlichst drohender Vernichtungswut.

Eine ausgiebige Menge Feuchtigkeit, verbunden mit viel Sonnenwärme, ermöglicht das unbeschränkte Gedeihen des Urwaldes. Im Bereich des Ituri-Stromes ist die Niederschlagsmenge relativ nicht überraschend hoch, gegenüber beispielsweise der im Kameruner Walde am Westende der zentral-afrikanischen Hyläa. Jedoch verteilt sich diese vergleichsweise niedrige Menge über das ganze Jahr derart gleichmäßig und vorteilhaft, daß sie die Entwicklung und den Bestand einer auf reichliche Feuchtigkeit angewiesenen Pflanzenwelt bestens fördert. Nicht eine einzige Woche verläuft so ausgeprägt trocken, daß ihr jedweder Niederschlag fehlt; sollten sich in den Jahresring gelegentlich einige Wochen mit vermindertem Regen einschieben, bleibt dieser trotzdem an sozusagen keinem einzigen Tage gänzlich aus und die oben bezeichnete Feuchtigkeitsmenge als Gesamtmaß verringert sich nicht fühlbar.

Genau so, wie das Wetter im allgemeinen dort unmittelbar am Äquator während des ganzen Jahres, bleibt auch der Ablauf der T e m p e r a t u r unveränderlich gleich; der eine Tag und Monat unterscheidet sich nicht wesentlich vom andern. Fristmäßig durch Wetter und Wärmestand sich unterscheidende Jahresperioden treten in jenem schmalen Streifen beiderseits des Äquators nicht auf. Fast auf die Minute genau erhebt sich die Sonne alltäglich im Osten und sie sinkt nach vollendetem Tageslauf mit keiner erkennbaren Zeitänderung wieder unter den Horizont hinab. Eigentliche Dämmerung mit langgezogenem Zwielicht am Morgen und Abend gibt es in jenem Breitengürtel ebensowenig, und statt der Dämmerstunden führt das leuchtende Tagesgestirn einen nahezu plötzlichen Szenenwechsel von der nächtlichen Dunkelheit zur matten Helligkeit am Morgen bzw. umgekehrt am Abend mit sich. Das Waldesinnere hellt sich ansehnlich in den frühen Mittagsstunden nur an sonnenklaren Tagen auf, sonst bleibt es in ein blasses Grau gehüllt; und es verdüstert sich, übereinstimmend mit jenem Verlauf, von etwa 17 bis 18 Uhr, um danach in kaum 20 Minuten, also fast plötzlich, zum tiefsten Nachtschwarz überzuleiten.

Die Wärmeschwankungen laufen mit viel Gleichmäßigkeit zwischen dem 22. und 32. Grad ab; was einesteils besagt, daß der Anstieg und Abstieg sich an den meisten Tagen an die ziemlich genau gleichen Stunden hält und daß andernteils am häufigsten die bezeichneten Grade erreicht werden. Nur sehr vereinzelt sanken in den von mir beobachteten Monaten die Temperaturen bis auf 19 Grad ab oder stiegen bis auf 34 Grad hinauf. Überraschend regelmäßig vollzieht sich in kurzer Frist bzw. in ganz steilen Kurven das Ansteigen und Abfallen der Wärme bald nach Aufgang und knapp vor Untergang der Sonne.

Im Zusammenhang mit diesen Bedingungen sei auf die merkwürdige Erscheinung der sogenannten S t e n o t h e r m i e hingewiesen. Damit meint man eine gesteigerte Empfindlichkeit gegenüber geringeren und erst recht beträchtlichen Wärmeschwankungen, die sich bei den Eingeborenen nicht minder als bei den Europäern einstellt. In der mit viel Wasserdampf erfüllten Tropenluft unterliegt jedermann diesem Gefühlswechsel, mag er sich auch erst wenige Wochen im Urwald aufhalten. Beim Absinken der Temperatur bald nach Sonnenuntergang überfällt ihn ein Kälteempfinden, das ihm viel Unbehagen verursacht und das weit mehr ist als eine belebende Erfrischung nach erschlaffender Tageshitze. Augenfällig erläutert diesen Zustand eine jeden europäischen Besucher befremdende Gewohnheit der genau am Äquator hausenden Pygmäen, nämlich die ganze Nacht, d. h. die Stunden von 7 Uhr abends bis 8 Uhr morgens neben dem lebhaften Hüttenfeuer zu verbringen. Wer von ihnen ohne diesen wohltuenden Einfluß der strahlenden Wärme bliebe, den macht starkes Frösteln erzittern.

Zurückgreifend auf eine früher eingeflochtene Bemerkung, verdient noch die chemisch-physikalische Beschaffenheit des L a t e r i t b o d e n s , auf dem der Urwald steht, kurz gekennzeichnet zu werden. Er ist undurchlässig und die ihm aufgelagerte lockere Erdschicht beträgt durchschnittlich bloß wenige Dezimeter. Überwiegend besteht er aus Aluminiumhydroxyd mit Eisenhydroxyd, während Kalk und Stickstoff ihm sehr abgeht, Kali und Phosphorsäure gleichfalls nur in niedrigen Bruchteilen sich damit verbinden. Folglich ist er als ein nährstoffarmer Boden unzweideutig erkannt. Der fast gänzliche Mangel an Kalk und Phosphor spiegelt sich im Aschengehalt aus der Pflanzendecke und in den von unseren Bambuti zur Ernährung aufgegriffenen vegetabilischen Stoffen wider; die Folgen für ihren Mineralstoffwechsel und ihre Blutdrüsenfunktion können nicht bedeutungslos sein, eine gründliche Sonderuntersuchung würde das innere Gefüge ihrer Erbanlagen und gesamten Konstitution lehrreich aufhellen. Der Boden auf jenen ungeheueren Flächen, wo die Urwaldriesen sich ohne Unterbrechung aufrecht erhalten, bleibt Jahr um Jahr von deren dichten Baumkronen beschattet, die leicht verweslichen Pflanzenteile, hauptsächlich Blätter, lagern sich unten fortgesetzt ab und überdecken als mehr oder weniger tiefe Humusschicht den Laterit-Untergrund. Unabwendbar bewirken die nahezu alltäglichen Regengüsse, meist als ergiebige Platzregen niedergehend, daß dem Erdreich durch Auslaugen alle wertvollen Nährstoffe abhanden kommen oder fortgeführt werden, welche in assimilierbarer Form jede Pflanze aufnehmen könnte; die aus den Wolken abgeschütteten Wassermengen sammeln sich wieder, nach rascher Ausschwemmung der Humusschicht, in Bächen und Flüssen.

Unheimlich still und beängstigend regungslos steht der unbegrenzt ausgedehnte, gewaltige Urwald da. Wie zahllose, mächtige Säulen in einem Riesendom reichen die geradlinig emporstrebenden Bäume hoch hinauf, Stamm an Stamm, und tragen oben das dicht verknäulte, immergrüne Blätterdach. Um die Standfestigkeit dieser mit unnachahmlicher Schöpferkraft hingepflanzten Baumriesen zu sichern, hat Mutter Natur die meisten von ihnen mit bretterähnlichen Stützwurzeln versehen, die wie schmale Strebepfeiler bis auf Mannshöhe am Stamme hinaufreichen und ihn zu mehreren in engen Abständen umstellen. Dieses überwältigende Raumbild wirkt um so eindringlicher, da Tiere der höheren systematischen Ordnungen sich im Ituri-Walde bloß in verschwindend geringer Zahl aufhalten. Der allgemein verbreiteten irrtümlichen Vermutung, darin wimmle es förmlich von Lebewesen jedweder Form und Größe, kann man nicht oft genug entgegentreten. Wohl aber ist diese T i e r w e l t, die der Urwald beherbergt, von einzigartigem Gepräge. Zunächst gilt dieser Vorzug einigen Säugetieren. Der Gigant der Tropenzone macht sich auch im Ituri-Walde unerwünscht breit; seinen großen, tiefen Spuren begegnet man in allen Bezirken und nahezu häufig dort, wo Bananenpflanzungen der Neger stehen. Gewohnheitsmäßig lebt der Elefant (*Loxodonta africana*) in kleinen Herden, zu denen je bloß einige Tiere zusammentreten. Jedem durchwegs bösartigen Einzelgänger weichen die Pygmäen angstvoll aus, obwohl sie als gewandte Elefantenjäger hohes Lob verdienen. Allerdings bekommt man diesen Koloß tagsüber ebenso selten wie den grauen Büffel (*Bubalus caffer*) zu Gesicht, da beide sich bis zum Abenddunkel im wirren Dickicht gern verborgen halten; auf letzteren machen unsere Waldmenschen keine Jagd. In tiefer Zurückgezogenheit lebt das Okapi (*Okapia Johnstoni*), von dem ziemlich alle Bambuti irgendwie wissen; obwohl es gegenwärtig auf einen kleineren abgelegenen Bezirk beschränkt bleibt.

Als weit verbreitete Vertreter des Hochwilds tauchen mehrere Antilopenarten auf, von denen die hellbraun gefärbte Zwergantilope *(mbolóko, Nanotragus)* den nahezu alltäglichen Zielpunkt der jagenden Pygmäen abgibt. Andere kleinere Säugetiere, denen sie des Fleisches wegen nachstellen, sind Wildschwein und Erdferkel, Stachelschwein und Klippschiefer (*Dendrohyrax*), Baumratten und große Spitzmäuse, Flugeichhörnchen und Zibetkatzen. Nicht minder scharf gehen die Bambuti auf alle dort sich tummelnden Affenarten los, am meisten auf die Paviane (*Papio*); in kleinen Herden huschen diese Tiere durch die Baumkronen oder treten zu Plünderungen aus dem Waldesrande ins Freie.

Die Ordnung der Primaten ist durch Gorilla und Schimpanse vertreten. Ersterer, Afrikas größter Affe, durchquert bloß einen südlichen Streifen des Ituri-Waldes; ihm beliebt mehr die sich anschließende und nach Süden hin

verlängerte offene Hügellandschaft, weswegen kaum einige Bambuti seiner
ansichtig werden. Abweichend von dessen Lebensart ist dem Schimpansen jedwedes Gebiet im Ituri-Walde recht, wenngleich er einige Bezirke bevorzugt.
Mit seinen Gewohnheiten sind unsere kleinen Waldmenschen derart zuverlässig
vertraut, daß sie diesen mächtigen Menschenaffen in einem ihrer beliebten
mimischen Spiele mit erstaunlicher Naturtreue nachahmen. Beim Beschleichen
der Hunde sowie der Paviane durchquert zuweilen auch ein Leopard einzelne
Waldbereiche und bedroht die zwerghaften Insassen; sie selbst gehen ihn nicht
an, sondern verhalten sich regungslos abwartend oder wehren den blutdürstigen
Bedroher mit glimmenden Holzscheiten ab.

Wer den Urwald durchwandert, bekommt nur selten einen Vogel zu
Gesicht. Gelegentlich vielleicht einmal überrascht ihn ein dichter Schwarm
grüner Papageien, der mit lautem, krächzendem Kreischen vorwiegend unterhalb des dichten Blätterdaches der Baumkronen fliegt. Laubspechte und flinke
Baumläufer klettern an den hohen Stämmen entlang; unter zahllosen, die
ganze Rinde überwuchernden Epiphyten finden sie gute Deckung. An Wasser-
stellen zeigt sich öfters eine Bachstelze und hoch über breiten Wasserläufen
kann man zuweilen eine Gruppe von Riesenturakos (*Corythaeolus*) und Horn-
raben (*Tmetoceros*) davoneilen sehen. Kaum je vernimmt man den Laut oder
Schrei einer Vogelstimme.

Was der Ituri-Wald an Reptilien birgt, kennen seine zwerghaften Bewohner sehr gut. Hauptsächlich sind es geweckte Buben, die auf mehrere
Arten kleiner und mittelgroßer Eidechsen fast alltäglich Jagd machen. Schlangen bedeuten keine ernste Gefahr; sie halten sich fast ausschließlich im sonnen-
reichen Waldessaume oder an breiten offenen Wegen auf, denen die Bambuti
sowieso fernbleiben. Sollte sich über ihren Pfad zufällig eine Schlange gelegt
haben, wird sie zeitig genug von den durchdringenden Blicken dieser scharf-
sichtigen Menschen erspäht und blitzschnell erschlagen; sie gibt einen will-
kommenen Bissen ab. Schildkröten, deren Fleisch von ihnen nicht minder
geschätzt wird, dringen bis in das Waldesinnere kaum jemals vor.

In jener feucht-modrigen Atmosphäre fühlen sich kleine und kleinste
Amphibien sehr wohl. Regelmäßig nach einem ergiebigen Regen hüpfen Frösche
und Kröten bis an die Wohnhütten heran, wo ihrer viele von den Kindern mit
Stöcken erschlagen und unverzüglich am offenen Feuer gebraten werden. Auf
mittelgroße und größere Fische, mit denen die vielen Bäche und Tümpel bevölkert sind, gehen unsere Pygmäen nicht aus, da ihnen geeignete Gerätschaften
fehlen; gelegentlich jedoch fangen sie fingerlange Fischlein in seichten Bächen
durch eine Art ziehendes Schöpfen mit engmaschigen Körben oder ergreifen
jedes Einzeltier mit ihrer gewandten Hand.

Unübersehbar reich an Kopfzahl der vielen Arten und nach Mannigfaltigkeit ihrer Körperformen sowie Körperfarben ist die Insektenwelt des
Ituri-Waldes. Sie im einzelnen auszubreiten, würde Seiten füllen. Im Wirtschaftsbetrieb der Pygmäen spielen Termiten und Bienen eine nicht zu unter-
schätzende Rolle; erstere werden vor ihrem Ausschwärmen ergriffen und am

Feuer geröstet, letztere ihres Honigs beraubt, der für die kleinen Waldmenschen
zunächst eine ergötzliche Leckerei und überdies viel mehr ein sehr bekömm-
liches Nahrungsmittel abgibt. Beim alltäglichen Umherstreifen im Walde spähen
Erwachsene und Kinder mit scharfen Augen nach Bienennestern in der Erde
und auf den Bäumen aus, ihre Mühe wird in fast jedem Jahresabschnitt ausgiebig belohnt. Ein Gleiches gilt für die großen Raupen und fetten Larven, auf
welche jung und alt förmlich Jagd macht.

Erst nach fast alltäglichen Beobachtungen während eines ganzen Jahres
im Urwalde selbst bin ich mir dessen bewußt geworden, welche beträchtlichen
Nahrungsmengen die Welt der niederen Tierordnungen in dieser oder jener
Form den nomadisierenden Pygmäen zur Verfügung stellt. Auch Schnecken
werden von ihnen begeistert aufgegriffen, schließlich in einzelnen Bächen und
Sümpfen kleine Krebse bzw. Krabben gesammelt. Die Bambuti können und
dürfen auf keine noch so winzige Fleischmenge gänzlich verzichten, weil ihr
düsterer Wald sie ihnen sowieso bloß in beschränkter Zuteilung anweist. Ein
tieferes Eingehen auf die Mannigfaltigkeit der dort heimischen Tierwelt läßt
sich im Rahmen dieser Abhandlung nicht rechtfertigen.

Der Ituri-Wald ist eine eigene Welt von Pflanzen und Tieren, die nach
äußerer Form und innerer Organisation einander angepaßt sind. Nur nach
ihren hauptsächlichsten Vertretern und in einigen wesentlichen Zügen ist diese
Flora und Fauna auf den vorliegenden Seiten gekennzeichnet worden, bilden ja
beide die Grundlage für das wirtschaftliche Dasein und den völkischen Fortbestand der Bambuti. Da unsere Rassezwerge jetzt nun einmal im heiß-feuchten,
immergrünen Tropenwalde stehen, müssen sie ihre ganz sonderbare, durchaus
ungewöhnliche Umwelt meistern. Und das gelingt ihnen auch mit einem überragenden Erfolg!

Der gesamte östliche Abschnitt der zentral-afrikanischen Hyläa ist gegenwärtig mit Pygmäen stärker oder schwächer besiedelt. Doch sind sie jetzt nicht
mehr dessen alleinige Herren. Man trifft, wo immer man ihn durchwandert,
mehr oder weniger kopfreiche Negerdörfer mit anstoßenden Garten- bzw.
Feldanlagen an; und man überzeugt sich leicht von der geschichtlich erweisbaren Tatsache, daß diese Neger als Eindringlinge in ihrem jetzigen Wohnbereich dastehen. Über jeden Zweifel erhaben ist die Tatsache, daß die Bambuti
als e r s t e B e s i e d l e r in den Urwald eingezogen sind und darin lange
Jahrhunderte als alleinige Inwohner zugebracht haben. Erst vor vier oder fünf
Geschlechterfolgen haben sich verschiedene Negergruppen in diesen Wald hinein-
geschoben und nach längeren oder kürzeren Kämpfen mit den ursprünglichen
Insassen, dank der Überlegenheit ihrer Waffen, dortselbst festgesetzt. In der
Beurteilung dieses Entwicklungsganges stimmen nicht nur alle ernsthaften
Forscher und europäischen Ansiedler überein; CZEKANOWSKI (a): 569 erklärt die
Bambuti kurzerhand als die „Urbevölkerung des Nil-Kongo-Zwischengebietes"
und STUHLMANN (b): 472 hatte früher schon folgendes Urteil niedergelegt: „Es
ist im höchsten Grade wahrscheinlich, daß wir in den Pygmäen eine Urrasse
vor uns haben, die in der Vorzeit die tropischen Gebiete von Afrika bewohnte,

bevor die heutigen Bewohner dort einwanderten." Selbstverständlich sind die
Waldneger ihrerseits der gleichen Meinung; und sie wird mit aller Entschiedenheit erst recht von den Bambuti selbst verteidigt, falls man sie darüber befragt.
Auch bedarf es ausführlicher Beweise für die andere Tatsache nicht, daß
ehedem der Urwald breite Streifen der jetzt im Norden und Süden offenen
Flächen bedeckt hat; die darin einst nomadisierenden Pygmäen sind mit der
Umbildung jener ursprünglichen Waldzone ebenfalls verschwunden, weil sie
allein im Walde siedeln können. Ausführlicher gelangen diese rassekundlichen
und kulturgeschichtlichen Geschehnisse später zur Erörterung.

Unsere kleinen Menschen am Ituri sind offensichtlich eine richtige Urwaldform. STUHLMANN (b): 465 bedient sich der gleichbedeutenden Ausdrucksweise,
wenn er schreibt: „Die Zwerge sind echte Waldbewohner." Das gegenwärtige
Verbreitungsgebiet der Bambuti ist gegenüber dem früheren mehrfach
eingeengt. Seit einiger Zeit verläuft, meinen Erkundungen zufolge, die Nordgrenze für ihre Horden nahe dem Südufer des oberen Kibali, über die Ortschaften Watsa und Gombari hinweg, und entlang dem Südufer des Bomokandi-
Flusses bis zur Station Poko; von hier in südwestlicher Neigung bis östlich vor
Banalia am Ituri. Von dieser Ortschaft aus zieht sich die Grenzlinie zum nörd-
lichsten Punkte im Knie des Lindi-Flusses und an diesem entlang bis Bafwasende; von da zum Oberlauf des Tshopo-Flusses und danach ostwärts über Beni
hinweg bis an die Landesgrenze. Im ganzen Osten endlich bildet der Rand
des Urwaldes selbst den Abschluß. Nochmals sei daran erinnert, daß unsere
Pygmäen auf ihre heute knapperen Grenzen als ursprünglich schon seit langem
durch natürliche Verengerung der Urwaldfläche selbst und neuestens „hauptsächlich durch die Einwanderung von fremden Völkerschaften" (STUHLMANN
[b]: 465) eingezwängt worden sind. Daneben waren auch Ursachen von geringer
Bedeutung wirksam; z. B. haben einzelne Negerstämme den Urwald — so
befremdlich dieser Bericht auch anmuten mag — als eigentliches Durchzugsgebiet benützt und den von solchen Störungen betroffenen Pygmäenhorden ein
weiteres Verbleiben unmöglich gemacht. (Vgl. die am Schluß eingefügte Karte.)

Umwelt und Verbreitungsgebiet der Bambuti sind mit dieser gedrängten
Schilderung ausreichend gekennzeichnet und für jedermann faßbar gemacht.

b. Lebensweise

Deutlicher und greifbarer, als die körperliche Ausstattung der Bambuti
ihre Anpassung an den Urwald zu verstehen gibt, zeigt sich die sehr ausgeglichene Übereinstimmung ihrer gesamten Lebensweise mit der sie umfassenden
Natur. Genau so eigenartig wie diese selbst, beeindruckt jeden europäischen
Beobachter die pygmäische Wirtschaftsform und Gesellschaftsordnung. Beide
Gefüge mit einigen aufschlußreichen Grundlinien zu umreißen, wird dazu
verhelfen, die Lebenstüchtigkeit unserer bisher nur ungenügend bekannten
Rassezwerge in ein klares Licht zu stellen und ihrer körperlichen sowie see-
lischen Leistungskraft die wohlverdiente Anerkennung zu zollen. Was sie an

geistigen Werten geschaffen haben und weiter pflegen, wird mancher Europäer bei ihnen kaum vermuten; so sehr überraschen ihre mannigfachen und gehaltreichen ideellen Güter. Mithin stehen sie als vollgültige Menschen da.

a. Wirtschaftsform

Nichts anderes ist von vornherein zu erwarten, als daß der übermächtige Urwald selbst seinen zwerghaften Insassen eine bestimmte und zwar ortsbedingte Wirtschaftsführung aufzwingt. Sie ist die der einfachen S a m m e l w i r t s c h a f t. Im Rahmen eines solchen Betriebes richtet sich alles Bemühen der Eingeborenen darauf, durch Aufsuchen und Einsammeln, durch Fangen und Jagen alles das an Rohstoffen sich anzueignen, was Mutter Natur von sich her als freiwillige Gaben anbietet. Jedes Bemühen des Menschen durch lenkende Einflußnahme auf Erzeugung und Ernte fällt weg, er betätigt sich weder im Ackerbau noch in der Viehzucht. Man bezeichnet eine derartige Wirtschaftsführung treffend als: aneignende. Unter Verzicht auf eine wählerische Vorsorge für begehrenswerte Dinge, erschöpft sich die gesamte Tätigkeit solcher Eingeborener voll und ganz darin, einfachhin zu übernehmen, was der Lebensraum aus sich selbst heraus hervorbringt. Zwar finden sich Volksgruppen mit der solcherart gekennzeichneten Wirtschaftsform unter den verschiedensten pflanzen- wie tiergeographischen Bedingungen, sogar in fast sämtlichen Klimabereichen; trotzdem entbehrt die unserer Bambuti keineswegs ganz bestimmter, einmaliger Besonderheiten. Ihre Wirtschaftsform stellt sich damit als ein von ihnen selbst geschaffenes und von ihrem persönlichen Können ausgestaltetes Gebilde vor.

1. Lebensunterhalt: Beim Nahrungserwerb durch einfache Sammelwirtschaft werden beide Geschlechter der Erwachsenen ungefähr zu gleichen Teilen beschäftigt; gelegentlich helfen größere Kinder allein für sich oder im Verein mit jenen durch Eigentätigkeit etwas mit. Im großen und ganzen obliegt den Pygmäinnen das E i n s a m m e l n solcher Stoffe aus dem Pflanzenreiche sowie kleinerer Tiere und tierischer Produkte, die der Ernährung dienen. Voraussetzung hierfür bildet ein vollständiges Vertrautsein mit allem, was in der nächsten Umgebung wirklich vorhanden ist, und ein einsichtsvolles Beherrschen aller günstigen Bedingungen, unter denen es sich aneignen läßt. Tatsächlich kennen die Bambuti ihren Ituri-Wald aufs genaueste, sie wissen um das Wachstum und Gedeihen der übererdigen Pflanzenteile sowie um das Reifen der Früchte und das Anschwellen der im Erdreich steckenden Knollen oder Wurzelstöcke; gleichfalls beobachten sie die Verwandlungsphasen und Wanderungen der Insekten sowie die Schlupfwinkel der Schnecken und Muscheln, Krebse und Fischchen. Dergleichen selbsterworbene Erfahrungen und genaueste, gründliche Naturkenntnisse sind im dortigen Urwalde von um so größerer Bedeutung, da augenfällige Gegensätze der Jahreszeiten gänzlich fehlen. Naturgemäß folgen sich auch dort im Ablauf eines Kalenderjahres für das pflanzliche und tierische Leben die in anderen Erdgebieten gleichen Entwicklungsphasen; jedoch erschließen sie sich, weil selbst unauffällig, bloß dem sicheren Beobachter und eingeweihten Ortskundigen. Als solche weisen sich bestimmt alle Pygmäinnen aus.

Mit sicherem Prüfen der Bäume machen sie jene wurmstichigen Stämme ausfindig, in denen dicke Raupen und fette Larven wühlen; sie beobachten geduldig die Entwicklung der Termiten und erfassen mit entschlossenem Zugriff den ganzen Haufen, kurz bevor er sich zum Ausschwärmen anschickt. Ihr scharfes Auge entdeckt im dichten Gewirr von Zweigen und Blättern, von Epiphyten und Parasiten die hoch oben am Stamme schmarotzenden Pilze ver-

Abb. 3. Erfolgreiche Sammlerin

schiedener Gattungen, von denen überdies eine dem Ziegenbart *(Clavaria)* ähnliche Art (Genus *Lachnocladium)* der Sammelplatz großer, heller Ameisen ist; ein einmaliges geschicktes Zupacken bringt die Finderin in den Besitz zweier geschätzter Leckerbissen. Von gewissen, die dicken Baumriesen umklammernden Schlingpflanzen pflückt die gewandte Mbuti-Frau allerlei Nüsse und Schoten ab, im Erdreich gräbt sie mit ihren bloßen, harten Händen oder mit einem kurzen Stock nach fleischigen Stengeln und Wurzeln. Heftig wird der wilde Honig begehrt und alle Pygmäen jedweden Alters fahnden gierig darnach; ziemlich das ganze Jahr hindurch läßt er sich ausnehmen. Kurzum, was das Pflanzenreich und die Ordnungen der niederen Tiere an Nahrungsstoffen bieten, das einzusammeln ist Aufgabe der Pygmäinnen.

Mit diesen Bemühungen verbindet sich noch die erheblich mühsamere Arbeit, eine ausreichende Menge an Brennholz zum Unterhalt des Hüttenfeuers im Walde zusammenzuklauben und zum Siedlungsplatze zu schleppen. Mit dergleichen Verpflichtungen, die sämtliche Körperkräfte anspannen, füllt der weibliche Bevölkerungsteil die vier bis fünf Stunden der stärksten Tageshelle aus. Reichlich und schwer beladen treffen die meisten Frauen bei der Wohnhütte ihrer Familie für gewöhnlich kurz nach 16 Uhr wieder ein.

Nicht minder geschäftig und nahezu fortgesetzt unermüdlich muß der Mann sich regen, will er den ihm obliegenden Beitrag zum Unterhalte seiner Familie herbeischaffen. Sein Lebensberuf ist die J a g d. Dabei entfaltet er staunenswerte Fertigkeiten und bewunderungswürdigen Mut. Zwar ist das Weidwerk an sich voller Reiz und schafft frohes Selbstgenügen, es steigert das persönliche Leistungsvermögen und weckt ein triumphierendes Siegerbewußtsein: unser Mbuti zeigt sich für diese belebenden und erhebenden Wirkungen mit offener Seele empfänglich. Indes wären sie alle miteinander allein und auf die Dauer außerstande, ihn Tag für Tag entschlossen auf die Beine zu stellen und ihn auf die Fährte der Jagdtiere zu treiben, würde ihn nicht das viel wirksamer drohende Gespenst des zu erwartenden Hungers unwiderstehlich anspornen. Dem Hunger könnte niemand für mehrere Tage und noch weniger für längere Zeit gleichgültig ausweichen.

Alltäglich nahezu muß der Mann seine Waffen aufgreifen und im Walde sein Jagdglück suchen. Er bringt vom einmaligen Pirschgange fast regelmäßig bloß geringe Beute zum Lagerplatz, da der Urwald arm ist an Tieren für seinen Hunger und sie ihrerseits sich auf weite Flächen verteilen. Wegen dieser Sachlage vereinigen sich regelmäßig einige oder mehrere Männer zur Gemeinschaftsjagd. Doch soll nicht in Abrede gestellt werden, daß ausnahmsweise ein einzelner Mann sich aufs Pirschen begibt und jedem Tiere, das ihm begegnet, sei es eine Baumratte oder Eidechse, ein Vogel oder Affe, seinen Pfeil in den Leib schleudert. Die Einzeljagd trägt naturgemäß nicht viel ein.

Zu einem gemeinschaftlichen Unternehmen vereinigen sich die meisten arbeitsfähigen Männer der gleichen Horde am späten Vormittag und eilen in einen bestimmten Waldbezirk, den sie mit Hilfe eines Jagdhundes durchsuchen oder umstellen. Gelingt es, eine Zwergantilope, die das alltägliche Jagdtier abgibt, im Buschwerk oder unter dichtgestellten Phrynium-Blättern aufzuscheuchen, erliegt sie fast unausweichlich den sicher geführten Pfeilen der Schützen; es sei denn, daß ausnahmsweise eine nur leichte Verwundung es ihr gestattet, schnell und weit zu entfliehen. Mit einem oder zwei Beutestücken dieser Art gibt sich die Jagdgesellschaft zufrieden und kehrt zum Lager zurück; hier trifft sie am häufigsten zwischen 16 und 17 Uhr ein.

Gelegentlich entschließt sich die ganze Horde zu einer eigentlichen Treibjagd. Viele Personen umstellen die in einem weiten Bezirk unter Blättern und in Erdlöchern verborgene Beute. Während sie ihren Kreis langsam enger ziehen, wird jedem eingeschlossenen Tiere das Entschlüpfen schwieriger gemacht und es rückt in bequeme Reichweite für den Jäger, der es schließlich zur Strecke bringt. Auch in einer anderen Form, und zwar mit mehr Aufwand, führen die Bambuti ihre Treibjagd durch. Für dieses ausgedehnte Unternehmen spannen die Männer mehrere weitmaschige Netze, ein jedes etwa 10 m lang und 80 cm hoch, zu einer langgezogenen Reihe nebeneinander zwischen die Bäume hindurch; ihr unterer Rand liegt dem Erdboden auf, wo Knüppel und Holzpflöcke ihn festhalten, den oberen Rand sichert man an Stämmen und Sträuchern durch Anhängen. Dem gespannten Netz auf einem Tennisplatze gleicht diese „Sperrwand", wie man die lange Reihe von zusammengeschlossenen Netzen bezeichnen könnte. Auf ihrer Außenseite nehmen die meisten Männer zwanglos Aufstellung, ein jeder mehrere Schritte vom anderen entfernt und den Blick auf die Sperrwand gerichtet. Die Frauen und Kinder ordnen sich in weitem Abstand davon zunächst zu einer breiten Schwarmlinie; dann ziehen sie mit langsamen, kurzen Schritten der Netzwand entgegen, indem sie unaufhörlich mit Stöcken gegen die Pflanzendecke am Waldboden, gegen niedriges Buschwerk und hohle Baumstämme schlagen, unter andauernd lauten Rufen. Ihre fortwährenden Bewegungen dienen nur dem einen Ziele, die versteckten Tiere aufzuscheuchen

und in Richtung auf die Netzsperre zu treiben; in deren Maschen verwickelt sich
die Beute fast unausweichlich und fällt den Männern, die unmittelbar dahinter
lauern, bequem in die Hände. Reichliche Beute entlohnt den erhöhten Aufwand
an Teilnehmern bei diesem Jagdunternehmen, Frauen und Kinder bieten größere Anstrengungen auf als die Männer. Für gewisse Zeit bleibt selbstverständlich ein solcher Waldbezirk, über den eine Treibjagd hinweggegangen ist, fast
gänzlich leer an Jagdtieren; also versuchen die Pygmäen anderswo ihr Glück,
um erst nach vielen Wochen jenes früher gründlichst ausgekämmte Gehege
aufs neue zu durchstreifen.

Schließlich noch ein kurzer Hinweis auf die Tollkühnheit, mit welcher diese
Männer der kleinsten Rasse in Afrika sich an den dort herrschenden Riesen aus
der Tierwelt heranpirschen. Mit unübertrefflicher Geschicklichkeit stoßen sie
ihm den kurzen Spieß in den Bauch oder zwischen die Zehen bei rückwärts
gewandter Fußsohle und setzen die Verfolgung des verwundeten Tieres so lange
fort, vereinzelt durch drei oder vier Tage, bis es todesmatt zusammenbricht.
'Der wagemutige Jäger und mit ihm seine ganze Horde findet eine mehr als
angemessene Entlohnung für alle Anstrengungen und Todesgefahren in den
überreichlichen Fleischmassen, die vielen Hungrigen nun zur Verfügung stehen.
Ein ergötzlicher Überfluß solcher Art wird den andauernd knapp gehaltenen
Waldmenschen selbstverständlich bloß dann und wann beschert; denn nur einzelne Männer sind geschickte, erfolgreiche Elefantenjäger und im Ringen mit
dem übermächtigen, wütenden Gegner wurde gar manchem die eigene Tollkühnheit zum Verhängnis.

Im Alltag liefern überdies die sehr aufmerksamen Buben einen kleinen
und geschätzten Beitrag zum Lebensunterhalt ihrer Familien. Wie unruhige
Geister schwärmen sie während einiger Tagesstunden durch das Gebüsch, durch-
stöbern morsche Pfosten, erklettern die dicken Stämme und huschen in schwindelnder Höhe durch die breiten Baumkronen. Hier wie dort greifen sie Larven
und Würmer auf, erfassen Eidechsen und Frösche, erlegen mit kleinen Pfeilen
manche Baumratten und Vögel; dabei fallen ihnen auch Früchte und Pilze in
die Hände. Die Pygmäen sind ein äußerst lebendiges, wachsames Völkchen,
dessen durchdringenden Blicken und scharfem Gehör nichts entgeht, was sich
im verworrenen Urwaldknäuel ängstlich und scheu regt.

Bei einer formlosen Überprüfung dessen, was die Bambuti zum Munde
führen, bin ich zu der folgenden Schätzung gelangt: Die Nährstoffe aus dem
Pflanzenreiche ergeben etwa zwei Drittel gegenüber einem Drittel solcher aus
dem Tierreiche. Nahezu alles, was diese Waldmenschen genießen, erfährt eine
oberflächliche Z u b e r e i t u n g allein unter kurzer Einwirkung von der Hitze
oder der strahlenden Wärme des Hüttenfeuers. Da sie die Töpferei nicht
kennen und Geschirr samt Gefäßen jedweder Art ihnen fehlen, sind sie außerstande, ihre Nahrungsmittel zu kochen. Auf Dünsten und Rösten müssen sie sich
beschränken. Größere und kleinere Fleischstücke, Knollen und fleischige Wurzeln, harte Früchte und handlange Fische, einzelne geschälte Bananen und den
aus einer besonderen *Musa*-Spielart gestampften Brei legen sie in die heiße

Asche des Hüttenfeuers; nach dem Rösten während einiger Minuten sind diese
Dinge gar und genießbar, weswegen auch sich jedermann unverzüglich bedient.

Anders geht die Pygmäin dann vor, wenn sie Termiten und Raupen,
Würmer und Schnecken, kleine Krebse und fingerlange Fische heimgebracht
hat. Etwa so viele von den bezeichneten Kleintieren, als sie mit beiden hohlen
Händen zu schöpfen vermag, legt sie auf zwei oder drei angefeuchtete und
frische, harte und große Blätter von der Phrynium-Staude und hüllt darin die
bescheidene Menge ein. Diesen Beutel aus frisch-grünen Blättern, verschnürt
und umschlungen mit den eigenen langen Blattstielen, schiebt die Frau ganz
nahe an die schwach glimmende Holzkohle ihres Feuers heran und überläßt ihn
der Einwirkung ausstrahlender Hitze. Die Blätter selbst verbrennen nicht und

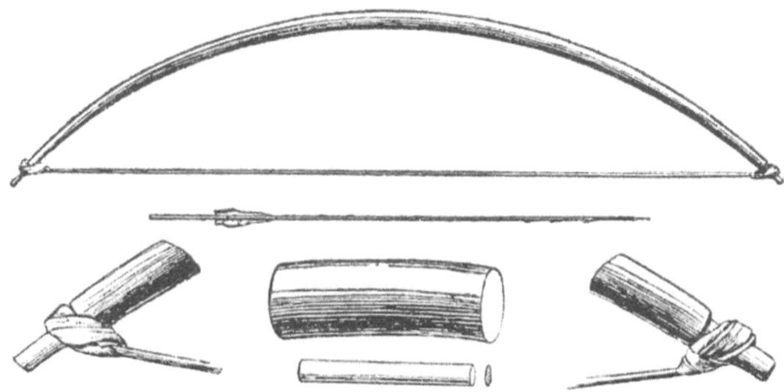

Abb. 4. Bogen und Pfeil einfachster Art

zuweilen nur verkohlen sie oberflächlich, weil sie frisch-feucht und lederartig
hart sind. Wohl aber erhitzen sich die darin eingeschlossenen Wasserteilchen
ziemlich schnell bis zu dem Grade, daß sie sich in Dampf umwandeln; und er
macht in weniger als einer halben Stunde alle Fleischteile gar. Wird der Blätter-
beutel sogleich aufgepackt, gilt der Inhalt als weich genug und die eigenen
Finger führen die kochend-heißen Leckerbissen zum Munde.

Die Tiere niederer Ordnungen, hauptsächlich Raupen und Larven, decken
zu einem beträchtlichen Teile den Bedarf an Fleischnahrung für unsere kleinen
Waldmenschen. Selbstverständlich fehlen ganz und gar die eigentlichen G e -
n u ß m i t t e l. Da Kochsalz auch für diese Leute ein unerläßliches physiologisches Erfordernis darstellt, bringen sie empfindliche Opfer, damit sie gelegentlich einige grobe Körnchen von den benachbarten Negern erlangen. Letztere
erwerben es auf ausgedehnten Handelswegen ihrer eigenen Rasseangehörigen.
Natürliches Wasser, wie es die vielen Bäche dort führen, ist das ausschließliche
Getränk der Waldbewohner; sie genießen es ausnahmslos kalt. Zuweilen ver-
mischen sie die zerstampften grünen oder roten Schoten vom wilden Buschpfeffer *(Capsicum)* mit den Nahrungsstoffen aus dem Tier- oder Pflanzenreiche. Den beißenden Saft beurteilt man wohl genauer als ein Gewürz; als
einziges steht es allen bequem zur Verfügung. Nicht einmal beschränkte Auswahl für Gaumenkitzel vermag ihre Nahrung zu vermitteln.

Die gedrängte Beschreibung der Ernährungsweise unserer Bambuti macht ersichtlich, daß der immergrüne Urwald ihnen keine reichhaltigen und erst recht keine überfließenden Massen an Lebensmitteln freigibt. Durchgehends erlangen sie bloß mäßige oder k n a p p e M e n g e n, dann und wann schieben sich sogar Tage wirklichen Hungers ein. Jedoch, wer alltäglich eifrig sucht und die jeweils herrschende Jahresperiode auszunützen sich bemüht, der findet ganz allgemein so viel und vielleicht noch etwas mehr, als zur Erhaltung des nackten Lebens und der durchschnittlichen Körperkraft unbedingt erforderlich ist. Die Mehrheit der Leute, hauptsächlich die Frauen mittleren Alters, stellen einen Ernährungszustand zur Schau, der als gut oder nahezu gut, zumindest als befriedigend bezeichnet werden kann. Die meisten hochbejahrten Personen dürfen zwar als mager und sehr mager gewertet werden, keineswegs aber als kraftlose Hungergestalten. Die zahlenmäßig größte Altersschicht, nämlich die in den besten Lebensjahren stehenden Leute, weist viele auf, zumal Mütter von mehreren Kindern, die als sehr gut genährt, wenn auch nicht als dick und fett ansprechen. Den Durchschnitt der größeren Kinder wird man am richtigsten als mager und schmächtig ausgeben, obwohl man einem klapperdürren Wesen kaum je begegnet.

Bei ihrem im ganzen bloß mäßigen Fettansatz zeigen die Bambuti eine feste, durchaus zähe und widerstandsfähige Bauart, trotz ihres zierlichen, leichten Knochengerüstes. Ihre Muskelkraft ist nicht nur relativ zu ihrer niedrigen Körperhöhe, sondern schlechterdings ansehnlich und ausdauernd; sie ermöglicht ihnen zuweilen Leistungen, die selbst einen grobkernigen, derben Europäer in Staunen versetzen. Die offenkundige Tatsache läßt sich nicht abstreiten, daß die Bambuti einen Menschentypus mit solch stattlichem k ö r p e r l i c h e n K r a f t v e r m ö g e n darstellen, wie man es auf den ersten Blick von ihrer zierlichen Gestalt und leichten Körperbeschaffenheit nicht erwartet. Unverwüstliche Lebenslust und unbeschwerte Heiterkeit, durch die sie sich zu ihren Gunsten weit von den Negern entfernen, zeugen ebenfalls dafür, daß zehrender Hunger sie weder oft noch andauernd quält. Trotzdem bleibt es wegen des wüsten Tobens der unberechenbaren, wilden Naturgewalten nicht ganz aus, daß einzelne Horden sich für einige Tage oder Wochen nur sehr dürftig oder unzureichend versorgen können. Mit Leichtigkeit und ohne später einsetzende Nachteile überwinden sie dergleichen Zeitabschnitte einer empfindlichen Kürzung der Lebensmittel. All das beweist, daß sie sich durchgehends mit einer Nahrungsmenge zufrieden geben müssen, die ein außenstehender Beurteiler richtig als kaum mäßig veranschlagt.

2. Körperschutz: Ebenso wie die Ernährungsweise unserer zwerghaften Waldmenschen, ist auch das Gefüge ihres W o h n e n s durch eine nahezu unglaubwürdig dürftige Einfachheit gekennzeichnet. Die lockere, durchlässige Blätterhütte, in der diese Leute die ganze Nacht sowie wenige Stunden vorher und nachher ausnahmslos verbringen, verdient es nicht, wie mir scheint, als Wohnung eingeschätzt zu werden. Passender heißt ein derart schlichter Aufbau

vielleicht: Schutzdach oder Wetterschirm. Bei einem ehrlichen Eingeständnis
seiner Bedeutung — zu dieser Überzeugung bin ich gelangt — wird man sagen
müssen: er soll vor allem und hauptsächlich ein Weiterglimmen des Feuers im
nassen, mit dichtem Wasserdampf erfüllten Regenwalde sichern. Von vornherein verbietet sich für die Pygmäen ein unverrückbarer, dauerfester Bau;
die herrschende Feuchtigkeit höchster Steigerung rund umher würde ihn
binnen kurzem arg zurichten, außerdem verhindert der Zwang zum freien
Jagen und Sammeln ein tägliches Zurückkehren an den gleichen, unver-
änderlichen Lagerplatz. Offensichtlich bleibt der Einzelfamilie keine andere
Wahl, als ihre Hütte an jeder beliebigen Stelle aufzurichten, die ausschließlich
von Rücksichten auf die Nahrungssuche bestimmt wird.

Als Folge aus der bestehenden Gesellschaftsordnung wandern für gewöhnlich einige Familien oder sämtliche Mitglieder der gleichen Horde gemeinsam.
Wo immer sie sich niederlassen — und wäre es nur für eine einzige Nacht, was
sich sehr oft ereignet —, entsteht jedesmal ein kleines Lager aus drei oder vier
oder mehreren Familienhütten. Mit Vorbedacht stellt man sie ziemlich eng
nebeneinander, hauptsächlich zur bequemen gegenseitigen Verständigung und
sofortigen Hilfeleistung. Die Anordnung selbst folgt keinen bestimmten Gesetzen oder festliegenden Regeln, man bevorzugt dabei indes einen weiten
Bogen oder nahezu geschlossenen Vollkreis. Falls andere Erwägungen nichts
einwenden, läßt sich die Horde gern bei einer engen Lichtung nieder, an deren
Rand, doch noch unter den Baumkronen, sie ihre Hütten vorschiebt; die Leute
wollen sich den hier kaum behinderten leichten Luftzug, der andauernd trocknen hilft und etwas erfrischt, zunutze machen (Abb. 2).

Die Art und Weise des Wohnens unterliegt nahezu gänzlich dem Zwange
der umgebenden Natur, der W o h n u n g s b a u selbst bezeugt offensichtlich
eine verblüffend vollständige Umweltbedingtheit. Den Frauen und Mädchen
obliegt es, die einfache Blätterhütte aufzustellen. Allerdings steuert dann und
wann auch ein Mann etwas dazu bei, indem er lange Stäbe und Lianenstengel
heranbringt. Diese und flexible Gerten werden, voneinander ungefähr zwei
Handspannen abstehend, mit ihrem dickeren Ende in die Erde gestoßen, wobei
die Pygmäin, bewußt oder unbewußt, einen länglich-runden Grundriß anstrebt;
die freien oberen Abschnitte der Stäbe legt sie nebeneinander zu ziemlich
gleichmäßigem Verlauf und verknüpft sie miteinander an den sich berührenden
Stellen derart, daß ein kuppelförmiges Gerüst entsteht. Dieses weist meistens
keine vollendete Symmetrie auf. Wohl aber besitzt es ausreichende Festigkeit,
da die einzelnen Gerten und Stäbe vermittels Pflanzenfasern oder Baststreifen
aneinander geknüpft werden. Am besten vergleicht man das ganze Gerüst mit
einem weitmaschigen Korbgeflecht.

Die einzelnen Hütten stehen für gewöhnlich ganz frei. Manchmal rückt die
hintere Breitseite eng an die Bretter- oder Stützwurzeln der dicken Baumriesen
heran, an der vorderen bleibt ein Eingang offen. Manche Frau zieht einen sehr
weiten Durchlaß und zuweilen einen mittelgroßen oder bloß sehr niedrigen vor.
Zum Decken des Gerüstes dienen die harten und glatten, langen und breiten

Blätter von *Phrynium,* denen man manchmal die von *Calathea* beigibt. Zwei oder drei werden, nach halbem Aufspalten des Blattstiels, übereinander liegend fest verbunden und diese einzelnen Päckchen schiebt man dachziegelartig aneinander. Sogar schwerer Regen vermag nicht durchzuschlagen.

In jenem Urwaldbezirk, wo die Aka-Pygmäen zu Hause sind, d. i. im nordwestlichen Abschnitt des Ituri-Waldes, treten häufig Palmen mit langen Fiederblättern auf. Man greift sehr gern nach ihnen, halbiert oder dreiteilt sie und preßt die einzelnen Stücke, bei rechteckigem Grundriß, senkrecht in den Erdboden, daß sie genau aufrecht stehen; andere Stücke legt man waagrecht als Dach darüber. Naturgemäß entsteht eine Kastenform und die vier Wände samt Dach schließen ansehnlich weniger als die Kuppelhütte der Efé und Basúa. Jedoch erhält in der einen wie in der anderen Hütte das Feuer genügend Schutz, was die Hauptsache ist.

Die einzige und wirklich ernste Gefahr für die Insassen einer solchen lockeren, widerstandslosen Laube sind herabfallende Äste und umsinkende Bäume. Mit ängstlichem Blick prüfen die Pygmäen mehrmals am Tage, be·sonders genau nach einem schweren Regen, die Baumkronen und hochragenden Stämme über und neben ihrem Lager. Beim geringsten Verdacht, es könnten Bäume umstürzen oder schwere Äste herunterfallen, verschiebt man dasselbe unverzüglich an eine gesicherte Stelle.

Im Wohnraume selbst befindet sich für gewöhnlich rein gar nichts, außer dem Feuer; und häufig verlegt man auch dieses an regenfreien Stunden des Tages vor den Hütteneingang. Die Pygmäen entbehren jedweden Hausrates. Ein knorriger, breiter Klotz als Hocker und die sogenannte Astlehne, ein merkwürdig verästeltes Stämmchen, das als Drei- oder Vierfuß mit einer Lehne gelegentlich von den Pygmäen zu einem bequemen sitzenden Liegen benützt wird, dienen einem vereinzelten Liebhaber nur an Ort und Stelle, wo er sie zufällig gefunden hat; kaum je nimmt er sie beim Umsiedeln des Lagers mit.

Als Schlafstätte genügt den Erwachsenen und Kindern der nackte, feuchte Waldboden, den sie von moderndem Pflanzenteilen reinigen und nachher durch Stampfen mit der platten Fußsohle glätten. Diesen Platz überwölbt die Blätterlaube und strahlende Hitze des Feuers trocknet ihn oberflächlich. Ein Aushöhlen des Erdbodens und auch jedes noch so seichte Vertiefen unterbleibt; nichts berechtigt dazu, von einem Erdnest zu sprechen, in das die Hüttenbewohner sich zum nächtlichen Schlaf zurückziehen. Mancher Erwachsener — und Kinder tun das noch häufiger — breitet zuweilen ein Bananenblatt über eben jene Stelle in seiner Hütte aus, die er sich zur Nachtruhe wählt. Wegen des sehr beschränkten Raumes liegen alle Familienmitglieder ziemlich nahe aneinander gedrängt. Gelegentlich fertigt die Pygmäin eine Art „Matraze“ an; jedoch ist dieses Stück weiter nichts als eine Lage von vielen neben- und ineinander geschobenen Calathea-Blättern. Irgendwelches Hausgerät aus Holz oder gar aus Eisen kennen ursprünglich die Waldmenschen am Ituri nicht, eben deshalb werden sie auf ihren unaufhörlichen Wanderungen durch Lasten und Gepäcksstücke nicht behindert.

In ihrem heimatlichen Urwalde liegt überall verstreut genügend Brennholz
für das unentbehrliche Feuer und allerorts sprießt die Phrynium-Staude, mit
deren Blättern jede Form der Wohnhütten in ungefähr 30 Minuten gedeckt
werden kann. Diese beiden Geschenke der Natur erfüllen die wichtigsten
Vorbedingungen zu einem fast a l l t ä g l i c h e n W e c h s e l des Lagerplatzes.
Zum ruhelosen Hin und Her wie Kreuz und Quer im eigenen Jagdbezirk zwingt
der Nahrungserwerb, der an keinem Tage aussetzen darf. Sind im nächsten
Umkreis von den Hütten bei zwei oder drei Beutezügen aller Hordenmitglieder
durch Jagden seitens der Männer und durch mehrmaliges Absammeln seitens
der Pygmäinnen sämtliche derzeit greifbaren Nahrungsmittel aus dem Tier·
und Pflanzenreiche eingebracht, dann muß die ganze Gruppe, will sie sich nicht
dem Hunger aussetzen, unweigerlich einen anderen Standplatz aufsuchen. An
ihm kann sie ebenfalls nur wenige Tage verweilen, weil auch dort die erreich-
bare Beute binnen kurzem ausgeschöpft ist. Jahraus und jahrein, an jedem
zweiten oder dritten oder vierten Tage durchgehends die bescheidene Laube
wieder anderswo aufzustellen und darin die Nacht zu verbringen: diesen unruhigen Wechsel empfinden unsere flinken Waldmenschen keineswegs als lästig;
vielmehr ist er für sie ein naturverpflichtendes Lebensgebot. Andauernde Seßhaftigkeit, die sie an Negern beobachten, wäre ihnen unerträglich; abgesehen
davon, daß sich eine solche mit ihrem sammlerischen Wirtschaftsbetrieb nicht
vereinbaren ließe.

Überraschend fürs erste wirkt der schon mehrmals wiederholte Hinweis,
daß die Ituri-Pygmäen, obwohl sie ganz dicht am Äquator wohnen, während
der ganzen Nacht und einiger Tagesstunden das o f f e n e F e u e r in oder
vor ihrer Hütte nicht entbehren können; sie sind, das wage ich zu behaupten,
darauf sogar lebensnotwendig angewiesen. Zwar steigt, im Vergleich zur gemäßigten Zone, die Lufttemperatur im Ituri-Urwalde hoch hinauf, man mag
das Mittelmaß oder das Maximum und Minimum heranziehen (S. 23); anderseits aber wird der menschliche Körper gegenüber dem Entzug von Ver-
dunstungswärme, den die reichgesättigte Luft bewirkt, außerordentlich empfindlich (S. 24). Den Erscheinungen der sogenannten Stenothermie sind in
jener Zone die Weißen in gleicher Weise wie die Farbigen unterworfen. Was
Wunder, daß sich die Pygmäen, wann immer sie ruhig sitzen oder beschäf-
tigungslos umherliegen, recht nahe an das Feuer heranrücken — die Stunden des
Hochstandes der Sonne bei klarem Himmel ausgenommen. Läßt am Morgen
das Feuer wegen schlechter Bedienung seitens der schläfrigen Hüttenbewohner
nach, zittern sie fröstelnd am ganzen Körper und klappern mit den Zähnen; —
ein unfreundliches Bild, das man dort nicht erwartet und das sich mir dennoch
fast täglich geboten hat. Bei Tageshelle schleppen Frauen und erwachsene
Mädchen ansehnliche Massen von Brennholz herbei; sie wissen, wie ängstlich
ihre Familienmitglieder darauf warten.

Alle wachen mit erhöhter Aufmerksamkeit darüber, daß das Feuer nicht
erlischt; sie bedienen es nicht minder sorgfältig als jeden ihrer Säuglinge.
Würde es gänzlich erlöschen, könnte die betroffene Familie in arge Verlegen-

heit geraten, falls Nachbarn nicht mit einem brennenden Span aushelfen, an
dem sich ein neues Feuer entzünden läßt. Unglaubwürdig mag die erweisbare
Tatsache klingen, daß unsere Bambuti das Feuer zwar seit langem verwenden,
jedoch nicht imstande sind und über keine Methode verfügen, Feuer zum
Entzünden zu bringen. Durch welche Machenschaften und wann ungefähr sie in
den Besitz des ersten Feuers gelangt sind, das wissen sie selbst nicht und jede
leise Erinnerung daran fehlt; seitdem sie darüber verfügen, geben sie es unmittelbar einander weiter. Bis in die Gegenwart herein bleibt ihnen keine

Abb. 5. Kuppelförmige Hütte der Pygmäen

andere Wahl, als daß bei Lagerwechsel zumindest eine Frauensperson ein am
freien Ende glimmendes Holzscheit faßt und während der ganzen Wanderung
den Arm schlenkernd bewegt, damit es nicht erlischt; allein mit diesem Stück
entfacht man an der neuen Siedlungsstätte ein lebhaftes Standfeuer. Jahrhundertelang ist das Feuer im Wohnbereich der Bambuti nie gänzlich erloschen
und sie werden es wohl noch lange auf die bezeichnete Weise von der lebenden
Generation auf die kommende weiterleiten.

Unter den im Urwalde obwaltenden Witterungsbedingungen und dem unausweichlichen Zwang zur umherschweifenden Lebensführung war es für seine
Insassen die klügste und zweckmäßigste Entscheidung, auf jede Art von
K l e i d u n g zu verzichten. Die kleinen Kinder beläßt man splitternackt, die
größeren Kinder und alle Erwachsenen begnügen sich mit einem unansehnlichen Schamschurz, der bescheidener kaum sein kann. Unter keiner Rücksicht
verdient er als „Kleidung" angesprochen zu werden. Er ist ja bloß ein ungefähr
handbreiter Bastschichtstreifen aus der *murúmba* genannten Rinde von einer
Ficus-Art, der mehrmals angefeuchtet und mit der geriffelten Fläche an einem
kurzen Elfenbeinstück wie mit einem Hammer geklopft wurde. Jeder Erwachsene führt dieses Stück zwischen seinen Oberschenkeln durch und hält die

freien Enden vorn wie hinten vermittels einer um die Lenden gelegten Schnur
fest. Wiederholten Aussagen zufolge legen die Pygmäen diesen schmalen Schurz
aus Gründen der Schicklichkeit an. Diese besitzen für die Kleinsten und Kleinen
noch keine Gültigkeit, weswegen Kinder so, wie sie eben sind, umherlaufen
dürfen.

Zu den fast allabendlichen Tänzen oder aus reiner Freude an einem
bescheidenen Körperschmuck ersetzen Frauen und Mädchen den einfachen
Baststreifen vorübergehend durch mehrere übereinander gelegte Phrynium-
Blätter, die, als lockeres Bündel über dem Gesäß an der Lendenschnur befestigt, beim Tänzeln und Springen etwa so wirken, wie ein sich öffnender und
schließender Fächer. Manche Personen bringen zur Verschönerung des Scham-
schurzes einfache Zeichenmuster darauf mit pflanzlichen Farbstoffen an.

Kaum nennenswert ist das, was die Bambuti an Schmucksachen besitzen. Sie
verwenden Armringe aus geflochtenen Pflanzenfasern sowie Halsschnüre aus
aufgefädelten Früchten und Knöchelchen oder Affenzähnen; den Mädchen genügt sogar ein locker um den Hals gewundener und vorn verknoteter Lianenstengel.

3. Besitzgüter: Die physiologischen Vorteile des Nacktgehens für unsere
Pygmäen leuchten jedem Beurteiler ein, der selber die im Urwalde herrschende überquellende Feuchtigkeit zu verspüren bekommen hat. Wie diesbezüglich die Bambuti sich nach höchster Zweckmäßigkeit eingerichtet haben,
so auch hinsichtlich ihrer Gerätschaften. Diese machen ein nahezu unwahrscheinlich niedriges Mindestmaß an gegenständlichem Besitz aus, der unseren
kleinen Waldmenschen vollauf genügt, um ihren Nahrungserwerb zu bestreiten
und das Leben sieghaft zu meistern. Kaum einer jener Männer besitzt mehr
als einige Jagdbögen mit Pfeilen im Köcher aus Bast oder Fell, dazu den
ledernen Gelenkschutz und zuweilen den Speer; sie bilden sein ganzes Hab
und Gut.

Zum Pygmäen gehört der kleine J a g d b o g e n so notwendig und selbstverständlich, wie der Arm zum Rumpf; dieses Stück mit den Pfeilen ist seine
schlechthin unentbehrliche Waffe. Dem hierzu verwendeten Rundstab eignet
mäßige Elastizität und er bedarf keiner weiteren Bearbeitung, außer daß die
beiden Enden etwas zugespitzt oder daß dahinein abgesetzte Kanten von einfacher Form eingeschnitten werden. Über die Herkunft des Pygmäenbogens
sind unter den Ethnologen die gegensätzlichsten Vermutungen laut geworden;
meines Erachtens haben die ersten Bambuti ihn selbständig erfunden — obwohl er eine sogenannte komplizierte Waffe darstellt — und spätere Geschlechterfolgen die gegenwärtige Form in Anpassung an die Bedingungen des
Ituri-Waldes ausgebildet. Er ist als Fernwaffe überraschend klein und seine
durchschnittliche Sehnenspannweite beträgt nur 60 bis 75 cm. Die Sehne, ein
abgesplissener Rotangstreifen, wird durch einfaches Verknoten oder durch
Einhängen zweier Ösen, in die sie endet, am Bogenstab befestigt.

Der diesem Bogen angepaßte P f e i l ist weiter nichts als der vorn zuge-
spitzte Blattstengel von der *dúru*-Pflanze *(Calathea),* die an sumpfigen Stellen

gedeiht. Zur Flugsicherung wird nahe dem unteren Ende ein zur Dreieck- oder
Ovalform zugeschnittenes hartes Blatt in einen Querspalt eingeklemmt. Die
Gesamtlänge des Pfeiles übertrifft nur ausnahmsweise 70 cm. Auf die Spitze
schmiert der Jäger zuweilen Gifte von *Strychnos*-Arten oder die scharfen
Reizstoffe vom Buschpfeffer *(Capsicum)*; sie sollen eine schnelle Lähmung des
verwundeten Tieres bewirken. Der Gelenkschutz ist ein Lederpolster vom
Umfang einer Männerfaust, das sich die meisten Schützen an der Handwurzel

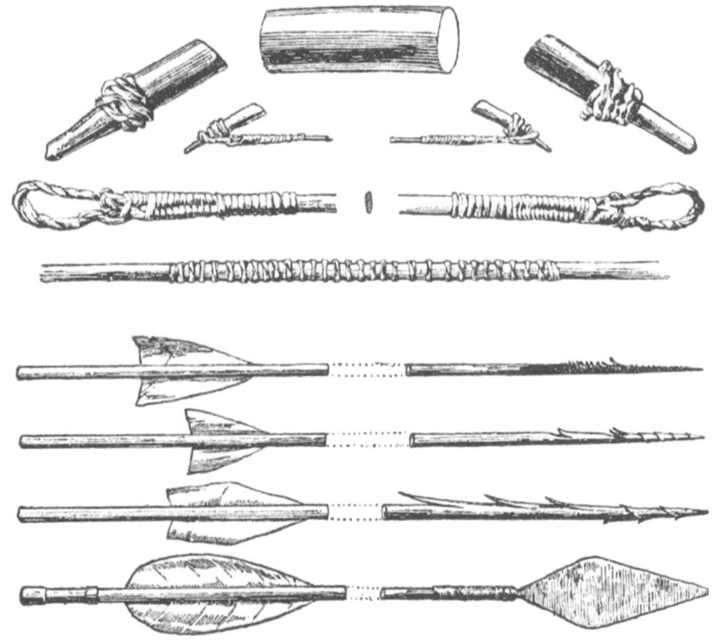

Abb. 6. Bogenstab samt Sehne, darunter Pfeile

des linken Armes befestigen; es verhindert eine Verletzung dieser Stelle beim
Rückschlag der abgeschnellten Sehne. Neben dem ausnahmslos allgemeinen und
alleinigen Gebrauch des Bogens mit dem Pfeil benützen einzelne Bambuti-
Horden überdies einen Speer oder Spieß. Ursprünglich war er bloß ein oben
zugespitzter Schaft aus besonders hartem Holz; gegenwärtig setzt man ihm ein
eisernes Blatt auf und man preßt das untere Ende in eine zur stumpfen Spitze
auslaufende Eisenzwinge hinein, die offenkundig erhöhte Stoßkraft gewährleistet. Nur mit dieser schwachen, einfachen Waffe ausgerüstet wagt sich der
zwerghafte Mbuti an den riesenhaften Dickhäuter im Urwalde heran und
bringt ihn zur Strecke.

Damit die Aufzählung der Besitzstücke eines Pygmäen nicht unvollständig
ausfalle, muß noch die hölzerne Hundeschelle erwähnt werden; trotzdem verfügt
nicht eine jede Horde, und noch viel weniger jeder Jäger über den sehr nütz-
lichen Hund. Seiner erfreut sich nur diese und jene Horde, die ihn zuweilen an
solche verleiht, denen er fehlt. Ebenso bedienen sich der oben beschriebenen

weitmaschigen Netze zur großangelegten Treibjagd nur gewisse Horden, während andere dergleichen Stücke gegenwärtig nicht mehr anfertigen. Manche Anzeichen sprechen dafür, daß in früherer Zeit die Treibjagd mit solchen Netzen allgemein bei den Bambuti im Schwange gewesen ist.

Die für europäische Beurteiler nahezu unfaßliche Dürftigkeit im gegenständlichen Besitz eines Mbuti-Mannes wird noch übertroffen vom geringfügigen Maß an Kleinigkeiten, das die Pygmäin als ihr Hab und Gut betrachtet. Ihr gehört weiter nichts als ein weitmaschiger K o r b , ein Pflanzenfaserstrick als Tragband, das sie sich beim Lastenschleppen vor die Stirn legt, ein handbreiter Lederstreifen, auf dem ihr Säugling sitzend seine Beinchen um ihre Hüften schlägt, schließlich einige nichtssagende Schmuckstücke und der notdürftige Schamschurz. Mit der Korbflechterei machen sich schon die Mädchen vertraut. Alle weiblichen Wesen sind bei ihrer Sammeltätigkeit auf den Korb angewiesen, sie schleppen darin ihre tägliche Ernte zur Wohnhütte.

Da Männer und Frauen ihren unansehnlichen gegenständlichen Besitz spielend leicht mit sich führen, bedeutet ein nahezu alltägliches Wechseln des Lagerplatzes für die Einzelfamilie und die Horde nicht die geringste Belästigung oder Anstrengung. Ihre Gebrauchsgegenstände an sich zeigen offenkundig nach Zahl und Masse die bescheidenste, überhaupt mögliche Anspruchslosigkeit an dinglichen Gütern. Wegen der ursprünglich alleinigen Verwendung von pflanzlichen Rohstoffen — neben Knochen und Muschelschalen in viel geringerem Ausmaß — sind diese Gerätschaften auch das absolut Einfachste, dessen sich, genau so wie gegenwärtig noch unsere Bambuti, einzelne Menschheitsgruppen auf niedrigster Kulturstufe der frühen Vorzeit bedient haben: es ist ein Wesensmerkmal der sogenannten H o l z z e i t k u l t u r. Was unsere kleinen Waldmenschen neuestens als Eisengeräte verwenden und mit sich führen, entstammt allein der Werktätigkeit ihrer benachbarten Neger, die bekanntlich im Schmiedehandwerk ansehnliche Leistungen vollbringen; erstere erwerben nützliche Stücke von diesen im Tauschhandel gegen das Fleisch von ihren Beutetieren.

Bei gründlicher Besichtigung gelangt man zu dem durchaus nicht verwunderlichen Urteil: Was die Bambuti an Gebrauchsgegenständen besitzen, ist derart wenig und zugleich überraschend einfach, daß man nicht einen einzigen wegnehmen könnte, ohne ihren Erwerbsbetrieb vollständig lahm zu legen. All das erklärt sich daher, daß jedem Stück eine lückenlose Z w e c k m ä ß i g k e i t innewohnt; trotz genauer Prüfung ließe sich, mit Stoffen allein aus dem Urwalde, keines zu seinem eigenen Vorteil oder zu erhöhter Brauchbarkeit weiterbilden. Folgender hochwichtiger Tatbestand ist demnach erwiesen: Mit den bescheidensten Mitteln und aus den geeignetsten Stoffen, die der Urwald als Umwelt zu liefern vermag, verfertigt der Ituri-Pygmäe einfachste Gerätschaften von einer Zweckdienlichkeit, die sich nicht übersteigern läßt; auch die Einrichtung seiner Hütte und die Art seines Wohnens folgt dem gleichen Grundgesetz. Mit geringer und nur zuweilen stärkerer Anstrengung, die durchaus nicht des Reizvollen entbehrt, befriedigt er seine Lebensbedürfnisse; an sich sind es sehr wenige und durchaus bescheidene. Eben deshalb entwickelt sich im eigenen Innern dieser Urwaldmenschen keine Spannung zwischen Verlangen und Besitz, vielmehr lebt jeder von ihnen im Zustande einer satten Zufriedenheit sowie einer ausgeglichenen Harmonie seiner Wünsche und Erwartungen mit der ihn umgebenden Natur. Nicht nur seine Wirtschaftsform ist auf das, was sein Lebensraum zu bieten vermag, genau abgestimmt; der nämliche Ausgleich herrscht auch in der von der wirtschaftlichen Ordnung maßgebend abhängigen gesellschaftlichen, die beide von sich aus den Inhalt der rein geistigen Kulturgüter entscheidend gestaltet haben. Demzufolge verrät der gesamte Kulturbesitz der Bambuti eine befriedigende Ausgeglichenheit seiner einzelnen Bestandteile bzw. Gliederungen, die sich alle zu einer harmonischen Einheit zusammenschließen; und ihrerseits zeigt letztere eine vollkommene Übereinstimmung mit der Umwelt, in die kein Pygmäe formwechselnd oder umgestaltend eingreift.

Diesen Zustand vorzüglich abgestimmten Gleichgewichts, den in nämlicher Vollkommenheit auch einige andere Naturvölker auf der niedrigen Kulturstufe freier Sammelwirtschaft aufweisen, bezeichnete ich schon vor Jahren als ein „*Optimum adaptationis*". Solch eine bestmögliche A n p a s s u n g des Eigenlebens und aller Besitzgüter, des Nahrungserwerbs und Wohnens an den dunklen, dauerfeuchten Hochwald mit seinen nur spärlichen Lebensmittelquellen aus dem Pflanzen- und Tierreich haben unsere Bambuti tatsächlich zustande gebracht: ein überzeugender Beweis für ihre körperliche Tüchtigkeit und noch mehr für ihre nach allen Richtungen hin gut entwickelten Geisteskräfte. Was Wunder also, daß sie sich in ihrer Umwelt wohl geborgen und ausreichend gesichert fühlen. Voll übersprudelnder Lebensfreude, sind sie, so weit meine Kenntnisse reichen, vermutlich das vergnügteste und tanzlustigste Volk der Erde; nahezu alltäglich ergötzen sie sich vor ihrer Nachtruhe mit einem zwei- oder mehrstündigen Tanz. Der unheimlich düstere, feuchtigkeittriefende Urwald hat ihr Gemüt nicht zum Verkümmern gebracht; von ihnen selbst ist ja aller gegenständliche und geistige Kulturbesitz harmonievoll in diese einzigartige Umwelt eingepaßt worden.

β. Gesellschaftsordnung

Die enge Abhängigkeit der verschiedenen gesellschaftlichen Einrichtungen sowie der Grundsätze für das Gemeinschaftsleben vom Wirtschaftsbetrieb des freien Nomadisierens wird erst recht offenkundig, wenn man sich den Einzelheiten zuwendet. Zunächst begegnet man einigen beachtlichen A u s f ä l l e n, die für Völkerschaften mit höheren Ansprüchen unerträglich wären. Was an Sachgütern von den Bambuti hergestellt wird, bleibt sowohl der Art als auch der Zahl nach auf das beschränkt, was der Alltag unbedingt fordert. Jedermann beginnt erst dann einen Gegenstand anzufertigen, wenn ihn die unmittelbare Notwendigkeit nachdrücklichst erzwingt. Dabei nimmt jeder Erwachsene bloß Bedacht auf den eigenen Bedarf und tut nichts, was darüber hinausgeht. Irgendwelche Vorräte oder andere für spätere Verwendung bereitgestellte

Dinge würde man in einer Pygmäenhütte vergeblich suchen; sie alle samt und sonders wären eine andauernde Belastung auf den unvermeidlichen alltäglichen Wanderungen. Da jedermann innerhalb seiner nächsten Lebensgemeinschaft, die man treffend als Horde bezeichnet, alles das, was er benötigt, mit eigenen Händen und für den persönlichen Gebrauch erzeugt, haben sich wirkliche Facharbeiter nicht herausgebildet; eben deshalb fehlt der Pygmäengemeinschaft jegliche Gliederung in technische Berufe. Gewerbliche Absonderungen oder handwerklich bedingte Gruppierungen könnten unter solchen Voraussetzungen überhaupt nicht zuwege gebracht werden.

Selbstverständlich unterbleibt innerhalb und außerhalb des Rahmens aller größeren und kleineren Volksgruppen jedweder nennenswerte Güteraustausch. Alle Stammesmitglieder unterstehen den genau gleichen Daseinsbedingungen, begnügen sich mit demselben ärmlichen Besitzstand an Sachgütern und verfertigen nach einer einheitlichen Technik die wenigen Gerätschaften, auf die keiner von ihnen verzichten darf. Wetteifer in Kunstfertigkeit oder in Leistungssteigerung eines gewissen Gegenstandes ist den Pygmäen ein unbekannter Begriff. Grundsätzlich stellen sie allein das her, was sich mit den von der Natur angebotenen Rohstoffen ziemlich mühelos, rasch und ohne Hilfsgerät anfertigen läßt, was gewisse Zeit haltbar oder gebrauchsfähig bleibt und was beim Dauertransport nicht belästigt.

Die gesellschaftlichen Einrichtungen und sozialen Verpflichtungen, die man bei unseren kleinen Waldmenschen antrifft, tragen eindeutig ihre Z w e c k b e s t i m m u n g und Zielwirksamkeit förmlich auf der Stirn geschrieben: sie alle wollen letztlich das gesunde Gedeihen des Volksganzen sichern, unmittelbar und vornehmlich die Wohlfahrt jeder Einzelhorde gewährleisten. Die Volksgemeinschaft gäbe sich selber auf, würde sie als solche sich nicht mit allen erreichbaren Mitteln um ihren eigenen Weiterbestand ernstlich bemühen. Als wichtigstes Sozialgebilde, das die Pygmäen besitzen, gibt sich die Horde zu erkennen; und für ihre Sicherung sind vollkommen zuverlässige Maßnahmen andauernd wirksam. Die Horde ruht offenkundig auf den festgefügten Einzelfamilien begründet, weswegen auch ihnen eine nicht minder maßgebende Bedeutung für den Bestand des Volksganzen zukommt.

1. Die Horde: Die nomadisierende Wirtschaftsform zeitigt als unerläßliche Folge nach der einen Richtung hin eine ansehnliche Auflockerung des Volksganzen und nach der anderen Richtung hin den engeren Zusammenschluß einzelner Familien zu einer Hordengemeinschaft. Ihr vorwiegend dient die pygmäische Gesellschaftsordnung, wie schon gesagt wurde. Unter "Horde" hat man sich nun im folgenden eine Gemeinschaft von Familien[1] vorzustellen, die sich als blutsverwandt betrachten, ihren bestimmt abgesteckten Waldbezirk als gemeinschaftliches Eigentum besitzen und zu wirtschaftlicher Zusammen-

---

[1] Im wesentlichen stimmt diese Begriffsumgrenzung überein mit dem, was THURNWALD (Die menschliche Gesellschaft, Bd. 4, S. XV; Berlin 1935) unter Horde versteht, wenn er erklärt: „Horde, Familienagglomeration = Das vorübergehende und relativ dauernde Zusammenleben

arbeit mit gegenseitiger Hilfeleistung vereint sind. Durchsichtig und einfach ist das G e f ü g e einer solchen Horde. Weder Abstufungen noch Rangschichten gibt es in ihr, allein das gleichwertige Nebeneinander der Einzelfamilien gilt. Sie werden fest zusammengeschlossen vom Bewußtsein ihrer verwandtschaftlichen Verbundenheit, nicht aber von einer übergeordneten Autoritätsperson, sei es ein Häuptling oder Richter, ein Priester oder Zauberer. Wann und wie die Auswahl und Zusammenstellung der Familien zu den bestehenden Horden erfolgt sein mag, das entzieht sich jeder Ermittlung; und diesbezügliche Fragen bringen unsere Bambuti in Verlegenheit, weil ein wirksames Volksbewußtsein ihnen fehlt. Angesichts dessen muß der europäische Forscher sich damit abfinden, das Nebeneinander der zahlreichen Horden in eben der Form aufzunehmen, die er gegenwärtig im Ituri-Walde antrifft. Man greift jedoch nicht fehl bei der Vermutung, daß der derzeitige Zustand über viele Jahrhunderte zurückreicht, in welch langem Zeitraume sich unvermeidlich mancherlei Umgruppierungen abgewickelt haben.

Mit dem bezeichneten Aufbau einer Pygmäenhorde ist von selbst gegeben, daß ihre Zusammensetzung nach Z a h l der beteiligten Familien nicht nur mannigfaltig ist, sondern auch unaufhörlich wechselt; in einem gegebenen Zeitpunkt umfaßt sie vielleicht zehn Familien und nach zwei oder drei Geschlechterfolgen bloß vier oder fünf. Abhängig bleibt dieses andauernde Schwanken wie auch das in der Mitgliederzahl einer Horde vom Kindernachwuchs sowie von den neu begründeten Ehen durch Abgabe der eigenen Mädchen an andere Horden und durch Übernahme heiratsfähiger Mädchen von diesen. Sollte die Familiengruppe derart eng zusammengeschrumpft sein, daß sie nur noch einige Mitglieder zählt, dann schließen diese sich einzeln je einer ihr verwandtschaftlich nahestehenden Horde an und gehen in ihr auf; letztere begrüßt den Zuwachs als Stärkung ihres eigenen Bestandes.

Da jede Horde eine Arbeitsgemeinschaft mehrerer zusammengeschlossener Familien abgibt, obliegen ihr bestimmte F u n k t i o n e n. Vor allem bemüht sie sich um den Schutz einer jeden ihr angegliederten Einzelfamilie. Keine von diesen, ganz allein auf sich selbst gestellt, könnte für lange Dauer in den Gefahren und Versorgungsschwierigkeiten des unablässig drohenden Urwaldes durchhalten. Ein einzelner Mann und eine einzelne Frau käme gar oft mit leeren Händen heim; jedoch die vereinten Anstrengungen mehrerer Hordenmitglieder auf der Jagd und beim Sammeln pflanzlicher oder tierischer Nahrungsstoffe gewährleisten ausnahmslos einigen Erfolg, der allen Beteiligten zugute kommt. Nach jedem gemeinschaftlichen Unternehmen erfolgt im Lager ein ausgleichendes Verteilen der gesamten Beute; nicht nur jene Einzelpersonen werden bedacht, die eigenhändig mitgeholfen haben, sondern sämtliche Fa-

---

von mehreren unter einander verwandten Familien führt zu Agglomerationen. Diese sind loser als Klan oder Sippe, können aber zu diesen führen, wenn der Gedanke gemeinsamer Abstammung die Dauer betont, durch Riten verstärkt wird, und wirtschaftliche oder politische Verbundenheit hinzutritt. Mitunter entstehen solche Agglomerationen aus Splittern von Sippen und gelangen mit der Zeit zu selbständiger Sippenbildung."

milien, die der Horde angehören. Dabei geht man nach bestimmten Regeln vor, die einem uralten Gesetz gleichkommen und die jedermann treu befolgt. Abgesehen von dieser Verpflichtung, die sich für alle Hordenmitglieder vorteilhaft auswirkt — ohne Unterschied des Geschlechtes und Alters, ohne Rücksicht auf die tätige Anteilnahme am gemeinschaftlichen Unternehmen oder das irgendwie begründete Fernbleiben von ihm —, gilt es bei Frauen und Männern als etwas Selbstverständliches, an ihre Nachbarn einiges von dem abzugeben, was irgendwelche Einzelperson von der alltäglichen Nahrungssuche heimgebracht hat. Und was jeder erhält, sei es aus dem Ergebnis einer gemeinschaftlichen größeren Anstrengung oder sei es aus dem persönlichen Bemühen des Nachbarn bzw. der Nachbarin, mag viel oder wenig sein, an einem Tage reichlich und am andern unbeträchtlich — denn das Jagdglück wechselt launisch —: etwas jedenfalls ist es doch; und das genügt, um für den Augenblick vor Hunger zu bewahren.

Das Zusammenleben mehrerer Familien als eine Horde vermindert jeder einzelnen nicht nur die Nahrungssorgen, sondern erhöht auch die Sicherung des persönlichen Lebens. Bei Erkrankung und Unfall regen sich sofort mehrere Hände und sachkundige Personen springen zur Hilfeleistung ein; in jedweder anderen Notlage erfährt nicht minder jedermann die Unterstützung des Nachbarn. Alle wissen sich eben als Verwandte miteinander verbunden und den daraus abgeleiteten Verpflichtungen genügt jeder einzelne umso gewissenhafter.

Obwohl alle Erwachsenen in der nämlichen Horde ohne jede Rangordnung gleichberechtigt nebeneinander stehen, hebt sich trotzdem ein bejahrter Mann mit mehr oder weniger überragender Autorität erkennbar heraus. Seine Vormachtstellung ist bloß streng moralischer Natur und keinesfalls von einer gesetzlichen oder amtlichen Berufung abgeleitet. Weil er über ein besonnenes Urteil und eine reife Erfahrung verfügt, ein beispielgebendes Verhalten und treues Befolgen der Stammesbräuche wahrt, deshalb unterstellen sich Männer wie Frauen freiwillig seiner Führung, erbitten sich seinen Rat und schließen sich seiner Meinung widerspruchslos an. Man ehrt und befragt ihn, als wäre er ein amtsförmlich bestellter Häuptling; ihm vertraut man jedwede allgemeingültige Abmachung mit einer anderen Horde oder mit den benachbarten Negergruppen an. Was er geregelt und wie er entschieden hat, gilt den Hordenmitgliedern als verpflichtend und wird keiner Kritik unterzogen.

Fast überall wirkt mit oder neben dem unoffiziellen Vorsteher noch ein sogenannter Ältestenrat. Nicht durch ein nach festliegender Geschäftsordnung bestimmtes Wahlverfahren begründet er sich selbst; sondern allein durch das unsichtbare, aber empfundene moralische Übergewicht eines reiferen Urteils und einer reicheren Erfahrung, als die meisten jüngeren Männer aufweisen. Zu den vornehmlichsten Obliegenheiten dieses Ältestenrates gehört die Entscheidung darüber, ob der Brautpreis geleistet werden kann für ein Mädchen, das von einem der eigenen Jungmänner zur Frau erwählt wurde und in die eigene Horde übergehen soll; sowie auch darüber, welcher Brautpreis zu fordern sei für eines der eigenen Mädchen, das durch Heirat einer anderen Horde überlassen werden soll. Ähnliche Regelungen, welche die Gemeinschaft als solche angehen, erledigt der Ältestenrat mit dem Vorsteher ohne jede Formalität und nach einem patriarchalischen Schema; weil alle einander als nahe Verwandte gelten.

Jede derartige Familiengemeinschaft betrachtet einen bestimmt abgegrenzten Waldbezirk als ihr allein gehörig, und zwar als einen H o r d e n - b e s i t z , an dem sämtliche Hordenmitglieder unterschiedslos beteiligt sind. Seit altersher ist der Ituri-Wald in dergleichen Teilstücke zergliedert und ein jedes steht einer bestimmten Horde zu. Wann und wie diese Aufteilung, außerdem die genaue Abgrenzung jeder Einzelfläche erfolgt ist, weiß niemand zu sagen; den gegebenen Zustand hat die gegenwärtige Generation von den früheren lautlos übernommen, ohne sich Gedanken über das zu machen, was ihnen als etwas Selbstverständliches erscheint. Da die Gesamtheit der Horde als alleinige Eigentümerin ihres Waldbezirkes anerkannt wird, maßt ein Einzelner es sich nirgends an, alleiniger Herr desselben zu sein; und ebensowenig wird ein beliebiges Hordenmitglied beim Erwerb aller innerhalb der Gesamtgrenzen vorhandenen Gebrauchswerte behindert. Jedwedem steht es frei, sich in gleicher Weise alle jene Dinge zum Verbrauch und zur Nutznießung anzueignen, die sein Waldbezirk zu vergeben hat, d. h. jedermann übt unbehindert sein unterschiedsloses Besitzrecht aus und niemand macht für sich eigene Sonderrechte geltend. Solange kein Hordenmitglied ein Jagdtier oder einen Gegenstand oder einen Rohstoff für sich allein in Anspruch genommen oder beschlagnahmt hat, stehen alle diese Dinge für jedermann ausnahmslos dem freien Zugriff offen; erst durch die unmittelbare Aneignung gehen sie aus dem allgemein-kommunalen in den ausschließlich persönlichen Besitz über.

Mit restlos treuer Gewissenhaftigkeit macht jede Horde entschieden halt vor den Bezirksgrenzen ihrer Nachbarn. Ein Überschreiten dieser Absperrlinien würde die benachteiligte Gruppe zum Kampfe herausfordern. Jedermann trachtet ihn zu vermeiden.

Bei einer zusammenfassenden Bewertung der hier erörterten Einrichtungen gelangt man zu folgender Erkenntnis: Die Aufteilung des gesamten Pygmäenvolkes zu vielen Horden, die in genau abgegrenzten Waldbezirken nebeneinander stehen, bietet jeder Einzelfamilie offenkundig lebenswichtige Vorteile und gewährt ihr einen derart sicheren Schutz, daß damit ein Fortbestehen der Horden und infolgedessen auch der völkischen Gesamtheit überhaupt verbürgt wird.

2. Die Einzelfamilie: Deutlich bestimmt zeigt sich das Gefüge der Pygmäenfamilie, denn sie besteht aus Mann und Frau bzw. Vater und Mutter mit den Kindern. Irgendwelche davon abweichende Verbindungen oder Beziehungen des einen Geschlechts mit dem anderen als gebilligte oder geduldete Einrichtungen kennen die Bambuti nicht. Bei der G a t t e n w a h l genießen die Heiratsfähigen grundsätzlich ihre volle Freiheit. Für alle gilt die Pflicht der Exogamie, da die Mitglieder der gleichen Horde wie Verwandte zusammengeschlossen sind. Für gewöhnlich vereinigen sich die beiden Jugendlichen erst dann zur förmlichen Ehe, wenn jeder von ihnen die körperliche Reife erreicht hat. Jedoch ist es nichts Ungewöhnliches bei den Bambuti, daß zum Vorteil der Horde solche Kinder ehelich miteinander verbunden werden, von denen das eine oder beide noch nicht ihre Pubertät erreicht haben.

Einen zuweilen ausschlaggebenden Entscheid bei der Gattenwahl behält sich die Horde bzw. der Ältestenrat gegenüber den beiden Verliebten vor; und zwar überwiegen dabei einige wirtschaftliche Erwägungen. Jedes Mädchen stellt für ihre eigene Horde eine geschätzte Arbeitskraft dar und diese geht ihrer Gruppe verloren, wenn es als Ehefrau in eine andere Horde übernommen wird. Deshalb fordert ihre eigene Horde sozusagen eine Entschädigung in Gegen-ständen, über deren Höhe der Ältestenrat entscheidet. Die günstigste und für beide Parteien erwünschte Lösung ergibt sich dann, wenn die eine Horde ihr heiratsfähiges Mädchen gegen ein solches aus der anderen Horde austauscht; bei solchem Ausgleich weiß sich keine der beiden Gruppen wirtschaftlich ge-schädigt, weswegen man dieser Regelung mit Vorliebe zustrebt. Sollte die andere Horde, der ein bestimmtes Entgelt in Sachwerten — wenn man so sagen darf — zur Bedingung gemacht wird, dasselbe zu leisten außerstande sein, verbieten die Alten dem verliebten Burschen seine geplante Heirat mit dem von ihm erwählten Mädchen. Unvermeidlich gibt ein derartiges Verbot den Anlaß zu mancherlei Unordnungen und Fehltritten im weiteren gegenseitigen Verhalten der beiden Heiratslustigen; sie lieben sich aufrichtig und lassen nicht voneinander, manche entfliehen und setzen sich eigenwillig über das Verbot des Ältestenrates dadurch hinweg, daß sie anderswo für die erste Zeit als Eheleute beisammen bleiben.

Auffallende Förmlichkeiten als Hochzeitsfeier gibt es bei den Bambuti nicht; zumindest aber wird der Abschluß einer E h e innerhalb der Horde derart deutlich nach außen bekundet, daß jedermann zweifelsohne das junge Paar von da an als Eheleute erkennt und anerkennt. Nach allgemeiner Regel verheiratet sich jeder Mann nur mit einer einzigen Frau. Ganz selten und aus einem irgendwie begründeten Anlaß übernimmt ein Mann zu seiner ersten Gattin noch eine zweite. Keinem bin ich begegnet, der mit drei oder mehr Frauen ehelich zusammengelebt hätte. Auch die Einehe gibt sich offenkundig als wirtschaftlich bedingt zu erkennen; vor allem zwingt zu einer solchen Ge-meinschaft die klug und rücksichtsvoll verpflichtend aufgestellte Arbeitsver-teilung innerhalb der Pygmäenfamilie. Wegen des unentbehrlichen Beitrags zum Unterhalt der ganzen Familie, den die Frau von sich allein aus liefert, gebührt ihr die Achtung und Wertschätzung aller, für die sie sorgt; ihre Stellung ist durchaus gehoben und nahezu gleichberechtigt ergänzt sie ihres Mannes Leistungen für die Bedürfnisse der ihr anvertrauten Familienmit-glieder. In aufrichtiger Liebe sind die beiden Gatten einander ergeben und ihr Ehebund gilt grundsätzlich für die ganze Lebenszeit. Allerdings fehlt es bei einzelnen Eheleuten nicht an wiederholtem Anlaß zu Mißtrauen und zu lautem Streit, hervorgerufen durch eheliche Untreue; sie wird von den sich ver-fehlenden Bambuti nicht als eine gar so schwere Entgleisung beurteilt.

Unsere Waldmenschen am Ituri besitzen — das sei nachdrücklich erwähnt — eine eindeutig klare Vorstellung davon, daß die K i n d e r aus dem ehelichen Akt entstehen. Auf Erreichung einer zahlreichen Nachkommenschaft zielen Mann und Frau hin, wenn sie sich zum Lebensbund zusammenschließen. Vorteilhaft tritt helfend hinzu, daß die Pygmäinnen durchgehends sehr fruchtbar sind. Leider verliert manche Mutter eine beträchtliche Zahl ihrer Säuglinge, hauptsächlich aus Mangel an zweckmäßiger Pflege; diese läßt sich eben mit dem unruhigen Umherziehen im dunklen Regenwalde nicht vereinbaren. Eine sorgfältige Bewachung und planmäßige Erziehung der größeren Kinder ist ebensowenig möglich, weswegen alle während der meisten Tagesstunden, wenn ihre Eltern auf Nahrungssuche fern vom Lager bemüht sind, nahezu gänzlich sich selbst überlassen bleiben. Von früher Jugend an üben sie sich spielerisch in eben die Beschäftigungen ein, welche ihnen als Erwachsene später zur Berufsaufgabe gestellt und zum Lebensunterhalt verhelfen werden; sie unterstützen gleichzeitig ein wenig ihre Eltern. Bei meinem monatelangen vertraulichen Umgang habe ich die Bambuti-Kinder kennengelernt als eine muntere und geweckte Gesellschaft, zutraulich gegen ihresgleichen und voll inniger Anhänglichkeit an die eigenen Eltern.

In jeder Pygmäenhorde geht es durchwegs geordnet zu. Streitigkeiten zwischen Einzelpersonen oder Familien währen weder lange noch ziehen sie üble Folgen nach sich. Der ausgeprägte Sinn für Privateigentum hält Diebstähle und Räubereien hintan. Die eine Horde weicht der anderen vorsichtig und nahezu ängstlich aus, um jeden Anlaß zu Entzweiungen von vornherein abzuwehren. Glücklich und zufrieden, ausgeglichen mit der Umwelt verbringen die Bambuti ihre Tage im Düster des regenreichen, unfreundlichen Ituri-Waldes. Ohne Zweifel sind sie das vergnügteste und tanzlustigste Volk in ganz Afrika, mehr tänzelnd als schleppenden Schrittes gehen sie durch das Leben. Es bietet ihnen alles — so bescheiden es im ganzen genommen auch ist —, was ihre Wünsche befriedigt und ihre Erwartungen erfüllt. Inhaltlich dürftig und in sehr engen Grenzen gehalten ist zwar ihre stille Seinsweise; jedoch erscheinen bei ihnen Verlangen und Gewährung, Forderungen an die Umwelt und restlose Erfüllung vollkommen ausgeglichen. Die Bambuti folgen einer Daseinsform und Lebensauffassung ganz einziger Art.

γ. Geistesleben

Nur wenige Jahrzehnte liegt die über Europa hinwegflutende materialistische Geistesströmung zurück, die den primitivsten Naturvölkern auf der Kulturstufe der Sammelwirtschaft, eben weil sie äußerst arm an gegenständlichen Besitzgütern dastehen, ein bloß beschränktes Geistesleben und seichtes Gedankengut zugemutet hat. Seitdem sind uns aufschlußreiche Beweise dafür übermittelt, daß der sogenannte materielle Kulturbesitz eines Volkes oder Eingeborenenstammes mitnichten ein gesichertes Spiegelbild seiner geistigen Eignung abgibt. Demnach ist Tiefstand im gesamten Äußerlichen nicht folgerichtig und zwangsläufig der Ausdruck einer unvermögenden Seele oder ihrer mangelhaft entwickelten Kräfte. Heute überrascht es uns nicht mehr, von einem r e i c h h a l t i g e n G e i s t e s l e b e n und tiefgründigen Gedankengehalt der Bambuti zu erfahren. Darauf zu schließen, haben die bisherigen Ausführungen oft genug angeregt. Vor allem ist die optimale Anpassung unserer zwerghaften Urwaldmenschen an ihre ungewöhnlich eigengestaltete Umwelt mit den darin sich austobenden übermächtigen Naturkräften das Ergebnis eines ganz starken geistigen Könnens aus einer vielvermögenden, in ihrem Wirken alles Materielle weit überragenden Seele.

Über diese augenfälligen Leistungen hinaus verfügen die Ituri-Pygmäen noch über echte Geistesgüter, womit hauptsächlich Lebensnormen und Sittenregeln, religiöse Vorstellungen und Übungen, ein ansehnlicher Mythenschatz und nennenswerte Kenntnisse aus den naturkundlichen Bereichen, schließlich vielgestaltige Belustigungsarten gemeint sind. Ihre Gesamtheit offenbart und bekundet eine sehr ergiebige Entfaltung aller seelischen Kräfte, die grundsätzlich auch unsere Urwaldmenschen auf unüberbrückbare Weiten vom Tiere trennen. Jedweder wesentliche Unterschied hinsichtlich der geistigen Veranlagung dieser Pygmäen von Volksgruppen anderer Rassezugehörigkeit fehlt; sie sind von Natur aus gut begabte und, ganz allgemein gesagt, fähige, geistig regsame Menschen. Daß ihnen gewisse Kenntnisse und Fertigkeiten abgehen, auf welche die Europäer sich viel zugute tun, liegt in der Tatsache ihrer gänzlich andersgearteten Umwelt begründet; in ihr aber würde ein Europäer, allein auf letztere angewiesen — um das nicht zu verschweigen — hoffnungslos umkommen. Nur einige Wesenszüge aus dem Geistesleben der Ituri-Leute, die zur Vervollständigung des Bildes von ihrer Persönlichkeit und ihres Kulturbesitzes gehören, brauchen hier gezeichnet zu werden.

1. Religion und Sittlichkeit: In diesem gedrängten Abriß findet sich dem religiösen Gedankengut alles angegliedert, was die Bambuti zu überweltlichen Persönlichkeiten und außernatürlichen Kräften in Beziehung setzt. Weil es bei ihnen eine organisierte Priesterschaft nicht gibt, die, wie anderswo, jede Abwandlung und Veränderung des religiösen Besitzes hintanhält; weil ferner dieser selbst in keine festliegenden Sprachformeln eingefaßt ist und weil schließlich jeder nachdenkliche Mann die übernommenen Begriffe und Deutungen nach seiner individuellen Veranlagung verarbeitet, deshalb fehlt es nicht nur an einer einheitlichen, lückenlosen und widerspruchsfreien Zusammenfassung aller religiösen Vorstellungen und kultischen Praktiken unserer Pygmäen im gesamten Bereich des ausgedehnten Ituri-Waldes, sondern die allen Horden gemeinsamen grundlegenden Anschauungen scheinen überdies in den einzelnen Bezirken als mannigfache Sonderformen auf. Einige übereinstimmende Wesenszüge des religiösen Gedankengutes der Bambuti lassen sich trotzdem herausstellen, allerdings ordnen sie sich nicht zu einem geschlossenen und vollständigen System zusammen.

Manche Mythen sowie bestimmte Aussagen verläßlicher Gewährsmänner machen es wahrscheinlich, daß eine allesbeherrschende, persönlich gedachte

G o t t h e i t den Mittelpunkt für die gesamte religiöse Haltung darstellt; sie wird von den Bambuti einfach als "Vater" und auch als "Mutter" bezeichnet. Zu früheren Zeiten erfüllte seine Persönlichkeit viel lebendiger und bestimmter ihrer aller Vorstellung, ja sogar eindeutig als der eigentliche Schöpfergott. Ein regelrechter Eigenname fehlt ihm und seine persönlichen Eigenschaften sind die eines Geistwesens. Kultische Huldigung durch zeremoniöse Förmlichkeiten brachte man ihm zwar nicht dar, doch zollte ihm jedermann demutsvolle Ehrfurcht und schweigende Unterwürfigkeit. Eben diese äußere, von lebendiger Gesinnung gestützte Haltung ist bei Primitivvölkern die stärkste Bekundung und Bekräftigung ihres religiösen Glaubens. Ihre Gottpersönlichkeit anerkannten die Bambuti von ehedem als unerreichbar stark sowie als den Gebieter über sämtliche Menschen und Tiere im Walde.

Mit dem erst seit neuerer Zeit wirksamen Verblassen dieses Gottesbildes in der Vorstellung unserer zwerghaften Waldmenschen rückten Gottheiten zweiten Grades, zumeist als Personifikationen von Naturkräften, sowie Urahnen und ein Kulturheros in den Vordergrund; auf sie alle wurden, mehr unbewußt als aus Überlegung, die göttlichen Attribute des zuerst erwähnten namenlosen Schöpfergottes übertragen. Geläufig ist den Bambuti der Name *Epilipíli* für das göttliche Wesen, dem gegenwärtig vorwiegend ihre religiöse Aufmerksamkeit gehört. Am häufigsten macht es sich vermittels Blitz und Donner bemerkbar; die harten Donnerschläge gelten als die schweren, stampfenden Schritte dieser zornerfüllt vorübereilenden Gottheit und mit dem sanften Ton aus der *ségbe*-Pfeife bemüht sich ein älterer Mann, sie zum eiligen Abziehen zu bewegen. Erleichtert atmen die Leute auf, wenn der Donner nur noch abgedämpft aus weiter Ferne grollt.

Bleibt den Männern und Frauen, trotz ernsten Bemühens, bei der Nahrungssuche der erwartete Erfolg aus, dann wenden sie sich vermittels G e b e t e n und Opfern an ihren *Epilipíli*. Um von den Schrecken eines schweren Unwetters mit starkem Donnern befreit zu werden, zünden sie ein Feuer zu dichter Rauchbildung an und erheben ihre dringlichen Bitten nach oben, während gleichzeitig ein alter Mann seine *ségbe*-Pfeife ertönen läßt. Die Leute wiederholen häufig dabei: „Schau, Vater, wie bedroht deine Kinder sind! — Vertreibe den Sturm, auf daß deine Kinder nicht umkommen!"

Bei anhaltender Erfolglosigkeit im Nahrungserwerb entschließen sich die Männer, ein echt kultisches Opfer an geeigneter Stelle nahe ihrem Lager darzubringen. Sie legen ihre Waffen auf einem ebenen, geglätteten Fleck am Waldboden nieder und hocken sich selbst zu einem nahezu geschlossenen Kreis daherum. Eine bejahrte Person, meist ist es eine alte Frau, bringt ein lebendes Huhn heran und hält es mit beiden Händen auf Brusthöhe über die Waffen. Ein ihr gegenüberstehender Mann faßt den Kopf dieses Huhnes, trennt ihn mit kräftigem Schnitt durch den Hals ab und läßt ihn unbekümmert auf die am Boden liegenden Waffen fallen; während die alte Frau, den zappelnden Rumpf des Huhnes in ihren Händen haltend, mit leichten Auf- und Abbewegungen das herausspritzende Blut auf sämtliche Waffen träufelt. Bisweilen bestreicht sie zusammengehäufte Stücke mit dem aus der breiten Wunde am Halse herausströmenden Blute, indem sie mit dem nach unten geneigten Huhn-körper wie schmierend darüber hinweggleitet. Kaum sind mit diesen Hand-lungen wenige Minuten vergangen, da richtet sie selbst sich gerade auf, öffnet ihre beiden Hände und der noch immer lebhaft bewegte Rumpf des geköpften Huhnes fällt auf die Waffen. Von hier ab rollt er in beliebiger Richtung weiter, auf welche alle anwesenden Männer scharf achten. Sofort ergreifen sie ihre mit einigen Blutstropfen besprengten Waffen und wenden sich in der vom abgerollten Huhn angedeuteten Richtung auf die Jagd, von der sie sich ein-träglichen Erfolg versprechen. Eine andere Form des kultischen Opfers besitzen die Bambuti vermutlich nicht.

Berechtigterweise drängen vergleichende Erwägungen zu der Annahme, daß sich das ehedem selbständige religiöse Glaubensgut der Ituri-Pygmäen mit echter Z a u b e r e i vermengt hat. Ob sich diese Verquickung erst seit ihrer nahen Berührung mit den in ihren Urwald eingedrungenen Negern vollzogen oder, was weniger wahrscheinlich ist, schon seit altersher bestanden hat, ver-mag ich nicht in allen Einzelheiten zu bestimmen. So viel aber ist sicher, daß alle Vorstellungen von Hexen und ihrem Treiben, durch welche die Bambuti gelegentlich beunruhigt werden, der Gedankenwelt ihrer jetzigen negerischen Nachbarn entstammen. Wahrscheinlich muß man als Waldgeist und Beherrscher des Totenreiches den im ganzen Ituri-Gebiet genannten *Tóre* beurteilen; doch fehlt es an einer einheitlichen Bestimmung bzw. Deutung seiner Stellung und Würde, seiner Eigenschaften und Aufgaben. Einzelne auf ihn bezogene Vor-stellungen haben unsere Pygmäen offenkundig dem gleichnamigen Geheimbund der Waldneger entnommen.

Untrüglichen Andeutungen zufolge glauben die Bambuti ihren Lebens-raum auch noch mit mancher anderen Gattung von Waldgeistern bevölkert, über deren Persönlichkeit sie ebensowenig genaue Erklärungen abzugeben imstande sind. Diese und ähnliche Einzelheiten deuten darauf hin, daß das von den benachbarten Negern herüberfließende Gedankengut eine tiefgründige Umwälzung im ursprünglichen Glaubensinhalt unserer Ituri-Leute auslöst.

Im ganzen genommen, verfügen sie über einen bloß geringen und wenig mannigfaltigen E r z ä h l u n g e n s c h a t z mythologischen Inhalts. Ihn hüten einige Männer des vorgeschrittenen und höchsten Alters, die persönliches Gefallen am Stoff und an den Gestalten aus dem Mythos finden. Wenn sie ihr Wissen zum besten geben, dann tun sie es mit fesselnder, unwiderstehlich und staunenswert bezwingender Erzählergabe. Plastische Lebhaftigkeit und drama-tisches Gebärdenspiel erfrischen den Vortrag, der häufig die späten Stunden bis um Mitternacht ausfüllt; die eingeflochtenen persönlichen Erlebnisse in reicher Auswahl würzen ihn. Ein Unterhaltungsabend, den ein gewandter Erzähler der ihm lauschenden Runde bietet, gilt für groß und klein als ein außerordentlich geschätzter Hochgenuß.

Den als Schöpfergott erkannten *Epilipíli* sehen die Bambuti gleichzeitig an als den Urheber ihrer gesellschaftlichen Vorschriften und des gesamten

S i t t e n g e s e t z e s. Auf eine Zergliederung der vielfältigen Bestimmungen lassen sie sich nicht ein; kurz und bündig geben sie zu, daß alle geltenden Gesetze und Vorschriften, Verbote und Gewohnheitsrechte von diesem *Epilipili* ausgegangen sind. Sie fügen die nachdrückliche Versicherung an, daß er bei jedwedem Menschen die Einhaltung seiner Anordnungen überwacht und den Übeltäter bestraft. Elterliches Pflichtgefühl ist es, welches die Erwachsenen drängt, alle Jugendlichen, vornehmlich die eigenen Kinder, zur treuen Erfüllung der bestehenden Stammesordnung zu ermuntern; sichere Strafe von seiten des *Epilipili* drohen sie jenen kleinen Sündern an, die sich Verfehlungen zuschulden kommen lassen. Auch die Erwachsenen fügen sich im großen und ganzen ziemlich treu den allbekannten Gesetzen und beachten die Verbote; ein Teil von ihnen ist selbstverständlich sehr gewissenhaft und der andere Teil wieder nimmt es damit wenig genau, zumal im Bereich der geschlechtlichen Sittlichkeit. Eine innere Verpflichtung, die man allgemein als das Gewissen bezeichnet, fühlen mit eindeutiger Bestimmtheit auch unsere Ituri-Leute; ihr folgend, entsprechen sie mehr oder weniger untadelig den geltenden Obliegenheiten. Dem ungeschriebenen Gesetz, das jedermann in sich trägt, fügen sie sich ohne Widerspruch.

2. *Seelenglaube:* Den Deutungen der Bambuti zufolge leben in jedem Einzelmenschen einige verschiedenartige Seelen, die in ihm, jede für sich, auf ihre besondere Weise wirken. Überzeugt bekennen sie irgendwelches W e i t e r l e b e n über den Tod hinaus; doch wissen sie nicht, wie das Jenseits selbst beschaffen ist. Auf keinerlei Weise vermuten sie nach dem Tode eine Wiedervereinigung aller jener, die hier auf Erden durch engere oder engste verwandtschaftliche Bande und freundschaftliche Beziehungen miteinander zusammengeschlossen waren. Der Abschied von einem Sterbenden und Toten kommt, ihrem Glauben zufolge, einer Trennung für immer gleich; daher auch ihr aufrichtiger und tiefer Trauerschmerz, wenn der Tod einen aus ihrer Mitte reißt. Niemals vergißt jemand gänzlich die eigenen Eltern und die erwachsenen Kinder, mögen seit deren Hinscheiden sogar viele Jahre verstrichen sein. Das allgemeine Sterben selbst, so erzählen die Mythen, ist ursprünglich als Strafe über die Menschen verhängt worden. Folgerichtig muß jeder mit einem vorzeitigen Tode, d. h. mit einem Sterben in den besten Lebensjahren rechnen, der sich durch strafwürdiges Verhalten den Unwillen der Gottheit zugezogen hat. Ob dieser Glaubenssatz ihre gesamte Lebensführung entscheidend beeinflußt, vermag ich nicht zu beurteilen.

Naheliegende Gründe machen es verständlich, daß sich bei unseren kleinen Leuten im Ituri-Walde keine andere Art der Bestattung als das E r d b e g r ä b n i s eingeführt hat. Mag die Zurichtung des Leichnams örtlich verschieden sein, er findet ausnahmslos im Waldboden seine letzte Ruhestätte; dabei gibt es keinen Unterschied der Erwachsenen von den Kindern. Mit Stecken aus hartem Holz reißen einige Männer eine zumindest 50 cm tiefe Grube von Rechteckform auf, entsprechend der Länge des Leichnams, legen quer auf den Grund, in Abständen von einigen Zentimetern, kurze, fingerdicke Stäbchen und darüber eine Blätterschicht; darauf endlich lagern sie den Leichnam selbst. Schmuckstücke, Verzierungen oder irgendwelche Beigaben erhält er nicht. Auf ein Lagern der Leiche in bestimmter Richtung nehmen die Bambuti keinen Bedacht. Alle vorher ausgescharrte Erde schieben die bislang damit beschäftigten Männer mit den hohlen Händen und ihren Füßen wieder in das Grab hinein, wo sie zunächst unmittelbar auf den Leichnam fällt und schnell diesen vollständig zudeckt. Die lockere Erde wird unverzüglich mit den flachen Füßen eingestampft und das ganze Grab der Bodenfläche angeglichen; kein Grabhügel und kein anderes Kennzeichen macht auf die Beerdigung aufmerksam. Für ein verstorbenes Kind scharren sie das Grab gewöhnlich am äußeren Rande in der Wohnhütte selbst aus. Nach Abschluß jedweder Beerdigung entfernen sich zumindest die nächsten Verwandten des Toten, für gewöhnlich alle Mitglieder der gleichen Horde, vom Begräbnisplatz, um anderswo ihre Wohnhütten aufzuschlagen. Niemand kommt später an jene Stelle zurück, die nach kurzer Frist von den blinden Naturkräften selbst unkenntlich gemacht wird; ebenso vermeiden es die Bambuti, über ihre Toten ausführlich zu sprechen. Das Sterben und die Beerdigung eines Stammesmitgliedes verursachen gewöhnlich eine ernste Erschütterung der ganzen Horde, die nächsten Angehörigen werden vom Trauerschmerz wochenlang niedergedrückt.

3. Wissen und Können: Will man das geistige Leistungsvermögen der Bambuti vollständig würdigen, dann muß man sie betrachten in ihrem siegreichen Ringen mit der kraftstrotzenden Lebensfülle des unermeßlichen, jeden Widerstand titanenhaft niederzwingenden Urwaldes. Geistig sind sie nicht minder so regsam, wie sie sich körperlich behend und wendig benehmen; sämtliche seelischen Kräfte ausnahmslos wissen sie erfolgreich zu betätigen und im weiten Bereich des menschlichen Geisteslebens sind sie ebensowenig wie in ihrer körperlichen Ausbildung verkümmert.

Bedingt durch ihre für die Nahrungsbeschaffung restlose Abhängigkeit von der Umwelt, haben sie sich unnachahmlich reiche und sichere N a t u r k e n n t - n i s s e erworben. Um alles und jedes, was im Urwalde ihrer Beobachtung zugänglich und für sie persönlich sowie für ihre Lebensführung von einiger Bedeutung ist oder werden kann, wissen sie gründlich Bescheid. Beneidenswert genau sind sie mit der Lebensweise und den Gewohnheiten jener Tiere vertraut, auf welche sie bei der Nahrungssuche angewiesen bleiben; deren Fährte oder Spur, deren Nester und Schlupfwinkel erspäht ihr scharfes Auge mit unfehlbarer Sicherheit. Dieses vorausgesetzt, wird uns verständlich, daß alle Bambuti sich in dem für Europäer undurchsichtig verworrenen Durcheinander des Urwaldes völlig sorglos fühlen.

Nicht minder lebensnotwendig ist für sie die restlose Vertrautheit mit jenen Vertretern aus der Pflanzenwelt, die ihnen verwertbare Stoffe zu bieten vermögen. Auch an den Gewächsen des Tropenwaldes folgen sich die naturgegebenen Entwicklungsphasen von der Blüte zur Fruchtreife bzw. vom ersten

Ansaß zur endgültigen Auffüllung der unterirdischen Stengel als Knollen, Zwiebeln und Ausläufer; jedoch wird die jeweilige Entwicklungsphase der Einzelpflanze bzw. der bestimmten Pflanzenart vom einheitlichen Immergrün des überquellend wuchernden Urwaldes selbst verdeckt. Allein das zuverläßsigste Erfahrungswissen hilft bei der allgemeinen Erkundung und ganz unauffällige Anzeichen im Naturganzen geben unseren Pygmäinnen einen Fingerzeig, wann sie nach fertig entwickelten unterirdischen Stengeln den Waldboden aufwühlen oder in den miteinander verknäulten Baumkronen nach Nüssen und Schoten ausschauen sollen. Weder graben sie wahllos in die Erde hinein, noch suchen sie ziellos im Waldraume umher. Eine aus langen Beobachtungen gewonnene Gewißheit, im rechten Zeitpunkt und an passender Stelle zu ernten: die ist es, von der jede Frau gedrängt wird, in dieser Woche oder innerhalb jenes Monats nach bestimmten pflanzlichen Produkten auszuziehen. Als ob sie sich von einem gewissen "Kalender für die Fruchtreife" leiten ließen — um mich dieser Wendung zu bedienen —, so zuverlässig beherrschen sie aus ihrem untrüglichen Erfahrungswissen den Entwicklungsablauf der brauchbaren Nährpflanzen. Bei ihrer Form des Nahrungserwerbs bemühen sie sich dementsprechend nicht ohne zufriedenstellenden Erfolg, mag das Ergebnis zuweilen auch sehr kläglich ausfallen. Sorglos können sie jedem folgenden Tag entgegensehen. Ohne dieses reiche und gründliche naturkundliche Wissen gingen die Pygmäen in ihrem Urwalde unaufhaltsam schnell zugrunde. Daß sie dem Pflanzenreich überdies einige Heilmittel von unzweifelhafter, spezifisch therapeutischer Wirkung entnehmen, sei wenigstens kurz erwähnt.

Die alltäglichen Wettererscheinungen und eindrucksvoll großartigen Vorgänge am Himmel beschweren das Nachdenken der Bambuti nicht im mindesten, abgesehen von der religiös-mythologischen Deutung des Blißes und Donners. Solch unbekümmerte Haltung erklärt sich daher, daß ihnen der Blick zum Himmelszelt hinauf nur selten völlig unbehindert offen liegt und jahraus wie jahrein, sogar Woche für Woche sich die nahezu völlig gleichen Witterungsbedingungen wiederholen. Nicht verwunderlich also, daß dieses ewige Einerlei im Wetter und an den Himmelskörpern eine nachgrübelnde Aufmerksamkeit nicht wachzurufen vermag. Die unübertreffliche Ausbildung und Leistungskraft ihrer Sinnesorgane zu schildern, paßt besser in einen späteren Zusammenhang.

Ehrlich bewundert zu werden verdienen die Bambuti auch wegen eines nicht geringen Grades von t e c h n i s c h e m   K ö n n e n. Der europäische Beurteiler darf nicht aus dem Auge verlieren, daß sie auf Grund der verwendeten Stoffe die Kulturform der Holzzeit darstellen. Für ihre handwerklichen Erzeugnisse und alltäglichen Gebrauchsgegenstände sind sie auf Holz, Pflanzenfasern und Leder vorwiegend angewiesen; zur Verwertung von Steinen und Metallen, die in irgendwie verarbeitungsmöglicher Form vom Urwalde sowieso nicht geliefert werden, sind sie nicht gelangt. Zahlenmäßig sehr wenige Dinge nur sind es, die sie besißen und die, an ihrem absoluten Leistungsvermögen gemessen, nicht mehr als bescheidene Wirkung erreichen. Darüber hinaus benötigen unsere kleinen Menschen rein gar nichts. Alles aber, was sie an Waffen

und Gerätschaften bei sich tragen, zeichnet sich durch erstaunliche Zweckmäßigkeit und höchstmögliche Brauchbarkeit für alle ihre Bedürfnisse aus.

Neben den betonten Nützlichkeitsrücksichten gelangt auch die Forderung
des Schönheitsempfindens einigermaßen zur Geltung. Was Männer und Frauen
aus den ihnen erreichbaren pflanzlichen und tierischen Rohstoffen anfertigen,
genügt ihnen zum Schutze ihres Körpers, nämlich die Wohnhütte, und zur
Befriedigung ihrer Eitelkeit, nämlich allerlei Schmuckstückchen und Zieraten;
es hilft ihnen aber vor allem beim Nahrungserwerb und Transport, was offenkundig für die Waffen der Männer sowie für die Körbe und Tragbänder der
Frauen gilt. Damit kommen sie aus und halten sich im Dasein erfolgreich
aufrecht.

Bescheiden zwar ist ihre Lebensführung, doch sie meistern alle Schwie·
rigkeiten. Man kann nicht oft genug erwähnen, wie winzig und einfach nach
Menge und Art der gesamte gegenständliche Besitz der zwerghaften Ituri-Leute
ist; er stellt nachweislich den höchsten Grad der Bedürfnislosigkeit einer
Menschheitsgruppe dar.

Die geistige Ausrüstung der Bambuti als die vollwertiger Menschen bekundet ohne Widerspruch ihr reichhaltiges S p r a c h g u t. Eine Zeitlang ver-
traten maßgebende Kreise die Meinung, den zentral-afrikanischen Pygmäen
gehe eine eigene Sprache völlig ab; weswegen sie gezwungen seien, die Rede-
form der ihnen bezirksweise benachbarten Neger zu übernehmen. Tatsächlich
verfügen die Bambuti über eine selbständige arteigene Sprache und bedienen sich
ihrer auch gegenwärtig noch. Sie läßt sich sogar als echte Tonsprache erweisen und
rückt allein schon wegen dieser Eigenschaft wesenhaft von den im Ituri-Bereich
verbreiteten Varietäten des Bantu- und Sudansprachstammes ab. Im gegenseitigen Verkehr bedienen sich die Volksgenossen dieses ihres Sprachgutes; vor
allem flüchten sie dann in Deckung hinter die ureigensten Ausdrucksmöglich-
keiten, wenn sie ihren Gesprächstoff vor verdächtigen Horchern verschleiern
wollen. Hauptsächlich bezwecken sie mit solchem Verhalten, ihren sprachlichen
Besitz den stammesfremden Nachbarn nicht auszuliefern. Auf der Grundlage
dieser Verhältnisse hat sich nun im Ituri-Walde eine sinnvolle Form des gegenseitigen sprachlichen Verkehres seit einigen Jahrzehnten herausgebildet: für
den Meinungsaustausch mit Negern bedienen sich die Bambuti der ortsüblichen
Negersprache, während sie unter sich allein ihre eigene Sprache reden, die man
kurz als: das Efé bezeichnen kann. Auch das ist eine besondere geistige Leistung, daß eine nennenswerte Anzahl von Pygmäen sich vermittels einer
angeeigneten fremden Sprache mit der negerischen Nachbarschaft leidlich und
mehr als ausreichend zu verständigen vermag.

4. Freude und Unterhaltung: Einem schwierig zu deutenden psychologischen
Rätsel sieht sich gegenüber, wer die unverwüstlich frohe Gemütsverfassung der
Bambuti auf dem düsteren Hintergrunde ihres menschenfeindlichen Urwaldes
in Erwägung zieht. Ist es ihm vergönnt, eine unbefangene Gruppe dieser
kleinen Menschen durch einige Zeit zu beobachten, wird er zu seinem eigenen

Verwundern angenehm überrascht, vielleicht auch überwältigt von ihrer natürlichen, unwandelbar sich gleichbleibenden und übersprudelnden L e b e n s -
f r e u d e. Sie macht einen Hauptbestandteil ihres Wesens aus, ihr widmen sie
ansehnliche Abschnitte ihres Alltags und können sich diesen Abbruch an persönlichen Standespflichten und am Dienst für die Hordengemeinschaft unbe-
einträchtigt leisten. Frei von Sorgen beginnen sie den heraufziehenden Tag und
unbekümmert um den morgigen kosten sie den Augenblick gut aus. Der Zustand eines völligen Ausgeglichenseins der eigenen Wünsche und persönlichen
Bedürfnisse mit dem, was die Umwelt anzubieten und zu leisten vermag,
schafft eine seelische Befriedigung und ein befreiendes Gleichgewicht im Innern,
dessen Beglückung in solchem Ausmaß nicht jeder Europäer auf Lebensdauer
zu fühlen bekommt. Bei den Bambuti gießt sie sich aus in anhaltend ungetrübter Bejahung seines Daseins. Ihre gänzliche Bedürfnislosigkeit sichert ihren
Glückszustand. Mancherlei Störungen, die unvermeidlich eintreten, heben ihre
Gesamthaltung nicht nennenswert und niemals auf längere Zeit aus dem Gleichgewicht; denn dieses ist zu schwer in jener verankert. Niemand braucht um die
Zukunft zu bangen; daher findet jedermann ergiebiges Glück darin, daß er den
Augenblick auskostet.

Während des ganzen Tages sind die Erwachsenen vergnügt und in bester
Laune; Aufregungen und Streitigkeiten, die zuweilen sich einstellen, gehen
schnell vorüber. Den Jugendlichen und Kindern merkt man überhaupt keine
Spur von Lebensernst an. Als selbstverständliche Folgerung daraus sind die
Bambuti mehr mitteilsam und gesprächiger als manche andere Naturvölker;
groß ist ihr Drang nach P l a u d e r e i e n, mit denen sie viele Stunden und
hauptsächlich die der einbrechenden Nacht ausfüllen. In familiär-vertraulicher
Stimmung kommen dabei die kleinen Erlebnisse des Tages und die Mitteilungen von anderen zur Sprache; die unbedeutendsten Vorkommnisse steigen
im Gedankenaustausch zuweilen zu großen Geschehnissen auf, weil in ihrem
Alltag sich überhaupt nicht viel ereignet. Allgemein und für jedermann frei
ist die Beteiligung an solchen Gesprächen; häufig oder meistens sind es die
Pygmäinnen, die dabei sich in der Hauptrolle zeigen. Mit der Erzählung eines
Selbsterlebnisses verbindet manch gewandter Vortragender eine alte Mythe
und dann wird der ganze Unterhaltungsabend zu einem vollen Genuß für alle
Teilnehmer. Je drolliger sich der Sprecher auszudrücken vermag, um so
lebhafter jubeln alle ihm zu; seine witzigen Anspielungen finden lautesten
Widerhall.

Einige Horden besitzen sehr melodische S a n g e s w e i s e n, die, von klang-
vollen Mädchenstimmen im totenstillen Abenddunkel vorgetragen, unbeschreib-
lich wohltuend und anheimelnd wirken. Solches Singen, das man auch zu beliebigen Tagesstunden hören kann, dient ausschließlich der Unterhaltung; es ist
Ausdruck einer unbeschwerten Lebenslust.

Am liebsten ergötzen sich unsere zwerghaften Urwaldmenschen jedweden
Alters im T a n z. In grauer Vorzeit bereits haben sie den ungeschmälerten Ruf
genossen, hervorragende Tanzkünstler zu sein; meine eigenen Beobachtungen,

denen sich das einstimmige Urteil der Waldneger anschließt, bestätigen uneingeschränkt diese geschichtlich erweisbare allgemeine Ansicht. Ein naturgegebenes Drängen treibt die kleinen Leute dazu, ihr allgemeines Wohlbefinden, die innere Freude und jeden Anlaß zu größerer oder geringerer Genugtuung, sogar einen alltäglichen Erfolg engeren oder weiteren Ausmaßes durch Tanzbewegungen äußerlich zu bekunden. Kinder geben unzweideutig diese Anlage schon von den ersten Jahren an zu erkennen. Allen steckt eben als Erbanlage ein federnd schnellender Rhythmus in den leichten, dünnen Knochen; sie sind viel gelenkiger als alle Neger und verfügen über eine unvergleichlich lockere Beweglichkeit ihrer Glieder. Am liebsten tanzt groß und klein unter Begleitung des *sánzi*, eines einfachen Zupfinstrumentes der Neger, das auf einem kurzen Schallkörper mehrere Metallamellen trägt; in sanfter Abfolge weniger Töne hämmert es den Rhythmus.

Lebhafter wickeln sich die allabendlichen Tanzvergnügen ab, mit oder ohne Begleitinstrumente, auch ohne eigenen Körperschmuck; und eben solche äußere Formlosigkeit begünstigt die stete Bereitschaft aller für ein Tanzvergnügen. Dabei halten sich die Bambuti an eine gewisse Tanzordnung. Sie drehen sich nicht an der genau gleichen Stelle um die eigene Körperachse, sondern schreiten in unablässiger Drehung einen engen Kreis ab. Je nach Anzahl der Beteiligten stehen zwei bis fünf Personen nebeneinander in reichlich unregelmäßigem Gedränge. Alle singen gemeinschaftlich zum rhythmischen Gleichschritt, klatschen in die Hände und wiegen wippend ihren Oberkörper. Zu solchem Tanzvergnügen versammeln sich die Leute bemerkenswerterweise alltäglich und ziemlich regelmäßig erst, nachdem das Abenddunkel sich niedergesenkt hat. Keine Erschöpfung und keine noch so erschlaffende Anstrengung am vorausgegangenen Tage hält sie davon ab, einzig und allein die Unmöglichkeit infolge sehr schlechten Wetters und Überschwemmung des Waldbodens. Ein längerer Tanz ist sozusagen der unerläßliche Abschluß jedweden Tages

Einen gehaltvolleren Genuß, als der eben beschriebene Gesellschaftstanz ihn bietet und dem sich zur Unterhaltung die daran beteiligte Allgemeinheit hingibt, besitzen die Bambuti in ihren m i m i s c h e n S p i e l e n, wie solche von einzelnen Jungmännern den Hordenmitgliedern als Zuschauer vorgeführt werden. Damit erstreben sie eine genaueste Wiedergabe der Haltung und Bewegungen, der Gesinnung und Gewohnheiten einiger Großtiere, die im gleichen Urwalde zu Hause sind. Sie erreichen in alledem eine für Europäer unnachahmbar genaue Naturtreue; was einen Rückschluß auf ihre scharfe Beobachtungsgabe und hochwertige Darstellerkunst rechtfertigt. Vielbeliebt ist das sogenannte Büffel- und das Schimpansenspiel. Für ihre Geschicklichkeit ernten die Darsteller den übersprudelnden Dank der Zuschauer; haben sie diesen ja damit ein volles Ergötzen bereitet.

Kinder unter sich vergnügen sich mit einfachen Spielsachen und mit allerlei bekannten Belustigungen, wie Strickziehen, Schaukeln, Radtreiben u. a. m. Eigentliche Musikinstrumente scheinen die Bambuti nicht erfunden zu haben. Ihr Besitz an Schmucksachen ist, wie schon erwähnt, gering.

Würdigt man unvoreingenommen die mannigfaltigen Einzelheiten im gesamten Kulturbesitz der Ituri-Pygmäen und schätzt man die Leistungskraft, die aus ihren Schöpfungen spricht, richtig ein, dann wird jeder Zweifel daran verschwinden, daß sie geistig vollwertig sind und mit ihren Seelenkräften manches Große vollbringen. Aus den Äußerungen ihres Innenlebens spricht eine gesunde, zum menschlich Schönen geneigte Seele, sowie ein siegesbewußter Lebenswille im Ringen mit ihrer knausernden Umwelt. Ihr Gemüt ist erfüllt von einer unverwüstlichen Heiterkeit, die nicht einmal der unversöhnlich düster drohende Urwald zu verdunkeln vermag; nahezu tänzelnd ziehen sie unwandelbar vergnügt durchs Leben. In allem bekunden sie echtes Menschentum.

2. Rasseform

Alle blutreinen zwerghaften Besiedler des Ituri-Waldes werden auch im folgenden unter die Bezeichnung: *Bambuti* gestellt. Die zahlreichen über den sehr ausgedehnten Raum verteilten Einzelgruppen, als Horden oder als erweiterte Verbände, bilden zusammengefaßt eine völkische Einheit, und zwar nicht allein auf Grund der für alle gleichen niederen Wirtschaftsform des nomadisierenden Sammlertums, verbunden mit einer arteigenen Gesellschaftsordnung; sie stimmen miteinander auch im Besitz der nämlichen Ursprache überein. Die in vorliegender Schilderung mehrmals angewandte Gliederung aller Ituri-Bambuti in Efé, Basúa und Aka will nicht mehr sein oder besagen als eine äußerliche Schablone; drückt sie ja doch bloß aus, daß eine jede der drei genannten örtlich voneinander getrennten Abteilungen der Bambuti-Gesamtheit die Sprache der ihr anwohnenden Neger zum Gedankenaustausch mit diesen verwendet. Mit der wesenhaften Gleichheit sämtlicher Gruppen in Lebensweise und Sprache, die auf den vorhergehenden Seiten dargestellt wurde, verbindet sich überdies die Zugehörigkeit aller zu der nämlichen rassischen Einheit. Drei hochbedeutsame Besitzgüter: Wirtschaftsführung, Sprache und Rasseform sind es demnach, mit welchen unsere kleinen Waldmenschen ihre Selbständigkeit erweisen und durch welche sie sich demzufolge von den Negerstämmen ihrer Umgebung unverkennbar deutlich absondern.

Nachdem der erste Teil dieser Abhandlung das Bild ihrer völkischen Seinsweise flüchtig aufgerollt hat, wird anschließend ausführlicher die rassische Eigenständigkeit ihres Körperbaues gezeichnet und erklärt. Eine Notwendigkeit hierfür, etwa in dem Sinne, daß bestehende oder auftauchende Zweifel an ihrem arteigenen Formgefüge zerstreut werden müßten, liegt durchaus nicht vor. Bambuti wie Urwaldneger gehören schlechthin verschiedenen Rassen an und diese sinnfällige Tatsache legt für sich selber Zeugnis ab. Unwidersprochen und nahezu zwangsläufig stellt sich jeder Europäer und jeder Eingeborene im zentralen Afrika auf diesen eindeutigen Unterschied ein; jedermann mit einigermaßen verläßlicher Beobachtungsgabe vermag mühelos den echten Pyg-

mäen vom Neger abzusondern und niemand wartet auf förmliche Beweise für
deren biogenetisch bedingte Gegensätzlichkeit. Übereinstimmend wiederholen
europäische Reisende und erst recht alle dort bediensteten Beamten die beträchtliche Abweichung — vermittelt durch bloßen Augenschein — der einen
Gemeinschaft von der anderen hinsichtlich ihrer Körperform; und diese beiden
sind selbst am stärksten vom offenkundigen Unterschied erfüllt. Der körperlichen Gestaltung sämtlicher Bambuti-Horden liegt ein und derselbe e i n -
h e i t l i c h e R a s s e t y p u s zu-
grunde. Als angewandte Folge-
rung aus diesem Sachverhalt
ergibt sich, daß den fachwissenschaftlichen Anforderungen vollauf Genüge getan wird mit einer
alleinigen Beschreibung, in der
alle Bambuti-Gruppen zusammengefaßt Berücksichtigung finden. Der bezeichnete Tatbestand
will aber auch in dem Sinne
gedeutet werden, daß sogenannte
geographische Lokalformen, d. h.
eigenständige, auf bestimmte
Räume verteilte und darauf beschränkte Gautypen oder Varietäten, fehlen. Von welcher
Prägung die morphologischen
Sonderformen sind, die sich in
der rassischen Einheitlichkeit der
Bambuti-Gemeinschaft zu erkennen geben, wird an geeigneten Stellen der folgenden
Schilderung zur Sprache kom-

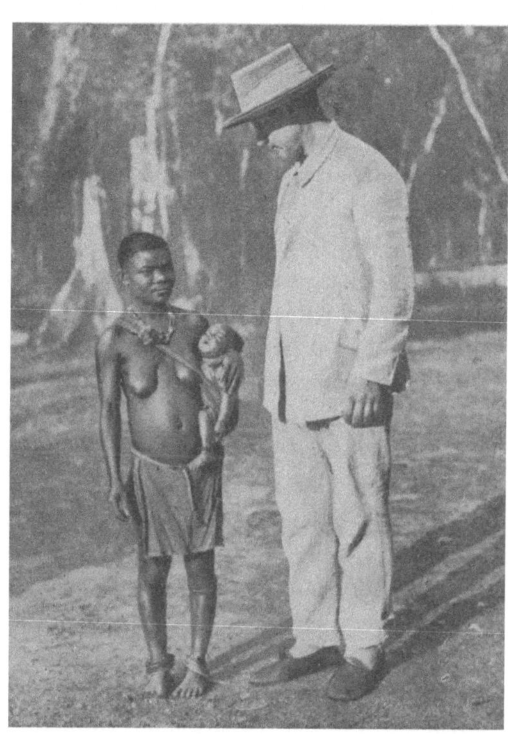

Abb. 7. Verfasser neben einer Pygmäin mit ihrem Säugling

men. Will man sie als solche gelten lassen — das sei schon jetzt vorweggenommen —, dann keinesfalls als örtlich gebundene Varietäten; vielmehr
begegnet man solchen in einem bunten Nebeneinander auf den meisten Sied-
lungsplätzen im ausgedehnten Ituri-Walde.

Die landläufige Überzeugung davon, daß alle Bambuti ein im wesentlichen
einheitliches erbgenetisches Merkmalsgefüge mit offensichtlicher Abweichung
von den Körperbildungen der benachbarten Negergruppen zeigen, erfährt eine
neue Stütze durch meine fachkundlichen Beobachtungen. An mehreren und weit
auseinanderliegenden Stellen des Ituri-Waldes habe ich sie durchgeführt; war es
doch von vornherein meine Absicht, den gesamten Wohnbereich der kleinen
Waldmenschen auf breiter Fährte von seiner südöstlichen bis zu seiner nordwestlichen Grenze zu durchwandern. Auf Grund dessen kann ich das übereinstimmend gleichlautende Urteil vieler früherer Beobachter bestätigend wieder-

holen: Wer sich einen Ituri-Pygmäen richtig angeschaut hat, der wird nie dem Mißgriff verfallen, ihn mit einem Neger oder mit einem Neger-Pygmäen-Bastard erster und zweiter Generation zu verwechseln.

Untrügliche, allein mit bloßer Sinneswahrnehmung erkennbare Eigenschaften und erblich bedingte Sonderbildungen sind es, die unsere Bambuti und ihre negerische Umgebung auseinanderhalten. Den Merkmalen, die unmittelbares Betrachten und biologische Schau aufzunehmen vermag, fällt berechtigterweise ein breiter Raum in dieser Beschreibung zu. Die langen Zahlenreihen indes, die als Ergebnis meiner anthropologischen Messungen ebenfalls ihr Recht auf Veröffentlichung beanspruchen, sind zwar dazu angetan, auf den ersten Blick zu erschrecken; doch kommt ihnen mindestens so viel Wert zu, daß sie dem durch genaues Beobachten gewonnenen Bilde ein gewisses Gerüst und einen greifbaren Rahmen verleihen, mithin zu seiner Stützung erheblich beitragen. Ein absoluter Wert gebührt diesen Maßzahlen selbstverständlich nicht und losgelöst vom lebenden Menschen fallen sie in sich zusammen oder bleiben blutleere rechnerische Gebilde. Aber der Anthropologe kann auf sie ebensowenig verzichten wie ein Künstler auf die für eine ideale Gestalt grundgelegten Kanones. Somit bedarf es einer eigenen Rechtfertigung dafür nicht, daß ich im Ituri-Walde für die anthropometrische Bestimmung von mehr als einem Tausend Pygmäen und Negern ernste Mühe und viel Zeit aufgewendet habe. Nicht einer mit Zahlen bestimmten, errechneten Rasseform wird hier der Platz eingeräumt — eine solche besteht in der Wirklichkeit nirgendwo —; vielmehr gelangt die lebendige Verbindung von Erscheinung und Messung zur Darstellung, wobei aller weitsichtigen Objektschau der Vorrang eingeräumt wird.

Ein genaues Wissen um die Eigenart, Herkunft und Befähigung einer Rasse ist für die allgemeine Kulturgeschichte nicht minder aufschlußreich als beispielsweise ein zuverlässiger Nachweis der Erfindung irgendwelchen brauchbaren Gegenstandes im jeweiligen Kulturganzen, das von dieser Rasse getragen wird. Mithin hat vorliegende Abhandlung die Volks- und Rassegruppe der Bambuti als eine leiblich-seelische Ganzheit, wie sie unter dem zwingenden gestaltformenden Einfluß ihrer Umwelt dasteht, zum Gegenstand; diese menschliche Gruppe tritt uns ja auch tatsächlich als eine leiblich-seelische Einheit von Sein und Wirken entgegen.

a. Das gestaltliche Gesamtbild

Einmalig und kennzeichnend für die Bambuti ist das geschlossene Gesamtbild ihrer äußeren Erscheinung, d. h. kurzweg alles, was man mit Aufbautypus und Konstitution, mit arteigener Gestaltung und erbgemäßem Grundgefüge des Körperbaues zu umschreiben pflegt. Unter Zuhilfenahme der gewonnenen Maße werden die bestimmenden Einzelheiten zur Besprechung gelangen. Da die Aka-Leute, wie (S. 88, 96) erwähnt, von den benachbarten Sudannegern eine absichtliche Verbildung des Schädels ihrer Neugeborenen übernommen haben, welche Sitte selbstverständlich eine natürliche Kopfentwicklung nach gewisser Richtung ein wenig behindert, verpflichtet dieser Umstand dazu, einzelne Messungsergebnisse aus dieser Gruppe getrennt von denen der Efé und Basúa vorzulegen; mithin ist eine naturgetreue Zeichnung aller gewährleistet.

Das am meisten offensichtliche und am häufigsten besprochene Rassemerkmal
unserer Urwaldmenschen ist ihre niedrige K ö r p e r h ö h e. Frühzeitige ägyptische Berichte, die mehr als sechs Jahrtausende zurückreichen, erwähnen bereits diese sinnfällige Erscheinung nahezu lärmend und seitdem haben zahlreiche Reisende bis in unsere Tage herein auf dieses für die gesamte Menschheit
ungewöhnliche Merkmal hingewiesen; unumwunden bekunden sämtliche Beobachter
eine nahezu fassungslose
Überraschung angesichts
ihres einzigartigen Erlebnisses bei Gegenüberstellung
mit den zwerghaften Waldmenschen. Allen ernstveranlagten Beurteilern galten sie
trotzdem als vollwertige Angehörige unseres Geschlechtes und keineswegs als Kümmerformen; weswegen eine
solche sinngleiche Bewertung
von altersher größte Beachtung verdient.

Was über deren Körperbildung seinerzeit SCHWEIN
FURTH: 361, ausgehend von

Abb. 8. Pygmäinnen verschiedenen Alters

den Aka-Leuten und verallgemeinernd von den übrigen Gruppen kleinwüchsiger Eingeborener in Afrika mitteilt, haben nachfolgende Forschungen
bestätigt. Zunächst ist hinsichtlich der von ihm entdeckten Aka einwandfrei
sicher, „daß dieser Stamm ein Glied bildet in der langen Kette von Zwergvölkern, die, mit allen Anzeichen einer Urrasse ausgestattet, sich quer durch
Afrika längs des Äquators hin zu erstrecken scheint. Ich war nicht der erste
Reisende, der das Vorhandensein von Pygmäen in Afrika nachweisen konnte;
aber meine Vorgänger, selbst diejenigen, die als Augenzeugen zu berichten
vorgaben, fanden wenig Glauben und Gnade vor dem skeptischen Richterstuhle
der geographischen Kritik. Wir besitzen eine Menge von Erkundigungen, die
von weit ins Innere vorgedrungenen Reisenden über Völkerstämme von geringer Körpergröße eingezogen wurden. Die Mehrzahl dieser Berichte hat das
Übereinstimmende, daß diese sogenannten Zwergvölker sich nur durch die im
Durchschnitt geringere Körpergröße von den umwohnenden Rassen unterscheiden, daß sie also nicht Zwerge seien im Sinne der Mythe, oder wie solche
sich bei uns für Geld sehen lassen. Auch darin stimmen die meisten Nach-

richten überein, daß die kleinen Leute durch einen rötlicheren oder helleren
Ton in der Hautfarbe vor ihren Nachbarn ausgezeichnet erscheinen." Das inhaltlich gleiche Urteil vieler Augenzeugen macht jeden Zweifel an der ungewöhnlich niedrigen Körperhöhe unserer Rassezwerge zunichte.

Ganze Körperhöhe	Männer		Frauen	
	Mittelwert	$V_1 - V_n$	Mittelwert	$V_1 - V_n$
Efé + Basúa	1438.1	1268—1597	1372.1	1234—1504
Efé	1436.7	—	1369.7	—
Basúa	1440.3	—	1376.2	—
Aka	1444.1	1326—1568	1367.1	1262—1465
Beyru	1474.7	1318—1584	1360.2	1278—1410
Bambuti	1440.3	1268—1597	1370.4	1234—1504

Aus meinen zusammengefaßten Beobachtungen über die Körperhöhe von
etwa 900 Erwachsenen ergeben sich als Mittelwerte 1440.3 mm für 510 Männer
und 1370.4 mm für 382 Frauen. Die Bedeutung dieses Maßes läßt es gerechtfertigt erscheinen, vergleichshalber und zur Bestätigung meiner eigenen Ergebnisse, kurz einzufügen, was schon früher diesbezüglich festgestellt wurde. Als
Mittelwert hat CZEKANOWSKI (a) für 115 Männer 1417.0 mm und SCHEBESTA
(b): 230 für 354 Männer 1430.0 mm, ersterer für 26 Frauen 1357.0 mm und
letzterer für 208 Frauen 1355.0 mm ausfindig gemacht. Mithin bestätigen auch
diese Berechnungen, daß die Bambuti, sogar im Vergleich mit den Buschmännern,[1] die niedrigste Körperhöhe aller menschlichen Rassen der Gegenwart
und Vergangenheit aufweisen. Naturgemäß schwankt dieses Maß nach oben wie
nach unten innerhalb der einzelnen pygmäischen Volksgruppen.

Einigen Millimetern mehr oder weniger in dem hier behandelten Mittelmaß kommt keine entscheidende Bedeutung zu; um so beachtenswerter ist die
Tatsache, daß unsere Ituri-Pygmäen als die kleinste Menschenrasse überhaupt
dastehen. R. MARTIN: 208 verzeichnete als mittlere Körperhöhe für die gesamte
Species *Homo sapiens* 165 cm und zog die physiologischen Normalgrenzen bei
121 und 199 cm. Gegenwärtig steckt man richtiger den normal-physiologischen
Bereich der Ganzen Körperhöhe für individuelle Maße des Menschen bei 120
und 200 cm ab; die entsprechenden Mittelwerte liegen zwischen 140 und
181 cm. Dieser Aufstellung zufolge nehmen unsere Bambuti die unterste Grenze
für die normal-rassisch bedingte menschliche Körperhöhe ein — was für den
Einzelwert genau so wie für den Mittelwert gilt; und zwar eignet ein solches
Mindestmaß noch einer durchaus normalen Wachstumsform. Das aufgestellte

---

[1] Vertrauenswürdige Kenner, wie PÖCH, LUSCHAN, FRITCH u. a. haben für blutreine
Buschmänner ungefähr 1440 mm als mittlere Ganze Körperhöhe festgestellt. Bei genauerer
Überprüfung der für dieses Maß ausgegebenen Zahlenwerte habe ich mich davon überzeugt,
daß letztere doch ein wenig niedriger dargestellt werden, als der reinen Wirklichkeit entspricht. Jeder ehrliche Beurteiler wird eingestehen müssen, daß die Buschleute, zufolge des
richtigen Mittelmaßes für die Ganze Körperhöhe, doch etwas größer sind als die Twiden im
Ituri-Walde.

Frequenzpolygon für die absolute Körperhöhe des einen wie anderen Bambuti-Geschlechtes verläuft nach einer ungefähr ebenmäßig und wenig steil aufgebauten Pyramide mit einem einzigen Gipfel, der für Männer im Spielraum von 1430—1449 mm und für Frauen in dem von 1350—1369 mm liegt.

Bekanntlich hatte sich E. Schmidt i. J. 1905, bei einer derzeitig angestrebten rein schematischen Einteilung sämtlicher Menschenrassen im Hinblick auf ihre durchschnittliche Körperhöhe, zu dem behelfsmäßigen Vorschlag entschlossen, es mögen nur solche Gruppen als echte Pygmäen bezeichnet werden,

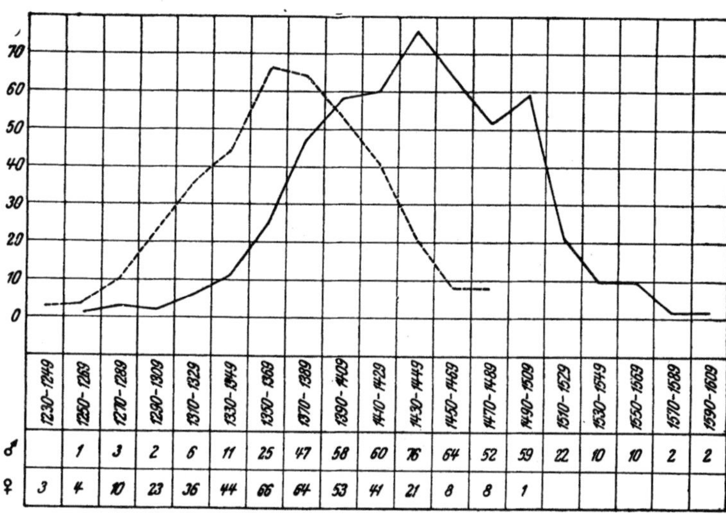

	1230–1249	1250–1269	1270–1289	1290–1309	1310–1329	1330–1349	1350–1369	1370–1389	1390–1409	1410–1429	1430–1449	1450–1469	1470–1489	1490–1509	1510–1529	1530–1549	1550–1569	1570–1589	1590–1609
♂		1	3	2	6	11	25	47	58	60	76	64	52	59	22	10	10	2	2
♀	3	4	10	23	36	44	66	64	53	41	21	8	8	1					

Abb. 9. Frequenzpolygon der absoluten Körperhöhe

denen „Größenziffern unter 150 cm entsprechen". Offensichtlich erfüllen alle oben vorgelegten Berechnungen diese Forderung, die an sich schließlich nichts mehr als eine willkürliche Äußerlichkeit ausmacht; gegenwärtig jedoch gibt die biogenetische Bewertung den entscheidenden Ausschlag. Stuhlmanns (a): 185 Meinung, es „dürften Individuen über 1.40 m nicht als von reiner Rasse anzusehen sein", läßt sich nicht rechtfertigen. Gar zu gering wäre nämlich ihr zufolge der Spielraum, welcher der Variationsbreite für das Maß der Ganzen Körperhöhe bliebe, mag dieses auch absolut niedrig sein; abgesehen davon, daß der erwähnte Forscher keinen überzeugenden Grund für solch eine nach Zentimetern bestimmte Grenze ausspricht.[1] Bei wenigen Einzelfällen mache ich

---

[1] In einem späteren Werk (b): 444 wiederholt er seine offenkundig willkürliche Entscheidung und schreibt: „Die Körpergröße [der Ituri-Pygmäen] schwankt nach unseren Wahrnehmungen zwischen 1.24 und 1.50 m, doch kann man im allgemeinen nach Aussagen des [Emin] Pascha annehmen, daß Leute über 1.40 m nicht von reiner Rasse sind". Im Gegensatz hierzu — weil ich auch einer anderen Meinung das Wort einräumen will — erklärt Panckow: 77, auf Grund seiner bei der Feldforschung gesammelten Erfahrungen, daß „die Wahl eines bestimmten Höhenmaßes von 150 cm als obere Grenze für den Körperwuchs der männlichen Pygmäen und von einigen, etwa 5 cm weniger für denjenigen der weiblichen, gut getroffen ist".

persönlich nicht einmal halt vor der von E. Schmidt aufgerichteten Grenze von
150 cm für die reinrassigen Pygmäen: es kann m. E. in einer aus zahlreichen
Personen zusammengesetzten Gruppe ausnahmsweise sogar eine Körperhöhe
von mehr als 150 cm als individuelle Variationserscheinung und frei von
fremder Blutmischung auftreten. Niemand stößt sich daran, daß, vom Mittelwert ♂ 1440.3 mm her gesehen, den ich ausfindig gemacht habe, die untere
Variationsgrenze bei 1268 mm liegt, was einer Spannung von 172 mm entspricht. Welche Berechtigung könnte man dafür namhaft machen, als obere

Abb. 10. Pygmäinnen, dieselben wie Abb. 8

Grenze 1500 mm festzu-
legen, was einer Spannung
vom bezeichneten Mittel-
werte her von bloß 60 mm
gleichkommt?

Allein vom Augenfäl-
ligen ausgehend konnte
auch ich mich des überaus
befremdlichen Eindruckes
nicht erwehren, den ich
empfand, wenn Bambuti-
Mütter, selber kaum 135 cm
hoch, den auf ihrer linken
Hüfte reitenden Säugling
im Tragband haltend, zu-
traulich neben mir standen,
der ich sie um 50 cm an
Körperhöhe überragte. Jedweder stammesfremde Be-

schauer kommt sich fassungslos vor, wenn er zum ersten Male der zierlichen,
niedrigen Gestalt eines Ituri-Pygmäen gegenübertritt; zumal sich darin auch
gar manche seltsame Eigenheiten ausprägen.

Martin: 208 hat als sexuelle Differenz in der Körperhöhe für die gesamte
Menschheit berechnet, daß dieses Maß beim weiblichen Geschlecht um 7%
geringer als beim männlichen ist. Selbstverständlich macht dieser Abstand bei
unseren kleinwüchsigen Waldmenschen merklich weniger aus; er beträgt, berechnet allein aus den beiden Mittelwerten, bloß 4.9%.

Die individuelle Schwankung für das Körperhöhenmaß rassereiner Männer
braucht, wie gesagt, bei 150 cm nicht haltzumachen; eine unbedeutende Steigerung darüber hinaus liegt noch im Bereich des biologisch Zulässigen und man
darf ihm beistimmen, falls keine Anzeichen auf Bastardierung hindeuten.
Grundsätzlich habe ich aus meinen Beobachtungen solche Einzelpersonen ausge-
schieden, die negerischer Blutmischung verdächtig erschienen; trotzdem stellten
sich einzelne Bambuti-Männer, deren Höhenmaß über 150 cm hinausging und
die gänzlich rasserein anmuteten. Die Möglichkeit bleibt trotzdem offen, daß
ausnahmsweise eine über 150 cm hinausragende Körperhöhe von einer weit

zurückliegenden Blutmischung mit Negern herstammt, während andere ausschließlich negerische Merkmale im pygmäischen Phaenotypus gänzlich fehlen.

Die Bambuti selbst sind sich dessen bewußt, daß sich, bezüglich der Ganzen
Körperhöhe, offenkundig eine individuelle Schwankung in ihren eigenen Stammesgenossen auswirkt; richtig bezeichnen sie den einen als größer oder kleiner,
ohne damit dessen Blutreinheit zu bezweifeln. Noch bestimmter halten sie die
Erkenntnis aufrecht, daß sie alle insgesamt wegen ihrer ungewöhnlich geringen
Körperhöhe anderen Rassen auffallen; ein Minderwertigkeitsgefühl bedrückt
sie deswegen jedoch nicht.

Im Zusammenhang mit dieser innerhalb der gesamten Menschheit untersten durchschnittlichen Körperhöhe betrachtet, gewinnt die Bestimmung des
K ö r p e r g e w i c h t e s eine erhöhte Bedeutung als Rassemerkmal unserer
kleinen Waldmenschen. Für dieses Gewicht in Kilogramm ergibt eine Berechnung an Vertretern aus allen Bambuti-Gruppen ungewohnte Einzelheiten.

Körpergewicht	n	M	$V_1 - V_n$
	226 ♂	39.8	29—51
	202 ♀	35.5	25—50

Auf die Tagesschwankungen und andere wenig entscheidende Umstände konnte
ich bei Abnahme dieses Körpergewichtes keine Rücksicht nehmen; allein das
habe ich vermieden, es sofort nach einer reichlichen Mahlzeit — was für unsere
Waldmenschen sowieso ein seltenes Ereignis ist — zu bestimmen. Offenkundig
spricht diese Berechnung im großen und ganzen eine gleichsinnige Übereinstimmung zur niedrigen Ganzen Körperhöhe aus. Auch hierbei tritt eine auffällig geringe sexuelle Differenz zutage. Sie erklärt sich vornehmlich daraus,
daß viele Frauen gegenüber den Männern mit reichlicherem Fettansatz, trotz
ihres zarten Knochengerüstes, ausgestattet sind. Derart volle und gutgenährte
Gestalten, wie solche der weibliche Bevölkerungsteil aufweist, gibt es unter den
Männern nicht.

Dieses für beide Geschlechter absolut niedrige Körpergewicht macht allein
der Hinweis auf den grazilen, leichten Bau des gesamten Skeletts überzeugend
verständlich. Verglichen mit der geringen Körperhöhe drängt das in Kilogramm dargestellte Körpergewicht zu der Schlußfolgerung: die Bambuti sind
frei von rachitischen und degenerativen Anzeichen. In ihrem Alltag weisen sie
sich aus als befähigt für beträchtliche Arbeitsleistungen; im besonderen überrascht, welch drückende Lasten an Brennholz und Lebensmitteln die Frauen
auf ihrem Rücken durch den verworrenen Urwald zu befördern vermögen. In
Einzelfällen konnte ich mit der Waage nachweisen, daß das umfangreiche Holz-
bündel um manche Kilogramm mehr wog als das Eigengewicht der Trägerin
ausmachte; und zuweilen ritt auf der schweren Last noch ihr Säugling (Abb. 3).

Eine kerngesunde und arbeitstüchtige, bei körperlichen Anstrengungen
sehr ausdauernde Rasse sind die Bambuti! Ihr geringes Körpergewicht ermöglicht die federnde, tänzelnde Gangweise, mit der sie über liegende Baum-

stämme und durch wirres Gestrüpp hastig auf dem unwegsamen Urwaldboden
davoneilen. Das eingeschobene Zahlenbild enthält die absoluten Mittelwerte,
sowie die absolute und die prozentuelle Differenz allein aus den Mittelwerten
berechnet.

Körperhöhe	510 ♂	382 ♀	abs. Diff.	in Prozenten
	1440.3	1370.4	69.9	4.9%

Körpergewicht	226 ♂	202 ♀	abs. Diff.	in Prozenten
	39.8	35.5	4.3	10.8%

Bei der niedrigen Ganzen Körperhöhe unserer Waldmenschen macht sich
ihr unverhältnismäßig langer R u m p f überraschend bemerkbar. Einprägsam
fällt das Mißverhältnis dieses langen Rumpfes zu den Gliedmaßen bei Frauen
auf, wenn man sie in Rückenansicht betrachtet. Das Fehlen einer uns von
anderen Menschenrassen her geläufigen Ausgeglichenheit dieser Längenverhältnisse befremdet bei den Bambuti kaum weniger als ihre ungewöhnlich niedrige
Gestalt. Als obere Begrenzung des Rumpfes gilt sowohl die Schulterhöhe (d. i.
die Höhe des Akromion) als auch die Höhe des oberen Brustbeinrandes (d. i. die
Höhe des Suprasternale); als untere Begrenzung nimmt man den oberen Sym-
physenrand an. Durch Abzug des einen Maßes vom anderen gewinnt man die
Länge der vorderen Rumpfwand, d. i. die sogenannte Rumpflänge, wie sie dem
projektivischen Maß 27 als "Länge der vorderen Rumpfwand" nach R. MARTIN
entspricht. Bei der überwiegenden Mehrheit europäischer Männer und Frauen
liegt das Akromion höher als das Suprasternale; was in gleicher Weise für alle
drei pygmäischen Großgruppen gilt.

	510 Männer		382 Frauen	
	M	$V_1 - V_n$	M	$V_1 - V_n$
Höhe des Suprasternale	1171.3	1027—1318	1114.4	996—1231
Höhe des Akromion	1185.7	1042—1329	1123.3	1000—1259
Vordere Rumpflänge	435.8	362—514	423.3	356—536

Für die obere Begrenzung des Rumpfes vermitteln die absoluten Maße ein
Bild von mäßig hochgelagerten und nach den Seiten hin wenig abfallenden
Schultern. Solche Formgebung trägt dazu bei, ebenfalls den Rumpf oben breit
erscheinen zu lassen. Offenkundig ist das Maß für die Schulterbreite beträchtlich, nämlich im Mittel 315.1 mm bei Männern und 295.6 mm bei Frauen. Dieser
ansehnlichen oberen Breite des Rumpfes kommt auch die untere ziemlich nahe,
dargestellt durch die sogenannte Beckenbreite, als Größte Breite zwischen den
Darmbeinkämmen; sie beträgt im Mittel ♂ 239.7 mm und ♀ 244.1 mm. Mithin
übertrifft dieses Maß bei Frauen das der Männer durchschnittlich um bloß
4.4 mm.

Vergleicht man bei Männern das Mittelmaß für die obere Rumpfbreite mit dem für die untere, erscheint der hierfür bescheidene Unterschied von 75.4 mm; und darin drückt sich eine außerordentlich mäßige Verschmälerung des Rumpfes von oben nach unten aus. Der nämliche Vergleich der Mittelmaße bei Frauen bestätigt eine noch geringere Verschmälerung. Kein Zweifel also, daß die Rumpfform sich ansehnlich einem regelmäßigen Rechteck nähert; was übrigens ein Vorzug sämtlicher Negriden zu sein scheint.

Unterstützt wird dieser Nachweis durch das Maß für die Taillenbreite; im Mittelwert macht es bei Männern nur 7.7 mm und bei Frauen 23.3 mm weniger als die Beckenbreite aus. Damit stellt sich eine für beide Geschlechter auffallend flache seitliche Einsenkung der T a i l l e als pygmäisches Rassemerkmal vor. Außerdem machen die aufgeführten Zahlen ersichtlich, daß die sexuelle Differenz in diesem Merkmal ebenfalls nur wenig beträgt. Dementsprechend überrascht der folgende allein aus den Mittelwerten berechnete Vergleich nicht

Abb. 11. Rumpfbildung der Pygmäen

mehr. Während bei Männern der Brustumfang den Taillenumfang um 48.5 mm übertrifft, beträgt dieser Unterschied bei Frauen bloß 37.8 mm. Schließlich bekundet auch der Transversale Brustdurchmesser seinerseits die allgemeine Form von den nahezu senkrecht verlaufenden Seitenwänden des Rumpfes; aus den Mittelwerten ersieht man nämlich ein Plus dieses Maßes gegenüber der Taillenbreite von ♂ 4.8 mm und von ♀ 3.9 mm.

Mit den bisher aufgezählten Einzelheiten steht folgender, allerdings aus den Mittelwerten berechneter Vergleich in gutem Einklang. Während bei Männern der Brustumfang den Taillenumfang um 48.5 mm übertrifft, beträgt dieser Unterschied bei Frauen bloß 37.8 mm. Als allgemeine Schlußfolgerung erfließt aus diesen Erörterungen, daß sich die seitlichen Begrenzungslinien des Rumpfes bei Vorderansicht von oben nach unten außerordentlich wenig verjüngen und zur Taillenform nur soeben erkennbar abflachen. Schließlich sei noch darauf hingewiesen, daß bei Frauen das für die Schulterbreite berechnete Mittelmaß jenes für die Beckenbreite nur um 51.5 mm überragt; mithin der rechteckige Verlauf des Rumpfumrisses sich verdeutlicht.

Bei einem Vergleich der Rumpflänge mit der Körperhöhe ergibt sich als Index ein Mittelwert von ♂ 30.36 bzw. ♀ 30.92. Mag der Unterschied in diesen Zahlen auch ungewöhnlich gering sein, er besteht tatsächlich und bestätigt seinerseits das allgemeine Gesetz, daß „der weibliche Rumpf stets länger ist als der männliche. Diese größere relative Länge des weiblichen Rumpfes betrifft speziell den Unterleib und ist als eine Anpassung an die normale Funktion des Weibes aufzufassen" (MARTIN: 261). Erwiesenermaßen folgen auch diesbezüglich

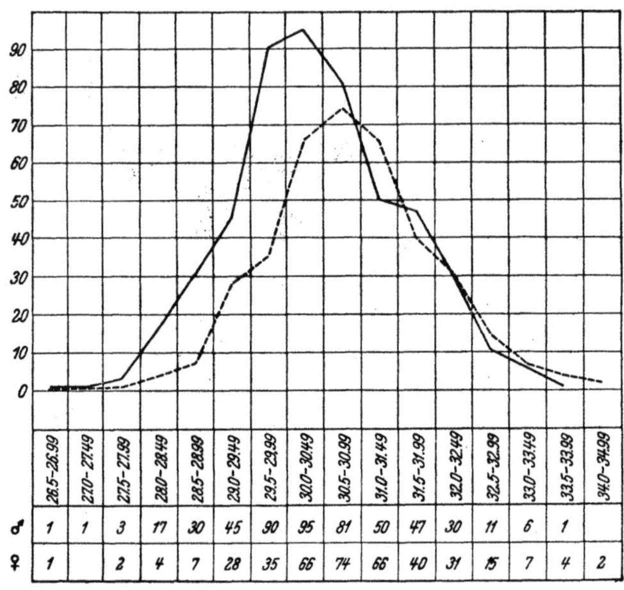

	26.5–26.99	27.0–27.49	27.5–27.99	28.0–28.49	28.5–28.99	29.0–29.49	29.5–29.99	30.0–30.49	30.5–30.99	31.0–31.49	31.5–31.99	32.0–32.49	32.5–32.99	33.0–33.49	33.5–33.99	34.0–34.99
♂	1	1	3	17	30	45	90	95	81	50	47	30	11	6	1	
♀	1		2	4	7	28	35	66	74	66	40	31	15	7	4	2

Abb. 12. Frequenzpolygon: Rumpflänge zur Körperhöhe

unsere Pygmäen bekannten allgemeinen Gesetzen für den Bau des menschlichen Körpers. Das Frequenzpolygon für das hier erörterte Maßverhältnis verläuft für beide Geschlechter nach einer ziemlich regelmäßigen und steilen Pyramide, die das im ganzen einheitliche Erscheinungsbild deutlich widerspiegelt.

Der bloß geringfügige Formunterschied des weiblichen Rumpfes von dem der Männer überrascht. Allerdings zeichnet sich auf der vorderen Brustwand der letzteren eine ansehnlich deutliche Muskelplastik ab und gleichzeitig drängt sich der knöcherne Brustkorb durch die aufgelagerten Weichteile erkennbar vor. An und für sich ist diese Muskulatur nicht nennenswert massig und selbst bei sonst gut genährten Personen, absolut betrachtet, kaum mittelmäßig entwickelt; in Übereinstimmung mit dem im allgemeinen schmächtigen Gesamtkörper. Immerhin muß man zugeben, daß sich die Brustmuskulatur bei den meisten Männern durchwegs kräftig und deutlich ausprägt; viele, die im mittleren Alter stehen, erwecken einen mäßig-athletischen Eindruck wegen einiger schwellender Muskelbündel, die sich füllig auf dem zierlichen Körper vorbeulen. Solch ein Zustand findet seine Erklärung in der fast alltäglich angespannten

Inanspruchnahme der Brust- und Armmuskulatur beim Bogenschießen und
Speerwerfen sowie bei mancherlei Heimarbeiten. Die Frauen besitzen selbstverständlich eine mehr oder weniger reichlich mit Fettgewebe angefüllte Oberhaut, weswegen diese selbst glatt oder gespannt aufliegt und bei vielen bis in
das hohe Alter hinein den gleichen Zustand beibehält (Abb. 11, 13).

Den Unterschied der Geschlechter im Rumpfbau verdeutlicht bestimmter
als alle bisher geschilderten Merkmale die ungewöhnliche Entwicklung des

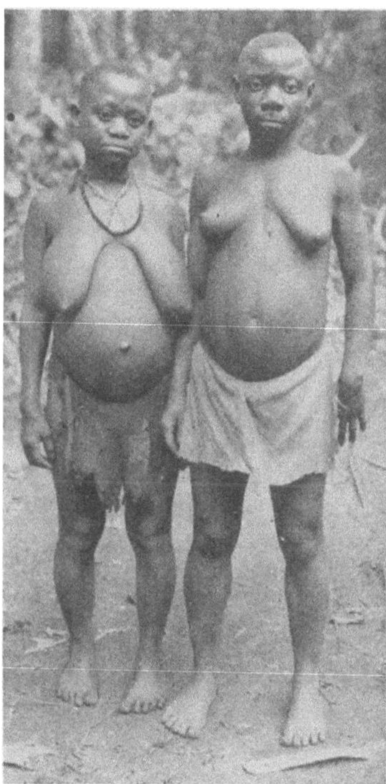

Abb. 13. Rumpfbildung der Pygmäinnen

B a u c h e s. Bei den Bambuti-Kindern beginnt, nachdem sie der Mutterbrust
entwöhnt sind und sich durch eine gewisse Zeit nach Art aller Erwachsenen
ernährt haben, mithin im dritten oder vierten Lebensjahr, der sogenannte
Trommelbauch anzusetzen; er vergrößert sich in der Folgezeit fortschreitend,
so daß er bei acht- bis zehnjährigen Kindern zuweilen ein für das Auge der
Europäer beängstigendes Ausmaß mit höchst praller Spannung annimmt. Bei
Männern jüngeren und mittleren Alters bildet sich diese straffe Vorwölbung
des Bauches nennenswert zurück, bei Frauen jedoch meistens gar nicht oder
nur mäßig; m. a. W., der Trommelbauch bleibt bei Männern wenig oder soeben
noch erkennbar bestehen, hingegen zeigt er sich bei Frauen ganz deutlich und
zuweilen derart umfangreich ausgebildet, als befänden sie sich in einem vorgeschrittenen Schwangerschaftsstadium. Daß es sich bei dem geschilderten Dauerzustand für beide Geschlechter allein um den Trommelbauch handelt, bestätigt

ein Hinweis auf das Verhalten der Bauchdecken. Sie weisen nämlich keinen
gelockerten Zustand auf, selbst nicht bei multiparen Frauen, sondern nahezu
unausgesetzt eine mehr oder weniger pralle Straffung. Die erwähnte Einschränkung betrifft allein Frauen und besagt: Ein Erschlaffen der Bauchdecke setzt
anschließend an eine Entbindung ein und gleichzeitig zeigen die Gewebe ein
Verhalten, das genau dem Hängebauch entspricht; doch währt diese Formveränderung bloß einige Wochen und nachher kehren die deutlichen Anzeichen
des gestrafften Trommelbauches wieder
ebenso wie ursprünglich zurück.

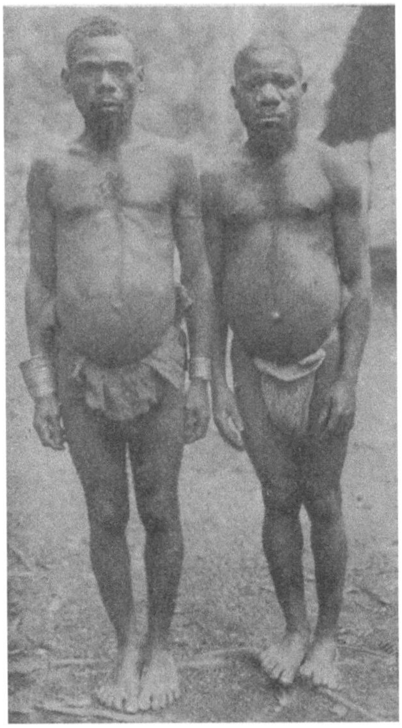

Irreführend wäre es, diesen bei beiden
Geschlechtern nahezu ununterbrochenen,
durch das ganze Leben anhaltenden Zustand als Hängebauch zu veranschlagen.
Letzteren kennzeichnet eine beträchtliche
Entspannung der Bauchdecke, welche hauptsächlich von einem Auseinanderweichen der
geraden Bauchmuskeln bewirkt wird; die
bekannte Rectusdiastase: mithin ein Zustand, der das genaue Gegenstück von dem
des Trommelbauches darstellt. Selbst im
hohen Alter verliert sich die Straffung der
Bauchdecke bei unseren Pygmäen nicht
vollständig; sie erscheint indes, wenn man
so sagen darf, bloß erkennbar vermindert,
in Übereinstimmung mit der allgemeinen
Lockerung aller oberflächlichen Körpergewebe. Naturgemäß stellt sich nach jeder
Entbindung die Geneigtheit zum Ansatz
eines Hängebauches ein, falls nicht sofortige
Gegenmaßnahmen abzuwehren beginnen.
Zu solchen greifen die meisten Pygmäinnen

Abb. 4. Trommelbauch der Pygmäen

tatsächlich. Einige Zeit hindurch nach der Niederkunft schnüren sie ihren
Unterleib vermittels breiter Bastbänder fest und anhaltend; selbstverständlich
zu dem bewußten Zweck, die von Überdehnung erschlafften Gewebe zusammenzufassen. Demzufolge stellt sich nach wenigen Monaten der frühere Dauerzustand des Trommelbauches wieder ein.

Bei vielen Frauen und einzelnen Männern in aufrechter Stellung quillt
förmlich der geblähte, faßförmige Trommelbauch sogar nach beiden Seiten
hervor und überdeckt, bei Vorderansicht, die seitliche Begrenzung der Taillengegend. Hocken die Leute am Waldboden, einerlei, ob sie die Beine lang ausgestreckt oder ein wenig angezogen halten, wölbt sich ihr Bauch weit heraus und
er erscheint in höchster praller Rundung; zugleich stößt er noch stark nach oben
gegen den Brustkorb. Die Pygmäen empfinden solch gesteigerte Spannung
mehr oder weniger unangenehm. Nie habe ich bei ihnen eine wirklich schlaffe

Bauchdecke beobachtet, hingegen fühlte sich diese bei allen Altersklassen elastisch prall an: eine, weil nahezu ausnahmslos, sehr befremdliche Erscheinung.

Vermutlich verdient es die geschilderte Sonderform des Trommelbauches nicht, als erbbedingt veranlagt gewürdigt zu werden; sie dürfte sich auf eine fortlaufend unregelmäßige, vorwiegend vegetarische und inhaltarme Nahrungsaufnahme zurückführen lassen. Bei den allerdings seltenen Gelegenheiten eines nennenswerten Überflusses an Nahrungsstoffen, vor allem an Fleisch, füllen sie sich den Magen sozusagen bis zum Platzen auf; dann wieder folgen längere Zeiten mit sehr knapper Versorgung und manchmal müssen alle Leute sich mit einigen Bissen für den ganzen Tag zufriedengeben. Möglicherweise sind auch die beträchtlichen Mengen von Bananenmehl, die diese Naturkinder sich zeitweilig durch mehrere Tage ausschließlich zuführen, zugleich mit schwerverdaulichen Vegetabilien, die nur langsam im Verdauungstrakt vorwärts kommen, am Aufblähen ihres Bauches ursächlich beteiligt. Endlich dürfte die endemische Malaria ein wenig bei dessen Zustandekommen mithelfen.

Die geschilderten Formverhältnisse am Bauch der Pygmäen bewirken den Anschein, als sei der N a b e l nach unten und in sagittaler Richtung vorgeschoben. Als Mittelwerte für die Nabelhöhe über dem Boden wurden ♂ 837.5 mm und ♀ 797.2 mm berechnet; deren Bedeutung allerdings sich erst aus ihrer Beziehung zur Ganzen Körperhöhe und noch mehr aus der zur Rumpflänge ergibt. Für die relative Nabelhöhe liegen von den menschlichen Rassen verschiedene Werte vor. Bedingt wird dieser für unsere Pygmäen berechnete ungewöhnliche Index offenkundig vom geringen Längenmaß der Beine sowie von ihrem nach vorn-unten vorgeschobenen Trommelbauch; ihn könnte man, analog dem "Reisbauch" der Malaien, als einen "Bananenbauch" ausgeben. Der Nabel selbst weist häufig eine ansehnliche Größe wie auch unregelmäßige Formen auf; sie entstehen aus Ungeschicklichkeit und schuldbarer Unbedachtsamkeit beim Abnabeln der Neugeborenen.

Ein deutliches Bild von der Form des Rumpfes vermittelt der Rumpfbreiten-Index, für welchen sich als Mittelwert ♂ 76.75 bzw. ♀ 82.88 ergab. Diese Zahlen verhelfen zunächst auch ihrerseits zu der Erkenntnis, daß sich für beide Geschlechter die seitliche Begrenzung des Rumpfes einem Rechteck nahezu gänzlich nähert; ferner, daß sich die obere und untere seitliche Ausladung dieser Umrisse im relativen Wert bei den Frauen näher kommen als bei den Männern, welches Verhältnis auch für die Variationsbreiten gilt. Mithin konvergieren die Seitenkonturen nach unten erheblich weniger bei Frauen als bei Männern; und obgleich schon der Umriß des männlichen Rumpfes ein nahezu genaues Rechteck darstellt, so ist das noch mehr der Fall bei dem weiblichen. Kurz gesagt: mit dem beträchtlichen Längenmaß für den Rumpf der Bambuti verbindet sich eine ansehnliche Breite desselben.

Für die Menschheit allgemein läßt das Verhältnis der S c h u l t e r b r e i t e zur Körpergröße keine klassifikatorisch verwertbaren Rassenunterschiede erkennen; irgendwie hilft es trotzdem dabei mit, in einer bestimmten Rasse die Formgebung der vollen Gestalt zu verstehen. Für diese relative Schulterbreite ergeben sich aus meinen Messungen zwar Werte, die bei anderen menschlichen Rassen nicht aufscheinen; sie kommen jedoch folgerichtig aus den hohen Zahlen für den soeben gekennzeichneten breitschulterigen Rumpf zustande. Der Mittelwert beläuft sich auf ♂ 30.36 und ♀ 30.92. Den gleichen Sachverhalt bezeugen ihrerseits die Verhältniszahlen für die Schulterbreite verglichen mit der Rumpflänge, bei einem Mittelwert von ♂ 72.22 und ♀ 70.07. Beide Zahlengruppen bestätigen überzeugend ein breites Ausladen der Schultern unserer Bambuti.

Die Stammlänge, auch als Sitzhöhe bezeichnet, macht bei den Waldmenschen am Ituri, verglichen mit der Körperhöhe, selbstverständlich viel aus; als absolute Mittelwerte wurden ♂ 703.4 und ♀ 679.3 mm festgestellt. Noch auffälliger tritt die Länge des Rumpfes in die Erscheinung, wenn man ihn im R ü c k e n betrachtet; seine ansehnliche Ausdehnung in senkrechter und seitlicher Richtung verdient als Rassemerkmal gewürdigt zu werden. Man erhält den Eindruck, als sei der Musculus trapezius bloß eine schlaffe Decke und als liegen die hochgezogenen Schulterblätter nur locker dem Brustkorbe auf; weswegen das ganze Corpus und die einzelnen Processus der genannten Knochen sich deutlich durch die aufgelagerten Hautschichten abzeichnen und jedwede Bewegung zu erkennen geben. Da die Pygmäen im Stehen ihre obere Rumpfhälfte mäßig nach vornüber absinken lassen, wölbt sich die Rückenbreite im Bereich der Schulterblätter ansehnlich nach hinten-außen. Von dorther und gleichmäßig fortschreitend drängt die gesamte Rückenfläche wie zu einer Ausbuchtung beträchtlich nach vorn, während sie sich zum Oberrande des Kreuzbeines hinzieht; und hier lädt sie wieder nach hinten aus, in scharf geknickter Schwingung über dem Os sacrum selbst zum eigentlichen Gesäß überleitend. Die tief eingesenkte Lordosenbildung ist damit gegeben und ihretwegen unterscheiden sich sehr bestimmt unsere Bambuti von allen benachbarten Negern.

Wenig unterhalb des Halses bereits sinkt die R ü c k e n f u r c h e rinnenförmig ein und vertieft sich noch in ihrem weiteren Verlauf kaudalwärts durch die Regio sacralis, bis sie schließlich in die Gesäßspalte einmündet. Sowohl diese beträchtlich eingesunkene, lange Rinne als auch die bloß mäßige Einschnürung der Taille von beiden Seiten her verleihen der gesamten Rückenfläche eine kennzeichnende Gestaltung; ihre arteigene Formgebung wird noch

Abb. 15. Die Rückenfurche bei Pygmäinnen

durch die Sonderbildung der Regio glutaea ergänzt. Plötzlich verschmälert sich
die bezeichnete Vertiefung der Rückenfurche in der kurzen Regio sacralis und
indem sie zugleich an Tiefe gewinnt, wird sie zur Gesäßspalte. Die Lendenraute
oberhalb letzterer zeichnet sich bei fast allen Männern und bei den mageren
Frauen deutlich ab; Kreuzbeingrübchen scheinen bei nahezu sämtlichen Personen auf (Abb. 10, 15).

Ungewöhnlich mächtig wölben sich die beiden Hälften des G e s ä ß e s
nach rückwärts heraus. Die nur leicht gebogene und um so tiefer einschnei-

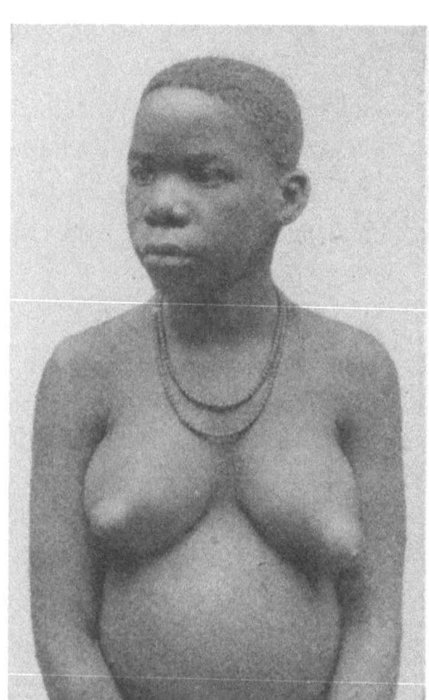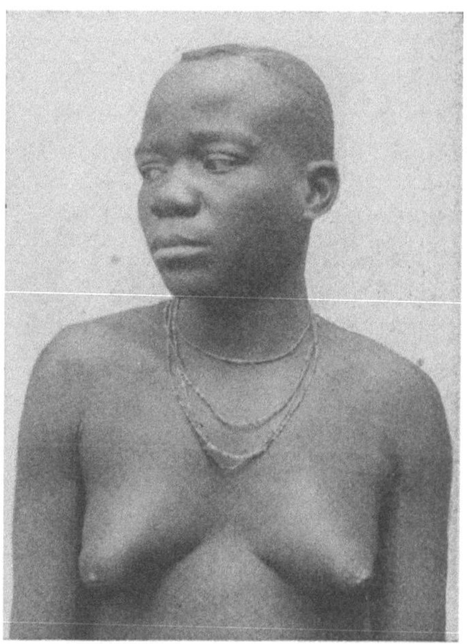

Abb. 16. Formen der Brust bei Nulliparen

dende horizontale Gesäßfurche (Sulcus glutaeus) erreicht meistens die Seiten-
fläche eines jeden Oberschenkels; sie trennt mit erhöhter Deutlichkeit das ganze
Gesäß von der hinteren Fläche eines jeden Oberschenkels, welch letztere sich
wegen ihres verringerten Umfanges ganz scharf absetzen. Ansehnlich bei den
Männern und noch mehr bei den Frauen neigt sich das knöcherne Becken nach
vorn-unten. In Seitenansicht gewinnt man den Eindruck, als biete für den nach
vorn-unten vorgeschobenen Trommelbauch die mächtige nach hinten ziehende
Ausladung des Gesäßes unter der tiefen Rückenlordose ein erforderliches
Gegengewicht. Weder in der Form noch in der Massigkeit entspricht diese
Bildung der den Hottentottinnen eigentümlichen Steatopygie. Trotzdem bleibt
in Geltung, daß das Profilbild von der unteren Rumpfbildung ein den Bambuti
eigentümliches Rassemerkmal ausdrückt;[1] es wirkt gesteigert befremdlich auf

---

[1] Manche frühere Beobachter haben auf diese seltsamen Formverhältnisse hingewiesen,
obzwar ihnen einige Ungenauigkeiten unterlaufen sind. STUHLMANN (b:) 444 sprach sich
folgendermaßen aus: „Die Ausschweifung der hinteren Körpercurvatur ist bei Männern kaum
erwähnenswert, bei Weibern scheint sie häufiger zu sein, zusammen mit einer stärkeren

den Beschauer, weil die ansehnlichen Horizontalumfänge dieses Körperab-
schnittes einer einzigartig niedrigen, durchaus zwerghaften Gestalt angehören.

Eine naturbedingte Übereinstimmung der Ganzen Körperhöhe besteht mit
den Maßen für den Sagittalen und den Transversalen B r u s t d u r c h m e s s e r;
der Mittelwert für ersteren macht ♂ 177.2 bzw. ♀ 154.2 mm und für letzteren
♂ 236.8 bzw. ♀ 224.7 mm aus. Obwohl die Rückenlordose sich außerordentlich
tief einbuchtet, erreicht der Sagittale Durchmesser des Abdomens trotzdem im
Mittel ♂ 189.9 und ♀ 192.9 mm. Der nur geringe diesbezügliche Unterschied
in den beiden Geschlechtern überrascht und wird wahrscheinlich verursacht
von dem auch bei manchen Männern ansehnlich ausgebildeten Trommelbauch.
Durchwegs kommt der Brustumfang nur als konstitutionelles Merkmal bei
vergleichender Beurteilung in Betracht; er bringt jedoch den nicht belanglosen
Tatbestand bei unseren Waldmenschen mit absolut niedrigster Körperhöhe
entschieden zum Ausdruck, daß sie sich einer kräftigen, gesunden Entwicklung
erfreuen. Die absoluten Mittelwerte für den Brustumfang belaufen sich auf
♂ 766.4 und ♀ 723.2 mm.

Oben (S. 68) wurde bereits die ausgiebig reichliche Brustmuskulatur der
männlichen Bambuti besprochen. Außerdem weisen sie durchwegs mächtige
B r u s t w a r z e n mit großen Areolen von dunkelroter Färbung auf. Diese
Gebilde erreichen bei vielen Jungmännern das sogenannte Stadium der Knospe
(Areolomamma nach STRATZ), in welchem Warzenhof und Papille zusammen
ein pralles Hügelchen darstellen. Bei Vergleichen mit anderen altertümlichen
Rassen drängt sich die Wahrscheinlichkeit auf, daß man für sie alle eine massig
gebaute Brust mit großen Brustwarzen als Regel ausgeben muß.

Für das weibliche Geschlecht gilt zunächst die allgemein-menschliche Erscheinung, daß die Brust zu einem achselständigen Ansatz neigt. Als beginnende
Form zeigt sich durchgehends die puerile, auf welche bei sieben- und acht-
jährigen Mädchen für sehr kurze Zeit eine flach schalenförmige folgt; diese
ihrerseits wird von einer mehr oder weniger hohen halbkugeligen Form abgelöst. Letztere erlangt eine straffe Fülle, ohne zugleich bei allen Personen auch
eine absolut ansehnliche Ausweitung zu erreichen; und bald danach setzt der
Zustand einer meist mittelmäßigen Schlaffheit ein. Damit ist schließlich die
konische bzw. ziegeneutergleiche und die seltene kurz-säckchenartige Form
erreicht. An ihr erscheint die Papille am häufigsten knospenartig aufgesetzt;
manchmal nur zeigt sich die voll entwickelte Knospenbrust, bei welcher sich der
vergrößerte areoläre Abschnitt scharflinig abschnürt. Alle hier aufgezählten
Bildungen sind an den Bambuti-Mädchen schon vor ihrer Verehelichung nachweisbar. Nach dem Gebären des ersten Kindes hängt die Brust fast jeder Frau
mehr oder weniger schlaff, häufig behält sie eine konische Form mit mäßiger
Fülle bei. Form und Größe des Warzenhofes bei den Pygmäinnen lassen eine

---

Neigung des Beckens gegen die senkrechte Ebene. Sie ist aber niemals so zur Steatopygie
ausgebildet, wie bei den Buschmann- und Hottentottenfrauen. So kommt durch dies hohle
Kreuz allerdings bisweilen ein stark hervorragender Hängebauch zu Stande, der durch un-
mäßige Ernährung noch verstärkt wird".

durchgehende Einheitlichkeit vermissen, am häufigsten tritt ein mittelgroßes
Rund auf (Abb. 16, 17, 23) und vereinzelt nur zeigt sich ein quergezogenes Oval.

Die Umrißform des Rumpfes in Vorder- und Seitenansicht wird, was sich
von selbst versteht, ansehnlich vom eingelagerten Panniculus adiposus bestimmt, am auffälligsten für die Frauen. Je reichlicher dieses vorhanden ist,

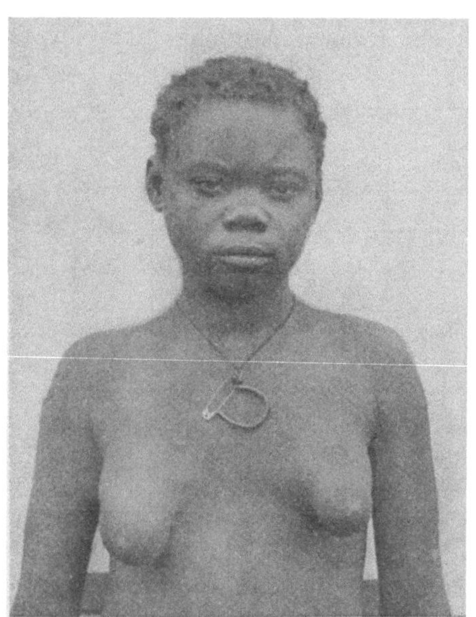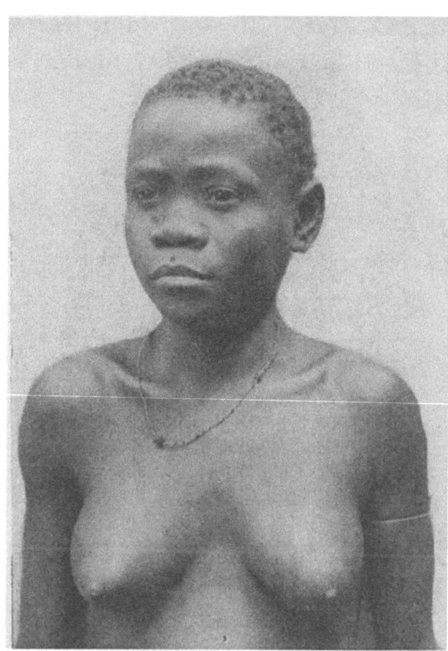

Abb. 17. Formen der Brust bei jungen Müttern

um so deutlicher rückt die Länge und Breite des im ganzen eigenrassig gebauten Bambuti-Rumpfes in die Erscheinung.

Ungewöhnlich wirkt in der gesamten mehr oder weniger breiten Gestalt
die Länge der dünnen A r m e , verbunden mit einer auffallenden Kürze der
Beine. Die meisten europäischen Beobachter haben sich über diese seltsamen,
arteigenen Längenverhältnisse ausgesprochen und nahezu ausnahmslos auf den

	♂	♀
Ganze Armlänge	648.6	605.7
Länge des Oberarmes	283.3	262.6
Länge des Unterarmes	213.0	197.0
Ober-Unterarm-Index	75.15	75.05

Unterschied zu den echten Negern diesbezüglich aufmerksam gemacht. An
unseren kleinen Waldmenschen wird hervorstechend deutlich offenbar, wie
ebenso in umgekehrter Richtung beispielsweise an den hochgewachsenen niloti-
schen Stämmen, welch maßgebender Anteil jeder Längsausdehnung der unteren Extremitäten an der Längenentwicklung der Ganzen Körperhöhe zufällt.

Die Technik zur Bestimmung der oberen Grenze der Armlänge bietet
keine Schwierigkeit. Für dieses Maß ließen sich als absolute Mittelwerte ♂ 648.6
und ♀ 605.7 mm errechnen. Auch diese Zahlen bringen zum Ausdruck, daß die
Frau absolut kurzarmiger ist gegenüber dem Manne. Und wie die Neger durchwegs, verglichen mit Gruppen anderer Rassezugehörigkeit, durch absolut lange
Arme auffallen, so auch unsere Bambuti; vermutlich auf Grund ihrer Zugehörigkeit zum afro-negriden Rassezweig. Nicht im gleichen Maße deutlich tritt
dieses Rassemerkmal bei einem Vergleich der Ganzen Armlänge zur Körper-

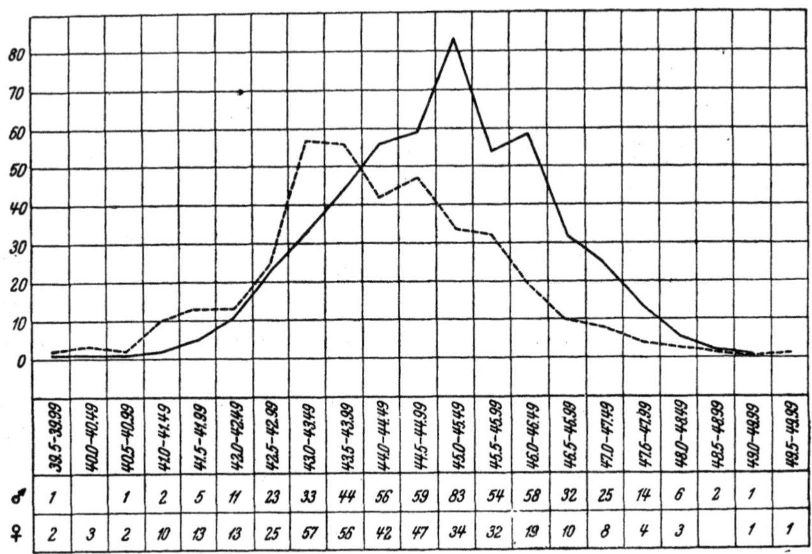

	38.5–39.99	40.0–40.49	40.5–40.99	41.0–41.49	41.5–41.99	42.0–42.49	42.5–42.99	43.0–43.49	43.5–43.99	44.0–44.49	44.5–44.99	45.0–45.49	45.5–45.99	46.0–46.49	46.5–46.99	47.0–47.49	47.5–47.99	48.0–48.49	48.5–48.99	49.0–49.49	49.5–49.99
♂	1		1	2	5	11	23	33	44	56	59	83	54	58	32	25	14	6	2	1	
♀	2	3	2	10	13	13	25	57	56	42	47	34	32	19	10	8	4	3		1	1

Abb. 18. Frequenzpolygon: Armlänge zur Körperhöhe

höhe hervor; er ergibt im Mittel ♂ 45.04 und ♀ 44.21. Das Frequenzpolygon
zu diesem Index zeigt für beide Geschlechter eine fortlaufend an- und absteigende Pyramide mit je einem einzigen Gipfel. Inwieweit die Armlänge
überhaupt sich als Rassemerkmal verwerten läßt, hat die allgemeine Anthropologie noch nicht zu erweisen vermocht.

Im einzelnen habe ich an den Bambuti je die Länge des Oberarmes und
des Unterarmes, der ganzen Hand und des Handrückens sowie die Handbreite
bestimmt. Für den Oberarm-Unterarm-Index ergaben sich ♂ 75.15 und ♀ 75.05
als Mittelwerte. Dieser Index zeigt eine genaue Übereinstimmung mit dem für
Europäer; was besagt, daß beide Gruppen brachykerkisch sind, d. h. den relativ
kürzesten Unterarm besitzen. Martin: 298 führt z. B. als Mittelwert für ♂
Badener 75.4 und für ♂ Schweizer 75.5 an. In diesem Merkmal weichen unsere
Bambuti von den Negriden ab, welch letztere, nach Martin: 299, den relativ
längsten Unterarm aufweisen und dolichokerkisch sind. Was der bloße Augenschein überzeugend erkennen läßt, das bestätigen auch die beiden abgenommenen Umfänge, nämlich daß die Arme unserer zwerghaften Waldmenschen

dünne, schmächtige Gebilde sind. Trotzdem vermögen sie ansehnliche Arbeitsleistungen zu vollbringen, ohne daß die Muskeln auffallend hervortreten; deren
festes, zähes Sehnengewebe erweckt Bewunderung.

Keine Übertreibung liegt in der Mitteilung, daß die zierlichen, kleinen
H ä n d e der Bambuti, am meisten die der erwachsenen Mädchen, jeden
Europäer aufs angenehmste überraschen; ein Wohlgefühl edelsten Geschmackes
empfindet, wer ein solch niedliches, durch die schwere Arbeit noch nicht nachhaltig beanspruchtes Händchen mit seinen eigenen Händen umschließt. Die
gefällige Form der Pygmäenhand wurde am höchsten von SCHWEINFURTH: 361
mit einem nahezu überschwenglichen Urteil belobigt: „Das Schönste am Körper
[meines Aka-Dieners] wa-
ren die Hände, die eine be-
wunderungswürdige Zier-
lichkeit und elegantes Ebenmaß an den Tag legten."
Obwohl die Bambuti bei-
derlei Geschlechts ihre
Hände außerordentlich viel
und zu schweren Arbeiten
beanspruchen, beläuft sich
der mittlere Index aus der
Handlänge und Handbreite
auf nur ♂ 44.11 und
♀ 43.37. Naturgemäß neh-
men die Hände erwach-

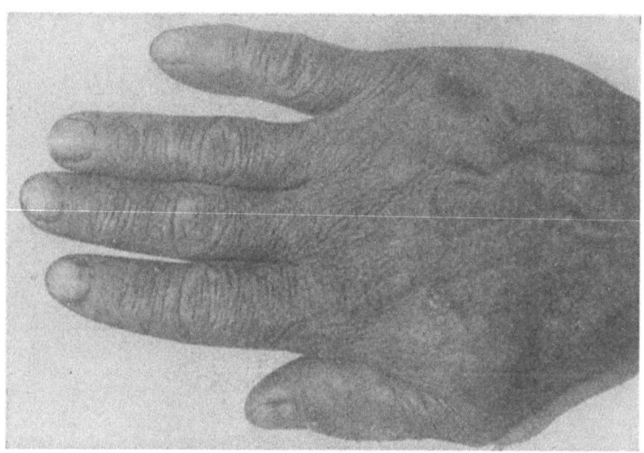
Abb. 19. Hand eines 40jährigen Pygmäen

sener Personen bis zum mittleren Lebensalter an Breite zu und gleichzeitig
vertiefen sich die Querfalten auf dem Rücken der Finger, infolge ununter-
brochener Arbeit. Im ganzen verlieren diese ihr anmutiges Ebenmaß und ihre
fehlerlose Streckung nahezu im gleichen Zeitablauf, in dem Haut- und Muskelgewebe der ganzen Mittelhand sich auflockern oder erschlaffen.

	♂	♀
Länge der Hand	152.1	146.3
Breite der Hand	66.6	63.3
Hand-Index	44.11	43.37

An jeder Hand ist der Mittelfinger der längste von allen, er überragt an
Frauenhänden die anderen F i n g e r beträchtlicher als an Männerhänden. An
ersteren zeigen die Finger überwiegend eine zur Kuppe hin sich gleichmäßig
verjüngende Zylinderform, während die Finger an einer Männerhand ihrer
ganzen Länge nach ein wenig breiter erscheinen und sich zur Kuppe hin fast gar
nicht verschmälern. Die Nägel sind bei beiden Geschlechtern hart und mäßig
dick, durchschnittlich von bescheidener Rundung in sagittaler und transversaler Richtung; an Frauenhänden vorwiegend von länglicher und an Männer-

händen von kurzer, breiter Rechteckform. STUHLMANN (b): 444 erklärt in knapper Zusammenfassung: „Die Arme sind durchschnittlich gut entwickelt, die Hände auffallend klein und zierlich, mit schön gebildeten, fahl weißlichen, oft stark gerundeten Nägeln."

Von der Somatologie wird durchwegs und berechtigterweise die sogenannte Spann- oder Klafterweite, weil ein komplexes Maß, als aufschluß·gebendes Rassemerkmal nicht in Betracht gezogen. Bei einzelnen Bambuti gleicht die Körperhöhe genau der Spannweite, während bei den meisten Erwachsenen jedes dieser beiden Maße teils größer und teils kleiner als das andere ausfällt. Der Durchschnitt-Index lautet auf ♂ 105.58 und ♀ 104.53. Die

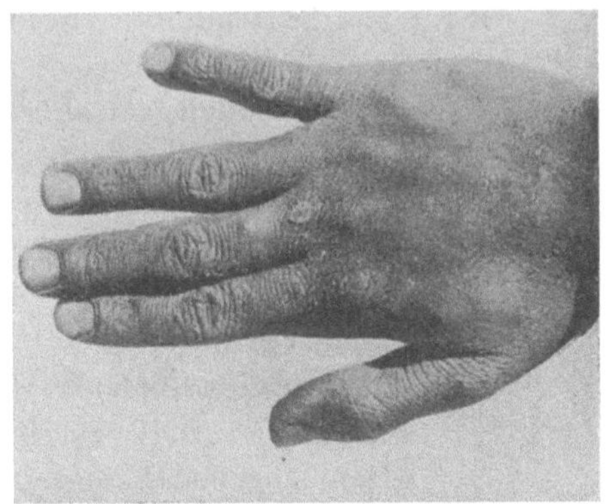

Abb. 20. Hand einer 35jährigen Pygmäin

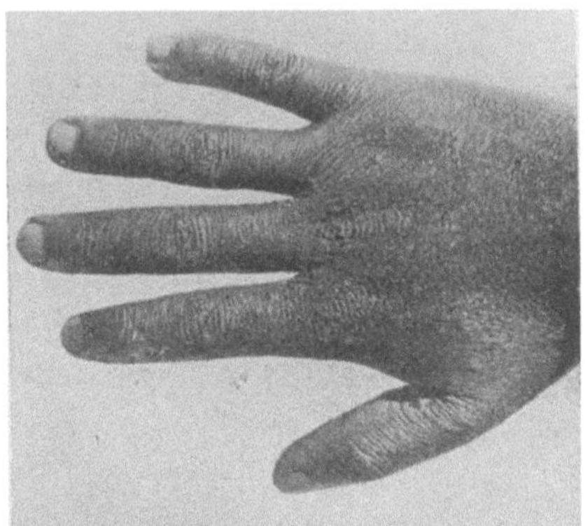

Abb. 21. Hand einer 16jährigen Pygmäin

Zahlen für das weibliche Geschlecht liegen, wegen der kürzeren Armlänge, unter denen für das männliche Geschlecht, sowohl bei den Bambuti wie regelmäßig bei allen Menschenrassen.

	♂	♀
Klafterweite, absolute	1512.3	1455.5
Klafterweite zur Körperhöhe	105.58	104.53
Armlänge zur Körperhöhe	45.04	44.21
Armlänge zur Rumpflänge	148.25	143.22

Schließlich verdient das Verhältnis der Ganzen Armlänge zur Rumpflänge eine kurze Erwähnung; es kommt in den Zahlen ♂ 148.25 und ♀ 143.22 als Mittelwerte zum Ausdruck. Beide lassen erkennen, um welch außergewöhnliche Streckung die Arme den mit der absoluten Körperhöhe verglichenen ebenfalls langen Rumpf überragen.

Naturgemäß gestaltet sich die Meßtechnik zur Bestimmung der Beinlänge schwierig; ich habe zu jeder mit dem Anthropometer gewonnenen Zahl für die Höhe des oberen Symphysenrandes (nach MARTIN das Maß 53 [1]) einheitlich 35 mm hinzugefügt. So kommen als mittlere Ganze Beinlänge der Bambuti die Werte ♂ 769.1 und ♀ 726.5 mm zustande. Die relative Beinlänge, d. h. sowohl der Vergleich mit der Körperhöhe als auch der mit der Rumpf-

länge, verdeutlicht besser, als die absoluten Zahlen es vermögen, die ansehnlichen rassischen wie individuellen Unterschiede innerhalb der menschlichen
Rassengruppen. Für die Bambuti gelten folgende diesbezügliche Mittelwerte:

	♂	♀
Ganze Beinlänge zur Körperhöhe	53.41	53.01
Ganze Beinlänge zur Rumpflänge	176.27	171.98

Die zuletzt genannten Zahlen werden weiter unten besprochen. Die beiden
oberen Indexziffern nehmen in der von menschlichen Rassen bekannten Wert·
reihe die Mitte ein; was angesichts der niedrigen absoluten Ziffer für beide
Maße nicht überrascht. Das Frequenzpolygon zur erstgenannten relativen Bein·
länge für jedes der beiden Geschlechter erhebt sich von einem niedrigeren zum
höchsten Kulminationspunkt und dieser bewegt sich um ♂ 53.50—53.99 bzw.
um ♀ 53.00—53.49. In geringer Abweichung hiervon verläuft das Frequenzpolygon aus der Armlänge verglichen mit der Körperhöhe für beide Geschlechter der Bambuti mehr einheitlich und mit einem einzigen Gipfel (Abb. 18, 22).

Sowohl der Ober- wie auch der Unterschenkel beteiligt sich auf seine
besondere Art an der Längenentwicklung der ganzen unteren Extremität,
während der Anteil der Fußhöhe dabei belanglos ist. Der Crural-Index drückt
das Längenverhältnis der beiden Gliedteile aus; er beläuft sich bei unseren
Waldmenschen im Mittel auf ♂ 81.45 und ♀ 81.32. Dieser für die männlichen
Pygmäen herausgestellte Wert liegt niedriger als die wenigen von MARTIN: 316
für andere Gruppen aufgeführten Berechnungen. Die engste gegenseitige Annäherung dieser Zahlen für beide Geschlechter braucht nicht zu überraschen.
Innerhalb der menschlichen Rassen gibt es für den Crural-Index hohe und
niedrige Werte; es haben nach MARTIN: 317 „die relativ (im Verhältnis zum
Rumpf) kurzbeinigen menschlichen Rassen niedrige Indices, die relativ lang-
beinigen dagegen hohe". Die oben vorgelegten Verhältniszahlen für die Beinlänge zur Rumpflänge wie auch die absoluten Maße bewerten unsere Ituri-
Pygmäen als ausgefallen kurzbeinig. Eine Berechnung des Verhältnisses der
Oberschenkellänge sowie der Unterschenkellänge zur Ganzen Körperhöhe wird
auch ihrerseits die den Bambuti eigentümlichen Körperproportionen ver·
deutlichen.

	♂	♀
Länge des Oberschenkels	394.7	371.7
Länge des Unterschenkels	321.1	301.5
Ober-Unterschenkel-Index	81.45	81.32

Früher (S. 73) wurde darauf hingewiesen, daß bei den meisten Männern
und Frauen der horizontale Umfang des O b e r s c h e n k e l s unmittelbar unter
dem Sulcus glutaeus unerwartet .mäßig erscheint und daß er sich von jener
Ebene an noch fortschreitend zur Kniegegend hin ansehnlich verengt. Im Mittel

beträgt der größte Umfang des Oberschenkels ♂ 424.8 bzw. ♀ 426.2 mm. An diesen Zahlen fällt auf, daß sie nahezu genau miteinander übereinstimmen; man hätte erwarten dürfen, daß letztere über erstere weit hinausragt. Es ist eben der obere Abschnitt der Oberschenkel bei unseren Waldmenschen nicht derart massig wie bei anderen Rassen; nur vereinzelt weist eine Pygmäin einigermaßen plumpe und zugleich feste Oberschenkel auf, niemals den sogenannten Reithosentyp mit einem lockeren, schwammigen Gewebe. Hart und zäh fühlen sich die Muskeln des Ober- und auch des Unterschenkels an.

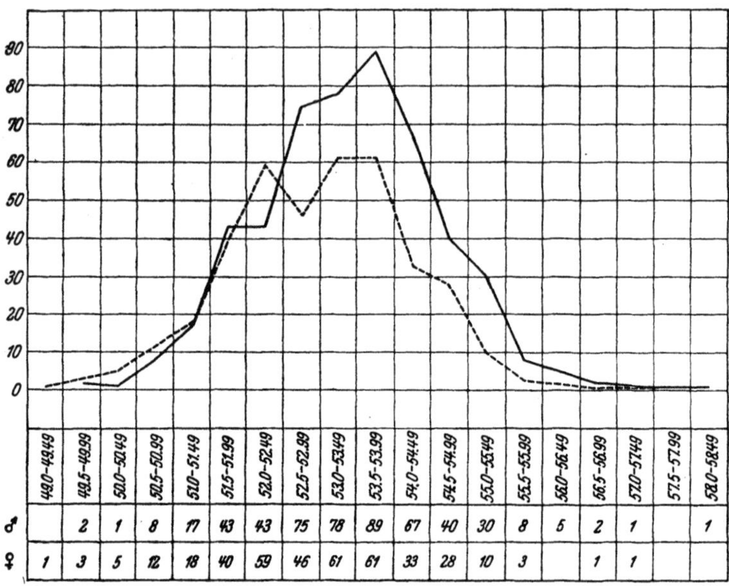

	49.0–49.49	49.5–49.99	50.0–50.49	50.5–50.99	51.0–51.49	51.5–51.99	52.0–52.49	52.5–52.99	53.0–53.49	53.5–53.99	54.0–54.49	54.5–54.99	55.0–55.49	55.5–55.99	56.0–56.49	56.5–56.99	57.0–57.49	57.5–57.99	58.0–58.49
♂		2	1	8	17	43	43	75	78	89	67	40	30	8	5	2	1		1
♀	1	3	5	12	18	40	59	46	61	61	33	28	10	3		1	1		

Abb. 22. Frequenzpolygon: Beinlänge zur Körperhöhe

Als größter Umfang des letzteren wurden im Mittel ♂ 276.0 bzw. ♀ 267.2 mm berechnet und kein Zweifel besteht darüber, daß sich in diesen Zahlen sexuelle wie auch rassebedingte Unterschiede sinnfälliger ausdrücken, als in den Mittelwerten für den Umfang des Oberschenkels. Die Muskulatur des Unterschenkels ist von nicht minder zäher Straffheit als die des Oberschenkels. Was im besonderen die Wade anbelangt, so quillt sie keineswegs klobig hervor, sondern bleibt auf eine durchaus mäßige Anschwellung im ganzen Umriß des Unterschenkels beschränkt. Überhaupt ist kein einziger der langen Muskeln in der ganzen unteren Extremität nennenswert betont, noch drängt er sich aus der gleichmäßigen Oberflächenrundung störend heraus. Würde die harte Zähigkeit und die feste Straffheit der Gewebe nicht davon ablenken, hätte man eine Bildung und Oberflächengestaltung vor sich, wie solche regelmäßig an den Beinen jugendlicher Arbeiter in Europa auftritt.

Bei älteren Frauen und vielen bejahrten Männern stellen sich auf der Kniescheibe selbst und ihrer unmittelbaren Umgebung mehrere unregelmäßig quer verlaufende Hautfalten ein. Der Knieabschnitt im ganzen bleibt selbst bei strammer und aufgerichteter Körperhaltung erkennbar vorgeschoben; die Knie durchzudrücken, wie man zu sagen pflegt, gelingt den erwachsenen Bambuti niemals (Abb. 14, 23).

Eine merkwürdige Richtung in der Vertikale schlagen beide L ä n g s - a c h s e n für den Ober- und Unterschenkel ein. Die des Oberschenkels neigt sich von oben her nur ganz wenig zur eigentlichen mittleren Körperachse hin. Fürs erste hat das seinen Grund darin, daß die Beckenbreite nicht erheblich ist; und fürs zweite schließen diese Leute nicht, am allerwenigsten die Frauen, ihre Beine der Länge nach, vielmehr bleibt, auf Kniehöhe gemessen, ein Abstand zwischen beiden von mehr als Handbreite. Kurz gesagt: sie verharren in Ruhestellung erkennbar breitbeinig. Den Verlauf der Längsachse des Unterschenkels zu schildern, stößt auf Schwierigkeiten; in Vorderansicht drängen sich folgende Einzelheiten auf. Genau in der horizontalen Ebene der Knie·gelenksfläche biegt die auf der inneren Oberfläche des Unterschenkels von oben her verlaufende Sagittale nach außen-unten ab; man bekommt den Eindruck, die dem Oberteil der Tibia auflagernden Weichteile bilden über dem Condylus tibialis nur eine äußerst dünne Schicht, durch welche hindurch die starke Neigung dieses medialwärts ausladenden Condylus genau sichtbar wird, und das auf einer Strecke von nur 2—3 cm. Danach entsteht ein scharfer Knick, weil die innere Sagittale sich jetzt wieder zur Mitte hinzieht und die Umriß·linien der schwachen Wade erkennbar werden. Von dort her zeigt die Längs·achse des Unterschenkels einen zur vertikalen Körperachse hin mehr oder weniger flach konkaven Verlauf. Erst infolge dieser Auflösung der Beschrei·bung des ganzen Beines erhält man von seiner Formung die richtige Vor·stellung. Wenn man bei STUHLMANN (b): 444 liest, die Beine der Bambuti „sind meistens schwächlich und leicht säbelförmig", so kommt in solcher Ausdrucks·weise nicht das vollständige Erscheinungsbild zur Wiedergabe.

Die Beine der Männer erwecken den Anschein, als seien sie dünner gegen·über denen der Weiber. Tatsächlich verhält es sich auch vielfach so, weil die der letzteren einen reichlicheren Panniculus adiposus aufweisen; an Leistungs·fähigkeit jedoch stehen die Männer hinter dem anderen Geschlecht nicht zurück.

Den soeben geschilderten Verlauf der beiden Längsachsen des Beines darf man nicht schlechthin als einen solchen bei O-Beinen ausgeben. Vereinzelt nur und in ungefähr gleicher Zahl bei beiden Geschlechtern kommen wirkliche O-Beine vor. An Männern sah ich niemals X-Beine. An Mädchen und Frauen tritt die naturgegebene X-Stellung der Beinachsen um so auffallender in die Erscheinung, je schwerer sie an der ihrem Rücken aufgeladenen Last schleppen; und gleichzeitig richten sich die Längsachsen der weit auseinander gestellten Füße beträchtlich einwärts. Den unharmonischen Verlauf der Beinachsen ver·ursacht m. E. der unausweichliche Zwang dazu, von frühester Jugend an drückendes Gewicht, in der Hauptsache feuchtes Brennholz, über den un·ebenen Waldgrund hinweg auf dem Rücken bei tief geneigtem Oberköper zu befördern.

Als Mittelmaß für die Fußhöhe, d. h. des Malleolus internus über dem Boden, ergaben sich 52.8 und 52.0 mm bei Männern und Frauen. Diese Zahlen sind ein wenig höher als das von Martin: 317 ausgegebene oberste Rassenmittel. Doch ist auch dieses Maß im weiblichen Geschlecht der Bambuti etwas niedriger gegenüber dem im männlichen, wodurch die für alle menschlichen Rassen geltende Regel eine neue Bestätigung erfährt.

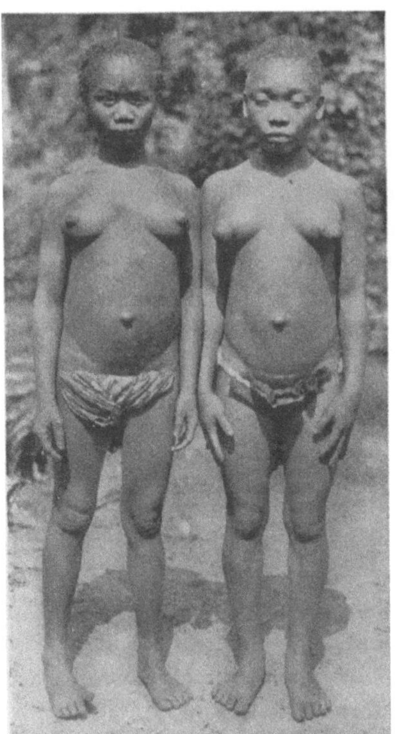

Abb. 23. Beinstellung der Pygmäinnen

Die Füße unserer Waldmenschen sind, gemäß ihrer geringen Körperhöhe, absolut klein. Die wirkliche Länge beträgt im Mittel ♂ 221.9 und ♀ 205.4 mm, die wirkliche Breite ♂ 90.3 und ♀ 82.3 mm. Um eine annähernd genaue Vorstellung vom Längenbreiten-Index des Fußes zu ermöglichen, habe ich diesen ausnahmsweise allein aus den gewonnenen Mittelmaßen berechnet: er lautet auf ♂ 40.69 und ♀ 40.06. Bei einem Vergleich der absoluten Länge des Fußes mit der Handlänge ergibt sich, daß der Mittelwert für diese um ♂ 69.8 und ♀ 59.1 mm hinter dem für jene zurückbleibt.

Stuhlmann (b): 444 berichtet von den Efé-Leuten: Ihre „Füße sind schlank und zierlich gebildet, in der Regel einwärts oder doch einander parallel gestellt". Im großen und ganzen nur stimmt diese Zeichnung. Gewiß, den Händen ähnlich sind auch die Füße der Bambuti zierliche Gebilde. Nach vorn verbreitern sie sich mäßig fächerförmig. Sämtliche Zehen sind kurz und wirken deshalb begreiflicherweise etwas klobig; sie stehen alle voneinander durch ein deutliches Interstitium ab, was einiges zur Verbreiterung des vorderen Fußabschnittes beiträgt. Am weitesten ist das zwischen der ersten und zweiten Zehe, ohne bei jeder Person absolut erheblich zu sein; willkürliches Spreizen der ersten Zehe, zumal beim Schleppen schwerer Lasten, steigert es allerdings zur höchstmöglichen Ausweitung. Weil unsere Waldmenschen bei ihrer nomadisierenden Lebensführung zu solcher Arbeitsweise gezwungen sind, paßt sich die Ausgestaltung des Fußes während seines Wachstums dieser Forderung an; und die Leute selbst wissen es, daß sie eine verläßliche Standfestigkeit erlangen, wenn sie breitbeinig die Füße nach innen richten.

Die seit früher Jugend häufige Inanspruchnahme der beiden ersten Zehen steigert ihre Beweglichkeit und Leistungsfähigkeit in erstaunlichem Grade: was letzten Endes ein Erfolg ständigen Bemühens und nicht etwa eine Erfüllung erblicher Disposition ist. Der innere wie der äußere Fußrand erscheint nur

wenig konkav. Die Wölbung an der Fußsohle hält sich sehr niedrig; und diese
Bauart zusammen mit der eigentümlichen Gangweise erweckt den Eindruck,
die Bambuti seien plattfüßig. Kein einziger ausgebildeter Pes planus ist mir bei
den vielen Leuten begegnet, die ich zu beobachten monatelang Gelegenheit hatte.

Die N ä g e l an den Zehen sind kurz, dick und hart, im allgemeinen nach
den Seitenrändern hin mäßig gewölbt. Mit einem einzigen Kennwort genau
ihre Form zu bestimmen macht der Umstand unmöglich, daß sie häufigen
Verletzungen auf den alltäglichen Wanderungen ausgesetzt sind; gewissen Anteil
daran haben auch die unmittelbar darunter in der Zehenkuppe von den Sand-

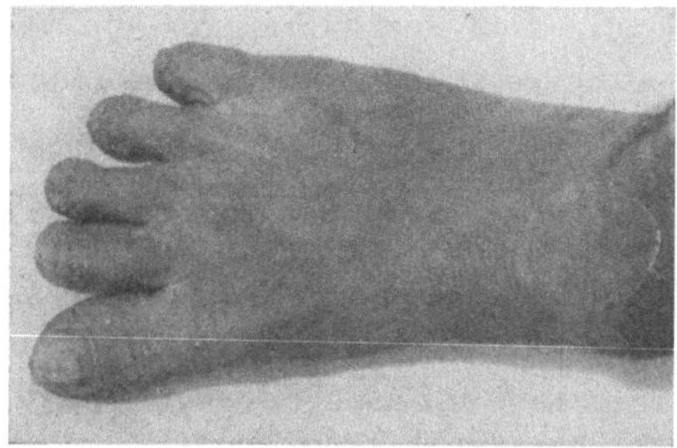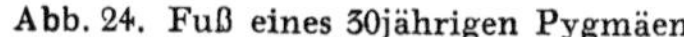

Abb. 24. Fuß eines 30jährigen Pygmäen

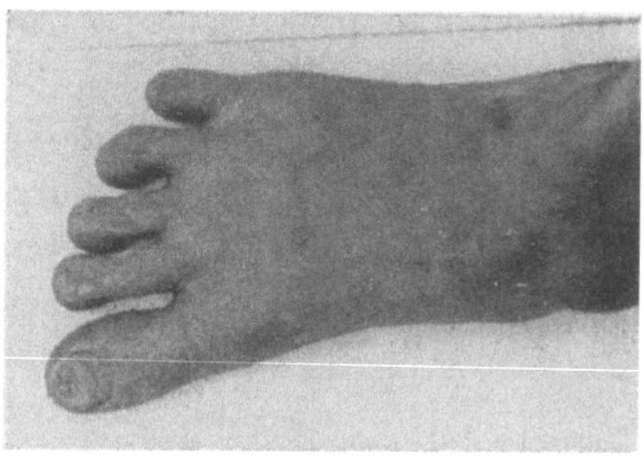

Abb. 25. Fuß einer 30jährigen Pygmäin

flöhen angezettelten Gewebezerstörungen. Zerbrochen, aufgespalten oder ein-
geritzt sind die Zehennägel sozusagen auf Lebensdauer.

Bei einem Vergleich der Ganzen Armlänge mit der Ganzen Beinlänge
ergeben sich, als der sogenannte E x t r e m i t ä t e n - I n d e x , im Mittel die
Werte ♂ 84.38 und ♀ 83.40. Zu seiner rassendiagnostischen Ausbeutung müßten
erst Vergleiche mit anderen Menschheitsgruppen durchgeführt werden. Nach
MARTIN: 326 besteht „zwischen den Proportionen der vorderen und hinteren
Extremitäten eine Übereinstimmung, d. h. ein Zusammenhang, der nicht aus
funktioneller Anpassung verständlich ist und innere Ursachen haben muß".

Der Index der K ö r p e r f ü l l e , nach ROHRER berechnet, erreicht beim
weiblichen Geschlecht einen höheren Wert; was man bei der günstigen körperlichen Ausstattung der meisten Frauen nicht anders erwartet. Die Zahlen lauten
auf 0.0013100 für das männliche und 0.0014202 für das weibliche Geschlecht.

Index der Körperfülle		M	$V_1 - V_n$	
Efé und Basúa	♂	0.0013256	0.0010513	0.0016515
Efé und Basúa	♀	0.0014106	0.0011415 —	0.0017417
Aka	♂	0.0013242	0.0010134 —	0.0015726
Aka	♀	0.0014364	0.0010116 —	0.0022736
Beyru	♂	0.0012802	0.0011631 —	0.0014720
Beyru	♀	0.0013644	0.0012608 —	0.0015696
Bambuti . . .	♂	0.0013100	0.0010134 —	0.0016515
Bambuti . . .	♀	0.0014202	0.0010116 —	0.0015696

Eine Gliederung der Bambuti nach dem an Europäer häufig angelegten Schema
der Konstitutionstypen wird kein nennenswertes, brauchbares Ergebnis zei-
tigen. Man muß sich deshalb mit der ganz allgemeinen Aufstellung zufriedengeben, daß die Männer überwiegend mäßig-athletisch und die meisten Frauen
der mittleren Lebensjahre athletisch oder pyknisch gebaut anmuten.

Während die Beschreibung der einzelnen Körperteile unter besonderer·
Berücksichtigung ihrer absoluten Längenmaße durchgeführt wurde, erfolgten
zudem auch Vergleiche zur Bestimmung der P r o p o r t i o n e n, hauptsächlich
des Verhältnisses der Extremitätenlänge zur Körper- und Rumpflänge. Die
wichtigeren Ergebnisse solcher Berechnungen wurden zur Zusammenstellung
der üblichen Proportionsfiguren ausgewertet.[1] Daß dergleichen für die ver-

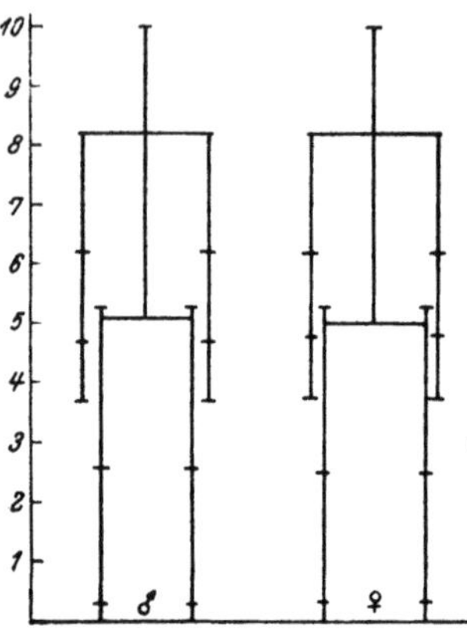

Abb. 26. Proportionsfiguren

schiedenen Menschenrassen ausgeführte Zeichnungen
des proportionellen Verhältnisses der wichtigeren
Körperabschnitte einen verläßlichen Schlüssel zu
deren systematischer Aufreihung nicht in die Hand
geben, kann heutigentags als eine allgemeine Er·
kenntnis gelten. Zumindest zerstreuen die für un·
sere Bambuti aufgestellten Proportionsfiguren jeden
Zweifel darüber, daß pithekoide Verhältnisse ihnen
offenkundig fehlen. Seinerzeit hat sich MARTIN: 329
über den Wert solcher Zeichnungen folgendermaßen
ausgesprochen: „Es bestehen zweifellos Unterschiede
unter den Rassen der einzelnen Erdteile, aber es ist
keine durchgehende Korrelation bestimmter Körperproportionen mit bestimmten anderen Merkmalen
(Haarform, Haarfarbe, Kopfform usw.) nachweisbar.“

Einen beschränkten diagnostischen Wert behalten die Proportionsfiguren
trotzdem. Zunächst machen sie es dem beobachtenden Auge einleuchtend deutlich, daß die zwerghaften Menschen im Ituri-Walde mit ihrem langen Rumpf

---

[1] Erläuterung zu den Proportionsfiguren: Die angefügte Aufzählung enthält die Umrechnung der absoluten Maße auf ihr prozentuelles Verhältnis zur Körperhöhe, wobei

	♂	♀
Ganze Körperhöhe	100.0	100.0
Höhe des Akromion	82.3	81.9
Höhe des Radiale	62.6	62.7
Höhe des Stylion	47.8	48.1
Höhe des Daktylion	37.3	37.8
Ganze Beinlänge	53.4	53.0
Höhe des Symphysion	50.9	50.4
Höhe des Tibiale	25.9	25.8
Höhe des Sphyrion	3.6	3.7
Schulterbreite	21.9	21.5
Beckenbreite	16.6	17.8

letztere = 100 gesetzt wird. Auf den ersten Blick erkennt man an den gewonnenen relativen
Werten die diesbezüglich nahezu vollständige Übereinstimmung der beiden Geschlechter

unangemessen überlange Arme und zu kurze Beine verbinden; des weiteren hebt die graphische Wiedergabe der sexuellen Differenzen ihr tatsächliches Ausmaß eindrucksvoll hervor.

Manches von dem, was in der vorliegenden Beschreibung als ausschließliche Eigentümlichkeiten in der körperlichen Ausstattung der Bambuti verzeichnet werden konnte, läßt die Grundzüge einer regelrechten U r w a l d f o r m aufscheinen, deren Besitzes sich die Bambuti erfreuen. In weit zurückliegender Zeit hat sie sich unter Einwirkung der Umwelt herausgebildet und zu einem erbbedingten Rassegut dieser sonderbaren Menschengruppe gemacht. Hauptsächlich will diese Bezeichnung die Tatsache zur Geltung bringen, daß die Leute dort im Ituri-Bereich solche körperliche Merkmale aufweisen, die gegenüber anderen am günstigsten dem ausschließlichen Leben und andauernden Wirtschaften im dunklen, feuchten Urwalde entsprechen; m. a. W., ihr Körper ist außerordentlich vorteilhaft an die merkwürdige Umwelt angepaßt. Die leichte, elastische Bauart bei niedriger Körperhöhe und das geringe Gesamtgewicht ermöglichen jedwede eilige, fluchtartige Vorwärtsbewegung bei nahezu unbeschränkter Wendigkeit. Die weit ausgreifenden, dünnen Arme öffnen eine genügend breite Furt durch das Gestrüpp und schieben das dicke Gewirr vielverschlungener Lianen samt Luftwurzeln beiseite. Die Kürze der festen, beweglichen Beine sichert die Standfestigkeit auf dem unebenen, mit faulendem Blattwerk und vermodernden Ästen übersäten Waldboden; und bei Breitstellung der Füße verhindern die vorn fächerförmig gespreizten Zehen ein Einsinken in sumpfiges oder gelockertes Erdreich. Nahezu katzenartig geschmeidig durcheilen diese zierlich geprägten und elastisch gefügten Menschen jedweden Bereich des unfreundlichen Urwaldes, wie sie auch die geschicktesten Kletterkünste ausführen und mit tollkühner Verwegenheit durch die Baumkronen schlüpfen, auf denen sie sich bis in die äußersten Spitzen mit kaltblütiger Selbstsicherheit vorwagen. Wendig und behend sind sie in nahezu allen ihren Bewegungen, mehr laufend als schreitend führen sie ihre alltäglichen Wanderungen durch und unterwegs beherrscht sie eine nie ermüdende Eile beim rastlosen, unauffälligen Vorwärtsdrängen. Derart also ist die körperliche Gestaltung der biogenetisch bedingten Urwaldform; mithin eine staunenswert zweckmäßige Ausrüstung zum sieghaften Beherrschen der mit verheddertem Pflanzenwirrwarr kraus verfilzten, menschenfeindlichen Umwelt.

b. Der Kopf

In gleicher Weise seltsam wie die sehr niedrige Körperhöhe unserer Waldmenschen am Ituri, wirkt in Verbindung mit ihr der unverhältnismäßig große, zu beträchtlicher Rundung ausgeweitete Kopf. Eindrucksvoller macht sich diese Unstimmigkeit in den wirklichen Maßen und Proportionsverhältnissen dann geltend, wenn ein hochgewachsener Europäer aus engster Nähe auf einen vor ihm stehenden Pygmäen herunterschaut; dabei rückt vom kleinen Menschen

eben der Kopf am nächsten an dessen Augen heran und zufolge den Gesetzen
perspektivischen Sehens verkürzen sich im Augenbilde des Europäers die
Längenmaße der weiter zurückstehenden Körperabschnitte des Pygmäen. Auf
die gleiche optische Täuschung — um dieser Umschreibung hier Raum zu geben
— möchte ich es zurückführen, daß manche europäische Besucher die Kopfform der Bambuti schlechtweg als rund veranschlagt haben; allein irregeführt
durch ihr Herabschauen von nennenswerter Höhe auf den häufig ein wenig
nach oben gewandten Kopf
der aufblickenden zwerghaften Urwaldbewohner. Ge-
fördert wird dieses selbstverständlich bloß durch ein
oberflächliches Beschauen
vermittelte Falschurteil überdies von der morphologischen
Gestaltung der ganzen Stirn
mit ihrem beträchtlich beulenförmig vorgetriebenen
Mittelteil; welche Sonderbildung weiter unten zur Besprechung gelangt. Kurzum,
der Kopf zeigt tatsächlich
eine ansehnliche gerundete
Ausweitung und bei der
Musterung mancher schwächlicher Person steigen dem
Betrachter gefühlsmäßig
leise Bedenken darüber auf,
wie solch umfangreicher
Kopf auf dem zierlichen

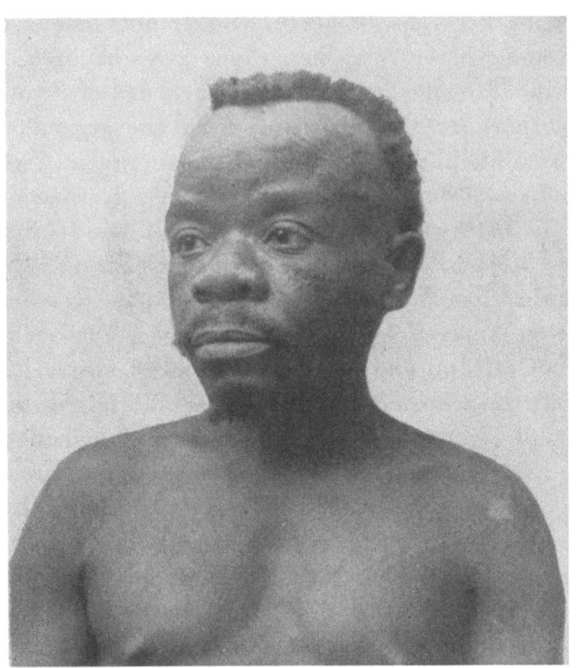

Abb. 27. Arteigene Kopfform der Bambuti

Körper festzusitzen vermag. Am deutlichsten von vorn geschaut, doch auch
bei Seiten- und Rückenansicht erkennt man den Kopf der Bambuti als groß
im absoluten Sinne und erst recht im Vergleich zur niedrigen Körperhöhe.

Ansehnlich überwiegt das Neurokranium gegen das Splanchnokranium. Des
ersteren Größenverhältnisse bekunden der absolute Kopfumfang sowie die
Ausdehnung des Sagittal- und Vertikalbogens. Für den Horizontalumfang
geben ♂ 540.5 und ♀ 520.9 mm den mittleren Wert an. Erstgenannte Ziffer
entspricht vergleichshalber der für 16jährige Schweizer Jungmänner (nach
Schwerz); mithin bestätigt sie, absolut gesehen, eine beachtliche Kopfweite.
Diese Eigentümlichkeit tritt noch deutlicher in die Erscheinung, wenn man ihr
vergleichsweise das nämliche von Waldnegern abgenommene Maß gegenüber-
stellt. Als mittleren Kopfumfang zeigen die männlichen Lese und Beyru
552.1 mm, die Ndaka 553.3 mm, die Bali 543.3 mm; einen gleich geringen

Unterschied von den Pygmäinnen diesbezüglich weisen die Maße der Negerinnen aus den erwähnten Volksstämmen auf, wie ja nicht anders zu erwarten.

In eben diesem Sinne entsprechen sich die Maße für Kopflänge und Kopfbreite bei den nämlichen beiden benachbarten großen Rassegruppen. Im Mittel besitzen unsere Pygmäen eine Kopflänge von ♂ 184.3 und ♀ 177.5 mm, sowie eine Kopfbreite von ♂ 141.9 und ♀ 136.9 mm; die Zahl für die Männer überragt um einige Millimeter diejenige für die Pygmäinnen, welcher Sachverhalt den absolut kleineren Kopf der letzteren dartut. Wieder sind die beiden genannten Kopfmaße an den benachbarten Negern für beide Geschlechter bloß um einige Millimeter höher als die soeben für die Bambuti verzeichneten Werte. Der bloße Augenschein allerdings täuscht deshalb über die Geringfügigkeit des hier herausgestellten Unterschiedes hinweg, weil beide Gruppen sich hinsichtlich der Ganzen Körperhöhe ansehnlich ungleich sind; m. a. W., für die niedrige Körpergestalt der Pygmäen erscheint ihr Kopf als zu groß.

Entscheidend helfen die drei bisher erörterten Kopfmaße und hauptsächlich der Horizontalumfang dabei mit, die wirkliche K o p f f o r m zu verstehen. Mit einem schmalen Streifen weichen Bleibandes habe ich den Kopfumfang in der Glabella-Opisthokranion-Ebene durch sanftes Anpressen an die Weichteile abgenommen und nachgezeichnet (S. 107). Auf Grund solcher graphischer Bilder läßt sich das Sphäroid neben dem Ellipsoid als die häufigste Umrißform des Kopfes erweisen, obwohl daneben auch das Ovoid und Petagonoid aufscheinen (entsprechend dem Tassonomischen Typenschema nach SERGI). Die aufgezählten Umrißformen allein sprechen dafür, daß ein flaches oder tieferes Einsinken der Schläfengegend, wie etwa bei einem Sphenoid, an Bambutiköpfen fast niemals vorkommt.

Das Schädelgewölbe als Ganzes bildet eine sehr flache und gerundete Kuppel. Das besagt im einzelnen: Hinter der hohen Stirn verläuft, vom Trichion an, die Sagittalkurve nur sehr mäßig ansteigend zum Vertex und senkt sich von da ab in mittelhoher, durchwegs ebenmäßiger Wölbung über das ganze Hinterhaupt zum Haarrande im Genick. Eine merkliche Abschnürung der Hinterhauptschuppe oder ein leichter Knick an diesem Abschnitt des Sagittalbogens gibt sich in Seitenansicht kaum je zu erkennen. Seinerseits ist auch der Vertikalbogen am flachen Verlauf der Schädeldecke von der einen zur anderen Kopfseite hin beteiligt. In Übereinstimmung mit dieser Bauart schwillt das gesamte Neurokranium tonnenförmig von vorn her zur vertikalen Ebene hin, in welcher der Vertikalbogen abgenommen wird, höchstens nur ganz mäßig und meistens bloß soeben erkennbar an.

Die hier erwiesene Annäherung der Kopfumfänge und der beiden bedeutendsten Längenmaße des Kopfes bei Pygmäen und Urwaldnegern zu begründen, weiß ich mich außerstande; nur die Tatsache als solche kann ich vorlegen.[1]

---

[1] Wenn STUHLMANN (a): 185 die allgemeine Beurteilung ausgab, daß der Kopf der Pygmäen „runder ist, als bei anderen Negern", so widersprechen dem die untrüglichen absoluten von den Waldnegern abgenommenen Kopfmaße.

Die bisherige Darstellung läßt nichts anderes erwarten, als daß auch der
Längenbreiten-Index des Kopfes in beiden Gruppen nahezu gleich-

Efé + Basúa	Männer		Frauen	
	M	$V_1 - V_n$	M	$V_1 - V_n$
Größte Kopflänge	184.6	170—211	178.2	161—197
Größte Kopfbreite	141.2	126—156	135.9	127—146
Längenbreiten-Index	76.47	66.33—84.88	76.30	68.45—84.11

wertig ausfällt. Dieses Maßverhältnis lautet bei den Bambuti auf ♂ 76.99 und
♀ 77.22: ein errechneter Mittelwert, zu dem die bekannten drei großen Gruppen unserer Ituri-Menschen gemeinsam beigetragen haben. Bekanntlich haben
die Aka-Leute von den benachbarten Sudan-Negern die absichtliche Schädeldeformation übernommen und diesem Eingriff in die normale Entwicklung des
kindlichen Kopfes folgt unausbleiblich im Erwachsenenalter eine leichte Änderung der absoluten Maße, hauptsächlich der Größten Kopflänge. In der Tat

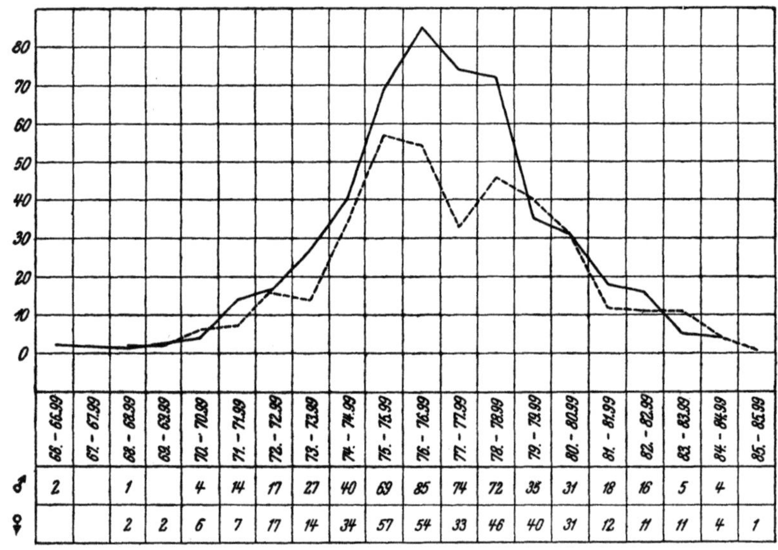

	66.-66.99	67.-67.99	68.-68.99	69.-69.99	70.-70.99	71.-71.99	72.-72.99	73.-73.99	74.-74.99	75.-75.99	76.-76.99	77.-77.99	78.-78.99	79.-79.99	80.-80.99	81.-81.99	82.-82.99	83.-83.99	84.-84.99	85.-85.99
♂	2		1		4	14	17	27	40	69	85	74	72	35	31	18	16	5	4	
♀			2	2	6	7	17	14	34	57	54	33	46	40	31	12	11	11	4	1

Abb. 28. Frequenzpolygon: Längenbreiten-Index des Kopfes

gelangt bei der Aka-Gruppe eine erkennbare Verkürzung dieses Maßes zum
Ausdruck und der Index lautet ♂ 78.63 bzw. ♀ 79.26; mithin halten sich die
bezeichneten beiden Werte fast genau noch in der Mitte zwischen oberer und
unterer Grenze für Mesokephalie. Das hier erörterte Maßverhältnis erklären
unwidersprochen eindeutig die natürlich ausgebildeten Kopfformen der Efé-
und Basúa-Gruppe, für welche zusammen ♂ 76.47 und ♀ 76.30 als Mittelwert
berechnet wurde, verbunden mit einer unerwartet weiten Variationsbreite.
Demzufolge stehen beide Geschlechter der südöstlichen Bambuti, beurteilt nach
ihrer Kopfform, an der untersten Stufe für Mesokephalie, angrenzend an

Dolichokephalie. Diese Feststellung verdient um so bestimmter betont zu werden, da bekanntlich der Längenbreiten-Index immer wieder, und zwar vollauf berechtigt, zu bedeutsamen klassifikatorischen Schlußfolgerungen herangezogen wird. Ein Vergleich dieser Zahlen mit früheren Beobachtungen rechtfertigt sich aus dem erwähnten Grunde. Seinerzeit hat CZEKANOWSKI (a): 365 an 42 Männern und 21 Frauen der Bambuti-Gruppe bei Salambongo als Mittelwert für den Längenbreiten-Index ♂ 76.35 und ♀ 76. 97 ausfindig gemacht. Die nahezu vollkommene Gleichheit der von ihm mit den von mir aufgestellten mittleren Verhältniszahlen gereicht mir zur angenehmen Überraschung und darf als Beweis für die genaueste Wiedergabe der wirklichen Kopfform unserer zwerghaften, großköpfigen Urwaldmenschen angesehen werden. Demnach sind unsere Bambuti eindeutig als m e s o k e p h a l erwiesen.[1]

Ein Blick auf das Frequenzpolygon zeigt für das männliche Geschlecht eine zum einzigen Kulminationspunkt von ansehnlicher Höhe ansteigende und von dort ebenso abfallende Pyramide, während die im ganzen sich niedriger haltende Frequenzlinie für das weibliche Geschlecht zwei ungleich hohe Kulminationspunkte aufweist. Weit mehr harmonische Ausgeglichenheit kann man dem Frequenzpolygon für den Kopfindex der Männer entnehmen.

Bambuti	Männer		Frauen	
	M	$V_1 - V_n$	M	$V_1 - V_n$
Ohrhöhe des Kopfes	122.9	102—1₊ι	119.1	91—138
Längenhöhen-Index	66.84	55.68—76.00	67.06	52.00—79.64
Breiten-Ohrhöhen-Index	86.82	69.39—98.57	87.15	71.63—100.75

Die ansehnliche Höhenentwicklung des Schädelgewölbes unserer Waldmenschen bringt zunächst der Längenhöhen-Index überzeugend zum Ausdruck. Er weist gehobene Werte auf, nämlich ♂ 66.84 und ♀ 67.06; mithin gelten beide Geschlechter unverkennbar als gesteigert hypsikephal. Überdies wird die bedeutende Entwicklung des Neurokraniums durch den Breiten-Ohrhöhen-Index verdeutlicht, der sich auf ♂ 86.82 und ♀ 87.15 beläuft. Beide Indices bestätigen auch ihrerseits, daß sich der Gehirnschädel im Verhältnis zur größ-

---

[1] Für sechs andere kopfzahlmäßig nur sehr kleine Bambuti-Männergruppen nennt CZEKANOWSKI noch 77.65, 78.91, 78.95, 78.97, 79.53 und 79.63 sowie für eine Frauengruppe 77.66 als Mittelwert des Längenbreiten-Index. Nicht ein einziger dieser Werte überschreitet die Grenze für Mesokephalie, nämlich 80.90, zur Brachykephalie hin.

Ein kurzer Hinweis auf das gleiche Maßverhältnis an Bambuti-Schädeln lohnt die Mühe. MATIEGKA hat in seine Erstuntersuchung von vier Skeletten die Beschreibung anderer Stücke vergleichshalber aufgenommen. Er gelangte zu folgendem Ergebnis: „Der Längen-Breiten-Index beträgt durchschnittlich bei den 14 männlichen Schädeln 76.1, bei den drei weiblichen 74.9, insgesamt 75.9." Zufolge der gebräuchlichsten Einteilung, nach MARTIN: 544, sind davon 8 dolichokran, 8 mesokran und nur einer ist, mit dem für diese Rubrik geringen Index 80.5, brachykran. Obwohl diese sehr kurze Reihe von nur vierzehn Stücken einen allgemeingültigen Schluß keinesfalls gestattet, ist es nicht belanglos, wie eng sich die Berechnungen für den Längenbreiten-Index der Lebenden und der Schädel nähern.

ten Kopflänge hoch aufbaut, obwohl die oben aufgezählten Mittelwerte an und
für sich nicht die höchsten für Hypsikephale innerhalb der Menschheit darstellen; denn daß trotz nennenswerter Kopfbreite die beiden Indices keinesfalls niedrig lauten, findet seine Erklärung allein in der beträchtlichen Ohrhöhe. Weiterer Beweise für die mächtige Entfaltung des Gehirnschädels gegenüber dem Gesichtsschädel der Bambuti bedarf es nicht.

Zu den einzigartigen Merkmalen am Kopfe der Bambuti, die sich an keiner
anderen uns bekannten Menschengruppe als Allgemeinbesitz wiederholen, gehört die Bauart der S t i r n. Sie ist ein Gebilde gesteigerter Sonderprägung

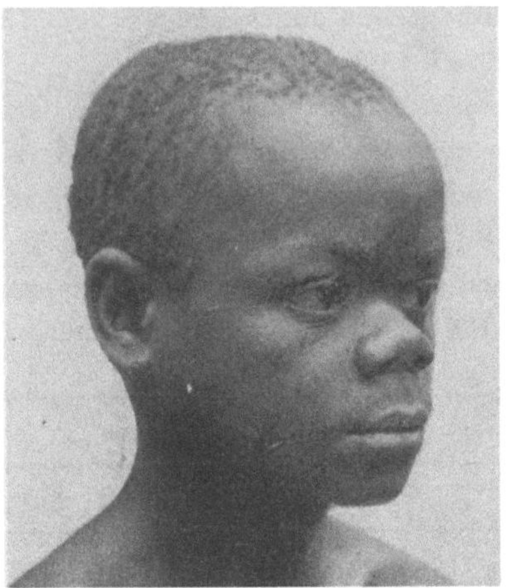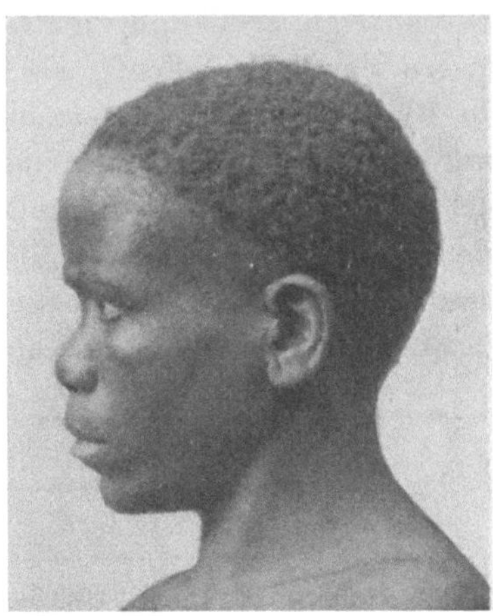

Abb. 29. Stirnbildung bei Jugendlichen

nach seiner Ganzheit und in deutlicher Unterscheidung von allen übrigen negriden Gruppen. Hoch und breit, wie diese Stirn ist, erhebt sie sich im ganzen
gerade, jedoch mit einem mehr oder minder flach-konvexen Frontalabschnitt
der Mediansagittalkurve. Vereinzelt wölbt sie sich auch beträchtlich nach vornüber; von stärkerer Rückwärtsneigung kann überhaupt keine Rede sein. Eben
dieses Gestaltgefüge der hoch aufgerichteten Stirn mit ausgeglichener, schön
harmonischer Rundung ist weit davon entfernt, eine echte Primitivbildung zu
sein — im Sinne des von Sarasin: 492 aufgestellten Schemas für echte inferiore
Merkmale (Abb. 29, 30).

Bei vielen Personen schiebt sich der ganze Mittelteil der Stirn, einschließlich der Tubera frontalia, als einheitliches, harmonisch gerundetes Gewölbe
beulenförmig vor. Um so deutlicher tritt diese einer flachen Beule gleichende
Wölbung der Mittelstirn aus der Mediansagittale heraus, weil der schmale
Horizontalstreifen unterhalb ihres Beginns und oberhalb der erkennbar betonten Arcus superciliares flach einsinkt, oft seiner ganzen Breite nach und
weniger häufig bloß oberhalb dieser Arcus selbst. Damit jede Unklarheit über
diesen ungewöhnlichen Aufbau der mittleren Stirn ausgeschaltet bleibe, weise
ich noch darauf hin, daß die Tubera frontalia nicht als zwei selbständige, von-

einander getrennte Höcker dem Stirnbein aufsitzen, sondern daß beide mit dem Mittelabschnitt der Stirn irgendwie zu einer genau geglätteten Beule verschmelzen, ohne Einsenkungen an ihrer Oberfläche. Die bezeichnete Bildung tritt häufig als ebenmäßig abgeflachte Kuppel von nahezu gleichlangem sagittalen und transversalen Durchmesser auf, öfters jedoch als eine mehr in die Breite gezogene, sehr bescheiden hervorquellende Wölbung.

Zu beiden Seiten und ungefähr über den eigentlichen Schläfen erfolgt unmittelbar hinter der beulenförmigen Vorwölbung des Stirnbeins eine flache, schwach erkennbare muldenartige Einsenkung, ungefähr in Richtung von

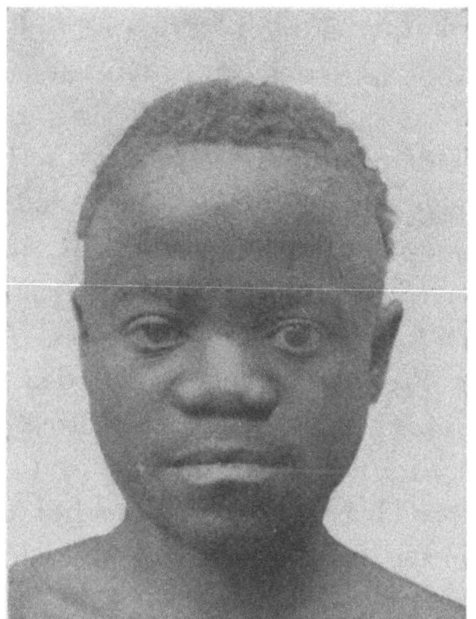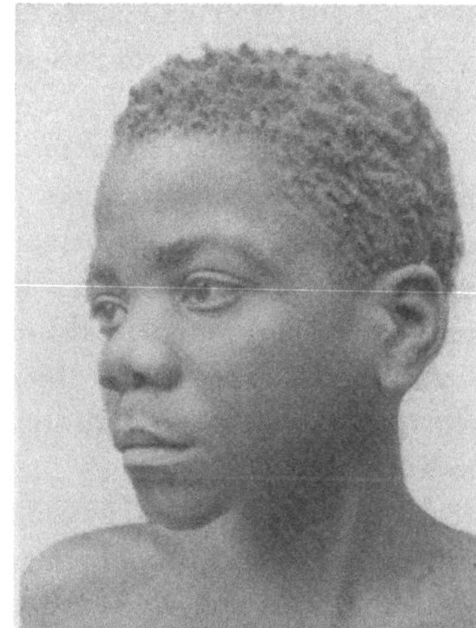

Abb. 30. Stirnbildung bei Jungmännern

hinten-oben nach vorn-unten, wodurch die Ausbeulung der Mittelstirn ganz wenig deutlicher gemacht wird. Weiter nach rückwärts, hinter der erwähnten Einsenkung, verbreitert sich, bei sehr abgeflachter und sagittal gerichteter Wölbung der Kopfwände, das Neurokranium zur Größten Kopfbreite.

Dieses vorgeschobene, harmonisch gerundete Gewölbe auf dem Mittelteil der Stirn ist, als Rassemerkmal, wie gesagt, eine den Bambuti allein eigentümliche Bildung von einmaliger Sonderprägung. Ihr weites Vorquellen über den Unterrand der Stirn heraus, bei Seitenansicht, weckt Anklänge an die pathologischen Erscheinungen eines Wasserkopfes; man steht hier wohl vor einer primitiv-infantilen Erscheinung. Aufmerksam vermeide ich die Bezeichnung: Bombenstirn, die man sich als „kielartig vorgeschobene sogenannte *Front bombé* (oder Kielstirn)" vorstellt (nach EICKSTEDT: II, 886). Nicht eine kielartige Verschmälerung, sondern eine flach gerundete, sehr breite Vorbeulung gibt sich auf der Mittelstirn zu erkennen.

Bei Vorderansicht vermutet man eine stark entwickelte Glabella und kräftige zum Torus supraorbitalis hinneigende Arcus superciliares. Beides beruht insofern auf Täuschung, da sowohl über der Glabellargegend wie auch über den

Augenbrauenbögen verdickte Hautfalten bzw. Hautwülste lagern. Am knöchernen Schädel selbst jedoch erscheinen beide Bezirke glatt bzw. bloß schwach gemodelt; und mithin fehlt den Bambuti auch dieses, am Lebenden vorgespiegelte inferiore Merkmal. Durchgehends sind alle Muskelmarken am Schädel unansehnlich, wie überhaupt sämtliche Schädelknochen sehr leicht gebaut und zart ausgeführt sind.

Eingefügt sei hier, daß ich eine diesem Gebilde morphologisch gleichartige und in der Form ähnlich blasige Ausbeulung, jedoch in verschwindend niedrigeren Höhen- und Längenmaßen, bei vereinzelten Angehörigen der östlichen Waldnegerstämme angetroffen habe. Letztere unterscheiden sich sinnfällig durch dieses Merkmal auf ihrer nahezu gerade aufgerichteten Stirn von vielen Negerstämmen im Westen des tropischen Afrika, denen eine oftmals ansehnlich fliehende Stirn eigen ist.

Der absolute Mittelwert für die Kleinste Stirnbreite beträgt ♂ 105.3 und ♀ 102.6 mm, was vergleichshalber jenem entspricht, welchen Schwerz für 13jährige Kinder aus Schaffhausen berechnet hat. Bekanntlich nimmt das Stirnbein während des allgemeinen körperlichen Wachstums an Größe zu. Für den Transversalen Frontoparietal-Index ergeben sich die Zahlen ♂ 74.15 und ♀ 75.00 als Mittelwerte; sie bestätigen ihrerseits erneut, daß das weibliche Geschlecht im Verhältnis zur Größten Kopfbreite eine breitere Stirn besitzt als das männliche.

Verfolgt man den Mediansagittalbogen, der viel über die Kopfform auszusagen vermag, in seiner gesamten Ausdehnung, so gilt zunächst für den Frontalabschnitt, daß er von der Nasenwurzel her gerade aufsteigt, dann über die beulenartige Vorwölbung der Mittelstirn hinweg vornüber neigt und schließlich in abgeflachter, noch immer ansteigender Wölbung in die Scheitelkurve überleitet. Ein sanftes und ebenmäßiges Ansteigen nach rückwärts als flache Wölbung hält bis zum Vertex hinauf an, weswegen das Schädeldach kurzweg flachbogig und niemals gradlinig gestreckt erscheint; was auch für die Fälle gilt, in denen die Scheitelkurve nur noch soeben erkennbar nach rückwärts ansteigt. Eine sattelförmige Bildung des Schädeldaches ist mir nie begegnet; in der Norma frontalis zeigt es immer und überall eine ebenmäßig mehr oder minder flache kuppelartige Wölbung. Eine schwere Last, die dem Rücken dieser Leute aufliegt, wird unter starkem Zug vom breiten Tragband gehalten, das über den mittleren Kopf verläuft; man sieht am Lebenden, wie es einschneidend die Kopfhaut beiseite drängt. Mein regelmäßiges Betasten entdeckte vereinzelt eine sogenannte Scheiteldelle, d. h. flaches Einsenken des knöchernen Schädeldaches selbst.

Der weitere Verlauf des Sagittalen Kopfbogens, d. h. der eigentliche Hinterhauptabschnitt bis zum Inion hält sich oftmals an eine höhere Rundung über die Oberschuppe des Hinterhauptbeines hinweg und von da an leitet er geradlinig zum unteren Haarrand im Genick über. In dieser vollständigen mediansagittalen Umrißlinie des Kopfes fehlt jede scharfe Knickung; eine nur seichte macht sich allein über dem Inion zuweilen bemerkbar.

Ein Hinweis darauf ist gerechtfertigt, daß das Hinterhaupt mit seiner
schwach zugespitzten Rundung zu einer harmonisch gezogenen Umrißkurve
sehr mäßig nach rückwärts auslädt, ebenfalls in Übereinstimmung mit der
mesokephalen Gesamtanlage. Der am meisten hinausragende Punkt, das Opisthokranion, liegt ausnahmslos tief. Ein flaches Hinterhaupt bemerkt man an
den Köpfen der Bambuti nur äußerst selten, ein platt profiliertes kommt niemals vor; die Regel ist eben ein parabelähnliches, auch elliptisch anmutendes

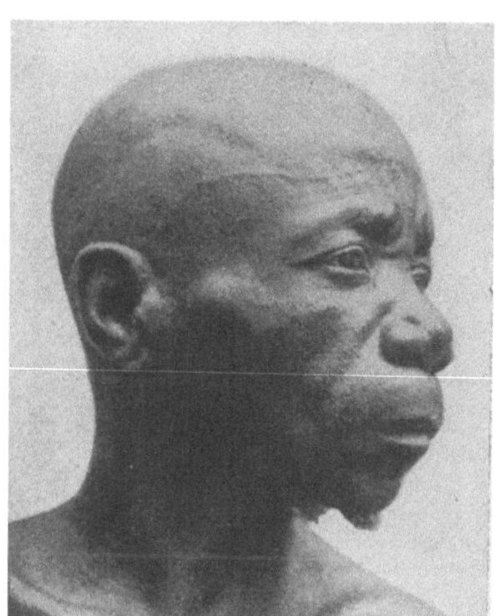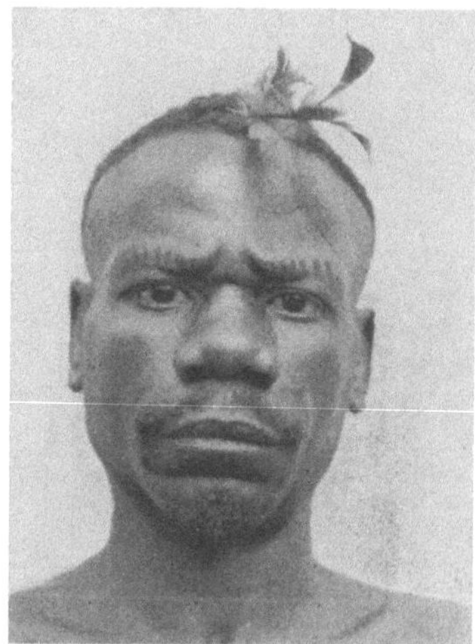

Abb. 31. Hautfalten um die Glabella

Ausladen, das sich bekanntlich allgemein mit einer Langform des Kopfes verbindet. Die gesamte Beschreibung des mediansagittalen Kopfbogens ist selbstverständlich von der Plattform des in die Frankfurter Ohraugen-Ebene einge-
stellten Kopfes aus gesehen.

Nach eben dieser mediansagittalen Kurve zu urteilen, möchte ich zwei
K o p f p r o f i l t y p e n unterscheiden, die naturgemäß durch Übergangsformen
miteinander zusammenhängen. Der erste Typ weist folgenden Verlauf auf: Der
Stirnbogen steigt gerade oder mit leichter Rückwärtsneigung an; das Schädeldach erhebt sich vom Trichion zum Vertex noch viel und das Hinterhaupt lädt
weniger aus, weswegen es sich zu einem weiten und flachen Bogen abrundet;
in der Norma frontalis erscheint das gesamte Schädelgewölbe tonnenartig und
nach hinten erhöht. Beim zweiten Typ wölbt sich der zunächst aufsteigende
Frontalabschnitt der Umrißkurve über der Mittelstirn ansehnlich nach vorn,
um sofort danach mit einer schroffen Biegung zum flachen Verlauf des Scheitel-
abschnittes überzuleiten; der Vertex verschiebt sich nach rückwärts und das
kräftiger gewölbte Hinterhaupt lädt weiter aus; in Vorderansicht mutet dieser
Typ breiter und flacher an, als sei er weniger hoch und kürzer. Sexuelle Differenzen im Schädelbau der Bambuti gibt es nicht; abgesehen davon, daß die
absoluten Maße beim weiblichen Geschlecht ein wenig niedriger ausfallen.

Die Physiognomie erfährt eine ungewöhnliche Prägung von den dicken, breiten und mäßig tief gefurchten F a l t e n am Stirnansatz.[1] Wie (S. 91) bereits angedeutet, täuscht eine wulstartige Hautauflagerung im Bereich der Augenbrauen kräftige, knöcherne Arcus superciliares vor. Von der Nasenwurzel her ziehen über die Glabellargegend hinweg die teils bogenförmig und teils geradlinig verlaufenden, bisweilen auch schiefgestellten kurzen Hautfalten von beträchtlicher Breite; es sind ihrer zwei bis fünf und sie verstreichen wieder unter der beulenförmig vorgetriebenen Mittelstirn. Einen düsteren und drohend ernsten Zug zeichnen sie in den gesamten Gesichtsausdruck hinein; die abschreckende Wirkung der Physiognomie der Bambuti entstammt großenteils dieser ungewöhnlichen und groben Faltenbildung. Sie setzt allerdings erst einige Jahre nach der Geschlechtsreife ein und erscheint am deutlichsten bei den hochbejahrten Leuten, wenn die pralle Straffheit der Hautgewebe sich lockert. Von den Runzeln auf einer Europäerstirn unterscheidet sich dieses Wulstgefüge hauptsächlich deshalb, weil es einen Dauerzustand darstellt, viel massiger entworfen und meist unsymmetrisch eingesetzt ist (Abb. 31, 44, 45).

c. Das Gesicht

Die bis hierher geführte kurze Zeichnung der Glabellargegend unserer Bambuti leitet über zur Beschreibung ihres ganz und gar einzigartigen Gesichtes. Dazu gehört alles, was sich an morphologischen Bildungen innerhalb der Umrisse des physiognomischen Gesichtes und der Gesichtsprofillinie vorfindet. Als vorherrschende G e s i c h t s f o r m bei Frontalansicht tritt das Rundoval auf. Daneben gibt es alle Übergänge vom Elliptisch zum Rund, jedoch in dem Sinne, daß rundliche Gesichter häufiger als ovale und elliptische vorkommen; vereinzelt zeigt sich auch der verkehrt-ovale und der verkehrttrapezförmige Umriß. Naturgemäß liefert nahezu jeder Abschnitt des Gesichtes seinen besonderen Beitrag zur jeweiligen Gesichtsform. Mag auch die streng ovale sich weit von der genau runden im Erscheinungsbilde entfernen, beide kommen dennoch der rund-ovalen derart nahe, daß ich mehrere Gesichtstypen als selbständig bestehend nicht annehmen möchte. Freilich, wenn man die beiden Extremformen, die nur bei einigen wenigen Personen aufscheinen, nebeneinander stellt, dann allerdings weichen einzelne Gesichtsabschnitte —

---

[1] Der Physiognomik bereiten bekanntlich einige Schwierigkeiten die den Bereich der Nasenwurzel durchziehenden Hautfalten. Vornehmlich beteiligt sich daran der Musculus Procerus und es entsteht eine quer verlaufende Falte, wenn er sich zusammenzieht. Duchenne nennt sie (nach F. Lange: Die Sprache des menschlichen Antlitzes, S. 33; München 1937) „die Falte des Angriffs". Sie läßt darauf schließen, „daß der Mensch ein schicksalschweres Leben durchgemacht hat, aber durch schnelle Entschlußkraft und zähes Ausharren Sieger geblieben ist .. Immer zeugt sie von Kampf". Hingegen verursacht der Corrugator supercilii die zwei oder drei senkrechten Falten oberhalb der Nasenwurzel. „Sie werden oft als Denkerfalten bezeichnet, sind aber nur ein Zeichen geistiger oder körperlicher Anstrengung" (ib. S. 43). Eine derartige physiognostische Deutung will ich auch für meine Bambuti gern gelten lassen, möchte jedoch dieser Bildung vorwiegend eine rassebedingte Eigenart zubilligen.

und durchaus nicht sämtliche — beachtlich voneinander ab. Ein solcher Beurteilungsstandpunkt erscheint mir jedoch als verfehlt. Um das am häufigsten auftretende Rundoval gruppieren sich alle übrigen davon ein wenig abweichenden, auch die zahlenmäßig selteneren Formen; weswegen ich erstere als das arteigene Rassemerkmal der Bambuti gelten lassen möchte.

Entsprechend dem für die niedrige Körpergestalt überdimensionierten Kopf ist auch ihr G a n z g e s i c h t groß ausgefallen. Der Eindruck von einem besonders hohen Gesicht wird hauptsächlich durch die gerade aufsteigende und vorgebeulte Stirn vermittelt, auf welcher überdies der Haarrand sich vordringlich zur Schädeldecke hin verlagert. Die schweren Hautfalten über der Glabel-

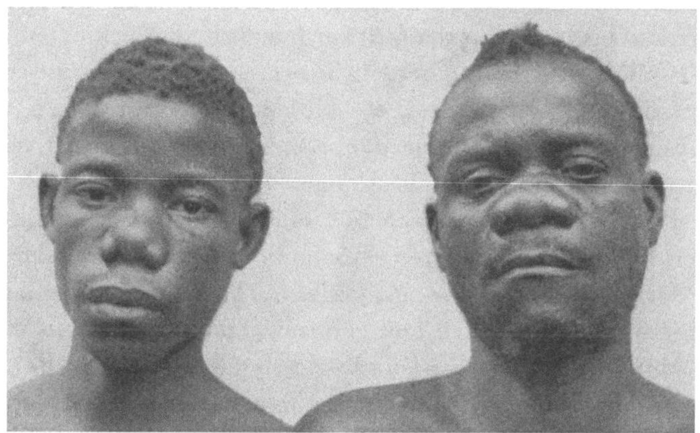

Abb. 32. Verschiedenartige Gesichtsformen

largegend tragen, wie nachgewiesen wurde, in das Gesicht einen Zug finsterer, drohender Wildheit hinein und die widerwärtig klobige Nase mit ihren häßlich breiten Umrissen wirkt wie ein abstoßend menschenfeindliches Kennzeichen. Ein volkstümlicher Ausdruck schildert die Augen der Bambuti als sehr groß und tatsächlich öffnet sich die Lidspalte weit; infolgedessen kommt ein starrer Blick zustande, der uns Europäer nicht im mindesten anspricht. Die den Arcus superciliares aufgelagerte wulstartige Hautverdickung täuscht knöcherne Überaugenbrauenwülste vor (S. 91, 94); was zur wuchtigen, drückenden Umrahmung des Auges beiträgt und die Augenhöhlen übermäßig ausgeweitet erscheinen läßt.

An dieses hohe, breite und streckenweise massig geformte Obergesicht schließt sich unerwartet das auffallend verkürzte Mittelgesicht an, das ebenso wenig stark in die Breite auslädt und in welchem die erschrecklich unförmliche Nase vorherrscht. Die Jochbogengegend, statt merklich herauszutreten, wölbt sich sanft zu den meist flachen Wangen hinüber, die bei älteren Personen häufig tief einsinken und längere bogenförmige oder schiefstehende Falten bilden. Pralle Wangen sind bei Leuten mittleren Alters selten und ein alleiniger, aber ziemlich allgemeiner Vorzug der Jugendlichen.

Ansehnlich höher als das hiermit gezeichnete Mittelgesicht ist das Untergesicht, dessen Gestaltung von der außerordentlich erhöhten Integumental-
oberlippe und der augenscheinlichen Prognathie bestimmt wird. Das Kinn ist
fast durchwegs nur schwach ausgeprägt und manchmal sogar mäßig fliehend,
der Unterkiefer in seiner ganzen Ausdehnung gut mittelmäßig gebaut. Dieses
absolut hohe Untergesicht zeigt eine bloß mäßige Breitenausdehnung und keinem seiner Merkmale sieht man massige Schwere an. Mithin stellt auch diese
Einzelbeschreibung deutlich heraus, daß bei Vorderansicht der cerebrale Abschnitt des Gesichtes unserer Pygmäen übermäßig hoch und reichlich breit,
die mittlere respiratorische Zone hingegen sehr niedrig und nicht besonders
merklich über die cerebrale hinaus verbreitert ist, der untere vegetative
Abschnitt sich zwar verschmälert und dafür an Höhe gewinnt.

Außer den bisher aufgezählten vordringlichen Merkmalen — als solche
müssen vor allem die hohe, beulenförmig vorgetriebene Stirn, die dicken
Falten oberhalb der Nasenwurzel, die klobige und breite Nase, die hohe konvexe Integumentaloberlippe und der starre Blick aus den weit geöffneten
Augen angesprochen werden — bestimmen den Gesamteindruck des Gesichtes
auch noch die mehr oder weniger tief einschneidenden, jedenfalls bei allen
Erwachsenen deutlich erkennbaren Nasolabialfalten. Fast regelmäßig setzen sie
am Beginn der knöchernen Nase an, verlaufen meist bogenförmig und weniger
oft geradlinig nach außen-unten und verstreichen schließlich auf der Horizontalebene der Mundwinkel, ohne in diese selbst einzumünden. Bei älteren Männern machen sich diese Nasolabialfalten wegen ihres beträchtlich tiefen Ein-
sinkens aufdringlich bemerkbar und ihr Gesicht erscheint mithin um vieles
vergröbert. Jeder Beobachter wird bestätigen, daß das Gesicht der Bambuti
mittleren und hohen Alters — naturgemäß das der Männer mehr wie das der
Frauen — in gesteigertem Grade plump und grob wirkt, ebenfalls als sehr
unschön abstößt und unheimlich bedrohend abschreckt. Um jeder ungerecht-
fertigten Verallgemeinerung vorzubeugen, möchte ich den Hinweis darauf nicht
unterlassen, daß die glatte Oberfläche des Gesichtes der Jugendlichen die auch
bei ihnen bereits vorhandenen Unschönheiten weniger nachteilig empfinden läßt.

Zur einwandfreien Würdigung der Kopf- und Gesichtsform aller Ituri-
Pygmäen sei nochmals daran erinnert, daß die im Nordwesten hausenden Aka-
Leute die von ihren benachbarten Sudannegern übernommene gewaltsame
S c h ä d e l d e f o r m a t i o n auch gegenwärtig noch an vielen ihrer Neuge-
borenen vornehmen, und zwar offenkundig aus Schönheitsbedürfnis. Die eigene
Mutter zieht dem Kinde schon in der zweiten oder dritten Woche nach der
Geburt einen handbreiten Streifen zäher Pflanzenfasern auf Stirnhöhe rund
um das Köpfchen herum und läßt diese straffe Pressung mehrere Stunden
wirken; meist so lange, bis sich Anzeichen gänzlicher Ermattung oder Bewußt-
losigkeit beim Säugling einstellen. Einmal oder zweimal am Tage muß er diese
Quälerei über sich ergehen lassen und erst nach ungefähr acht Wochen bleibt er
davon für immer verschont. Die bekanntlich nach der Geburt für kurze Zeit
noch anhaltende mäßige Bildsamkeit des Kopfes unter mechanischen Ein-

wirkungen von außen her erzwingt tatsächlich eine Abflachung der Stirn und
wahrscheinlich ein erkennbares Ausladen des Hinterhauptes in Längsrichtung.
Eben diese konische Verlängerung des Kopfes nach hinten-oben streben die
Aka-Leute an, wenngleich sie keineswegs solch übertriebene Mißbildungen
erzielen, die das Schönheitsideal vieler in jenem Bereich ansässiger Neger ausmachen. Da die genannten Pygmäen ihre Haare über der Stirn vom unteren
Rande an bis etwa zum beginnenden Schädeldach wegrasieren, so vermeint man
wirklich einen langgezogenen Kopf vor sich zu sehen.

Einige Maße am cerebralen Kopf- und Gesichtsabschnitt der Aka-Leute
erfahren von der beschriebenen Deformation her sicherlich eine leichte, wenn

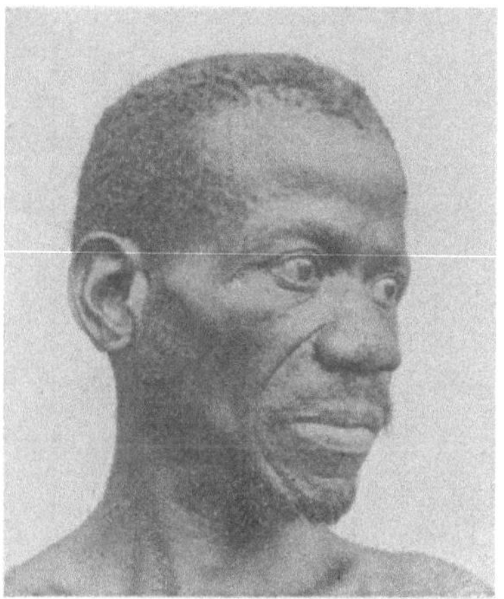

Abb. 33. Tiefe Nasolabialfalten

auch keine entscheidende Veränderung; bei vielen von ihnen konnte ich überhaupt keine Verbildung nachweisen, da manche Eltern sie ihren Kindern ganz
ersparen und andere sich dabei nicht anstrengen. Obwohl ich von der Messung
grundsätzlich solche Personen ausgeschlossen habe, an denen sich die absichtliche Störung des normalen Schädelwachstums offenbarte, halte ich es trotzdem

	Stirnhöhe		Kleinste Stirnbreite	
	♂	♀	♂	♀
Efé + Basúa	66.9	61.5	104.9	102.0
Aka	71.7	68.3	106.8	104.0
Bambuti	68.0	63.5	105.3	102.6

für angebracht, die möglicherweise durch solchen Eingriff in Mitleidenschaft
gezogenen Kopfmaße getrennt von den in ihrer natürlichen Kopfentwicklung
nicht behinderten Pygmäengruppen vorzulegen und zu deuten. Erkennbar
weicht der Mittelwert für die Stirnhöhe bei den Aka von dem bei den übrigen

Pygmäengruppen ab. Gemeint ist die projektivische Entfernung des Trichion vom Nasion und jedermann weiß, wie wenig maßgebend der erstgenannte Ansatzpunkt ist.

Die nun folgenden absoluten und relativen G e s i c h t s m a ß e werden von einigen kurzen Bemerkungen beschreibender Art begleitet. Die Physiognomische Gesichtshöhe bewegt sich nahe der untersten überhaupt an menschlichen Rassen bestimmten Grenze und weist als Mittelwerte ♂ 172.2 und ♀ 161.1 mm auf. Demzufolge gilt das Gesicht der Bambuti, verglichen mit dem anderer Rassenvertreter, als absolut sehr niedrig und damit wahren sie die Parallele zu ihrer geringen Körperhöhe. Auch darf man zur richtigen Beurteilung dieses

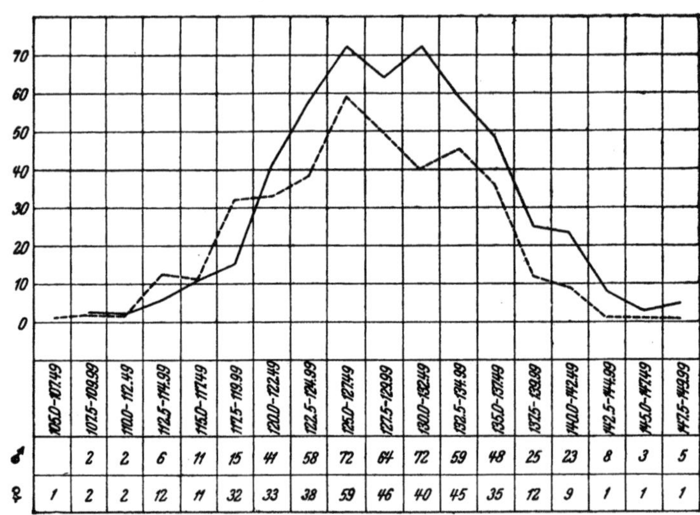

Abb. 34. Frequenzpolygon: Physiognomischer Gesichts-Index

Maßes die Tatsache nicht übersehen, daß sich bei vielen Personen, trotz ihrer hohen Stirn, die vordere Haargrenze tief nach unten in das Gesicht hinein vorschiebt (Abb. 30, 33, 35, 37, 46, 51).

Ein höherer klassifikatorischer Wert kommt der Morphologischen Gesichtshöhe zu, d. h. der geradlinigen Entfernung des Nasion vom Gnathion; sie ruht auf Ausgangspunkten, die im Gesichtsskelett selbst vorgebildet liegen. Für diese Höhe wurden ♂ 104.1 und ♀ 95.7 mm als Mittelwert berechnet, der für beide Geschlechter auf der bisher an menschlichen Rassen bestimmten untersten Zahlengrenze liegt. Auch diese Werte bestätigen ihrerseits, daß Mutter Natur unsere Ituri-Pygmäen mit dem absolut niedrigsten Gesicht innerhalb der gesamten Menschheit ausgestattet hat. Nicht abstreiten läßt sich, daß es trotzdem, eben wegen des zur niedrigen Körperhöhe großen und dicken Neurokraniums, einen langen und breiten Eindruck hervorruft.

Die geschilderten Sonderbildungen im mittleren Bereiche des Ganzgesichtes finden ihren unzweifelhaften Ausdruck auch in den Messungsergebnissen

für die Physiognomische und die Morphologische Obergesichtshöhe. Naturgemäß weisen auch sie die für Menschenrassen geltenden niedrigsten Werte
auf; im besonderen helfen sie dabei mit, das Höhenverhältnis der respirato-
rischen Zone zur cerebralen und vegetativen im Ganzgesicht richtig zu erfassen.

	♂	♀
Physiognomische Obergesichtshöhe	69.2	64.6
Morphologische Obergesichtshöhe	60.3	57.1

Im Frequenzpolygon für den Physiognomischen und Morphologischen
Gesichts-Index bildet die das männliche Geschlecht darstellende Kurve jedesmal

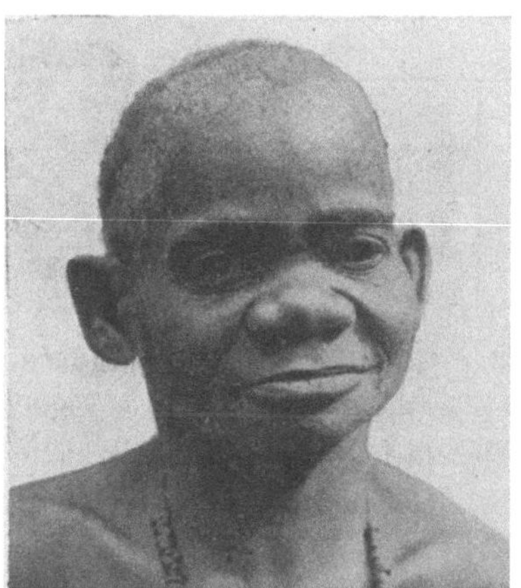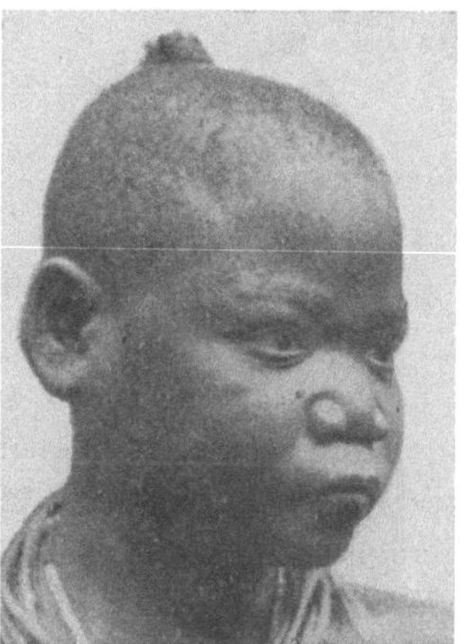

Abb. 35. Das niedrige Mittelgesicht

eine ziemlich steil ansteigende Pyramide mit je zwei Kulminationspunkten, die
nahe beieinander liegen und nur geringe Höhenunterschiede aufweisen. Har-
monischer verläuft eine jede der beiden Kurven, die den Sachverhalt im weiblichen Geschlecht darstellen; nur daß die des Physiognomischen Index steiler
und höher ansteigt, während die des Morphologischen Index niedriger und
etwas breiter ausfällt. Jedesmal liegen auch die Gipfelpunkte der Kurven für
das männliche und weibliche Geschlecht in der nahezu gleichen Abszisse. Somit
schaltet jeder Zweifel darüber aus, daß die Häufigkeitspolygone echte homo-
gene Einzelreihen zur Voraussetzung haben.
Über die Breitenentwicklung des Gesichtes unserer kleinen Waldmenschen
wurden schon früher manche allgemeine Bemerkungen eingeschoben, vor allem
das Rundoval als die vorherrschende Gesichtsform in Vorderansicht erklärt und
begründet. Ein jedes der drei hier zu nennenden B r e i t e n m a ß e besitzt
einen Eigenwert und ruht auf der Grundlage des Skelettbaues selbst; sie
bringen die seitliche Ausladung des Kopfes in drei verschiedenen Höhenlagen
zur Darstellung und vermitteln ein ziemlich vollständiges Bild von der Kopfform überhaupt. Die Jochbogenbreite als größter horizontaler Abstand der

beiden Jochbogen voneinander verlagert sich bei unseren Waldmenschen durchgehends ziemlich nahe an das Ohr heran, weswegen ein erkennbares sagittales Vordrängen des Jochbeines nicht häufig anzutreffen ist; die ganze Jochbogengegend schwenkt überhaupt von vorn zu den beiden Seiten hin in mäßiger Abflachung um. Volle und pralle Gesichter der Erwachsenen, die ein Vorzug weniger jugendlicher Frauen sind, verdanken diesen Zustand einer außergewöhnlich günstigen Ernährungslage, die bei jeder Person nur beschränkte Zeit anhält. Solche Gelegenheitserscheinungen haben mit einer rassisch bedingten dicken Weichteileschicht in der Wangengegend nichts zu tun. Endlich bekundet der mittlere Wert für die Unterkieferwinkelbreite eine vorwiegend ansehnliche Verschmälerung des Mittelgesichtes zum Untergesicht hin. Der verwertbare Gehalt eines jeden dieser drei Einzelmaße gewinnt erst recht bei ihrer Gegenüberstellung.

	♂	♀
Größte Kopfbreite	141.9	136.9
Jochbogenbreite	105.3	102.6
Unterkieferwinkelbreite	99.7	96.9

Der häufig befragte Index aus der Größten Kopflänge mit der Größten Kopfbreite stellt unsere Waldmenschen in die Reihe der Mesokephalen an der Grenze zur Dolichokephalie (S. 88). Der nicht minder inhaltsreiche Index aus der Morphologischen Gesichtshöhe bzw. Morphologischen Obergesichtshöhe zur Jochbogenbreite stempelt deren Gesicht im Mittelwert als hypereuryprosop bzw. euryen. Damit ist das im Vergleich zur Höhe beurteilte Gesicht der Bambuti als außerordentlich breit nachgewiesen. Auf diese Voraussetzungen sich stützend, erwartet man selbstverständlich auch für den Morphologischen Obergesichts-Index den an menschlichen Rassen festgestellten niedrigsten Wert, d. h. die hypereuryene Stufe; denn für den Morphologischen Gesichts-Index wurde tatsächlich die bisher bekannt gewordene niedrigste Indexzahl berechnet. Die absoluten Zahlen für diese beiden Indices finden ihre bequeme Erklärung in naturgegebenen Bedingungen, auf welche schon ausführlich hingewiesen wurde; d. h. gegenüber dem Ober- sowie dem Untergesicht tritt die Höhe des Mittelgesichtes ansehnlich zurück und im besonderen wirkt sich die übertrieben gesteigerte Höhe der Integumentaloberlippe mitbestimmend aus. Die aus meinen Beobachtungen an 900 Personen beiderlei Geschlechtes für den Morphologischen Gesichts-Index gewonnenen Mittelwerte stehen in der Reihe der niedrigsten, die man bisher an menschlichen Rassegruppen in Erfahrung gebracht hat; und so stützt auch dieser Beitrag seinerseits den allgemeinen Nachweis für die rassische Sonderstellung der Ituri-Pygmäen.

Ein Blick auf das Frequenzpolygon belehrt darüber, daß überraschenderweise für beide Geschlechter die Werthäufung zwischen 75.00 und 76.99, mithin auf der hypereuryprosopen Stufe liegt; beide Verdichtungen vollziehen sich demzufolge auf gleicher Linie. Weit über die Hälfte aller Einzelwerte

drängt sich um den Bereich dieser bezeichneten Gipfelpunkte, was für beide
Geschlechter gilt. Die hochgesteigerte Breitgesichtigkeit als hervorstechende
rassische Eigenheit der Bambuti steht somit außer Frage.

Wenn ich früher (S. 86) hinsichtlich des Eindrucks, welchen die allgemeine
Kopfform der Bambuti beim europäischen Beobachter hervorruft, von einer
gewissen "optischen Täuschung" sprach, so erinnere ich jetzt daran, daß sich
ein ähnlicher trügerischer Schein für jeden wiederholt, der vom Augenniveau

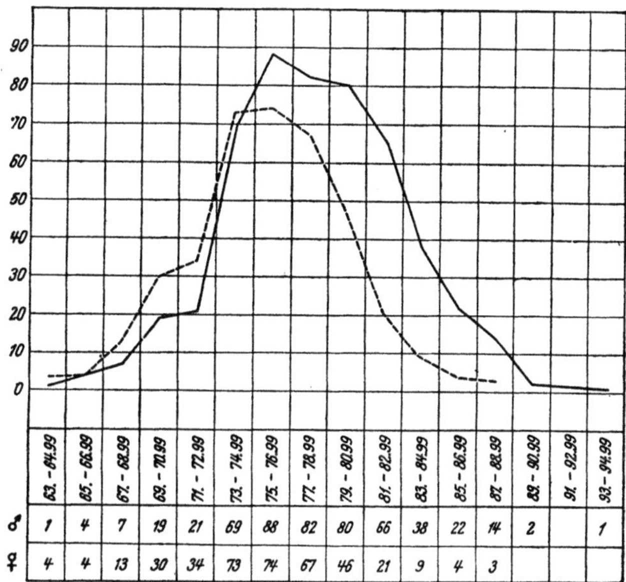

♂	63. - 64.99	65. - 66.99	67. - 68.99	69. - 70.99	71. - 72.99	73. - 74.99	75. - 76.99	77. - 78.99	79. - 80.99	81. - 82.99	83. - 84.99	85. - 86.99	87. - 88.99	89. - 90.99	91. - 92.99	93. - 94.99
♂	1	4	7	19	21	69	88	82	80	66	38	22	14	2		1
♀	4	4	13	30	34	73	74	67	46	21	9	4	3			

Abb. 36. Frequenzpolygon: Morphologischer Gesichts-Index

seiner höheren Körpergröße herunter das Gesicht unserer kleinen Waldmenschen betrachtet: Die stark nach vorn ausgebeulte Stirn läßt die Kürze des
Gesichtes nicht recht zur Geltung kommen und unter der Beschirmung des
dicken Kopfes fällt die Breite des Gesichtes ebensowenig auf. Im gleichen Sinne
täuschen auch manche Photographien von den Bambuti, weil bei deren Aufnahme der Apparat viel zu hoch gestellt wurde und die solcherart hervorgerufenen Verzeichnungen vorwiegend das Mittel- und Untergesicht treffen.

	♂	♀
Physiognomischer Gesichts-Index	129.50	127.59
Morphologischer Gesichts-Index	78.34	75.80
Physiognomischer Obergesichts-Index	52.04	51.20
Morphologischer Obergesichts-Index	45.67	45.24

Jedenfalls bieten die absoluten und relativen Zahlen, aus genauer Messung und
Berechnung gewonnen, eine untrügliche Gewähr für den naturgegebenen Sachverhalt, nämlich daß sich die Bambuti, vom Morphologischen Gesichts-Index
her beurteilt, des breitesten Gesichtes aller Menschenrassen erfreuen.

Den Physiognomischen Gesichts-Index aus Einzelwerten habe ich nach
MARTIN: 178 und nicht nach BROCA berechnet; er allerdings läßt die soeben
geschilderten Breiten- und Höhenverhältnisse im Gesicht unserer Pygmäen nicht
mit gleicher Bestimmtheit greifen. Um ein der Wirklichkeit ziemlich genau
entsprechendes Bild vom Verhältnis der Physiognomischen Gesichtshöhe zur
Jochbogenbreite auch nach der von BROCA empfohlenen Berechnung zu bieten,
habe ich ausnahmsweise diesen Physiognomischen Gesichts-Index aus den Mittelwerten der beiden genannten Maße bestimmt und dabei die Zahlen ♂ 77.89
und ♀ 78.40 erzielt. Sie berechtigen zumindest zu einer naheliegenden beachtlichen Schlußfolgerung: Unsere zufolge des Morphologischen Gesichts-Index in
beiden Geschlechtern hypereuryprosopen Bambuti entfernen sich durch dieses
Merkmal ihrer Gesichtsbildung augenscheinlich von allen ihnen benachbarten
Waldnegern; was sich allein schon aus den kurzen Erörterungen über die
absolute Höhe und Breite ihres Gesichtes ergab. Die folgenden Schilderungen
werden noch mehrere Eigentümlichkeiten im Gesicht als ihren alleinigen Besitz
mit Recht beanspruchen.

Noch zwei weitere Indices erläutern die Breitenverhältnisse im Gesicht
unserer kleinen Waldmenschen, der Jugofrontal- und der Jugomandibular-
Index; ersterer macht mit dem oberen und letzterer mit dem unteren Gesichtsabschnitt vertraut. Die erlangten Mittelwerte ersieht man aus der hier eingeschobenen Zusammenstellung und gleichzeitig wird dabei offenkundig, in welchem Ausmaß sich das Ganzgesicht von oben her nach unten hin verschmälert.

	♂	♀
Jugofrontal-Index	79.20	81.26
Jugomandibular-Index	76.75	76.79

Bekanntlich verraten die Mittelwerte dieser beiden Indices für die gesamte
Menschheit eine sehr erhebliche Variationsbreite. Die für unsere Pygmäen
gewonnenen Zahlen fallen in die mittlere Zone; und wegen der ganz allgemeinen Ausladung des Kopfes in die Breite, an welcher sich eben alle Höhen-
abschnitte mehr oder weniger gleichmäßig beteiligen, ist etwas anderes nicht zu
erwarten. Tatsächlich liegt die sexuelle Differenz hinsichtlich der Jochbogenbreite etwas höher als die hinsichtlich der Kleinsten Stirnbreite; und auch
diesbezüglich bestätigt sich wieder die allgemeine Regel, daß der Jugofrontal-
Index im weiblichen Geschlecht höhere Werte als im männlichen erreicht.
Eindeutig sprechen auch die vorgelegten beiden Index-Werte für die rundovale
Gesichtskontur in Vorderansicht, für welche weiter oben (S. 94) die ausschlaggebende Begründung angeführt wurde. Die Gegend der Unterkieferwinkel in
ihrer größten Breite betont sich bei Frauen überhaupt nicht, bei Männern nur
gelegentlich.

Zu den hervorstechenden rassebedingten Sondermerkmalen unserer kleinen Ituri-Leute gehört auch die ungewöhnliche Formung ihres Untergesichtes. Daß es an Höhe relativ und absolut um vieles das Mittelgesicht

übertrifft, braucht nicht nochmals in Erinnerung gerufen zu werden. Was unwiderstehlich den Blick eines jeden ausländischen Beobachters gefangen nimmt, ist die absolut hohe und ansehnlich vorgewölbte Integumental-Oberlippe. Mehrere Teilerscheinungen bringen dieses Gesamtbild zustande.

Übereinstimmend mit allen Negriden Afrikas erfreuen sich die Bambuti einer leichten Mesognathie ihres niedrigen Mittelgesichtes und an sie setzt sich mit scharfem Knick der Alveolarabschnitt des Oberkiefers zu einer echten Hyperprognathie an. Eine solche Profilkontur, an der knöchernen Unterlage

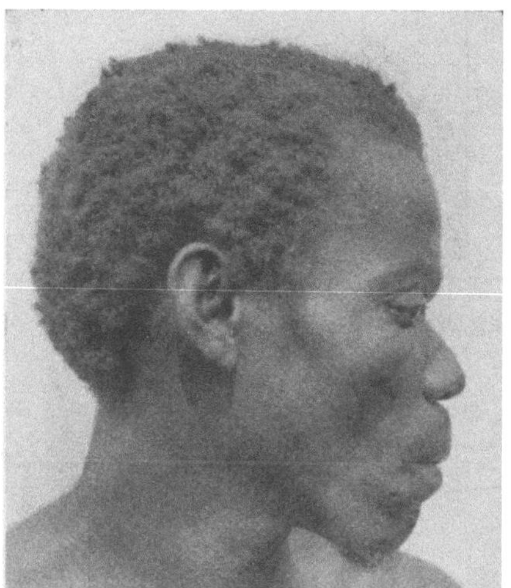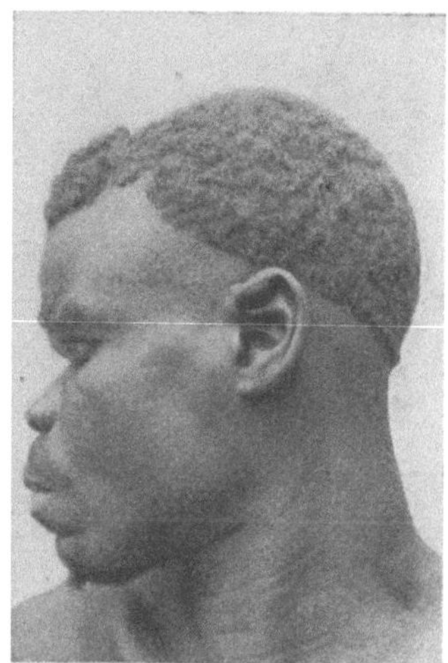

Abb. 37. Die hohe Integumental-Oberlippe

abgetastet, bietet an sich nichts Neues; man kennt sie seit langem aus vielen Beobachtungen an Negerschädeln. Die Sonderform der pygmäischen Integumental-Oberlippe kommt nun dadurch zustande, daß die der vorderen knöchernen Alveolarzone aufgelagerten Weichteile eine vermehrte Dicke besitzen, mit welcher sie nicht bloß die zurückgeneigte Profilkontur des Alveolarfortsatzes einfach überdecken und ausfüllen, sondern sie derart überhöhen, daß sich die Profilkontur der so entstandenen Ganzen Oberlippe sogar konvex vorwölbt. Kurz gesagt: Mit einer allgemeinen leichten Prognathie des knöchernen Oberkiefers und einer viel beträchtlicheren des Alveolarfortsatzes verbindet sich eine über das gewöhnliche Maß hinausreichende Verdickung der integumentalen Oberlippe.

Überdies weisen die aufliegenden Weichteile bei vielen Personen eine pralle Spannung bzw. Füllung auf, durch welche sich deren Vordrängen in sagittaler Richtung stärker betont. Schließlich bietet die gesteigerte Höhe der Ganzen Integumental-Oberlippe ihren besonderen Beitrag zur Vervollständigung dieser einzigartigen Bildung. Im Mittel beläuft sich die geradlinige Entfernung des Subnasale vom Stomion auf ♂ 25.7 und ♀ 23.6 mm, was in An-

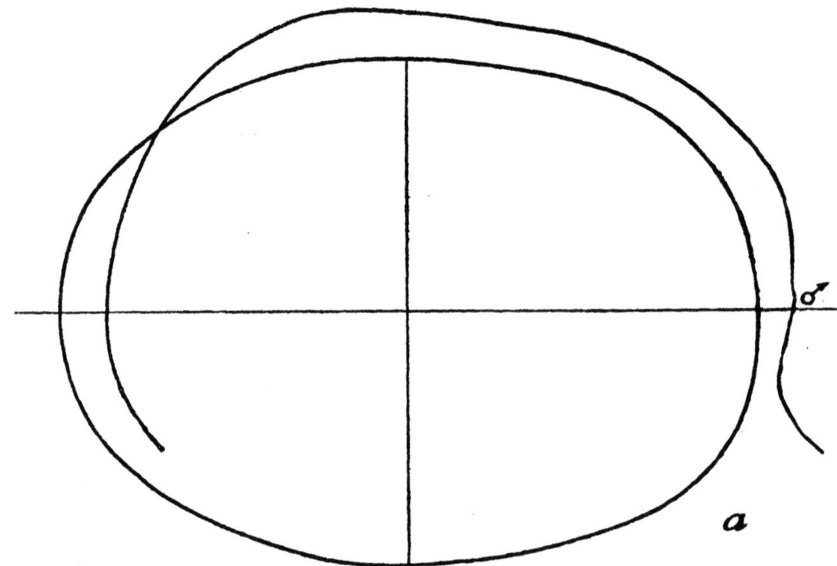

Abb. 38. Kopfumrisse des KANGA. ¹/₂ nat. Gr.

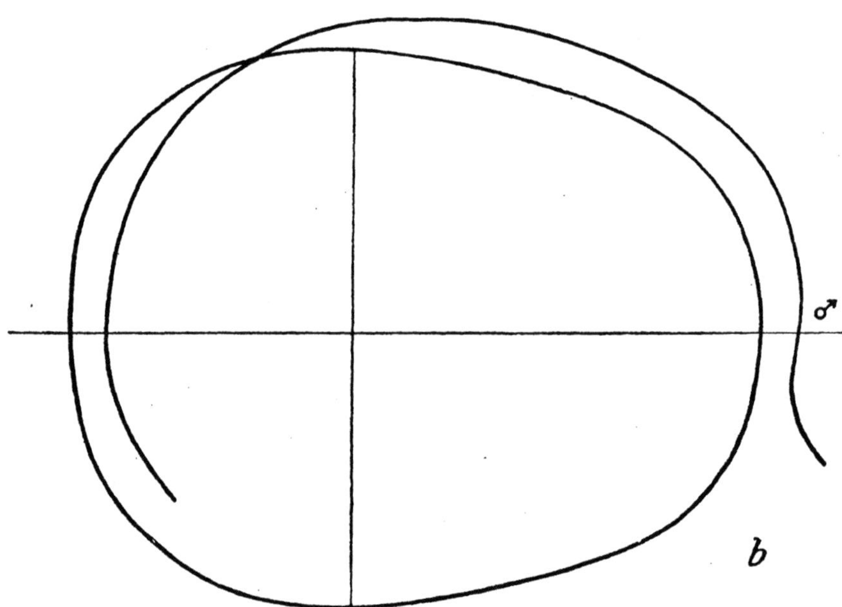

Abb. 39. Kopfumrisse des BENE II. ¹/₂ nat. Gr.

betracht des absolut niedrigen Ganzgesichtes ein beachtlich hohes Maß abgibt. Kurzum, einer übertriebenen Verdickung der dem vorderen Alveolarbereich aufliegenden Weichteile ist teilweise die meistens pralle, konvexe Integumental-Oberlippe zuzuschreiben.

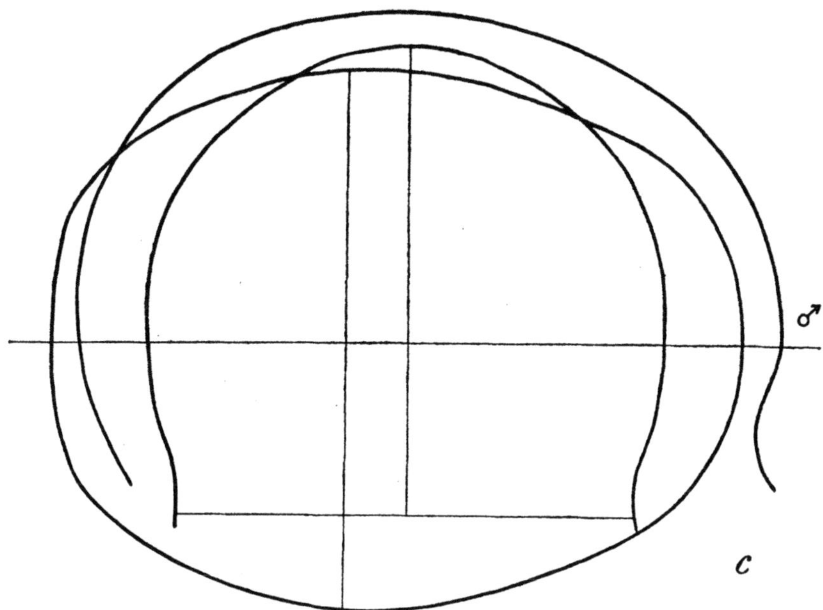

Abb. 40. Kopfumrisse des OBAOBA. ¹/₂ nat. Gr.

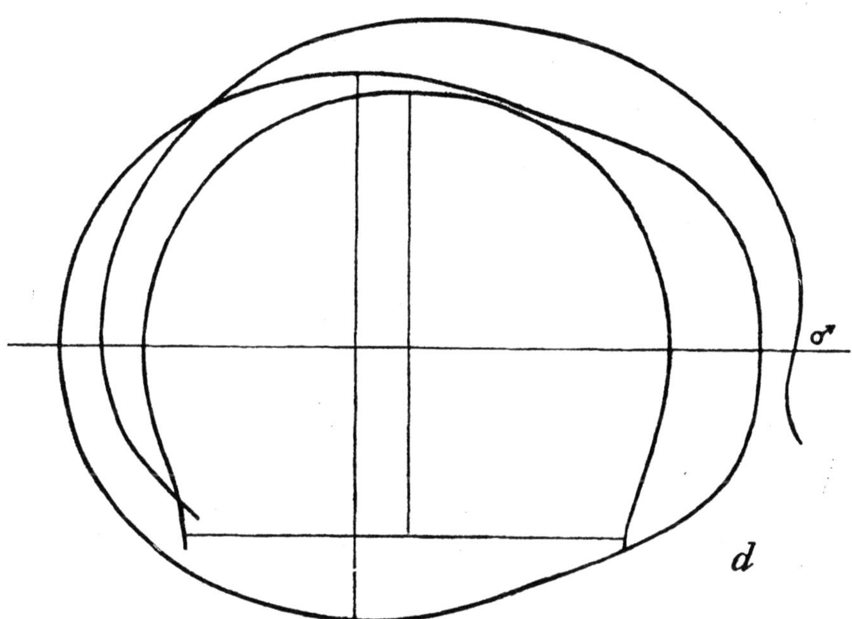

Abb. 41. Kopfumrisse des KAMUDOFA. ¹/₂ nat. Gr.

Wie erwähnt, ist sie hoch und vielmals sehr hoch. Bereits von ihrer oberen Grenze an, d. h. am rückwärtigen Ansatz des Septums beginnend, wölbt sie sich sofort mehr oder weniger stark heraus. Ausschlaggebend hilft dabei selbstverständlich der weit vorwärts getriebene Alveolarrand mit, der auch seinerseits die Spannung in den aufliegenden Weichteilen steigert. Man darf wohl sagen, daß diese selbst beträchtlich von ihrer prognathen knöchernen Unterlage vorgeschoben werden. Angesichts dessen macht sich die geringe Höhe der rosafarbenen Schleimhautlippen um so auffälliger kenntlich.

Der konträre Gegensatz dieser morphologischen Bildung zur Lippenform der Neger springt in die Augen. Bei ihnen ist die Ganze Oberlippe niedrig, die Profilkontur geradlinig geneigt bzw. mehr oder weniger konkav, und den unteren Abschluß bilden mäßig bis sehr kräftig gewulstete Schleimhautlippen. Bei den Bambuti hingegen kennzeichnet sich dieser Gesichtsabschnitt durch seine übertriebene Höhe und seine mäßig oder beträchtlich weit vorgedrängte konvexe Profilkontur, die in schmale d. h. mäßig dicke bis mäßig wulstige Schleimhautlippen überleitet. Ohne jedes Mißverständnis scheiden sich an diesem komplexen Merkmal die beiden Rassegruppen. Ein weiterer namhafter Unterschied betrifft die Insertion der oberen Schneidezähne bei den Pygmäen. Von wenigen Ausnahmen geringen Umfanges abgesehen, sitzen diese Gebilde senkrecht eingekeilt in ihren Alveolen, meistens ebenso die Vorderzähne im Unterkiefer. Bekanntlich richten sich alle diese Zähne bei der Hauptmasse der Neger mehr oder weniger reichlich nach vorn geneigt zur Bildung der sogenannten Stegodontie. An einzelnen Pygmäen sah ich die oberen Incisiven sogar ein wenig in die Mundhöhle hinein zurückgeneigt. Des weiteren läßt sich über die Artikulationsform des Bisses noch sagen, daß die oberen und unteren Schneidezähne sehr häufig genau aufeinanderpassen, und zwar zu einer echten Labidontie; doch wiederholt sich mehrmals auch die Psalidodontie.

Zwar lassen sich die soeben geschilderten Einzelmerkmale der ungewöhnlich aufgebauten Ganzen Oberlippe unserer kleinen Waldmenschen mit ausreichender Genauigkeit am Lebenden beobachten und abtasten, die knöcherne Unterlage und im besonderen die Formung des Alveolarbogens mit den senkrecht eingekeilten Schneidezähnen findet man ganz klar am vollständig erhaltenen Schädel verdeutlicht; leider konnten solche bisher in nennenswerter Menge noch nicht der kraneologischen Untersuchung zugeführt werden. So viel läßt sich jedenfalls an Lebenden eindeutig erweisen, daß, im Vergleich zum Mittelgesicht, das Untergesicht über eine außerordentliche Höhe verfügt und daß sich daran der Integumental-Oberlippenabschnitt hervorragend beteiligt.

Seinen Abschluß nach unten findet das kurze und sehr breite Pygmäengesicht verhältnismäßig plötzlich und sozusagen unerwartet in einem wenig ausgeprägten K i n n. Man muß es, bei Vorderansicht, als klein, flach zugespitzt und weit zurückgeschoben bezeichnen; selten nur tritt eine eckige Form auf, niemals eine breite und scharfkantige. Niedrig und wie in einem weiten Bogen nach hinten abgedrängt, d. h. fliehend, mutet es in Seitenansicht an; infolgedessen schiebt sich die betonte Wölbung der Integumental-Oberlippe noch auffallender vor und die gesamte Profilkontur des Untergesichtes zeichnet sich höchst ungewöhnlich ab. Wäre nicht die stark konvexe Ausladung, sähe man zuweilen eine deutliche Schnauzenbildung vor sich. Im Gesicht von mehreren Personen wird ein mittellanges und nach unten gezogenes Kinn vorgetäuscht. Wie mich genaues Betasten richtig belehrt hat, handelt es sich dabei um einen etwas verdickten Weichteilansaß, der mit mäßiger Zuspißung unter der knöchernen Kinngegend hängt und sich beim Befühlen von den Fingern leicht bewegen läßt. Das sehr seltene stark-fliehende Kinn unserer Pygmäen kommt einem echten inferioren Merkmale gleich, im Sinne der von SARASIN: 494 vorgeschlagenen Bewertung. Mithin gilt: Ihr Kinn ist gerundet bis leicht-fliehend, weniger häufig gerade und sehr selten stark-fliehend (nach dem Schema für Kinnformen in EICKSTEDT: II, 1065).

In die bisherige somatographische Beschreibung der Bambuti wurden gelegentlich einige Hinweise auf die K o p f - und G e s i c h t s u m r i s s e eingeschoben; deren Gestaltung gelangt jeßt in zusammenfassender Vollstän-digkeit zur Darstellung. Bis zu einem gewissen Grade vermitteln die Indices, aus den absoluten Messungswerten berechnet, ein Bild von der Flächenbegren-zung der betreffenden Ebene. Die durch solche Berechnung für unsere Wald-menschen festgestellte Mesokephalie an der Grenze der Dolichokephalie spricht an sich allein bereits für einen rundlich-ovalen Umriß der Horizontalebene der Größten Kopflänge in der Norma verticalis. Naturgegeben gruppieren sich um dieses rundliche Oval die zahlreichen davon abweichenden und nach zwei Ex-tremen hindrängenden Formen, d. h. zum Rund und zum Langoval hin; welche Streuung das Frequenzpolygon leicht ersichtlich ausweist. Auf eine gleiche oder ähnliche Weise läßt sich der sagittale und der vertikal-quere Umriß nicht erläutern. Deshalb entschloß ich mich zu deren graphischer Aufnahme gemäß jener Methode mit Hilfe von dünnen Bleikabelstreifen, die bereits E. von BAELZ angewandt und dann W. ABEL (a): 266 zu günstigerer Verwertbarkeit verbessert hat.[1] Die Absicht leitete mich, jedermann eine gebildmäßige Vorstellung von der dreidimensionalen Kopfform unserer Bambuti zu vermitteln. Zur Anwendung gelangten gewöhnliche Bleikabel, etwa 5 mm breit und nur so dick, daß sich sanfte Biegsamkeit mit geringster Elastizität vereinigt. Sie wurden dem Kopfe den üblichen drei Normen gemäß angelegt und die abgenommene Form wurde ohne Verzerrung sofort nachgezeichnet. Diesem Vorgang folgend habe ich den Sagittal-, Horizontal- und Vertikalumriß des Kopfes vieler Bambuti zu Papier gebracht. Dergleichen Zeichnungen reden augenfällig eine deutlichere Sprache, als absolute und relative Zahlen es vermögen. Meine Bemühungen fielen zu-

---

[1] Zur Erläuterung der auf den Seiten 104 und 105 eingefügten vier Umrißzeichnungen folgen noch einige Angaben samt den absoluten Maßen und Indices.

Zu den Kopfumrissen	a	b	c	d
Eigenname Bezeichnung: ♂	Kanga Nr. 377	Bene II Nr. 376	Obaoba Nr. 246	Kamudofa Nr. 249
Lebensjahre	40	30	30	36
Größte Kopflänge	185	187	188	187
Größte Kopfbreite	134	149	142	143
Breite ü. d. Gehörgang	—	—	124	118
Längenbreiten-Index	72.43	79.68	75.53	76.47

friedenstellend aus und mithin kann ich dieses Verfahren, auf Grund eigener
häufiger Anwendung, uneingeschränkt empfehlen. Nur wenige Proben können
diesem Werke beigegeben werden; bei der aus vielen Vorlagen getroffenen
Auswahl war die Verschiedenheit im Längenbreiten-Index mitbestimmend.

Den sagittalen Umriß habe ich abgezeichnet von der Nasenwurzel her über
Stirn und Scheitel bis zum Nackenansatz am Hinterhaupt; ferner den horizontalen Umriß über die Glabella zum Opisthokranion, als dem weitesten nach
hinten ausladenden Punkt am Hinterhaupt; den vertikalen Umriß endlich quer
zur Längsachse des Kopfes von Tragion zu Tragion in der Weise, daß diese
Umrißebene senkrecht auf der Frankfurter Horizontale stand.

Der letztgenannte vertikal-quere Umriß läßt die Köpfe der Bambuti als
breit und mit einem sanft-gerundeten Ansteigen zur Scheitelfläche hinauf erscheinen, welch letztere sich sehr flach wölbt und weder einen Kamm noch
Lophokephalie noch protomorphe Gestaltung, nicht einmal in leichten Andeutungen, zu erkennen gibt. Die seitlichen Ausweitungen zur Ebene der
Größten Kopfbreite verlaufen ebenfalls als beträchtlich abgeflachte Bogen-
linien. Der Längsumriß in der Mediansagittale zeigt selbstverständlich zunächst
die beulenförmige Vorwölbung der Mittelstirn, erhebt sich dann mit mäßigem
Ansteigen zum Vertex, verläuft über den ganzen Scheitel mit sehr tiefer, ge-
wölbeartiger Abflachung und rundet in einem mäßigen Bogen, ohne Knick und
ohne Höcker, das ganze Hinterhaupt nahezu harmonisch ab. Mit diesem langgezogenen sagittalen Umriß stimmt gleichsinnig streckenweise der vertikal-
quere überein, der eine mittelbreite, hoch ansteigende und abgeflachte Kuppel
bildet, gleichsam als ein graphischer Ausdruck der mäßigen Mesokephalie.

Der Verlauf der vertikalen Profilkurve des Gesichtes von der Stirnhaar-
grenze zum Kinn ist bei unseren· kleinen Waldmenschen nicht einheitlich.[1]
Nahezu allen gemeinsam ist die steil ansteigende, hohe Stirn mit einer zumindest
erkennbaren Vorbeulung des Mittelteiles, eine tiefe Einsattelung der fast durchgehends sehr flachen Nasenwurzel, eine sehr geringe Erhöhung des Nasenrückens und eine gut gerundete Nasenspitze, ein außerordentlich kurzer Nasenboden, eine hohe oder sehr hohe, mäßig- oder stark-konvexe Integumental-
Oberlippe, mäßig-dicke bis mäßig-wulstige Schleimhautlippen, endlich ein

---

[1] An vielen Erwachsenen habe ich, gemäß dem oben gekennzeichneten Verfahren vermittels dünner Bleistreifen, den Verlauf der mediansagittalen Profillinie nachgezeichnet.

Zur Abbildung 43	a	b	c	d
Eigenname	Kamudofa	Banepu	Aukongini	Zumbanzi
Bezeichnung	Nr. 249 ♂	Nr. 487 ♀	Nr. 488 ♀	Nr. 649 ♀
Lebensjahre	36	28	30	40
Nasion-Subnasale	45	41	38	40
Nasion-Stomion	68	64	63	65
Schleimhautlippenhöhe	7	11	15	10
Subnasale-Stomion	23	23	25	24

Nur vier Proben werden hier wiedergegeben, mit den eingezeichneten Meßpunkten: Trichion,
Nasion, Subnasale, Labrale superius und Stomion; außerdem die erforderlichen Einzelheiten.

mittellanges und schräg nach hinten-unten abgedrängtes Kinn. An jeder Person
erkennt man Prognathie, sie mag höheren oder geringeren Grades sein; und je
nachdem der eine oder andere Abschnitt des Mittelgesichtes hervortritt oder
zurückbleibt, gestaltet sich die Profilkurve bei den einzelnen Erwachsenen zu
dieser und jener Form. Bei der Mehrheit von ihnen ereignet es sich, daß der
Oberrand der oberen Schleimhautlippe sich am weitesten gegen eine imaginäre
Vertikale vorschiebt, die Einstellung des Kopfes in die Frankfurter Ohraugen-
Ebene vorausgesetzt; doch sind mir auch Gesichter begegnet, welche zeigten, daß

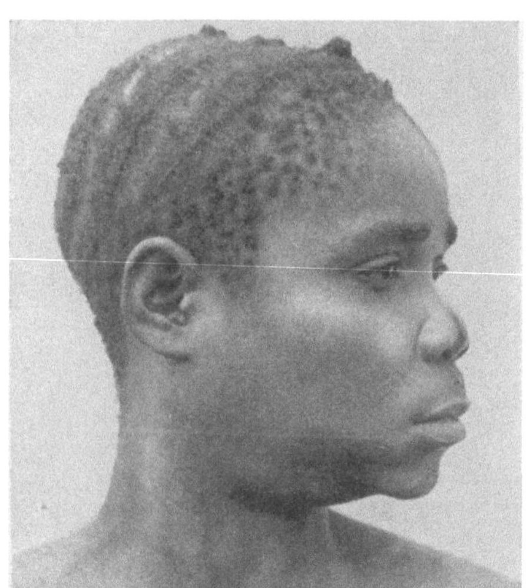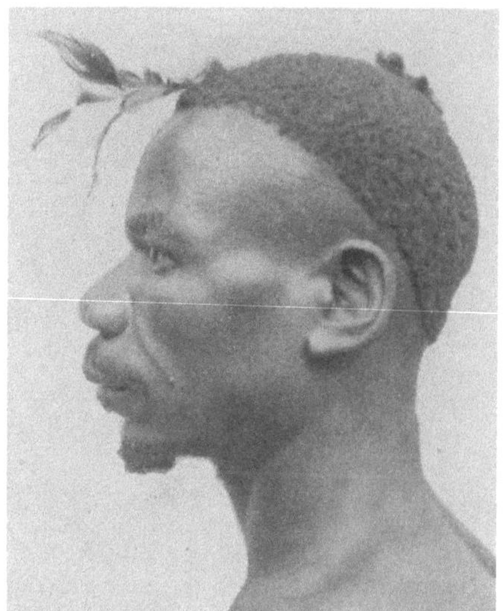

Abb. 42. Gesichtsprofile

irgendein Punkt auf der Sagittalebene der Ganzen Oberlippe selbst — nicht
der Schleimhautlippe! — am meisten aus der Profilkurve nach vorn hinausragt.
Diese zuletzt gekennzeichnete Erscheinung im Gesicht der Bambuti wiederholt
sich in keiner anderen menschlichen Rasse.[1]

Was schließlich die horizontale Gesichtskurve in der Jochbogenebene betrifft, so ist deren Verlauf ziemlich vollständig aus den kurzen Mitteilungen
ersichtlich, die früher über die Wangengegend gemacht worden sind (S. 95).
Denen zufolge erreicht die Kurve ungefähr zwischen den beiden Tragus ihre
größte Breite, die absolut ansehnlich ist; und von jedem der beiden genannten
Punkte zieht sie in einem flachen Bogen, der genau über den Wangenbeinen
ein wenig stärker sich wölbt, zur Mediansagittale, ohne sich hier und über der
unteren Nase nennenswert auszuweiten. Im ganzen also bekundet der Verlauf
dieses horizontalen Umrisses ein teils wenig und teils etwas mehr zur Flachheit
neigendes Breitgesicht. Doch gilt bei vielen jüngeren Leuten die Anlagerung

---

[1] Zur Ergänzung sei hier, nach R. MARTIN (a): 444 eingefügt, daß die Ganze Integumentallippe der Buschleute in der Kalahari „manchmal stark konvex (von LUSCHAN) ist, was
PÖCH allerdings als eine Seltenheit für den Buschmann bezeichnet".

eines beachtlichen Panniculus malaris auf den Wangenbeinen, mit ihrer Betonung eines mittelmäßigen Flachgesichtes, bloß als Zeichen eines individuell günstigen Ernährungszustandes; welcher selbst, wie auch die Auffüllung der benachbarten Gewebe, offenkundigen Schwankungen unterliegt. Im Gegensatz hierzu scheinen bei mageren Personen die Wangenbeine und ihre Verlängerung

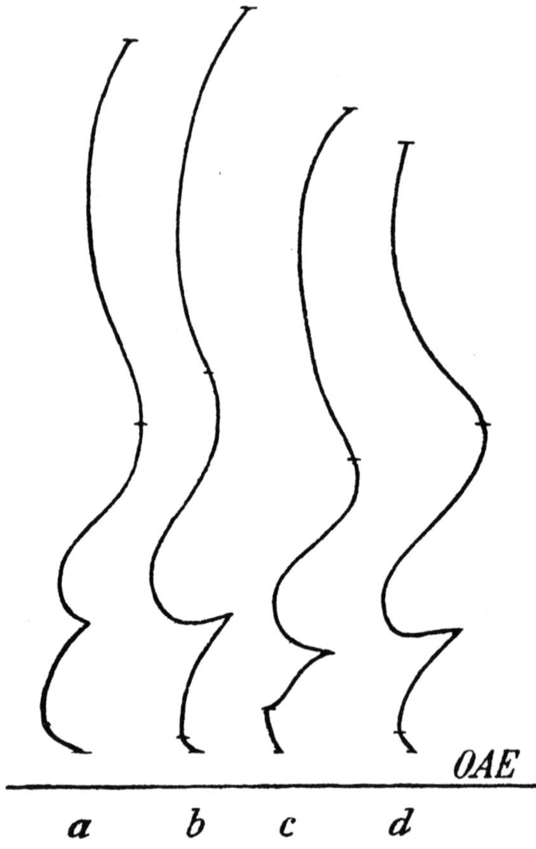

Abb. 43. Profilkurven. ²/₃ nat. Gr.

nach hinten erkennbar durch die auflagernden Weichteile hindurch, ohne indes ausbeulend hervorzutreten. Mehr bei ihnen als bei Personen mit vollen Gesichtern beginnt von diesem horizontalen Umriß an abwärts das Gesicht sich erheblich zu verjüngen, während von da an aufsteigend bei allen Personen ausnahmslos der vertikale Umriß auseinander geht; demzufolge die Größte Kopfbreite regelmäßig oberhalb der Jochbogenbreite lagert.

Legt man die genannten Umrißkurven von ausgesuchten Extremformen bzw von weit gegeneinander abstehenden Entwicklungen zum Vergleich übereinander, wird man sich zwangsläufig zur Anerkennung von mehr als einem erbbedingten Typus entschließen. Solcher Versuchung widerstehend erinnere ich an die Tatsache, daß zahlenmäßig dergleichen Extremformen äußerst wenig auftreten, hingegen alle übrigen Merkmalserscheinungen sich erkennbar deutlich um eine einzige Mittelform drängen; weswegen man alle von ihr sich mehr oder weniger entfernenden Abweichungen wohl richtig allein als individuelle Variationen veranschlagt. Weder für die Kopfform noch für die ein wenig größere Mannigfaltigkeit in den Gesichtsformen unserer Pygmäen — immer gänzlich blutreine Vertreter vorausgesetzt — glaube ich eine Mehrzahl von selbständigen Rassetypen annehmen zu müssen; zur erklärenden Begründung gewisser auffälliger Extrembildungen an einzelnen Personen ist mit dem Hinweis auf sehr frühe oder erst neuzeitliche fremdblütige Einkreuzungen ausreichend Genüge getan. Den arteigenen Rassetypus der Bambuti will ich später als eng geschlossenen Abriß mit den tragenden Grundlinien zeichnen (S. 149-155).

d. Weichteile des Gesichtes und Kopfes

Die Flächenausdehnungen und Formverhältnisse des menschlichen Gesichtes werden wesentlich vom knöchernen Unterbau bestimmt, doch tragen zur endgültigen Gestaltung und Abrundung auch die aufgelagerten Weichteile nennenswert bei. Rasseeigene Verdickung gewisser Gegenden oder pralle Straffung der ganzen Haut im Gesicht, deren die Mongoliden sich als biogenetisches Erbgut erfreuen, gibt es bei unseren kleinen Waldmenschen nicht. Wenn viele ihrer Kinder und manche Erwachsenen jüngeren Alters volle Gesichter vorweisen, dank des reichlich eingelagerten Unterhautfettes, kommt damit allein ihr günstiger Ernährungszustand zum Ausdruck; schiebt sich nämlich eine an Lebensmitteln knappe Zeit ein, dann meldet sich zwangsläufig eine leichte Entspannung der Haut an, die in eine mehr oder weniger matte Erschlaffung des früheren prallen Tonus ausläuft. Freilich bestimmen auch derartige Schwankungen den jeweiligen allgemeinen Gesichtsausdruck, ohne indes entscheidende Änderungen zu veranlassen.

Ein häufiges Abtasten und Befühlen der Gesichtshaut berechtigt mich zu dem Urteil, daß die dem knöchernen Untergrunde aufliegenden Weichteile, einschließlich Unterhautbindegewebe und Muskulatur, eine bloß bescheidene Dicke besitzen. Das gilt als durchschnittliche Bewertung. Daneben bleibt bestehen, daß jugendliche Gesichter voller sind und daß bei hochbejahrten Personen die ganze Hautschicht einem sehr dünnen, mit zahllosen kleinen und kleinsten Fältchen besetzten Überzug gleichkommt. Im besonderen fiel mir die unscheinbare Dicke der Kopfschwarte bei Kindern im ersten Lebensjahre und bei Greisen auf; solch dünne Hautlagen kommen bei gleichalterigen Europäern durchwegs nicht vor. Daß die Wangengegenden von einer ebenfalls nicht sonderlich starken Weichteileschicht überzogen sind, wurde soeben (S. 110) gesagt.

Kein genauer Beobachter übersieht die für die Menschheit ziemlich allgemeine Erscheinung, daß sich gleichfalls bei der Mehrheit unserer Bambuti eine zumindest leichte Asymmetrie in beiden Gesichtshälften ausprägt; eine solche erkennt man zuweilen sogar in der Gesamtform des Kopfes.

Zu denjenigen Bezirken, die bei der Schaffung des physiognomischen Ge-
sichtsausdruckes eine bedeutsame Rolle spielen, gehört die A u g e n r e g i o n,
einschließlich der Augen selbst. Wenn das für jede Menschenrasse gilt, dann
im gesteigerten Maße für die Ituri-Pygmäen, und zwar auf Grund eigener
morphologischer Kennzeichen. Zunächst sei daran erinnert, daß die Augengegend in ihrer horizontalen Ausdehnung von der beträchtlichen Vorwölbung
auf der Mittelstirn und von einer deutlichen Hautverdickung oberhalb der
Orbitae überschattet bzw. abgeschirmt wird. Diese Bildungen lassen die Augenhöhlen geräumig und tief erscheinen, eben deswegen verleihen sie teilweise
dem Gesicht einen unheimlich beängstigenden Ausdruck. Er wird noch ansehn-

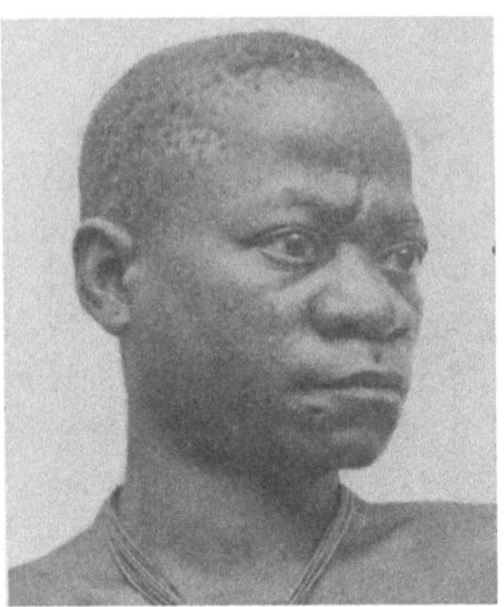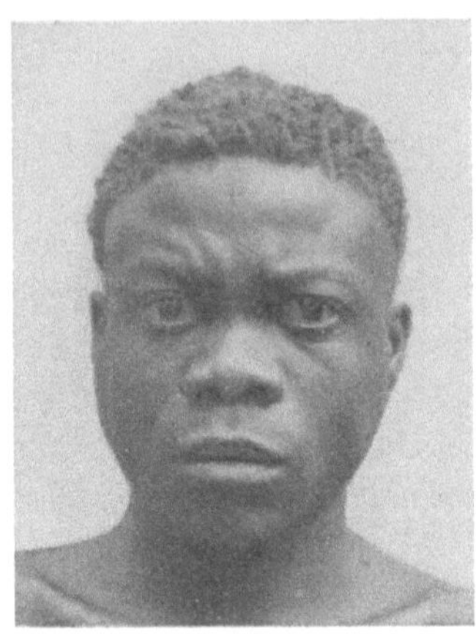

♀   Abb. 44. Der starre Blick   ♂

lich erhöht — um davon schon jetzt kurz Erwähnung zu tun — durch die weit
geöffnete Lidspalte und den starren Blick der unruhig flimmernden Augen, trotz
der herrlichen, gewinnenden Irisfarbe und der glänzend klaren Sklera.

Die zuletzt angedeuteten Merkmale sind, selbstverständlich in ansprechen-
dem Sinne, dermaßen hervorstechend, daß sie sich jedem europäischen Beobachter sozusagen aufdrängen. Beispielsweise schrieb STANLEY: I, 195, der am
17. September 1887 einige Kilometer östlich Avakubi ein etwa 17jähriges Efé-
Mädchen angetroffen hatte: Seine „Augen waren prachtvoll, aber übermäßig
groß für ein so kleines Geschöpf, fast so groß wie diejenigen einer jungen
Gazelle, voll, vorstehend und glänzend". Diese kurze Schilderung möchte ich
als richtig bestätigen und die hervorgehobenen Kennzeichen als arteigenen
Rassebesitz aller Bambuti erklären.

Mit einer landläufigen Redeweise bezeichnen wir ihre Augen als groß.
Dabei wissen wir nur zu genau, daß unser Sehbild die scheinbare Größe des
Auges allein nach dessen vertikaler Lidspaltenweite bestimmt. Die horizontale
Breite der L i d s p a l t e bei europäischen Neugeborenen geben Fachleute mit
18.5 mm an; mit dem Wachstum des Kopfes nimmt diese Spalte zwar an Breite,
nicht aber an Höhe zu. Trotzdem sagen wir, daß Kinder "große" Augen be-

sitzen, obwohl ihr Augapfel absolut eher kleiner ist als der von Erwachsenen. Im Mittel beträgt die Breite der Augenlidspalte unserer Pygmäen, berechnet aus den Breiten zwischen innerem und äußerem Augenwinkel, ♂ 28.2 und ♀ 27.5 mm; welches Maß als absoluter Wert bei Erwachsenen nahezu in der Mitte des normal-physiologischen Bereiches für die menschlichen Rassen liegt, jedoch um ganze 10 mm das Maß bei Neugeborenen überschreitet. Unwillkürlich stellt sich ein Vergleich dieser mittelmäßig breiten Lidspalte mit der niedrigen Körperhöhe ein und zu ihm gesellt sich als hervorragend mitgestaltender Umstand noch ein vertikales Hochziehen der Augenlider. Nicht nur mäßig breit, sondern auch ungewöhnlich hoch öffnet sich die Lidspalte. Das hat selbstverständlich zur Folge, daß ein beträchtlicher Abschnitt des Augenbulbus freiliegt und die Wölbung dieses ganzen Bezirkes quillt aus der Lidspalte nach vorn heraus. Zugleich mit dem Eindruck "großer Augen" macht sich also noch der eines Heraustretens des ganzen Bulbus aus der Orbita geltend, ein von Basedow'scher Erkrankung her bekanntes Erscheinungsbild. Kurzum, die Augen der Bambuti wirken schlechthin als sehr groß und weit vorgeschoben.

Die Lidspalte verläuft nahezu waagrecht, d. h. der äußere Augenwinkel liegt etwa 2—3 mm über der Horizontale; was man bei scharfer Beobachtung herausstellt. Selten nur neigt sich diese Querachse soeben noch erkennbar stärker in der einen oder anderen Richtung, daß man ernstlich von einer Schiefstellung reden könnte. Der weit geöffneten Lidspalte entsprechend heben sich die beiden Schenkel des inneren Augenwinkels seit ihrem ersten Ansatz deutlich getrennt voneinander ab und es entsteht ein leicht auseinander gedrängter Winkel; im Vergleich zu ihm schließt der äußere Augenwinkel um weniges spitzer ab. Im inneren Augenwinkel erkennt man deutlich die Caruncula lacrimalis, die sich niemals bräunlich verfärbt noch von einer mit bräunlichen Einsprenglingen angefüllten Tunica überzogen wird. Lidspalten, die sich bloß mittelmäßig öffnen, kommen selten vor. Sogar bei hochbejahrten Leuten steht, trotz der allgemeinen Erschlaffung der oberflächlichen Weichteile, die Lidspalte nach wie vor weit offen. Eine kleine Plica semilunaris conjunctivae sah ich bei etwa einem Fünftel der gesamten Bevölkerung; sie ist nur schwach ausgeprägt und von blassem Ansehen — was um so mehr zu denken gibt, weil dieses Gebilde bei keinen anderen Menschenrassen derart häufig wie bei den negriden auftritt.

Macht es die an sich große I r i s oder der scharfe Kontrast zwischen der klaren Sklera und der glänzend tieffarbenen Iris oder vielleicht auch diese Farbenzusammenstellung selbst in den weiten Orbitae oder schließlich ein anderer nicht greifbarer Umstand: der Blick wirkt belästigend starr und stechend, besonders bei weit geöffneten und von einer kräftig betonten Superciliargegend beschatteten Augen. Rasseechte Bambuti besitzen eine glänzende, vollkommen reine Sklera, die entweder milch-weiß oder leicht bläulich-weiß schimmert und niemals die allbekannten braunen Pünktchen oder Tüpfelchen aufweist, mit denen die im ganzen leicht bräunlich schimmernde Sklera der Neger fast durchwegs gesprenkelt ist. Eine derart reine Sklera liefert seinem Besitzer den untrüglichen Beweis für keine Einmischung negerischen Blutes; ein Wahrzeichen, das sich aus meinen Beobachtungen an Pygmäen-Neger-Bastarden (in [e]: 143) zuverlässig ableiten läßt. Um so mehr gewinnt dieses Kennbild an Durchschlagskraft, da sich eines solch leicht faßbaren und sehr bestimmten Unterscheidungsmerkmals sogar die Waldneger, die ich darüber befragt habe, vollauf bewußt sind.

Die Iris selbst ist von einer wohltuend angenehmen, fehlerlos reinen Klarheit, ohne die mindeste erkennbare Äderung, ohne Spritzer oder wolkenartige

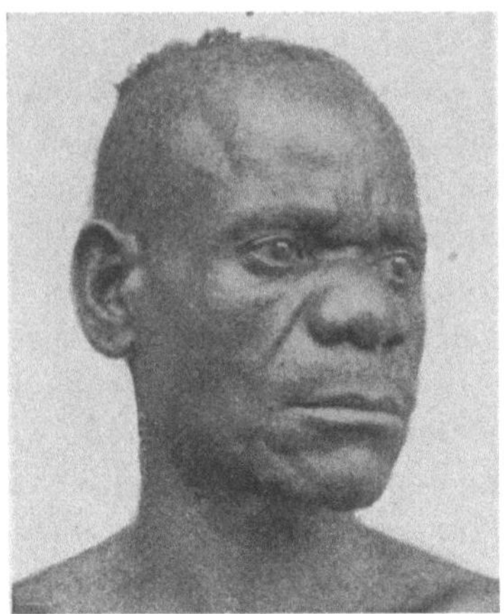

Abb. 45. Starkbetonte Superciliargegend

Farbennuancen, ohne Tönungsunterschiede in der äußeren und inneren Zone aufzuweisen. Es ist ein tiefes Dunkelbraun, dem glänzend polierten Kastanienbraun am nächsten stehend, ein wenig heller als das Irisbraun im Negerauge; überraschend gleich dem herrlichen Braun in den zutraulichen Augen der Zwergantilopen, auf welche die Bambuti alltäglich Jagd machen. Dieser Vergleich löst noch einen zweiten aus. An diesen Tieren sah ich ebenso eine weit geöffnete Lidspalte und ein beträchtliches Hervorquellen des Augenbulbus aus der Orbita: Zwei Erscheinungen also, die zu den auffälligsten Besonderheiten des Pygmäenauges zählen.

Sein Irisbraun kommt der Nr. 3 in der Augenfarbentafel nach R. Martin sehr nahe und verhält sich in seiner Tönung durchaus einheitlich für beide Geschlechter und für jede Altersklasse. Bei hochbejahrten Personen sah ich die äußerste Grenzzone der tiefbraunen Iris in einen bräunlich-grauen, sehr schmalen Saum umgewandelt, der, im Gegensatz zur früheren sehr scharfen Grenze zwischen Iris und Sklera, erkennbar unscharf verläuft; offenbar handelt es sich um den bei uns bekannten Arcus senilis.

Angesichts der geschilderten Weite der Lidspalte versteht es sich von selbst, daß durch das untere Augenlid bloß ein winziger Randsektor und durch das obere Augenlid ein etwas größerer Abschnitt der Iris verdeckt wird. Eben dieser Umstand, daß die nahezu vollständige Iris, umrahmt von der glänzenden, weißen Sklera, für jeden Beobachter freiliegt, hilft dabei mit, den Eindruck "großer Augen" zu schaffen, von dem vorhin gesprochen wurde.

Besonderheiten treten an den Augenlidern selbst nicht auf. Das untere zieht in mäßig geschweiftem Bogen hin. Zufolge der Bildung des oberen ergeben sich deutlich zwei Typen, und zwar allein hinsichtlich der Deckfalte. Eine solche überlagert die meisten Lider und ist von mäßiger Dicke. Ihr Unterrand verläuft am häufigsten parallel zum Lidrande und in sehr geringem Abstand über ihm, er setzt deutlich oberhalb des inneren Augenwinkels an und verstreicht allmählich seitwärts über dem äußeren. Dann und wann verdickt sich diese Deckfalte und hält sich fast oder ganz genau auf der gleichen Höhe mit dem Lidrande; zuweilen schwillt ihr Mittelteil an, weswegen er bei Vorderansicht über den Mittelabschnitt des Lides nach unten überhängt. Die letztgenannte Bildung, ein seltenes Vorkommnis, hilft selbstverständlich dabei mit, die ganze Orbita auszufüllen; sie schafft einen düsteren Blickausdruck. Im ganzen handelt es sich bei diesem Typus bloß um eine graduelle Weiterbildung der dem Lide aufliegenden Deckfalte.

Von ihm weicht der andere Typus dadurch ab, daß ihm eine ausgeprägte Deckfalte überhaupt fehlt und daher der Raum oberhalb des Lides in der Orbita nicht ausgefüllt dasteht. Meistens verlaufen auf einem solchen oberen Augenlid ganz kurze und dünnste Fältchen, mehr oder weniger parallel zum Lidrande und ohne seine ganze Länge zu erreichen; naturgemäß verrät das Gewebe eines solchen Lides einen lockeren, reichlich gelösten Zustand. Diese zweite Typenbildung darf man nicht als Erscheinung allgemeiner Abmagerung beurteilen, etwa in dem Sinne, daß die pralle Füllung der Deckfalte bei länger anhaltender Nahrungsbeschränkung absorbiert würde; sie tritt ja auch bei gut genährten Personen in die Erscheinung. Unter hundert Pygmäen findet sich dieser zweite Typus höchstens zweimal. Mithin rechnet eine mäßig dicke, mittellange Deckfalte auf dem oberen Augenlid zu den arteigenen Rassemerkmalen der Bambuti.

Die Form der Lidspalte ist im ganzen ebenmäßig; allerdings verläuft der untere Lidrand in einem flacheren Bogen als der obere und weder der eine noch der andere Augenwinkel spitzt sich zu. Eine derart ausgeglichene und schöne Form beruhigt wieder den Gesamteindruck und dämpft die ungünstigen Wirkungen anderer Sonderbildungen ab; hauptsächlich scheint damit eine für die gesamte Physiognomie vorteilhafte Augenstellung erreicht zu sein.

Weit mehr, als für das Auge mit seinem gesamten Schutzapparat, ist die knöcherne Unterlage des Gesichtsschädels für die Gestaltung der Mundgegend maßgebend. Ausführlich wurde früher die deutliche Prognathie, die Sonderform des Alveolarfortsatzes im Oberkiefer und die einzigartig gesteigerte Höhe der konvexen Integumental-Oberlippe geschildert. Niemals fehlt ihr ein flaches und teilweise sehr seichtes, aber doch irgendwie erkennbares Philtrum, mögen sich die Gewebe dieser Oberlippe noch so praller Füllung erfreuen. Als Teile der Gesichtshaut sind jedoch die Schleimhautlippen in ihrer Formgebung vom knöchernen Bau des Untergesichtes unabhängig, trotzdem rassebestimmend von hoher Bedeutung und für die Gesichtswirkung ausschlaggebend.

Außerordentlich erfreut es jeden Europäer, dessen Auge sich an die wulstigen, dunkelblauen Lippen der Neger gewöhnt hat, bei den Bambuti frischrosa gefärbte und schmale oder mäßig-dicke bis höchstens mäßig-wulstige Schleimhautlippen anzutreffen. Dieser ihr Vorzug paßt zwar harmonisch zur hellen Hautfarbe im Gesicht, trifft aber doch jeden europäischen Beschauer gänzlich unerwartet. Selbstverständlich ist den Forschungsreisenden früherer Zeit diese angenehm überraschende Erscheinung nicht entgangen. Sein Befremden beschönigt STUHLMANN (b): 445 nicht, wenn er schreibt: „Die Lippen [der Pygmäen] sind nicht dick gewulstet. Das Auffallendste ist die von EMIN PASCHA beobachtete Tatsache, daß die Schleimhaut der Lippe eine deutliche rötliche Färbung, oft ohne jedes braune Pigment, besitzt." Kurz gesagt: Die Schleimhautlippen unserer kleinen Waldmenschen sind durchwegs schmal und steigern sich bei manchen Personen nur zu mäßiger Dicke; die untere ist fast ausnahmslos ein wenig höher als die obere. Als Mittelmaß für ihre projektivische Gesamthöhe ergeben sich ♂ 15.4 und ♀ 14.8 mm, welche Ziffern nahe der unteren Grenze für die an menschlichen Rassen bestimmten Mittelwerte stehen. Nahezu unglaubwürdig klingt diese Feststellung, wenn man sich ernstlich vor Augen führt, daß unsere Pygmäen dem afro-negriden Rassezweig angehören; gefühlsmäßig erwartet man eben von allen seinen Vertretern die bekannten dicken oder wulstigen Schleimhautlippen.

Im mittleren Abschnitt dieser Lippen der Bambuti sind Höhe und Vorwölbung am stärksten, sie nehmen allmählich gegen die Mundwinkel hin ab. Derart vereinzelt scheint in ganz leichter Andeutung eine Lippenleiste auf, daß man kurzweg sagen darf, dieses Merkmal fehlt den Pygmäen. Die Schweifung der oberen Schleimhautlippe hält sich bisweilen an ansprechende, sogar edle Formen, am meisten bei Jugendlichen beiderlei Geschlechtes. Bei Kindern sowie jungen Männern und Frauen nimmt der Saum der oberen Schleimhautlippe nahezu ausnahmslos folgenden Verlauf: Im kurzen Bereich des Philtrums ist der schmale Mittelteil sanft nach unten ausgeschweift, daran schließt sich eine bogenförmige Erhebung an, die sich bald wieder senkt und nachher ein wenig zum Mundwinkel hin hebt. Ohne eine zumindest sehr flache Schweifung gemäß diesen Grundzügen gibt es keine pygmäische Oberlippe. In sanft anlaufender Verjüngung vom mittleren Abschnitt her gehen beide Schleimhautlippen zu den Mundwinkeln ineinander über. Zufolge dem niedrigen Mittelwert für die Mundspaltenbreite, nämlich ♂ 49.0 und ♀ 46.1 mm, verfügen die Bambuti über einen unerwartet schmalen Mund.

Mit der ihnen eigenen Prognathie des Oberkiefers verbindet sich naturgemäß eine deutliche Procheilie. Ein Vergleich dieser Bildung mit der negerischen Ganzen Oberlippe läßt erkennen, daß allein die dem knöchernen Unterbau aufliegenden Weichteile, im besonderen die Menge des eingelagerten Unterhautfettes, die Ausgestaltung der gesamten Oberlippe samt der Schleimhautlippe bestimmend entscheiden. Deren Gegensätzlichkeit ist vielsagend und auf-

schlußreich: Die negerische Integumental-Oberlippe verläuft konkav oder geradlinig in weitem Winkel zur Vertikale und verkürzt sich sozusagen zu Gunsten
einer mächtigen Aufwulstung der beiden Schleimhautlippen, vorzüglich der
oberen; die pygmäische Oberlippe hingegen ist über das durchschnittliche Maß
hinaus erhöht und trotz Prognathie zu einer sich ansehnlich vorwölbenden
Konkavität aufgerichtet, die Schleimhautlippen sind schmal, wohlgeformt und
fassen eine enge, bis höchstens mittelbreite Mundspalte ein.

Würdigt man das Verhältnis der ganzen Harthaut-Oberlippe zu der mit
ihr verbundenen Schleimhautlippe bei Pygmäen und Waldnegern, zumal wenn

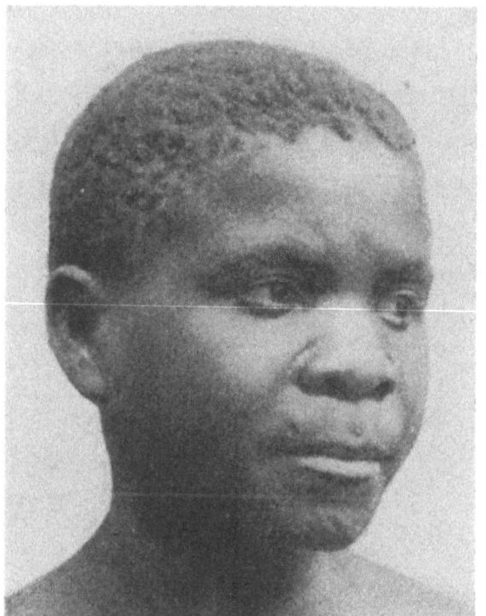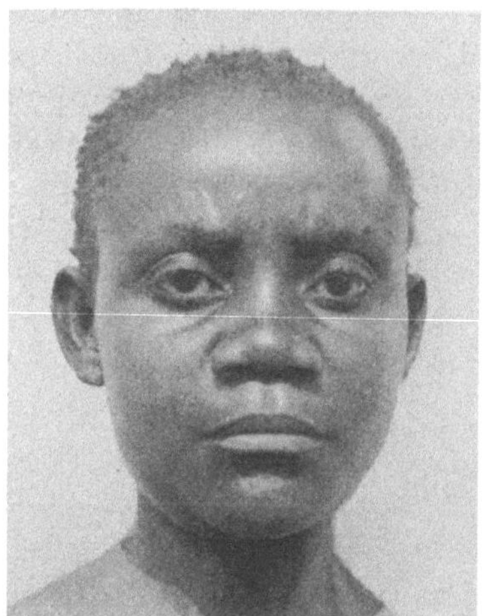

Abb. 46. Mundbildung bei Pygmäinnen

ausgesuchte Vertreter aus beiden Rassegruppen in den genannten Gesichts-
bezirken ausgebildete Extremformen aufweisen, dann kann man sich der
Erkenntnis nicht verschließen, daß diese und jene Lippe in einem gegenseitigen morphologischen Ausgleich zueinander stehen. Offensichtlich überragt bei
den Bambuti der horizontal vorgeschobene Oberkiefer als Gesamtgebilde den
Unterkiefer ausnahmslos und bei einzelnen Personen sogar ganz erheblich.

Lohnend wird hier noch ein anderer Vergleich zur Sprache gebracht. Die
Farbe der Schleimhautlippen ist bei unseren kleinen Waldmenschen ein frisches
oder blasses Rosa, ersteres selbstverständlich ein Vorzug der Jugendlichen; bei
den ihnen unmittelbar benachbarten Negern jedoch ein tiefes Graublau, ohne
erkennbare Bänderung und ohne dunkler gefärbte Einsprenglinge. Dieses vollkommen einheitliche Farbenbild bei der negerischen wie auch bei der pygmäischen Gruppe verliert diesen seinen Vorzug bei den Pygmäen-Neger-
Bastarden unübersehbar deutlich und dient als sehr verläßliches Kennzeichen
für Mischblut; welch letzteres sich ebenso auffällig durch Dickensteigerung der
Schleimhautlippen verrät.

Die Mundgegend findet auch bei unseren Pygmäen ihren natürlichen sichtbaren Abschluß nach unten durch einen bestimmt gezeichneten Sulcus mentola-

bialis. Dieser und der früher geschilderte tief einschneidende Sulcus nasolabialis bilden sozusagen zwei zusammenwirkende, scharf abgrenzende Umrandun-
gen für das ganze Untergesicht ober- und unterhalb der Mundspalte; welch
erstere sich um so wirksamer verdeutlicht, weil der vom übrigen Gesicht derart
umgrenzte Bereich mehr oder weniger beträchtlich, nicht selten in Nachahmung
einer Schnauzenbildung, nach vorn herausragt.

Noch eindrucksvoller, als die bisher aufgezählten Merkmale es vermögen,
beteiligt sich die einzigartige Gestaltung der ä u ß e r e n N a s e am physiognomischen Aussehen unserer kleinen Waldmenschen. Wirklich ist ihre Nasenform
ein Sondergebilde ungewöhnlicher Prägung. Ihresgleichen findet sich bei keiner
anderen Menschenrasse; was sowohl für die Maße selbst als auch für die
besondere Formgebung der einzelnen Abschnitte gilt. Dem metrischen Vergleich dient der Höhenbreiten-Index, der zugleich mit dem Breitentiefen-Index
und mit den ihnen beiden zugrunde liegenden absoluten Maßen als Mittelwerte
zusammengestellt hier eingeschoben ist.

	♂	♀
Höhenbreiten-Index	103.79	101.85
Breitentiefen-Index	29.48	28.75
Nasenflügelbreite	44.7	41.1
Höhe der Nase	43.3	40.5
Länge des Nasenbodens	13.1	11.7

Der erstgenannte Index reiht unsere Bambuti in die Abteilung der Hyperchamaerrhinen ein, wo hauptsächlich pygmäische Rassegruppen aus anderen
Gebieten mit höchsten Werten vertreten sind. Hoher Nasen-Index ist, allgemein
gesagt, ein Kennzeichen der Negriden.

Ein Blick auf das Frequenzpolygon macht die Tatsache augenfällig, daß im
männlichen Geschlecht eine ganz erhebliche Anzahl von Einzelpersonen, aus
der Gesamtheit von 513, sich um den bezeichneten Mittelwert drängt; mithin
die Kurve, nach ihrem ersten steilen Anstieg von beiden Seiten her, als scharfe
Spitze in die Höhe schnellt. Den gleich schroffen Anstieg zeigt die Kurve für
das weibliche Geschlecht, aus 382 Einzelwerten aufgebaut, zwar nicht; indes
verdient Beachtung, daß ihr Gipfelpunkt auf genau der gleichen vertikalen
Abszisse wie der für das männliche Geschlecht liegt. Hierzu kommt, daß für
eben dieses Geschlecht die Mehrzahl der individuellen Werte oberhalb des
berechneten allgemeinen Mittelwertes liegt; m. a. W., der erhebliche Großteil
der männlichen Bambuti ist hyperchamaerrhin, was allerdings auch für die
Mehrheit der Pygmäinnen gilt. Auffallen könnte das Abgleiten des Frequenz-
polygons bis zu den mäßigen Werten der Mesorrhinie, mit welcher vereinzelte
Vertreter beider Geschlechter ausgestattet sind. Indes wird ein solches Abweichen vom Mittelwert um vieles ausgeglichen von einem erheblichen Überwiegen der hyperchamaerrhinen Einzelpersonen beiderlei Geschlechts. Diesen
entscheidenden Index berechnet man aus den Maßen für die Höhe der Nase
und für die Nasenflügelbreite; bei jedem von ihnen beiden handelt es sich um

eine unbedeutende Ausdehnung; derzufolge sich schon ein halber Millimeter,
nach der einen oder anderen Seite hin abgerundet, für den Index selbst
ansehnlich auswirkt (Abb. 47).

Die tatsächliche Form der Nase selbst erklärt schließlich eine gewisse
Ausweitung der Variationsbreite für den Höhenbreiten-Index.[1] So folgt aus der

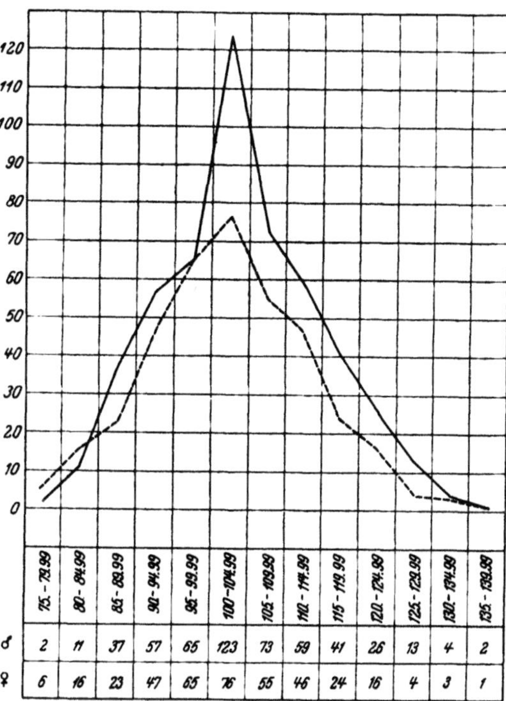

	75 - 79.99	80 - 84.99	85 - 89.99	90 - 94.99	95 - 99.99	100 - 104.99	105 - 109.99	110 - 114.99	115 - 119.99	120 - 124.99	125 - 129.99	130 - 134.99	135 - 139.99
♂	2	11	37	57	65	123	73	59	41	26	13	4	2
♀	6	16	23	47	65	76	55	46	24	16	4	3	1

Abb. 47. Frequenzpolygon: Höhenbreiten-Index der Nase

Besprechung dieser Indexwerte die Erkenntnis, daß sich bei unseren Waldmenschen mit ihrer flachen Nase eine außerordentliche Breite der Nasenflügel
verbindet. Will man die absoluten Werte für die Nasenhöhe und Nasenbreite
richtig würdigen, darf man die Bezugnahme auf die geringe Körperhöhe und
auf die allgemeinen Gesichtsmaße nicht außer acht lassen; jedenfalls bewegt
sich der mittlere Wert für die Nasenbreite an der oberen Grenze für das in
menschlichen Rassegruppen allgemein festgestellte Mittel.

In nahezu gleicher Weise, wie der aufs äußerste gesteigerte Höhenbreiten-
Index, ist für alle Negriden auch der niedrigste Wert des Breitentiefen-Index
der Nase kennzeichnend. Aus meinen Berechnungen erfließen Durchschnittszahlen, die sich wieder einmal ·mit den für die Menschheit bisher zusammen-

---

[1] MARTIN: 449 erwähnt in seinen Erläuterungen zur Hyperchamaerrhinie: „Wo Minima
und Maxima für die einzelnen Gruppen mitgeteilt sind, fällt die außerordentliche Variationsbreite auf, die zum Teil aus der Variabilität des Organes selbst, zum Teil aber auch aus den
kleinen absoluten Zahlen resultiert."

gestellten niedrigsten Mittelwerten decken. Im Frequenzpolygon überrascht der steile und nahezu gleichmäßige Anstieg der ein jedes der beiden Geschlechter bestimmenden Kurven und merkwürdigerweise liegen auch ihre Gipfelpunkte auf der gleichen vertikalen Abszisse; die äußerste Abweichung von ihr nach der einen und anderen Seite hin findet sich nur bei Einzelpersonen. Die Einheit-

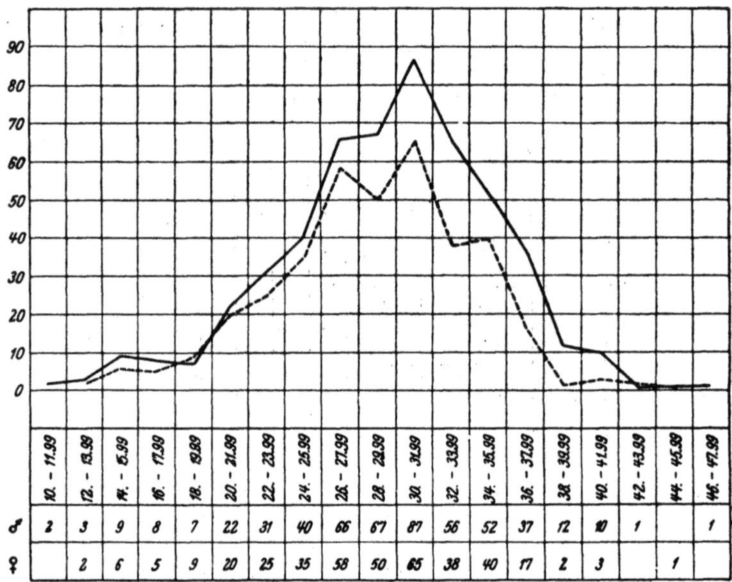

Abb. 48. Frequenzpolygon: Breitentiefen-Index der Nase

lichkeit der rasseeigenen Nasenform unserer Pygmäen erfährt demnach auch vom Breitentiefen-Index her ihre Bestätigung.

Die absoluten und relativen Maße allein vermitteln bei weitem kein vollständiges Bild vom Sonderbau der pygmäischen Nase in ihren einzelnen Abschnitten.[1] Erstere an und für sich lassen auf eine durchaus ungewöhnliche Bildung schließen, welche Vermutung in der folgenden morphologischen Schilderung ihre Rechtfertigung findet. Die Nasen der Bambuti sind breit auf ihrer

---

[1] Die graphische Wiedergabe vermittelt eine anschauliche Vorstellung vom Verlauf der Nasenprofillinie, weswegen ich solche von vielen Erwachsenen nachgezeichnet habe; gemäß der S. 107 geschilderten Methode. Zu den im Text eingefügten vier Proben samt den Meßpunkten folgen hier die erforderlichen Einzelangaben:

Zur Abbildung 49	a	b	c	d
Eigenname	Mutumbi	Obaoba	Ausa	Bolulu
Bezeichnung	Nr. 427 ♀	Nr. 246 ♂	♂	♀
Lebensjahre	28	30	17	17
Nasion-Stomion	66	75	60	66
Nasion-Subnasale	40	49	38	40
Subnasale-Stomion	26	29	23	26

ganzen Ausdehnung. Wie richtig das zunächst für die Nasenwurzel zutrifft, gibt
der Mittelwert für die Breite zwischen den inneren Augenwinkeln zu erkennen,
der ♂ 34.4 bzw. ♀ 33.8 mm beträgt; ziemlich genau hält er die Mitte zwischen
den beiden an menschlichen Rassen beobachteten Grenzwerten. Die eingehende
Beschreibung der Nasenform gelingt am besten auf der Voraussetzung, daß die
vorhandenen Typen gesondert abgehandelt werden. Zwei glaube ich unterscheiden zu müssen, deren jeder selbstverständlich leichte Abwandlungen nach

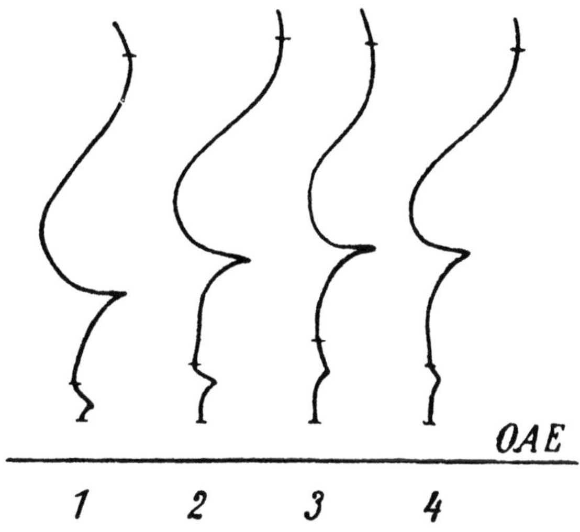

Abb. 49. Nasenprofilkurven. ²/₃ nat. Gr.

der einen und anderen Richtung erfährt; auch gibt es mannigfache Übergänge
von der einen Grundform zur anderen.

Am häufigsten in beiden Geschlechtern tritt die sogenannte K n o p f n a s e
auf, die nach ihrer artlichen Bauart bereits an manchen Negergruppen beobachtet und beschrieben wurde. Ihre Wurzelgegend verläuft flach in die Breite
und hält sich derart niedrig, daß sie sich bloß unansehnlich über das Niveau der
inneren Augenwinkel hinaus erhebt. Demnach fällt sie erkennbar, allerdings
meist außerordentlich wenig, nach beiden Seiten zur Lidspalte hin ab; ausnahmslos eine sehr flache, niedrige Wölbung nach links und rechts bildend.
Nahezu regelmäßig ragt jeder Augapfel, bei Seitenansicht, über die Nasenwurzel heraus vor; m. a. W., hinter ihnen verschwindet die von der Stirn
herabfallende Profillinie und wird unterbrochen. Flach und ohne Gliederung
ist die ganze Wurzelgegend zwischen den Augenlidern eingesunken, weswegen
der Eindruck einer beträchtlichen Breite entsteht. Von der unteren Stirn her
verläuft die mediansagittale Profillinie zunächst in einem kurzen und scharf
gekrümmten Bogen bis ungefähr zum Nasion, wo sich oftmals ein waagrechter
Einschnitt in der Haut bildet. Von da an erheben sich die knöchernen Nasalia sehr
mäßig und allmählich zum Oberrand der Knorpelnase, jedoch mit einem ganz
und gar gerundeten, eingebogenen Rücken, der in sanfter Wölbung nach beiden

Seiten abfällt. Keine Spur von einer kantigen Erhebung. Bei Vorder- und
Seitenansicht wird man zu der Vermutung gedrängt, die Nasalia seien gebrochen und eingedrückt (Abb. 17, 32, 35, 37, 46).

Manchmal lagert quer auf diesem Teil der knöchernen Nase eine Hautfalte,
gleich einem kurzen, fleischigen Wulst; es können derer auch zwei oder drei
engere sein, die voneinander durch seichte Hautleisten getrennt sind und außerhalb der Seitenränder beider Nasalia unauffällig in den Weichteilen bei den
Augen verstreichen. In Seitenansicht erkennt man diese merkwürdige Profillinie
als eine fortlaufende Wellenlinie mit einem Bogen oder mit zwei, die zur
Rundung der Knorpelnase überleitet. Wo eine solche Falte fehlt, was häufig
zutrifft, zieht sich die Haut glatt über die Nasalia hinweg. Bei der Mehrheit
dieser Nasen sinkt die Profillinie, wenn man so sagen darf, nicht zu
einem tiefen, scharfkantigen Einschnitt nahe dem Nasion ein, sondern verläuft
über die Nasenwurzel hinweg mäßig konkav geschweift zur Nasenmitte
hinunter.

Unterhalb dieses flachen Abschnittes im Bereich der Nasalia setzt nun der
einem dicken Knopf am besten vergleichbare knorpelige Abschnitt der Nase an.
Er ist kurz, niedrig und breit, weswegen sein Höhen-, Breiten- und Tiefen-
durchmesser die ziemlich gleiche Länge aufweist. Am merkwürdigsten berührt
an dieser Bildung die kräftige Rundung des mittleren Nasenknorpels (Cartilago
septi nasi) auf seiner ganzen Ausdehnung, derzufolge die mediansagittale
Profillinie nahezu einen Halbkreis beschreibt; unabhängig davon, ob die Nasenbasis mehr oder weniger nach vorn-oben hinaufzieht. Dieser unpaare Mittelknorpel erscheint mit einer derart dicken Hautschicht überkleidet, daß man
keine seitlichen Abkantungen des Nasenrückens gewahr wird, ebensowenig wie
an den weiter oben gelegenen Ossa nasalia. Wohl aber steigen von den vorderen Ecken an den Seitenwänden des Septums her, beiderseits der Nasenspitze, mehr oder weniger merklich einschneidende, ganz schmale oder flach-
breite Rillen herauf, die den Mittelteil gegen die eigentlichen Nasenflügel
abgrenzen. Häufig nimmt demnach das gesamte Corpus der Knorpelnase die
Form einer kurzen, dicken Walze an, welcher sich am unteren Ende die
Nasenflügel anfügen.

Durch sie erfährt die Unternase ihre eigentliche Verbreiterung. Wohl
wegen ansehnlicher Ausbildung des Mittelknorpels fallen die Flügelknorpel
ohne scharfe Einschnitte von ihm nach den Seiten hin ab und runden sich
kräftig vor ihrer Ansatzstelle auf den Wangen. Mithin halten sie sich ausnahmslos niedrig und überragen an Höhe niemals den Mittelteil. Sie ziehen beträchtlich in die Breite und blähen sich nach den Seiten hin am stärksten auf. Dementsprechend entsteht eine einschneidende Flügelfurche (Sulcus alaris), mit
welcher sich jeder Nasenflügel gegen die ihn umgebenden Hautflächen abgrenzt.
Der obere Beginn dieser Flügelfurche fällt entweder mit dem Anfang der
Nasenlippenfurche zusammen oder die Flügelfurche wird selbst einbezogen in
die fortlaufende Rinne, die durch das Zusammentreffen des Sulcus oculoma-
laris von oben her mit dem von unten ansteigenden Sulcus nasolabialis zu-

stande kommt. Von vorn gesehen wölbt sich jeder Nasenflügel seitwärts über
seine Ansatzstelle hinaus, was eben mit seiner geblähten Bauart gegeben ist.

Eine Nasenspitze im strengen Wortsinne prägt sich nicht aus. Der am
meisten vorragende Abschnitt des mittleren unpaaren Nasenknorpels bildet,
kurz gesagt, eine niedrige, breite Kuppe, die sich zum Septum hin mit seichter
Wölbung abplattet. Sieht man sich den Vorderrand der Nasenbasis als Ganzes
und von vorn an, so ergibt sich folgender Linienverlauf: Das Mittelstück bildet
einen nach unten überhängenden, mäßig tiefen Bogen; und nach beiden Seiten

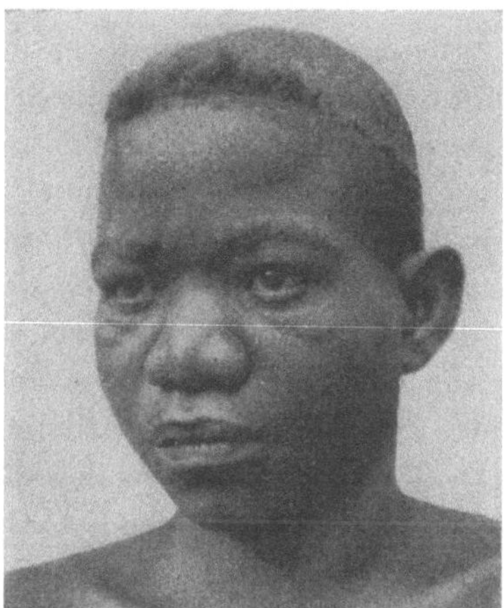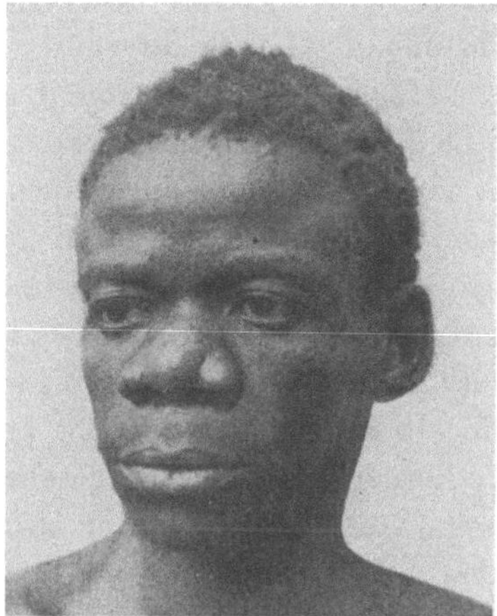

Abb. 50. Formen der Trichternase

hin hebt sich ein langgezogener Bogen, der sich schleifenförmig zur Flügelfurche senkt. Ohne betonte Abgrenzung verjüngt sich die kuppenförmige
Nasenspitze nach rückwärts in fortlaufend gerundeter Überleitung zum Septum.
Vorn ist es ausnahmslos breit, oftmals sehr breit, und verschmälert sich zum
hinteren Ansatz keilförmig. Sein unterer freier Rand verläuft von vorn nach
hinten bogenförmig und steigt zum Subnasale hinan. Eine jede der beiden
Lochflächen erhebt sich seitwärts nach vorn-oben, weswegen die äußere Hälfte
eines jeden Nasenloches bei Vorderansicht hervorschaut; meistens richtet sich
die Gesamtfläche der Nasenbasis nach vorn-oben.

In dieser Beschreibung liegen die wesentlichen Kennzeichen der pygmäischen Knopfnase. Man darf nicht übersehen, daß fast ein jedes der geschilderten Merkmale auch in dieser oder jener abgewandelten Form auftritt. Dafür
einige Beispiele. Manchmal hebt sich der sehr breite, flache knöcherne Nasenabschnitt sozusagen überhaupt nicht über das Niveau der Wangen hinaus; die
knorpelige Kuppe erscheint einmal hoch und ein andermal niedrig, einmal breit
vorstehend und ein andermal stark nach unten gebogen. Mit der letztgenannten
Bildung ergibt sich als selbstverständlich, daß Spitze und Flügel die gleiche
Höhe erreichen, d. h. die Flügel senken sich nicht unter den Profilrand des
Nasenrückens, wenn man sie von der Seite her betrachtet; außerdem sind die

Nasenflügel gewöhnlich durch einen scharf einschneidenden Sulcus vom Mittelknorpel geschieden. Und noch andere kleine Formvarianten spalten sich von
dem oben entworfenen artlichen Bilde der Knopfnase ab. Sie hauptsächlich
verursacht — darüber herrscht bei Kennern eine einheitliche Meinung — den
jedweden europäischen Beobachter etwas verwirrenden, ungemein häßlichen
Gesichtsausdruck unserer Pygmäen.

Hinter ihren dermaßen gekennzeichneten Landsleuten stehen nicht beneidenswert alle jene zurück, die mit der sogenannten breiten T r i c h t e r -
n a s e ausgerüstet sind. Auch dieses Gebilde, das etwas weniger häufig als die
Knopfnase auftritt, macht die Physiognomie unserer kleinen Waldmenschen
grob abstoßend. Die Trichternase unterscheidet sich wegen ihres morphologischen Gefüges wesentlich von der Knopfnase, offensichtlich durch eine beträchtliche Erhöhung in ihrer gesamten Ausdehnung. Vom Nasion angefangen
verläuft ein mäßig gehobener Rücken nahezu geradlinig, manchmal auch mit
einer soeben noch bemerkbaren Konkavität, zur ebenfalls hoch gelagerten
Nasenspitze. Wie ein klar gezeichnetes gleichschenkeliges Trapez umgrenzen
Randlinien diese Nase. Breit beginnt sie schon an ihrer Wurzel und nach
allmählich fortschreitender Erweiterung zur Basis hin schließt sie mit breiten
Nasenflügeln ab. Breit und mäßig gerundet in seiner Längsausdehnung ist der
Nasenrücken selbst, von vorn gesehen; gewölbeartig fallen von ihm die beiden
Seitenwände mit flacher Neigung ab, ohne bei ihrem Überkippen betonte Kanten
zu bilden. Die Grundfläche der ganzen Nase entspricht, wie schon erwähnt,
einem gleichschenkeligen Trapez. Deshalb sieht man es den Nasenflügeln weniger bestimmt an, daß sie, ebenso wie die der Knopfnase, ganz erheblich in
die Breite ziehen. Sie grenzen sich gegen den unpaaren Mittelknorpel an der
Nasenspitze bloß durch flache und kurze Furchen ab. Darüber hinaus unterscheidet sich der ganze untere Bezirk dieser Nase nicht von dem der Knopfnase; vielleicht bloß davon abgesehen, daß bei letzterer die gesamte Lochfläche
sich um wenig mehr nach vorn-oben hebt.

Kurz, breit und dick ist auch dieser Nasentypus, der selbstverständlich,
gleich dem erstgenannten, in verschiedenen Abweichungen von einer ausgeprägten Mittelform auftritt. Von ihnen allen beurteile ich, als am meisten
bemerkenswertes Gebilde, die keineswegs seltene Form, bei welcher der mittlere Nasenabschnitt beiderseitig ausgebeult bzw. im ganzen sehr breit erscheint,
u. zw. zuweilen in solchem Ausmaß, daß diese Verbreiterung der gesamten
Flügelbreite gleichkommt.

Beachtenswert sind zwei Modifikationen der gleichschenkeligen Trichternase.
Die eine macht nahezu erschrecken wegen der klobig plumpen Massigkeit ihrer
Bauart und erinnert an die knollenförmigen Gebilde der "Trinkernase"; weswegen man diese Stilprägung als Knollen- oder Kartoffelnase umschreibt. Die
derart gestaltete Pygmäennase kommt äußerlich dem Rhinophym sehr nahe,
das ein wucherndes, reichlich mit bläulich-rot schillerndem Geäder durchzogenes
und lockeres Gewebe zeigt. Weder ein derartiges Verfärben noch eine Gewebs-
auflockerung tritt an der knolligen Pygmäennase auf; überdies erscheint diese

als fertiges Gebilde schon in den frühen Mannesjahren, erst im späteren
Lebensalter hingegen das Rhinophym. Dieses und die knollige Trichternase
haben, morphologisch gesehen, je ihren eigenen Ursprung, trotz des ziemlich
übereinstimmenden äußerlichen Gestaltbildes.

Bei der anderen Form der trapezförmigen Trichternase unterbleibt die
mächtige, schon im Nasensattel ansetzende Verbreiterung des gesamten Nasen-
körpers und nur die niedrige Zone der Nasenflügel zieht beträchtlich in die
Breite. Dabei blähen sich diese zu übertriebener Rundung mit verdickten

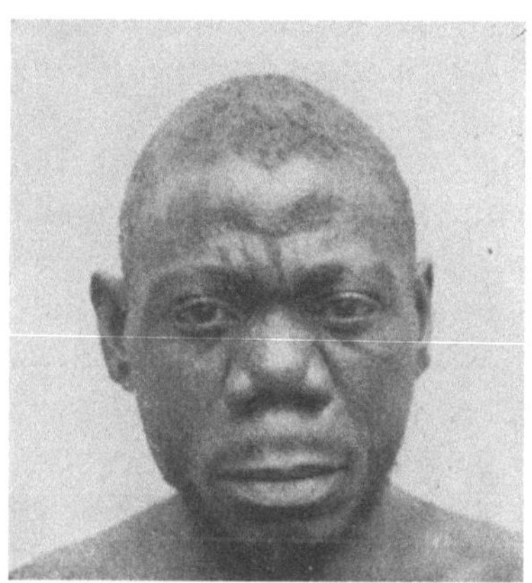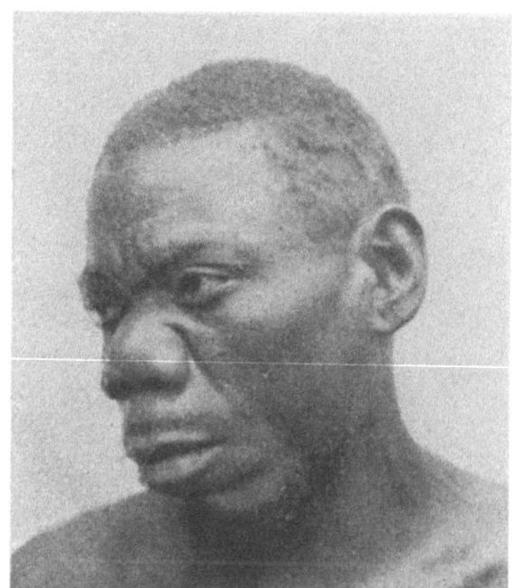

Abb. 51. Knollenförmige Trichternase

Wänden auf und die Ebene des Nasenbodens verläuft vorwiegend horizontal.
Mithin verlagert sich bei dieser blähflügeligen Breitnase die Massigkeit der
Bauart in den unteren Nasenbereich (Abb. 52).

Selbstverständlich erscheinen auch viele Knopfnasen in plumper, verdickt
schwerer Massigkeit infolge übermäßiger Gewebeanlagerung. Im allgemeinen
schreckt die pygmäische Physiognomie mit einer Trichternase nicht derart
packend ab, wie die Knopfnase es tut; in ersterer vermutet der oberflächliche
Betrachter einige Anklänge an eine grobe Bauart irgendwelcher europider
Nasenform, von welcher erbgenetisch selbstverständlich nicht die Rede sein kann.

Trotz einiger durchschlagender Verschiedenheiten im Aufbau lassen die
beiden Nasentypen auch beachtliche G e m e i n s a m k e i t e n morphologischer
Art erkennen. Die Nase der Bambuti ist tatsächlich niedrig, mit einer mittleren
Ganzen Höhe von nur ♂ 43.3 bzw ♀ 40.5 mm im Mittelwert. Über diesen
wirklichen Sachverhalt täuscht die mächtige Bauart der Trichternase nur zu leicht
hinweg. Mehr klobig und unförmlich massig wirkt die Knopfnase. Ohne Zweifel
sind beide Typen plumpe, grobe Gebilde. Die ausnahmslos breite Nasenwurzel
bewegt sich zwischen einem Ganz-flach und einem Mäßig-hoch, entsprechend
dem einen und anderen Typus; nach beiden verschieden ist die Mittelnase
niedrig oder etwas erhöht. Immer ist der Nasenrücken breit und fällt seitwärts
flach-dachförmig bzw. gewölbeartig gerundet ab. Deutliche Seitenkanten zeigt

er nicht, wohl aber eine mehr oder weniger konkave Profilform. Konvexe Nasenrücken fehlen gänzlich, einem erkennbaren Höcker oder Knick ungefähr in der Mitte des Nasenrückens begegnet man nie. So bestätigt sich auch an den Bambuti die bekannte Wechselbeziehung, daß die konkave Form um so häufiger auftritt, je geringer die Nasenlänge ist.

Nach unten verbreitert sich die Nase fortschreitend entweder mit geraden oder flach ausgeschweiften Seitenrändern, die zu den Wangen überleiten. Die Nasenspitze bildet eine stumpf gerundete, häufig gänzlich platte Kuppe, die nach vorn-oben weist; mithin nichts weniger als eine Spitze im eigentlichen Wortsinne darstellt. Die Nasenflügel ziehen sich ansehnlich in die Breite; das für sie berechnete Mittelmaß ♂ 44.7 und ♀ 41.1 mm ist augenfällige Bestätigung dessen. Obwohl sie sich gar nicht oder nur wenig aufblähen, kommt ihnen nichtsdestoweniger ein erheblicher Anteil an der allgemein-physiognomischen Wirkung zu; bin ich doch etlichen Erwachsenen begegnet, deren Mundbreite nicht nur von der Nasenflügelbreite erreicht, sondern von ihr um 2—3 mm übertroffen wurde. Die Nase breiter als der Mund: eine in der gesamten Menschheit einzig seltene Erscheinung! Ein Mehr an Breitnasigkeit gibt es nicht.

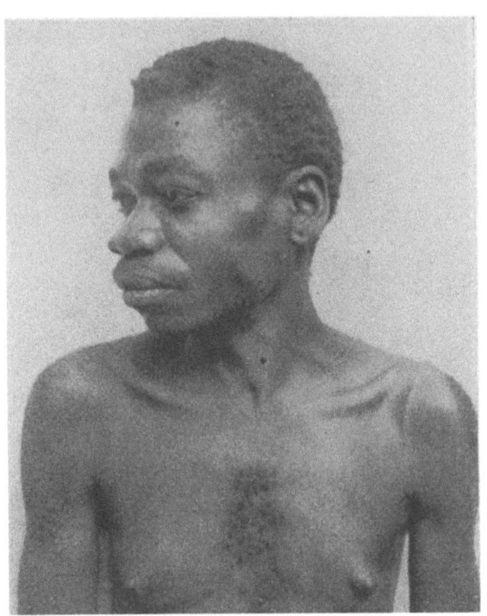

Abb. 52. Blähflügelige Breitnase

Die ausnahmslos gerundete, dicke Nasenspitze hebt sich, bei ungefähr drei Viertel aller Erwachsenen, von den Flügeln durch eine erkennbare, seichte und flache Furche ab, die vereinzelt auch tiefer einschneidet. Das vorausgesetzt, entsteht eine fortlaufende Furche von vorn her zwischen Nasenspitze und Nasenflügel mit mäßiger Schweifung nach hinten und hinein in die über den Flügelansatz hochgezogene Nasolabialfalte. Bei dem restlichen Viertel aller Bambuti zieht von der Nasenspitze ausgehend eine geradlinige, sehr flache Abdachung seitwärts, ohne jede Einsenkung, über die Nasenlöcher hinweg; die anatomische Trennung des unpaarigen Mittelknorpels von den Flügelknorpeln bleibt demnach ganz unkenntlich. Die außerordentliche Breitenentwicklung des unteren Nasenabschnittes bringt es mit sich, daß das schleifenförmige Abbiegen der Flügel erst in ihrem letzten Fünftel erfolgt, u. zw. mit kräftiger Rundung von da zur hinteren Ansatzstelle. Beachtung verdient, daß der untere freie Rand jedes Nasenflügels erst nach solch einer schleifenförmigen Rundung zur Mediansagittale hin in die Wangenhaut übergeht; die schwach geblähte Ausladung der Flügel überragt die hintere Ansatzstelle nur wenig und verdeckt sie.

In Abhängigkeit von diesen Sonderbildungen tritt gleichfalls das S e p t u m eigenartig geformt auf. Von der Seite betrachtet, hängt es deutlich erkennbar nach unten vor, bei der einen Person mehr und bei der anderen weniger. Niemals richtet sich seine untere freie Fläche geradlinig, d. h. nahezu horizontal nach hinten, sondern bei jedermann geschwungen, d. h. in einer nach unten mehr oder weniger flach geneigten Bogenlinie sagittal verlaufend. Die schwache Kontur des mittleren Nasenrückens, d. h. die ganz leicht betonte Seitenkantung, mit niedriger Abrundung überwölbt, setzt sich über die Nasenspitze hinweg auf dem Septum fort; mithin schneidet seine freie Basis, von vorn gesehen, niemals genau gerade oder horizontal ab. Eben dieser Teil ist es, der, wie soeben erwähnt, unter die Lochfläche heraushängt. Kurz gesagt: Der freie untere Rand des Septums verläuft von der Nasenspitze zum Subnasale als ein flacher Bogen und von einer Seite zur anderen ebenfalls nach unten ziehend flach bogenförmig. Niemals sah ich längs der freien Basis des Septums die bei Europäern häufige sagittal verlaufende flache Rille, die sogenannte Nasenkuppenrinne; sie fehlt auch jenen Bambuti, deren Oberlippe ein ansehnliches und langgezogenes Philtrum ziert. Erst unmittelbar vor der Ansatzstelle des Septums am Subnasale verliert sich sein gerundeter Kamm und seine Basis wird genau flach, d. h. horizontal; der Übergang vom Gerundet zum Flach vollzieht sich rasch.

Wie schon erwähnt, beginnt jedwedes Septum vorn sehr breit und nach rückwärts verengt es sich keilförmig. Trotzdem bleibt es zuweilen auch an seiner rückwärtigen Ansatzstelle mehr oder weniger breit; hauptsächlich dann, wenn die Lochflächen sich nach vorn-oben richten. Weil die Integumental-Oberlippe sich in vielen Fällen schon bei ihrem oberen Beginn am Subnasale kräftig wölbt, liegt das hintere Drittel oder Viertel des Septums unmittelbar der Ganzen Oberlippe auf. Um bei meinen Messungen mit dem Tasterzirkel zum Subnasale zu gelangen, mußte ich buchstäblich das Septum vorerst nach oben drücken. Eine derartige Bildung macht es vereinzelt reichlich schwierig, die projektivische Länge des Nasenbodens zuverlässig abzunehmen. Für dieses Maß ergaben sich als Mittelwerte ♂ 13.1 und ♀ 11.7 mm.

Da nun einmal diese seltsame Gestalt des Septums an den hyperchamaerrhinen Nasen unserer Bambuti gegeben ist, bleibt für die L o c h f l ä c h e rechts und links davon keine andere Richtung, als daß sie sich nach oben und vorn-seitwärts hebt. Deutlich sichtbar zeigt sich diese Flächenstellung an den meisten Knopfnasen; hingegen wird sie häufig verdeckt von dem nach unten vorstehenden Lochrand an den Trichternasen. Als Lochform tritt überwiegend ein langgezogenes Oval und vereinzelt eine langgezogene Parabel auf. Der größere sagittale Durchmesser liegt ausnahmslos in der äußeren Lochhälfte; was besagt, daß das seitwärts gedehnte Nasenloch vom Septum an zum äußeren Rande hin weiter bzw. breiter wird. Durchgehends sind die Nasenlöcher klein und häufig sehr klein; letztere erscheinen als winzige kreisförmige Öffnungen mit 3—4 mm Durchmesser. Um so massiger heben sich von ihrer zierlichen Ausbildung die dicken Wände der Nasenflügel ab.

Die unseren kleinen Waldmenschen eigenen beiden Nasentypen treten voll
ausgebildet bloß bei den Erwachsenen in die Erscheinung. Bei Kleinkindern
und den halbreifen Jugendlichen prägen sich wohl von Anfang an die Grundzüge der Knopfnase aus, hingegen deutet sich bloß bei älteren von ihnen die
später vollendete Trichternase mit Trapezumriß an. Die K i n d e r n a s e ist
klein, mit einem breiten, niedrigen, konkaven Rücken und mit aufwärts gerichteter Spitzenkuppe, die Flügel erscheinen weder so stark gebläht noch
derart massig dick wie bei Erwachsenen und die Lochfläche zieht nach vorn-
oben. Das Wachstum des Gesichtsskelettes, zumal seine fortschreitende Höhen-
ausdehnung, zieht auch die Weiterbildung der kindlichen Nase zu ihrer endgültigen Form nach sich. Eine gestaltändernde Umformung erfährt währenddessen allein die Trichternase, wohingegen die bereits bei den Jugendlichen
vorgebildete Knopfnase ihre von vornherein grundgelegten Wesenszüge nicht
zu ändern braucht. „Die Kindheitsform der europäischen Nase zeichnet sich
durch große Breite und geringe Höhe aus und erinnert an die chamaerrhine,
stumpfe australoide Nasenform mit nach vorn gerichteter Lochfläche ... Demnach ist die flache niedere und konkave Nasenform die primäre" (MARTIN:
453, 460).

Mit dieser Aufstellung ist auch die Nasenform der Bambuti abgeschätzt und
im besonderen gilt der Typus der Knopfnase als eine infantile Bildung, genauer
gesagt, als eine neotene Form, in der von KOLLMANN ausgegebenen Deutung.
Wie überhaupt bei den menschlichen Rassen, weist auch bei unseren Pygmäen
das weibliche Geschlecht gegenüber dem männlichen absolut und relativ zur
Körperhöhe kleinere Nasen auf.

Nach allen bisher beschriebenen Weichteilen des Gesichtes der Ituri-
Pygmäen bleibt noch das ä u ß e r e O h r darzustellen. Bei der außerordentlich
mannigfaltigen individuellen Variabilität dieses Organs, die jedermann kennt,
wird es nicht befremden zu erfahren, daß auch das Ohr unserer Waldmenschen
innerhalb bestimmter Grenzen über mehrere Eigenbildungen in wechselreicher
Vermischung verfügt. Hervorstechende artbestimmende Besonderheiten sind
ihm nicht gegeben und ungewöhnliche Merkmale treten ebensowenig auf.

Man erhält den Eindruck, daß das Ohr der Bambuti, im Vergleich zur
Körperhöhe, groß und sehr groß ist; selten nur trifft man ein mittelgroßes und
ganz vereinzelt ein kleines Ohr an. Die absoluten Maße reden eine untrügliche
Sprache. Innerhalb des normal-physiologischen Bereiches für die gesamte Menschheit nähert sich das Pygmäenohr den kurzen Formen und seiner absoluten
Physiognomischen Länge gemäß ist es mikrot. Infolgedessen darf man es, allein
an der niedrigen Körpergestalt der Bambuti gemessen, als groß ausgeben.
Wegen seiner absoluten Physiognomischen Breite rückt es in die Mitte der für
die menschlichen Rassen nachgewiesenen Grenzwerte; was Wunder, wenn es
auch bei seiner Beurteilung am Lebenden als sehr breit oder breit wirkt. Damit
ist das oben schon vorgelegte Urteil über ein augenscheinlich großes Ohr der
Bambuti erklärt und begründet. Entsprechend der dem menschlichen Ohr
überall zukommenden langgezogenen Variationsbreite entfernen sich auch für

das Pygmäenohr die individuellen Maße auf weiten Abstand vom Mittelwert
in der einen und anderen Richtung, was für die physiognomischen und morphologischen Maße unterschiedslos gilt. Es sitzt in mittlerer Höhenlage an den
beiden Kopfseiten. Durchgehends lehnt es sich ziemlich nahe an den Kopf, mit

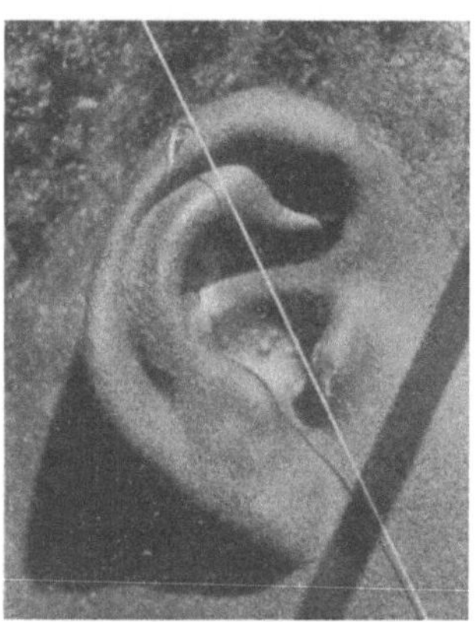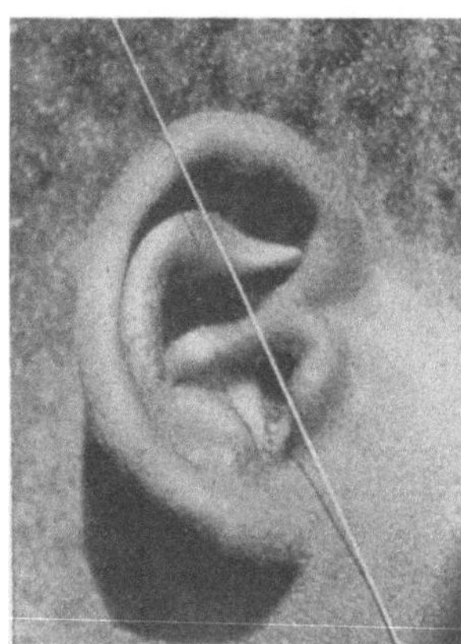

Abb. 53. Die häufigsten Ohrformen

schräger Neigung gegen die Ohraugen-Ebene; selten nur zeigt sich ein mäßig
abstehendes Ohrenpaar. Auffällige Sonderbildungen fehlen dem Bambuti-Ohr.
   Der Form nach beurteilt, erschaut man mancherlei Übergänge vom Oval
zum Rund; ein dreieckiger Umriß kommt nicht vor. Durchgehends ist dieses

Ohr-Maße	♂	♀
Physiognomische Länge	57.7	55.8
Physiognomische Breite	35.0	32.9
Morphologische Länge	34.9	33.3
Morphologische Breite	50.1	48.4
Physiognomischer Ohr-Index	60.85	59.14
Morphologischer Ohr-Index	144.69	146.22

Ohr ein schwaches und leichtes Gebilde, ohne namhafte Verdickung des Knorpels und der aufgelagerten Haut; demnach reichlich biegsam, elastisch und
beweglich. Bei der dem menschlichen Ohre nun einmal von der Natur zuge-
billigten Mannigfaltigkeit an individueller Variabilität der einzelnen Merkmale
ließen sich mehrere Erscheinungstypen von Pygmäenohren aussondern, die sich
ihrerseits miteinander durch noch zahlreichere Übergangsformen verketten. Da
aber diese Vielgestaltigkeit in ihren Merkmalskombinationen nicht als morphologischer Genbestand erwiesen werden kann, glaube ich von der Abgrenzung
selbständiger Ohrtypen absehen zu müssen; eine allgemeine Beschreibung der
Ohren unserer Ituri-Leute wird der erbbedingten Merkmalsanlage mehr ge·
recht, als die Verschwendung vieler Worte an individuellen Einzelheiten und
an deren buntgestaltiger Kombination.

Gegen die rundliche Form der ganzen Ohrmuschel überwiegt die breit-ovale. Der obere Ohrrand beschreibt am häufigsten einen nur wenig oder mäßig ansteigenden, meist gleichmäßig gerundeten Bogen. Der Helix beginnt in der Concha mit einer erhöhten Crus helicis; er leitet über zum oberen Ohrrand, der am häufigsten als ein nur wenig oder mäßig ansteigender, meist gleich-förmig gerundeter Bogen weiterzieht. Sein oberer Abschnitt ist ebensooft schwach umgebogen, d. h. nahezu horizontal gerichtet, wie verdickt eingerollt. Oft bildet sich oben eine kleine Ecke, in deren Nähe vereinzelt das Darwin'-sche Höckerchen aufscheint. Die Darwin'sche Ohrspitze, angedeutet oder abge-rundet, nicht aber in den bekannten ausgeprägten Formen, fand ich etwa einmal unter hundert Personen. Wohl aber zeigte sich in dieser Gegend der Helixrand häufig etwas verdickt. Die dem Helix gegenüberstehende Leiste, der Anthelix, hebt sich fast ausnahmslos plastisch heraus und wölbt sich stark. Im ganzen gewinnt man den Eindruck, als wünsche der an sich schwache Knorpel in allen seinen Abschnitten eine betont kantige und wellige Gliederung zur Schau zu stellen. Eine verdickte Umkrempelung des Helixrandes in Andeutung oder gar in Nachahmung des sogenannten Buschmannohres fehlt unseren Bambuti gänzlich.

Die mittelbreite Incisura intertragica hält sich fast ausschließlich an eine kurze U- oder breite Bogenform. Dem Tragus sieht man es mühelos an, daß er etwas dicker und größer als an europäischen Ohren ausgefallen ist. Das Ohr-läppchen kann nur selten als mittelgroß und muß meistens als klein oder sehr klein veranschlagt werden; bei nur einer von hundert Personen fehlt es gänz-lich. Bei etwa einem Zehntel aller Leute ist es ganz oder halb frei, bei allen übrigen in seiner vollständigen Ausdehnung angewachsen. Durch die dem Ohrknorpel aufliegende Haut hindurch fühlt man häufig stecknadelkopfgroße knorpelige Körperchen, die sich mit Vorliebe in die eigentliche Concha-Grube lagern. Die Zahl der Fälle, da diese Körperchen gleichzeitig in beiden Ohren und allein im rechten Ohr vorhanden sind, bleibt sich gleich; viel weniger oft findet sich ein solches Körperchen allein im linken Ohr. Ganz selten erreicht es das Doppelte der bezeichneten Größe.

Nach alledem fehlen dem Ohre der Bambuti hervorstechende Besonder-heiten morphologischer Art. Von den Weichteilen im Gesicht und am Kopfe ist es offenkundig die Nase, durch deren Bauart, Form und Größenverhältnisse die Physiognomie unserer Waldmenschen ihr einzigartiges, unmißverständliches Gepräge erhält; sie hilft wesentlich dabei mit, deren rassegenetische Sonder-stellung innerhalb der Negriden und erst recht gegenüber den beiden anderen Hauptstämmen aller bekannter Menschenrassen zu begründen.

e. Integumentalorgane

Wer selbst somatologische Beobachtungen an außereuropäischen Rassen in ihrer gegebenen Umwelt durchgeführt hat, zumal an den nacktgehenden in der sonnendurchglühten Tropenzone, der kennt aus eigenem, manchmal erfolglosem

Bemühen die Schwierigkeiten, die sich einem genauen Bestimmen aller bedeutsamen Eigenschaften der Körperhaut entgegenstellen. Bei weitem nicht
alle Behinderungen dieser Art bringt Stuhlmann (b): 451 zur Sprache, wenn er
folgende Bemerkungen über die Haut der Ituri-Pygmäen veröffentlicht: Sie
„pflegen ihren Körper nur sehr wenig, sie sind im Naturzustande außerordentlich schmutzig und haben Scheu vor Wasser, während sonst die meisten Neger
leidlich reinlich sind. Es erforderte immer großer Mühe, die Leute so zu reinigen, daß man ihre Hautfarbe erkennen konnte. Wenn sie etwas Fett bekommen können (Ricinusöl), so salben sie gern ihre Haut ein". Unabhängig von
aller Behandlung und Beeinflussung, welcher die Körperhaut ganz allgemein
von seiten des Menschen selbst und der ihn umfangenden Natur ausgesetzt ist,
geht es hier zunächst darum, die der Haut unserer Pygmäen erbgenetisch
mitgegebenen Eigenschaften zu bestimmen.

Entsprechend ihrer Textur ist diese Haut weich und glatt. Sie fühlt sich
warm und trocken an, möglicherweise verfügt sie bloß über eine geringe Zahl
von Schweißdrüsen. Im besonderen fällt auf, wie sanft und weich sogar die
inneren Handflächen der Erwachsenen sind; obwohl niemand sich der schweren,
groben Arbeiten im Alltag entzieht, an denen sie sich schon als Kinder und
entsprechend ihren beschränkten Kräften beteiligen. Ebenso verhält es sich
mit der Haut an den Fußsohlen, die zwar viele Risse und tiefe Schürfungen
aufweist, im ganzen sich jedoch wegen ihrer Weichheit unverkennbar von der
lederartig zähen Sohlenhaut der Neger unterscheidet. Wer genau zuschaut, dem
entgeht es nicht, daß unsere zwerghaften Waldmenschen auf ihren Händen und
Füßen sowie auf ihren Unterarmen und Unterschenkeln ansehnlich mehr
Narben und Kratzer, Risse und Schürfungen tragen als die benachbarten Neger;
obwohl auch letztere ihre Gliedmaßen nicht schonen dürfen. Verbindet man mit
solchen Beobachtungen die Erfahrung, daß sich jeder Hautbezirk weich und
sanft anfühlt, dann rechtfertigt sich wohl die Schlußfolgerung auf eine zarte
Struktur der ganzen Haut und auf eine im besonderen mäßig dünne Schicht des
Stratum corneum der Epidermis.

Die weiche Geschmeidigkeit dieser Haut rührt teilweise von ihrer ausgiebigen Fettversorgung her, der man bei nachdrücklichem Bestreichen gewahr
wird. Allerdings liegt ihr nur ein schwacher, matter Fettschimmer auf, welcher
von eigentlichem Fettglanz sich deutlich entfernt; daher ihre grundsätzlich zum
Trockenzustand neigende Textur. Vom Talgreichtum auf der Körperhaut der
Neger besitzen die Pygmäen ansehnlich weniger, indes nachweislich mehr als
die Europäer. Will man den Fettgehalt in und auf ihrer Körperhaut richtig
beurteilen, darf man nicht aus dem Auge verlieren, daß die Bambuti ihren
Körper niemals mit Seife behandeln; die ihn überziehende dünnste, merkliche
Fettschicht ist somit das Produkt der seit längerer Zeit tätigen Talgdrüsen.
Glänzender Fettschimmer fehlt bei Erwachsenen ebenso wie eine talgige
Spiegelung.

Schweißbildung hält sich in mäßigen Grenzen, zu einem ergiebigen Ausbruch kommt es erst nach anhaltender, sehr intensiver Anstrengung. Grund

hierfür kann nur eine geringe Anlage von Schweißdrüsen sein; selbst wohl-
beleibten und fetten Personen kommt reichliches Schwitzen nicht leicht an.
Auch diesbezüglich weichen unsere Bambuti von den ihnen benachbarten Waldnegern ab; während nämlich diese bei gesteigerter Inanspruchnahme ihrer
Körperkräfte ziemlich rasch in Schweiß gebadet dastehen, glänzen unter den
gleichen Vorbedingungen bloß dicht gedrängte Schweißperlen auf Stirn und
Rücken der ersteren. Damit wird keinesfalls in Abrede gestellt, daß ausnahmsweise sich auch bei einem Pygmäen der ganze Körper mit Schweiß reichlich an-
feuchtet. Macht man jedoch eine summarische Zusammenstellung, dann überzeugt man
sich davon, wie mir scheint, daß die Bambuti häufiger und im ganzen mehr als die Neger
schwitzen; offensichtlich, weil sie sich körperlich stärker anstrengen und ihre Körperhaut zugleich ausgiebiger mit Fettgewebe durchsetzt ist.

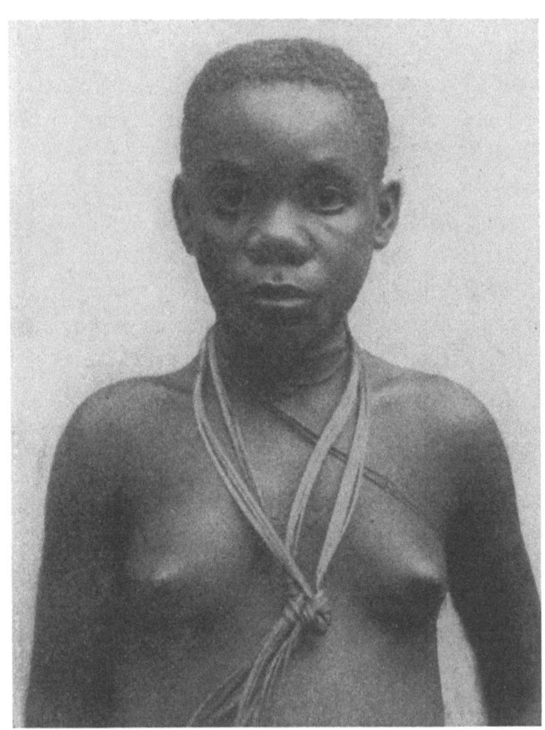

Abb. 54. Straffe Körperhaut bei einer Jugendlichen

Der erwähnte erkennbare Fettschimmer auf der Oberfläche hilft auch seinerseits dabei mit, die bei fast allen
Leuten vorhandene volle und elastische Konsistenz der Körperhaut zu verdeutlichen; hochbejahrte sind ausgenommen. Bei Jugendlichen, zumal bei reifen Mädchen steigert
sich dieser Zustand zu pral-
ler Turgeszenz der oberflächlichen Weichteile, die auf reichlich quellende,
gesundheitstrotzende Lebenskräfte hinweisen; matt-glänzend schimmert demnach ihre Haut auf jedem Körperbezirk, vor allem im Gesicht und auf der
vorderen Rumpfseite. Bei Männern und Frauen hinter der Grenze des mittleren Lebensalters stellt sich eine schwache Neigung zum Erschlaffen der bisherigen Hautspannung ein und die oberflächlichen Gewebe lockern ihren
früheren strammen Turgor.

Zunächst weicht der pralle, gefüllte Zustand einer allgemeinen Auflockerung, vergleichbar den Erscheinungen bei einer schnellen und stärkeren
Abmagerung; bei genauem Zuschauen erkennt man enggestellte, kurze und
seichte Fältchen. Daneben entstehen bei der unaufhaltsam fortschreitenden
Gewebelockerung mittellange und lange F a l t e n , die durch einen ganzen

Hautbezirk vorwiegend parallel oder strahlenförmig laufen. Auf der Stirn und über die Nasenwurzel hinweg zeichnen sich Querfalten, über der Glabellargegend kurze Längsfalten ein; andere seichte Falten steigen vorn aus den Achselhöhlen heraus nach oben und längere breite Querfalten ziehen unterhalb der Brustwarzen von einer Körperseite zur anderen horizontal oder als flache Bogen. Auf dem straffen Trommelbauch kommt es nicht einmal in der Nabelgegend zu erkennbarer Faltenbildung. Um so auffallender wirken bei vielen Männern mehrere kurze, dicke, nahezu waagrecht gestellte Falten über der Kniescheibe und oberhalb derselben, Bildungen, die sich bei jüngeren Leuten andeuten und bei manchen Frauen beträchtlich verkürzt wiederholen. Bei hochbejahrten Leuten vertiefen und verlängern sich die hier aufgezählten Falten und ihr ganzer Körper wie auch das Gesicht überziehen sich mit den von unseren Greisen her bekannten Runzeln. Von einigen unbedeutenden Sonderbildungen abgesehen, endet der anfängliche Zustand einer prall elastischen Turgeszenz mit der runzligen Erschlaffung der gesamten Körperhaut, wie solche sich auch bei bejahrten Europäern einstellt; in manchen Bezirken hängt sie gardinenartig und völlig gelockert.

Eine nennenswert darüber hinausgreifende Weiterbildung von Runzeln und Hautfalten fällt bei den Bambuti weg. Fast durchgehends wiederholt sich bekanntlich bei Völkerschaften, die wegen hochsteigender Sonnenhitze in ihrem Lebensraume auf Bekleidung ihres Körpers verzichten, die prall gefüllte Hautspannung unserer kleinen Waldmenschen, von welcher soeben gesprochen wurde. Vergleicht man die im Greisenalter stehenden Pygmäen mit Waldnegern der gleichen Altersklasse und mit gleichaltrigen Bauern des mittleren Europa, wird man bei ersteren eine viel geringere Runzelung herausfinden, als sie an den beiden letztgenannten Gruppen auftritt; wahrscheinlich ist solches Zurückbleiben aus der viel geringeren Besonnung der Bambuti in ihrem dunklen Urwalde zu erklären.

Bei der Beschreibung des Gesichtes unserer Pygmäen ist auf einige kennzeichnende Falten hingewiesen worden. Nahezu häutige Wülste sind es, kurze und dicke, die der unteren Mittelstirn und der Nasenwurzel aufliegen. Die untere Tarsalfalte schneidet am häufigsten tief oder mäßig tief ein, wohl wegen des außerordentlichen Herausquellens des Augenbulbus. Die bereits an Jugendlichen erkennbare Wangen-Lidfurche verlängert und vertieft sich in der Folgezeit bloß wenig und wohl deshalb fehlen den Pygmäenaugen die bekannten dunklen Schatten, die sich als Anzeichen schwerer Ermattung um Europäeraugen legen. Die Nasen-Lippenfurche verdient es, noch einmal in Erinnerung gebracht zu werden. Als seichter oder tiefer schmaler Sulcus setzt sie auf der Höhe der Nasenflügelwölbung an, oft auch einige Millimeter höher, und zieht geradlinig oder als flacher Bogen gegen die Mundwinkel hinunter. Genau mündet sie in diese bloß bei einigen älteren Personen ein, für gewöhnlich verstreicht sie etwa 10 mm seitwärts von ihnen. Bei Jugendlichen macht diese Furche allein das obere Drittel dieser ganzen Strecke aus, ist demnach viel kürzer und wenig einschneidend.

Wenn bei älteren Leuten die Wangen einfallen, bildet sich neben dem Sulcus nasolabialis eine dicke, kräftig herausgehobene Hautfalte, die selbstverständlich von oberhalb der Nasenflügel her schräg hinunter auf die Ebene der Mundspalte zusteuert; verziehen sie das Gesicht zum Lachen, erhält man ein Bild, als ob diese Hautfalte auf jeder Gesichtshälfte eine Fortsetzung der mittleren Nase bogenförmig nach seitwärts-unten sei. Die Mundwinkellinie schneidet sich bloß bei einigen älteren Personen ein, und zwar ziemlich unauffällig. Anders die vordere Wangenfurche, die bei einzelnen bejahrten Männern sich tief einzeichnet und gewöhnlich in die Nasen-Lippenfurche mündet. Beide bilden einen nahezu regelmäßigen Halbkreisbogen um jeden der beiden Mundwinkel. Die Kinn-Lippenfurche endlich verdeutlicht sich stark bloß bei Männern reiferen Alters, bei Jugendlichen und Frauen hält sie sich in schwächster oder schwacher Andeutung.

Abschließend bietet sich die Erkenntnis, daß in der gesamten Körperhaut unserer Bambuti eine pralle Turgeszenz vorherrscht, die nach Abschluß des mittleren Lebensalters gemäß dem Geschlecht verschieden abklingt; weswegen Faltenbildung und Runzelung weit weniger bei Frauen als bei Männern auftritt sowie im ganzen ansehnlich hinter den gleichen Erscheinungen bei Negern und europäischen Bauern zurückbleibt. Ein mehr oder weniger reichlicher Panniculus adiposus hält die Oberhaut während der längsten Zeit des Lebens, von den frühen Jugendjahren angefangen, in elastischer Spannung.

Alle Negriden mißfallen uns Europäern wegen ihres beißenden, schroff abstoßenden H a u t g e r u c h s ; doch was unsere kleinen Waldmenschen ausströmen, ist das Widerlichste, dem ich je bei Primitivvölkern begegnet bin. Sie selbst lassen sich naturgemäß davon nicht beeindrucken und schaffen gar keine Abhilfe; ernstes und geregeltes Bemühen um körperliche Reinlichkeit geht ihnen völlig ab. Eine fettige Schmutzschicht, von der die Körperhaut bei nahezu allen Personen jedweden Alters überzogen wird, belästigt anscheinend niemanden. Vermutlich entfalten die Hautdrüsen eine mittelmäßige Tätigkeit, Schweiß und Talg vermehren sich auf der Haut. Aus dem Zusammenwirken dieser Ablagerungen und der eigentlichen Duftstoffe entsteht ein Gemisch ekelhafter Dünste, in welchem Gerüche nach Ammoniak, zersetztem Urin und faulem Fett überwiegen. Daran beteiligt sich auch das ranzige Öl aus den Früchten der Ölpalme, das unsere Pygmäen sich gelegentlich auf den Körper schmieren. Am ausgiebigsten entströmt dieses Dunstgemisch den Achselhöhlen und der Genitalgegend, wo naturgegeben die Hautdrüsen sich häufen und alle Hautsekrete sich reichlicher niederschlagen.

Unverkennbar deutlich steigert und vermindert sich gelegentlich die Stärke dieser Ausdünstungen; nicht allein infolge größerer Muskelanstrengung beim Arbeiten und beim Tanzen, sondern auch infolge erhöhten Affektes, so im Zorn und Streit, bei übermütiger Ausgelassenheit und aus erschütternder Angst. Eben diese Erscheinungen drängen auch ihrerseits zu der eindeutigen Feststellung, daß solcher Hautgeruch den Bambuti durchaus arteigen zukommt. Maßgebend für diese Entscheidung ist u. a. auch die Erfahrung der Waldneger, daß von ihnen selbst jeder Pygmäe sich schon einzig und allein durch seine spezifische Hautausdünstung absondert und unterscheidet. Sogar mir persönlich ist sie bei meinem mehrmonatigen Urwaldaufenthalt derart eindringlich und nachhaltig in die Nase gestiegen, daß ich nach diesem Geruch allein die wirkliche Anwesenheit eines Pygmäen bzw. das kurze Verweilen eines, der sich wieder entfernt hatte, festzustellen vermochte. Mag auch dann und wann die zugeführte Nahrung, z. B. faulendes Elefantenfleisch, sowie der aufgelagerte Schmutz samt den Sekreten aus Schweiß- und Talgdrüsen, der allgemeinen Hautausdünstung diesen oder jenen davon abhängigen Duftgehalt verleihen, so besteht doch kein Zweifel darüber, daß der bezeichnete merkwürdige Hautgeruch, eben zufolge seiner sonderlichen Zusammensetzung, ein den Bambuti vorbehaltenes Rassemerkmal abgibt.

Als ein solches muß selbstverständlich auch die jeden europäischen Reisenden überraschende helle H a u t f a r b e an und für sich angesprochen werden. Ein einziger Farbenton als bestimmtes Kennzeichen läßt sich nicht festlegen, die wirkliche Schwankungsbreite vom höchsten Hell zum tiefsten Dunkel ist weit. Frühere Beobachter sahen sich ebenfalls ratlos vor diese Schwierigkeit gestellt und STUHLMANN (b): 446 beispielsweise schreibt: „Die Körperfarbe variiert sehr. Wir sahen Individuen mit dunkler chokoladebrauner Haut (etwa Nr. 2 und 3 von Fritschs Tafel), häufiger allerdings war die Haut lichter mit einem stark gelblichen oder rötlichen Grundton (etwa Nr. 6 und 8)."

Einem genauen Bestimmen der Hautfarbe stellen sich verschiedenartige Schwierigkeiten entgegen. Erinnert sei nur kurz an die soeben erwähnte Sorglosigkeit unserer Eingeborenen um Beseitigung des fettigen Schmutzes und der Drüsensekrete, welche die Haut überziehen; das beinhaltet sozusagen einen Dauerzustand. Ihm leistet Gesellschaft eine zeitweilig bedingte Veränderung, wenn sich die Leute aus Schmuckbedürfnis das Gesicht und den ganzen Körper mit einer schwärzlich-blauen Lösung einreiben, die sie sehr dünnflüssig auftragen. Nicht nur wird von ihr die Haut sofort tieffarben getönt, sondern diese Veränderung hält nachdunkelnd auch noch mehrere Tage an. Sie macht den täuschenden Eindruck einer natürlichen Hautfärbung, weil weder Schlieren oder Wellen, noch Wolken oder Flecken sich bilden; sie tritt ganz gleichmäßig und bis ins feinste einheitlich auf, sie verfärbt sich ebensowenig wie sie sich abwäscht. Erst nach Abschuppung mehrerer Schichten des Stratum corneum verliert sich diese Verfärbung, weil sie eben von Anfang an eine seichte Tiefe erfaßt. Gewiß, wer um diesen Eingriff weiß und scharf zuschaut, erkennt oberflächlich einen aschgrauen Hauch ohne jeden Glanz; oben wurde erklärt, daß für gewöhnlich die Körperhaut einen matten Fettschimmer trägt, wie in stärkerem Maße die dunkle Hautfarbe der Neger fettig glänzt. Die erwähnte Einreibung macht alle Eingeborenen, die sich ihrer bedienen, nahezu haargenau gleichfarbig, einerlei, ob sie vorher sehr hell-gelb oder bräunlich-dunkel waren.

Auf eine kurze Formel gebracht, gibt man die Hautfarbe der Bambuti richtig an als: im ganzen hell und weit abweichend von den Farbtönen auf der

Haut aller benachbarten Neger. Sie ist grundsätzlich ein helles und mit wenig Braun leicht getöntes Lehmgelb, das individuell mancherlei Mischungen mit Braun sogar mittlerer Stärke aufweist. Für den bloßen Augenschein ist entscheidend, daß unsere Pygmäen um ein Vielfaches heller sind als die sie umgebenden Waldneger und daß sie sich durch dieses Merkmal unmißverständlich von ihnen absondern. An jeder Einzelperson habe ich die Hautfarbe mit der LuschANschen Farbtafel bestimmt. Dabei ist mir am häufigsten ein Farbton begegnet, der sich mit Muster Nr. 19 deckt, doch mehr oder weniger gelblich aufgehellt. Diesem Gemisch kommen die Nummern 4 und 5 fast vollkommen gleich, wenn man ihnen eine mäßige Bräunung beigibt.

Genügend macht es diese umständliche Ausdrucksweise wohl ersichtlich, daß sich in der Hautfarbe unserer Pygmäen drei oder mehr grundlegende Farben in schwankender Konzentrierung durcheinander schieben; ein einheitlich reiner Farbton fehlt ihr. Weniger oft als die eine und andere der beiden geschilderten Mischungen wiederholen sich die Muster der Nummern 15 und 16, die auch ihrerseits in der Körperhaut mit einem fahlen Gelb aufgehellt vorkommen. Reichlich zwei Drittel der Bevölkerung tragen die bezeichneten Farbtöne sowie die noch ein wenig helleren, mit welchen einzelne Personen ausgestattet sind. Dem Rest schließlich kommen in der LuschANschen Hautfarbentafel die Nummern 22 bis 28 zu, aus denen sich Nr. 23 und 25 am häufigsten wiederholen; auch Übergänge innerhalb dieser Nummern scheinen auf und bei ihnen allen dringt häufig ein Anflug an Gelb durch. Ob die wenigen Vertreter mit den beobachteten dunkelsten Farbtönen deretwegen allein als Bastarde beurteilt werden müssen, wage ich nicht zu entscheiden; große Wahrscheinlichkeit spricht dafür, weil erweisbar einiges Negerblut in zurückliegender Zeit unserer Pygmäengemeinschaft zugeflossen ist und die dunkle Hautfarbe, auch auf Grund meiner (d): 139 an Ituri-Bastarden durchgeführten Beobachtungen, sich gegenüber Hell dominant verhält. Jedenfalls ist sehr tiefe Hautfärbung kein artliches Kennzeichen für unsere Bambuti.

Der jeder Einzelperson zukommende Grundton unterliegt regionär nur geringen Abwandlungen. Selbstverständlich trifft man auf der Beugeseite der Gliedmaßen Flächen an, die ein wenig heller sind als die Streckseite; erheblich heller erscheinen die inneren Handflächen und die Fußsohlen gegenüber ihren Rückenflächen, sowie die Achselhöhlen. Merklich dunklere Tönung mit graublauer Mischung zeigt die Genitalgegend, während durch das helle oder dunkle Braun des Warzenhofes samt Papille erkennbares Rosa durchleuchtet. Die hell-gelbe Gesichtsfarbe gibt einen wohltuenden Untergrund für das frische Rosa der Schleimhautlippen ab. Die Wangen der Kinder und Jugendlichen röten sich mehr oder weniger augenfällig bei seelischer Erregtheit und körperlicher Anstrengung. Die Stärke dieses Rot steht auffallenderweise in keiner gleichsinnigen Korrelation zum Grade der allgemeinen Körperhautfarbe; das will besagen: zuweilen röten sich die Wangen kräftiger bei dunklerer Körperhautfarbe, hingegen mit hellen Tönen dieser verbindet sich manchmal ein blasses Wangenrot.

Mehrmals beschaute ich Säuglinge unmittelbar nach ihrer Geburt. Ihre Körperfarbe unterscheidet sie nicht von Neugeborenen des mittleren Europa; bei diesen wie bei jenen beherrscht ein frisches, saftiges Rot die reichlich durchblutete Körperoberfläche. Diese Tönung verschwindet bei den Pygmäensäuglingen nach wenigen Lebenswochen; eine Verdunkelung der gesamten Haut jedoch unter den bei gleichaltrigen mitteleuropäischen Säuglingen vorhandenen Farbenton setzt bloß bei einzelnen schon wenige Wochen nach der Entbindung

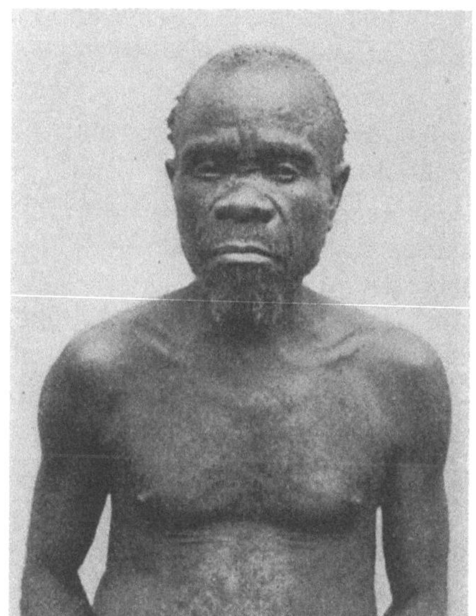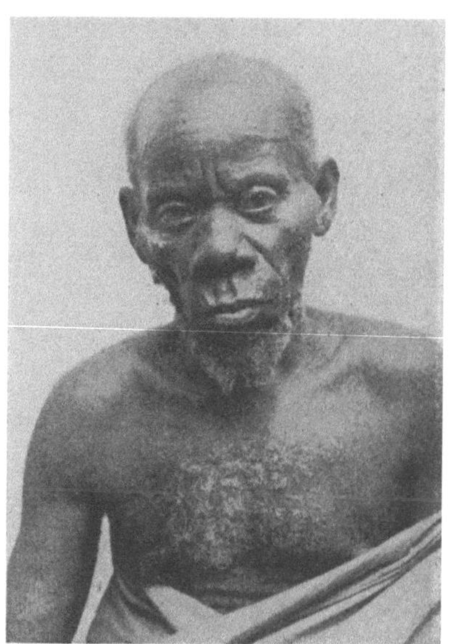

Abb. 55. Körperbehaarung bei bejahrten Bambuti

ein. Durchwegs kommt die endgültige Hautfarbe erst mit dem beginnenden zweiten Drittel des ersten Lebensjahres bestimmt faßbar zum Vorschein.

Was die Verteilung der Stärkegrade für die Farbtönung der Körperhaut auf beide Geschlechter anbelangt, so gilt für die Bambuti als Regel, daß das weibliche Geschlecht im ganzen gesehen heller als das männliche ist. Damit soll aber nicht geleugnet werden, daß vereinzelt die genau gleichen hellsten und dunkelsten Töne sich hier wie dort wiederholen.

Wer die soeben geschilderte helle Färbung der Körperhaut unserer kleinen Waldmenschen in ein morphologisches Abhängigkeitsverhältnis mit anderen entsprechenden körperlichen Eigenschaften setzen möchte, der erwartet gefühlsmäßig von vornherein nicht die überraschend starke B e h a a r u n g des ganzen Körpers, die sich bei ihnen tatsächlich zu einem auffälligen Rassemerkmal auswirkt. Um es voll und ganz zu würdigen, vergleiche man an Waldnegern die glatte Hautoberfläche mit ihrem spärlichen Terminalhaar. Zu hervorstechend ist der härerne Überzug auf der Körperhaut unserer Bambuti, als daß er von früheren Forschungsreisenden hätte übersehen werden können;

und wirklich tun sie dessen nachdrücklich Erwähnung.[1] Man darf sich jedoch
von der gedrängten Haarfülle, deren sich Einzelpersonen erfreuen, nicht unbewußt zur Verallgemeinerung verleiten lassen. Genauer besehen treten nur
einige Männer als auf dem ganzen Körper sehr reichlich behaart hervor. Der
größeren Mehrheit der männlichen Bambuti wachsen auf Armen und Beinen
dicke Haare, in ansehnlicher Menge, u. zw. nahezu gerade ausgezogen oder
langwellig oder vereinzelt leicht gekräuselt. Solche, die auf der Brust und im
unteren Gesicht stehen, wickeln sich ausnahmslos zu engen Spiralen auf und
schließen sich häufig zu lockeren Flöckchen zusammen. Alle diese Bildungen
machen indes noch keine eigentliche üppige
Fülle aus.

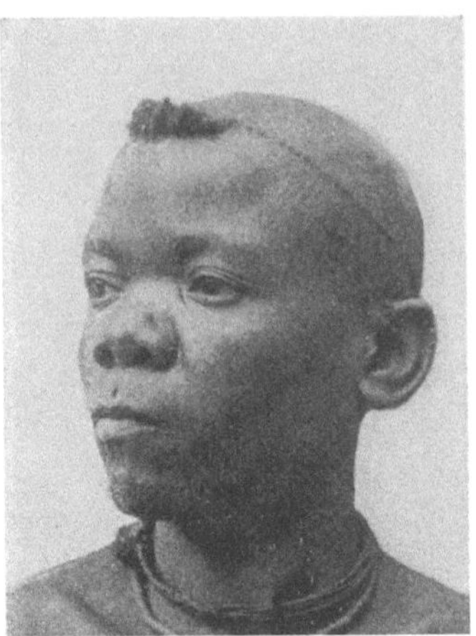

Abb. 56. Frisur einer Pygmäin

Eine dichte Haarschicht überzieht nur bei
einigen Männern die Kinngegend in ihrer gesamten Ausdehnung; bei vielen sprossen die
Haarflöckchen enggedrängt bloß auf dem Kinn-
rande und dem dahinter liegenden Abschnitt.
Bei Frauen gibt es im Untergesicht eine solche
Behaarung zwar nicht; wohl aber ist sie viel
stärker auf Armen und Beinen als vergleichsweise bei Negerinnen, und auch nichts Seltenes
über dem Sternum zwischen den Mammae. Jedwede Form eines Frauenbartes fehlt, kaum je
gedeihen einzelne starke Haare auf der Oberlippe. Unter vielen hochbejahrten Pygmäen sah
ich nur zweimal einzelne dicke Haare aus der
Ohröffnung herausstehen. Mithin gilt als Regel,
daß der Eintritt zum Gehörgang von Haaren ganz frei bleibt. Starke Körperbehaarung ist also ein kennzeichnender Merkmalsbesitz unserer Ituri-Pygmäen.

Alle lassen sich einige Male im Jahre das Kopfhaar abschaben, Kinder häufiger als Erwachsene. Vorwiegend widmen sich Frauen dieser Arbeit und
kratzen die Haarbüschel mit einem vom Neger gelieferten Eisenmesser in
kurzen Schabebewegungen herunter; die Burschen helfen sich gegenseitig mit
einer eisernen Pfeilspitze. Statt solcher vollständiger Rasur bleibt bei manchen
Erwachsenen ein schmaler Haarstreifen stehen, der ungefähr in der Ebene des
größten Kopfumfanges oder etwas tiefer den Kopf horizontal umkränzt.
Andere Leute lieben es, einen kreisförmigen Haarfleck vorn in der Bregma-
Gegend oder hinten über dem Haarwirbel oder zwischen beiden Stellen stehen
zu lassen; anderen gefällt es, daß zwei bis vier schmale Furchen in das dichte

---

[1] Wegen seiner inhaltsvollen Bedeutung sei ein Urteil eingefügt, das der verläßliche
STUHLMANN (b): 445 ausgegeben hat: „Die allgemeine Behaarung der Pygmäen ist in so hohem
Grade auffallend, daß unsere Neger zuerst hiernach und nach der rötlichen Lippenfarbe
sahen, wenn sie entscheiden wollten, ob sie einen wirklichen Zwerg oder ein Negerkind vor
sich hatten ... Außer dem kleinen Wuchs sind die eben erwähnten Merkmale die charakte-
ristischesten für die Zwerge, wenigstens des Ituri-Gebietes."

Haarbüschel eingeschnitten werden, welche an der vorderen Haargrenze beginnen und mit sagittalem Verlauf im Nacken bzw. hinter den Ohrmuscheln
auslaufen. Kunstgerechtes Frisieren haben die Bambuti weder selbst erfunden
noch von ihren negerischen Nachbarn übernommen. Da diese Dinge in den
kulturgeschichtlichen Bereich gehören, brauchen sie hier nur kurz erwähnt zu
werden (Abb. 35, 42, 50, 56).

Andeutungsweise wurde die H a a r f o r m bereits besprochen. Sie gleicht
genau der, die alle Neger kennzeichnet; ist mithin das büschelständige sogenannte Pfefferkornhaar, dessen eigenartige Bauart jedermann kennt. Die einzelnen Haarknötchen verteilen sich mit einem nahezu gleichmäßigen Abstand
voneinander über die ganze Kopfhaut und ein jedes von ihnen entsteht dadurch, daß einige 10 Einzelhaare sich gemeinsam zu einer verknäulten Spirale
zusammenrollen. Allerdings stehen, individuell verschieden, die Einzelhaare
etwas enger oder etwas weiter voneinander ab; was jeder Beobachter, der sich
die glatt rasierte Kopfhaut anschaut, nachzuprüfen vermag. Infolgedessen ist
gleichfalls individuell der absolute Abstand der einzelnen Haarknötchen voneinander ein wenig verschieden. Je weiter sich diese voneinander entfernen,
desto heller leuchtet die Kopfhaut selbst dazwischen durch. Und doch handelt
es sich hierbei um eine Täuschung; denn die Farbe der Kopfhaut besitzt bei
allen Personen die nahezu genau gleiche Helligkeit, nämlich ein blaß-weißliches
Gelb, das einer dunklen Elfenbeinfarbe nahesteht.

Die Wachstumsrichtung in Spiralform oder mit deutlicher Neigung zu ihr
hält jedes Körperhaar der Bambuti fast ausnahmslos ein. Die Haare auf Armen
und Beinen sind schon gekennzeichnet worden, die Eigentümlichkeiten der
Augenbrauen und Wimpern kommen sogleich anschließend zur Sprache. Bereits
bei kurz belassenem Haar, das nur 6—8 mm lang ist, offenbart sich das Bestreben zur Knötchenbildung. Die ausgeprägte Form des Pfefferkornhaares
überzieht eigentlich nur den ganzen Kopf; die aufgelockerten Spiralen der
wenig eng stehenden Haarknäulchen sieht man deutlich bestimmt am Kinn und
auf der Brust, in den Achselhöhlen und auf der Genitalgegend, manchmal auch
auf Armen und Beinen. Ganz gleich, wo diese Haare sprossen: falls sie sich
mit benachbarten Haaren nicht eng verfilzen, wie auf dem Kopfe, lockert sich
jede Einzelspirale auf und das gedrängte Haarknötchen ballt sich weniger
stramm zusammen; und wo das Einzelhaar sich mit benachbarten nicht zu
verbinden vermag, wegen zu weitem Abstand von ihnen, trägt es allein für sich
seinen Spiralverlauf zur Schau. Solchen Bildungen begegnet jeder europäische
Beschauer mit reichlichem Befremden; sie lassen an deutlicher Darstellung der
Wachstumsrichtung des einzelnen Haares und des Zusammenwirkens mehrerer
benachbarter Haare nichts zu wünschen übrig.

Falls jemand sein Kopfhaar zu lange ungeschoren läßt, lockern sich in
jedem Haarknötchen die einzelnen Windungen nahe den freien Spitzen zuweilen
ansehnlich und dann macht der ganze Kopf den Eindruck, als sei er in einen
kurzwelligen, locker-krausen und dichten Haarwulst eingehüllt. Dabei verschwinden für den Blick, der nur über die oberste und am meisten gelockerte

Haarschicht gleitet, die hellen Trennungskreise bzw. freien kleinsten Haut-
felder um ein jedes Haarknötchen. Aus dem gleichen Grunde, d. h. weil die
Haare an anderen Stellen nicht so häufig wie auf dem Kopfe abgeschabt
werden, treten die Haarknötchen in der Achselhöhle, auf der Brust und
anderswo weniger eng geschlossen auf und sprechen im ganzen wie eine locker-
krause Verfilzung an.

Im Bereich der A u g e n b r a u e n begegnet man keinem gleichmäßig
gerichteten Strich, sondern einem wirren Durcheinander der einzelnen Haare.
Diese bedecken bei nahezu sämtlichen Personen bloß die zur Mediansagittale
hinweisende Hälfte oder höchstens zwei Drittel des ganzen Brauenbogens,
weswegen sein äußerer Abschnitt kahl bleibt. Wie eine aufgelockerte verfilzte
Haarschicht nimmt sich jede Augenbraue aus, die nicht selten genau so breit
wie hoch ist. Manche Männer und Frauen machen ihre Augenbrauen zum
beliebten Felde einer ausgeklügelten Zierrasur, in Nachahmung der Waldneger.
Sie schaben mit einer eisernen Pfeilspitze oben und unten so viele Haare weg,
daß nur ein bogenförmiger, 2—4 mm breiter Streifen verbleibt; in ihn kratzen
sie 5 bis 8 kurze und schmale senkrechte Streifen ein, die den ungefähr gleichen
Abstand voneinander halten. Das gänzliche Ausbleiben einer bestimmten einheitlichen Richtung der einzelnen, die gesamte Augenbraue zusammensetzenden
Haare ist allein auf die unregelmäßige Wachstumsrichtung eines jeden von
ihnen zurückzuführen (Abb. 31).

Ausnahmslos dichtgedrängt stehen die W i m p e r n , weil deren viele an
den Lidrändern sprossen. Sie erfreuen sich einer außerordentlich seltenen
Merkwürdigkeit. Genau wie beim Europäer nehmen die am Rande des oberen
wie unteren Lides heraustretenden Wimpern die sanft gebogene Richtung ein
wenig nach oben bzw. nach unten. Das freie Ende der unteren Wimpern senkt
sich mit einer stärkeren Biegung; während das der oberen, etwa ein Dreißigstel
ihrer Gesamtlänge, sich zurückrollt und einen genau geschlossenen Kreis bildet,
dessen Durchmesser weniger als ein Millimeter beträgt. Demnach endet jede
der oberen Wimpern mit einem winzigen Ringelchen. Nur an einigen alten
Personen habe ich beobachtet, daß dieser sehr kleine Kreis sich locker öffnet;
d. h. die freie Haarspitze entfernt sich um einen winzigen Abstand von dem
benachbarten Haarteilchen, weswegen eine stark gebogene Häkchenform entsteht. Die geschilderte Aufringelung des Wimpernendes am oberen Augenlid
als allgemeines Merkmal ist mir bei anderen menschlichen Rassen und Varietäten noch nie begegnet.[1] Viele Erwachsenen rupfen sich ihre Wimpern aus,
für welchen Eingriff ich den entscheidenden Grund nicht erfahren habe.

Entschieden lohnt es die Mühe, auch noch im einzelnen die b e h a a r t e n
F l ä c h e n zu beschreiben. Über den Kopf hin verteilen sich die Haarknäul-

---

[1] Seitdem bin ich auf das allerdings bloß vereinzelte Vorkommen dieser Eigentümlichkeit auch außerhalb des zentralen Afrika aufmerksam geworden. Während ausgedehnter
rassebiologischer Untersuchungen an Kriegsgefangenen mannigfaltiger völkischer wie rassischer Zugehörigkeit, durchgeführt im Sommer 1940 und im Frühjahr 1942 von Fachleuten
der Anthropologischen Abteilung im Naturhistorischen Museum in Wien, ist mir die nahezu

chen der Pfefferkornform individuell mehr oder weniger eng nebeneinander. Auf der Stirn verläuft nur selten eine scharf gezeichnete Haargrenze; vielmehr sieht man meistens, daß einzelne Haarknötchen sich aus dieser heraus unregelmäßig nach vorn schieben. Das gleiche Bild wiederholt sich noch häufiger im Genick und manche Haarknötchen verlieren sich erst vor dem hinteren Ansatz der Ohren. Bei Männern stehen diese Knötchen auch auf dem vorderen Oberteile des Halses; von da ziehen sie nach vorn zum Rande des Unterkiefers und seitwärts auf die Wangen hinauf, völlig regellos verteilt.

Das Kinn zeigt sich bei den Pygmäen verschiedengradig schütter und ausnahmsweise etwas dicht mit Haarknötchen besetzt. Nur wenigen Männern ist ein nennenswert voller Bart beschert, der ein geschlossenes Geflecht darstellt. Der mittlere Vorderteil des Kinns ist kaum je ganz dicht überzogen, erst hinter dem unteren Rande des Unterkiefers beginnt eigentliche Haarfülle; m. a. W., die Vorderseite, von den Schleimhautlippen bis kurz vor dem Gnathion, liegt vollständig oder nahezu vollständig frei. Zwischen vorderem Kinnrand und Hals sitzen die Haarflöckchen, wie gesagt, eng oder sehr eng, indes bloß schütter auf den Seitenflächen zu den Ohren hin und vereinzelt in der Gonion-Gegend. Sie alle erscheinen weniger kompakt und etwas aufgelockert, verglichen mit denen auf dem Kopfe; möglicherweise auch deshalb, weil zum Zustandekommen jeden Knötchens sich bloß einige Einzelhaare miteinander verflechten. Außerdem stehen unter dem Kinn diese Knäulchen weiter voneinander ab als die auf dem Kopfe. Alle Bambuti ziert allein diese Art des Bartes auf dem Kinn und dahinter, d. h. ein unregelmäßiges Beisammensein von vielen mehr oder weniger dicht aneinander grenzenden, teils straff und teils locker aufgerollten Haarflöckchen (Abb. 33, 45, 55).

Bei den meisten Männern sprossen auf der Oberlippe nur wenige Haare und diese kommen ganz selten nahe aneinander. Man entfernt sie in kurzen Zeitabständen durch Rasieren; was weniger oft mit den Haarflöckchen auf dem Kinn geschieht. Niemals zeigt sich ein Schnurrbart, der stehen bliebe. Bei wenigen Männern sitzen die Einzelhärchen auf der Oberlippe dichter und die ganze Fläche zwischen beiden Mundwinkeln erscheint wie ein dunkler Fleck von schwärzlichem Braun, in das sich bei Greisen dieses und jenes graue Haar einflicht. Das Einzelhaar auf dieser kurzen Strecke ist dick, hart und kurzwellig, nicht aber spiralig gedreht. Solch kurzwellige Wachstumsrichtung bringt es mit sich, daß sämtliche Haare ineinander übergreifen und somit eine dicht geschlossene Haarschicht entsteht. Die Bambuti beschneiden oder rasieren diesen Bart auf ihrer Oberlippe von Zeit zu Zeit, wie gesagt, weswegen er nie lang wird. Als längste Barthaare dieser Art maß ich solche von 10—13 mm.

---

gleiche Bildung an einigen Europäern verschiedener Rassezugehörigkeit ungefähr einmal unter zweitausend Personen entgegengetreten. Bei diesen wenigen liefen die Wimpern des oberen Augenlides zum freien Ende hin in eine winzige hakenförmige Krümmung aus, was sich auffälligerweise ausnahmslos an den Wimpern des rechten Auges ereignete; hingegen endeten die oberen Wimpern des linken Auges ganz flach nach oben gebogen. Lohnend wäre es, der Biogenese dieser seltsamen Erscheinung nachzugehen.

Mit Achselhaaren sind sämtliche Erwachsenen ausgestattet; bei dem und jenem zeigt sich eine solche Menge, daß die ganze Höhle wie mit einem lockeren Ballen ausgefüllt erscheint. Meist entwickelt sich das Achselhaar langwellig, oft auch in der aufgelockerten Flöckchenbildung. Stehen die Einzelhaare dichter, dann werden auch die Haarknötchen dicker und voll; sie nähern sich einander nicht so eng wie die auf dem Kopfe. Das Achselhaar ist nicht so hart wie das an anderen Körperstellen; die Haarknötchen selbst erscheinen zusammengedrückt und kleben vielfach an der Haut, hauptsächlich unter dem Einfluß des reichlichen Schweißes. Die Schambehaarung ist mäßig entwickelt. Ihrer Wachstumsrichtung nach treten langwellige und kurzwellige Einzelhaare sowie lockere Flöckchen auf. Das Einzelhaar ist hart und dick. Bei Frauen grenzt sich die Schambehaarung durch einen oberen scharfgezogenen und leicht gebogenen Rand ab, sie nimmt nur eine kleine Fläche ein. Die meisten Erwachsenen kürzen sich gelegentlich das Schamhaar, indem sie es mit groben Eisenklingen abschaben. Die Wimpern betreffend, braucht nur wiederholt zu werden, daß die oberen beträchtlich reichlicher sprossen als die unteren und in ein kleinstes Ringelchen auslaufen; sie sind von echtem Schwarz. Die Augenbrauen stoßen über dem Nasensattel niemals zusammen; ihre Grundfläche kommt einem nach außen mäßig verlängerten Dreieck gleich.

Reichlich gedeiht Terminalhaar auch auf den übrigen Körperflächen. Das gilt bei sämtlichen Männern zumindest für den ganzen Unterschenkel sowie für die Streckseiten vom Oberschenkel und Arm, auch für den Bereich über den Schulterblättern. Bei vielen ist die ganze Brustwand, hauptsächlich rund um die Warzen und über dem Sternum, auch vom Nabel abwärts in meist schmalem Streifen zu den Genitalien, dicht besetzt. Gelegentlich erreicht die Behaarung auf dem Rumpfe eine derartige Dichte, daß man meinen möchte, er sei mit einem schwarzen Fell überzogen.

Auf allen diesen Flächen zeigen sich die einzelnen Haare weniger oft leicht gewellt, viel häufiger als schütter gestellte Flöckchen. Als Ausnahme gilt, wenn die Behaarung auf der Brust und rund um die Warzen in anderer Form als in Flöckchen zum Wachstum gelangt. Bei einigen Männern sitzen auf den ganzen Beinen dichtere, auf den Armen kleinere und weniger dichte Flöckchen; solche sprossen ihnen dann auch auf der Kreuzbeingegend, woselbst überdies reichliche Flaumbehaarung steht. Auf der Rückenfläche der Hände gibt es nichts anderes als alleinstehende, kurze und dicke Haare. Beträchtlich an Fülle verringert wiederholt sich die Terminalbehaarung bei den Frauen auf allen genannten Körperflächen, bei einigen gedeihen sogar auf der oberen Hälfte ihres Sternum einzelne Haarflöckchen. Auf dem Bauche der Frauen jedoch findet sich auffälligerweise gar kein Terminalhaar; solches weist jeder Mann mehr oder weniger reichlich oft schon in jungen Jahren dort auf.

Bei allen bejahrten Personen beiderlei Geschlechts stellen sich weder am Innenrand der Nasenlöcher noch vorn im Gehörgang die einzelstehenden straffen Haare ein, wie solche kaum je bejahrten Europäern fehlen. Zu den ungewöhnlichen Überraschungen gehört es, wenn man einer Pygmäin mit nahezu glatter, d. h. mit spärlichstem Terminalhaar versehener Körperhaut begegnet. Eine solche Erscheinung gibt es im männlichen Geschlecht keinesfalls.

Graue Haare beginnen bei hochbejahrten Personen erst einzeln sich zwischen die übrigen schwarzbraunen einzufädeln; bei sehr alten Leuten schreitet diese Umbildung der Färbung sehr langsam so lange voran, bis der ganze Haarbereich überwiegend grau geworden ist. Zunächst befällt diese Veränderung den Kopf und wirklich erreicht sie vereinzelt den Höchstgrad, daß ein jedes Haar dieser Knäulchen in seiner ganzen Länge ergraut. Aber schon vor Erreichen dieses Stadiums verfärben sich allmählich auch einzelne Barthaare und Augenbrauen sowie die Haarflöckchen auf anderen Körperflächen; jedesmal in der Weise, daß keine einheitliche Färbung entsteht. M. a. W., zwischen den Haaren auf Brust und Bauch, auf der Bart- und Pubisgegend treten bloß einzelne graue Haare zwischen den vielen anderen auf, jedesmal von der gleichen Form wie die benachbarten, also langwellig oder gekräuselt oder als enge Spiralen gedreht. Bei sehr alten Männern kommt eine deutliche Glaße zum Vorschein, die schließlich eine breite Fläche um den hinteren Haarwirbel einnimmt, niemals aber sich über den ganzen Scheitel hinzieht.

In Übereinstimmung mit der ausgiebigen Entfaltung des Terminalhaares besitzen die Bambuti nahezu ausnahmslos eine dauernd reichliche F l a u m - b e h a a r u n g auf allen Körperflächen, hauptsächlich im Gesicht und auf den Gliedmaßen; ausgenommen davon sind bloß die inneren Handflächen und die Fußsohlen. Sie bildet eine dichte Schicht feinster, weicher Härchen, die nur 1—3 mm Länge aufweisen und in jedem Körperbezirk insgesamt nach der gleichen Richtung tief geneigt der Haut eng anliegen; sie sind entweder gerade ausgezogen oder leicht gebogen, von blassem Schwarzbraun und auch von helleren Brauntönungen. Besonders dicht stehen sie vor der Kopfhaargrenze auf Stirn und Schläfen und reichen manchmal weit über die Wangen hinweg. Häufig zieht diese flaumhaarige Schicht, dichter als anderswo, vom Genick her zum Rücken hinunter; hier nimmt sie eine Dreieckform ein, mit dem Scheitelpunkt an tiefster Stelle über den ersten Lumbarwirbeln, ohne sich auf die Haut genau über den Schulterblättern zu erstrecken.

Diese den ganzen Körper wie ein Überzug einhüllende Schicht feinster Härchen ist individuell verschieden dicht, und zwar im doppelten Sinne des Wortes. Häufig ist jedes Einzelhärchen etwas dicker und zugleich auch dunkler gefärbt; dann nimmt sich die gesamte Flaumbehaarung wie ein dichter Belag aus, der den betreffenden Körperabschnitt betont abdunkelt. Am meisten befremdet, wenn man diese dunkle Haarschicht über den Schläfen, auf den ganzen Armen und Beinen sowie über der Wirbelsäule und auf dem ganzen Gesäß gereifter Mädchen und junger Frauen antrifft. Bei vielen anderen Personen hingegen sind diese Einzelhärchen an sich außerordentlich zart, stehen dafür um so dichter zusammengedrängt und liegen der Haut fellartig auf.

Bei auffallendem Sonnenlicht rückt diese dichte Flaumschicht jedem Beschauer überraschend deutlich vor Augen; mir selbst ist sie in dermaßen reicher Fülle als Allgemeinbesiß einer ganzen menschlichen Gruppe in anderen

Erdgebieten nie begegnet. Wie es schon früher der genau beobachtende STUHLMANN getan hat,[1] möchte auch ich die dichte Flaumbehaarung als ein hochgradig charakteristisches Rassemerkmal der Bambuti veranschlagen. Von ihm her erfährt auch das eigentliche Terminalhaar eine gesteigerte Bedeutung.

Während die Flaumbehaarung jedem Pygmäen seit den ersten Lebenstagen anhaftet und sich erst in den Greisenjahren erkennbar abschwächt, gilt für die Terminalbehaarung im großen und ganzen, daß sie ab Mitte der zwanziger Jahre an Stärke und Umfang zunimmt, die beide sich teilweise noch über das mittlere Alter hinaus steigern. Will man die Haarfarbe mit einem Worte kennzeichnen, gibt man sie am besten als ein tief-schwärzliches Braun mit einem zu den Spitzen hin hell-rötlich braunen Schimmer aus. Von einer Person zur anderen variiert dieser Farbton derart wenig, daß nur schärfstes Zuschauen geringfügige Schwankungen zu entdecken vermag. Bloß bei Jugendlichen und Personen mittleren Alters begegnet man auf dem Kopfe der seltsamen Erscheinung, daß die Schicht der oberen freien Haarenden gegen das Sonnenlicht in einem angenehmen Rotbraun leuchtet. Das Kopfhaar hochbejahrter Leute tritt keinesfalls, wie früher schon dargelegt wurde, in einer reinen Einheitsfarbe auf; ein sauberes Weiß kommt niemals zustande und das Altershaar, dem sich ein gelblicher Farbton beimischt, behält ausnahmslos sein schmutziges Grau bei. Die hellfarbige Flaumhaarschicht läßt bei den vielen Leuten jeglichen Alters allerlei Farbspiele erkennen, vom Goldgelb zum Dunkelbraun.

Einer langgezogenen Umwandlung unterliegt die Haarfarbe der Neugeborenen in den ersten Lebensmonaten. Die Kinder treten ins Dasein mit einem hellgelben oder rötlichen Blond in den sehr feinen, schütter verteilten Kopfhaaren. Im Verlauf der folgenden Wochen werden diese fortschreitend bräunlich-gelb, dann noch dunkler und nach dém sechsten Monat schwärzlich-braun. Während dieser Zeit hält sich das weiche Haar über der Schläfengegend nahezu unverändert heller als das auf dem Scheitel; nachher verfärbt sich ersteres langsam fortschreitend zum dunklen Ton des ganzen Kopfhaares. Weil der Kopf aller Neugeborenen mit weichen, feinen Härchen nur dünn bestellt ist, kräuseln diese sich in den ersten Tagen und Wochen bloß da und dort zu aufgelockerten Flöckchen. Allgemein geben diese Härchen schon bei der Geburt ihre Richtung auf enge Schraubendrehung zu erkennen; doch noch nicht so, daß sich alle Spiralen eng schließen und die benachbarten miteinander verwickeln. Die Mütter haben zur Gewohnheit, ihren Säuglingen durch das erste halbe

---

[1] Mit erfreulich deutlicher Genauigkeit erklärt er (b): 445 hierüber: „Der ganze Körper a l l e r von dem (Emin) Pascha und von mir beobachteten Zwerge ist mit einem auffallend kräftig entwickelten Flaumhaar bedeckt. Sehr dünne, fahle oder weißliche, 2—4 mm lange Haare bedecken mit besonders auffallender Dichtigkeit Rücken, Schultern und Arme, fehlen jedoch auch an anderen Punkten, mit Ausnahme des Gesichtes, sowie der Hand- und Fußteller, nicht. Ihre Wurzeln stehen schräge in der Haut, so daß sie sich dem Körper anschmiegen und in gewissen Strichen parallel angeordnet sind. Es ist dies eine weit dichtere und feinere Behaarung als sie sich z. B. bei erwachsenen Europäern auf den Armen, Händen usw. findet."

Lebensjahr eine etwa 3 mm dicke Schicht lehmiger Erde auf den ganzen Scheitel zu schmieren, welche alle weichen Haare verklebt und in ihrer natürlichen Entwicklung behindert; fällt dieser Eingriff weg, überzieht sich der kleine Kopf schnell mit den mäßig-gedrängt stehenden, lockeren Flöckchen des echten Pfefferkornhaares.

Merkwürdig, daß das Kopfhaar der Bambuti nur mäßige Dicke aufweist. Sein Hinstreben zur Pfefferkornform, die kräftige Entfaltung des Terminalhaares und die dichte Schicht des Flaumhaares, von welcher nahezu der ganze Körper eingehüllt wird, sind rassische Eigenheiten, vermittels deren sich unsere Pygmäen von anderen menschlichen Gruppen augenfällig unterscheiden.

Unter dem Einfluß der alltäglichen und oft schweren Handarbeit entstehen naturgemäß an ihren Händen überwiegend mittelbreite und flache N ä g e l , die vielen Verletzungen unterliegen, sich häufig spalten und sogar abbrechen. Trotzdem weist manche Männerhand und häufiger manche Frauenhand auch gewölbte Nägel auf, die man in noch größerer Zahl an den Händen der Jugendlichen findet, vorwiegend an denen der Mädchen. Die Nägel des Daumens und Mittelfingers nähern sich in ihren Umrissen einem quergestellten und die Nägel der übrigen drei Finger einem langgezogenen Rechteck. Je höher die Wölbung, um so schmaler der Nagel auch bei den Bambuti. Die Nägel auf den Zehen sind kurz und breit, am häufigsten von quadratischem Umriß. Sowohl die der Finger als auch die der Zehen sitzen einem Untergrunde auf, der weißlich-gelb durchscheint (Abb. 19, 20, 21, 24, 25).

Anschließend an diese Schilderung der Integumentalorgane unserer zwerghaften Ituri-Menschen läßt sich passend eine knappe Zeichnung ihrer Z ä h n e unterbringen. Von vornherein erwartet man, was auch zutrifft, daß die Zähne der Erwachsenen, absolut gewertet, klein, bei einigen Männern höchstens mittelgroß und bei den meisten Frauen klein bis sehr klein sind. In die Farbe, die mannigfach wechselt, mischt sich fast ausnahmslos ein gelber Ton ein, zuweilen ein tiefes Zitronengelb. Weniger häufig tritt ein gräuliches Weiß auf, das zuweilen als schwärzlich gestreift, aber niemals als reines Weiß gelten kann; beim ausbrechenden Dauergebiß der Jugendlichen allerdings möchte man von einem nahezu reinen Weiß sprechen, wäre nicht eine leichte Gelbtönung bemerkbar. Die Breite der Zähne entspricht ungefähr ihrer Höhe und man muß sie kurzweg als schmal und niedrig bezeichnen. Dennoch finden sich gelegentlich auch solche, die trotz geringer Höhe eine diese überragende Breite aufweisen. Die Höcker auf den Kauflächen erreichen eine derart bescheidene Entwicklung, als seien sie bloß soeben erkennbar angedeutet; hauptsächlich sind sie spitzig und weniger oft breit abgerundet.

Der Zahnbogen verläuft am häufigsten rundlich oder rund-oval und vereinzelt hufeisenförmig, nur bei ganz seltenen Ausnahmsbildungen nach vorn zugespitzt. Ebensowenig rückt ein einzelner Zahn dermaßen aus der Reihe heraus, daß er den Zahnbogen selbst kantig erscheinen ließe. Obwohl die Zähne im allgemeinen eng eingereiht stehen, außerdem eine gleichmäßige und regelrechte Anordnung verraten, bleiben doch vergleichsweise häufige Stellungsanomalien nicht aus. Eine der gewöhnlichsten ist die, daß der eine Zahn, und vielleicht auch noch ein zweiter, wegen des zu knappen Zahnbogens gegenüber der Gesamtbreite aller Zähne, aus seinem enggeschlossenen Verbande herausgepreßt wird.

Trotz der fast durchgehends gedrängten Anreihung aller Zähne bilden sich auffälligerweise häufig breite oder schmale Lücken. Solche sind am breitesten zwischen den Incisiven selbst sowie zwischen I_2 und Caninus, sogar gelegentlich zwischen Prämolaren und Molaren. Man gewinnt den Eindruck, der weite Abstand zwischen den beiden I_1 sup. wird so ermöglicht, daß sich der gesamte Processus alveolaris weit vorschiebt und damit Geräumigkeit schafft. Einmal sah ich folgende merkwürdige Anomalie: die beiden I_1 inf. standen eng nebeneinander, die beiden I_2 hatten sich vor diese vorgeschoben und ließen zwischen sich selbst einen Raum von 4 mm frei, nach hinten lehnten sie sich eng an die I_1 an; der Zahnbogen seinerseits zog sich vorn ungewöhnlich spitz zusammen und wohl deswegen war diese unharmonische Zahnstellung zustande gekommen.

Falls aus einem Gebiß, dessen sämtliche Zähne eng gedrängt stehen, ein Zahn verlorengeht, erfolgen aus der damit gegebenen Lockerung der bislang geschlossenen Reihe mehr oder weniger erhebliche Unregelmäßigkeiten; wahrscheinlich, weil das Gebiß alltäglich stark in Anspruch genommen wird. Sie befallen am meisten jene Zähne, die der Lücke benachbart sind. Schnell wird die leere Alveole resorbiert und, falls es sich um Incisiven handelt, erkennt man außen ein leichtes Einfallen des darüber liegenden Bezirkes der Integumentallippe.

An der im allgemeinen erheblichen Prognathie des Untergesichtes beteiligt sich entscheidend selbstverständlich auch der Processus alveolaris; erkennbar drängt er sich selbst nach vorn, während die Zähne in das Innere der Mundhöhle gerückt erscheinen (S. 106). Am häufigsten stehen die oberen und unteren Incisivi nahezu senkrecht, und zwar meist so, daß bei Aufbiß die oberen sich ein wenig schräg nach vorn über den unteren bewegen (= Psalidodontie). Oft halten sich die oberen und unteren Incisiven genau senkrecht, doch so, daß die letzteren um wenige Millimeter hinter den ersteren zurückstehen; was echter Opisthodontie gleichkommt. Mehrmals stellt sich Stegodontie ein, wenn die unteren Incisiven von den oberen, die mit flacher Neigung dachförmig vorspringen, überdeckt werden. Sogar der für Prognathie seltenen Erscheinung bin ich einige Male begegnet, daß die oberen Incisiven sich mit Schrägstellung hinter eine ideelle Vertikale nach rückwärts in die Mundhöhle hinein neigen.

Hinsichtlich der zeitlichen Entfaltung ihres Gebisses unterscheiden sich die Bambuti nicht nachweisbar von den Europäern. Am Milchgebiß konnte ich eine Reihenfolge für das Heraustreten der Zähne beobachten, die wir von unseren Kindern her kennen; bloß daß dieser Vorgang sich vermutlich etwas langsamer abwickelt als hier in Europa. Als erste brechen gleichzeitig die unteren mittleren Incisiven durch und nach drei bis vier Wochen die oberen mittleren; nach weiteren sechs Wochen zeigen sich die unteren I_2 und fast gleichzeitig oder nur einige Tage später die oberen I_2. Bei Kindern von 12 bis 14 Monaten künden sich die unteren M_1 an, denen sofort die oberen M_1 folgen. Nach weiteren 12 Monaten, d. h. bei Vollendung des zweiten Lebensjahres, kommen auf einmal alle vier Eckzähne heraus, gegen Mitte des dritten Lebensjahres erst die unteren und schließlich die oberen M_2. Mithin besitzt jedes Kind vor Eintritt in das vierte Lebensjahr seine 20 Milchzähne. Zwischen dem zwölften und vierzehnten Lebensjahre vollzieht sich der Zahnwechsel größeren Umfanges und seitdem verfügt jedes Kind über 28 Zähne. Als letzte Dauerzähne erscheinen die M_3, zunächst die unteren und danach die oberen, individuell verschieden zwischen zwanzigstem und fünfunddreißigstem Lebensjahr. Einige Male sind mir auch obere M_3 begegnet, die vor den unteren M_3 sichtbar geworden waren. Bloß ein einziges Mal bin ich einem überzähligen Zahn auf die Spur gekommen, einem M_4 rechts unten bei einer etwa 28jährigen Frau. Naturgemäß und entsprechend dem zarten Knochenbau aller Bambuti-Kinder sind ihre Wechselzähne sehr klein, nahezu zierlich und von einem bläulichen Weiß mit klarem Emailleglanz.

Die Jugendlichen, erst recht alle Erwachsenen nehmen ihr Gebiß nicht nur außerordentlich stark, sondern auch unablässig in Anspruch; u. zw. weniger während des Essens als bei den verschiedensten Handarbeiten. Infolge Überlastung bricht mancher Zahn aus; seitdem erfährt der gegenüberstehende nicht die gleiche Abnützung wie sein Nachbar, er behält seine bisherige Länge bei und überragt nach einiger Zeit das Niveau der Kaufläche dieser Zahnreihe. Alle Pygmäen, die das dreißigste Lebensjahr überschritten haben, zeigen bereits beträchtlich abgewetzte Tubera und Zahnkronen. In der Folgezeit schleift sich die Krone fortschreitend weiter ab und die Kaufläche sinkt mehr nach unten, sogar unter die ursprüngliche halbe Kronenhöhe, niemals jedoch zum Zahnfleischrande hinab. Die derart abgeschabten Zahnkronen vereinigen sich zu einer ungefähr geebneten Kaufläche von schwärzlich-brauner Farbe.

Jede durch andauerndes Abschleifen bloßgelegte Pulpahöhle füllt sich ziemlich rasch mit unregelmäßigen Ossifikationsgebilden, in denen sich kaum je eigentliche Karies entwickelt. Doch quält auch dieses Übel den und jenen Pygmäen, obgleich einzelne Horden davon gänzlich frei sind. Ein allgemeiner Überschlag weist nur 2—3% aller Erwachsenen mit echter Karies auf. Betroffen wird entweder bloß ein einziger Zahn im ganzen Gebiß oder auch mehrere Zähne gleichzeitig. Die Zerstörung weist alle Grade auf, sogar schon bei jüngeren Leuten; die ausgehöhlten Innenwände solcher Zahnkronen erscheinen geschwärzt und unregelmäßig zersetzt. Die Bambuti umschreiben dieses belästigende Leiden bzw. den dabei empfundenen tiefdringenden Schmerz mit: *wilúlu* = Wurm, der, wie sie vermuten, „im Inneren sitzt und darin herumbohrt". Genauer ist die Bezeichnung *odéze* = kranker Zahn.

Weit häufiger als die Karies tritt Alveolarpyorrhöe auf, an der viele Leute leiden. Dabei handelt es sich um Vereiterung der Zahnwurzelhaut und der Alveole. Das Zahnfleisch leuchtet blaurot und ist aufgelockert bzw. geschwollen, der Zahn selbst aus der Alveole herausgehoben und hängt nur sehr locker noch im Zahnfleisch. Meistens bleibt der Zahn vollkommen gesund, jedoch liegt ein

ungewöhnlich dicker Ring von Zahnstein um den Zahnhals. Der kranken Stelle
entströmt ein widerwärtiger, dem Leichengeruch vergleichbarer Gestank, weil
aus der Fistelöffnung fast ständig Eiter quillt. Bei einzelnen Personen sind von
dieser Pyorrhöe sämtliche oder nahezu sämtliche Zähne betroffen, die naturgemäß früher oder später ausfallen; die Erosion der Gewebe und der eitrige
Fluß halten meist einige Jahre an, weil die Leute kein Abwehrmittel besitzen.
Dieses lästige Übel quält häufiger die Männer als die Frauen, allerdings auch
einzelne Jugendliche.

Von den Negern, hauptsächlich von den Lese, haben unsere zwerghaften
Waldmenschen in neuerer Zeit absichtliche Zahnverstümmelung aus Schönheits-
gründen übernommen. Dabei handelt es sich vorwiegend um ein Abkanten der
beiden sich berührenden mesialen Ecken der mittleren Incisiven, am häufigsten
der oberen. Mit einem eisernen Meißel, geklopft von einem kurzen, weichen
Holzklöppel, splittert der Praktiker dem mit seinem Rücken dem Erdboden
aufliegenden und flach ausgestreckten Pygmäen die bezeichneten Zahnkanten
ab. Entweder nimmt er von den Incisiven die ganze bzw. halbe Schnittfläche
samt mesialer Kante weg, oder beide Kanten eines jeden der beiden mittleren
Incisiven, daß diese nachher zugespitzt auslaufen; auch bearbeitet er in gleicher
Weise alle vier oberen bzw. die beiden mittleren unteren Incisiven. Vereinzelt
wird der Ausschnitt der mesialen Kante gerundet. Wie nicht anders zu erwarten, fallen die dermaßen mutilierten Zähne nach wenigen Jahren aus; mir
ist kein Pygmäe begegnet, der über sein 35. Lebensjahr hinaus derartige Zähne
noch besessen hätte. Da infolge solcher Eingriffe selbstverständlich die unteren
Incisiven unregelmäßig beansprucht werden, lockern sie sich oder brechen ab.
Tatsächlich steht eine ansehnliche Zahl der Männer im besten Lebensalter ohne
Schneidezähne da. Die überwiegende Mehrheit der Bambuti in der Nachbarschaft der Lese-Neger gibt sich zu dieser Zahnverstümmelung her, wohingegen
die Pygmäinnen ihrerseits diesbezüglich zurückhaltender sind.

Dem allgemeinen Eindruck zufolge hat mich das Gebiß der Bambuti wegen
seines schlechten Zustandes unangenehm überrascht; bin ich es doch von
früheren Forschungsunternehmungen her gewohnt, bei niederen Naturvölkern
gesunde und regelrecht eingekeilte Zähne anzutreffen. Die erwähnte Zahnverstümmelung hat nicht nur den Verlust der davon betroffenen Stücke, sondern auch deren Antagonisten zur Folge. Aber abgesehen von diesem willkürlichen Eingriff, weist die Anordnung der Zähne von Hause aus Tremata und
Diastemata in solcher Häufigkeit auf, wie sie mir anderswo im Bereich der
Naturvölker noch nicht begegnet ist; dazu gesellen sich viele Lücken zwischen
den einzelnen Incisiven samt Canini oben und unten sowie zwischen letzteren
selbst, zwischen den Prämolaren und Molaren. Eigentümlich genug, daß ein
jeder Zahn des Pygmäengebisses von beliebig benachbarten durch einen
Zwischenraum getrennt sein kann. Letzterer ist durchaus nicht immer unbedeutend; beispielsweise bestimmte ich einmal die freie Spalte zwischen den
beiden oberen I_1 mit 4½ mm und die darunter zwischen beiden I_1 mit 3½ mm.
Der Alveolarbogen bietet eben in seiner vollständigen Ausweitung mehr Raum,

als die kleinen Zähne auszufüllen vermögen; so erklärt man sich wohl am
bequemsten den häufig unterbrochenen Zusammenschluß aller Zähne (S. 146).

Am meisten trägt zum beklagenswerten Befund des Gebisses unserer Ituri-
Leute die weit verbreitete Alveolarpyorrhöe bei, die gewöhnlich zwei oder drei
Stellen gleichzeitig befällt. Ihr gegenüber tritt die Karies an Häufigkeit ganz
ansehnlich zurück. Um so häßlicher nehmen sich die schwärzlichen Kauflächen
der abgeschliffenen Zahnkronen aus. Die meisten Erwachsenen werden nahezu
unablässig von Zahnweh geplagt, gegen das sie sich nicht zu wehren wissen und
das sie mit widerstandsloser Gelassenheit tragen. Körperlichem Schmerz gegenüber verhalten sie sich staunenswert duldsam und nahezu verschwiegen (S. 167).

f. Der eigenrassige Pygmäentypus

Die Gestalt der Ituri-Pygmäen, wie der Anthropologe sie erschaut, ist im
vorliegenden Abschnitt gezeichnet worden. Bevor ich ihre rassetypische Eigenart auf einige Sätze zusammengedrängt vorlege, sei nochmals zum Ausdruck
gebracht, daß ihre sämtlichen körperlichen Merkmale unter jeder Rücksicht
n o r m a l e F o r m e n darstellen. Obwohl die Bambuti einige Spezialisationen
aufweisen, die wegen ihrer einmaligen Ausprägung sich in anderen menschlichen Rassen nicht wiederholen, so belehren offenkundiger Augenschein und
erbgenetisches Beurteilen darüber, daß auch diese Bildungen bzw. Form-
steigerungen die naturgesetzten Grenzen des physiologisch-anatomischen Schwan-
kungsbereiches nicht zur Sphäre des Pathologischen hin überschreiten.

An Stimmen solcher hat es nicht gefehlt, die zumindest für die außerordentlich
niedrige Körperhöhe irgendwelche Wachstumsstörung oder eine teils äußere und
teils innere Behinderung der normalen Entfaltung glaubten verantwortlich machen
zu müssen. Gleichzeitig gab man der Vermutung wiederholt Raum, es treten
an den Bambuti einige Merkmale auf, die als ausschlaggebende Erscheinungen
an chondrodystrophischen menschlichen Zwergen beobachtet wurden. Bei ihnen
ist bekanntlich der Schädel in seiner Längsrichtung verkürzt, hingegen in der
Querrichtung vergrößert und sogar in schweren Fällen einer Achondroplasie
ohne erkennbare Wachstumshemmungen. Ferner sagte man, es bleiben im
Verhältnis zur Rumpflänge die Extremitäten beträchtlich zurück und die
Körperhöhe hält sich im ganzen sehr niedrig;[1] als ein fast regelmäßiges Sym-

---

[1] Für krankhafte Verkürzung der Körperhöhe samt den ihr folgenden Störungen der
normalen Proportionen nehmen die Pathologen zwei verschiedenartige Ursprungsquellen an.
Zunächst eine endokrine. Falls Zwergwuchs als Anomalie während der Wachstumsperiode
sichtbar wird, handelt es sich um eine hypophysäre Erscheinung. Sie ist also „Ausdruck bestimmter Hypophysenerkrankungen im Kindesalter"... Mithin kennzeichnet sich der hypophysäre Zwerg „vor allem durch Wachstumshemmung mit Genitalhypoplasie und Ausbleiben
der Entwicklung der sekundären Geschlechtszeichen".
Nicht-endokriner Kleinwuchs tritt in folgenden Formen auf:
a) Bei primordialem Zwergwuchs ist „die Kleinheit schon zur Zeit der Geburt gegeben".
b) Der „chondrodystrophische Zwergwuchs dürfte ebenfalls nicht-endokriner Art sein.
Erkrankungen des Epiphysenknorpels, bereits in der fötalen Periode einsetzend, werden
heute als Ursache aufgefaßt. Charakteristisch ist die Kurzgliedrigkeit, dadurch starkes Über-

ptom zeige sich außerdem die tief ausgebuchtete lumbale Kyphose; Abweichungen vom Normalen endlich gäben die Choanen und ihre Umgebung zu erkennen, im besonderen stelle sich eine übermäßige Abflachung der Nasenwurzel ein. Zieht man vergleichshalber zwerghafte Haustierrassen heran, z. B. die Zillertaler und Tuxtaler Rinder, dann leuchtet ein, daß sich bei diesen Varietäten alle erwähnten Symptome der menschlichen Achondroplasten wiederholen. Auf den ersten Blick gewinnt man den Eindruck, als haben diese Rinderrassen mit unseren Bambuti noch eine Verkürzung des Mittelgesichtes gemeinsam sowie eine reichliche Faltenbildung über der knöchernen Nasenwurzel bzw. über der unteren Stirnhälfte. Für die sogenannte atypische Achondroplasie der Zwergrinderrassen macht man als nächste Ursache eine Unterfunktion des Vorder- und Mittellappens der Hypophyse namhaft; und in der Tat gewahrt man regelmäßig eine Verbildung, zumindest eine Verflachung der Sella turcica. Der maßgebende Wiener Fachmann ADAMETZ wertet demzufolge die Achondroplasie bei Haustieren als eine rassebildende Domestikationsmutation; für das

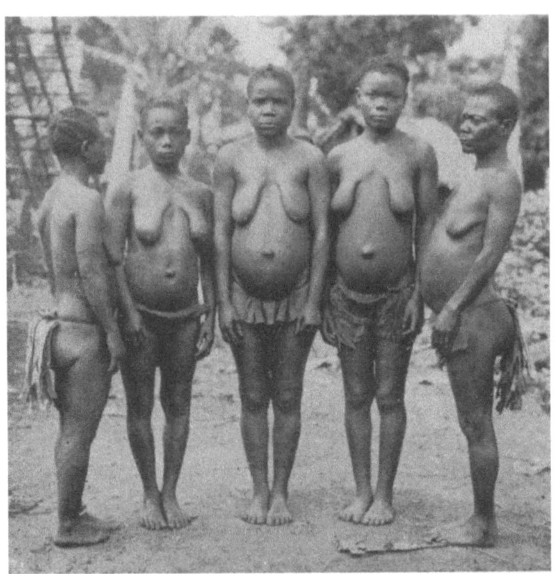

Abb. 57. Körperproportionen der Pygmäinnen

Entstehen der menschlichen Achondroplasten glaubt MURK JANSEN den Amniondruck als verantwortliche Ursache ausgeben zu können.

Diesen wenigen hier zusammengestellten Vermutungen gegenüber leugnet niemand, daß sich eine nahe äußerliche Übereinstimmung der bezeichneten Merkmale aufdrängt; sie läßt dazu noch mit der Möglichkeit rechnen, es habe sich in der Richtung der Chondrodystrophie gleichfalls die gegenwärtige Rasseform der Ituri-Pygmäen ausgebildet. In Erwiderung sei zunächst erwähnt, daß genauere diesbezügliche Untersuchungen, zumal solche der Funktion der endokrinen Drüsen, zur Zeit noch ausstehen; fehlt es doch sogar an einer

---

wiegen der Oberlänge über die Unterlänge. Die Haut wird über den verkürzten Extremitäten gleichsam zu weit, daher reichliche Querfalten bildend. Der Schädel zeigt Verkürzung der Schädelbasis mit starker Einziehung der Nasenwurzel, das Schädeldach groß. Die Wirbelsäule ist häufig kypholordotisch. Genitale, Intelligenz sind normal. Pathologisch-anatomisch findet man schwere Veränderungen des ossifizierenden Knorpels, so daß das Längenwachstum schwer gestört, das periostale Wachstum aber ungestört, oft sogar erhöht ist".

c) Der rachitische Kleinwuchs schließlich „entwickelt sich bei hochgradiger früher Rachitis". (Nach JAGIĆ-FELLINGER: Die endokrinen Erkrankungen, S. 126, 261. Wien 1938.)

ausgiebigen Zahl von vollständigen Skeletten zu eingehender Beobachtung und Vermessung. Unabhängig davon ist ferner jetzt schon die unumstößliche Entscheidung darüber möglich, daß unsere Rassezwerge im Ituri-Walde keinesfalls auf die gleiche Entwicklungsstufe mit den menschlichen Chondroplasten gestellt werden dürfen. Maßgebend dafür ist, daß ihre arteigenen Merkmale je h o m o - z y g o t e n E r b a n l a g e n entstammen, mitnichten das Ergebnis einer Entwicklungslenkung von seiten des Menschen im Sinne eigentlicher Züchtung sind. Wir wissen nur zu gut, daß es ohne eine solche zielstrebige Beeinflussung weder eine Ausbildung noch ein dauerndes Erhalten der mit diesen Eingriffen gewonnenen Haustierrassen gäbe. Die Rasseform der Bambuti entstammt einem durchaus selbständigen Gen-Gefüge, das sich ohne äußere Einwirkung von selber konstant vererbt und seit Jahrhunderten keine wesentlichen Veränderungen erfahren hat; unsere kleinen Menschen im Ituri-Walde sind das, was sie heute darstellen, nämlich echte Pygmäen und vollgültige Rassezwerge seit unübersehbar weit zurückliegender Zeit.

Prüft man die Rassemerkmale der Bambuti im einzelnen, so läßt sich ein jedes von ihnen, trotz einiger höchstentwickelter S p e z i a l i s a t i o n e n, in die Variationsbreiten für die normalen körperlichen Eigenschaften der Species *Homo sapiens* einfügen. Einzelne allerdings stellen Grenzwerte dar und somit einmalige Erscheinungen innerhalb der Menschheit; eben damit erweisen sie sich als Sonderformen und alleiniges Besitzgut unserer zwerghaften Ituri-Leute. Keinesfalls sind sie pathologische Abnormitäten; denn von den Extremwerten für diese einzelnen Merkmale der Bambuti leiten anstoßende Werte bei anderen Rassen stufenweise zu den häufigen mittleren Werten für die menschliche Gesamtheit über. Zunächst gilt dieser Nachweis offenkundig für die berechneten Mittelwerte aus einer entsprechenden Summe von Einzelmaßen. Was die letzteren betrifft, so finden sich selbstverständlich in anderen menschlichen Rassen mehrere Individuen, die in irgendwelchem Körpermaß mit dem und jenem Pygmäen übereinstimmen, und umgekehrt wiederholt sich das gleiche. Darin aber muß man den entscheidenden Beweisgrund sehen, daß eine lückenlose Fortsetzung von den Extremwerten bei unseren Bambuti zu den bei anderen Rassen bestimmten Mittelwerten hin verläuft.

Folgende oben schon kurz gestreifte M e r k m a l e verdienen es, gesondert besprochen und als normale Bildungen unserer Pygmäen begründet zu werden. Die niedrige Körperhöhe sticht sozusagen jedem europäischen Beobachter in die Augen, da sie im Mittel die absolut kleinste ist, der man überhaupt auf dem weiten Erdenrund begegnet. Diese verblüffend auffällige Erscheinung beurteile ich als eine Minus-Varietät im ausgedehnten afro-negriden Rassezweig, welchem, meines Erachtens, die Bambuti mit sämtlichen Twa-Gruppen anzugliedern sind (S. 155). Solche Bewertung ist selbstverständlich nicht gleichbedeutend mit Degeneration; denn weiterer Beweise dafür bedarf es wahrhaftig nicht, daß unsere kleinen Waldmenschen lebenstüchtige und erstaunlich leistungsfähige Leute sind, die sich durch einige Jahrtausende in ihrer menschenfeindlichen, widerwärtigen Umwelt sieghaft behauptet haben.

Aus der gleichsinnig erbbiologischen Erwägung heraus wird niemand irgendeine Zwergform unserer Haustierrassen, obwohl sie züchterische Gebilde sind, als pathologisch veranschlagen. Das außerordentlich Zierliche in der Gestalt unserer Bambuti und alle Körpermerkmale mit ungewöhnlich geringer Entfaltung, deren sie sich seit Jahrtausenden erfreuen, als Verkümmerungen zu deuten, würde grundlegenden biologischen Gesetzen widersprechen; denn Mangelerscheinungen, eben weil nichts Dauerhaftes, bedingen begrifflich niemals Rasse. Echte Mutationen ausgenommen, die das Erbgefüge selbst und als solches abwandeln, bildet sich Mangelndes zur Normalform früher oder später zurück, z. B. durch angemessene Ernährung, geregelte Besonnung, ausgiebige Bewegung u. a. m.; oder es treibt zum Absterben hin, durch Verhungern, Auszehrung u. dgl. m. Mangelerscheinungen und unvollendete Bildungen erwirbt das Einzelwesen innerhalb seines individuellen Daseins; infolgedessen vererben sich dergleichen Ausfälle ebensowenig wie andere erworbene Eigenschaften.[1]

Was die Körperproportionen anbelangt, so ist das Verhältnis der Arm- und Beinlänge zur Rumpflänge bei den Bambuti zwar eigenartig und individuell, trotzdem nähert es sich enge den Wechselbeziehungen der genannten Körperabschnitte, welche in gleicher oder ganz ähnlicher Form diese oder jene Rasse aufzuweisen vermag; mithin fällt auch diese Besonderheit nicht außerhalb des für das Menschengeschlecht gespannten allgemeinen Rahmens. Ganz anders die Körperproportionen der Chondroplasten, von deren bekanntlich auf pathologischer Grundlage erwachsener Anormalität unsere Pygmäen offensichtlich weit abrücken; im besonderen gilt für letztere, daß sich mit einem langen Rumpf und mit überlangen Armen sehr kurze Beine zusammenfinden. Was schließlich die sonstigen den Bambuti eigentümlichen Merkmale betrifft, z. B. die dicken Hautfalten über der Nasenwurzel, die tief einsinkende Rückenlordose u. a. m., so verdanken sie alle ihre Entstehung einer homozygoten Gen-Anlage und vererben sich unwandelbar von einem Geschlecht auf das andere ohne Eingriffe einer fremden Hand. Kurzum, die Rasseform unserer Ituri-Menschen ist einwandfrei ein normales, für sich bestehendes Gebilde.

Nicht die geringe Körperhöhe allein macht das Wesentliche im einzigartigen Körperformgebilde unserer Bambuti aus, vielmehr ist Wesenskern das geschlossene k o m p l e x e G e n - G e f ü g e mit seinem vielgestaltigen, in mancherlei Einzelheiten von anderen menschlichen Rassen weit abweichenden

---

[1] Neuestens unternahm Felix SPEISER (Die Pygmäenfrage; in: Experientia; vol. II, Heft 8; Basel 1946) den Versuch, nicht nur den außer-afrikanischen Rassen mit geringer Körperhöhe, sondern sogar den echten Twiden die Wesenszüge einer selbständigen Rasse abzusprechen; er deutet sie um in Modifikationen einer Normalform, entstanden unter Einwirkung der Lebensweise und ungenügenden Ernährung, wertet sie mithin als Mangelerscheinung.

Ohne auf seine Gesamtdarstellung einzugehen, beschränke ich mich auf eine einzige Folgerung aus biologischen Gesetzen hinzuweisen: Mangelformen gelangen nur vorübergehend und allein im Phaenotypus zum Ausdruck, nicht aber ändern sie das Gen-Gefüge ab. Demzufolge muß derartiger Mangel innerhalb kurzer Frist behoben werden oder er führt längerwährend zum sicheren Tode. Dauerbestand einer Mangelerscheinung durch Jahrtausende bei einer kopfzahlreichen menschlichen Gemeinschaft gibt es nicht.

Phaenotypus. Von der niedrigen Gestalt allein, als einem auf beträchtliche Entfernung hervorstechendem Merkmal, wurde die allgemeine Bezeichnung *Pygmäen* bereits im klassischen Altertum hergenommen und mit ihr die Umschreibung "Ellenmenschen" begründet. Solche Körperhöhe ist, wie mehrmals erwähnt, tatsächlich die niedrigste von allen, die sich bei Menschenrassen nachweisen ließ. Mit ihr verglichen nimmt sich der Kopf unserer Bambuti zu umfangreich aus; offenkundig ist er an und für sich groß und breit, was der bloße Augenschein und die absoluten Maße überzeugend beweisen. Der Längen-breiten-Index seinerseits spricht ebenfalls dafür, denn er zeigt Mesokephalie nahe der Grenze für Dolichokephalie an. Die ovale Kopfform herrscht vor, daneben finden sich die rundliche und elliptische. Der Längenhöhen-Index kennzeichnet unsere Pygmäen als hypsikephal. Legt man die Kopfprofillinie zu Grunde, dann sondern sich zwei Haupttypen aus, die ihrerseits durch Übergangsformen untereinander verbunden sind.

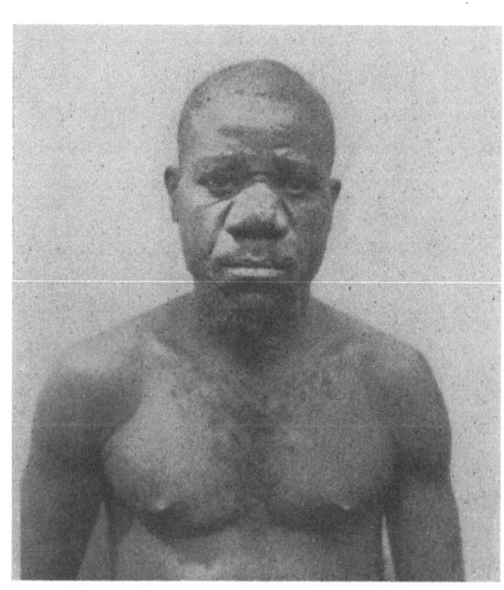

Abb. 58. Echte Pygmäen-Physiognomie

Als Gesichtsform zeigt sich am häufigsten das Rundoval; und obwohl auch andere Umrisse reichlich auftreten, glaube ich nicht mehrere selbständige, erbgenetisch verschiedene Gesichtstypen annehmen zu dürfen. Nach seiner Ganzheit beurteilt, ist das Gesicht außerordentlich breit und im Verhältnis dazu niedrig, welche Bedingungen entscheidend durch das ungewöhnlich kurze Mittelgesicht herbeigeführt werden. Die hohe und breite Stirn steigt im ganzen gerade auf. Bei den meisten Personen schiebt sich der gesamte Mittelteil der Stirn, einschließlich der Tubera frontalia, als harmonisch gerundetes Gewölbe beulenartig mehr oder weniger vor: eine auffällige und, in solcher Ausdehnung, für die Bambuti ausschließliche Gestaltung. Aus seiner Orbita tritt der Augapfel gleichsam quellend heraus und die Lidspalte öffnet sich weit; mithin spricht man den Bambuti "große Augen" zu und es entsteht ein zu starrer Blick, den wir Europäer als unangenehm empfinden. Die Sklera ist ausnahmslos rein-weiß oder leicht bläulich getönt, die Irisfarbe ein vollkommen klares Dunkelbraun ohne irgendwelche Äderung. Jede der oberen Augenwimpern endet mit einem freien, winzigen Ringelchen.

Die Physiognomie der Bambuti wird maßgebend von der Größe und Form ihrer ungewöhnlichen Nase bestimmt. Durchwegs ist diese kurz und niedrig, mit außerordentlicher Breite der Nasenflügel. Zwei deutlich getrennte morpho logische Typen treten auf: die Knopfnase, die in solch übertriebener Form sich sonst nirgendwo wiederfindet, und die breite, mittelhohe Trichternase mit einem trapezförmigen Grundriß. Das ausnahmslos keilförmige Nasenseptum ist an der Knopfnase sozusagen unglaubwürdig kurz. Da die Nasenflügel am häufigsten ziemlich oder gänzlich flach verlaufen, bleiben die Nasenlöcher vorwiegend winzig klein und rundlich. Ebenfalls einzigartig formt sich die absolut hohe und ansehnlich vorgewölbte, d. h. konvexe Integumental-Oberlippe, die zur rassetypisch gesteigerten Höhenentwicklung des Untergesichtes wesentlich beiträgt. Ihre morphologische Bauart in Verbindung mit den schmalen, rosafarbenen Schleimhautlippen am kleinen Munde ist, als Ganzes beurteilt, so ziemlich das konträre Gegenstück zur negerischen Oberlippe. Der ansehnlich vorgeschobene knöcherne Oberkiefer mit alveolarer Prognathie begründet eine mehr oder weniger namhafte Procheilie. Das meistens mittelmäßig ausgebildete Kinn grenzt sich spitz-rund ab. Das Ohr ist groß und hält sich hauptsächlich an einen breit-ovalen Umriß.

Mit der absolut niedrigsten Körperhöhe vereinigt sich ein bescheidenes Körpergewicht, als Ausdruck der überraschend leichten Bauart der ganzen Gestalt. Dem langen Rumpf sitzt ein unverhältnismäßig dicker Kopf auf, die kurzen, dünnen Beine und die langen, sehr schlanken Arme verstärken diese Disharmonie. In Seitenansicht befremden die Körperumrisse der Frauen gegenüber denen der Männer um so mehr, je tiefer die Rückenlordose der ersteren einsinkt und der Bauch sich vorwölbt. Von einmalig aufgefundener Zusammenstellung ist die Formel für ihre Blutgruppenverteilung, die später zur Besprechung gelangen wird (S. 187). Den Körper der Bambuti überzieht nahezu allerorts eine dichte Schicht feinen Flaumhaares, neben dem sich das Terminalhaar kräftig entfaltet. Die Hautfarbe ist grundsätzlich ein helles, oft mit wenig Braun blaß getöntes Lehmgelb, das individuell mancherlei Abwandlungen mit Braun, sogar mittlerer Sättigung, aufweist.

Noch mancherlei andere, weniger hervorstechende Merkmale mit homozygoter Erbanlage ließen sich aufzählen. Alle vereint sprechen übereinstimmend für die Tatsache, daß die Pygmäen am Ituri nicht bloß eine vollauf selbständige, durchaus eindeutig gemodelte Rasse darstellen, sondern darüber hinaus noch eine dermaßen hohe Steigerung in einigen Merkmalsprägungen erfahren, wie sich ihresgleichen in keiner anderen Menschengruppe wiederholen. Um so mehr überrascht — und nachdrücklich sei auf diesen Umstand hingewiesen —, daß unsere zwerghaften Ituri-Leute kein einziges echtes, sogenanntes primitives Merkmal von entscheidendem Wert und hervorgehobener Gestaltung besitzen.

Ihr durch Jahrtausende anhaltendes Verharren im menschenfeindlichen Urwalde brachte es mit sich, daß sie selbst gegen Blutmischung mit Andersrassigen verschlossen und somit auf relative Inzucht angewiesen blieben. Auf solcher Voraussetzung, die eine unerläßliche Bedingung ist, erhielten sich unverfälscht ihre rasseeigenen Erbqualitäten, begründet gegebenenfalls von typenbildenden Mutationen. Mithin führte das ortsgebundene Abgesperrtsein zu räumlicher Festigung und Weiterbildung eben der eigenwüchsigen Rasseform, die als ein erbgenetisches Gebilde diese unsere Waldmenschen kennzeichnet.

In der Gesamtheit aller menschlichen Rassen nehmen die Bambuti demzufolge eine weit abgeschobene Sonderstellung ein, zu welcher ihr hohes Alter und die arteigene Umwelt am wirksamsten verholfen haben. Auf welcher Stufe im Vielerlei der körperlichen Rasseformgebilde sie einzureihen sind, das habe ich oben kurz angezeigt und früher in (d): 401 ausführlicher geschildert. Wegen einiger mit den Negern gemeinsamer, homozygot vererbbarer Merkmale möchte ich alle afrikanischen Pygmäengruppen, unter dem Gattungsbegriff: *Twiden* vereinigt,[1] mitsamt allen Negerrassen zu einem alleinigen negriden Hauptstamme, dem auch negride Völkerschaften außerhalb Afrikas angehören, zusammenfassen. Was an pygmäischen sowie an negerischen Gruppen und ihren beiderseitigen rassischen Untergliederungen ausschließlich afrikanischen Boden innehat, bildet den ausgedehnten afro-negriden Rassezweig. Ob in vergangener Zeit unter dem vom Großen Afrikanischen Graben zur Atlantischen Küste weit ausgespannten Blätterdach der hochragenden Urwaldriesen eine einzige, in allen entscheidenden Merkmalen genau gleiche Pygmäenrasse gelebt hat, dürfte sich heutigentags kaum noch endgültig nachweisen lassen. Wie ich persönlich vermute, gehören die im bezeichneten Raume gegenwärtig durch breitere und schmälere Gebietsstreifen voneinander getrennten Gruppen kleinwüchsiger Urwaldbewohner wegen ihres artlich gekennzeichneten Gesamthabitus genetisch zusammen; außerdem rückt eine jede für sich, nach individuellen Rassemerkmalen deutlich gesondert, wegen ihrer eigenen somatischen Prägung von den benachbarten Negern ab. Beide weitschichtigen Verbände, der pygmäische wie der negerische, besitzen selbstverständlich wenige Kennzeichen gemeinsam, z. B. Kraushaarform, ansehnlich ins Breite ziehende Nase, mehr oder weniger ausladende Prognathie u. a. m.; eben deswegen werden sie alle zum afro-negriden Rassezweig vereinigt.

Indes glaube ich einen nahen genetischen Zusammenhang der afrikanischen Twiden mit der sogenannten Negrito-Gruppe, die E. von Eickstedt als den "asiatischen Zweig der Pygmiden" benennt, ablehnen zu müssen, weil es dafür an genügenden Beweisen fehlt. Meines Erachtens stellen die Kleinwuchsrassen Afrikas sowie diejenigen Indonesiens und Melanesiens, eine jede dieser Rassen für sich, selbständige Minus-Varietäten aus einer unübersehbar weit zurückliegenden Eigenentwicklung dar. Die Twiden im äquatorialen Urwalde sowie die Khoisan im südlichen Afrika bewerte ich, zufolge ihrer Entstehung, genau so als selbständige Minus-Mutanten im afro-negriden Rassezweig, wie als solche im australiden bzw. indiden Rassezweig die ihnen zugehörigen außer-afrikanischen Zwergwuchsrassen zu veranschlagen sind. Ungeachtet einiger Merkmalsgleichheiten der afrikanischen und außer-afrikanischen Kleinwuchsrassen behaupten unsere Bambuti im Ituri-Walde ihr Einzeltum als eigenwüchsige, mit den hier geschilderten Besonderheiten gekennzeichnete selbständige Rasse.

---

[1] Eine Rechtfertigung dieses neuen, mit besonderem Inhalt erfüllten Gattungsbegriffes findet man in Gusinde (h): 47.

Vorbehaltlich einer späteren ausführlicheren Begründung sei jetzt schon meiner Vermutung über die H e r k u n f t der Bambuti andeutungsweise Ausdruck verliehen. Diese zwerghaften Menschen gelten mir ebensowenig als autochthone Besiedler ihres Ituri-Waldes wie es die anderen afrikanischen Pygmäengruppen im eigenen örtlichen Waldbereich sind. Irgendwann einmal, das ist sicher, haben ihre Vorfahren den gesamten Innenraum des menschenleeren Urwaldes allein für ihre Volksgemeinschaft beschlagnahmt und sich darin, innerhalb kurzer Frist, eben die individuelle Lebensform mit allen sie kennzeichnenden Eigenheiten geschaffen, in deren Besitz wir gegenwärtig noch ihre Nachfahren antreffen. Der Urwald ist arm an Tieren für die eingeborenen Jäger, auf mannigfache Art behindert er die Nahrungsbeschaffung empfindlich und den menschlichen Insassen erspart er vielerlei Belästigungen nicht; sein unfreundliches Düster im besonderen verleidet jedem Menschen den dauernden Aufenthalt. Zu einer Zeit, da die weiten afrikanischen Räume teilweise nur schütter und teilweise gar nicht besiedelt waren, haben sich vermutlich die Vorfahren unserer Ituri-Leute hauptsächlich v o r der geschlossenen Waldmasse im Osten der zentral-afrikanischen Hyläa niedergelassen, auf ihrer Wanderung vom Norden oder Nordosten kommend. Belanglos dabei ist für unsere Beurteilung, ob in jener unberechenbar weit zurückliegenden Zeittiefe die Waldgrenze mehr oder weniger nördlich als gegenwärtig verlief. Die Leute von damals werden ihre Jagden zwecks Nahrungserwerb allein in einem breiten Gebietsstreifen v o r dem Walde veranstaltet und als eigentlichen Wohnbereich vorübergehend oder periodenweise bloß den äußeren Waldrand selbst benützt haben. Sachliche Gründe, die eine solche Wahl bestimmt haben könnten, liegen offen zutage: Die an den Wald unmittelbar anstoßende Steppenzone mit dem dichten Buschwerk ihrer etwa mannshohen Sträucher beherbergt Vertreter vieler Vertebrata-Gattungen in reicher Menge und ist, wie man zu sagen pflegt, ein Sammelbecken für allerlei Jagdtiere. Seinerseits gewährt der außenliegende Streifen Waldes, der zur Steppe überleitet, einen zuverlässigen Schutz gegen ungünstige Klimaeinwirkungen und mehr noch gegen feindliche Volksstämme, die von der offenen Landschaft her drohen. Geleitet von den Lebensnotwendigkeiten und zur Wahrung persönlicher Sicherheit konnten jene Menschen in dem einen wie in dem anderen Gebietsstreifen ihr Fortkommen und ausreichende Deckung finden. Aus eben diesen Erwägungen heraus den dunklen Wald als ein "Rückzugsgebiet" zu beurteilen, läßt sich vollauf rechtfertigen; in Zeiten der Not fanden die Menschen von damals Zuflucht unter dem dichten Dach seiner hohen Baumkronen. Dabei machten sie sich mit allen Gegebenheiten und Lebensmöglichkeiten im Urwalde selbst eindringlich vertraut und gestalteten dementsprechend ihre Daseinsweise.

Neben dieser hier als wahrscheinlich aufgezeigten kulturlichen Entwicklung verlangt auch die andere sich noch stärker aufdrängende Frage eine Beantwortung: Wann und wo ist die arteigene pygmäische Körperform zustande gekommen? Das Bestehen der zentral-afrikanischen Rassezwerge läßt sich aus direkten Geschichtsquellen bis ins dritte Jahrtausend v. Chr. zurückverfolgen und schon damals trugen sie das erbgenetisch begründete Erscheinungsbild zur Schau, mit dem sie uns heutigen Beobachtern entgegentreten. Nach welchem Vorgang sie zu echten Pygmäen geworden sind, das wird vom Nebelgrau längst entschwundener Vergangenheiten verhüllt und rührt unmittelbar an der Frage nach der Rassewerdung beim Menschen überhaupt. Allein aus bisher aufgedeckten allgemeinen Erbgesetzen und Parallelerscheinungen im Tierreich lassen sich einige Möglichkeiten zur Erklärung oder Begründung ableiten.

Die Zwergwuchsmutation tritt bei vielen Tiergattungen mehr oder weniger häufig auf und läßt sich in den meisten Fällen als unmittelbare Anpassung an sogenannte Kümmerräume und ungünstiges Klima, an empfindlichen Nahrungsmangel, Beschränkung der Sonnenbelichtung u. ä. erweisen. Nehmen wir nun als wahrscheinlich an, es seien die Vorfahren der Bambuti-Leute mit dem Erbfaktor mittlere oder niedrige Körperhöhe ausgestattet gewesen, dann wird es nicht überraschen, wenn, von außen her angeregt, Minus-Mutationen in häufiger Folge und bei mehreren Individuen zugleich auftraten. Vermutlich sind diese Vorfahren damals aus einem steppenartigen Vorfeld des zentralafrikanischen Urwaldes durch fremde Einwirkung endgültig in diesen abgedrängt worden, einerlei, ob Krankheiten, feindliche Eingeborene oder Naturkatastrophen dafür verantwortlich zu machen sind. Bezieht man ein, daß in jenen Frühzeiten der Menschheit — wie die Erbgenetiker das bislang noch unbekannte innere Wirken eines mutativen Merkmalwechsels zu umschreiben pflegen — die verschiedenen Gene sich in einem vorwiegend labilen Zustande befanden, in dem Sinne nämlich, daß sie leichter und schneller zu Mutationen neigten, dann macht folgende Annahme kaum Schwierigkeit: *Die dauernden Einwirkungen der neuen Umwelt erzwangen gehäuft Zwergwuchs-Mutation und das Kleinwuchsmerkmal wurde binnen kurzer Frist erbliches Gemeingut vieler Volksmitglieder.* Zahlenmäßig unansehnlich — und dieser Umstand gilt als entscheidende Voraussetzung — ist selbstverständlich die Gruppe gewesen, in welcher die Pygmäenwerdung, wenn man so sagen darf, eingesetzt hat; ihre Kopfzahl vermehrte sich im Ablauf von Generationen und erreichte schließlich genau die Höhe, die der Urwald zu ernähren vermag. Gleichzeitig trat eine scharfe natürliche Auslese unter jenen Stammesmitgliedern in Tätigkeit, die wegen fehlender oder mangelhafter Anpassung von der Übermacht ihrer neuen Umwelt erdrückt und ausgemerzt wurden. Die Bezeichnung: Umwelt ist auch hier in denkbar vielseitiger Bedeutung ihres Inhaltes zu nehmen, wozu alle peristatischen Faktoren als unmittelbar mutationsauslösende Einflüsse gehören. In genau gegensätzlicher Verschiedenheit weicht allein rein äußerlich der geschlossene, düstere und regenreiche Urwald vom aufgelockerten Randgebiet und von der eigentlichen offenen Steppe mit ihrem unbeschränkt flutenden Licht, der frei bewegten Luft und der erweiterten Amplitude für Temperaturschwankungen ab. Mit dem allen verbindet sich in der zentral-afrikanischen Hyläa eine empfindliche mengenmäßige Verkürzung der Nahrungsstoffe und eine nicht minder tief einschneidende Beschränkung in der qualitativen Auswahl. Nimmt man diesen bis in die untersten Tiefen der physiologischen Vorgänge eingreifenden Wechsel nicht zu leicht, sondern als eine Erschütterung des gesamten Gefüges der damals noch labilen Gene, dann versteht man das Ausbrechen des erbgenetischen Pygmäenfaktors als eine unvermeidliche Folgerung aus der Übersiedlung in eine völlig andersgeartete Umwelt.

Daß ich mich mit der hier versuchten Deutung dieses Werdeganges auf der richtigen Linie bewege, legt ein Vergleich mit pygmäischen und pygmoiden Gruppen außerhalb des afro-negriden Rassezweiges nahe. Alle ausnahmslos siedeln in Gebieten, die im Ganzen des vom Menschengeschlecht besetzten Erdraumes als Rand- und Rückzugszonen gelten, in denen die alltäglichen Natureinflüsse weniger fördernd als anderswo sind und die Daseinsmöglichkeiten mannigfach erschwert werden. Auf die im wesentlichen mehr oder weniger gleich ungünstigen Einwirkungen von außen reagierte der menschliche Organismus, genauer gesagt, das gesamte Gen-Gefüge allgemein mit der Kleinwuchs-Mutante und mancherorts zugleich mit zahlreichen pygmäischen Merkmalen. Mithin ist die klassische Waldform so mancher Kleinwuchsstämme vom Urwalde selbst als erbgenetischer Prozeß eingeleitet und erreicht worden.[1]

Zwergform oder Kleinwuchs ist nicht gleichbedeutend mit degenerativen und pathologischen Entwicklungen, was alles (S. 149) bereits begründet wurde. Um die Jahrhundertwende gingen alle Versuche, die Körpermerkmale der Pygmäen zu deuten, weit auseinander; erinnert sei an die von KOLLMANN, SCHWALBE, KLAATSCH u. a. ausgegebenen Theorien, in denen man jene Menschen als Kümmergebilde oder Kindheitsformen der Menschheit ansah. Uns gelten die blutreinen Pygmäen am Ituri als eine selbständige Gruppe eigenwüchsiger Rassezwerge.

Erneut verdient der nicht belanglose Umstand volle Beachtung, daß sich ein echtes primitives Merkmal hochgradiger Formung bei unseren Bambuti ebensowenig wie bei den übrigen pygmäischen und pymoiden Rassegruppen eingestellt hat. Statt dessen verfügen erstere über eine höchstgesteigerte Sonderprägung mehrerer Körpermerkmale, die ihrer Gestalt eine beträchtlich weit abgerückte Stellung innerhalb der menschlichen Rassenvielheit einräumt. Gerade sie besagen das ansehnliche Alter unserer einzigartigen Rassegruppe, die bei unübersehbar langer Isolierung im Ituri-Walde, in welchem sich ihr eine zweite, obzwar aufgezwungene Heimat auftat, ihre Blutreinheit bewahren konnte. Kurzum, dem dunklen Tropenwalde verdanken es die Bambuti, daß sie eben den Rassetypus erlangt haben und noch verkörpern, welchen die vorliegende Schilderung umreißt. *Ohne Urwald gäbe es keine Pygmäen!* Das andere Rätsel

---

[1] Die wissenschaftlich gesicherte Erörterung solch hochbedeutsamer Entwicklungen wird sich in dem biologischen Bereich bewegen müssen, den EICKSTEDT in seiner Abhandlung: Hormone und Boden (in Festschrift Norbert KREBS: Länderkundliche Forschung; Stuttgart 1942) andeutungsweise vorgezeichnet hat. Über den allgemein-ursächlich bedingten Zusammenhang von Landschaft und Rasseform schreibt er u. a. auch (S. 67): „So zeigt sich die Vielfältigkeit der großen zoologischen Formengruppen des Menschen nicht beziehungslos und wirr über Räume, Länder und Landschaften verteilt, nicht hängt die Rasse wesenlos im Leeren, sondern steht fest im geographischen Raum, mehr noch: ist in ihren arteigenen Raum ein- und hineingefügt und bildet dadurch selbst ein Glied eines übergeordneten Ganzen, eines ‘Raum-Form-Ganzen’.“

bleibt noch ungelöst: unter welchen Triebkräften die niedrige Körperform samt allen arteigenen Rassemerkmalen der Buschleute, erst seit neuerer Zeit zurückgeschoben in die offene, ausgedörrte und sonnendurchflutete Kalahari-Wüste, zustande gekommen ist bzw. sich als erbbiologischer Besitz erhalten hat.[1]

3. Physiologische Einzelheiten

Mit Messungen und Schilderungen alles Sinnfälligen an den vielgestaltigen menschlichen Rassen blieb die Anthropologie bis heutigentags vorwiegend beschäftigt, für die Bestimmung der inneren Organstruktur hat sie währenddessen bedauerlicherweise ungemein wenig tun können. Jedermann fühlt es und ist davon überzeugt, daß die einzelnen Rassen sich nicht bloß in augenfälligen Merkmalen gegeneinander abgrenzen; sondern auch in solchen, die zu bestimmen unsere Fachleute der vergleichenden Anatomie und Physiologie an erster Stelle berufen sind. Der Anthropologe, der sich ein unter dergleichen ungewöhnlichen Lebensbedingungen stehendes Volk, wie die Bambuti es sind, zum Gegenstand seiner Beobachtungen erwählt, darf sich mit dem schemafüllenden Abmessen und bloßen Zeichnen ihrer äußeren Gestalt nicht zufriedengeben. Die Daseinsweise und Hauptbeschäftigung sowie die Reaktion des Organismus auf die Einwirkungen der Umwelt prägen sich zu einem hohen Grade auch im körperlichen Erscheinungsbilde aus, zumindest helfen sie ein wenig bei dessen endgültiger Formung mit. Denn anders laufen wichtige physiologische Funktionen bei einer Menschheitsgruppe ab, die unter gemächlicher Lebensführung vorwiegend seßhaft bleibt, als bei einer, die sich Tag für Tag zu regster Betriebsamkeit angespornt fühlt und nahezu unausgesetzt auf den Beinen halten muß; ebenso bilden sich äußerlich wahrnehmbare und andere mit bloßem Auge nicht erkennbare Verschiedenheiten zwischen solchen Völkerschaften heraus, von denen die eine in offener, sonnendurchglühter Steppe und die andere im Düster eines regenreichen, schwülen Urwaldes um ihr Fortkommen ringt.

Wenn schon die normalen physiologischen Erscheinungen je nach der Umwelt bei den zahlreichen Rassen und ihren Unterabteilungen in offenkundig

---

[1] Weiter zurückliegende Bemühungen um eine Klärung des Verhältnisses von Pygmäen und Buschmännern brauchen, weil von den damals noch unvollständigen Erkenntnissen ausgehend, nicht mehr herangezogen zu werden; z.B. die Abhandlung von Luschan: Pygmäen und Buschmänner (Zs. f. Ethnologie, Bd. 46, S. 154—176; 1914). Neuestens hat R. Martin (a): 443 den „Merkmalkomplex des Buschmannes" mit folgenden Grundzügen ausgestattet, die er einzeln erörtert: 1. Pygmoide Körperhöhe, 2. Außerordentlich kleine und schmale Hände und Füße, 3. Auffallend kurze Beine und langer Rumpf, 4. Starke Abknickung der Lendenwirbelsäule, 5. Steatopygie, 6. Helle Hautfarbe, 7. Fast horizontal gerichteter Penis, 8. Hypertrophie der Labia minora, 9. Eigentümliche Runzelung und Faltenbildung der Haut, 10. Geringe Körper- und Bartbehaarung, 11. Kurze, ganz klein spiralig eingerollte Kopfhaare, 12. Sehr enge Lidspalte, 13. Häufige Anschwellung der Ohrspeicheldrüse, 14. Lippen im ganzen dünn, 15. Sehr kleine, kurze und breite Ohrmuschel ohne Läppchen, 16. Die Form des Buschmannkopfes bzw. Schädels wird als meso- oder leicht brachykephal, chamae- und tapeinokephal bezeichnet, 17. Das Gesicht ist chamaeprosop. — Mit dieser Aufzählung allein muß ich es hier bewendet sein lassen.

uneinheitlichen Richtungen ablaufen, so tritt diese Vielfältigkeit ansehnlich verstärkt im Bereich der Krankheiten und Schädigungen des menschlichen Körpers in Wirksamkeit; sind doch diese mannigfachen Störungen häufig weiter nichts als direkte oder indirekte Einflüsse der ortsgebundenen Naturverhältnisse, einschließlich Tier- und Pflanzenwelt in des Wortes weitester Bedeutung. Mit ihnen steht jede Menschheitsgruppe in einer unausweichlichen Wechselwirkung; weswegen man erstere auch unter dieser Rücksicht schildern muß, will man sie als lebendige Ganzheit erkennen und würdigen. Eine allgemeingültige zielbestimmte Methode zur Darstellung der "inneren" Anthropologie, wie man den weiten Bereich der rassebedingten physiologischen und morphologischen Besonderheiten der zahlreichen einander ungleichen Menschheitsgruppen benennen könnte, besteht zur Zeit noch nicht; diesen Mangel zu beheben, bleibt der nächsten Zukunft vorbehalten. Nicht anders als in loser Anreihung folgen demnach weiter unten einige beachtliche Einzelheiten.

Die anthropologische Sonderstellung der Pygmäen des Ituri-Waldes wird nachdrücklichst durch die ungewöhnliche Formel für die bei ihnen bestimmte Blutgruppenverteilung begründet. Was ich bei eigener diesbezüglicher Beobachtung zutage gefördert habe, wird gegen Schluß dieses Abschnittes zur Sprache kommen, allerdings bloß in gedrängter Zusammenfassung (S. 187).

a. Allgemeine Lebenserscheinungen

Sachlich rechtfertigt es sich, den grundlegenden und bedeutungsvollen Nachweis für die außerordentliche Lebenstüchtigkeit der Bambuti obenan zu stellen. Unter Daseinsbedingungen einmalig ungewöhnlicher Art und voll tiefgreifender Anforderungen an ihren gesamten Organismus machen sie sich die Gegebenheiten des düsteren, schwülen und feuchtigkeittriefenden Tropenwaldes für ihre wirtschaftlichen Bedürfnisse in bestmöglicher Anpassung (S. 15) dienstbar. Was es dort an Nährstoffen gibt, die ihr Körper zu verwerten vermag, finden sie mit klugem Spürsinn auf und verwenden es zu ihrem Unterhalt. Zusammengenommen ist es herzlich wenig und um so emsiger müssen sie sich in alltäglicher Anstrengung darum bemühen. Solche Knappheit innerhalb der überquellenden floristischen Fülle des unbegrenzt wuchernden Tropenwaldes zwingt zum Einsatz ihrer gesamten Körperkräfte an den meisten Tagen des Jahres, und an den restlichen Tagen der Entspannung dürfen sie sich keineswegs gänzlicher Ruhe überlassen. Trotz alledem bleiben unsere kleinen Waldmenschen jahraus, jahrein springlebendig regsam und voller Schaffenslust, bewahren ihre körperliche Leistungsfähigkeit bei strahlender Frische bis in hohe Lebensjahre hinauf und verspüren ebensowenig ein verfrühtes Erschlaffen ihrer Geisteskräfte (Abb. 55, 58, 59).

Daß es sich hierbei um eine von Mutter Natur der gesamten Pygmäenschaft zugeteilte widerstandskräftige Körperverfassung handelt, kann man dem geschichtlichen Nachweis entnehmen, daß diese völkische Gemeinschaft sich seit langen Jahrhunderten höchstwahrscheinlich in den gleichen ärmlichen und

lebenbedrohenden Daseinsmöglichkeiten bei relativ unveränderter Kopfzahl
erhalten hat. Nicht in allen Einzelheiten läßt sich ihr Ringen um den völkischen
Fortbestand seit unübersehbar weit zurückliegenden Zeiten dartun; indes verstummt jeder Zweifel an ihrer biologischen Tüchtigkeit gegenüber der harten
Tatsache, daß sie sich mit einer feindseligen, übermächtigen Umwelt haben
auseinandersetzen müssen. Ihr sind sie dabei nicht nur nicht erlegen, sondern
haben es gelernt und erreicht, ihr mit mäßigem Müheaufwand so viel abzu-

ringen, als die eigenen Lebensbedürfnisse fordern. Sollten neuzeitliche Zerstörungs-
kräfte ihr glücklich ausgewo-
genes Verhältnis zum heimatlichen Urwalde untergraben
oder ihren gesunden Körper
überfallen oder beträchtliche
Teile aus ihrem Volksganzen
herausreißen, dann allerdings
wäre auch ihr Untergang genau so unaufhaltsam rasch wie
der vieler anderer Naturvölker mit einfacher Sammel-
wirtschaft und für immer be-
siegelt. Ernstlich droht diese
Gefahr von den neuerdings
in ihren Waldbereich eingedrungenen Negerstämmen her,
die, wegen Sterilität bei vielen
ihrer Frauen, zur Sicherung
des eigenen Kindernachwuch-
ses häufig Pygmäenmädchen

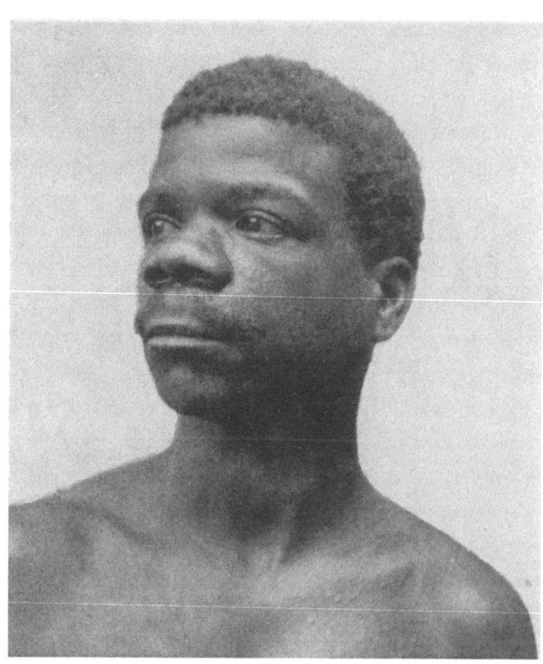

Abb. 59. Ausdruck körperlicher und seelischer Gesundheit

ehelichen und diese in ihren Dörfern zurückbehalten. In gleich ansehnlichem
Umfang wie gegenwärtig dürfen diese biologischen Werte den Bambuti nicht
noch weiterhin entführt werden, soll ihrem Volksbestand eine bedrohliche
Schädigung erspart bleiben.

Die vielen einschlägigen in dieser Abhandlung aufgeführten Einzelheiten
und erst recht die unmittelbare Beobachtung bezeugen eine überraschend
regsame Vitalität, die in unseren zwerghaften Waldmenschen wirkt.
Gemeint ist vor allem eine rastlose Beweglichkeit und nahezu unruhige Geschäftigkeit allerorts, eine gespannte Aufmerksamkeit während des Tages und
ein halbwaches Stillehalten sogar während der Nacht. Ihre ganz nahe Abhängigkeit von allem und jedem, was sie umgibt, zwingt sie zu dieser Stellung-
nahme eines lückenlosen Beobachtens. Alle Naturvölker wissen sich aufs engste
mit der Umwelt verbunden; sie würden buchstäblich von ihr erdrückt, blieben
sie nicht unausgesetzt und scharf auf der Lauer vor deren Tücken und allge-

waltiger Rücksichtslosigkeit gegen den an sich zur Verteidigung gänzlich ungenügend ausgerüsteten Menschen. Die Kulturvölker hingegen vermögen selbst
ein unbändiges Toben der Naturkräfte mehr oder weniger vollständig in den
Bann ihrer technischen Erfindungen zu zwingen.

Die manchen fremden Beschauer fürs erste übertrieben ansprechende,
nahezu unheimliche Regsamkeit der Bambuti, derzufolge sie ununterbrochen
scharf aufmerken auf alles, was sich in ihrer Nähe bewegt, und derzufolge
sie sich beim Nahrungserwerb kaum einen Tag beschränkte Ruhe gönnen,
vollzieht sich auf der Grundlage eines lebhaften Stoffwechsels. Beim Laufen
und Klettern, beim häufigen Lastenschleppen und allabendlichen Tanzen
wird so ziemlich die gesamte äußere Muskulatur langewährend in Anspruch
genommen, ja meistens bis aufs letzte angestrengt; in Abhängigkeit davon auch
Lungen und Herz eine Höchstleistung auferlegt. Demgegenüber erhebt sich
naturgemäß die Forderung nach den ausgiebigen Mengen von Umsatzstoffen,
die bei den Mahlzeiten dem Körper zugeleitet werden müssen. Sie aber sind,
von Fleisch und Honig abgesehen, durchgehends nur wenig oder mäßig gehalt-
voll; weswegen sich die Schlußfolgerung auf ein restloses Auswerten der
Lebensmittel im Verdauungswege aufdrängt. Andernfalls bliebe unaufgeklärt,
auf welche Weise der von regsamer Beweglichkeit veranlaßte erhöhte Bedarf
an Umsatzstoffen von der geringen Zufuhr gehaltvoller Nährmittel ausgeglichen
wird. Die ruhelose, ununterbrochen aufmerksame Haltung und die lebendige
Bedachtnahme auf jedwede Erscheinung, selbst auf leise Geschehnisse im nahen
Gesichts- und Wahrnehmungsbereich, die bei unseren zwerghaften Ituri-Leuten
einem Lebensgesetz gleichkommt, bedeutet im Gesamtbetriebe des Stoffwechsels
eine geistige Spannung und Anstrengung; auch diesen Kraftaufwand und Stoff-
verbrauch bewirtschaftet die alltäglich der Einzelperson zugeführte absolut
niedrige Nahrungsmenge.

Man mag von Gewohnheit, Anpassung oder einer anderen Möglichkeit
sprechen — des Nachforschens wert ist jedenfalls das offensichtliche Mißver-
hältnis zwischen der fortlaufenden Inanspruchnahme fast aller Muskel- und
Geisteskräfte einerseits und dem bescheidenen Maß an zumeist minderwertigen
Ersatzstoffen, die der Organismus jahraus, jahrein empfängt, anderseits. Diese
Erscheinung, auf eine geläufige Formel gebracht, lautet: Der Grundumsatz der
Bambuti hält sich niedrig! Das geheime Getriebe physiologischen Geschehens
wird damit keineswegs aufgehellt.

Wenn der allgemeine Stoffwechsel der Ituri-Pygmäen derart beneidenswert
vorteilhaft abläuft, wie dargelegt wurde, so kann sich dieser Prozeß nur auf
der Grundlage eines überaus günstigen Gesundheitszustandes vollziehen. Weiterer Beweise dafür bedarf es nicht; vollbringt doch der Organismus
am einen wie anderen Tage ganz erhebliche Leistungen, damit er unter den
lähmenden Witterungsbedingungen allen Forderungen des nomadisierenden
Wirtschaftsbetriebes genüge. In der Auswahl ihrer Nahrungsmittel müssen
diese Leute jede wählerische Zimperlichkeit unterdrücken und dürfen ebensowenig die mindesten Ansprüche an deren Zubereitung stellen. Sozusagen

stumpfsinnig geben sie sich allein mit einer bloß oberflächlichen Einwirkung des Herdfeuers auf alles, was sie genießen wollen, zufrieden. Noch so zähes Fleisch und lederharte Brocken, kochend heiße Bissen, die sie nicht im Munde zu halten vermögen und augenblicklich hinunterschlucken, verursachen ihrem Magen keine erkennbaren Schäden; ebensowenig tut es die fortlaufend schwankende Unregelmäßigkeit in den zugeführten Nahrungsmengen. Ohne fühlbare Beschwerden füllen sie sich beim Verzehren eines erbeuteten Elefanten durch mehrere Tage hintereinander den Bauch bis zum Platzen an und einige Male im Ablauf des Jahres erdulden sie gelassen kurzfristige Hungerperioden, in welchen sich ihnen kaum ein Bissen bietet, den sie zum Munde führen. Am meisten nimmt wunder, daß sie faulendes Fleisch und in Verwesung sich auflösendes Fett ohne störende Nachwirkungen aufnehmen und assimilieren.

Ihr Herz muß nicht minder beneidenswert leistungsfähig sein; denn auf den zuweilen sehr anstrengenden und langewährenden Jagden, zumal auf der eigentlichen Hetzjagd, halten sie, trotz empfindlicher Ermattung, ausgiebig frisch bis an das gesteckte Ziel durch. Ihre Lungen arbeiten im gleichen Grade vorzüglich. Stundenlang singen und brüllen sie mit kräftiger Stimme, während sie sich unter krampfhaften Körperverzerrungen unermüdlich im Tanze drehen; unter niederdrückenden Lasten, die sie noch eben zu schleppen vermögen, atmen sie weder keuchend noch stöhnend; nach langem, beschleunigtem Laufen stellt sich kein lechzendes Kurzatmen ein. Beide Geschlechter atmen vorwiegend abdominal. Ihre nahezu ununterbrochen wache Aufmerksamkeit, die oben besprochen wurde, sowie die lebhafte Anteilnahme der Sinnesorgane am Tagewerk zeugen für starke und leistungsfähige Nerven.

Die Bambuti sehen sich zwar völlig unregelmäßig zu mindesten bis höchsten Anstrengungen verpflichtet; jedoch, alle Teilzeiten zusammengerechnet kommt ein Ausmaß zustande, demzufolge sie reichlich ausruhen. Eben deshalb erhalten sie sich arbeitsfähig und beweglich bis in hohe Lebensjahre hinauf; kaum einer aus den Greisen und Greisinnen legt die Hände gänzlich untätig in den Schoß, es sei denn, vereinzelt nur von ernstlicher Krankheit bezwungen. Die harten und unablässigen Anforderungen an den gesamten Organismus führen unweigerlich eine scharfe Auslese durch, von der hauptsächlich alle schwächlich veranlagten Kinder und Jugendlichen einschneidend ausgemerzt werden. Die überlebende Mehrheit steht infolgedessen mit bestens gefestigter Gesundheit da und bewährt sich sieghaft im Ringen mit den Alltagspflichten; leicht widersteht sie Krankheitsanfällen und schweren Verletzungen. Dem Ableben geht kaum je ein längeres Siechtum voraus, die Hochbejahrten erliegen ziemlich plötzlich dem vollkommenen Kräfteverfall und die Leute mittleren Alters am häufigsten einem tödlichen Unfall. Das unstete Nomadendasein bietet buchstäblich keinen Raum für sieche und bresthafte Personen, die auf ständige Hilfe ihrer Volksgenossen angewiesen wären. Die kaum beachtenswert absinkende Leistungstüchtigkeit und die überquellende Lebensfreude der Bambuti jedweden Alters sind der untrügliche Ausdruck ihrer kernigen, gefestigten Gesundheit.

Was soeben und vorher als Einzelmitteilungen geboten wurde, vervollständigt zusammengefaßt das Wichtigste von dem, was ein Physiologe über deren **Ernährung** zu erfahren wünscht. Vorwiegend, d. h. mehr oder weniger zwei Drittel der Gesamtmenge, ist die Verköstigung vegetabilisch. Gegenwärtig machen Bananen bei den meisten Horden einen Hauptanteil aus. Grundsätzlich erfährt jeder Nahrungsstoff — wenige Nußarten und Honig ausgenommen — eine zubereitende Einwirkung des Hüttenfeuers, sei es als strahlende Hitze oder als bratende Holzkohlenglut oder als langsam wirkende heiße Asche. Eigentliches Kochen gibt es ursprünglich nicht, weil Töpfe und gefäßartige Gerätschaften fehlen, in denen sich Flüssigkeiten erhitzen und zum Sieden bringen ließen. Auf vollkommenes Garwerden beim Braten, Rösten oder Dünsten achtet niemand. Ebensowenig nimmt sich jemand Zeit und Mühe, vorher die Nahrungsstoffe zu putzen und zu reinigen, auszulesen und schmackhaft zu machen; eine einzige Raupenart ausgenommen, deren Darminhalt vergiftende Schadenwirkung zeigt. Vom Feuer abgesehen, erfahren die verschiedenartigen Nahrungsstoffe gar keine Zubereitung. Gewürze fehlen ebenso wie Genußmittel, allein die scharf beißenden kleinen Schoten des Buschpfeffers *(Capsicum)* stehen überall zur Verfügung. Die Bambuti äußern naturgemäß ein betontes Verlangen nach Kochsalz, das ihnen die Neger neuerdings in unzulänglich kleinen Mengen gelegentlich zukommen lassen. Wasser aus den Waldbächen ist ihr einziges Getränk, dann und wann werden sie auf ein Maisbier oder Bananenbier ins benachbarte Negerdorf eingeladen (S. 33, 176).

Unerwartet hebt sich eine deutliche Regelmäßigkeit in den Mahlzeiten aus ihrer ansonsten unbeständigen Daseinsweise heraus. Am Morgen kurz nach dem Aufstehen begnügen sie sich mit einigen Speiseresten, die vom vorigen Abend übriggeblieben sind, oder mit zwei bis drei gerösteten Bananen. Die Hauptmahlzeit fällt kurz vor Sonnenuntergang, anderthalb bis zwei Stunden nach der Heimkehr vom Sammeln und Jagen. Der Ertrag der Tagesarbeit wird unverzüglich aufgetischt und jedes Familienmitglied bedient sich selbst, solange es etwas gibt. Meistens wird keinem eine volle Sättigung zuteil.

Diese Aufzählung macht es offenkundig, daß bei den beiden einzigen Mahlzeiten, auf die sich unsere Pygmäen eingerichtet haben, keine übermäßige Menge an Nahrungsstoffen ihrem Körper zugeführt wird; tatsächlich verharren sie nahezu andauernd in einem Zustande unvollständiger Sättigung, der sich zeitweilig dem Zustande eigentlichen Hungers sehr eng nähert. Dann und wann stellt sich im Ablauf des Jahres für je mehrere Tage ein aufrichtig begrüßter Überfluß ein, besonders wenn ein Elefant erlegt wird; und dann lassen sie ihrer Eßlust die Zügel schießen, um die zuweilen quälende Unterernährung auszugleichen.

Die oft sich wiederholenden Kurzfristen knapper Ernährung, eigentlichen Hungers und wirklichen Überflusses in ihrer unregelmäßigen Aufeinanderfolge wurden in einem anderen Zusammenhang (S. 34) als die hauptsächliche Ursache des ziemlich allgemeinen Trommelbauches namhaft gemacht. Nicht nur ist die Nahrung der Bambuti absolut gehaltarm. Auch mengenmäßig betrachtet gibt

das, was sie zum Munde führen, gerade so viel aus, daß man noch nicht glatt-
weg von einer Hungerration sprechen darf; und trotzdem handelt es sich oft
und oft um eine solche.

Nochmals erwähnt zu werden verdient, daß faulende und verdorbene
Speisen unsere Waldmenschen nicht erkennbar schädigen; selbst wenn sie sich
das stinkigste Aas einverleiben, in dem dicke Maden wimmeln, erfahren sie
keine üblen Nachwirkungen. Überhaupt erfreuen sie sich einer guten Verdau-
ung. Indes leiden sie oft unter Verstopfung und beheben diese vermittels
Klistieren; während die häufiger von ihnen angezeigten Blähungen sie nicht
belästigen. In diesen Zusammenhang paßt der bedeutsame Hinweis darauf
hinein, daß diese Leute sich gleichfalls mit einer absolut geringfügigen Wasser-
menge Tag für Tag begnügen. Sie trinken nicht häufig, wohl aber einmal reichlich am Morgen. Diese Gewohnheit und ihre lebhafte Transpiration am ganzen
Körper geben die Erklärung dafür ab, daß ihre Darmentleerungen regelmäßig
hart und trocken sind. Außerdem urinieren sie selten. Bei jeder Mahlzeit
erwecken sie den Eindruck, als verschlucken sie mit Heißhunger das, was sich
ihnen bietet; und für gewöhnlich ist es wenig. Bedächtiges Kauen kennen sie
nicht. Jedes Essen ist ihnen ein Ergötzen, zu aller Zeit sind sie bei bestem
Appetit.

Auch bei diesen zwerghaften Menschen fördern andauernde Bewegungs-
beschränkung und geregelte, übermäßige Ernährung einen sehr beträchtlichen
Fettansatz. Hierfür ein Beispiel. Ende Dezember 1934 hatte die Polizei in
Wamba eine Gruppe von Anyoto-Männern aufgegriffen, Mitglieder des ge-
fürchteten Geheimbundes, welcher Gewalttätigkeiten schlimmster Art samt
Morden auf dem Gewissen hat und viele Negerdörfer in Schrecken hielt.[1]
Unter den auf frischer Tat ertappten Banditen befand sich auch der etwa
30jährige BAKUALEKOMBO, aus der Bambuti-Horde Balekeke im Bereich des
Budu-Häuptlings GOBOBO. Dieser Pygmäe wird sich der Tragweite seines Tuns
wohl nicht bewußt gewesen sein, als er jenen Negern Führerdienste leistete;
bei der Verfolgung durch die Polizeisoldaten war er gestürzt und eingeholt
worden. Im Gefängnis wartete er seitdem auf seine Aburteilung. Genau sechs
Wochen Haft hatte er hinter sich, als der belgische Kolonialadministrator in
Wamba ihn mir vorführen ließ. Auf den ersten Blick erschien er mir wie
aufgedunsen, denn schwammiges, überreichliches Fettgewebe hüllte ihn förmlich
ein. Allzu deutlich machte sich das Ungesunde in seinem körperlichen Zustande
bemerkbar, als daß man dafür nach einer anderen Erklärung hätte zu suchen
brauchen, außer in zu reichlichem Essen, zu viel Schlaf und vollständiger Untätigkeit. Als ob BAKUALEKOMBO in diesen sechs Wochen bewußt gemästet
worden wäre, so schaute dieser Pygmäe aus.

---

[1] Vgl. P. H. KAWATERS: Reifezeremonien und Geheimbund bei den Babali-Negern vom
Ituri; in: Der Erdball; Bd. II, S. 454—464; Berlin 1930. Er schreibt u. a.: „Anyoto ist der
Name für jene Babali, welche in einer Art Leopardenverkleidung friedliche Menschen meistens
im Schutz der Dunkelheit oder Nacht meuchlings überfallen, morden, verschleppen und wohl
auch verspeisen.“

In der bisherigen Schilderung wurden die ausreichenden Vorbedingungen für die Befähigung unserer zwerghaften Waldmenschen zu beachtlichen k ö r - p e r l i c h e n L e i s t u n g e n aufgezählt. Offensichtlich besteht ihr zierlicher Körper aus leichtem Knochengewebe und schwacher Muskulatur, mithin hält sich auch das Gesamtgewicht niedrig; im Mittel beträgt es 39.8 kg bei Männern und 35.5 kg bei Frauen. Durch mehrere Stunden während des Tages sind ziemlich ausnahmslos alle Erwachsenen beschäftigt; die Männer obliegen dem Weidwerk zwischen 10 und 16 Uhr, in welchem Zeitraume ungefähr auch die Frauen ihren sammlerischen Verpflichtungen nachgehen. Aus mehrfachen Hinweisen erhellt eindeutig, wie mühsam und kraftfordernd ein jedes der beiden Geschlechter sich Tag für Tag anstrengen muß. Wie die Männer hauptsächlich bei ihrem ausgedehnten Pirschen ermatten, so die Frauen bei ihrem alltäglichen Lastenschleppen. Streckenweise ist der Urwald wenig gangbar, mögen die Pygmäen sich auch in kleinen Bezirken auf ausgetretenen Pfaden bewegen; ein Vorwärtskommen im Gestrüpp und über die am Erdboden liegenden, faulenden Pflanzenteile hinweg erschlafft mehr als auf einer glatten Straße. Die eigentliche Berufsarbeit mit allen ihren Mühen und Belästigungen fällt also in die bezeichneten vier bis sechs Tagesstunden, und zwar nahezu ausnahmslos alltäglich. Den späten Abend widmen die Leute ihren Tänzen, die ihnen zwar seelische Entspannung schaffen, aber auch körperliches Ermatten; dieses erst recht dann, wenn das Tanzen sich stundenlang hinzieht.

Um klare Übersicht zu gewinnen, sei gesagt, daß sich die angestrengte Tätigkeit der Erwachsenen auf zwei voneinander durch einige Stunden getrennte Zeitabschnitte verdichtet; und eindeutig macht es eine solche Nebeneinanderstellung offensichtlich, daß nur für wenige Stunden an nahezu jedem Tage die Körperkräfte ernstlich in Anspruch genommen werden. Anstrengung und Ausruhen wechseln ungefähr nach folgendem Ablauf: Von 10—16 Uhr Berufstätigkeit, von 16—20 Uhr nach der Hauptmahlzeit zwangloses Ausrasten vor der Hütte, von 20—23 Uhr oder manchmal etwas länger ein Unterhaltungstanz und anschließend Nachtruhe bis 7 Uhr morgens. Um diese Stunde wird das Frühstück eingenommen und nachher mancher leichte Handgriff gemacht, als Vorbereitung auf das Jagen und Sammeln. Im Alltag bleibt unseren kleinen Leuten eine regelmäßige oder häufige Überbelastung erspart und sie bringen ein beachtliches Werk zustande.

Außergewöhnliche Erfordernisse locken ihr höchstes körperliches Können heraus. Ein Elefantenjäger vermag seinem Beutetier zwei und drei Tage mit gespannter Aufmerksamkeit durch Sumpf und Gestrüpp zu folgen, und das im schweren Tropenregen genau so wie unter glühender Sonnenbestrahlung, ohne sich Nahrung und Schlaf zu gönnen. Für einige Stunden unternimmt es ein anderer Mann, einem Affen oder Baumschliefer durch das wirre Geäst der engverknäulten Baumkronen mit gespanntester Aufmerksamkeit nachzugehen, hangelnd oder kletternd muß er sich weitertasten und dabei auf das wippende Schwanken der Äste, auf sein eigenes Gleichgewicht und auf das entweichende

Beutetier achten; unter den unglaublichsten Körperverrenkungen zieht er sich aus bedrohlichen Lagen heraus. Wem bei einem mimischen Spiel die Hauptrolle zufällt, der wird andauernd in die schwierigsten Abwehrstellungen gedrängt bzw. zur gewandtesten Geschicklichkeit im unablässigen Widerstehen gezwungen. Der Schweiß perlt ihm auf dem ganzen Körper als Ausdruck für sein bis an die Grenze des Möglichen gesteigertes Aufgebot aller Muskelkräfte. Derartige Anlässe zum Einsatz des gesamten zusammengefaßten Leistungsvermögens bieten sich dem Einzelpygmäen bloß dann und wann; stoßförmig oder ruckweise stellt sich eine derartige Überbelastung in den Gleichlauf seiner Alltagsarbeit ein. Weniger oft wird eine Pygmäin zum Verausgaben ihrer letzten Kraftreserven aufgerufen. Absolut gewertet, ist jedes glücklich abgeschlossene Einzelunternehmen, hauptsächlich langewährendes, unaufhaltsames Laufen, Abschleppen eines schweren Baumstammes, hangelndes Klettern auf Lianen u. dgl. m., verglichen mit der naturgegebenen Ausrüstung dieser zwerghaften Waldmenschen, eine erstaunlich hohe Leistung.

In diesen Zusammenhang gehört passend ein Hinweis auf die bewundernswerte G e l e n k i g k e i t und geschmeidige Wendigkeit der Pygmäen gegenüber den mannigfaltigsten äußeren Erfordernissen. Im anscheinend schwebenden Tanzschritt überwinden sie hüpfend oder springend ausschreitend breite Sümpfe, mit der Leichtigkeit und Sicherheit von Baumratten schwingen sie sich auf den unförmigsten Urwaldriesen in das verworrene Ästeknäuel der auf schwindelnder Höhe ausgreifenden Baumkronen hinauf; bis nahe an die äußersten Astspitzen wagen sie sich aufgerichtet mit der kaltblütigen Selbstbeherrschung des verwegensten Akrobaten vor, daß mir beim bloßen Anblick von unten her das Blut in den Adern stockte. Eine Eleganz voll ästhetischen Genusses entfaltet der Hauptdarsteller eines mimischen Spieles, wenn er sich in die gebotene Körperhaltung zwingt und unter äußerstem Kräfteaufgebot mit fehlerloser Naturtreue jedes einzelne seiner Glieder zum gefügigen Werkzeug seiner Rolle macht. So genußreich für den Zuschauer das fortlaufende Beobachten ist, im gleichen Ausmaß muß der Hauptdarsteller sein gesamtes Muskelgeflecht bis zur Grenze des Möglichen anspannen; erst nach einem zwei- bis dreistündigen Spiele erschöpft sich schließlich sein Kraftvermögen. Zu ausdauernden und überraschend hohen Leistungen sind die Bambuti offensichtlich befähigt.

Leute solchen Schlages sind notgedrungen mutig und hart; auch gegen alles, was auf sie eindrängt, von einer allgemein geringen E m p f i n d l i c h k e i t. Wehleidige und zimperliche Einzelwesen erdrückt der übermächtige Urwald erbarmungslos, Schwächlinge und Kränkelnde brechen unter den harten Forderungen des Alltags zusammen, umständliche Rücksichtnahme auf Leidende und Altersbehinderte läßt der nomadisierende Wirtschaftsbetrieb nicht zu. Nach jeder Richtung hin greift eine scharfe Auslese mit grober Faust aus und schafft freien Raum allein für die Tüchtigen. Niemand darf an Schonung und langewährende Pflege wegen erlittenen Unfalls oder einer Erkrankung denken; die eigene Horde reißt jeden, der es sich als Drückeberger bequem machen

möchte, unwiderstehlich mit sich fort; wehleidiges Wimmern unter zermür-
benden Schmerzen stieße auf taube Ohren. Wirklich verbeißt jedermann seine
Qual in tapferer Selbstbeherrschung und körperliches Leid versucht alt wie
jung im unbeugsamen Ausharren zu überdauern; auf bemitleidende Zusprüche
würde er vergebens warten. Stählerne Charakterstärke liegt solcher Haltung
zugrunde, die sich bereits in den Jugendlichen vorbereitet.

Damit hängt zusammen, daß die Bambuti auf sich selbst wenig Bedacht
nehmen und mit dem Allerdürftigsten sich jederzeit zufriedengeben. Eine
betonte Lässigkeit beherrscht sie alle, derzufolge sie oft und oft sogar auf
eine mühelos zu erreichende Bequemlichkeit verzichten. Wie leicht könnte sich
jeder z. B. für den nächtlichen Schlaf ein Bananenblatt oder weiches Reisig
unterschieben; er ist zu gedankenlos, darnach zu greifen, und findet sein volles
Ausruhen auch dabei, daß er dem nackten, feuchten Waldboden aufliegt. Manch
einer erhebt sich am Morgen aus seiner drückend unbequemen Lage und hockt
sich zusammengekauert vor die Hütte, wo er geraume Zeit fröstelnd mit den
Zähnen klappert; und doch würden einige Handgriffe genügen, um das Feuer
sofort zu lebhafter Glut anzufachen. Hängt einer Pygmäin die niederbeugende
Holzlast auf einer Seite derart über, daß sie nur unbequem ausschreiten kann
und ihren Oberkörper belästigend zum Ausgleich des Übergewichtes biegen
oder zerren muß, da wäre es ein leichtes, das Gleichgewicht durch beherztes
Zupacken herzustellen; aber sie schleppt sich weiter und regelt nichts, als wäre
sie gefühllos. Klagen und Jammern liegt eben den Bambuti fern; mit einer
Duldsamkeit, die an Stumpfsinn grenzt, lassen sie alles Unbequeme und
Schmerzliche über sich ergehen. Sie beschweren sich weder über die fast alltäglichen Platzregen mit den nachfolgenden Überschwemmungen noch über die
schwüle Tropenhitze, weder über die an jedem Morgen sie aufpeitschenden
Berufspflichten noch über den häufig quälenden Hunger; und kaum je erregt
sich jemand über das auch nachts anhaltende, sehr störende Hundegekläff. Eine
für uns Europäer unverständliche Gleichgültigkeit gegenüber jedwedem Ungemach gehört zu ihrer Wesensart.

Wie im einzelnen die Hautstruktur dieser Menschen beschaffen ist, wurde
noch nie untersucht (S. 131). Makroskopisch betrachtet, scheinen sie hinsichtlich
der Epidermis und des Corium von uns nicht abzuweichen. Die stärker belasteten Abschnitte, vor allem auf den Handtellern und den Fußsohlen, verdicken sich und bilden auch Schwielen; später einreißende Kratzer und Spalten
machen die beträchtliche Dicke der nicht zu harten Epidermis an den Fußsohlen
offenbar. Oftmals perlen Tropfen auf ihrer Haut; aber vermutlich verfügen sie
über keine besonders ansehnliche Zahl von Schweißdrüsen, die sich in den
Achselhöhlen allerdings dicht drängen.

Nicht nur die durchreisenden und im tropischen Afrika ansässigen Europäer, auch unsere kleinen, im Urwalde seit langem beheimateten Leute unterliegen den bereits (S. 24) geschilderten Symptomen der Stenothermie. Wie
mir scheint, deshalb mehr zu ihrem Nachteil, weil ihnen jedwede Körperbedeckung fehlt; sie vermöchte wenigstens teilweise regulierend und aus-

gleichend zu wirken. Obwohl die meisten aus ihnen an nahezu jedem Morgen nach dem Aufstehen im Frostgefühl zittern, harren sie klaglos aus, bis das Herdfeuer oder nach zwei bis drei Stunden die aufsteigende Sonne den wohltuenden Wärmeausgleich herbeiführt. Jeder während des Tages meist plötzlich einsetzende Temperaturwechsel trifft unsere Pygmäen empfindlich, indes stellt ihr anpassungsgeübter Organismus auch solchen Schwankungen eine ausreichende physiologische Abwehr entgegen. Berechtigterweise überrascht, daß sie aufmerksam und nahezu ängstlich jeder direkten Bestrahlung durch die Sonne ausweichen und falls sie sich ihr nicht gänzlich entziehen können, ermatten sie binnen kurzem; Gründe für diese unerwartete Erscheinung vermochte ich nicht ausfindig zu machen, obwohl offenkundig die viel geringere Pigmentierung ihrer Haut gegenüber den Waldnegern dabei entscheidend mitspricht.

Man ersieht aus den dargelegten Angaben, daß keine noch so unangenehme, selbst nachhaltig belästigende Einwirkung von außen und von innen unsere Bambuti aus ihrer duldsamen Fassung bringt; als wären sie gefühllos oder gar stumpfsinnig, enthalten sie sich jeder ernsthaften körperlichen wie seelischen Abwehr. Kaum gibt es eine bessere augenfällige Erläuterung dieser Geistesverfassung und unwandelbaren Haltung als den Hinweis darauf, daß Kinder wie Erwachsene ganze Schwärme lästiger Fliegen auf ihren Wunden sowie in den Mundwinkeln und Nasenlöchern umherkrabbeln lassen, ohne zu zucken und ohne sie zu verscheuchen.

Weil diese zwerghaften Waldmenschen den ganzen Tag und manche Abschnitte der Nacht in gespannter Aufmerksamkeit verharren, ist ihnen die vollkommene Entlastung, die ein gesunder S c h l a f bietet, außerordentlich willkommen. Ehrlich freuen sie sich auf diesen Genuß und nehmen sich dafür geraume Zeit; alle schlafen gern und viel. Die eigentliche Nachtruhe fällt zwischen Mitternacht und Sonnenaufgang, eine Zeitspanne von knapp sieben Stunden. Häufig legt sich jemand nach persönlichem Gutdünken früher nieder und erhebt sich später. Außerdem gönnen sich Kinder wie Erwachsene, falls sie im Lager weilen, in den zwei bis drei Stunden des Sonnenhochstandes die in den Tropen gebieterisch geforderte Rast bei völliger Untätigkeit; welche Zeit viele Leute mit leichtem Dämmerschlaf verbringen. Wem diese beiden bezeichneten Ruhepausen die begehrte Erfrischung nicht gewährt haben, der hält sich ohne Umschweife überdies noch zu beliebigen Tagesstunden liegend in seiner Hütte zurück. In Erwägung alles dessen wird kein Beobachter leugnen, daß, trotz mancher Unregelmäßigkeiten im Alltag, jeder Pygmäe sich reichlichen Schlaf gönnt.

Durchgehends ist er nur leicht, vielleicht in unserem Sinne ein Halbschlaf. Jedermann erwacht nämlich schon bei verdächtigen, noch so leisen Geräuschen, und ist dann auch augenblicklich frisch lebendig; ein schwerfälliges Zurücktasten in den wachen Zustand kennen die Bambuti nicht. Mit den meisten Naturvölkern stimmen sie darin überein, daß sie schlafend keineswegs ihre gänzliche Aufmerksamkeit einstellen, sondern, wie ich diesen Zustand um-

schreiben möchte, fortlaufend die Verbindung mit ihrer nächsten Umgebung
aufrecht erhalten, obzwar mehr oder weniger unbewußt, so wie im Halbschlaf.

Einzig und allein für wenige gelegentliche Kurzfristen ist ihr Schlaf tief,
nämlich bei maßloser Übermüdung und im Rausch. Merkwürdigerweise erfreuen sich alle der beneidenswerten Veranlagung, ungeachtet des üblichen
Lärmens der Erwachsenen und des Schreiens der Kinder im Lager vergnüglich
weiterschlafen zu können. Dergleichen Störungen sind eben etwas Bekanntes,
weswegen sie niemanden aus der Fassung bringen, weder im wachen noch im
schlafenden Zustande. Genau so wie im mittleren Europa, genießen die Säuglinge auch im Ituri-Walde einen reichlichen und sehr tiefen Schlaf, in jedweder

Abb. 60. Sitzen und Hocken der Pygmäinnen

Körperlage und bei den mannigfaltigen Beschäftigungen ihrer sie wartenden
Mutter. Merkwürdig anzuschauen sind diese Kleinen, mit den geschlossenen
Augen das Köpfchen nach allen Seiten schaukelnd und auf dem Rücken oder
der Hüfte ihrer Mütter gehalten, wenn diese zum gellenden Händeklatschen
einer kopfreichen Gruppe alle hüpfenden Tanzbewegungen mitmachen.

Die erwachsenen Bambuti schlafen mit Vorliebe auf der Seite liegend,
wobei sich der nach vorn gestreckte Oberarm häufig unter den geneigten Kopf
schiebt. Auch während des Tages gehen sie immer und immer wieder in eine
liegende oder sitzende Haltung über. Mithin ruhen sie beträchtlich viel und
gleichen auf solche Art noch eine andere Lücke aus, nämlich die nur geringe
Menge an Nahrung, die sich ihnen alltäglich bietet.

Wenn sie auf dem flachen Erdboden liegen, macht sich, wie gesagt, das
Bedürfnis darnach, den Kopf höher zu lagern, nicht allgemein geltend. Ebenso
klingt es wie unwahrscheinlich, daß unsere kleinen Leute die H o c k e r -
s t e l l u n g zu längerem Ausruhen einnehmen. Bei mäßig nach vorn geneigtem
Rumpf stehen die Füße flach auf der Unterlage, meist der Waldboden oder ein

umgestürzter Baumstamm; und der Oberschenkel preßt sich seiner ganzen
Länge nach an den schräg aufgerichteten Unterschenkel, wobei das Gesäß unten
nicht aufstößt. In dieser Stellung verharren sie ansehnliche Zeit und man merkt
es ihnen an, wie wohl sie sich in solch geruhsamem Zustande fühlen. Selten nur
schieben sich die Männer zum Sitzen einen Hocker unter oder benützen einen
liegenden Baumstamm. Nach einer derartigen oder ähnlichen Unterlage zeigen
die Frauen kein Verlangen; sie bevorzugen den flachen Waldboden und lassen
sich darauf nieder, indem sie ein wenig die Beine spreizen, die ihrer ganzen
Länge nach aufliegen oder abwechselnd angezogen im Knie gebeugt werden.
Weil die Pygmäinnen derart sitzend zu einem langen Ausruhen verharren, ist
die Vermutung berechtigt, daß der Winkel des Collum an ihrem Femur eine
andere Weite besitzt als bei Europäern.

Das aufrechte S t e h e n behagt unseren Pygmäen nicht; entweder lehnen
sie sich irgendwie an oder stützen sich auf einen Speer, einen Stecken und ein
anderes Hilfsmittel. Sie verbringen eben, wie gesagt, sitzend und hockend lange
Stunden zu einem ergiebigen Ausruhen. Dann und wann bildet sich ein älterer
Mann durch passendes Biegen eines verzweigten Wurzelstockes oder Stämm-
chens eine Art von Ruhebank mit drei bis fünf Beinen, sogenannte Astkrücke,
um darauf an freien Tagesstunden zu liegen. Verwunderlich ist es, daß der
aufliegende Rücken vom schmalen Knüppel nicht wund gedrückt wird und daß
trotz des erforderlichen Balancierens diese Lage eine willkommene Rast gewährt.

Allein nach dem äußeren Eindruck urteilend, wird jeder Beobachter die
gewöhnliche G a n g a r t der Bambuti bei langsamer Vorwärtsbewegung als
ungelenkig und vielleicht sogar als schwerfällig werten. Das Ausschreiten
erfolgt nicht akzentuiert, sondern nahezu gemächlich wird das eine Bein vorge-
stellt und das andere lässig nachgezogen. Diese Bewegungsweise wird offenkundig durch die Körperproportionen bedingt, wobei der Kürze der Beine die
Hauptrolle zufällt; diesen ist es unmöglich, stramm und ansehnlich auszu-
schreiten. Das gilt hauptsächlich für die kurzbeinigen Pygmäinnen und ihre
Gangart nimmt sich, bei gewisser Körperfülle, reichlich ungelenkig und auch
unbeholfen aus; in ungewöhnlich starke Bewegung gerät dabei der ansehnlich
entwickelte Gesäßabschnitt. Die Füße heben sich nicht in lebhaftem Schwunge,
sondern streifen mit erkennbarer Lässigkeit auf möglichst geringer Höhe über
den Erdboden hinweg, wobei jeder Fuß nur wenig seine horizontale Richtung
verläßt. Er schiebt sich bei jedem Schritt sachte vorwärts und stellt sich im
gleichen Augenblick wieder zur Gänze dem Untergrunde auf. Demnach unterbleibt das federnde Nachschwingen des ganzen Körpers nach jedem Aufsetzen
des Fußes und die gesamte bedächtige Gangweise ähnelt fast vollkommen der
unserer Greise.

Von dieser Beobachtung ausgehend möchte man unsere Pygmäen kaum
wiedererkennen, wenn sie den Urwald in beeiltem Gangmaß oder im L a u f e n
durchqueren. Dabei kommt ihnen ihre niedrige Körperhöhe mit geringem
Körpergewicht fördernd zustatten. Leichtfüßig und nahezu schwebend eilen sie
dahin, nur flüchtig berühren ihre Sohlen den Erdboden und mit den auf

Schulterhöhe erhobenen Armen halten sie ihre aufrechte Gestalt balancierend im Gleichgewicht. Der Untergrund, über den hinweg sie sich bewegen, ist weder glatt sauber noch plan, vielmehr denkbar unregelmäßig und voller Hindernisse mannigfacher Art. Sie alle überwindet der völlig geräuschlos und kaum merkbar dahingleitende Pygmäe mit einer Geschicklichkeit, die jedem europäischen Beobachter ein verblüfftes Staunen abzwingt. An Bäumen und Sträuchern windet er sich aalglatt vorbei, auch durch Lianenstränge und herabhängende Äste huscht er hindurch ohne anzustoßen, mit findigem Spürsinn schlängelt er sich auf der Fährte des geringsten Widerstandes durch Dornenbüsche und Gestrüpp; über die dicksten am Boden liegenden Baumstämme schwingt er sich turnend hinüber und wie auf Stelzen stehend überbrückt er Sümpfe leicht springend mit weit ausgreifendem Schreiten, ohne kaum in die herausragenden festeren Erdklumpen einzusinken. Als ob der Mbuti einer Gazelle die federnde Wendigkeit abgeschaut hätte, so gelenkig und flink durcheilt er das wirre Durcheinander einer hemmungslos sich entfaltenden floristischen Üppigkeit im düsteren Urwalde.

Dabei erschöpft sich seine Aufmerksamkeit keineswegs in der Führung seines reibungslosen und schnellen Vorwärtskommens; unablässig späht er aufmerksam nach allen Seiten und entdeckt Jagdwild oder andere lebenswichtige Dinge mit solch geradliniger Treffsicherheit, daß man versucht ist anzunehmen, er brauche auf seine Wegrichtung gar nicht zu achten und bewege sich auf ebenem Pfade. Schließlich legt der kleine Waldmensch beim Laufen eine anhaltende Ausdauer von ungewöhnlichem Zeitmaß an den Tag; was sich am deutlichsten dann zeigt, wenn er einen einzelnen Elefanten verfolgt. Wie oft muß er sich bücken und strecken, immer wieder seinen Körper verrenkend nach der einen und anderen Seite zerren, in langen Schritten ausgreifen und springend hohe Hindernisse überwinden: in der gewohnten Eile läßt er nicht nach, bis er sein Ziel oder sein Beutetier erreicht hat, wäre das auch erst am dritten oder vierten Tage (S. 32, 166). Der Pygmäe ist unbestreitbar ein derart ausdauernder, gewandter und schneller Waldläufer, daß kein Vertreter einer anderen Rasse nach kurzer Frist noch länger mit ihm Schritt zu halten vermag. Gar manches Mal habe ich versucht, eine kleine Gruppe von Männern auf ihren Unternehmungen zu begleiten; ich wußte es zur Genüge, daß sie ihren Urwald ausnahmslos in beschleunigter Eile abstreifen. Auf der Anfangsstrecke brachte ich es fertig, mich an sie zu halten; dann gewahrten sie selbst mein Unvermögen noch länger mitzuhalten und treuherzig rieten sie mir umzukehren, da sie selbst ihr beeiltes Vorwärtskommen nicht verlangsamen wollten.

Weder beim lässigen Gehen und noch weniger beim beschleunigten Laufen drückt der Pygmäe, wie man sagt, die Knie durch; er hält das Bein im Knie ein wenig geknickt, weswegen er laufend meistens nur mit der vorderen Fußhälfte den Erdboden berührt und den ganzen Körper in leichter Federung erhält. Immer stellt er die Längsachse der Füße nach vorn gerichtet oder einwärts gedreht; wenn er oder die Pygmäin eine ansehnliche L a s t s c h l e p p t , wenden sich beide Füße noch mehr nach innen zur mittleren Vertikale des

Körpers hin und verleihen ihm eine erhöhte Standfestigkeit. Von Natur aus
eignen sich die Bambuti nicht dazu, schweres Gepäck oft und über weite
Strecken zu befördern, wie solche Fähigkeit bekanntlich den Negern verliehen
ist; dem Zwange zum Sammeln und Herbeischaffen der vielen Brennholzmassen
fügen sich die Mädchen und Frauen nur notgedrungen. Am häufigsten legen sie
sich das Bündel Holz auf den Rücken und halten es mit einem dicken Bande
pflanzlicher Fasern fest, das sie über die Stirn und seltener über die Kopfmitte
vorbeiführen; der Nacken hauptsächlich muß sich dem starken Zug nach rückwärts entgegenstemmen und der Oberkörper neigt sich tief nach vorn. Auch
Männer befördern auf diese Weise größere Fleischstücke oder das ganze er-
legte Jagdtier. Manchmal tragen sie, gleich wie die Frauen das häufig tun, ihre
Last auf dem Kopfe. Für kleinere Dinge, zumal für leere und mit Wasser
gefüllte Töpfe, ziehen letztere diese Tragweise vor, weil sie ihre Arme freizuhalten wünschen. Zum Lobe der Neger sei eingefügt, daß sie gegenüber den
Bambuti bedeutend mehr Sicherheit und Geschick dabei zeigen, schwere und
leichteste Dinge auf dem Kopfe zu halten, ohne sich der Hände zu bedienen.

Flüchtig darf nochmals daran erinnert werden, daß unsere zwerghaften
Waldmenschen staunenswert behend und unnachahmlich gewandt im Klettern
sind. An den gewaltigsten Baumriesen klimmen sie nicht minder als an den
schwebenden, taudicken Lianensträngen empor und erreichen die über 50 m
liegende Höhe binnen kürzester Frist. Mit Händen und Füßen zugleich sind
sie dabei tätig und umklammern dünne Stämmchen auch mit den Beinen; ihr
geringes Körpergewicht kommt ihnen dabei gut zustatten. Eben deshalb auch
durcheilen sie das wirre Geäst der Baumkronen hangelnd und tänzelnd mit der
kaltblütigen Sicherheit eines Menschen, der sich auf ebener Straße bewegt.
Einen weiten Bezirk streift zuweilen der Pygmäe derart ab, daß er sich aus
dem Ästeknäuel des einen Baumes in den des andern zwängt, regelmäßig in
bewundernswerter Geschwindigkeit und mit elastischer Wendigkeit. Auf schwindelnder Höhe durch das Zweigegewirr der dichten Baumkronen zu tänzeln und
sich auf weitausgreifenden schwankenden Ästen zu wiegen, schafft jedem
Manne und Knaben einen beglückenden Genuß; mit dem gleichen Lustgefühl
schaukeln sie sich sitzend oder hangelnd auf einem frei von der Höhe herunter-
reichenden Lianenstamm.

Nicht allein für den nächtlichen Schlaf, wie schon erklärt wurde, sondern
ganz allgemein bevorzugen die Bambuti beim Liegen auf dem Erdboden
oder auf einem dicken Baumstamme die Seitenlage. Gründe aus der Morphologie ihres Körpers hauptsächlich drängen sie zu dieser Gewohnheit. Ihr Gesäß
ist umfangreich und zumal bei den Frauen mittleren Alters mächtig ausgebaut,
weshalb sich bei Rückenlage infolge tief einsinkenden Lordose der ganze Rumpf
nicht gleichmäßig und bequem aufstützen kann. Während sie auf einer Seite
liegen, halten sie beide Beine ein wenig nach oben gezogen und leicht im Knie
gebeugt; der Kopf ruht häufig auf dem ausgestreckten Oberarm. In dieser
Lage verharrt jedermann nahezu völlig regungslos; und so erklärt sich, daß er
nicht abrutscht, wenn er auf einem Baumstamme liegend schläft. Um eine weiche

Unterlage sorgt er sich nicht, für gewöhnlich genügt ihm der feuchte und harte Waldboden, den er höchstens von einigen umhergestreuten Zweigen reinigt.

Zur Ergänzung sei angefügt, daß die absolut kleinen und kurzen Füße der Pygmäen plump und grob wirken, als wären sie prall gefüllt und gänzlich steif. Sie werden vielseitig in Anspruch genommen und leisten Erstaunliches; Männern wie Frauen sind die erste und zweite Zehe in häufigen Arbeiten als Greif- und Zugorgane behilflich. Wie bei allen Völkern, die zeitlebens barfuß gehen, bildet sich manchmal auch bei unseren Ituri-Leuten der mäßige Zwischenraum zwischen der ersten und zweiten Zehe aus dem genannten Grunde zu einem Dauerzustand heraus. Obwohl beide Geschlechter ihre Hände nicht schonen dürfen und ihnen sogar schwere Arbeiten oftmals zumuten, erscheinen diese Organe, zumal bei den Pygmäinnen, als zierlich und fein (S. 77). Zwar sind die Finger hart und wenig gelenkig, dennoch vollbringen die Frauen mit ihnen niedliche Geflechte aus pflanzlichen Fasern und die Männer andere Zieraten, deren Herstellung einige Geschicklichkeit fordert.

Die auf den vorhergehenden Seiten wiederholt gerühmte körperliche Gewandtheit der Bambuti ist teilweise mit einer außerordentlichen Vervollkommnung ihrer Sinnesorgane ursächlich verbunden. Die absolute Schärfe ihrer A u g e n und Ohren wird zwar einen für die gesamte Menschheit vielleicht erstellbaren Mittelwert nicht zu weit überschreiten; zumindest aber steigern unsere kleinen Waldmenschen das Vermögen dieser Organe zu übergewöhnlichen Leistungen infolge unausgesetzter Übung. Unauffällig, aber höchst aufmerksam streifen die Pygmäen ihre ganze Umgebung mit den Augen ab und schauen dabei derart durchdringend zu, daß nichts Brauchbares ihnen entgeht oder verborgen bleibt. Auf weite Entfernung entdecken sie im Pflanzengrün eine durch Mimikry bestens getarnte Eidechse sowie das ihr in der systematischen Ordnung nahestehende Chamäleon, welch letzterem sie eine nahezu religiöse Ehrfurcht zollen; eine in Randbezirken auf dem Waldboden schleichende Schlange, auch wenn sie erst daumendick ist und noch längst nicht die endgültige Armdicke erreicht hat, erfaßt ihr allesdurchdringender Blick; und blitzschnell erschlagen sie das Tier als willkommene Beute. Jetzt versteht der Leser, warum ich auf meinen Wanderungen durch den Ituri-Wald ausnahmslos einen Pygmäen vor mir herzugehen veranlaßt habe; wußte ich mich doch hinter seinen unfehlbaren Augen in voller Sicherheit. Männer wie Frauen schauen unablässig nach dem dicht verschlungenen Ästegewirr der hoch auf den dicken Stämmen sich breit entfaltenden Baumkronen aus; alles, was ihren Hunger stillen hilft, kleine Säugetiere wie Vögel, Raupennester wie Pilze, Ameisenkolonien wie Honigwaben u. a. m. machen sie dabei mit nie fehlgreifender Zuverlässigkeit ausfindig. Am Waldboden selbst entgeht ihrem geübten Blick erst recht keine Fährte eines Jagdtieres, noch dessen Versteck.

Zur vollen Würdigung dessen, was die Sehkraft unserer Bambuti zu leisten vermag, muß man sich des matten, schummrigen Dämmerlichtes erinnern, das andauernd den Urwald erfüllt; von ihm wird selbstverständlich jeder Gegenstand und jedes Lebewesen mit einer nahezu einheitlich graugrünen Farbentönung übergossen. Zur Sicherung seines Lebens- und Nahrungserwerbs bleibt jeder Pygmäe unausweichlich von seinem überaus tüchtigen Gesichtssinn abhängig; was Wunder, wenn er dessen Leistungskraft durch alltägliche Übung bis zur Grenze des physiologisch Möglichen steigert. Solch beneidenswerte Sehkraft bleibt jedermann nahezu vollständig bis ins hohe Alter hinauf erhalten. Weder einer nennenswerten Kurz- noch Weitsichtigkeit bin ich bei Jugendlichen und Erwachsenen begegnet, nicht einmal als leichtere Formen tritt dort die im hohen Alter bei uns sehr häufig sich abschwächende Akkommodationsfähigkeit der Augenlinse auf. Wenn sich diese Leute sogar im pechschwarzen Waldesdunkel der Tropennacht zurechtfinden, so werden sie dabei vorwiegend von ihrem geübten Tastgefühl und von gründlicher Ortskenntnis geleitet; nicht anders läßt es sich sonst verstehen, daß sie ihre beliebten Tänze auch dann noch in stockfinsterer Nacht weiterführen, wenn das der Beleuchtung anfänglich dienende Scheiterfeuer erloschen ist.

Nicht minder vortrefflich ist das G e h ö r der Bambuti geschult. Laute wie feinste Geräusche verstehen sie zuverlässig nach deren Ursache zu deuten, vor allem das kaum spürbare Knistern brechender Zweige unter dem Schwergewicht einer noch weit entfernten Elefantenherde. Sie legen ihr Ohr an einen angekränkelten Baumstamm und machen die unruhigen Bewegungen eines ganzen sich drängelnden Raupennestes sowie eines zum Ausflug vorbereiteten Termitenschwarmes, die Freßtätigkeit dicker Engerlinge sowie den Schlupfwinkel der zahlreichen auf Bäumen lebenden Eidechsen ausfindig. Was sie entdecken und bloßlegen, schätzen sie jedesmal als leckeren Bissen.

Erhöhte Gehörsschärfe muß es sein, daß diese Menschen sogar durch leiseste, jedoch ungewöhnliche Geräusche aus dem nächtlichen Schlafe gerissen werden. Augenblicklich sind sie frisch wach und spitzen regungslos die Ohren; ziemlich bald haben sie sich darüber vergewissert, ob ein Erwachsener lang ausgestreckt über den Waldboden hinweggleitend seine Hütte verläßt oder ob ein nachtwandelndes Säugetier sich hoch oben in den miteinander verknäulten Baumkronen zu schaffen macht. Auf Grund von dergleichen Beobachtungen läßt sich die Redewendung rechtfertigen, es verfolgen die Bambuti alle ungewöhnlichen Geschehnisse in ihrer nächsten Umgebung sogar des Nachts mit gewisser Aufmerksamkeit und wie im Halbschlaf (S. 169). Außerdem halten sie sich derart sicher in selbstbeherrschter Zügelung, daß sie sich von belanglosen Geräuschen, mögen diese noch so stark sein, scheinbar nicht beeindrucken lassen; was sie so oder so nichts angeht, das überhören sie schlechterdings.

Nach diesem Einblick in die über ein Durchschnittsmaß weit hinaus gesteigerte Schärfe des Gesichts- und Gehörssinnes bei den Bambuti gewinnt ein europäischer Beobachter, der ihren Alltagsbetrieb kennengelernt hat, unwillkürlich den Eindruck, sie entbehren mehr oder weniger gänzlich des G e r u c h s s i n n e s. Allerdings kann man vereinzelt sehen, daß sie unbekannte Bissen oder Getränke erst unter die Nase halten, bevor sie solche zum Munde führen; im allgemeinen jedoch scheinen sogar die widerwärtigsten Gerüche ihnen nichts anzuhaben. Falls sie ihre Wohnhütte länger als einen Tag belegt

halten, erfüllt ein übler, bedrückender Moderduft den ganzen Raum; die allgemeine Feuchtigkeit und die schnelle Zersetzung der verschiedenartigen Ab-
fallstoffe von den Mahlzeiten liefern dazu einen erheblichen Beitrag. Streckenweise hängt im Urwaldraume eine atembeklemmende, schwere Stickluft, zuweilen dermaßen widerwärtig und leicht betäubend, als wäre sie aus Giftgasen
zusammengebraut. Von alledem fühlen die Bambuti sich selbst nicht unangenehm beeindruckt. Nur teilweise verständlich ist mir die gehobene und begeisterte Stimmung dieser Zwergmenschen, wenn sie rund um den Riesenkörper
eines bereits vor Tagen umgesunkenen Elefanten hocken, gierig sein Fleisch,
das auf Kilometerweite scheußlich stinkt, nach flüchtigem Rösten zum Munde
führen, und sein Fett braten, das in graugrüner, widriger Fäule schwimmt.

Trotzdem läßt sich die Vermutung, ihr Geruchssinn sei gänzlich ertötet,
als durchaus abwegig erweisen. Beispielsweise schafft ihnen der ungemein zarte
Duft gewisser Lianenblätter sowie die kräftige Würze einer Pfefferminzart ein
begehrtes Wohlbefinden. Hingegen äußern sie den stärksten Abscheu vor
Leichengeruch. Einen Hundekadaver scharren sie weit vom Lager entfernt ein;
sie betrachten ihren Hund als ein Familienmitglied und verzehren sein Fleisch
nicht. Aus dem Körper eines erlegten Jagdtieres schneiden sie solche Teile
heraus und werfen sie beiseite, die aus Unbedachtsamkeit oder Versehen in
vorgeschrittene Fäulnis übergegangen sind; eine derartige Handlungsweise bringt
ihren Widerwillen gegen verwesendes Fleisch ans Tageslicht. Einem Elefanten-
kadaver gegenüber verhalten sie sich, wie soeben geschildert, unbegreiflicher-
weise ganz anders. Endlich spricht manches Anzeichen dafür, daß sie einen
menschlichen Leichnam unmittelbar nach dem Sterben, und zwar in einem
tiefen Loche, hauptsächlich deshalb vergraben, weil dessen Geruch sie aufs
widerwärtigste trifft (S. 52).

Bei solch weitestgehender Anspruchslosigkeit, die einen Wesenszug der
Bambuti ausmacht, sorgen sie sich nicht um absonderliche G a u m e n g e n ü s s e
und stellen folgerichtig an die Schmackhaftigkeit ihrer Speisen keine nach-
drücklichen Forderungen. Ihnen geht es zunächst und ausnahmslos um Befriedigung des Hungergefühls; alles und jedes, was zu diesem Ziele führt, ist ihnen
willkommen und läßt sie von anderen Rücksichten absehen. Über Salz jedoch
fallen sie heißhungrig her; offenkundig aus physiologischer Notwendigkeit, weil
ihre Nahrungsstoffe vorwiegend dem Pflanzenreich entstammen. Auf wilden
Honig sind sie deshalb sehr gierig, weil sie ihn als hochwertigen Nährstoff
richtig schätzen; für Süßigkeiten zeigen sie sich allgemein wenig begeistert.
Wenn sie gegenwärtig dem von Negern bereiteten Maisbier auf Einladung
gelegentlich im Übermaß zusprechen, so dies weniger des säuerlichen, er-
frischenden Geschmacks wegen, als vielmehr aus Verlangen nach dem beglük-
kenden leichten Rauschzustande, der einige Tage angenehm nachwirkt.

Empfindlich, im Sinne von wehleidig oder verzärtelt, sind unsere Pygmäen
durchaus nicht; in schmerzhaften Zuständen zeigen sie sich staunenswert duldsam und denken nie daran, sich sonderlich zu schonen. Ausführlich wurde
kurz vorher (S. 167) diese Haltung, die überwiegend Sache eines beherrschten

Charakters ist, gewürdigt. Mehr noch. Wie die Bambuti jedes körperliche Leid mit gefaßtem G l e i c h m u t und unerschütterlicher Gelassenheit hinnehmen, so auch die Härten des Alltags und die unvermeidlichen Schicksalsschläge. Diese seelische Einstellung schließt jedoch nicht aus, daß sie den Tod ihrer nächsten Angehörigen und zumal ihrer Kinder bitterlich beweinen; sie lassen sich indes durch dergleichen Verluste nicht hoffnungslos niederdrücken. Einzig aus diesem Anlaß eines Todesfalles heulen die Erwachsenen laut und weinen anhaltend; darüber hinaus vernimmt man kaum je ein kurzfristiges Wimmern oder schmerzerfülltes Stöhnen. Eine triumphierende Existenzbejahung und unverwüstliche Lebenslust beherrscht diese zwerghaften Urwaldmenschen, vergnügt tänzeln sie durchs Dasein und seine Beschwerden nehmen sie auf die leichte Schulter. Man könnte sie ob dieser glücklichen Gemütsart ehrlich beneiden.

b. Pathologische Erscheinungen

Die körperliche Ausstattung der Bambuti, im besonderen die ihnen eigene, kennzeichnende Urwaldform, konnte eindeutig als eine normale Bildung begründet werden und in der Zusammenfassung aller Einzelmerkmale spricht sie uns an als ein verkleinertes Abbild der jedermann geläufigen menschlichen Durchschnittsgestalt. Trotz der zähen Gesundheit und der unverwüstlichen Lebenskraft, die beide Gemeingut unserer Pygmäengruppe sind, wird dieser und jener von körperlichen Leiden geplagt, gegen die er in den meisten Fällen machtlos ist; zu einigen wirksamen Hilfsmitteln greift er bloß bei seltenen Möglichkeiten. Da ich während meines vielmonatigen Aufenthaltes im Ituri-Walde mit anderen Aufgaben über Gebühr bedacht war, konnte ich den pathologischen Erscheinungen und den gebräuchlichen Heilmethoden der kleinen Leute keine nennenswerte Aufmerksamkeit schenken. Was aus diesem Wissensbereich auf den folgenden Seiten dargeboten wird, gestattet auch seinerseits wieder den eindeutigen Schluß auf eine kerngesunde Körperverfassung und überdurchschnittliche Vitalität unserer zwerghaften Eingeborenen. Auf Vollständigkeit erhebt diese Schilderung selbstverständlich keinen Anspruch. Zum weiten Bereich der Krankheitserscheinungen bei ihnen gehört viel mehr als meinen gelegentlichen Beobachtungen zugänglich war; wie gleicherweise zum vorhergehenden Abschnitt sich noch gar manches über Ernährungsphysiologie, Verdauungschemie, Konstitution des Blutes u. a. m. sagen ließe. Mit dergleichen Erkundungen kann ein einziger Anthropologe sich nicht noch zusätzlich belasten; sie allein würden die ganze Arbeitskraft des Fachmannes während einer Expedition beanspruchen.

Nach einer Beurteilung allgemeinsten Maßstabes werden die Bambuti viel weniger von Krankheiten geplagt, als man bei ihrer spärlichen Nahrung und armseligen Lebensweise, hauptsächlich bei ihrer unruhigen, gefahrvollen Daseinsform in unmittelbarer Äquatornähe vermuten möchte. Schwere endemische S e u c h e n , die anderswo empfindliche Lücken in den Volksbestand reißen, haben sich von ihnen bis jetzt ferngehalten. Nicht bei einem einzigen Pygmäen

bin ich venerischen Erkrankungen (Syphilis, Tripper und Weicher Schanker)
begegnet; auch in jenen Bezirken nicht, in deren Nachbarschaft Neger wohnen,
die damit behaftet sind. Schlafkrankheit *(Trypanosomiasis)* und Lepra haben
noch keinen Eingang in den Ituri-Urwald gefunden; letztere zeigt sich allerdings
mancherorts in der nicht allzu fernen Steppe und könnte auch einmal unseren
Waldmenschen übel mitspielen. Ein unschätzbarer Segen ist es für sie, daß auch
die Lungentuberkulose sich ihnen noch nicht genähert hat.

Gegenwärtig richten keine echten Pocken *(Variola vera)* ihre Verhee-
rungen an; ob diese Seuche, wie einzelne Neger und Pygmäen erzählen, früher
den Urwald heimgesucht hat, möchte ich in Zweifel ziehen; wahrscheinlich hat
sich eine leichte Pockenform, von der es mehrere endemische Herde im Urwald-
bereich gibt, gelegentlich mit erhöhter Virulenz ausgewirkt und ungewöhnlich
viele Todesfälle verursacht. Den Ausbruch und Ablauf der sogenannten weißen
Pocken *(Alastrim)* konnte ich an zwei verschiedenen Stellen beobachten. In das
Lager am Koukóu-Bache wurde die Infektion aus einem benachbarten Negerdorf hereingetragen. Das Exanthem brach vorwiegend bei Männern aus, die
sehr wässrigen Pocken begannen am fünften Tage einzutrocknen und damit
ließ auch das Fieber nach.

Eine andere Form der nicht bösartigen Pocken *(Variola benigna)* befällt
nach längeren Zeitabschnitten epidemieartig gewöhnlich alle Mitglieder einer
Horde gleichzeitig. Sie beginnt mit Fieber und allgemeiner Ermattung, wäh-
renddem Papeln im Gesicht und auf dem ganzen Körper auftreten; diese
nehmen bald vesikuläre Form an, trocknen nach einer Woche ziemlich rasch
ein und kurz danach endet der Krankheitsverlauf. Wegen der differential-
diagnostischen Schwierigkeiten, die sich bei den verschiedenen Formen der
Variola bieten, bin ich außerstande, eine bestimmtere Entscheidung über deren
Ausbruch und Verlauf zu treffen. Erwähnung verdient, daß die Insassen aller
Lager von der leichten Übertragbarkeit dieses Übels genügende Erfahrungs-
kenntnis besitzen; trotzdem richten sie nicht im mindesten dementsprechend
ihr Verhalten ein und es ist nur zu selbstverständlich, daß zuweilen alle Anwesenden fast ausnahmslos angesteckt werden.

Zu weitester Verbreitung gelangt auch im Ituri-Walde aus der vielgestaltigen Krankheitsgruppe der S p i r o c h a e t o s e n die Framboesie *(Polypa-
pilloma tropicum)*, nach dem hervorragenden Sachkenner P. MÜHLENS „eine
ausgesprochene Infektion der Tropenzonen“. Dieser Ausschlag mit den cha-
rakteristischen, einer Himbeere gleichen papulösen, zuweilen geschwürigen
Krusten befällt vorwiegend die Haut des Gesichtes und des Handrückens;
beliebte Ansatzstellen sind die Ränder der Nasenlöcher und des Gehörganges
sowie die Mundwinkel. In gewissen Bambuti-Horden sind sämtliche Mitglieder
damit behaftet, in anderen eine geringe Anzahl; und selten sind diejenigen, die
davon einigermaßen frei bleiben. Da Framboesie sich durch direkten und in-
direkten Kontakt verbreitet, unsere Eingeborenen überhaupt keine Schutzmaßnahmen treffen und zumal während der Nachtruhe in der Wohnhütte eng
gedrängt nebeneinander liegen, entgehen nur verhältnismäßig wenige einer

Ansteckung bereits in den Kinderjahren. Sogar an vielen Säuglingen, deren Mund- und Ohrengegend die verkrusteten Papeln bevorzugen, treten diese auf und verschwinden dann oft nicht mehr bis ans Lebensende. Wer jedoch von diesem Übel wieder frei wird, der trägt als Erwachsener die kennzeichnenden Narben aus seiner Kindheit. Ein Ausheilen gibt es tatsächlich und vielleicht verschwindet das Übel auch ohne Behandlung. Ein allgemeiner Überschlag hat mich zu der Erkenntnis geführt, daß mit Framboesie zahlreicher die Kinder als die Erwachsenen behaftet sind. Auf Kilese heißt sie *madzédze* und auf Kingwana *búba*. Zuweilen bietet dieser Ausschlag verschiedenartigen Mikroorganismen bequeme Gelegenheit, in den menschlichen Körper einzudringen, und so entstehen sekundär tiefgreifende Gewebszerstörungen in phagedänischen Geschwüren; ausnahmsweise kommt es zu weitergreifender Resorption eines bestimmten Bezirks im Gesicht und damit sind widerwärtige Verunstaltungen gegeben. Prophylaxe ist ein dringendes Gebot, für welche unsere Waldmenschen offenkundig keinen Sinn haben.

Manche Erwachsenen versuchen sich in einem sachkundigen Heilverfahren, dessen Einzelheiten sie mir nicht genügend deutlich verraten haben. Im vierten Lager war es, wo ich von meiner Hütte aus beobachtete, daß beide Eltern ihr Kind zur Beseitigung der Framboesie behandelten; als ich mich vorsichtig näherte, stellten sie sofort ihr Bemühen ein und die Mutter verbarg ihr Kind in der Wohnhütte. Der bei mir zurückbleibende Vater erklärte nur: „Mein Kind krankt an *búba* und ich will es gesund machen!" Am nächsten Tage gelang es mir, eine kleine Ergänzung zu erfahren. Von einem mir nicht näher gekennzeichneten Strauch wird die Borke vorsichtig abgelöst und getrocknet; inzwischen bereitet man aus den Blättern einen Absud und begießt damit die infizierten Körperstellen; danach bringt man die getrocknete Borke zum Verkohlen, zerpulvert sie und trocknet mit diesem Staub die Granulome und Papeln. An einem anderen Plaße im Urwald gingen die Pygmäen gegen dergleichen Wucherungen der Framboesie in der Umgebung des Mundes und der Ohröffnungen auf folgende Weise vor. Sie preßten zunächst den Saft im grünen Stengel der *apóka*-Liane aus, schabten mit einem scharfkantigen Teilchen aus einer anderen Liane die oberflächliche Kruste von den eingetrockneten Geschwüren herunter, wobei Blut floß, und ließen auf die bloßgelegten Stellen jenen Saft träufeln, der erkennbar adstringierend wirkte und zugleich heftige Schmerzen verursachte. Noch eine dritte Behandlungsweise brachte ich in Erfahrung. Die Leute lösen die aufgelockerte Erde aus den Ameisenhaufen der großen *tii*-Art in reinem Wasser auf und trinken dieses Gemisch. Ob nun Ameisensäure oder andere chemische Stoffe in diesem Trank die Framboesie bekämpfen und unwirksam machen, das zu entscheiden bedarf eigener Untersuchung. Angefügt sei hier, daß die belgische Kolonialbehörde sich mit Anwendung des Neosalvarsan gegen die Framboesie an Negern günstigster Heilerfolge erfreut. Auch den Pygmäen könnte mit diesem Mittel geholfen werden, würden sie selbst sich dafür zugänglich zeigen. Mit Framboesie, eben weil man ihr allerorts begegnet, haben sie sich bis zu dem Grade abgefunden und förmlich befreundet, daß eine energische Abwehr ihnen nicht in den Sinn kommt und noch viel weniger ein lautes Klagen deshalb erhoben wird.

Wo Framboesie eine Alltagserscheinung ist, wie bei den Ituri-Pygmäen, dort fehlen auch nicht die Juxtaartikulären Knoten, die von einigen Ärzten jener Erkrankung zugerechnet werden. Als bevorzugte Stelle für diese *Nodositas juxta-articularis* erkannte ich das Hüftgelenk gleichzeitig auf beiden Körperseiten. Anscheinend behindern diese bisweilen hühnereigroßen Bildungen eine leichte Beweglichkeit der Beine nicht.

Zu den Spirochaetosen zählt endlich noch der tropische Phagedänismus *(Ulcus tropicum)*, der manche erwachsenen Bambuti zuweilen empfindlich belästigt. Diese Geschwüre sitzen vorwiegend am Unterschenkel und sind meist etwas kleiner als ein Handteller; der von den Spirochaeten bewirkte Gewebszerfall dringt in die Tiefe vor, wo durchgreifende Gewebszerstörungen stattfinden. Bereits zu Beginn dieses Ulcus und erst recht im fortgeschrittenen Stadium mit nekrotischen Vorgängen sind die brennenden Schmerzen außerordentlich belästigend; wie es scheint, bringen die von den Bambuti angewandten Gegenmittel wirksame Erleichterung und sogar Heilung.

Unvermeidlich werden unsere Eingeborenen im unfreundlichen Ituri-Walde zuweilen von Magen- und D a r m b e s c h w e r d e n belästigt; sie verwenden nämlich gar keine Sorgfalt auf die Zubereitung ihrer Speisen und sind bei deren Genuß höchstgradig unvorsichtig, ebensowenig lassen sie konsequent ihrem Körper die unbedingt notwendige Schonung angedeihen. Mit verschiedenartigen Heilmethoden schaffen sie Abhilfe und im besonderen bei der nicht seltenen Obstipation erreichen sie schnelle Erleichterung durch Klistiere. Die intestinalen Schädigungen, hauptsächlich Enteritis, führen sich in den meisten Fällen ursächlich darauf zurück, daß die Pygmäen vereinzelt aus stehenden Gewässern trinken und mit ihrer nur mangelhaft zubereiteten Pflanzenkost verschiedenartige schadenbringende Mikroben aufnehmen. Insofern sind sie gegenüber zahlreichen Negergruppen günstiger gestellt, als der alltägliche reichliche Regen sie unablässig mit frischem Wasser versorgt; was niederfällt, strömt in den vielen Rinnsalen und seichten Bächen unverzüglich ab und schafft Raum für neues Regenwasser. In dergleichen aufs stärkste bewegten Wasserbahnen gedeihen im allgemeinen, die *Simulia* ausgenommen, keine menschenfeindlichen Insekten; noch können sich Würmer und Larven darin halten. Demnach sind unseren Pygmäen viele von Arthropoden und Würmern hervorgerufene Leiden erspart, unter denen die meisten Negerstämme in der offenen Landschaft seufzen. Diesbezügliche Einzelheiten folgen später.

Was weiters die Darmkrankheiten anbelangt, so glaube ich aus den Symptomen einzelner leidender Personen auf Amöben- und auf Bazillenruhr *(Dysenterie)* schließen zu müssen. Diese Darminfektionen wirken sich im Urwalde wahrscheinlich deshalb nicht zu weit um sich greifenden Epidemien aus, weil einerseits die Bevölkerung keine dichten Dauersiedlungen bewohnt und anderseits jedweder allein für sich gut entfernt von den Wohnhütten seine Darmentleerung erledigt; die Gelegenheiten zu Kontaktinfektionen und zu anderen

Arten des Übertragens der gefährlichen Zysten sind demnach um sehr viel verringert. Das gleiche gilt für die typhösen Erkrankungen; ich habe nicht in Erfahrung bringen können, ob Typhus und Paratyphus mehr oder weniger häufig im Ituri-Walde auftritt. Dann und wann stellt sich bei jemandem Erbrechen und Diarrhöe als Folge verdorbener Nahrungsmittel oder unverdaulicher Dinge ein; doch kommt der Patient durchgehends wieder schnell darüber hinweg. In keinem dieser Fälle handelt es sich um eine bloß leichte Empfindlichkeit des Verdauungstraktus; denn dergleichen Schwächen gibt es bei unseren widerstandskräftigen Waldmenschen nicht.

Noch eines anderen Vorteils endlich erfreuen sich die Bambuti gegenüber vielen Negerstämmen: weil sie bei ihrem umherschweifenden Wirtschaftsbetrieb keine Haustierzucht betreiben, bleiben ihnen manche bakteriellen als auch Virus-Infektionen erspart, die von diesen Tieren zuweilen ausgehen, vor allem Pest, Tularämie, Maltafieber und Typhus exanthematicus.

Eine erwiesene Tatsache ist es, daß in Belgisch-Kongo nahezu jeder Erwachsene von der einen oder anderen W u r m k r a n k h e i t belästigt wird. Einzelne der anderswo allgemein verbreiteten gefährlichen Darmparasiten, wie *Ancylostoma* bzw. *Necator americanus* scheinen bei den Bambuti wenig oder gar nicht vorhanden zu sein; ich jedenfalls sah an keinem der vielen Tausenden von Leuten, mit denen ich zusammengetroffen bin, die üblichen schweren Symptome der *Ancylostomiasis* und *Ascariasis*. Als Gründe für diesen günstigen Zustand bei ihnen — falls das bloß äußere Bild mich nicht getäuscht hat —, glaube ich wieder die schon früher erwähnten anführen zu müssen, nämlich daß sie ihren Darm regelmäßig weit von ihren Hütten entfernt entleeren, ferner nicht enggedrängt nebeneinander wohnen und schließlich schon nach zwei oder drei Tagen ihr Wohnlager wieder wechseln; von Hakenwurmlarven können sie demnach nur selten oder gar nicht befallen werden. Infektionen von Bandwürmern, hauptsächlich *Taenia saginata*, gibt es deshalb nur sehr wenig, weil unsere nomadisierenden Waldmenschen keine Viehzucht betreiben.

Gänzlich verschieden davon steht es hinsichtlich der F i l a r i a s e n , von denen kaum je ein Pygmäe verschont bleibt. Dem mikroskopischen Bilde zu entnehmen, wimmeln unvorstellbare Massen von Mikrofilarien, nach ihrer Zahl die Erythrozyten um ein Vielfaches übertreffend, im Blute eines jeden dieser kleinen Leute, ohne ihrerseits erkennbare Krankheitserscheinungen oder arge Belästigungen zu veranlassen.[1] Die vorherrschende Art ist die Mikrofilarie *Onchocerca volvulus*. Ihre Muttertiere sammeln sich mit Vorliebe in unempfindlichen, derben Bindegewebsknoten unter der Haut, erbsen- bis hühnereigroß. Auffälligerweise sitzen diese Knoten in jenen Hautflächen, die

---

[1] P. Mühlens in Hamburg hat diesen Sachverhalt wissenschaftlich begründet: „Die Mikrofilarien als solche rufen, selbst wenn sie in großer Zahl im Blute nachweisbar sind, keine direkten Krankheitserscheinungen hervor; letztere werden vielmehr durch die erwachsenen Muttertiere bewirkt" (Obst: Afrika, Handbuch der praktischen Kolonialwissenschaften, Bd. XI/2, S. 259. Berlin 1943).

einem Knochen dicht aufliegen, nämlich über den Schulterblättern und den
Rippen, über dem Kreuzbein und den oberen Femora-Gelenken. Selten nur
brechen die Knoten von selbst auf, häufig werden sie mit den Fingernägeln
aufgekratzt, und dann entwickeln sich sekundär nässende Geschwüre. Als Überträger hat man die Kriebelmücken *(Simulia)* erwiesen, die im tropischen
Waldgelände mit schnellfließenden Bächen ihre Brutplätze haben; strichweise
treten sie in dichtesten Schwärmen auf.

Aus den durch A r t h r o p o d e n hervorgerufenen Infektionen verdienen bloß zwei hier aufgeführt zu werden, die den Bambuti umsomehr
Belästigungen schaffen. Zunächst die *Myiasis,* bewirkt von den Larven der
Tumbufliege *(Cordylobia anthropophaga).* Sie legt ihre Eier auf Sandboden
und Bananenblätter und die auskriechenden Larven dringen in die Haut des
Menschen, der Affen sowie zuweilen der Haustiere ein, wo sie zur Größe eines
dicken Zitronenkernes heranwachsen. Werden sie auch jetzt noch nicht durch
einzelnes Auspressen entfernt, entstehen schmerzliche Geschwüre. Überaus
belästigend benehmen sich diese Parasiten. Einmal wurde auch ich von ihnen
überfallen; und erst, als sie die bezeichnete Größe erlangt hatten, war ich mir
des diagnostischen Sachverhaltes bewußt; 128 dieser großen Larven steckten
mir in der Haut und verteilten sich auf die ganze Körperoberfläche.

Viel empfindlicher und nahezu alltäglich quälen oder bedrohen die Sand-
flöhe *(Sarcopsylla seu Tunga penetrans)* jedweden Pygmäen. Zum Vorteil für
sie finden diese Arthropoden keine günstigen Entwicklungsbedingungen im
Urwalde, der vor Feuchtigkeit trieft; am häufigsten werden in den benachbarten Negerdörfern die Bambuti von ihnen überfallen. Das befruchtete Weib-
chen, winziger als eine Stecknadelkuppe, dringt mit Vorliebe unter die Zehennägel ein und wächst dort zur Erbsengröße heran; gleichzeitig damit steigern
sich die brennenden Schmerzen, wie auch die Geschwüre sich fortschreitend
erweitern und vertiefen. Durch nachfolgende Verseuchung verschiedener Art
entstehen sehr schmerzende und ausgedehnte Gewebszerstörungen. Dem allen
vorbeugend brauchten die Eingeborenen bloß jeden eingedrungenen Parasiten
bei vorsichtigem Herausheben mit einem spitzigen Dorn zeitig genug zu entfernen, denn sie haben für diese lästigen Eindringlinge ein scharfes Auge; in
ihrer gewohnten gleichgültigen Gemächlichkeit unterlassen sie diese unbedeutende Mühe schon bald zu Anfang anscheinend stumpfsinnig und so schleppen sie lange nachher die schmerzhaften Geschwüre mit sich umher. Nicht
einmal ihren Kindern ersparen die Erwachsenen dieses alltäglich quälende
Ungemach durch ein rechtzeitiges, gar nicht anstrengendes Eingreifen.

Anderen systematischen Ordnungen gehören zwei P a r a s i t e n an, die
unseren Pygmäen arges Mißbehagen bereiten. Der eine ist die Kopflaus
(Pediculus capitis), gegen den sie keine Abwehrmittel besitzen; der andere ist
die noch widerwärtigere Krätzmilbe *(Scabies scabiei),* die nahezu jedermann
seit den frühesten Kinderjahren in mehr oder weniger reichlicher Menge an-
fällt. Hautstellen, von diesen Schmarotzern bevorzugt, sind die ganze Hüft-
gegend, auf welcher die mäßig schmale Hüftschnur verläuft, ferner am Rücken

der obere Abschluß der Gesäßspalte und endlich die Fingergrundgelenke an beiden Händen. Infolge der fortlaufenden engen Berührung der Stammesmitglieder miteinander werden unausbleiblich diese Parasiten übertragen und niemand kann sich dagegen wehren. Der beharrliche Juckreiz veranlaßt Kratzwunden, die sich zu Ekzemen verschlimmern; sie ihrerseits öffnen anderen Schädlingen eine bequeme Eintrittspforte in den menschlichen Körper. Unbewußt gewohnheitsmäßig kratzen Erwachsene wie Kinder an den juckenden Stellen, ohne sich damit Erleichterung verschaffen zu können. Wieder drängt Blut aus den tumorartigen Schwellungen vor und auf Grund derartiger sekundärer Veränderungen werden diese ekzematösen Reaktionen zu Herden für unzählbar viele Filarien.

Bei dem sehr knappen Ausmaß an Nahrungsstoffen, das unseren zwerghaften Waldmenschen freisteht, erwartet man gefühlsmäßig auch die eine und andere M a n g e l k r a n k h e i t (Avitaminosen); doch in Wirklichkeit zu Unrecht. Zunächst ist jede Vermutung, diese Eingeborenen leiden längere Zeit an bedrohlicher Unterernährung, ungenau; mag es ihnen auch mehrmals im Verlauf des Jahres beschieden sein, kurze Hungerperioden überdauern zu müssen. Dann fehlt es wieder nicht an Zeiten mit ausgiebig reichlichen Lebensmitteln, sogar mit ansehnlichen Mengen an hochwertigem tierischen Eiweiß, wenn sie einen Elefanten oder eine große Antilope erlegt haben. Ferner darf man zur Erklärung für das Fernbleiben der Avitaminosen nicht aus dem Auge verlieren, daß den Bambuti, trotz mancher minderwertigen Qualität, eine immerhin beachtliche Auswahl an Nahrungsmitteln offen steht, die alle insgesamt einen jeden der lebenswichtigen Stoffe in einer vom Organismus geforderten Menge enthalten. Trotz der überwiegend vegetarischen Ernährung unterbleibt eine schadenbringende Einseitigkeit; denn mag auch in vielen Pygmäenhorden die Banane als Hauptnahrungsmittel im Vordergrunde stehen, zeitweilig fällt auch sie vollständig aus und neben ihr wie ohne sie führen die Leute noch allerlei andersgeartete Nahrungsstoffe zum Munde.

Eine mehr oder minder gemischte Kost bietet sich jedem Pygmäen nahezu allwöchentlich. Reich an A-vitaminhältigen Ölen sind manche Früchte und Kerne, nach denen die Pygmäinnen suchen, hochwertig an erforderlichen Schutzstoffen sind Fleisch und Honig; unter solchen Bedingungen, selbst wenn sie nicht die günstigsten sind, bleiben echte Mangelkrankheiten aus. Ihnen gliedert man berechtigt die Rachitis an, die sich bei Ausfall von D-Vitaminen einstellt. Letztere bilden sich aus Vorstufen hauptsächlich in der Körperhaut unter Einwirkung der Sonnenstrahlen. Obwohl unsere Pygmäen jeder direkten Bestrahlung aufmerksam ausweichen und im Urwalde durchwegs ein mattes Düster vorherrscht, erfüllt ihn dennoch zeitweilig und stellenweise eine beachtliche Lichtmenge, die sich vorteilhaft ihrer Körperhaut mitteilt. Dazu kommt, daß die Lichtstärke an sich während der Tagesstunden dort am Äquator kraftvoll und eindringend ist, mag auch die Sonne oft und für kurze Stunden von dichten Wolken verdeckt werden. Diese Umstände dürften als Erklärung dafür ausreichen, daß sich bei den Bambuti keine Rachitis mangels

Belichtung durch die Sonne einstellt; sicherlich enthalten ihre Nahrungsmittel
ausreichende Mengen an Kalksalzen und Phosphaten zur Mineralisierung ihrer
Knochen.

Andere pathologische Erscheinungen, die kaum je einen Pygmäen verschonen, sind die verschiedenartigen Schädigungen der Atmungsorgane.
Geht man von der Erwägung aus, daß auch im Urwald die Temperatur innerhalb enger Kurzfristen beachtlich schwankt, ferner eine zumindest während
mehrerer Nachtstunden bis zur vollen Sättigung mit Wasserdampf angereicherte
Luft den Raum erfüllt und schließlich schon eine kurze Spanne im Wärme-
wechsel infolge Stenothermie unsere Pygmäen unverhältnismäßig empfindlich
trifft, dann leuchtet ein, daß Katarrhe sowie akute und chronische Bronchitis
nicht bloß eine gelegentliche Störung, sondern ein Dauerzustand sind. Mögen
dort am Äquator Monat für Monat die Luft- und Wetterbedingungen, im
ganzen genommen, sich völlig gleich bleiben, die alltäglichen Änderungen allein
erzwingen den Zustand unausgesetzter Reizung der Atmungsorgane. Des Nachts
am deutlichsten vernimmt man in jedem Pygmäenlager anhaltendes Husten
und Räuspern, an dem sich die Leute jedweder Altersklasse mit den Kindern
beteiligen. In verschiedenen leichten und mäßigen Graden entwickeln sich diese
Leiden der Atmungswege; schwere Formen von Bronchitis, Katarrhen und
Pulmonie treten selten auf. Als Einzelfall habe ich Keuchhusten *(Pertussis)*
erweisen können; vermutlich tritt er ausnahmsweise als heftige Epidemie mit
hoher Mortalität auf, wenn eine stärkere Bazilleninfektion aus einem Negerdorf hereingetragen wird. Zum Segen für unsere Urwaldleute haben tuberku-
löse Leiden sich ihnen noch nicht genähert.

Die soeben gekennzeichneten Witterungsverhältnisse — um dies hier einzufügen — sind offenkundig außerordentlich günstige Vorbedingungen für
Rheumatismus, der vielfach chronische Form annimmt. Seinetwegen klagen
vorwiegend alte Leute, da sie ihm viel Behinderung in ihren Gliedmaßen
zuschreiben. Die unregelmäßige und noch mehr ungleichmäßige Erwärmung
der einzelnen Körperbezirke durch das Hüttenfeuer hilft dabei mit, die rheu-
matischen Leiden zu schüren.

Mehrere Tausend Pygmäen habe ich in ihrem ausgedehnten Wohnbereich
unbehindert beobachtet; und um so verblüffender war die verhältnismäßig
winzige Zahl der Personen mit Körperbeschädigungen infolge eigentlicher
Unfälle. Weder Bein- noch Armbrüche habe ich zu Gesicht bekommen; welch
überraschenden Tatbestand ich einesteils aus der leichten, elastischen Bauart
des pygmäischen Körpers und andernteils aus der wendigen Gelenkigkeit im
ganzen Benehmen der Erwachsenen sowohl wie der Kinder begründen möchte.
Einmal bin ich einen 14jährigen Buben begegnet, der im Wachstum zurückgeblieben war und sich auf seinen schwer atrophischen Beinen nicht aufzurichten vermochte; er bot das Bild eines echten Krüppels dar. Aus Versehen
seiner Mutter ist er als Säugling von gewisser Höhe unglücklich auf einen am
Boden liegenden Baumstamm gefallen. Ein 25jähriger Bursche zeigte oberhalb
des Os sacrum eine buckelartige Verkrümmung der Wirbelsäule; in frühen

Jahren ist er aus einer hohen Baumkrone abgestürzt und hat diese Verbildung davongetragen. Auffällig genug ist es also doch, daß ich bloß diese beiden Krüppel angetroffen habe.

In enger Anreihung stelle ich hier noch einige bemerkenswerte S o n d e r - e r s c h e i n u n g e n nebeneinander, die sich in keine der oben besprochenen Gruppen sachgemäß einfügen ließen. Erinnert sei zunächst an den ungewöhnlich schlechten Zustand der Zähne unserer zwerghaften Waldmenschen, hauptsächlich infolge der allgemein verbreiteten Alveolarpyorrhöe (S. 147). Mehrmals sah ich Nabelbruch und an einem 40jährigen Manne einen mittelgroßen Kropf. *Conjunctivitis acuta* stellt sich häufig bei Kindern wie Erwachsenen ein und wird bei manchen von ihnen zu einem Dauerzustand. Die Bambuti kennen weder das Trachom, noch die angeborene und erworbene Kurzsichtigkeit, noch die in Europa vielverbreitete Alterserscheinung der Weitsichtigkeit *(Presbyopie)*; mit schielenden oder unrichtig gestellten Augen ist mir kein einziger begegnet und niemand mit mittel- oder hochgradiger Taubheit. Im vierten Lager beobachtete ich eine etwa 45jährige Frau, die fortgeschrittene Gewebszerstörungen an der Oberlippe mit gänzlicher Auflösung des Septums und eines Nasenflügels aufwies; andere Symptome fehlten. Naheliegend war, tertiäre Syphilis zu vermuten. Als ich erfuhr, daß sie acht Kinder geboren hatte, von denen die fünf lebenden völlig gesund sind, glaubte ich für ihr tiefgreifendes Geschwür eine canceröse Grundlage annehmen zu dürfen. Eine ähnliche Erscheinung oder unzweifelhafte Symptome eines Cancer sind mir nicht wieder unter die Augen gekommen. An zwei Erwachsenen zeigte sich eine mäßig breite, gut vernarbte Hasenscharte.

An einem 18jährigen Burschen habe ich die klinischen Erscheinungen epileptischer Anfälle, die sich in kurzen Zeitabständen einstellten, bequem beobachtet. Seine drei Geschwister und beide Eltern waren durchaus gesund; letztere betonten glaubwürdig, dergleichen Zustände bei keinem ihrer Vorfahren wahrgenommen zu haben. Der Bursche trug ein scheues, verschüchtertes Benehmen zur Schau und seine Umgebung nahm ihn nicht vollwertig; sie behandelte ihn während eines jeden Anfalles außergewöhnlich grob und ohne die mindeste Rücksichtnahme auf seinen Zustand, zerrte ihn aus der Hütte und schlug mit Stecken auf ihn ein. Die nämliche Behandlung erfährt jeder Epileptiker und jeder andere mit einem nicht ganz normalen Geisteszustand bzw. mit nicht vollwertiger Intelligenz; denn dergleichen bedauernswerte Wesen werden als verhext oder in Beziehung zu Hexen stehend angesehen, mithin für Unglücksfälle, Störungen und Mißgeschicke jeglicher Art verantwortlich gemacht —, offenkundig schuldlos. Die Betroffenen können sich des erregten Ansturms der Gemeinschaft auf ihre Person, namentlich während eines Anfalles, ebensowenig erwehren, wie es Mittel und Wege gibt, ihrem bedauerlichen Zustand abzuhelfen. Epilepsie der leichten und der ausgeprägten Formen zeigt sich bei den Bambuti nicht als einmalige Erscheinung, wohl aber selten. Ausgesprochene Dementia und vollkommenen Irrsinn gibt es nicht; träten sie auf, überließe man die damit Behafteten schon in frühen Jugend-

jahren sich selbst, auf daß sie zugrunde gehen. Eigentlicher Sachkenntnis oder
einem Erfahrungswissen entspringt die Annahme der Ituri-Leute wahrscheinlich nicht, daß epileptische und geistesschwache Kinder im Rausch erzeugt
worden seien, so beachtenswert diese ihre Beurteilung an sich ist.

Schließlich sei in Erinnerung gebracht, daß die oben vorgelegte Liste der
Infektionen und Erkrankungen, von denen unsere Ituri-Leute bedroht werden,
keineswegs vollständig sein kann; jedoch fehlt in der Aufzählung kein Leiden,
das für sich imstande wäre, den Volksbestand ernstlich zu bedrohen. Bei einer
übersichtlichen Beurteilung drängt sich die angenehme Erkenntnis auf, daß den
Bambuti nicht nur die weitverbreiteten lebengefährdenden Seuchen, wie Tu-
berkulose und Schlafkrankheit, gelbes Fieber und Flecktyphus u. a. m., sondern
auch manche nicht-epidemische Leiden mit häufig tödlichem Ausgang, wie
Lungenentzündung, Syphilis, Cancer u. a. gänzlich oder fast ganz fernbleiben.
Das eine und andere von den Übeln, die gegenwärtig sie quälen, ist ihnen
neuestens aus der Nachbarschaft der Neger übermittelt worden.

Jedermann leuchtet ein, daß ihr grundsätzlich menschenfeindlicher Urwald
sozusagen — mag das auch widerspruchsvoll klingen — ein S c h u t z r e s e r -
v a t darstellt, in das einzudringen gewissen Krankheiten verwehrt bleibt und
in dem manche tierische Überträger sowie einzelne Parasiten nicht aufkommen
oder bestehen können. Im ganzen betrachtet, sind mithin die Bedrohungen und
Gefährdungen der körperlichen Gesundheit drinnen im Waldesinnern beträchtlich geringer gegenüber denen in den außenliegenden Feldern und
Steppen. Angesichts dieses Nachweises braucht man sich über den gegenwärtigen vorteilhaften Gesundheitszustand unserer Ituri-Leute ebensowenig zu
verwundern wie über den durch lange Jahrhunderte anhaltenden Fortbestand
ihres Volksganzen bei nahezu stetiger Kopfzahl im unberührten Waldgebiet.
Nicht ihre naturgemäße Lebensweise oder das im Ablauf eines ganzen Jahres
sich gleichbleibende Klima oder ihre vorteilhaft dem Urwalde angepaßte Körperform samt Konstitution möchte ich als ausschlaggebend für ihre ungeschwächt sich erhaltende Vitalität ausgeben, vielmehr die besonderen gesund-
heitschützenden Bedingungen des Ituri-Waldes selbst; jene haben zu ihrem Teil
mitgeholfen, doch diese sind die eigentliche Wirkursache. Ihnen allen gemeinsam verdanken es die Bambuti im wesentlichen und an erster Stelle, daß sie
auch heute noch so und das sind, wie sie sich uns vorstellen.

Manche negerische Völkerschaften im weiten Umkreis von ihnen sind
spurlos verschwunden und andere auf nur wenige Vertreter einer ehedem
kraftvollen Einheit zusammengeschrumpft, wieder andere sind in Bastardie-
rungsprozessen um ihre frühere Blutreinheit gekommen und manchen gestatten
verheerende Seuchen keinen Aufstieg mehr zu nennenswerter Volksstärke.
Solchem tiefgreifenden, völkervernichtenden Wandel gegenüber erfreuten sich
die Bambuti, im mächtigen Schutze ihres düsteren Urwaldes, eines von pathologischen Übeln weniger bedrohten Daseins und erhielten sich lebenskräftig bis
in die Gegenwart herein. Ihren jahrhundertelangen völkischen Bestand bei

ungeschmälert leistungsfähiger Gesundheit danken sie der Absperrung gegen alle andersgeartete Umgebung in ihrem sie offensichtlich begünstigenden Waldbereich. Solange sie sich darin zurückhalten, unter ständiger Abwehr alles Fremdartigen, was von außen her auf sie einzudringen versucht, seien es Neger oder Tiere, Nahrungs- und Genußmittel oder tierische und bakterielle Infektionsträger, werden sie ihre biologische Lebenstüchtigkeit auf unberechenbare Zeit hinaus unvermindert bewahren.

c. Blutgruppennachweis

Die Aufgliederung der Bambuti nach Blutgruppen läßt sich deshalb nicht mit völligem Schweigen übergehen, weil ich mich um einen wenngleich bloß bescheidenen Beitrag zur Klärung auch dieser physiologischen Verhältnisse bemüht habe. Niemand verkennt die rassendiagnostische Bedeutung des Blutgruppennachweises. Wenn ich noch vor Antritt meiner Forschungsreise keine Absicht hegte, dafür bei den kleinen Menschen am Ituri etwas zu tun, so läßt sich meine damalige Haltung mit dem Hinweis darauf begründen, daß ein vollständiges metrisches und deskriptives Erfassen der Somatologie des Bambuti-Volkes eigentliches und erstes Ziel war, das durch Nebenbeschäftigungen nicht behindert werden durfte. Damals wußte ich schon, daß für die Bestimmung der Blutgruppen allein alles Erforderliche geschehen würde, weil sich Dr. J. JADIN von der Universität in Louvain vorwiegend zu serologischen Untersuchungen an unserer Expedition beteiligen wollte. Bei den Efé und Basúa sowie bei den benachbarten Negern hat er viele Personen daraufhin bestimmt und seine Ergebnisse bereits 1936 veröffentlicht. Eine Freude war es mir, ihm dabei anfänglich behilflich zu sein; denn auch mir persönlich lag viel daran, daß derartige Bestimmungen erreicht würden. Nicht überall gelingt es, mißtrauische und abergläubische Naturkinder zur arglosen Freigabe eines Blutstropfens zu bewegen; überlistet man sie oder wendet man Zwangsmittel an, gefährdet man seine Forschungsarbeit überhaupt und macht sich vielleicht sogar bei ihnen gänzlich unmöglich. Wenn irgendwo, dann ist für europäische Forschungsreisende äußerste Vorsicht im Umgange mit den Vertretern eines Primitivvolkes am Platze.

Unseren teilweise verschiedenstrebigen Arbeitszielen zufolge habe ich mich nach längerem Aufenthalt bei den Efé und Basúa der dritten Abteilung des Bambuti-Volkes, den Aka-Leuten, zugewandt; sie hat Dr. JADIN aus Zeitmangel nicht mehr besuchen können. So bediente ich mich zur Bestimmung ihrer Blutgruppen des Serums, das mir Prof. Dr. O. RECHE für diesen Zweck liebenswürdigerweise nach Afrika nachgeschickt hat. Leider gestattete es nur hundert Proben. Es stammte in Form des Trockenhaemotest aus dem Staatl. Serotherapeutischen Institut in Wien und hat sich trotz aller Ungunst der mannigfachen äußeren Bedingungen in der Tropenzone ohne mindeste Beeinträchtigung bewährt; die Agglutination erfolgte genau so schnell und so eindeutig sicher wie unter mitteleuropäischen Verhältnissen. Zur Beschaffung

ausreichender Serummengen fehlte es damals an Zeit, ich stand schon nahe vor
dem Abbruch meiner Forschungsarbeiten; hätte ich mehr Serum bei mir gehabt,
wäre mühelos eine größere Anzahl von Aka-Pygmäen untersucht worden. Auf
Bestimmung der Blutgruppen bei Verwandten konnte ich mich wegen der damit
verbundenen Umständlichkeiten nicht einlassen. Die hundert Proben, die ich
durchgeführt habe und hier vorlege, entstammen ausschließlich erwachsenen
Personen aus mehreren Horden, die gleichfalls anthropologisch eingehend
bestimmt worden sind.

Dessen bin ich mir zur Genüge bewußt, daß zumindest ein halbes Tausend von Mitgliedern eines Volkes oder Stammes vorgenommen werden muß,
soll das Ergebnis der Blutgruppenbestimmung diagnostisch brauchbar und
klassifikatorisch verwendbar sein. Doch werden meine unzureichenden Untersuchungen wenigstens dabei mithelfen, annähernd wahrscheinlich zu machen,
wie die Aka-Leute sich blutartlich zu ihren beiden großen Stammesgruppen,
Efé und Basúa einerseits, und zu den ihnen benachbarten Negern, hauptsächlich Medjé anderseits, verhalten.

Die Formel für die Blutgruppenverteilung auf Grund der hundert von mir
beobachteten Aka-Pygmäen lautet

$$\text{O: 27} \qquad \text{A: 41} \qquad \text{B: 25} \qquad \text{AB: 7}$$

Der geringe Gehalt an O-Blut und der reichliche Gehalt an A-Blut tritt deutlich
genug hervor. Stellt man den 49 Aka-Männern die 51 Aka-Frauen gegenüber,
ergibt sich, in Prozenten ausgedrückt, folgende Anordnung:

	O	A	B	AB
bei 49 Männern	22.5	46.9	24.5	6.1
bei 51 Frauen	31.4	35.3	25.5	7.8
bei 100 Aka	27.0	41.0	25.0	7.0

Demzufolge bekunden die Aka-Frauen blutartlich mehr Beziehungen zu den
reinen Efé als die Aka-Männer, welch letztere im O-Blut und im A-Blut stärker
abweichen. Seit Jahrzehnten sind Blutmischungen der Aka-Leute mit den
angrenzenden Medjé-Negern im Gange; größeren Umfanges sind sie nicht und
deshalb nur in Einzelfällen nachweisbar. Von Efé-Mischlingen entfernen sich
sowohl die Aka-Männer wie auch die Aka-Frauen beträchtlicher als von den
reinblütigen Efé. Man darf wohl annehmen, daß der Mischungsvorgang von
Aka-Leuten mit Medjé-Negern eine auf Kosten von O-Blut und B-Blut erfolgte
Anreicherung an A-Blut nach sich gezogen hat; was aber nur dann als sicher
gelten könnte, wenn in der Medjé-Gruppe ein häufigeres Auftreten des homozygoten A-Blutes nachgewiesen würde. Immerhin tritt bemerkenswert der blutartliche Geschlechtsunterschied bei den Aka-Leuten sowie der bereits vorher
erwähnte Reichtum an A-Blut auf Kosten von O-Blut in die Erscheinung.

Als Grundlage für die obigen und folgenden kurzen Vergleiche dienten
mir die Beobachtungen, die der Belgier J. JADIN und der Holländer P. JULIEN
ungefähr gleichzeitig im östlichen Ituri-Raume durchgeführt haben. Offenkundig

kennzeichnen sich unsere Bambuti zufolge der bei ihnen nachgewiesenen Blut-
gruppenformel von außergewöhnlichem Aufbau als eine durchaus e i g e n -
s t ä n d i g e   R a s s e e i n h e i t   mit scharfer Abgrenzung gegen andere rassische
Gruppen. Die beiden Forscher sind zu folgenden Ergebnissen für reinblütige
Pygmäen gelangt, nach Umrechnung auf prozentuelle Beteiligung der Gruppen:

Personen	O	A	B	AB	
1015	27.00	35.86	28.27	8.87	(nach JULIEN)
1032	30.62	30.34	29.06	9.97	(nach JADIN)

Letzterer hat im Waldesinnern gearbeitet, während ersterer mehr am Nordrande
zwischen Gombari und Mambasa tätig war, ein Raum, in dem das Pygmäenblut
erkennbar an seiner Reinheit eingebüßt hat. Die rasseeigene Konstitution des
Blutes der Bambuti zeigt demnach zuverlässiger die von JADIN berechnete
Formel von einer für die gesamte Menschheit einzigartigen Gliederung. Sie ist
für sich allein imstande, die Sonderstellung unserer zwerghaften Ituri-Leute im
vielverschlungenen Völkergewimmel des dunklen Erdteils zu begründen.

4. Demographische Einzelheiten

Geschichtlich erweisbar ist die Tatsache, daß die Volksgemeinschaft der
Bambuti als erste und einzige ursprüngliche Insassen ihren düsteren Urwald
seit vielen Jahrhunderten innehat. Er deckt ihren absolut niedrigen Bedarf
an dem, was sie zu ihrer Lebenshaltung benötigen, und er gewährt ihnen einen
biologisch hochbedeutsamen Schutz gegen die Bedrohung ihrer Gesundheit von
seiten gefährlicher Krankheitserreger. Bei aller Anerkennung dieser unentbehrlichen Vorbedingungen drängt sich die Erkenntnis auf, daß neben ihnen
auch eine z i e l s t r e b i g e   D y n a m i k am Werke ist, die unablässig für den
bestmöglichen Fortbestand der pygmäischen Gesamtheit gearbeitet hat und
sich immer noch betätigt. Diesem Kräftespiel im einzelnen nachzuspüren und
die besondere Wirkweise, vermittels derer sie das angestrebte Ziel erreicht hat,
mit möglichst allen entscheidenden Einzelheiten aufzudecken, will die angeschlossene Schilderung versuchen.

Wie immer man über Lebensfähigkeit eines Volkes und über die natürlichen Gesetze zu deren Aufrechterhaltung urteilen mag, sämtliche Anzeichen
deuten darauf hin, daß für die Bambuti das Schwergewicht aller beteiligten
Ursachen bei den Kräften biologischer Art zu suchen ist; welch letzteren die
viel zahlreicheren restlichen als untergeordnete Mithelfer zur Seite stehen. Von
welch ungebrochener Vitalität dieser biologische Motor erfüllt sein muß, spricht
überzeugend die alleinige Tatsache vom jahrhundertelangen ungeschwächten
Weiterbestand unserer Ituri-Pygmäen aus. Es gibt keine nennenswerten, von
ihnen selbst ausgeklügelten Maßnahmen und genau abgefaßten Gesetze; teils
unbewußt und teils dem erkannten Erfahrungswissen folgend, lassen sie sich

von stillen Strömungen und unauffälligen Anreizen treiben, die wir als das Wirken einer gesunden Natur zu umschreiben pflegen. Unleugbar spricht ihre Lebensweise und Gesellschaftsordnung sowie der weite Bereich der gegenseitigen Geschlechterbeziehungen und die ganz allgemein gefaßte Fürsorge für die nachfolgende Generation jeden europäischen Beurteiler als durchaus naturhaft und biologisch kerngesund an.

In anderem Zusammenhang wurde deutlich geschildert (S. 43), daß sich die Gemeinschaft der Ituri-Pygmäen in eine unbestimmbare Anzahl von Horden auflöst, von denen eine jede mit betonter Selbständigkeit einzig für sich im genau abgegrenzten Schweifgebiet lebt und engeren Beziehungen zu den Nachbarn aus dem Wege geht. Bei Würdigung einer solchen Aufteilung des langgezogenen Wohnbereiches sieht man sich vor die unerwartete Tatsache gestellt, daß von den auf außerordentlich weitem Flächenraum ganz lose nebeneinander gelagerten Einzelhorden die genau gleichen biologischen Grundsätze als maßgebend anerkannt werden, wie ebenfalls in einer jeden von ihnen dieselben gesellschaftlichen Einrichtungen bestehen. Man fragt aus offenkundiger Unsicherheit heraus, woher die s t r e n g e   E i n h e i t l i c h k e i t der bezeichneten Grundsätze und Einrichtungen im Gesamtraume des Ituri-Waldes stammt. Denn weder von einer allesbeherrschenden Autoritätsperson noch von einem Vorsteherrat werden die zahlreichen Einzelhorden zusammengefaßt; die überwiegende Mehrheit dieser kennt sich nicht einmal gegenseitig. Einzelpersonen aus verschiedenen Bezirken, die gelegentlich einander begegnen und von einander hören, werden sich allerdings ihrer rassischen Zusammengehörigkeit auf Grund der nämlichen erbbedingten Körpermerkmale durch den bloßen Augenschein bewußt; bedeutsame Übereinstimmungen völkischer wie kultureller Art begreift dieses Erkennen naturgemäß ebenfalls in sich. Einzig und allein dieses allerorts ungeweckte und gegebenenfalls wachgerufene Wissen ist es, das auch gegenwärtig noch sämtliche Horden zu einer geschlossenen Rasseeinheit und Volksgemeinschaft zusammenfaßt. Nach außen macht sich dieses Bewußtsein von einer völkischen Zusammengehörigkeit aller Bambuti durch die nachdrückliche Entschiedenheit bemerkbar, mit welcher jede Einzelperson und jeder Verband, nämlich die Einzelfamilie und die Familiengruppe, sozusagen instinktmäßig ihren tiefgründigen Abstand von den Negern betonen.

Daneben müssen gleichfalls h i s t o r i s c h e   E r w ä g u n g e n ihre Berücksichtigung finden. Die seit vielen Jahrhunderten in sehr breite räumliche Ausdehnung aufgesplitterte Bambuti-Gemeinschaft konnte in ihren ersten Anfängen nicht anders als in kleiner und geschlossener Verbundenheit beginnen. Damals schon haben sich einige Wesenszüge der Gesellschaftsordnung und allgemeinen Lebensführung herausgebildet, die ein Dauerbesitz dieses Volkes geblieben sind und um so treuer beibehalten wurden, da sie sich erfahrungsgemäß als naturgeboten und als bestens an die Umwelt angepaßt erwiesen haben. Nach fortschreitender Entwicklung und räumlicher Ausdehnung hat schließlich die Gesamtheit der kleinen Leute am Ituri jenen Stand nach Kopfzahl und Aufgliederung in Horden erreicht — selbstverständlich in großen

Zügen gesehen —, der seitdem durch viele Jahrhunderte bis in die jüngste
Gegenwart herein ein nahezu feststehender Wert geblieben und an sich darnach
angetan ist, unverändert sich fortzupflanzen. Was diesen Bestand aufrecht und bis in
seinen innersten Kern hinein gesund erhalten hat, eben das gilt es im folgenden
zu erklären. Keine andere Volksgemeinschaft hat vor den Bambuti im weiten
Bereich des Ituri-Waldes einen Daueraufenthalt durch viele Geschlechterfolgen
verbracht; mithin sind sie die eigentlichen Schöpfer ihrer Besitzgüter und
Gewohnheiten, ihrer völkischen Sitten und stammeseigenen Einrichtungen.

a. Völkischer Bestand

Äußerlich besehen läßt die Gesamtheit der Ituri-Pygmäen keine andere
Gliederung erkennen als ein loses Nebeneinander der vielen für sich selbständigen H o r d e n. Früher ist diese Einrichtung unter Berücksichtigung der
wesentlichen ethnographischen Erfordernisse beurteilt worden (S. 43); nun
soll hier versucht werden, ihre demographische Bedeutung und volkerhaltende
Aufgabe darzutun. Jede Horde setzt sich aus einer schwankenden Zahl von
Einzelfamilien zusammen, die gleichwertig und gleichberechtigt nebeneinander
stehen. Einzig das Bewußtsein verwandtschaftlicher Verbundenheit hält sämtliche Fauilien einer jeden Horde zusammen, nicht aber irgendwelche Form
einer übergeordneten behördlichen Macht. Naturgemäß schwankt andauernd
die Zahl der Einzelmitglieder, der Kinder wie der Erwachsenen, und der
Familien selbst, die alle zur gleichen Horde zusammengehören. Geburten und
Todesfälle, nicht minder Eheschließungen veranlassen hauptsächlich die unaufhörlichen Veränderungen. Im Zuge solcher Abwandlungen bleibt es nicht aus,
daß die Mitgliederzahl einer beispielsweise durch Seuchen schwer heimgesuchten
Horde ansehnlich zusammenschrumpft; sollte die Verkleinerung weiterschreiten
und für den Restbestand das selbständige Dasein unmöglich werden, löst sich
die Horde selbst kurzerhand dadurch auf, daß die überlebenden Familien bzw.
deren Mitglieder sich einer von jedermann selbst gewählten Horde anschließen.
   Wie sich gleichfalls Lebensalter und Geschlechter in einem wechselnden
Durcheinander auf die einzelnen Horden verteilen, kann man folgenden statistischen Angaben entnehmen. Im dritten provisorischen Arbeitslager am Ma-

Horde	Ehepaare	Männer	Frauen	Söhne	Töchter	+ Söhne	+ Töchter	Bestand
Murái	4	13	5	8	4	2	3	35
Apéfa	12	18	14	11	11	7	5	66
Mabíli	2	2	2	—	2	2	—	8
Adingbédu	6	6	6	7	7	1	—	27

seda-Bach hatten sich vier selbständige Horden zusammengefunden; den A u f -
b a u einer jeden erkennt man bequem an ihrer Gliederung, die unter mehrfacher Rücksicht ein aufschlußreiches Bild entwirft.

Mithin setzen sich die genannten Horden aus vier, sechs oder zwölf Familien zusammen, die Unterhorde der Mabili allein aus zwei. Von 39 männlichen und 27 weiblichen Erwachsenen führen allein je 24 ein Eheleben, während die restlichen 15 und 3 Erwachsene männlichen bzw. weiblichen Geschlechts noch nicht verheiratet oder, in sehr geringer Zahl, verwitwet dastehen. Diesen 24 Ehepaaren sind insgesamt 73 Kinder entsprossen, von denen 20 den Tod gefunden haben, also mehr als ein Viertel von allen. Rechnet man die beiden jugendlichen Pygmäinnen ab, die sich mit Negern verheiratet haben, so beläuft sich der Gesamtbestand aller lebenden Mitglieder der 24 Ehepaare in dem zufällig und lose zusammengefaßten Nebeneinander am Maseda-Bach auf 64 Erwachsene und 53 Kinder. Sicherlich sticht das überraschend ungünstige Verhältnis der beiden letztgenannten Zahlen jedem Statistiker in die Augen. Ihm sei vorgreifend jetzt schon mitgeteilt, daß der Tod unter den allerjüngsten Kindern eine unverhältnismäßig reichere Ernte hält als unter solchen, die etwa über ihre ersten 12 Lebensmonate unbeschadet hinwegzukommen vermochten. Mag die natürliche Auslese noch so herbe Verluste an Säuglingen eintragen (S. 200), hinlänglich werden solche Lücken wieder ausgeglichen durch die quellende Fruchtbarkeit, deren sich die Pygmäinnen erfreuen (S. 196).

Umständlich ist es offenkundig und für einen einzelnen europäischen Beobachter unmöglich, von Horde zu Horde zu wandern, um einen genauen Bevölkerungsstand aufzuzeichnen. Die belgischen Kolonialbehörden führen auf den einzelnen Regierungsposten ihre Personalstatistik selbstverständlich auch über die in ihrem Bereiche anwesenden Pygmäen; die Ergebnisse sind indes, wie ich aus persönlicher Einsichtnahme in viele Listen weiß, ausnahmslos unvollständig und mithin wenig brauchbar. Beruhen sie doch ausschließlich auf Mitteilungen von Negern, die ihrerseits im Vorteil bleiben, solange sie die Kopfzahl der ihnen verbundenen Pygmäen niedriger, als der Wirklichkeit entspricht, den behördlichen Fragestellern melden. Der Administrateur WIN-KELMANS in Wamba stellte mir alle statistischen Aufzeichnungen für das Territorium Wabudu zu unbehinderter Einsichtnahme freundlichst zur Verfügung. Die Ausweise für die einzelnen Bezirke gesondert fehlten überhaupt und aus der summarischen Abfassung sprach nicht weniger Unsicherheit als Unvollständigkeit. Beispielsweise hieß es, daß am 31. Mai 1934 in der Chefferie des Häuptlings BOMBO, ein sehr ausgedehntes Gebiet, insgesamt 825 Männer, 526 Frauen, 406 Buben und 368 Mädel, Mitglieder der verschiedenen Bambuti-Horden, leben.

In der Chefferie Malika-Toriko, die den alten Neger MOROGO damals zum Häuptling hatte, gibt es ein eigentliches Pygmäendorf, bestehend aus etwa hundert Lehmhütten im Stil der bei den dortigen Negern üblichen Behausungen. Die einzelnen Pygmäenhorden verteilen sich in dieser Siedlung derart, daß eine jede eng angrenzend an die sie bevormundende negerische Nachbarschaft bzw. bei dem sie beherrschenden einflußreichen Neger wohnt. Einem Bericht vom 15. September 1934 entnahm ich folgende Einzelheiten über diese erst neuestens zustande gebrachte pygmäische Siedlung:

Horde	Männer	Frauen	Knaben	Mädchen
Bafwababóngo	90	83	63	45
Kokóma	33	25	25	21
Bafwasiáne	44	37	24	21
Tábi	44	34	32	26
Bafwabóyo	22	22	12	11
Bozíro	25	23	13	12
Bafwebútu	7	7	10	4

Wie aus früheren Aufstellungen, so geht auch aus dieser Statistik hervor, daß sich die Zahlen für das weibliche Geschlecht beachtlich unter denen für das männliche halten; ihr zufolge stehen 231 Frauen den 265 Männern und bloß 140 Mädchen den 179 Knaben gegenüber. Warum die einzelnen Familien sich zur geschlossenen Gemeinschaft einer Horde zusammenfinden, leuchtet als vorteilhaft und als teilweise lebensnotwendig ein, wenn man ihre F u n k t i o n e n überprüft. Diese dienen, kurz gesagt, dem biologisch-völkischen Selbstschutz. Die Lebensbedingungen an sich und im besonderen die Möglichkeit des Nahrungserwerbs sind im regenreichen, düsteren Urwalde derart, daß die Einzelfamilie für sich allein zeitweilig nicht bestehen könnte; Gefahren und Versorgungsschwierigkeiten setzen ihr gelegentlich in solch bedrohlicher Weise zu, daß sie einzig in einem größeren Verband weiterzukommen vermag. Ausführlicher wurden diese grundzügigen Verhältnisse bereits (S. 44) besprochen.

Wenn nicht einmal für größere Bezirke eine ausreichende statistische Gewißheit hinsichtlich der Kopfzahl aller darin anwesenden Horden erreicht werden kann, so läßt sich die G e s a m t z a h l aller Bambuti selbstverständlich nur nach wahrscheinlicher Annäherung schätzen. Den gegenwärtigen Bestand möchte ich mit 30 bis 32 Tausend veranschlagen, zu welcher Zahlengrenze mir außer eigenen Beobachtungen die Urteile von Kolonialbeamten und Missionaren verholfen haben. Mit Genugtuung füge ich hier ein, daß P. Schebesta (b): 93 zu einer davon nicht beträchtlich abgelegenen Schätzung, u. zw. unabhängig von mir, gelangt ist; er spricht von „mindestens 35 000 Ituri-Bambuti“.

Naturgemäß ist diese Kopfzahl in früheren Jahrhunderten bei erweiterter räumlicher Ausdehnung unserer Waldbewohner, keinesfalls infolge dichterer Besiedlung, höher gewesen; möglicherweise hat sie vor zwei- oder dreihundert Jahren nahezu das Doppelte betragen. Diese V e r m i n d e r u n g ist im wesentlichen eine Auswirkung des gewaltsamen Eindringens rassefremder Gruppen. Gegenwärtig ist die Urwaldfläche, auf der alle Bambuti des Ituri-Bereiches sich mit Jagen und Sammeln ihren bescheidenen Lebensunterhalt erwerben, zugleich Siedlungsland für Neger verschiedener Volks- und Sprachzugehörigkeit. Gewaltsam haben sie sich in den Urwald eingedrängt, was als sicher anzunehmen ist. Gutwillig haben die Pygmäen ihren heimatlichen Raum strichweise selbstverständlich nicht freigegeben und vorher hatten sich mancherorts langewährende Kämpfe abgespielt; einzelne Bezirke sind von gewissen Negerscharen als Durchzugsgebiet erwählt worden. Rechnet man überdies gelegentliche Streitereien zwischen Pygmäenhorden und bereits angesiedelten Negergruppen sowie Menschenjagden der Wangwana zum Einfangen von Bambuti-Sklaven zu den vorhin bezeichneten unruhigen Geschehnissen, dann gelangt man ungefähr zu einer richtigen Vorstellung vom Durcheinander, das die aus allen Richtungen in den Ituri-Urwald einströmenden Neger heraufbeschworen haben. Schwerwiegende Schäden am biologischen Potential der Bambuti waren eine unausbleibliche Folge. Einzelhorden und größere Gruppenteile sind gänzlich vernichtet worden, andere in der eingedrungenen oder durchziehenden Negerbevölkerung derart vollständig aufgegangen, daß sie ihre rassische und kulturelle Selbständigkeit eingebüßt haben.

Etwas anderes, als daß die schwächeren und für den Kampf mit nur ungenügenden Waffen ausgerüsteten Pygmäen unterlagen, war von vornherein nicht zu erwarten. In keinem Falle sind es innere, aus dem eigenen Volke oder aus ihrer unmittelbaren Umwelt aufsteigende U r s a c h e n gewesen, die den Gesamtbestand der Bambuti vor ungefähr zwei Jahrhunderten vermutlich um die Hälfte vermindert haben; sondern die von außen her eingedrungenen Vernichtungskräfte, hauptsächlich langewährende Kämpfe mit stärkeren Gegnern, die Vertreibung aus dem heimatlichen Bezirk und die Verschleppung in ungewohnte Lebensbedingungen waren an dieser Ausmerzung beteiligt. Für die im Urwald zurückgebliebenen Bambuti hat die nahe Nachbarschaft der inzwischen seßhaft gewordenen Neger zu einer symbiotischen Verflechtung geführt, die, wie im dritten Teile dieses Buches erklärt werden wird, seitdem den biologischen Volkswerten ersterer bedrohliche Beeinträchtigung eintrug. Kaum anzunehmen ist, daß eine Schwächung des Volksganzen und eine Verminderung seiner Kopfzahl, wie sie das Vorstoßen der Neger in den Ituri-Wald hinein vor vier oder mehr Generationen im Gefolge hatte, sich nach ähnlichem Ausmaß in früheren Jahrhunderten abgespielt hat. Vermutlich seit altersher war auf lange Zeit jeder Urwaldbezirk mit so vielen Pygmäen besiedelt als dieser Nahrung zu bieten vermag. An der von ihnen geschaffenen umweltbedingten Lebensform haben sie unwandelbar festgehalten und somit ihr ungeschmälertes Fortkommen gesichert.

Gleichwertig und ansehlich wichtiger im Bemühen um den Fortbestand des Volksganzen steht neben der Horde die E i n z e l f a m i l i e von einem erfreulicherweise naturhaften Aufbau. Einerlei ob die nomadisierende Wirtschaftsform oder ob soziale Rücksichten einen stärkeren Ausschlag dabei gaben, daß Einehe allgemeines Gesetz ist; jedenfalls begründet ausschließlich diese Eheform ein harmonievolles Zusammenleben der beiden Gatten, wie sie gleichzeitig von vornherein allen Gleichgewichtsstörungen bezüglich der Zahl der Verehelichten und Unverheirateten, die bekanntlich zersetzende Folgen der Polygamie sind, vorbeugt. Da der Verlobte das von ihm zur Frau erwählte Mädchen durch sachliche Leistung einer Gegengabe an dessen Horde erwerben muß und da die Gattin zeitlebens ihrem Manne bzw. der ganzen Familie einen unentbehrlichen Beitrag zum Lebensunterhalt liefert, erfreut sie sich der Schätzung von seiner Seite und nimmt im Haushalt sowohl wie in der Öffentlichkeit eine geachtete Stellung ein. Je mehr Kindern sie das Leben schenkt, um so erwünschter ist dieser Zuwachs ihrer eigenen Familie und erst recht der Horde; erwiesenermaßen sind alle Pygmäinnen sehr fruchtbar und gebärtüchtig, weswegen sie den Ausfall infolge erhöhter Kindersterblichkeit teilweise bereinigen. So kommt der biologisch gesunde Aufbau der Einzelehe und monogamen Familie im gleichen Maße dieser selbst wie dem Volksganzen zugute; und da diese Ehe sich funktionell auf normalen, vollkommen naturhaften Grundlinien bewegt, ist der völkische Gesamtbestand gesichert. Alles Ungesunde und Naturwidrige halten die Bambuti von ihren ehelichen Beziehungen fern. Eingriffe in die Schwangerschaft und bewußte Geburtenbeschränkung führen sie nicht durch; ebensowenig Kindermord, einzig ausgenommen ihr Verhalten gegenüber Zwillingen (S. 200).

Überblickt man die bisher geschilderten Einzelheiten, dann wird man den Eindruck gewinnen, die Kopfzahl der Bambuti verharrt in einer kaum sich ändernden Gleichgewichtslage durch lange Zeit; vom sehr seltenen Fall abgesehen, daß eine gewaltsame Unterbrechung mit tiefdringenden Einschnitten von außen her eintritt. Damit ist jedenfalls die biologische Lebenstüchtigkeit dieser Urwaldmenschen als Gemeinschaft begründet; denn was negativ wirkende Kräfte zerstören, ergänzen die positiv gerichteten und füllen alle entstandenen Lücken auf. Die natürliche Auslese drängt auf eine empfindliche Ausmerzung schwächlicher Kinder im frühesten Lebensalter hin; welcher Ausfall wieder durch gesteigerte Fruchtbarkeit der Pygmäinnen wettgemacht wird. Somit überleben härtere und gestählte Menschen, die im schwierigen Ringen um das Lebensnotwendige bei nomadisierender Wirtschaftsform nicht unterliegen.

Da gehaltreiche Nahrungsstoffe ihnen nicht regelmäßig zur Verfügung stehen, möchte man befürchten, daß ihr Organismus den strengen Anforderungen in der Tropenzone nicht gewachsen sei. Nun wurde aber bereits der Nachweis dafür erbracht, daß die bekannten verheerenden Seuchen dem Ituri-Walde bisher ferngeblieben sind und dieser auf besondere Art seinen zwerghaften Insassen gesundheitlichen Schutz gewährt. Den zahllosen Gefahren für Unfälle, denen Männer wie Frauen sich auf der alltäglichen Nahrungssuche ausgesetzt wissen, begegnet ihr Organismus sieghaft zufolge seiner leichten Bauart und elastischen Wendigkeit. Trotz seiner üppig strotzenden Kraftfülle kargt der Urwald mit allem, was zum Lebensbedarf seiner alteingesessenen Pygmäen gehört; diese haben gelernt, sich darauf mit einer Genügsamkeit einzustellen, die an die untersten Grenzen des Erforderlichen heranreicht und keine nennenswerte gesundheitliche Schädigung bei langewährender unzureichender Ernährung zeigt. Einer zahlenmäßig sich erhöhenden Bevölkerung würde der Urwald unerbittlich den Unterhalt verweigern; also muß sie sich in den seit Jahrhunderten ausgeglichenen Zahlengrenzen halten, soll nicht die Gesamtheit sich selbst gefährden.

Solange die Ausmerzung in einer bislang gewohnten Schärfe weiterwirkt, bleibt jede gefahrdrohende Übervölkerung des Ituri-Waldes ausgeschlossen; und solange die Einzelfamilie wie die Horde ihren biologischen Funktionen naturhaft nachkommt, wird die bisherige Dynamik der Bevölkerungsentwicklung störungslos weiterlaufen, um den ungeschmälerten Bestand der Bambuti-Gemeinschaft zu gewährleisten. Offenkundig betreiben diese kleinen Menschen keine sogenannte Bevölkerungspolitik; und ebensowenig überrascht der Nachweis, daß ihre vergleichsweise geringe Kopfzahl einen ungeheuren Flächenraum besetzt hält. Ein ausgleichendes Kräftespiel ist unablässig seit Jahrhunderten am Werke, in das sich die Bambuti gefühlsmäßig folgsam zum glücklichen Vorteil für ihren ungeschmälerten Volksbestand eingeordnet haben.

b. Bevölkerungsnachwuchs

Vom völkischen Selbsterhaltungstrieb geleitet, bewußt oder unbewußt, erstreben die jugendlichen Bambuti beiderlei Geschlechts ausnahmslos die E h e s c h l i e ß u n g. Weil alle als eines der Hauptziele ehelicher Gemeinschaft die Zeugung des Nachwuchses kennen, verheiraten sie sich durchgehends bald nach erlangter körperlicher Reife; Ausnahmen von diesem allgemeinen Brauche gibt es nur vereinzelt. Aus vielen Gründen ist es von Vorteil, frühzeitig in die Ehe einzutreten. Der ledige Stand hat für die Bambuti, hauptsächlich im Hinblick auf ihre Wirtschaftsform, keine vollgültige Daseinsberechtigung. Aus der gleichen Begründung heraus heiraten verwitwete Personen aufs neue, sofern sie das mittlere Lebensalter noch nicht ansehnlich überschritten haben. An dieser bevölkerungsbiologisch durchaus vorteilhaften Haltung erkennt man unzweideutig ein inneres Bemühen und den bestimmten Drang, das Volksganze ungeschmälert zu erhalten. Die Lebensführung des niederen Nomadismus rät entschieden von Polygamie ab, weswegen auch aus wirtschaftlichen Erwägungen unsere Bambuti sich in die Einehe als Regel fügen. Da die Mitglieder der gleichen Horde sich untereinander als verwandt betrachten, besteht die Pflicht zur Exogomie, d. h. die beiden zur Ehe sich vereinigenden jungen Leute müssen verschiedenen Horden angehören. Wie durch diese Verpflichtung einer zu engen Inzucht auf harmlose Weise und mit einleuchtender Begründung vorgebeugt wird, erklärt sich von selbst.

Für den ungeschmälerten Fortbestand der Bambuti-Gemeinschaft ist reichlicher Kindernachwuchs ein dringendes Erfordernis, reißt ja dort die natürliche Auslese breitere Lücken als beispielsweise in mitteleuropäischen Verhältnissen. Kein Zweifel besteht darüber, daß die F r u c h t b a r k e i t der Pygmäinnen sehr ergiebig ist und durchwegs die der benachbarten Negerinnen ansehnlich übertrifft. Alle Bambuti wissen um diese günstige Anlage und nehmen sie derart selbstverständlich hin, als könnte es gar nicht anders sein; Neger und Negerinnen beneiden das Pygmäenvolk wegen dieses Vorzuges seiner Frauen. Einige Tausend Pygmäinnen habe ich kennengelernt, ohne eine einzige sterile zu entdecken. Bis zu welcher Altersgrenze ihre Gebärtüchtigkeit anhält, läßt sich zuverlässig nicht bestimmen; sie beachten überhaupt nicht die Zahl ihrer Lebensjahre und bieten dem europäischen Beobachter keinen Anhaltspunkt, um aus Vergleichen zu einer sicheren Altersbestimmung zu gelangen. Mehrmals bin ich Frauen begegnet, die gleichzeitig mit einer ihrer älteren Tochter in Erwartung eines Kindes standen oder einen Säugling nährten. Mit diesen Beobachtungen wird jedoch bloß so viel wahrscheinlich gemacht, daß die Pygmäinnen noch in einem Alter von etwa vierzig Jahren gebären.

Mit der erstaunlichen Fruchtbarkeit dieser kleinen Frauen und dem allgemeinen Verlangen nach vielen Kindern verbindet sich vorteilhafterweise die günstige Konstitution zu einem leichten G e b ä r e n. Die Schwangerschaft an sich verursacht ihnen keine behindernden oder störenden Belästigungen. Männer wie Frauen wissen, daß die embryonale Entwicklung nahezu neun Monate beansprucht. Der naturgebotenen Aufgabe des Gebärens entzieht sich keine Pygmäin; obwohl einigen von ihnen — oder vielleicht allen und auch manchen Männern — empfängnisverhütende und abortusfördernde Mittel bekannt sind, unterlassen sie es in der Ehe, solche anzuwenden. Sie wissen genau, daß die Schwangerschaft eine Folge des Coitus ist. Vor dem Gebären fürchten sie sich nicht, denn es verläuft in der Regel vollkommen unbedenklich. Der ganze Körper dieser kleinen Frauen, im besonderen der Beckenabschnitt mit seinen Sehnen und Muskeln, wird von der alltäglichen Pflichtarbeit unablässig beansprucht und in Bewegung gehalten; ausreichend also ist er für den Gebärakt vorbereitet, zumal die Erstgebärenden durchwegs jugendlichen Alters und meist kaum zwanzigjährig sind. Sehr vereinzelt nur stellt sich eine Schwergeburt wegen fehlerhafter Lage des Kindes ein.

Für gewöhnlich wird die Schwangere mitten in ihrer Alltagsbeschäftigung von den Wehen überfallen und begibt sich in ihre Wohnhütte, wo eine herbeigerufene Nachbarin ihr in der schweren Stunde beisteht. Sie kommt in Rückenlage nieder und meist schon am nächsten oder übernächsten Tage nimmt sie leichte Beschäftigungen mühelos wieder auf. In den beiden ersten Wochen verbringt sie die meiste Zeit damit, vor ihrer Hütte zu hocken und ihr Neugeborenes zu warten, das meist zwischen ihren gespreizten, der ganzen Länge nach dem Erdboden anhaftenden Beinen liegt. Den Bambuti-Frauen ist der nach einer Entbindung zurückbleibende Hängebauch unerwünscht. Dementsprechend verlagern sie den Unterleib durch straffes Binden mit breiten Streifen aus Pflanzenfasern zurück; sie wirken damit bewußt einem zu tiefen Senken und einem Erschlaffen der Bauchdecke entgegen. Im dritten Arbeitslager machte sich eine etwa 30jährige Frau mit ihrem derart weit vortretenden Unterleib auffällig, als stünde sie unmittelbar vor der Niederkunft; man erläuterte mir, daß diese ungewöhnliche Aufblähung sich bei ihr seit dem ersten Gebären ohne Veränderung erhalten habe. Die Geburtsnarben verstreichen am Unterleib der Bambuti-Frauen offensichtlich schneller als bei Europäerinnen.

Ebensowenig wie Schwangerschaft und Entbindung bedeutet für diese zwerghaften Mütter die im dortigen Waldraume außerordentlich mühsame S ä u g l i n g s p f l e g e eine beschwerliche Belastung; vielmehr betrachten sie das eine wie das andere als ihre naturgebotene, selbstverständliche Verpflichtung. Sie lieben ihre Sprößlinge aus ganzem Herzen und überhäufen sie mit Zärtlichkeiten aller Art, obgleich vieles in ihrer Behandlung den Forderungen

richtiger Gesundheitspflege zuwiderläuft. Mit nicht geringem Befremden wurde
ich auf meiner langgezogenen Wanderung durch den Ituri-Wald gewahr, daß
alle Bambuti-Mütter es ängstlich vermeiden, ihren Säugling während der ersten
drei Lebensmonate von der direkten Sonne bestrahlen zu lassen oder ihn dem
hellen diffusen Licht im Urwalde auszusetzen. Die meiste Zeit also, nur ausgenommen dann, wenn er von der Mutter auf Nahrungssuche mitgeschleppt wird,
verbringt er im tiefen Dunkel der niedrigen, mit stickig feuch-
ter Luft erfüllten Wohnhütte.

Einigemal hatte ich Gele-
genheit, zu verschiedenen Ta-
ges- und Nachtstunden N e u -
g e b o r e n e unmittelbar nach
ihrer Abnabelung zu beobachten. Ihre überwiegende Mehrheit, so sagte man mir, verläßt
während der Nacht den Mut-
terschoß. Am meisten hat mich
ihre beträchtliche Körperlänge
und relativ kräftige Ausstattung überrascht, verglichen an
der niedrigen und zierlichen
Gestalt der Erwachsenen. Sicherlich täusche ich mich nicht
bei der Schätzung, daß die Neugeborenen im Ituri-Walde drei
Zentimeter kleiner als die normalen europäischen, mithin
etwa ♂ 48 und ♀ 46 cm lang
sind. Die Bambuti-Mütter ge-
statteten mir ebensowenig, wie
die Körperlänge, das Gewicht

Abb. 61. Verfasser mit Bambuti-Frauen

ihres soeben abgenabelten Kindes zu bestimmen; sie gaben dieses nicht
aus ihren Händen und hielten es, auf einem Bananenblatt liegend, nur zum
Beschauen von drinnen zum Hütteneingang mir unter die Augen. Allein aus
der körperlichen Gesamtform ließ sich die pygmäische Abstammung der Neugeborenen nicht erschließen; diese sind keine zwerghaften Gebilde.[1]

---

[1] Solch ein Tatbestand verhilft zur ausschlaggebenden Entscheidung, daß die niedrige
Körperhöhe unserer Bambuti keine Hemmungsbildung im pathologischen Sinne sein kann.
Letztere äußert sich bei unsern europäischen Kindern bekanntlich in zwei Formen. Bei der
einen ist das Neugeborene von der üblichen Länge und wächst mit normaler Zunahme bis
zum dritten Lebensjahre, um von da an nahezu plötzlich im Wachstum behindert zu werden
und mit Beginn des Reifealters eine pathologische Zwergform zu bleiben. Die andere Hemmungsbildung zeigt das Neugeborene von seinem ersten Erscheinen an als unternormal kurz
und schwächlich.

Die Hautfarbe dieser Neugeborenen ist kein reines Weiß, sondern mit leicht gelblicher oder bräunlicher Tönung gemischt; kräftig schimmert ein saftiges Rosa durch, am meisten im Gesicht und auf den Ohren sowie auf den Innenflächen der Hände und auf den Fußsohlen. In der Körperfärbung unterscheiden sich die pygmäischen Neugeborenen um nichts von vielen europäischen, derart hell sind sie. Ihr Köpfchen ist keineswegs im gleichen Maße unproportioniert groß und dick wie das der letzteren; auch fehlen ihnen die balligen Fettpolster mit den tiefen Furchen, die sich auffällig an den Händchen der europäischen Neugeborenen zeigen. Der Bauch dieser jüngsten Pygmäen rundet sich erheblich, durch das Gesicht ziehen die bekannten Wülste bzw. Falten, die Nasenwurzel sinkt tief ein, das keilförmige Septum ist vorn sehr breit, die ganze Nasenbasis samt Nasenflügeln außerordentlich flach, die Integumental-Oberlippe wölbt sich ansehnlich vor und auf den Schleimhautlippen leuchtet ein frisches Rot. Gesicht und Halsflächen sind bei Anstrengungen, zumal beim Schreien, dunkel-rosa; womit sich eine rege Durchblutung der Haut kennzeichnet. Artliche Rassemerkmale drängen sich also bereits im Gesicht der Neonaten auf. Als Irisfarbe erscheint ein gräuliches, sozusagen wässeriges Braun, weswegen sich eine Grundfarbe nicht bestimmen läßt. Ebensowenig verläuft der äußere Irisrand scharf abgesetzt.

Auf dem ganzen Kopfe eines Neugeborenen, etwas reichlicher auf seiner höchsten Fläche beim Wirbel, sproßt ein zarter, dichter Flaum von wenig einheitlichem Hellgelb, das zuweilen etwas dunkler, also rötlich blond oder goldgelblich leuchtet. Reichlich aufgelockert, wie es ist, bildet dieses Kopfhaar vorerst kurze Wellen, vereinzelt leichte Anklänge an die spätere Kräuselung ausgebend. Als ganz leise Beschattung nur sind anfänglich Augenbrauen und Wimpern angedeutet. Eine besonders dichte Haarflaumschicht überzieht die ganze Schläfengegend. Nach dem dritten Lebensmonat beginnen die Augenbrauen herauszutreten, und zwar sprossen zuerst die Haare genau über dem inneren Augenwinkel beiderseitig; anschließend kommen weitere Haare nach und nach heraus, bis sich der ganze Haarbogen vervollständigt hat. Nahezu gleichzeitig bilden sich die Augenwimpern, die von Anfang an dicht und in ihrer fast endgültigen Länge erscheinen. Bei den meisten Säuglingen kräuseln sich nach dem dritten Lebensmonat die bisher flach-welligen Kopfhaare zu aufgelockerten Flöckchen. Über die Ernährung der Säuglinge durch ihre Mutter habe ich in (e): 301 berichtet.

Die ehrliche, starke Liebe der Bambuti-Eltern zu ihren Kindern und das aufmerksame Bestreben der gesamten Horde, ihre Kopfzahl durch reichlichen Nachwuchs zu steigern, macht von vornherein irgendwelche Form der Kindertötung als gesetzliche Forderung oder feststehender Brauch bei unseren Eingeborenen unwahrscheinlich. Allerdings wird eine Fehlgeburt und Mißgeburt, wie auch ein beträchtlich verkrüppeltes Kind, sofort nach seiner Abnabelung von der eigenen Mutter oder ihrer Helferin in Blätter gewickelt, unauffällig aus der Hütte getragen und im Walde verscharrt, wobei es erstickt; der Vater bekommt eine dergleichen unschöne Leibesfrucht nicht einmal zu Gesicht und

seine Frau antwortet ihm auf diesbezügliche Fragen mit einem vielsagenden
Schweigen oder stammelt ihm etwas von einer Totgeburt vor. Kein Anhaltspunkt
dafür findet sich, die Häufigkeit der von Geburt mißgestalteten und verkrüp-
pelten Kinder nachzuweisen; bloße Vermutungen führen ebensowenig zu einem
brauchbaren Zahlenwert.

Besondere Beachtung verdient der Nachweis, daß sich bei den Bambuti
verbürgt Z w i l l i n g s g e b u r t e n ereignen; doch läßt sich deren Häufigkeit
nicht einmal annähernd bestimmen. Unsere Waldmenschen huldigen nämlich
der Meinung, eine Mutter sei außerstande, gleichzeitig zwei Säuglinge zu
nähren. Auf daß einesteils die Mutter selbst sich nicht aufbrauche und schädige,
andernteils wenigstens einer der Zwillinge gut gedeihe und sich prächtig ent-
wickle, entscheidet und fordert der Ältestenrat, den schwächlicheren beiseite
zu schaffen. Jedoch handelt es sich bei dieser Gewohnheit nicht um eine strenge
Forderung ohne jede Ausnahme. Tatsächlich gibt es Zwillingspaare, die das
Säuglingsalter überleben; ich selbst habe von zwei solchen Paaren erfahren
und eines gesehen, das im frühen Mannesalter stand. Falls nämlich eine Mutter
sich selbst genügend bei Kräften fühlt und ihre Zwillingskinder ein gesundes
Gedeihen versprechen, zieht sie beide eben doch auf und erreicht ihr Ziel.
Mithin ist jedenfalls auch dafür der Beweis erbracht, daß manche Pygmäin lei-
stungsfähig ist, um gleichzeitig zwei Säuglinge zu ernähren.

Nur dann, wenn nach einer Zwillingsgeburt das eine Kind ganz erheblich lebens-
untauglich erscheint und ein Aufkommen sicher nicht verspricht, entschließt sich
die Mutter, ebenso wie bei einer Mißgeburt, dieses umzubringen. Die Bambuti
erklären unverhohlen, ein solcher Zwilling wird durch Ersticken getötet, indem
man ihm Mund und Nase zudrückt. Häufiger geschieht es auf die Weise, daß
die eigene Mutter das schwächliche Kind absichtlich vernachlässigt und durch
Verhungern zugrunde gehen läßt. Bewußter Kindermord bei den Bambuti ist
mithin eine unleugbare Tatsache; obzwar man ihn zu rechtfertigen versucht
mit dem Hinweis darauf, es sei besser, bei Zwillingsgeburt die Mutter
selbst und das eine kräftige Kind am Leben zu erhalten, statt einen
Schwächling mitzuschleppen, der beide gefährdet. Das gesunde Leben eines
jeden ihrer Mitglieder zu erhalten, darauf nehmen die Horden ernstlich
Bedacht.

Die blinde Natur betätigt die empfindlichste Ausmerzung von Menschenleben innerhalb der Bambuti-Gemeinde durch eine hohe K i n d e r s t e r b -
l i c h k e i t. Diese betrifft in unvergleichlich höherem Maße die Kinder in den
ersten zwölf Lebensmonaten und wird vorwiegend durch unzweckmäßige Behandlung von seiten der Mütter begünstigt. Man darf ihnen deswegen keinen
Vorwurf machen; denn sie verstehen es nicht besser und hauptsächlich das
unstete Umherziehen auf Nahrungssuche unterbindet vieles, was zum Schutz des
gefährdeten Kindes unternommen werden könnte. Bei diesem und jenem
Todesfalle drängte sich mir die Vermutung auf, daß die zur Welt gebrachten
Kinder einer bestimmten Familie nicht ausreichend lebensfähig waren und
deshalb zu schnell vom Tode hinweggerafft worden sind.

Am meisten hat mich folgender Verlust traurig beeindruckt. Einer kaum 40jährigen Pygmäin war in diesem Alter kein einziges ihrer elf Kinder mehr am Leben; nur eines hatte das zehnte Lebensjahr erreicht und alle anderen waren in jüngeren Jahren dem Tode verfallen, weswegen diese Mutter schon geraume Zeit kinderlos dasteht. Im fünften Arbeitslager am Oruendu-Bach hielt sich auch die etwa 45jährige Frau des AHUMERE auf; sie hat ihre sämtlichen zehn Kinder verloren, die meisten wenige Tage nach der Geburt und die übrigen als Frühgeburten. Die Kurzlebigkeit aller ihrer Kinder wurde von den Bambuti oftmals mit bedenklicher Sorge besprochen. Der vorteilhaft gebauten, körperlich knolligen Frau des LAU im vierten Arbeitslager am Koukou-Bach hat der Tod insgesamt fünf Kinder entrissen; ich selbst war Zeuge, daß ihr letztes Kind etwa 20 Tage nach der Geburt starb, und sie selbst zählte damals kaum mehr als 25 Jahre. Merkwürdigerweise hat kein einziges ihrer Kinder das erste Lebensjahr voll erreicht und man muß angesichts solcher Erscheinungen an eine ungünstige individuelle Veranlagung bei mehreren Frauen denken. Beispielsweise zählte ich schon im ersten Arbeitslager drei Pygmäinnen, keine über 35 Jahre alt, denen kein einziges Kind am Leben geblieben war; eine jede von ihnen wies darauf hin, daß ihr auch Fehlgeburten bzw. Frühgeburten nicht erspart geblieben sind.

Die Bambuti machen keinen bestimmten Unterschied zwischen diesem zweifachen Unsegen, und wenn sie die Zahl ihrer Kinder nennen, schließen sie manchmal die Frühgeburten ein und manchmal nicht; deshalb erreicht man kaum je eine verläßliche Genauigkeit. Schon dieses Verhalten allein deutet darauf hin, und es besteht darüber kein Zweifel, daß die Pygmäinnen den Verlust eines Kindes außerordentlich bedauern, mag es sich auch nur um eine Frühgeburt handeln. Der Gründe für solch empfindliche Verluste der Leibesfrucht gibt es offenkundige und einschneidende. Obenan stehen die körperlichen Anstrengungen beim Sammeln von Nahrungsstoffen und Brennholz, sowie die anhaltenden Erschütterungen bei den nahezu alltäglichen Gemeinschaftstänzen; weder von den einen noch von den anderen halten sich die schwangeren Frauen zurück. Sie kennen keine Schutzmaßnahmen und kein vorsichtiges Verhalten gegen Erkältung sowie gegen die oft empfindlich belästigende, abkühlende Feuchtigkeit. Auf ihren Schultern lastet die zuweilen drückende Alltagspflicht ungeschmälert bis zum Augenblick der Entbindung; sich einige Schonung und Entlastung gönnen, gibt es für sie nicht. Zu alledem gesellen sich während der Schwangerschaft die üblichen seelischen Erregungen und blindwütigen Ausbrüche ihres ungezügelten Temperamentes zuweilen von solch ungebändigter Wildheit, daß ein europäischer Beobachter die ansonsten friedfertigen und zutraulichen Bambuti für ein dermaßen überschäumendes und hemmungsloses Gebaren nicht für fähig halten möchte. Bestimmte Krankheiten und Seuchen kann man für die bedauerlichen Ausfälle so vieler Kinder, als Abortus, Frühgeburt und lebensunfähige Wesen, nicht verantwortlich machen; wahrscheinlich aber zu einem Teil die persönliche Konstitution mancher Pygmäin und sicherlich ihr unvorsichtiges Verhalten während der Schwangerschaft. Am Sterben

der Neugeborenen vor Vollendung des ersten Lebensjahres trägt eine unzweckmäßige Pflege, zuweilen sogar eine verderbliche Behandlung, die Hauptschuld.

Hat man einmal die umständliche Schwerfälligkeit erfahren, mit welcher
unsere Eingeborenen sich zu genauen Zahlenangaben entschließen, möchte man
daran verzweifeln, eine ungefähr der Wirklichkeit nahe sogenannte K i n d e r -
s t a t i s t i k aufstellen zu können. Außerordentlich mühsam und umständlich
ist es, aus ihnen einigermaßen verläßliche Angaben herauszuholen; trotzdem
möchte ich auf einen Versuch, die zahlenmäßige Stärke des Volksnachwuchses
annähernd zu ermitteln, nicht verzichten. Zunächst steht fest, daß die Bambuti
bereits in jungen Jahren zur Ehe gelangen, mithin das erste Kind sich fast
ausnahmslos vor dem zwanzigsten Lebensjahr der Mutter einstellt. Da unsere
Urwaldmenschen den ehelichen Verkehr bloß in der letzten Phase der Schwangerschaft sowie einige Zeit nach der Niederkunft unterbrechen, folgen sich bei
einem jungen Ehepaar anfangs die einzelnen Kinder im Abstand von 12 bis
20 Monaten. Dieses Zeitmaß läßt sich zunächst von den vorhin genannten
Todesfällen ableiten; darüber hinaus habe ich es an vielen lebenden Kindern
aufgedeckt; und es entspricht einem durchaus naturhaften Verlauf der Entwicklung. Dort, wo die lebenden Kinder durch eine breitere Zeitlücke voneinander getrennt sind, gelingt häufig der Nachweis, daß diese entweder durch
einen Todesfall oder eine Frühgeburt bzw. einen Abortus gerissen wurde.

Eheliche Enthaltsamkeit, außer der soeben bezeichneten von mehreren
Wochen vor und nach der Entbindung, kennen unsere Pygmäen als Verpflichtung oder Gewohnheit nicht; manche Eheleute beachten sie nicht einmal
während der Menstruation, welchen Fehler die benachbarten Neger entrüstet
rügen. Zufolge meiner Erkundigungen, hauptsächlich bei den Basúa und Aka,
gibt es nicht viele Pygmäinnen, die ohne eine Störung infolge Abortus oder
Frühgeburt davonkommen. Diese Häufigkeit dürfte überraschen; wird aber,
wie schon mehrmals gesagt, veranlaßt von der harten Daseinsweise, die den
schwangeren Frauen ebensowenig wie allen übrigen Bambuti erspart bleiben.
Dann fehlt es aber auch nicht an solchen, die 12 bis 16 ausgereiften Kindern
das Leben geschenkt haben, einerlei, ob diese alle früher oder später wieder
aus dem Dasein schieden.

Wer in den Lagern der Pygmäenhorden genau Umschau hält, dem wird
offenkundig, daß die größere Mehrheit ihrer Ehen mit vielen Kindern gesegnet
dasteht. Als durchschnittlicher M i t t e l w e r t, glaube ich jeder Bambuti-Familie
fünf bis sechs Kinder zuteilen zu müssen, ohne die Fehl- und Frühgeburten
hierbei in Betracht zu ziehen. Er stellt sicherlich eine unterste Grenze dar und
reicht wohl aus, die bestehende Kopfzahl auf gleicher Höhe zu erhalten; weil
allein die Sterblichkeit der Säuglinge bis zum vollendeten zwölften Lebensmonat eine hohe Ziffer aufweist und der Tod in spätere Altersklassen zu
ähnlich reicher Ernte nicht mehr eingreift. Zum Vorteil für den gesamten
Volksbestand werden alle späteren Jahrgänge bis über das mittlere Lebensalter
hinaus vergleichsweise viel weniger vom Tode ausgekämmt und nur bei den im
ersten Lebensjahre stehenden Kindern tritt die natürliche Auslese besonders

scharf ausmerzend auf; andernfalls bliebe die Kopfzahl der Bevölkerung unmöglich auf ungefähr der gleichen Höhe. Dezimierende Kriege und ausgedehnte Seuchen verschonen unsére kleinen Waldmenschen. Das Weiterleben des Volkskörpers wird im wesentlichen mithin von allen jenen Kindern getragen, die unbeschadet ihr zweites oder drittes Lebensjahr erreichen. Der oben verzeichnete Mittelwert stellt das Erhaltungsminimum dar; weshalb weder früher eine Übervölkerung des Ituri-Waldes durch Bambuti stattgefunden hat, noch für die Zukunft erwartet werden kann.

Andere einschlägige Fragen, die ein Statistiker zu stellen wünscht, bleiben ebenfalls ohne befriedigende Antwort, weil sich unsere kleinen Waldmenschen um keine genaue Jahreszählung kümmern. Ein aussichtsloser Versuch ist es somit, ihr d u r c h s c h n i t t l i c h e s   L e b e n s a l t e r   bestimmen zu wollen; denn niemand weiß selbst, wie alt er ist. Zum Ausgleich dessen sei zunächst nochmals erwähnt, daß die Durchschnittsziffer der Kinder pro Ehe nahezu fünf bis sechs beträgt; und ferner, daß die Zahl der Vertreter eines jeden folgenden Lebensjahres mehr oder weniger gleichsinnig mit dem Ansteigen sich vermindert. Irgendwelche Disharmonie bezüglich der Kopfzahl in den nach Lebensjahren gestaffelten Altersklassen fällt weg, ebenso eine Vergreisung und Überalterung des Volkskörpers; denn andauernd bleibt die natürliche Ausmerze am Werk. Manche Bambuti erreichen das sechste und siebente Jahrzehnt, auffallenderweise weniger Frauen als Männer. Vereinzelt bin ich einem Greis begegnet, der als achtzigjährig eingeschätzt werden durfte. Alle alten Leute im Ituri-Walde erfreuen sich einer erstaunlichen Rüstigkeit und kein einziger wird von solch schwerfälligem Siechtum niedergedrückt, das viele unserer Greise mitschleppen.

Eine ähnliche Frage der Statistik ist die nach dem Zeitpunkt der M e n a r c h e   bei den Bambuti-Mädchen. Hierbei kommt es auf genaueste Jahres- und Monatszählungen an, sollen die gewonnenen Einzel- und Mittelwerte zu Vergleichen brauchbar sein. Da dem europäischen Beobachter die erforderlichen Anhaltspunkte für eine zuverlässige Altersbestimmung fehlen und er für diese selbstverständlich kein Erfahrungswissen mitbringt, bleibt es nicht aus, daß er sich bei seiner Schätzung nicht bloß um Monate, sondern um ganze zwei und mehr Jahre irrt. Hat es unter solcher Voraussetzung dann noch einen Sinn, für die Menarche der jugendlichen Pygmäinnen eine Jahres- und Monatszahl als durchschnittliches Lebensalter anzugeben, die von vornherein auf reichlich unsicheren Vermutungen beruht? Auf daß die offenkundige Ungewißheit nicht zu Fehlschlüssen verwendet werde, verzichte ich darauf, einen bestimmten Zeitpunkt als Beginn der körperlichen Reife bei den Bambuti-Mädchen auszugeben; ich bin dazu einfachhin nicht imstande. Ganz allgemein nur kann ich erklären, daß diese physiologische Erscheinung nicht erkennbar früher oder später als bei mitteleuropäischen Mädchen einsetzt. Unter gleicher Rücksicht wäre es zwecklos, für die Wachstums- bzw. Streckungsperioden der Körperentwicklung bei Jugendlichen bestimmte Jahres- und Monatsgrenzen zu ziehen.

Bei Kindern in den ersten zwölf Lebensmonaten stehen an erster Stelle direkte gesundheitliche Störungen als T o d e s u r s a c h e n. Als häufigste konnte ich Erkrankungen des Magen-Darmkanals und der Atmungsorgane beobachten; besonders sind es die akuten Ernährungsstörungen, die das normale Gedeihen behindern und zu gefährlichen, mit Krämpfen verbundenen Brechdurchfällen führen, ebenso schwere Katarrhe, die für viele Säuglinge im Ituri-Walde verhängnisvoll werden. Die gleichen Krankheitsgruppen bedrohen nicht minder häufig alle drei- bis zehnjährigen Kinder; doch hält der Tod unter ihnen eine weniger ergiebige Ernte, weil ihr Organismus bereits gekräftigt und widerstandsfähiger ist. Diese älteren Kinder stellen, gegenüber den ein- und zweijährigen, eine natürliche Auslese dar. Bei jener Altersgrenze angefangen, vermindert sich offenbar die mittlere Sterblichkeitsziffer und hält sich bis zu den Vierzigjährigen niedrig. Todesfälle, von denen diese Altersklassen betroffen werden, sind hauptsächlich von Lungen- und Rippenfellentzündungen hervorgerufen, weniger oft von Infektionskrankheiten und Störungen des Darmkanals, noch weniger von Unfällen. Letztere betreffen fast nur Männer, vor allem Elefantenjäger, die sich zum Kampf mit dem klotzigen Waldriesen stellen und über ihn meistens doch Sieger bleiben. Auffallenderweise stirbt kaum je eine Pygmäin bei der Entbindung selbst oder unmittelbar daran anschließend; Wochenbettfieber treten dort nicht auf.

Bambuti beiderlei Geschlechts, die das vierzigste Lebensjahr überschritten haben, können den genannten Krankheitsanfällen bloß einen verminderten Widerstand entgegensetzen und werden schneller dahingerafft. Die meisten der Leute in den höchsten Altersklassen verfallen dem Tode allein wegen Kräfteschwund: plötzlich stellt sich eine verhängnisvolle Erschöpfung des gesamten Organismus ein, das Allgemeinbefinden verschlechtert sich in einem jähen Absinken und noch am gleichen oder spätestens dritten Tage setzt das ohnehin sehr verlangsamte Atmen aus. Dieser Todesart erliegen zuweilen auch die Bambuti der mittleren Lebensjahre, vorwiegend Frauen. Langes Siechtum sind seltene Ausnahmen, weil sich zu Erkrankungen irgendwelcher Art schnell eine dort billig zu erwerbende Lungenaffektion gesellt. Würde es der Urwald selbst nicht zu seiner eigenen Angelegenheit machen, daß gefährliche Seuchen und viel gesundheitliche Schwächung den Bambuti fernbleiben, stünde es bedenklich um die biologische Vitalität ihres Volksganzen.

Was letzterem dabei entscheidend mitgeholfen hat, manche bedrohliche Fährnisse in den vergangenen Jahrhunderten ohne weitgreifende Schäden zu überwinden, ist seine g e s u n d e J u g e n d. Erstaunlich widerstandsfähig und mit zäher Lebenskraft ausgerüstet steht sie da, zwangsläufig und instinktmäßig dazu entschlossen, den harten Daseinskampf durchzufechten. Zum Alltagsbilde gehört, daß man die Kleinsten splitternackt auf dem feuchten und zuweilen überschwemmten Waldboden beim Spiel sich unterhaltend sitzen sieht, oder wie sie mit dem Bäuchlein aufliegen und sich im Kote wälzen, auch unmittelbar nach schwerem Regen, wenn überall noch Pfützen stehen und dicke Tropfen aus den hohen Baumkronen abfallen. Die Lufttemperatur beträgt in solchen

Stunden zuweilen bloß 22° oder wenig mehr, die oberflächliche Erdschicht ist um·beträchtliche Grade kühler. Andere Säuglinge patschen spielend im Morast umher oder schleifen mit der Bauchseite über den aufgeweichten Waldboden hin und lassen sich von einem dichten Platzregen überschütten. Gegen stundenlange Nässe auf ihrem Körper sind sie scheinbar gefeit und unempfindlich.

Größeren Kindern schafft die allgemeine Feuchtigkeit im Urwalde erkennbar Unbehagen, zumal unmittelbar nach einem reichlichen Regen. Dann drängen sie sich um das Feuer, das sie mit Vorliebe tagsüber vor die Wohnhütte verlagern, und verharren in zusammengekauerter Hockerstellung, bis sie sich durchgewärmt haben oder die Lufttemperatur wieder emporgeschnellt ist. Wie es den Erwachsenen nicht anders beschieden ist, so erwachen am frühen Morgen auch die größeren Kinder zitternd vor Kälte; und im ersten Tagesgrauen eilen sie zum nächsten Bach, ·wo sie sich als Morgentoilette ihre sogenannte Gänsehaut mit dem frischen Wasser bespritzen. Dann verweilen sie eine Stunde lang oder mehr ganz nahe dem inzwischen stärker angefachten Feuer und führen sich dabei einige schmale Bissen als Frühstück in den Mund. Selten nur sah ich, daß sich dieses und jenes Kind ein größeres Blatt oder eine Art Polster aus Blättern unter das Gesäß schob, wenn es sich niedersetzte; manches greift abends nach einem Bananenblatt, um darauf liegend die Nacht zu verbringen. Hustenstöße aus den Hütten heraus vernimmt man während der ganzen Nacht; doch handelt es sich dabei bloß um Katarrhe und nicht um Keuchhusten, seltene Einzelerkrankungen ausgenommen. An diesen Kindern entdeckt man keine rachitischen und skrophulösen Symptome. Ebenso sieht man gefühlsmäßig über den unförmlichen Trommelbauch hinweg; er ist ja nicht gesundheitstörend.

Genügsam und anspruchslos bis an die Grenze des Möglichen sind diese Kinder, mit ihrer an Entbehrungen reichen Lebenslage finden sie sich widerspruchslos und geduldig ab. Kurze Zeiten mit empfindlicher Kürzung der an sich kargen Nahrungsmenge überdauern sie unbeschadet ihrer Gesundheit und frohen Gemütsverfassung. Frühzeitig üben sie sich, bei allerlei Hilfeleistungen für ihre Eltern, in die ihnen später obliegenden Pflichten als vollreife Stammesmitglieder ein. Diese Jugend steht mit allen erforderlichen biologischen Werten ausgerüstet da, um den uneingeschränkten Fortbestand der gesamten Bambuti-Gemeinschaft auch durch die folgenden Jahrhunderte weiterzutragen.

Die echten Rassezwerge im Bereich des Ituri-Stromes sind eine Menschheitsgruppe von einmaliger Prägung ihrer Körperform. Eben sie ermöglicht. ihnen großenteils das ungeschmälerte Fortkommen in den ganz außergewöhnlichen Umweltbedingungen, von denen die urtümliche Art ihres bodenständigen Wirtschaftsbetriebes bestimmt wird. Aufdringlicher als bei anderen Rassegruppen betont sich bei den Ituri-Pygmäen die eng verzahnte Wechselwirkung von Lebensraum und Mensch. Solch einzig dastehendes Zusammenspiel hat seit Jahrtausenden die Aufmerksamkeit weit abgelegener Beurteiler bei anderen Völkerschaften beschäftigt und ist auch für unsere Gegenwart noch ein Schaustück voll mannigfacher Überraschungen und fachwissenschaftlicher Neuheiten.

Ituri-Pygmäen	Efé und Basúa			
	386 Männer		263 Frauen	
Absolute und relative Maße	M	$V_1 - V_n$	M	$V_1 - V_n$
Ganze Körperhöhe	1438.1	1268-1597	1372.1	1234-1504
Höhe des Suprasternale	1169.5	1027-1318	1117.5	996-1231
Höhe des Nabels	835.3	717-956	798.2	692-899
Höhe des Symphysion	730.7	623-826	691.5	593-780
Höhe des Akromion	1184.8	1050-1321	1126.6	1000-1259
Höhe des Radiale	898.8	798-1009	859.5	761-962
Höhe des Stylion	683.8	592-777	659.3	582-742
Höhe des Iliospinale ant.	784.8	678-881	747.3	661-831
Höhe des Tibiale	374.2	326-427	355.8	313-399
Höhe des Sphyrion	52.3	40-66	52.9	42-65
Klafterweite	1514.4	1295-1699	1475.1	1289-1592
Stammlänge	703.4	624-793	681.1	605-809
Rumpflänge	436.4	362-514	426.7	356-536
Schulterbreite	311.1	254-362	291.9	241-330
Transv. Brustdurchmesser	236.4	201-278	223.8	184-254
Sagitt. Brustdurchmesser	177.8	142-216	149.6	133-188
Sag. Durchmesser des Abdomen	190.4	152-241	196.5	155-238
Breite der Taille	233.5	200-280	223.2	194-253
Beckenbreite	237.9	193-281	240.8	194-290
Ganze Armlänge	652.4	529-744	613.7	546-692
Armlänge ohne Hand	500.7	412-625	467.2	412-540
Länge des Oberarmes	278.5	234-354	267.0	236-331
Länge des Unterarmes	215.0	178-246	200.6	176-248
Länge der Hand	151.4	129-170	146.4	128-169
Länge des Handrückens	67.8	46-83	65.6	55-76
Breite der Hand	66.6	55-78	63.6	56-77
Ganze Beinlänge	765.9	658-861	726.5	628-815
Länge des Oberschenkels	391.5	327-450	369.2	305-418
Länge des Unterschenkels	321.6	273-367	302.7	256-340
Länge des Fußes	221.4	187-253	205.2	177-235
Breite des Fußes	90.2	72-113	82.4	70-104
Brustumfang	762.6	652-894	719.6	628-815
Taillenumfang	719.7	604-861	688.3	602-763
Größter Umfang des Oberarmes	217.2	173-265	210.2	159-248
Kleinster Umfang des Unterarmes	130.5	106-157	125.2	107-147
Größter Umfang d. Oberschenkels	423.0	348-502	424.7	322-498
Größter Umfang d. Unterschenkels	272.3	210-328	264.8	207-342
Körpergewicht	39.8	29-50	36.7	28-50
Rumpflänge zur Körperhöhe	30.49	26.56-33.67	31.02	27.95-40.05
Klafterweite zur Körperhöhe	105.81	97.72-119.33	105.03	98.58-113.10
Ganze Armlänge zur Körperhöhe	45.37	41.72-49.14	44.75	41.46-49.13
Ganze Beinlänge zur Körperhöhe	53.26	49.67-56.81	52.94	49.48-55.44
Schulterbreite zur Körperhöhe	21.67	18.19-24.44	21.28	18.25-24.31
Ganze Armlänge zur Rumpflänge	148.93	128.57-169.61	143.94	122.12-163.26
Ganze Beinlänge zur Rumpflänge	174.93	148.61-209.11	170.80	144.70-192.69
Schulterbreite zur Rumpflänge	71.10	57.68-81.70	68.68	56.51-79.69
Oberarm-Unterarm-Index	75.17	72.46-78.03	75.14	70.00-78.82

Ituri-Pygmäen	Efé und Basúa			
Absolute und relative Maße	386 Männer		263 Frauen	
	M	$V_1 - V_n$	M	$V_1 - V_n$
Hand-Index	44.08	36.08-57.69	43.54	36.84-51.44
Oberschenkel-Unterschenkel-Ind.	82.23	79.05-84.96	82.06	79.17-84.96
Extremitäten-Index	85.27	80.05-90.95	84.46	80.00-91.65
Rumpfbreiten-Index	76.48	67.49-90.64	82.88	72.41-98.27
Größte Kopflänge	184.6	170-211	178.2	161-197
Größte Kopfbreite	141.2	126-156	135.9	127-146
Kleinste Stirnbreite	104.9	93-116	102.0	91-113
Breite über dem Gehörgang	123.4	108-136	118.7	105-131
Jochbogenbreite	133.2	118-147	126.2	115-138
Unterkieferwinkelbreite	99.4	83-122	96.4	82-112
Breite zw. inneren Augenwinkeln	34.5	27-44	33.8	23-41
Breite zw. äußeren Augenwinkeln	92.1	78-103	88.8	77-101
Breite der Augenlidspalte	28.6	21-35	28.0	21-34
Nasenflügelbreite	45.2	34-54	41.8	32-50
Breite der Mundspalte	49.7	39-60	47.0	36-58
Ohrhöhe des Kopfes	121.7	102-138	171.1	91-138
Physiognomische Gesichtshöhe	170.9	146-196	159.4	136-178
Morphologische Gesichtshöhe	103.9	87-124	95.2	77-110
Physiognom. Obergesichtshöhe	69.3	56-83	64.7	50-78
Morpholog. Obergesichtshöhe	60.5	48-72	56.9	47-68
Höhe der Nase	43.2	33-54	40.6	33-49
Länge des Nasenbodens	12.7	5-20	11.4	5-17
Stirnhöhe	66.9	34-85	61.5	49-85
Höhe der Schleimhautlippen	15.3	4-27	14.5	4-26
Höhe der ganzen Oberlippe	25.8	24-35	23.8	16-34
Physiognom. Länge des Ohres	58.0	48-70	56.2	46-69
Physiognom. Breite des Ohres	34.7	27-46	32.4	27-39
Morpholog. Länge des Ohres	34.6	22-47	33.3	26-43
Morpholog. Breite des Ohres	50.8	42-63	49.2	42-63
Horizontalumfang des Kopfes	538.4	502-580	519.4	481-564
Sagittaler Kopfbogen	354.7	303-393	343.3	292-392
Transversaler Kopfbogen	339.8	297-382	327.4	283-370
Längenbreiten-Index des Kopfes	76.47	66.33-84.88	76.30	68.45-84.11
Längenhöhen-Index des Kopfes	65.96	55.68-75.56	65.45	52.00-73.78
Breiten-Ohrhöhen-Index	86.27	69.39-98.57	86.19	71.63-97.87
Transv. Frontoparietal-Index	74.32	63.27-81.88	75.14	67.15-82.81
Physiognom. Gesichts-Index	128.39	109.35-148.43	126.36	106.81-149.15
Morpholog. Gesichts-Index	78.06	63.31-93.80	75.45	59.17-88.14
Morpholog. Obergesichts-Index	45.55	37.23-55.91	45.07	37.60-53.39
Physiognom. Obergesichts-Index	52.10	40.30-61.42	51.30	40.00-62.40
Jugomandibular-Index	77.06	63.85-89.05	76.37	61.48-86.40
Jugofrontal-Index	78.87	68.84-88.80	80.86	72.26-90.68
Höhenbreiten-Index der Nase	105.19	79.63-138.46	103.44	70.69-130.55
Breitentiefen-Index der Nase	28.38	10.00-46.51	27.46	12.50-40.54
Physiognomischer Ohr-Index	59.97	47.76-73.08	57.84	45.16-70.37
Morphologischer Ohr-Index	147.88	117.05-236.36	148.81	111.62-210.00

Ituri-Pygmäen	Aka			
	115 Männer		110 Frauen	
Absolute und relative Maße	M	$V_1 - V_n$	M	$V_1 - V_n$
Ganze Körperhöhe	1444.1	1323-1568	1367.1	1262-1465
Höhe des Suprasternale	1173.9	1087-1277	1108.1	1011-1201
Höhe des Nabels	842.0	749-944	795.6	718-903
Höhe des Symphysion	742.0	663-838	692.1	633-775
Höhe des Akromion	1186.2	1072-1304	1116.8	1021-1207
Höhe des Radiale	911.2	822-1009	864.7	799-938
Höhe des Stylion	706.3	621-758	678.8	620-741
Höhe des Iliospinale ant.	781.9	708-872	739.6	649-809
Höhe des Tibiale	372.5	336-414	349.1	309-388
Höhe des Sphyrion	54.2	42-65	50.5	40-62
Klafterweite	1514.6	1359-1663	1413.7	1297-1535
Stammlänge	702.0	638-779	675.3	622-724
Rumpflänge	432.8	396-494	415.7	371-459
Schulterbreite	326.4	289-360	304.2	268-340
Transv. Brustdurchmesser	237.8	217-272	227.1	201-252
Sagitt. Brustdurchmesser	176.0	150-204	164.5	139-192
Sag. Durchmesser des Abdomen	189.3	161-231	186.8	150-219
Breite der Taille	226.8	203-258	215.1	182-254
Beckenbreite	253.3	225-292	251.0	216-289
Ganze Armlänge	633.3	538-711	585.8	513-670
Armlänge ohne Hand	479.8	407-546	439.8	377-488
Länge des Oberarmes	274.5	230-315	252.0	219-299
Länge des Unterarmes	205.3	179-231	187.8	158-227
Länge der Hand	153.4	131-175	145.8	129-163
Länge des Handrückens	71.7	62-80	68.6	59-77
Breite der Hand	66.2	56-79	62.8	54-71
Ganze Beinlänge	776.8	698-873	727.1	651-810
Länge des Oberschenkels	402.9	342-468	377.3	319-431
Länge des Unterschenkels	318.4	283-359	298.7	258-330
Länge des Fußes	222.7	195-250	205.6	185-228
Breite des Fußes	90.0	80-113	81.9	63-94
Brustumfang	776.1	704-872	731.9	652-818
Taillenumfang	712.0	626-815	680.0	570-778
Größter Umfang des Oberarmes	229.9	193-271	222.3	189-278
Kleinster Umfang des Unterarmes	136.8	115-158	129.5	112-155
Größter Umfang d. Oberschenkels	429.3	374-502	429.8	352-536
Größter Umfang d. Unterschenkels	287.3	244-351	272.1	211-348
Körpergewicht	40	29-51	34	25-50
Rumpflänge zur Körperhöhe	29.97	27.62-32.38	30.43	26.52-33.62
Klafterweite zur Körperhöhe	104.85	97.40-111.32	103.39	97.67-108.85
Ganze Armlänge zur Körperhöhe	43.86	39.76-46.92	42.85	39.53-47.72
Ganze Beinlänge zur Körperhöhe	53.79	51.55-57.04	53.18	50.31-57.18
Schulterbreite zur Körperhöhe	22.63	19.57-24.76	22.25	19.84-24.69
Ganze Armlänge zur Rumpflänge	145.61	128.70-169.97	141.12	122.06-163.88
Ganze Beinlänge zur Rumpflänge	180.12	159.40-204.65	174.71	149.65-215.63
Schulterbreite zur Rumpflänge	75.71	65.85-86.60	73.27	62.92-88.14
Oberarm-Unterarm-Index	74.82	72.00-77.18	74.54	72.13-77.73

Ituri-Pygmäen	Aka			
	115 Männer		110 Frauen	
Absolute und relative Maße	M	$V_1 - V_n$	M	$V_1 - V_n$
Hand-Index	42.71	36.60-50.34	43.12	38.10-48.61
Oberschenkel-Unterschenkel-Ind.	79.13	73.71-88.30	79.62	73.39-87.93
Extremitäten-Index	81.34	74.81-86.34	80.69	74.45-87.69
Rumpfbreiten-Index	77.69	67.56-86.60	82.59	73.58-94.36
Größte Kopflänge	183.3	165-195	175.8	162-197
Größte Kopfbreite	144.0	133-153	139.1	129-149
Kleinste Stirnbreite	106.8	99-118	104.0	93-114
Breite über dem Gehörgang	122.4	113-136	119.5	105-129
Jochbogenbreite	132.9	121-147	126.7	113-138
Unterkieferwinkelbreite	100.9	91-112	98.7	89-110
Breite zw. inneren Augenwinkeln	34.5	29-41	33.9	27-41
Breite zw. äußeren Augenwinkeln	89.2	82-98	86.7	74-97
Breite der Augenlidspalte	27.1	20-30	26.1	23-30
Nasenflügelbreite	42.9	36-52	39.5	33-46
Breite der Mundspalte	47.0	40-55	44.1	37-52
Ohrhöhe des Kopfes	126.2	110-141	124.1	112-136
Physiognomische Gesichtshöhe	176.8	156-202	165.4	143-185
Morphologische Gesichtshöhe	105.2	92-123	97.0	83-111
Physiognom. Obergesichtshöhe	69.5	61-82	64.4	55-74
Morpholog. Obergesichtshöhe	62.0	55-70	57.8	48-67
Höhe der Nase	43.3	37-51	40.4	31-48
Länge des Nasenbodens	14.1	9-25	12.5	9-16
Stirnhöhe	71.7	58-83	68.3	54-79
Höhe der Schleimhautlippen	15.8	7-25	15.4	6-23
Höhe der ganzen Oberlippe	25.3	19-31	23.1	17-29
Physiognom. Länge des Ohres	56.9	50-66	55.1	49-65
Physiognom. Breite des Ohres	36.1	30-41	34.1	30-40
Morpholog. Länge des Ohres	35.7	30-43	33.3	27-41
Morpholog. Breite des Ohres	48.0	41-57	46.8	41-57
Horizontalumfang des Kopfes	547.5	508-588	524.9	494-555
Sagittaler Kopfbogen	370.5	340-408	357.1	324-382
Transversaler Kopfbogen	352.9	313-391	338.9	303-375
Längenbreiten-Index des Kopfes	78.63	71.35-84.57	79.26	72.93-85.80
Längenhöhen-Index des Kopfes	69.49	60.44-76.00	70.77	63.04-79.64
Breiten-Ohrhöhen-Index	88.36	80.27-96.40	89.42	80.71-100.75
Transv. Frontoparietal-Index	74.22	67.97-86.76	74.80	63.27-83.58
Physiognom. Gesichts-Index	133.12	119.40-149.61	130.48	111.71-146.82
Morpholog. Gesichts-Index	79.20	66.67-90.44	76.61	64.84-88.10
Morpholog. Obergesichts-Index	47.11	41.43-55.12	45.61	39.67-52.34
Physiognom. Obergesichts-Index	52.35	44.28-60.29	50.85	42.97-59.15
Jugomandibular-Index	75.94	69.47-83.06	77.93	72.31-85.94
Jugofrontal-Index	80.35	72.79-88.19	82.10	72.66-87.69
Höhenbreiten-Index der Nase	99.61	78.72-123.68	98.00	75.00-132.26
Breitentiefen-Index der Nase	32.95	21.95-52.08	31.74	22.73-44.44
Physiognom. Ohr-Index	63.60	53.97-71.93	62.01	53.64-71.70
Morphologischer Ohr-Index	135.00	115.78-174.19	141.21	120.58-164.28

Ituri-Pygmäen	Beyru			
	13 Männer		9 Frauen	
Absolute und relative Maße	M	$V_1 - V_n$	M	$V_1 - V_n$
Ganze Körperhöhe	1474.7	1318-1584	1360.2	1278-1410
Höhe des Suprasternale	1202.5	1059-1306	1101.9	1023-1147
Höhe des Nabels	860.8	733-949	786.1	711-811
Höhe des Symphysion	760.1	632-838	685.2	621-724
Höhe des Akromion	1208.8	1042-1329	1106.0	1031-1161
Höhe des Radiale	920.3	794-1007	844.9	790-909
Höhe des Stylion	696.5	605-770	638.7	606-713
Höhe des Iliospinale ant.	800.9	658-873	740.4	672-768
Höhe des Tibiale	376.6	317-412	344.8	317-364
Höhe des Sphyrion	54.1	40-62	44.1	40-50
Klafterweite	1548.7	1368-1699	1412.1	1339-1492
Stammlänge	714.5	681-746	675.0	657-721
Rumpflänge	442.4	412-468	416.7	395-455
Schulterbreite	328.0	312-354	297.7	269-315
Transv. Brustdurchmesser	241.0	224-260	221.0	194-232
Sagitt. Brustdurchmesser	171.0	155-190	157.4	146-164
Sag. Durchmesser des Abdomen	181.5	173-192	178.6	164-194
Breite der Taille	231.5	206-255	219.8	198-240
Beckenbreite	250.9	215-279	256.9	233-275
Ganze Armlänge	673.6	584-731	615.1	564-652
Armlänge ohne Hand	512.3	437-559	467.3	425-501
Länge des Oberarmes	288.5	248-322	261.1	241-277
Länge des Unterarmes	223.8	189-252	206.2	184-226
Länge der Hand	161.2	147-172	147.8	139-163
Länge des Handrückens	74.7	68-80	67.9	65-73
Breite der Hand	67.9	63-71	61.2	57-67
Ganze Beinlänge	795.1	667-873	720.2	656-759
Länge des Oberschenkels	417.7	347-469	374.3	334-396
Länge des Unterschenkels	328.5	268-362	300.7	272-315
Länge des Fußes	229.6	212-246	206.7	192-219
Breite des Fußes	93.5	87-100	82.7	77-88
Brustumfang	795.1	732-881	719.5	651-763
Taillenumfang	715.4	662-772	675.4	612-708
Größter Umfang des Oberarmes	228.0	213-259	217.4	188-268
Kleinster Umfang des Unterarmes	133.9	129-143	131.3	114-154
Größter Umfang d. Oberschenkels	437.8	394-488	424.2	392-506
Größter Umfang d. Unterschenkels	284.7	268-307	275.0	261-323
Körpergewicht	40.4	33-48	34.4	30-44
Rumpflänge zur Körperhöhe	30.09	27.88-32.40	30.63	29.09-32.32
Klafterweite zur Körperhöhe	105.00	103.34-107.26	103.82	99.57-107.09
Ganze Armlänge zur Körperhöhe	45.71	44.12-47.72	45.22	41.69-47.52
Ganze Beinlänge zur Körperhöhe	54.52	52.95-58.35	52.95	51.28-53.98
Schulterbreite zur Körperhöhe	22.27	20.63-23.67	21.89	20.15-23.40
Ganze Armlänge zur Rumpflänge	151.67	136.76-163.53	147.85	129.03-161.27
Ganze Beinlänge zur Rumpflänge	181.99	156.20-201.94	173.06	158.68-185.56
Schulterbreite zur Rumpflänge	74.27	70.41-80.00	71.51	65.42-76.45
Oberarm-Unterarm-Index	77.58	73.35-83.91	78.79	74.72-83.52

Ituri-Pygmäen	Beyru			
	13 Männer		9 Frauen	
Absolute und relative Maße	M	$V_1 - V_n$	M	$V_1 - V_n$
Hand-Index	42.24	39.26-46.94	41.30	39.26-45.27
Oberschenkel-Unterschenkel-Ind.	78.70	75.35-82.35	80.43	76.46-85.39
Extremitäten-Index	85.05	80.64-87.64	85.40	81.30-88.47
Rumpfbreiten-Index	76.49	68.91-79.94	86.35	77.92-90.96
Größte Kopflänge	183.6	175-191	175.3	170-186
Größte Kopfbreite	143.2	138-150	138.4	132-144
Kleinste Stirnbreite	103.2	98-108	101.4	95-108
Breite über dem Gehörgang	122.0	113-131	115.9	109-122
Jochbogenbreite	131.0	119-143	122.9	114-129
Unterkieferwinkelbreite	97.4	89-108	92.1	86-100
Breite zw. inneren Augenwinkeln	31.8	29-36	32.0	28-36
Breite zw. äußeren Augenwinkeln	87.8	83-91	83.4	79-92
Breite der Augenlidspalte	27.6	25-31	25.4	24-28
Nasenflügelbreite	44.4	41-52	40.1	38-43
Breite der Mundspalte	48.7	44-55	45.0	41-50
Ohrhöhe des Kopfes	127.6	123-134	120.9	110-127
Physiognomische Gesichtshöhe	170.2	162-189	157.3	146-170
Morphologische Gesichtshöhe	103.2	93-117	93.8	87-102
Physiognom. Obergesichtshöhe	67.2	61-74	64.2	59-72
Morpholog. Obergesichtshöhe	58.9	49-66	55.9	51-64
Höhe der Nase	42.2	39-47	39.4	36-45
Länge des Nasenbodens	13.8	11-17	11.9	10-14
Stirnhöhe	66.9	54-77	63.6	54-71
Höhe der Schleimhautlippen	16.8	11-23	15.3	10-18
Höhe der ganzen Oberlippe	25.1	18-29	23.6	21-28
Physiognom. Länge des Ohres	55.7	47-60	54.3	50-60
Physiognom. Breite des Ohres	34.8	31-38	33.1	29-35
Morpholog. Länge des Ohres	34.3	29-40	34.7	31-38
Morpholog. Breite des Ohres	46.2	41-52	45.4	42-51
Horizontalumfang des Kopfes	541.7	517-567	516.9	487-562
Sagittaler Kopfbogen	372.7	352-389	360.8	341-388
Transversaler Kopfbogen	349.0	332-365	329.7	307-349
Längenbreiten-Index des Kopfes	77.97	75.14-80.21	78.99	76.70-81.18
Längenhöhen-Index des Kopfes	69.53	66.49-74.44	68.64	65.73-72.51
Breiten-Ohrhöhen-Index	89.17	85.33-93.06	87.34	81.25-91.85
Transv. Frontoparietal-Index	72.12	68.46-74.82	73.30	69.44-76.81
Physiognom. Gesichts-Index	130.05	115.67-138.65	128.11	117.74-138.21
Morpholog. Gesichts-Index	78.85	72.99-87.97	76.31	71.90-82.93
Morpholog. Obergesichts-Index	45.45	39.20-49.62	45.49	40.94-52.03
Physiognom. Obergesichts-Index	51.34	45.52-55.64	52.25	49.59-58.54
Jugomandibular-Index	74.42	68.99-85.60	74.98	69.53-80.65
Jugofrontal-Index	78.94	74.45-85.71	82.58	78.13-87.60
Höhenbreiten-Index der Nase	105.50	87.23-119.51	102.37	84.44-119.44
Breitentiefen-Index der Nase	31.15	23.91-39.02	29.77	25.58-36.84
Physiognom. Ohr-Index	62.61	57.41-74.47	61.07	53.33-66.04
Morphologischer Ohr-Index	135.28	115.38-153.12	131.38	110.52-145.71

Ituri-Pygmäen

Absolute und relative Maße	510 Männer		382 Frauen	
	M	$V_1 - V_n$	M	$V_1 - V_n$
Ganze Körperhöhe [1]	1440.3	1268-1597	1370.4	1234-1504
Höhe des Suprasternale [4]	1171.3	1027-1318	1114.4	996-1231
Höhe des Nabels [5]	837.5	717-956	797.2	692-903
Höhe des Symphysion [6]	734.0	623-838	691.4	593-780
Höhe des Akromion [8]	1185.7	1042-1329	1123.3	1000-1259
Höhe des Radiale [9]	902.2	794-1009	860.7	761-962
Höhe des Stylion [10]	689.1	592-777	664.5	582-742
Höhe des Iliospinale ant. [13]	784.6	658-881	744.9	649-831
Höhe des Tibiale [15]	373.9	317-427	353.6	309-399
Höhe des Sphyrion [16]	52.8	40-66	52.0	40-65
Klafterweite [17]	1512.3	1295-1699	1455.5	1289-1592
Stammlänge [23 a]	703.4	624-793	679.3	605-809
Rumpflänge [27]	435.8	362-514	423.3	356-536
Schulterbreite [35]	315.1	254-362	295.6	241-340
Transv. Brustdurchmesser [36]	236.8	201-278	224.7	184-254
Sagitt. Brustdurchmesser [37]	177.2	142-216	154.2	133-192
Sag.Durchm.d.Abdomen[37(3)]	189.9	152-241	192.9	150-238
Breite der Taille [39]	232.0	200-280	220.8	182-254
Beckenbreite [40]	239.7	193-292	244.1	194-290
Ganze Armlänge [45 a]	648.6	529-744	605.7	513-692
Armlänge ohne Hand [46 a]	496.3	407-625	459.3	377-540
Länge des Oberarmes [47 a]	283.3	230-354	262.6	219-331
Länge des Unterarmes [48 a]	213.0	178-252	197.0	158-248
Länge der Hand [49]	152.1	129-175	146.3	128-169
Länge des Handrückens [50]	68.9	46-83	66.6	55-77
Breite der Hand [52]	66.6	55-79	63.3	54-77
Ganze Beinlänge [53(1)]	769.1	658-873	726.5	628-815
Länge des Oberschenkels [55 c]	394.7	327-469	371.7	305-431
Länge des Unterschenkels [56]	321.1	268-367	301.5	256-340
Länge des Fußes [58]	221.9	187-253	205.4	177-235
Breite des Fußes [59]	90.3	72-113	82.3	63-104
Brustumfang [61]	766.4	652-894	723.2	628-818
Taillenumfang [62]	717.9	604-861	685.4	570-778
Größter Umf. d. Oberarmes [65]	220.3	173-271	213.8	159-278
Kleinst. Umf.d.Unterarmes [67]	132.0	106-158	126.6	107-155
Größt. U. d. Oberschenkels [68]	424.8	348-502	426.2	322-536

Ituri-Pygmäen

Absolute und relative Maße	510 Männer		382 Frauen	
	M	$V_1 - V_n$	M	$V_1 - V_n$
Größt. U. d. Unterschenkels [69]	276.0	210-351	267.2	207-348
Körpergewicht [71]	39.8	29-51	35.5	25-50
Rumpflänge z. Körperhöhe [a]	30.36	26.56-33.67	30.92	26.52-40.05
Klafterweite z. Körperhöhe [b]	105.58	97.40-119.33	104.53	97.67-113.10
Ganze Armlänge z. Körperh. [c]	45.04	39.76-49.14	44.21	39.53-49.13
Ganze Beinlänge z. Körperh. [d]	53.41	49.67-58.35	53.01	49.48-57.18
Schulterbreite z. Körperh. [e]	21.90	18.19-24.76	21.57	18.25-24.69
Ganze Armlänge z. Rumpfl. [f]	148.25	128.57-169.97	143.22	122.06-163.88
Ganze Beinlänge z. Rumpfl. [g]	176.27	148.61-209.11	171.98	144.70-215.63
Schulterbreite z. Rumpflänge [h]	72.22	57.68-86.60	70.07	56.51-88.14
Oberarm-Unterarm-Index [i]	75.15	72.00-83.91	75.05	70.00-83.52
Hand-Index [k]	44.11	36.08-57.69	43.37	36.84-51.44
Oberschenkel-Untersch.-I. [l]	81.45	73.71-88.30	81.32	73.39-87.93
Extremitäten-Index [m]	84.38	74.81-90.95	83.40	74.45-91.65
Rumpfbreiten-Index [n]	76.75	67.49-90.64	82.88	72.41-98.27

	514 Männer		382 Frauen	
	M	$V_1 - V_n$	M	$V_1 - V_n$
Größte Kopflänge [1]	184.3	165-211	177.5	161-197
Größte Kopfbreite [3]	141.9	126-156	136.9	127-149
Kleinste Stirnbreite [4]	105.3	93-118	102.6	91-114
Breite ü. d. Gehörgang [5]	123.1	108-136	118.9	105-131
Jochbogenbreite [6]	133.1	118-147	126.3	113-138
Unterkieferwinkelbreite [8]	99.7	83-122	96.9	82-112
Br. zw. inneren Augenwink. [9]	34.4	27-44	33.8	23-41
Br. zw. äußeren Augenwink. [10]	91.4	78-103	88.1	74-101
Breite d. Augenlidspalte [11]	28.2	20-35	27.5	21-34
Nasenflügelbreite [13]	44.7	34-54	41.1	32-50
Breite der Mundspalte [14]	49.0	39-60	46.1	36-58
Ohrhöhe des Kopfes [15]	122.9	102-141	119.1	91-138
Physiognom. Gesichtshöhe [17]	172.2	146-202	161.1	136-185
Morphol. Gesichtshöhe [18]	104.1	87-124	95.7	77-111
Phys. Obergesichtshöhe [19]	69.2	56-83	64.6	50-78
Morphol. Obergesichtshöhe [20]	60.3	48-72	57.1	47-68

Ituri-Pygmäen

Absolute und relative Maße	514 Männer		382 Frauen	
	M	$V_1 - V_n$	M	$V_1 - V_n$
Höhe der Nase [21]	43.3	33-54	40.5	31-49
Länge des Nasenbodens [22]	13.1	5-25	11.7	5-17
Stirnhöhe [24]	68.0	34-85	63.5	49-85
Höhe d. Schleimhautlippen [25]	15.4	4-27	14.8	4-26
Höhe d. Ganzen Oberlippe [26]	25.7	18-35	23.6	16-34
Physiognom.Länge d.Ohres[29]	57.7	47-70	55.8	46-69
Physiogn. Breite des Ohres [30]	35.0	27-46	32.9	27-40
Morpholog. Länge d. Ohres [31]	34.9	22-47	33.3	26-43
Morpholog. Breite d. Ohres [32]	50.1	41-63	48.4	41-63
Horizontalumfg. d. Kopfes [45]	540.5	502-588	520.9	481-564
Sagittaler Kopfbogen [48]	358.7	303-408	347.7	292-392
Transversaler Kopfbogen [49]	342.9	297-391	330.7	283-375
Längenbreiten-Index d. K. [A]	76.99	66.33-84.88	77.22	68.45-85.80
Längenhöhen-Ind. d. Kopfes [B]	66.84	55.68-76.00	67.06	52.00-79.64
Breiten-Ohrhöhen-Ind. d. K. [C]	86.82	69.39-98.57	87.15	71.63-100.75
Transv. Frontoparietal-Ind. [D]	74.15	63.27-86.76	75.00	63.27-83.58
Physiognom. Gesichts-Index [E]	129.50	109.35-149.61	127.59	106.81-149.15
Morpholog. Gesichts-Index [F]	78.34	63.31-93.80	75.80	59.17-88.14
Morphol. Obergesichts-Ind. [G]	45.67	37.23-55.91	45.24	37.60-53.39
Physiogn. Obergesichts-Ind. [H]	52.04	40.30-61.42	51.20	40.00-62.40
Jugomandibular-Index [I]	76.75	63.85-89.05	76.79	61.48-86.40
Jugofrontal-Index [K]	79.20	68.84-88.80	81.26	72.26-90.68
Höhenbreiten-Index d. Nase [L]	103.79	78.72-138.46	101.85	70.69-132.26
Breitentiefen-Index d. Nase [M]	29.48	10.00-46.51	28.75	12.50-44.44
Physiognomischer Ohr-Ind. [N]	60.85	47.76-74.47	59.14	45.16-71.70
Morphologischer Ohr-Index [O]	144.69	115.38-236.36	146.22	110.52-210.00

Die Ituri-Neger

Seinem Aufbau nach schließt sich dieser Abschnitt genau an die Gliederung des vorigen an, um für die im einzelnen abgehandelten Gegenstände einen un-mittelbaren Vergleich anzuregen und zu erleichtern. Sowohl die kulturellen wie auch die anthropologischen V e r s c h i e d e n h e i t e n der beiden nebenein-ander gelagerten Rassegruppen, der pygmäischen und der negerischen, sind so außerordentlich beträchtlich, daß das weite Ausmaß der gegenseitigen Ab-weichungen in ein um so helleres Licht rückt, je öfter man sich diese vor Augen führt. Und sie bestehen; trotz des unablässigen Zwanges des übergewaltigen Urwaldes, alle seinen eigenen Verhältnissen entgegengerichteten Strömungen abzuleiten und durch ein umgestaltendes Vereinheitlichen jedes Andersgeformte sich anzupassen. Für die Pygmäen wurde dabei ein Zustand staunenswert har-monischer Ausgeglichenheit zwischen ihren körperlichen und kulturellen Eigen-heiten einerseits und den vom Urwald gebotenen Möglichkeiten anderseits er-reicht. Grundbedingung dafür war ihr vielhundertjähriger Aufenthalt in dieser für eine Menschheitsgruppe einzigartig ungewöhnlichen Umwelt.

Eine davon abweichende Richtung nahm die Entwicklung für die in den Ituri-Raum erst vor einigen Jahrhunderten und zwar nacheinander einge-drungenen Negerstämme, deren jeder im Besitz seiner eigenen Sprache war, obzwar der Bantu- oder der Sudan-Sprachgruppe zugehörig, sowie seine eigene kulturelle Lebensform nach individuellem Gestaltungsvermögen geschaffen hatte. Um so gewalttätiger erzwang der Urwald ein Verzichtleisten der nege-rischen Eindringlinge auf manche ihm fremde Eigenarten und ein rasches Ein-passen aller restlichen Besitzgüter und Lebensgesetze in die von ihm selbst gebotenen, eng begrenzten Möglichkeiten. Unter solchen Voraussetzungen voll-zog sich die erfreulich bestimmt nachweisbare Vereinheitlichung aller wesent-lichen kulturellen Sonderformen im Besitz der einzelnen Negerstämme zu einem gleichartigen "o s t - h y l ä i s c h e n K u l t u r g e b i l d e" von hochspezialisierter Einmaligkeit. Mit dieser Namenprägung möchte ich die in grundlegenden Wesenszügen vereinheitlichte Lebensart der jetzt im Ituri-Raume ansässigen Negervölker würdigen. Doch soll damit nicht die sehr bedeutsame Tatsache der Vergessenheit überantwortet werden, daß als erste in der zentral-afrika-nischen Hyläa geschaffene Kulturform die der Twiden dasteht. Sie ist die eigentliche "Urwaldkultur"; sind doch die Pygmäen die ältesten Besiedler des Urwaldes, unter dessen Beschattung sie selbst in harmonischer Anpassung an die menschenfeindliche, befremdliche Umwelt vor unbestimmbar langen Jahr-hunderten ihre sonderliche Lebensart ausfindig gemacht haben. Nun gilt es im

folgenden, das sogenannte ost-hyläische Kulturgebilde im Besitz der eingewanderten Neger nach seinem artlichen Gefüge zu zeichnen; was selbstverständlich nur in großen Zügen erfolgen kann. Das allen Negerstämmen Gemeinsame wird hervorgehoben, um erkennen zu lassen, wie tiefgreifend sich die
Vereinheitlichung der meisten individuellen Sondergüter und Formen, die jedes
Volk in den Urwald mitgebracht hat, durchsetzte. Monographische Abhandlungen und den weiten Bereich der Waldneger zusammenfassende Schilderungen
sind zwar in den letzten Jahrzehnten veröffentlicht worden; die folgende Beschreibung will nur Wesenszüge dieses merkwürdigen Kulturbildes herausgreifen, auf daß sie dem sich daran anschließenden Abschnitt über die Rasseform
als Rahmen dienen. Über neue Entdeckungen berichtet dieser kulturgeschichtliche Teil nicht.

Anders verhält es sich mit dem anthropologischen Abschnitt, der zum ersten
Male eine genügend ausführliche Zeichnung vom r a s s i s c h e n M e r k m a l s -
k o m p l e x der Negervölker im Ituri-Walde liefert. Vor etwa vierzig Jahren
hat CZEKANOWSKI eine verschieden starke Zahl von Männern aus den einzelnen
Stämmen anthropometrisch bestimmt, doch leider ohne morphologische Beschreibungen beizugeben. Man blieb seitdem auf die von ihm und von späteren
Beobachtern veröffentlichten Bilder sowie sehr kurzen Bemerkungen angewiesen, wollte man zu einer ungefähr richtigen Vorstellung vom Körperbau der
Waldneger gelangen. Inzwischen ist man sich der bedeutsamen Eigenart des
ost-hyläischen Kulturgebildes bewußt geworden und im Zusammenhang damit
tauchte die Ahnung auf, dessen Träger vermöchten auch über den rassegeschichtlichen Werdegang der zentral-afrikanischen Bevölkerung einigen Aufschluß zu vermitteln. Inwieweit die folgende Schilderung solchen Erwartungen
entspricht, wird sich bald zeigen. Zumindest aber ermöglicht sie eine erstmalige
gesicherte Einsicht in den anthropologischen Formenkreis am Ituri.

Methodisch etwas abweichend vom ersten Abschnitt über die dortigen
Pygmäen wird dieser über die ihnen benachbarten Neger durchgeführt. Für
jene Eingeborenen war geplant, ausschließlich den Ertrag meiner selbständigen
Erkundungen vorzulegen, ohne Rücksicht auf inhaltsgleiche Untersuchungen
anderer Forscher. Über die kulturellen Einrichtungen und die gesamte Lebensführung der Waldneger liegen mancherlei ausführliche Beschreibungen vor;
weswegen sich die angezeigte Arbeitsweise von selbst aufdrängte, nämlich
früher veröffentlichte Beobachtungen mit meinen eigenen zu einer kurzen
Skizze zusammenzufassen. Eine derartige Schilderung der Kulturform als
Einleitung und Vorbereitung für eine ausführliche anthropologische Zeichnung
der gleichen Eingeborenen macht sich durchaus nicht überflüssig, erscheint vielmehr als eine naturgebotene Notwendigkeit. Man versteht nämlich eine Körperform in ihrer individuellen und von ihrer Umwelt teilweise bedingten Sonderartung erst dann voll und ganz, wenn gleichzeitig die Umwelt selbst zu ausgiebiger Würdigung gelangt. Die Eigenwelt, in welcher eine Rasseform steht,
ist der naturgegebene Hintergrund, von dem her ihre besondere Gestaltung
zum vollen Verständnis beleuchtet wird.

Ein Vergleich mag diese für sich allein verständliche Forderung bekräftigen. Handelt es sich um Tiere und Pflanzen, dann bemüht sich die Fachwissenschaft, in lobenswerter Ausführlichkeit, um deren sogenannte Ökologie, indem sie deren Beziehungen zur gesamten Umwelt und im besonderen die Anpassung an die verschiedenen umweltlichen Bedingungen herauszufinden und zu begründen sich bemüht. Wer wüßte es nicht, daß bis zu einem gewissen Grade auch „der Mensch ein Produkt seiner Umwelt" darstellt; doch leider achten manche Anthropologen zu wenig auf diesen Werdegang. Mithin gehört zur richtigen und vollständigen Beurteilung irgendwelcher Rasseform die Berücksichtigung und Wertung des Raumes, in dem sie steht und teilweise zustande gekommen ist; wie man ja auch bei einem Gemälde stets Bedacht nimmt auf den Hintergrund, vor welchen die Hauptfigur zu stehen kommt. Um dergleichen Wechselwirkungen verständnisvoll zu begreifen, muß der Anthropologe die zu schildernden Eingeborenen in ihrer engeren Heimat beschauen. Kein Botaniker beispielsweise vermag die arteigene Formgebung, die Mimikry und die zusammengefaßte Summe der ökologischen Eigenheiten einer Pflanzenspecies zu begreifen, wenn er letztere bloß im Herbarium oder im botanischen Garten betrachtet.

Aus gleichgerichteten Erwägungen heraus mangelt gar viel der noch so mühsamen und kleinlichsten Einzelbeschreibung von einer Rasseform, wenn sie außerhalb ihrer allernächsten Umwelt angefertigt wird. Eigene Erfahrungen liegen dieser Folgerung zugrunde. So hat mich persönlich die gesamte Körperbildung mit den typischen Eigenmerkmalen der Indianer in beiden Amerika tiefdringlicher beeindruckt, ja gefangengenommen und zwangsläufig befriedigt, wenn ich ihnen in der engen Begrenzung ihrer Stammessiedlung und heimatlichen Landschaft gegenüberstand; zum Unterschied von jenen Gestalten, die, mit dem nordamerikanischen Einheitsschnitt bekleidet, im Menschengewimmel einer Großstadt unter angequältem Selbstzwang allen äußeren Schein nachzuahmen und mitzumachen sich bemühten. Nicht genug mit dieser Erfahrung, war es mir überdies vergönnt, Tausende von Kriegsgefangenen mannigfaltigster Rassenzugehörigkeit zu beobachten. Doch wie belebten sich deren Körpermerkmale, als ich sie wiederfand an den eingeborenen Vorderasiaten, Orientaliden und Zentral-Afrikanern auf dem Hintergrund ihres engeren Heimatbezirkes! Dem Beschauer entfaltet sich der Vollgehalt einer Rasseform allein in ihrer bodenständigen Landschaft.

Bei Schilderung der den Ituri-Negern eigenen vereinheitlichten Daseinsweise und Besitzgüter jeglicher Art habe ich davon Abstand genommen, die überaus wichtigen kulturgeschichtlichen Beziehungen und gegenseitigen Entlehnungen herauszustellen. Ein derartiges Bemühen, so lohnend und erstrebenswert es immerhin sein mag, hätte die enge Beschränkung, an welche die vorliegende Abhandlung sich halten will, zu weit gesprengt; auch hätte der dafür erforderliche Zeitaufwand die Veröffentlichung dieses Buches zu lange verzögert, was sich angesichts des Neuartigen der anthropologischen Entdeckungen nicht rechtfertigen ließe. Den Mangel, daß ich bloß vier Gruppen aus der

negerischen Gesamtheit im Ituri-Bereich anthropometrisch bestimmen konnte,
beurteile auch ich selbst als solchen und bedauere ihn persönlich am empfind-
lichsten; obwohl es mir vergönnt war, auch andere Volksstämme bei eingehender Beobachtung zuverlässig zu bewerten. Zumindest machen meine
Bemühungen einen ernstlichen Anfang zur Aufhellung vieler kulturgeschichtlicher Fragen und rassenkundlicher Unklarheiten, die bis heutigentags über
dem ausgedehnten, menschenfeindlichen Ituri-Raume noch schweben.

1. Wohnbereich

Den am weitesten nach Osten verlagerten Abschnitt der zentral-afrikanischen Hyläa entwässert hauptsächlich der gewaltige Ituri-Strom, weswegen
man den ganzen Bezirk als *Ituri-Wald* kennzeichnet. Ohne die zahlreichen
vorgeschobenen, von isolierten Baumgruppen gebildeten Parkinseln sowie die
langen Armen vergleichbar beiderseits der Flußläufe ausgreifenden Vegeta-
tionsstreifen zu berücksichtigen, läßt sich als Nordgrenze dieses Waldes im
großen und ganzen der 2. Grad 30′ mit einem sanften Ansteigen zum 3. Grad
n. Br. und als Ostgrenze der 30. Grad östl. L. ansprechen. Die parkartigen
Inselbildungen verteilen sich unregelmäßig und hauptsächlich im Norden über
weite Flächen hinweg außerhalb der dichtgedrängten Vegetationsmasse des
eigentlichen Waldes. Er ist ein hochstämmiger, immergrüner B l ä t t e r w a l d,
triefend vor Feuchtigkeit wegen des nahezu alltäglichen Regens; und sogar in
den Stunden des höchsten Sonnenstandes bloß von einem matten Dämmerlicht
blaßgrauer Tönung erfüllt (S. 20).

Dieser düstere Wald mit der ungeheuren Masse seines ewigen Grüns hat
ursprünglich allein die zwerghaften Bambuti beherbergt. In seine ungünstigen
und armseligen Lebensbedingungen haben sie sich mit staunenswerter Findig-
keit und unübertrefflicher Anspruchslosigkeit eingepaßt und darin gar manches
Jahrhundert bis in unsere Gegenwart herein überdauert. Indes, seit vielen
und mehreren Jahrzehnten, je nach Bezirken verschieden, leben neben diesen
alteingesessenen Pygmäen große und kleine Gruppen von Negern mit sprach-
licher Zugehörigkeit zum weitverzweigten Bantu- und Sudan-Verband, die
seinerzeit aus allen Richtungen in den Wald eingedrungen sind und nach wech-
selvollem Geschick ihre mehr oder weniger ortsgebundenen S i e d l u n g e n
eingerichtet haben. Wiederholte Völkerbewegungen ganzer Stämme und einzelner Volkssplitter in die Kreuz und Quere sind der endgültigen Besiedlung
des Urwaldes, wie das Gegenwartsbild sie zeigt, vorausgegangen. Niemand
weiß genau und im einzelnen, wann jede von ihnen begonnen hat und aus
welchen Triebkräften heraus sie entstanden sind; allein den Ablauf einiger
breiter Massenzüge nach allgemeinen Umrissen zu bestimmen, ist diesem und
jenem Forscher gelungen.[1] Überhaupt konnten erst in neuester Zeit die ge-

---

[1] Vgl. MOELLER: Les grandes lignes des migrations des Bantous de la Province Orientale.
Bull. de l'Inst. R. Colonial Belge, vol. V, p. 63—111; Bruxelles 1934.

nauen Grenzen für den Wohnbereich der einzelnen Waldnegerstämme nach
umständlichen Erkundigungen und mühsamen Bestandsaufnahmen besser erkannt werden. Dabei muß man sich beständig vor Augen halten, daß die Verschiebungen größerer wie kleinerer Gruppen unablässig auch weiterhin noch
vor sich gehen und keinesfalls zu einem vollkommenen Stillstand gelangt sind.

STANLEY (b): I, 139 hat bei seinem Vormarsch aus dem Westen kommend
auch den Ituri-Wald durchquert und dabei beachtliche völkische und rassische
Eigenarten der darin ansässigen Negerstämme entdeckt. Die Bali beispielsweise,
die uns weiter unten ausführlich beschäf-
tigen werden, hat er als einen im Lindi-
Bogen wohnhaften Stamm erkannt; auf
deren Hütten ist er besonders aufmerksam geworden, weil sie einen quadra-
tischen Grundriß sowie ungewöhnlich
hohe und pyramidenförmige Dächer besitzen. Damals schon hing diesen Negern
der ungünstige Ruf an, wasserscheu zu
sein; und eben deshalb richten sie ihre
Dorfsiedlungen nicht unmittelbar an
Strömen ein, sondern auf Flächen, die
ein Urwaldstreifen von den Flußläufen
trennt.

Wenig später näherte sich auch
EMIN PASCHA mit F. STUHLMANN (b): 377
dem Ituri-Walde, und zwar von Nordosten her kommend, ohne indes nennenswert weit in westlicher Richtung dahinein vorzustoßen. In engere Beziehung
trat der letztgenannte Forscher mit den
Bira, deren Aufspaltung in Wald- und

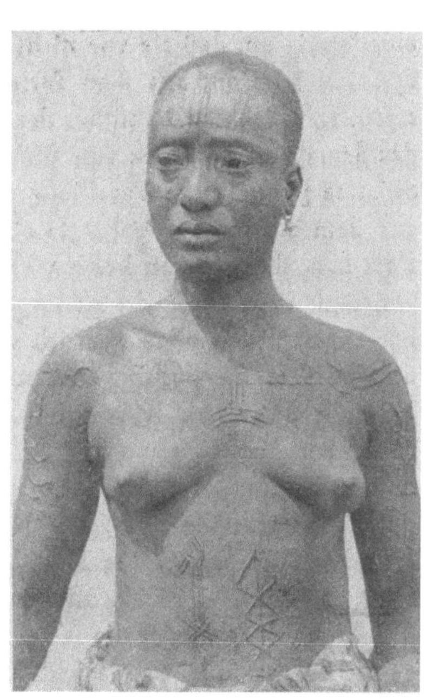

Abb. 62. Beyru-Negerin

Steppenbewohner er deutlich erkannte. Irrtümlicherweise allerdings bewertete
er auch die vielen anderen negerischen Völkerschaften im ganzen Waldgebiet
„bis an den Kongo und noch etwas westlich von diesem Flusse“ als Angehörige
dieses Stammes. An sie alle lehnte er überdies manche Völker im südlichen
Kongobecken an, sogar die Lunda, und erklärte: „Sowohl nach den körperlichen und ethnographischen Merkmalen, als auch ihrer Sprache nach gehören
sie einer einzigen großen Familie an. Ihr Idiom, das sich eng denen aller
Bantuvölker anschließt, bildet eine geschlossene, sehr charakteristische Gruppe
der Bantu-Sprache.“ Eine derartige auf Grund unserer heutigen Kenntnisse
beurteilte, allerdings etwas zu großzügige Zusammenfassung der negerischen
Waldstämme im Ituri-Bereich erfolgte aus der durchaus nicht unrichtigen
Erkenntnis, daß diese Eingeborenen offensichtlich sowohl sehr nahe rassische
als auch ganz wesentliche kulturelle Gleichheiten zur Schau stellen. Die eine
Tatsache ist nicht weniger als die andere durch genauere Untersuchungen in

neuester Zeit überzeugend bestätigt worden: *die gesamte Lebensweise der Waldneger weist arteigene Wesenszüge auf und in merkwürdiger Übereinstimmung damit verbindet sämtliche Einzelstämme eine sie einander angleichende Körperform.* In den Grundlinien jene wie diese zu zeichnen, ist Aufgabe der vorliegenden Abhandlung.

Bereits Stuhlmann (b): 378 hat bei seinem Forschungszug um das Jahr 1890 die Aufteilung des *Bira-Volkes* in Bewohner der Steppe und in solche des Urwaldes gesehen. Über erstere berichtet er: „Fragt man die im Südwesten des Albert-Sees wohnhaften Wawira nach ihrer Herkunft, so geben sie alle einstimmig an, daß sie vor nicht langer Zeit, die wir etwa um 50 Jahre zurückdatieren können, aus dem fernen Südwesten in diese Gebiete eingewandert seien. In einzelnen Familien drangen sie aus dem Urwald in das Grasland vor, das damals nur spärlich von Walégga-Lendu bewohnt war ... Alle die einzelnen Stämme [= kleinere Familiengruppen] können noch genau den Weg angeben, auf dem sie hierher gelangten." Über die Wald-Bira sagt dieser erfolgreiche Forscher, daß sie „zu beiden Ufern des oberen Ituri ansässig sind, wohin sie von Süden ... vor nicht zu langer Zeit eingewandert sind ... Andere Wawira bewohnen die Wälder westlich vom Schneeberg [Ruwenzori] und westlich von den Walésse. Sie sind bis an den Oberlauf des Kongo von den Stanley-Fällen an bis etwa unterhalb Nyangwe verbreitet".

Zu wenig hat Stuhlmann, wie schon angedeutet, das viele Unterschiedliche in den Besitzgütern gegenständlicher wie geistiger und gesellschaftlicher Art, durch das sich die einzelnen Negerstämme im Ituri-Walde voneinander entfernen, erkannt und zur Darstellung gebracht. Dieser Mangel in seinen Mitteilungen erklärt sich daraus, daß er bloß die echten Bira im östlichen Bezirk des Urwaldes, sowie die daran sich anschließende völkische Abteilung im offenen Graslande zu Gesicht bekommen hat; bezüglich der weiter westlich wohnhaften Negerstämme blieb er auf die häufig unzureichenden mündlichen Hinweise seiner eingeborenen Begleiter angewiesen. Trotzdem kann man seinen Erkundungen ziemlich klar entnehmen, daß die Bira eine im Urwalde seit geraumer Zeit ansässige negerische Siedlergruppe darstellen, weswegen auch sie sehr gut die allen Waldnegern eigentümliche Lebensform verdeutlichen; daß ferner die Völkerwanderungen im eigentlichen Innern des Ituri-Waldes selbst sogar nach einem erstmaligen Seßhaftwerden dieses und jenes Negerstammes nicht zum Stillstand gelangt sind; und endlich daß eine kopfreiche Menge daraus sich nach Verlassen des Waldbezirkes in die offene Steppe zurückbegeben hat, um dort weiterhin ansässig zu bleiben.

Von der Plattform unseres inzwischen erweiterten Wissens um die Bira her beurteilt, stellt sich heraus, daß Stuhlmann die Wesenszüge vom Kulturbesitz dieses Negerstammes genau erfaßt und in seinen Schriftwerken richtig dargestellt hat. Anderen Waldstämmen ist er nicht näher getreten. Die Wald-Bira zeichnet er, auf Grund ihrer körperlichen Eigenschaften, als „große, kräftig gebaute Leute von dunkel-chocoladebrauner Farbe. Ihr Gesicht ist nicht sehr prognat, die Nase länglich und wenig breit, der Mund für den eines

Negers meist wohlgeformt... Die Hautfarbe wird vielfach durch Beschmieren mit roter Tonpomade verdeckt". Meine eigenen Beobachtungen haben die Erkenntnis vermittelt, daß mit diesen Worten einige Rassemerkmale der Wald-Bira richtig gezeichnet worden sind; eine vollständige Schilderung folgt weiter unten.

Die an dieses Volk nach Westen sich anschließenden Negerstämme hat STUHLMANN nicht besucht, hingegen die im Osten wohnhaften Gras-Bira ausführlich beschrieben. Für uns empfiehlt sich ein kurzer Hinweis auf diese völkische Abteilung aus dem Grunde, weil sie sich früher einige Zeit im Urwaldraume aufgehalten hat und seit ihrem Auszug sich erneut in die sonnendurchflutete, offene Landschaft einpassen mußte. STUHLMANN (b): 386 sagt von diesen Leuten: „Die Hautfarbe der Gras-Wawira ist kaffeebraun bis schwärzlich-chocoladefarben. Die Männer sind groß und kräftig gebaut, mit besonders starken, aber nicht übermäßig langen Beinen. Die Gesichter sind ziemlich regelmäßig geformt, die Köpfe meistens rund mit wenig Prognatismus, die Nasen nicht sehr platt und die Lippen leidlich schmal. Durchbohrt werden die Ohrlappen, nicht die Lippen. Die Haare flicht man entweder in Zöpfe, die vom Wirbel aus rings um den ganzen Kopf herumfallen und häufig bis auf die Augenbrauen reichen, oder man rasiert sie ganz ab, was ein Zeichen der Trauer ist". An dieser im ganzen genauen Zeichnung möchte ich nur unterstreichen, daß mir die Gras-Bira durchgehends von kräftigerem und stattlicherem Körperbau erschienen als ihre Stammesbrüder drinnen im Ituri-Walde. Vermutlich beruht dieser Vorzug der ersteren auf besseren Lebensbedingungen.

Erstmalig ist die Mehrheit der im Ituri-Walde gegenwärtig ansässigen Negerstämme von CZEKANOWSKI, anläßlich der Deutschen-Zentral-Afrika-Expedition 1907—1908, anthropologisch und ethnographisch genauer untersucht worden; u. zw. gleichzeitig mit jenen Gruppen, die im Norden und Osten des Ituri-Waldbereiches vorwiegend in der Steppe leben. Auch in den gründlichen Berichten dieses Forschers wiederholen sich die drei auf den vorigen Seiten gestreiften Grundtatsachen. daß diese negerischen Stämme vor nicht zu langer Zeit aus irgendwelcher Richtung her in den Urwald hinein vorgestoßen sind und da drinnen teilweise ihren Siedlungsplatz seither wieder gewechselt haben, daß ferner sie alle eine im wesentlichen gleiche Lebensform, mit naher Übereinstimmung der Gerätschaften und Techniken, einhalten und daß endlich der nämliche rassische Typus mehr oder weniger genau allen eigentümlich ist. Aus seinen auf der damaligen Forschungsreise sehr ausgedehnten Erkundungen gelangen in diesem Zusammenhange selbstverständlich nur jene Volksgruppen zur Erörterung, die im Wohnbereich der Bambuti leben.

Um mit dem B a l i - S t a m m im Lindi- und Ituri-Becken zu beginnen, dessen größerer Teil zwar außerhalb der unmittelbaren Berührung mit den zwerghaften Ituri-Leuten wohnt, so hält es CZEKANOWSKI (b): 319 für „gut möglich, daß unsere Mabali[1] dem Druck der Ababua-Stämme nach Südwesten

---

[1] Er bedient sich der Schreibweise "Mabali", bemerkt aber erklärend dazu: „Richtiger wird wohl die von STANLEY erwähnte Benennung B a b a l i sein." Diese als genau bestätigend verwende auch ich.

ausgewichen sind und den Zusammenhang mit ihren Stammesbrüdern verloren
haben. Sicher ist jedenfalls, daß die Mabali früher mit den Mabudu zusammen
an den Nordmarken des Bantu-Gebietes gesessen haben... Sehr interessant ist
ferner, daß die gegenwärtig den Mabali benachbarten Bangelima ferner als die
eigentlichen Stämme der Ababua-Gruppe zu stehen scheinen, was ebenfalls für
eine spätere Verschiebung spricht. Die Balika kommen von allen Ababua-
Stämmen den Mabali am nächsten, was schon mit den gegenwärtigen territoria-
len Verhältnissen übereinstimmt".
Nach dem bloßen Augenschein auf
die Rasseform zu schließen, unter-
stütze ich vollauf diese Meinung
hinsichtlich einer engen Annäherung der Budu an unsere Bali.
Daß letztere hauptsächlich durch
Bira und Kumu kulturell beeinflußt worden sind, steht außer
Zweifel; denn wahrscheinlich saßen
beide Stämme früher in dem
Raume, den gegenwärtig die Bali
einnehmen, nachdem diese von
dort jene verdrängt hatten. Als
sehr allgemein gehaltene Beurteilung fügt CZEKANOWSKI an: „In
anthropologischer Beziehung scheinen sich die Mabali den Bewohnern
des mittleren Kongo zu nähern,
was mit ihren westlichen Affini-
täten übereinstimmt". Er ver-
sprach, es würden „diese Probleme
eingehend im anthropologischen

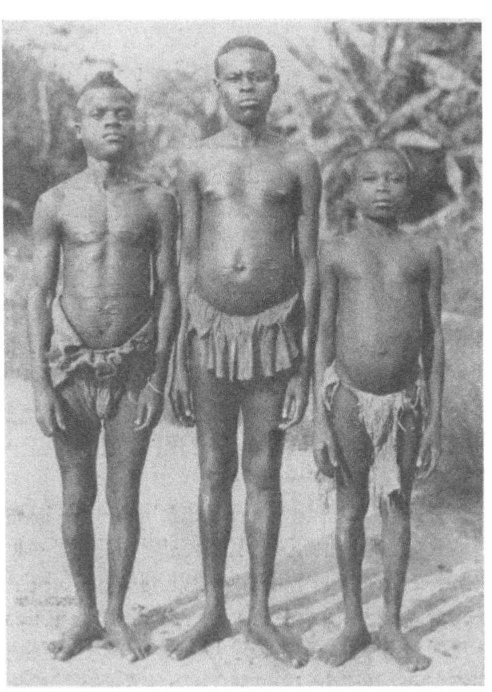

Abb. 63. Bali-Neger

Bande behandelt" werden; doch hat er diesen leider nicht herausgegeben. Man
muß sich demnach mit einigen in seine ethnographische Schilderung einge-
streuten kurzen Hinweisen auf die Körperform der Waldneger und mit den
abgenommenen Körpermaßen zufriedengeben.

Nachdem CZEKANOWSKI den Wohnbezirk der westlichen und der östlichen
Bali ziemlich genau abgesteckt hat, wendet er sich den N d a k a - L e u t e n zu,
„die im Gebiet zwischen dem Ngayo-Oberlauf und Ituri wohnen und im Westen
von der Lenda-Mündung auch einen kleinen Teil des linken Ituri-Ufers besiedeln, [sie] bilden eine Untergruppe der Mabali. Das Gleiche wird wohl auch
mit den Bafwasoma der Fall sein". Über die Ngelima macht er sich die Ansicht
von FEDERSPIEL zu eigen, daß diese es sind, welche „die Flußbevölkerung der
Dörfer am linken Aruwimi-Ufer von Yambya bis zu den Panga-Fällen" stellen.
Seit langem besorgen diese Neger den Bootsverkehr auf dem Ituri von Avakubi
an stromabwärts. Alle, die mir zu Gesicht gekommen sind, waren stattlich und

wohlgeformte Menschen. Nach dem Urteil Federspiels: 50 gehören sie „zu den
schönsten Stämmen ... Groß, beinahe herkulisch gewachsen, sind sie von hell-
bräunlicher Hautfarbe. Ihre Frauen sind oft wahrhaft junonische Gestalten".
Zu ihrer auffallend vorteilhaften Konstitution trägt erheblich ihre begünstigte
Erscheinungsweise bei; sie machen sich den Fischreichtum des Ituri, der ihnen
neben vegetabilischen Produkten aus ihren Pflanzungen zur Verfügung steht,
ausgiebig zunutze.

Im erwähnten Zusammenhang streift Czekanowski mit kurzen Bemerkungen auch die B e y r u - E n k l a v e am Ngayo; von dort, schreibt er, „hatte
man einen sechs Stunden breiten unbewohnten Urwaldstreifen bis zu den ersten
Mabudu-Siedlungen ... Diese sollen aber erst unlängst entstanden sein und der
ganze Urwald, bis zur Uferzone des Nepoko, scheint eigentlich zum Gebiet der
Mabali zu gehören". Mit diesen Budu und mit den ihnen im Nordwesten benachbarten Lika bin ich oft zusammengekommen, wobei mir ihre rassischen
Merkmale geläufig wurden. Schließlich vermutete Czekanowski (b): 322 noch
„in der Mitte des Mabali-Gebietes, zwischen dem Oberlaufe des Lubila und dem
Mittellaufe des Lindi-Flusses, eine ganz isolierte Barumbi-Enklave". Damit hat
er insoweit recht, als diese sich im dortigen Raume tatsächlich vorfindet, allerdings mehr nach Südosten gelagert, ungefähr zwischen die Flüßchen Likenge
und Opienge eingeschoben. In Avakubi habe ich mehrmals kleinen Gruppen
aus dem Barumbi-Stamme gegenübergestanden und sie genau betrachtet.

Ausführlicher, als die soeben aufgezählten Negerstämme aus der nördlichen Bantu- und Mangbetu-Gruppe, schildert Czekanowski (b): 327 die beiden
vorher schon von Stuhlmann erkannten Abteilungen der Wald- und Gras-Bira.
Die letzteren, als Bewohner der Steppe, stehen außerhalb des Rahmens für die
vorliegende Abhandlung. Was den Namen *Bira* anbelangt, so bildet er nach
Ansicht des erstgenannten Forschers, „jetzt doch schon eine Art zusammenfassender Bezeichnung dieser Wald-Bantu ... Die Einführung dieser zusammenfassenden Bezeichnung verdanken wir erst den Forschungsarbeiten von Stuhlmann". Inzwischen ist die völkische Selbständigkeit einzelner Kleinstämme im
Osten der eigentlichen Wald-Bira erkannt worden, so daß sich von diesen die
Amba, Pakombe, Nande und Nyari im südöstlichsten Abschnitt des Ituri-Waldes
absondern lassen. Sprachlich kommen die Wald-Bira den weiter südwestlich
angesiedelten Kumu sehr nahe; letztere stehen jedoch außerhalb des Pygmäen-
bereiches.

Nur wenig nordwärts der großen Verkehrsstraße zwischen Irumu und
Avakubi, die sich nahezu geradlinig von Osten nach Westen hinzieht und gegen
Ende des ersten Weltkrieges in ihrer ganzen Ausdehnung fertiggestellt worden
ist, verläuft auch die jetzige Grenze zwischen den L e s e - N e g e r n im Norden
und den Wald-Bira im Süden. Ihr Wohnbereich, mit Einschluß des kleineren
der Ndaka im Westen, zeigt sich mit Bambuti dichter bestockt als jeder andere
Waldabschnitt nordöstlich und westlich davon. Auch mit den Lese ist Czekanowski (b): 400 mehrmals in Verbindung getreten; seiner Meinung nach bilden
sie zusammen mit den überwiegend in der Steppe ansässigen Mombutu und

Mamwu, Bendi und Mvuba, die sogenannte Momvu-Gruppe. Ihm war „die
Abgrenzung der Gebiete der Momvu und der Balese schon sehr schwierig" und
seitdem hat sie sich noch mehrmals verschoben; es lohnt nicht die Mühe, genaue
Einzelheiten aufzuzählen. „Alle Stämme dieser Gruppe, vielleicht mit Ausnahme der Bambuba, so meint CZEKANOWSKI, werden von ihren Nachbarn sehr
verachtet. Sie sind überall die schwächeren und weniger kriegerischen. Man
muß sich wundern, daß sie trotzdem so große Gebiete besiedeln können." Tatsächlich erfreuen sich die Lese einer besonders weiten Ausdehnung ihres Sied-
lungsgebietes und haben sich auch in einige Unterstämme aufgespalten. Aus
nicht bekannten Gründen hat der genannte erfolgreiche Anthropologe über
das kulturelle Besitzgut des kopfreichen Lese-Stammes keine nennenswerten
Angaben gemacht, solche über ihre Körperform überhaupt nicht.

Im vorhergehenden Abschnitt wurden aus den Forschungsarbeiten CZEKA-
NOWSKIS nahezu alle jene Stämme der Waldneger namhaft gemacht, die im
engen Nebeneinander mit den Bambuti leben und deren rassische Eigenart aus
meinen selbständigen Beobachtungen weiter unten zu ausführlicherer Darstellung gelangen wird. Er hat auf seiner Reise viel Sorgfalt dabei aufgeboten,
die geographischen Grenzen der besprochenen Stämme sowie mehrere Enklaven
und die vereinzelten abliegenden Dörfer zu bestimmen. Seitdem wurden unvermeidlich seine Erhebungen durch die allgemeine Weiterentwicklung in Auswirkung der belgischen Kolonialbestrebungen strichweise beträchtlich und sogar
tiefgreifend abgeändert, weswegen ich die restlichen einschlägigen Einzelheiten
aus CZEKANOWSKIS Veröffentlichungen hier übergehen darf.

Die neuesten Nachforschungen über den Wohnbezirk eines jeden der
Waldstämme, wie J. MAES und O. BOONE sie durchgeführt haben, liegen der
folgenden Darstellung zugrunde; sie stammen aus dem Jahre 1935 und auch
daran hat sich seitdem wieder einiges umgewandelt. Allein dieser kurze Hinweis mag als Beweis dafür gelten, daß die Negerbevölkerung im Ituri-Walde
zwar im großen und ganzen in den von ihr seit mehreren Jahrzehnten besetzten
Wohnbereichen seßhaft bleibt; daß aber einzelne Bevölkerungsteile und Splitter-
gruppen, einmal diese und einmal jene, ihren Siedlungsplatz wechseln und damit
die Gesamtlagerung ihres Stammes ein wenig verschieben.

Auf einer Forschungsreise im Jahre 1929/30* hat Dr. P. SCHEBESTA das
breitgezogene Waldgebiet in der belgischen Kongokolonie von der Atlantischen
Küste zu seinem östlichen Abschluß nahe dem Großen Graben durchquert und
sich am längsten im Bereich des Ituri-Stromes aufgehalten. Was er (a): 36
dabei im besonderen anstrebte, war, „einen Überblick über alle Pygmäen
Zentral-Afrikas zu gewinnen, ihre geographische Gliederung kennen zu lernen
und den Aufbau ihrer Kultur in den Grundzügen zu erfassen ... Es sollte
versucht werden, möglichst viele Pygmäen der verschiedensten Bezirke näher
und aus persönlicher Anschauung kennen zu lernen". Da nun diese kleinen
Menschen eine enge Wechselbeziehung zu den benachbarten Negerstämmen
unterhalten, bezog SCHEBESTA auch diese selbst in seine Beobachtungen ein; bei
welcher Arbeit, wie er selbst lobend hervorhebt, ortskundige Missionare und

Kolonialbeamte ihn tatkräftig gefördert haben. Infolgedessen ist es ihm gelungen, ein in den Wesenszügen vollständiges Bild vom Kulturgut der Waldneger im Ituri-Bereich aufzustellen, das wegen seiner Zuverlässigkeit die Bemühungen früherer Forscher beachtlich übertrifft. Weil allein diese umfangreichen Aufgaben seine ganze Kraft in Anspruch nahmen, hat er eingehende
anthropologische Beobachtungen an den Waldnegern beiseite gelassen.

Was wir bei Czekanowski vergebens suchen, das liefert Schebesta (a): 98,
nämlich eine ausführliche Schilderung der Lese, deren Wohnbezirk, zusammen
mit der nahezu gleich großen Siedlungsfläche der Bira im Süden davon, die am
dichtesten gestellte Pygmäenbevölkerung enthält. Auch den letztgenannten
Negerstamm beschreibt er (a): 120 und begründet schließlich in einer zusammenfassenden Übersicht die einheitlichen Grundzüge der negerischen Waldkultur.

Kein Zweifel besteht darüber, daß diese selbst unter mannigfacher gegenseitiger Beeinflussung der einzelnen Waldstämme sowie unter Einwirkung der
Steppenbewohner früher wie später eben die einmalige, selbständige Form
erlangt hat, als welche sie heute jedem Beobachter vor Augen tritt. Bislang war
sie als ein in ihrem Wesen ziemlich einheitliches, ortsgebundenes und umwelt-
bedingtes Gebilde noch nicht genügend bekannt. Ergänzt man die von Schebesta ausgegebene Schilderung mit den vorher und nachher erschienenen mono-
graphischen Darstellungen über die im Flußnetz des Ituri ansässigen Neger,
erflossen vorwiegend aus der Feder belgischer Missionare und Fachleute, dann
gewinnt man ein ausreichend deutliches Bild vom Leben und Treiben der jetzt
dort heimischen farbigen Waldmenschen.

Auch ich sah meine Hauptaufgabe bei meiner Wanderung durch den Ituri-
Wald während der Jahre 1934/35 in einer getreuen Aufnahme des einzigartigen
Rassetypus der Bambuti. Da diese Leute in neuester Zeit an mehreren Stellen
den benachbarten Negern einige ihrer Mädchen zur Verehelichung überlassen,
fühlte ich mich zur genauen Beobachtung der Bastardierungserscheinungen
angeregt und so ergab sich zwangsläufig die Verpflichtung, diesen Negerstämmen selbst einige Aufmerksamkeit zu widmen. Die Schilderung ihrer rassischen Artung ist mithin nur eine Nebenfrucht meiner Feldforschung. Im Zusammensein mit ihnen bin ich in gleicher Weise auch mit ihren Sitten und
Gebräuchen vertraut geworden.

Was die genaue Verteilung der Waldneger über den von Bambuti besetzten
Raum hinweg anbelangt — denn nur diese Stämme werden im folgenden behandelt —, so gelten jetzt als ihre Wohngrenzen die Ergebnisse aus den zuverlässigen von Maes und Bonne (1935) eingeleiteten Nachforschungen. Es erübrigt
sich zu wiederholen, daß unscheinbare Abänderungen sich fortlaufend
vollziehen; sie tun jedoch dem Gesamtbilde keinen umstürzenden Eintrag.
Veranlaßt werden dergleichen örtliche Verschiebungen in neuester Zeit hauptsächlich von den Kolonialbehörden, u. zw. zu dem Zweck, daß eingeborene
Arbeiter entlang der wichtigsten Verkehrsstraßen bequem und jederzeit zur
Verfügung stehen; weswegen z. B. eine geschlossene Dorfsiedlung völlig auf-
gelöst wird und eine Familie um die andere daraus sich in beträchtlichem

Abstand als Einzelsiedler am Rande der Straße selbst einrichten muß. Selbstverständlich hört für solche Gruppen, seitdem deren Einzelfamilien nahezu gänzlich auf sich selbst gestellt sind, ein organisiertes Stammesleben auf. Sobald die ihnen auferlegten Bindungen an einen bestimmten Ort aus irgendwelchem Grunde wieder fallen, dann schließen sich viele von ihnen aus Bequemlichkeit oder Anfreundung kurzweg dem nächstliegenden Negerverbande an, wobei eine zuweilen ansehnliche Durchmischung einzelner Dörfer mit volksfremdem oder stammesverwandtem Zuwachs zustande kommt. Selbstverständlich haben auch die damit gegebenen unauffälligen Vermengungen einzelner arteigener und ortsgebundener Kulturgüter erheblich zur fortlaufenden Zusammensetzung und Vermischung der spezifischen Waldnegerkultur am Ituri verholfen. Diese ist somit *ein Gebilde aus unregelmäßig zusammengetragenen Einzelgliedern von verschiedenvölkischer Herkunft.*

Andere Gesichtspunkte als die sprachlichen Zusammenhänge — wenn man von der bloß äußerlichen geographischen Lagerung absieht —, lassen sich vorläufig zur G l i e d e r u n g der Waldneger nicht verwenden; zeigen doch alle diese Stämme, wie noch zu beweisen sein wird, enge Übereinstimmung in ihren Kulturgütern und ihrer Körperform. Im Besitz einer Sudansprache trifft man die nahezu gesamte negerische Bevölkerung im Norden und Osten des Wohnbereiches der Bambuti an. CZEKANOWSKI (b): 400 kennzeichnet sie, wie schon erwähnt, als die Momvu-Gruppe. Zu ihr gehören: die Mamvu im Norden als zwei Verbände, die von den eingekeilten Mangbele auseinander gehalten werden; sie besitzen in Gómbari einen bedeutsamen Verkehrspunkt. Östlich von ihnen leben die Mombutu (= Mangbetu), ferner auf breitem Raum nach Süden sich erstreckend die Lese (Balese), in welche einige Bira(Babira)-Enklaven eingestreut liegen, und endlich die im Süden sich anschließenden Mbuba (Bambuba), die bis an den Semliki heranreichen und ihn bei Beni sogar in östlicher Richtung überschreiten. Das von der Momvu-Gruppe „bewohnte Gebiet umfaßt den östlichen Teil des Ituri-Beckens, ohne aber den Oberlauf des Flusses in östlicher Richtung zu überschreiten..." Die Lese allein „besiedeln das Gebiet des mittleren Ituri und reichen im Norden bis zum Urwaldrande" (nach CZEKANOWSKI [b]: 400,558). Die beiden erstgenannten Stämme fallen als Bewohner der Steppe aus unserer Betrachtung heraus.

Außerdem erfreut sich des Besitzes einer Sudansprache die ausgedehnte Mangbetu-Gruppe. „Hierher gehören, zufolge CZEKANOWSKI (b): 112, abgesehen vom Mangbetu-Geschlecht: Makere, Malele, Bagunda (Popoi), Barumbi und Mabisanga. HUTEREAU zählt hierher ebenfalls die Medjé, von denen ich aber auch gehört habe, daß sie ursprünglich ein anderes Idiom gesprochen haben. Nach HUTEREAU sollen die Stämme dieser Gruppe mit den Bwaka sprachlich verwandt sein. Bwaka sitzen im Ubangi-Becken." Zur Erläuterung dessen brauche ich nur weniges anzufügen. Der Mabisanga-Stamm im Uele-Becken ist fast vollständig aufgerieben und fristet sich, gleich Splitterresten, bloß noch in kleinen Enklaven weiter. Die Makere, Malese und Popoi, in dieser Reihenfolge von Norden nach Süden gelagert, berühren nur teilweise die westliche Wohngrenze der Aka-Pygmäen und können als Waldneger im eigentlichen Wortsinne nicht angesehen werden. Hingegen stehen die Medjé mitten im Jagdbereich der Aka-Leute und unterhalten enge Beziehungen mit ihnen bereits seit langen Jahrzehnten. Was die Rumbi (Barumbi) anbelangt, so überrascht zu erfahren, daß schon EMIN PASCHA ihren Zusammenhang mit den Mangbetu erkannt hatte. Ihre Siedlungszone wird im Süden ungefähr bestimmt vom Akumi und seit seinem Einfließen in den Tschopo von diesem selbst bis etwa 10 km südlich der Ortschaft Bafwaboli. Der Hauptteil dieser Rumbi wohnt außerhalb des südlichen Bambuti-Bereiches; der kleinere Teil ist zu beiden Seiten des Lindi angesiedelt, dessen Nordabschnitt sich eng dem Lenda nähert. Am Mittellauf des Ngayo endlich sitzt eine Beyru(Babeyru)-Enklave, die sich ebenfalls der Mangbetu-Gruppe einreiht.[1] Über deren Sonderstellung geben die benachbarten Ndaka (Bandaka) und Budu (Wabudu) einen klaren Bescheid.

Außer den genannten beiden Gruppen, die zur negritischen Abteilung der Sudan-Sprachen gehören, wohnen im Ituri-Walde zwei Gruppen mit Bantu-Sprachen, denen je selbständige Volksstämme angehören; allein nach geographischen Gesichtspunkten braucht man sie zu trennen. Die eine nördliche setzt sich zusammen aus Lika (Balika), Budu, Ndaka und Bali (Babali); hingegen die südliche aus Bira (Babira) und Kumu (Bakumu). Was erstere anbelangt, so lagern die Lika am Südrande der Medjé und östlich vom letzten großen Knie des Nepoko-Stromes; inmitten ihres Landes liegt der Nebenposten Babonde. Ihnen schließen sich nach Osten die Budu an und füllen den Raum bis zu den Lese, genauer gesagt, bis an die Westgrenze für den Unterstamm der Dese, die sich, um diese Angabe nachzutragen, einer Sudan-Sprache bedienen. Südlich von ihnen und den eingeschlossenen Beyru sitzen, zu beiden Seiten des Ituri und beim 28.⁰ ö. L., die Ndaka. Ihre Grenzen hat bereits CZEKANOWSKI (b): 320 genau gezeichnet und er sagt dazu: „Die Bandaka, die im Gebiet zwischen dem Ngayo-Oberlauf und Ituri wohnen und im Westen von der Lenda-Mündung auch einen kleinen Teil des linken Ituri-Ufers besiedeln, bilden eine Untergruppe der Mabali. Das Gleiche wird wohl auch mit den Bafwasoma der Fall sein." Letztere wohnen nordöstlich von den Bali, umgeben von den Lika, Ndaka und Lese. Schließlich weiter nach Westen und hauptsächlich auf der Südseite des Lindi sind Bali (Babali) zu Hause, demnach in einem Raume außerhalb des Schweifgebietes der Pygmäen.[2]

---

[1] CZEKANOWSKI (b): 117 war sich über ihre völkischen Beziehungen noch nicht im klaren, da er schreibt: „Ob Maberu ursprünglich Mangbetu waren und nicht später assimiliert wurden, konnte ich nicht ermitteln. Herr COUSEMENT erzählte mir zwar, daß Medjé von den Mabudu und Balika ganz allgemein 'Maberu' genannt werden, Maberu bezeichnete er mir aber als Mangbetu und nicht als Medjé. In der Mangbetu-Sprache bedeutet 'Maberu' einfach 'Mann' oder 'Mensch'..."

[2] Die monographische Abhandlung von BOUCCIN: Les Babali, in „Congo", Bd. II und III (Bruxelles 1935) war mir leider nicht zugänglich.

Eine zwar knapp gefaßte, doch ziemlich vollständige Ethnographie der Bira, welche sowohl den Wald- als auch den Steppen-Bira gerecht wird, hat Paul E. JOSET: Les Babira de la Plaine (Anvers 1936) vorgelegt.

Abgesprengt von dieser Hauptmasse der nördlichen Bantu-Gruppe nehmen die Amba (Baamba), nur eine geringe Kopfzahl darstellend, den Südostzipfel des Bambuti-Bereiches ein, nämlich die Urwaldterrasse auf dem rechten Ufer des Semliki und im Westen vom Ruwenzori. Außerdem leben Nyari (Banyari) beträchtlich nördlich davon, im Randstreifen des Urwaldes zu beiden Seiten des Ituri, unter dem 2. Grad 10′ n. Br., ebenfalls als kopfzahlmäßig kleine Siedlung.

Zur südlichen Bantu-Gruppe im Ituri-Walde zählen, wie erwähnt, nur zwei größere Negerstämme, die Bira im Südosten des dichtbesiedelten Bambuti-Bereiches und, an sie im Südwesten sich anschließend, die Kumu. Beide kommen sich kulturell wie auch rassenmäßig sehr nahe. Gegenwärtig unterhalten die Kumu keine eng nachbarlichen Beziehungen mehr mit den Pygmäen. Die kleine Negergruppe der Bambu lehnt sich kulturell den Bira an und wohnt westlich von diesen, zwischen Lenda- und Lindi-Fluß; nördlich wird sie begrenzt von den Ndaka und südwestlich von den Rumbi.

In gedrängt zusammengefaßter Wiederholung dieser kurzen Gliederung läßt sich sagen, daß alle Bambuti innerhalb ihres eigenen Siedlungsbereiches von Bantu- und Sudan-sprechenden Negern überdeckt bzw. umgeben sind. Eine jede dieser beiden Sprachgruppen löst sich in zwei Untergruppen mit je einigen Volksstämmen auf, gemäß der folgenden Anordnung.[1]

Die Ituri-Waldstämme

I/a Momvu-Gruppe, sudanesisch; davon leben im Walde:
Lese und Buba.

I/b Mangbetu-Gruppe, sudanesisch; davon leben im Walde:
Medjé, Rumbi und *Beyru*.

II/a Nord-Bantu, den Pygmäen eng benachbart:
Lika, Budu, *Ndaka* und *Bali*.

II/b Süd-Bantu, den Pygmäen eng benachbart:
Bira und Kumu (teilweise).

In die Ziele meiner Forschungsreise konnte ich begreiflicherweise nicht auch noch die Untersuchung der aufgezählten Sprachen aufnehmen. Die hier aufgestellte Gliederung dient also nur einer bescheidenen Einsicht in die geographische Lagerung der Waldstämme, deren kulturelle Eigenheiten und körperliche Merkmale im folgenden ausführlicher zur Darstellung gelangen.

2. Kulturform

Der gewaltige zentral-afrikanische Urwald zwingt jeder Menschengruppe, die zu einem dauernden Wohnen eingedrungen ist, seinen unbeugsamen Willen auf und zeichnet allem Kulturstreben primitiver Völkerschaften unwandelbare Richtlinien vor. Gegen dessen allesüberwuchernde Lebenskraft und floristische

---

[1] Die in Kursivschrift namhaft gemachten Stämme habe ich mit großer Ausführlichkeit anthropologisch untersucht.

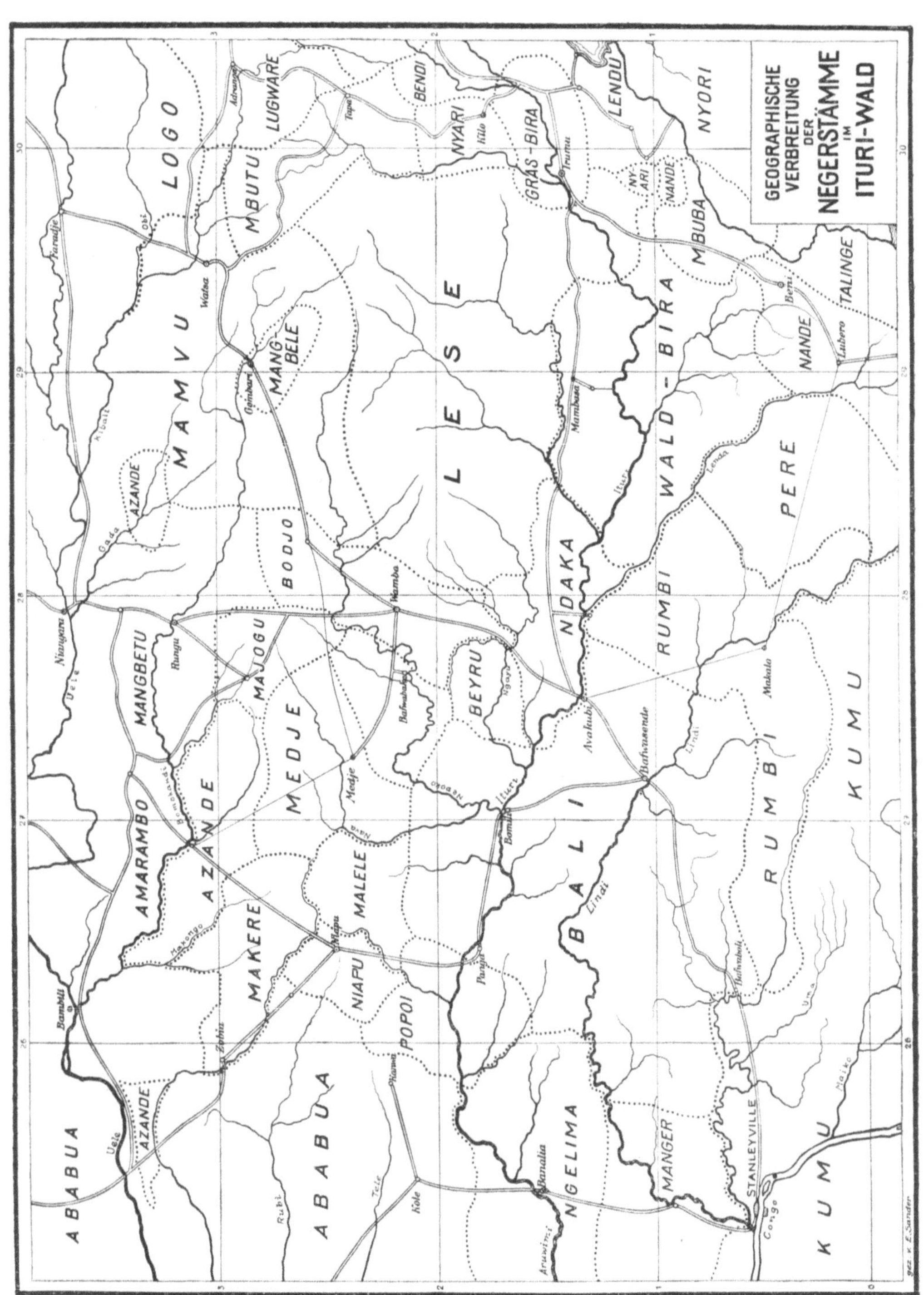

GEOGRAPHISCHE
VERBREITUNG
DER
NEGERSTÄMME
IM
ITURI-WALD
LOGO
MBUTU
LUGWARE
BENDI
NYARI
GRAS-BIRA
LENDU
NYORI
MAMVU
MANG BELE
LESE
NY ARI
NANDE
MBUBA
TALINGE
AZANDE
BODJO
WALD-BIRA
NANDE
PERE
RUMBI
MANGBETU
MAJOGU
NDAKA
AMARAMBO
MEDJE
BEYRU
KUMU
AZANDE
BALI
RUMBI
MAKERE
NIAPU
MALELE
POPOI
MANGER
STANLEYVILLE
ABABUA
NGELIMA
AZANDE
ABABUA
KUMU
gez. v. E. Sander

Überfülle kommt das alleinige körperliche Kraftvermögen des Menschen nicht
auf; seine geistige Überlegenheit allerdings befähigt ihn dazu, in der unerbittlich harten Wirklichkeit sich zurechtzufinden und ihr alles das abzuringen, was
seine Lebensforderungen bestimmen. Grundsätzlich stellt sich der Urwald
gegen den Menschen feindlich ein und empfiehlt sich selbst in keiner
Weise als Siedlungsgebiet. Sein geschlossener Innenraum entbehrt des für alles
Gedeihen im Tierreich und in Pflanzenkulturen unerläßlichen ergiebigen Son-
nenlichtes und die überreichlichen Wassermengen vom nahezu alltäglichen oder
vom jahreszeitlich bedingten Regen bringen jedes Kulturland zur Versump-
fung. Ausgedehnte Bestrebungen für Ackerbau würde dieser unheimlich drohende Wald mit der gleichen Rücksichtslosigkeit zu Schanden machen wie solche
für die Viehzucht. Er kann und will nicht Lebensbereich für den Menschen
sein, weil er umbildende und gestaltändernde Eingriffe in seinen eigenen Bestand nicht duldet. Allein als Zufluchtsstätte oder als Schutzraum läßt er solche
Menschen zu, die in äußerster Bescheidenheit sich mit dem abfinden, was er
freiwillig ihnen zur Verfügung stellt.

Aus dergleichen Erwägungen heraus kommen geschlossene Urwaldflächen
von vornherein für menschliche Besiedlung nicht in Betracht. Da nun jede
tropische Zone dreier großer Erdteile von Urwald überzogen ist und darin
tatsächlich eingeborene Völkerschaften wohnhaft geworden sind, so können
diese nur einem ungewöhnlichen Zwange folgend dahinein vorgedrungen sein und sich darinnen unter einzigartiger Anpassung eingerichtet
haben. Hinsichtlich der Bambuti habe ich an anderer Stelle (b): 212 glaubhaft
gemacht, daß sie ursprünglich einen der geschlossenen Waldmasse im Strombereich des Ituri unmittelbar vorgelagerten Steppenstreifen mit dichtem Dorngebüsch als ergiebige Jagdzone im Besitz hatten und unter dem sicheren Blätterdach eng miteinander verknäulter Baumkronen nur gelegentlich Wohnung oder
bei anrückender Gefahr dort vorübergehend längere Zuflucht nahmen; erst vor
unüberwindlich starken, ihr Leben selbst bedrohenden Kräften — die festzustellen wohl kaum gelingen wird — sind sie endgültig in der Geborgenheit des
furchterregenden Urwaldinneren untergetaucht (S. 156, 270).

Augenfälliger vielleicht rückt der Tropenwald im Amazonas-Stromgebiet
jedem Beobachter die Erkenntnis ins Bewußtsein, daß der Mensch für die
Dauer in einem dergestaltigen Bereich buchstäblich keinen festen Boden unter
seinen Füßen findet. Durch viele Wochen alljährlich und im Anschluß an die
Regenzeit versinken unübersehbare weite Flächen als Überschwemmungsgebiet
in den hochsteigenden Wasserfluten; jetzt noch mehr als in den übrigen Monaten des Jahres bleiben die dort heimischen Indianer auf ihre Boote und
Kanus angewiesen, sei es als einzig mögliches Verkehrsmittel oder sei es häufig
als Wohnraum. Den Urwaldtypus des südlichen Asien kenne ich aus eigenem
Erleben nicht; zuverlässigen Beschreibungen zufolge, auf die ich mich stütze,
weicht er vom Amazonas-Walde insofern ansehnlich ab, weil ihm die periodischen Überschwemmungen größten Ausmaßes erspart bleiben und die Licht-
verteilung in seinem Innern eine reichliche Entwicklung von Busch- und Kraut-

flora in nahezu allen Bezirken gestattet. Demgemäß finden seine Insassen in
viel reicherer Menge pflanzliche Nährstoffe als die am Ituri und am Amazonas.

Ausnahmslos müssen alle diese Völkergruppen durch niedrige Sammelwirtschaft ihren Lebensunterhalt erwerben, weswegen sie zu einem ununterbrochenen Umherschweifen verpflichtet sind. Für eine mit Seßhaftigkeit ge-
koppelte Wirtschaftsform gibt der tropische Urwald von sich selbst aus keinen
Raum frei. Mithin drängt sich die Schlußfolgerung auf, daß seßhafte Völkerschaften ursprünglich nicht im Waldesdickicht der heißen Zone zu Hause sind;
und wenn man sie seit unberechenbar langer oder kurzer Zeit darin antrifft,
so haben offenkundig unausweichliche Gewalten sie dorthin abgedrängt.

Stößt nun eine Volksgruppe in den enggeschlossenen Waldesraum vor, und
zwar mit der freiwilligen oder unfreiwilligen Absicht, darin zu verbleiben, dann
handelt es sich jedesmal, wie ich annehmen möchte, nur um kopfzahlmäßig
k l e i n e Z ü g e. Nahrungsvorräte führen sie nicht in nennenswerter Menge mit
und für den geschlossenen Haufen der einherziehenden Leute, mag dieser aus
bloß einigen Dutzend bestehen, reichen kaum die Nahrungsstoffe aus, die sie im
freien Sammeln zu erwerben vermögen; denn Ernte aus eigenem Anbau fehlt
noch. Sicherlich merzt der unvermeidliche Hunger manche Mitglieder der eingedrungenen Volksgruppe während der Zeit des anfänglichen Eingewöhnens
aus, die bis zum Ausreifen der unter eigener Tätigkeit angebauten Früchte
verstreicht; und wohl auch andere Einflüsse verringern die Zahl der neuen
Ansiedler. Jedesmal wird es also ein unansehnliches Grüppchen gewesen sein,
das da oder dort im zentral-afrikanischen Urwalde festen Fuß gefaßt hat, nachdem es der davorliegenden Steppe entronnen war.

Von Hause aus ist offenkundig der N e g e r k e i n W a l d b e w o h n e r.[1]
Jede sich in den Wald hineindrängende Gruppe, so scheint mir, wird sich
anfänglich einzelner alteingesessener Pygmäen bedient haben, damit ihnen
diese den alltäglichen Nahrungsbedarf einbringen. Dabei erlangten die Neger
ihrerseits manche fördernde Kenntnisse von der örtlichen Fauna und Flora.
Unverzüglich machten sie sich mit diesen vertraut und begannen, sich ihrer im
neu eingeleiteten Wirtschaftsbetrieb zu bedienen, selbstverständlich in Nachahmung des erprobten Erfahrungswissens der Pygmäen; nach Möglichkeit
hielten sie ihre bisherigen Arbeitsmethoden und bewährten Lebensgewohnheiten bei. Manches Kulturgut übernahmen sie direkt von den einheimischen
Waldbewohnern und anderes gestalteten sie, entsprechend ihrer eigenen Veranlagung oder Erprobung, mehr oder weniger um. Richtlinien und Grenzen bei
diesem Umlernen und bei der sich anschließenden Umstellung zwang ihnen in
unausweichlicher oder in dringlich empfehlender Form der eigenmächtige Urwald auf. Er liefert eben nur diesen und jenen Rohstoff mit artbedingter

---

[1] Aus unmittelbarer Einsichtnahme ist DAVID: 197 früher schon zur gleichen Ansicht
gelangt und hat sie in folgende Worte gefaßt: „Ich halte die Walesse, Wawira und Wambuba-
stämme für die zu allererst in die Grenzreviere des Urwaldes eingewanderten ackerbautreibenden Stämme. Ich glaube nicht, daß sie von der Urjagdbevölkerung abstammen. Denn
im äquatorialen Urwalde wird man nicht zum Ackerbauer. Man fängt nicht auf einmal an,
die Waldriesen zu fällen.“

Eignung für bestimmte Gerätschaften und Waffen, nicht aber für irgendwelche andere Gegenstände, mögen sie sonstwo sich noch so vorzüglich bewährt haben. Er läßt nur gewisse Lebensgewohnheiten sich entfalten und unterdrückt andere unwiderruflich; er schreibt den neuen Eindringlingen die von ihm selbst festgesetzte Daseinsform vor und erstickt im Keime jedes andersgerichtete Bestreben.

Dieser im gesamten Waldbereich gleichmäßig bestimmende Zwang hat entscheidend dabei mitgeholfen, eine unerwartet gleichförmige Einheitlichkeit im Kulturbesitz aller Negerstämme zustande zu bringen, die gegenwärtig im Ituri-Walde nebeneinander wohnen und ehedem mit unterschiedlichen Kulturgütern dahinein eingedrungen sind. Tiefgreifende Verschiedenheiten in letzteren wird es möglicherweise nicht viel gegeben haben, mag jeder Stamm für sich auch mit kennzeichnenden Eigenheiten ausgerüstet gewesen sein. Eben deshalb war die Umformung jedweder vom Einzelstamme getragenen kulturellen Individualität unter dem ausnahmslos einheitlichen Zwange des allen Widerstand brechenden Urwaldes nur eine Frage für kurze Zeit. Die durchgreifende Umstellung des früher der offenen Steppe angepaßten Wirtschaftsbetriebes der Zugewanderten auf einen solchen im lichtarmen, regenreichen Laubwalde dürfte sich sehr rasch vollzogen haben, wahrscheinlich innerhalb eines einzigen Generationsablaufes; andernfalls wäre die gesamte Gruppe zugrunde gegangen, trotz der ununterbrochenen Hilfe, die ihr möglicherweise von benachbarten Pygmäen freiwillig oder unfreiwillig geleistet wurde.

Aus den dargelegten Einzelheiten lassen sich zu einer zusammengefaßten und kurz gedrängten Wiedergabe folgende Wesenszüge herausstellen: *Die Neger sind ihrer natürlichen Veranlagung nach keine Waldbewohner.* Zu solchen haben sich kleine Gruppen aus ihnen ohne freien Entscheid umstellen müssen, als unbekannte Kräfte sie aus der Steppenzone in das Waldesdickicht abgedrängt hatten. Allein um Gruppen mit geringer Kopfzahl ging es, die anfänglich mit Hilfe der Pygmäen und dann bei schneller Anpassung an die neue Umwelt zwangsläufig eine im Grundgefüge einheitliche Waldkulturform geschaffen haben. Im unveränderten Besitz dieser verblieben die Waldneger bis in unsere Gegenwart herein. Letzten Endes ist es der Urwald gewesen, der eine in allem Wesentlichen gleichartige kulturelle Einheitlichkeit für sämtliche Negerstämme in seinem Bereich erzwungen hat, obwohl diese aus unterschiedlichen Umweltverhältnissen und mannigfaltigen Wirtschaftsbedingungen hergekommen sind. Nur weil die negerischen Eindringlinge sich den fremden Bedingungen ihrer neuen Umwelt rasch angepaßt, vor allem eine unter dem dortigen Klima ersprießliche Wirtschaftsform geschaffen haben, war ihr Weiterleben und ihre völkische Entfaltung gesichert. Bei dieser Umstellung unter Zwang von außen haben auch sie, bei gleichzeitiger Verwertung mancher aus der früheren Heimat mitgebrachter Gewohnheiten und erprobter Arbeitsweisen, nahezu ein *"Optimum adaptationis"* erreicht. Offenkundig erlangt indes die Anpassung dieser Art nicht solch hochgradige Vollkommenheit, wie sie für unsere Bambuti-Pygmäen bestätigt wurde (S. 42).

a. Wirtschaftsform

Die Art des Wirtschaftens, die der Urwald von sich aus zuläßt, ist das
sog. Wildbeutertum, wie man es am Verhalten der Bambuti kennenlernen
kann. Jeder Neger aber weiß sich naturhaft zur S e ß h a f t i g k e i t bestimmt.
Um diese innerhalb einer ungebändigt hemmungslosen floristischen Entfaltungs-
weite der tropischen Hyläa zu erreichen, muß er sich zu Eingriffen vermittels
einem mühsamen Roden entschließen. Die Möglichkeit dazu öffnet ihm sein
Besitz an eisernen Werkzeugen; denn wo er diese mit anhaltender und gesteigerter Muskelkraft einsetzt, bringt er den allgewaltigen Urwald strichweise
zum Weichen. Die Verwendung von eisernen Gerätschaften gestattet dem Neger
außerdem ein zielbewußtes Bewirtschaften des Bodens, das seinerseits ihn selbst
zur Seßhaftigkeit zwingt. Mit den zu erwartenden Früchten sichert er seinen
Lebensbedarf und bleibt nicht mehr abhängig vom trügerischen Zufall, welchem
die einfachen Sammlernomaden auf Gedeih und Verderb ausgeliefert sind.
Außerordentlich tiefgreifende Umgestaltung hat der Einsatz von Eisengeräten
für die wirtschaftliche Betätigung im Gefolge; er ist es, der mit ermöglichter
Seßhaftigkeit eine neue Lebensform im Urwalde begründet.

Mag eine Negergruppe für ihre geplante Siedlung auch dann und wann
irgendwelche von den Bodenverhältnissen selbst oder von den blinden Naturkräften aufgerissene Lichtung zur Siedlung auswählen, es bleibt ihr trotzdem
unausgesetztes R o d e n nicht erspart. Der Urwald läßt sich nicht auf beliebige,
ihm vom Menschen gezogene Grenzen einschränken; seine überquellende Lebensfülle versucht in jeden freien Raum mit rücksichtslosem Drängen vorzustoßen, weswegen seinen heftigen und hartnäckigen Ausdehnungsversuchen die
Neger unausgesetzt begegnen müssen. Doch das sind nicht Anstrengungen, wie
solche den Erstbesiedlern des Ituri-Waldes aufgezwungen wurden.

Von der Zeit an, da sie ihre Siedlung endgültig eingerichtet haben, gilt
ihre hauptsächliche Aufmerksamkeit der Abwehr des gegen Dörfer und Äcker
unablässig sich vordrängenden Waldes. Bei dieser Arbeit dürfen sie sich keine
Ruhe gönnen; vielmehr müssen sie mit unermüdlicher Aufmerksamkeit der
Überwucherung ihrer Felder von seiten der Wildpflanzen und des vielgestaltig,
eng verknäulten Unkrautes durch eifriges Jäten und Reinigen vorbeugen. Wie
zum Entgelt für dieses Mühen beschert ihnen Mutter Natur — wenn man so
sagen darf — eine fühlbare Entlastung: sie sind von einer besonderen Pflege
und Bearbeitung des Ackergrundes, etwa durch Düngen und Pflügen, befreit:
denn der bloßgelegte Waldboden ist an sich gehaltreich und überaus ergiebig.

Wenn in den letzten drei Jahrzehnten einzelne Familien oder ganze Dörfer
von der Kolonialbehörde umgesiedelt wurden, so standen ihnen großenteils
neuzeitliche technische Hilfsmittel zur Verfügung, um die ausgewählten Ur-
waldstriche zu lichten. Die Einrichtung einer neuen Siedlung oder die Aufstellung einzelner neuer Wohnhütten entlang einer breiten Autostraße fordert
nicht im entferntesten den erheblichen Aufwand an Mühen und Anstrengungen,
welchen die ersten Rodungen von ehedem beansprucht haben.

Eine kaum beachtete Erscheinung, der ich im ausgedehnten Ituri-Bereich auf die Spur gekommen bin, regt zu kurzer Erörterung an. Außerordentlich selten nur begegnet man einem verlassenen Negerdorf. Die früheren Dörfer und Stützpunkte der Wangwana — letztere von den belgischen Kolonialbehörden treffend als die *Arabisés* bezeichnet[1] — fallen begreiflicherweise aus diesen Erwägungen heraus, desgleichen die eben erwähnten erzwungenen Umsiedlungen in den letzten Jahren. Verfolgt man den Reiseweg STANLEYS durch unser Waldgebiet, wird man noch heutigentags den weit überwiegenden Großteil der Dörfer und Siedlungen antreffen, durch welche er ehedem gezogen ist; es fehlen in dieser langen Reihe von Ortschaften fast nur solche jetzt menschenleer gewordene Stellen, die als Sklavenposten damals vorübergehend gedient haben. Diesem Fortbestand gegenüber fühlt man sich zu der Schlußfolgerung gedrängt, daß die N i e d e r l a s s u n g e n der Waldneger schon viele Jahrzehnte unverändert bestehen und daß seither nur sehr vereinzelte aufgegeben wurden. Eine allgemeine Verringerung der Kopfzahl vom Gesamtbestand der Neger in jüngster Zeit läßt sich als eine unzweifelhafte Tatsache erweisen; infolgedessen verkleinert sich zwar die bewohnte Dorffläche, das Dorf selbst indes besteht weiter. Diese allmählich fortschreitende Abnahme der negerischen Bevölkerung macht sich erst für die letzten Jahrzehnte bemerkbar; in welchem Ausmaße diese Eingeborenen zeitweilig von Sklavenjägern verschleppt worden sind, kann selbst schätzungsweise niemand bestimmen. Als unansehnliche Gruppen anfänglich bei ihrem Eindringen in den Urwald beginnend, wird die Kopfzahl der Waldneger langsam durch geraume Zeit angestiegen sein, bis im letzten Viertel des vergangenen Jahrhunderts die Wangwana mit ihren verheerenden Menschenjagden den Niedergang einleiteten.

Gleichzeitig muß man noch mit einer anderen Wahrscheinlichkeit rechnen. Nur wenige Jahrhunderte zurück zeigte der Urwald eine räumlich weitere Ausdehnung als heutigentags. Solche Neger nun, die in Randgebieten ansässig waren und das Verschwinden des Urwaldes auf sich zukommen sahen, werden aus ihren Bezirken, bevor sie sich lichteten, abgezogen und in den geschützten Innenraum umgesiedelt sein, wo sie seitdem dichter gedrängt weiterleben.

Folgendes Bild vom allgemeinen Werdegang tut sich demnach als wahrscheinlich auf: Seit dem Eindringen der Neger in den Urwald wuchs ihre Kopfzahl sehr allmählich um einiges an, dann hielt sie sich ansehnliche Zeit auf der nahezu gleichen Höhe, bis eine langsame Verminderung in den letztvergangenen Jahrzehnten einsetzte, zunächst infolge einer Schrumpfung der vom Urwald selbst überzogenen Fläche, ferner infolge der durch Wangwana verübten Unmenschlichkeiten und endlich infolge Unfruchtbarkeit der Negerinnen in einzelnen Siedlungen. Auffallend ist nun im Ablauf dieser Entwicklung, daß

---

[1] Seit Ausgang des letzten Jahrhunderts ist bekanntlich diesen Zanzibariten und islamisierten Negern von der Kolonialbehörde das grausige Handwerk des Sklavenhandels gelegt worden, weswegen sie sich zahlenmäßig außerordentlich verringert haben und vor dem nahen Aussterben stehen. Gegenwärtig bilden sie bloß noch eine bedeutungslose Minderheit, sowohl in geschäftlicher als auch in bevölkerungspolitischer Hinsicht. Vgl. die ausführlichen Angaben über den gesamten geschichtlichen Entwicklungsablauf S. 276.

sich Spuren von früheren, seit geraumer Zeit verlassenen Dorfsiedlungen nirgendwo im weiten Waldbereiche auffinden lassen. Zugegeben, daß die in der
Tropenzone unheimlich gewalttätigen Naturkräfte, vor allem der nahezu alltägliche Regen und der ungehemmt üppige Pflanzenwuchs, ein rasches Zer-
störungswerk vollbringen; trotzdem vermögen auch sie es nicht, gewisse Anzeichen an ein verlassenes größeres Negerdorf innerhalb von mehreren Jahrzehnten gänzlich auszulöschen.

Von dieser Voraussetzung glaube ich berechtigt ableiten zu dürfen, daß die
Kopfzahl der Waldneger nie über die Höhe hinausgeragt hat, die beim Eingreifen der Wangwana erreicht worden war, und daß die Besiedlung des Ituri-
Waldes durch Neger bloß wenige Jahrhunderte besteht. Die andere Frage wird
davon nicht berührt, daß in einer noch früheren Periode der Ituri-Wald stellenweise als Durchzugsgebiet für die Wanderungen einzelner Negervölker gedient
haben mag.

Die Flächenräume, über die jeder Negerstamm im Walde verfügt, haben
im Laufe der Zeit manche Änderungen erfahren; entweder ist ein geschlossener
Bereich durchbrochen und die Gesamtausdehnung eingedrückt worden oder die
eine Volksabteilung hat sich beim Wechseln der Anbaufläche näher an eine
andere verlagert. Jeder Stamm verteilt seine Angehörigen zu einem geschlossenen Zusammenleben allgemein auf Dörfer, die allerdings verschiedene Größe
aufweisen, d. h. aus vielen oder wenigen Häusern bestehen, und durchwegs
ziemlich sauber gehalten werden. Die Dorfanlage selbst läßt zwei allgemeine
Grundmuster erkennen, nämlich vorwiegend im Osten wie Norden das sogenannte Haufendorf und dann das Reihendorf im Zentrum wie im Westen;
beidemal offenkundiger Kulturbesitz aus früherer Zeit, zusammen mit der
beibehaltenen Hüttenform. Beim erstgenannten Anlagebild sieht man die Hütten
unregelmäßig um einen nicht deutlich erkennbaren Mittelpunkt zusammengedrängt und nicht einmal die Richtung der Eingänge zeigt eine bewußt ge-
wählte Ordnung für alle Hütten gemeinsam an. In diesem Siedlungsgrundriß
gleichen sich Wald- und Gras-Bira vollkommen, doch begegnet man bei ersteren
häufig auch dem anderen Muster. Bei den Lese und Buba trifft man beide
Anlageweisen an; als ältere betrachtet CZEKANOWSKI (b): 421 die, bei welcher
„die Hütten entlang des sauber gehaltenen Weges in zwei Reihen in die Länge
gezogen“ sind. Wie auch ich vermute, stellt ein solches Reihen- oder Straßen-
dorf die raumeigene und allgemein ältere Art der Dorfanlage im Ituri-Walde
dar; und selbstverständlich will diese Typenverteilung nur die hauptsächlichen
Formen kennzeichnen.

Eine jede der beiden hauptsächlichen Dorfanlagen besteht entweder aus
Wohnhäusern in Rundform oder aus solchen in Rechteckform. Erstere
im Reihendorf trifft man beispielsweise bei der Momvu-Gruppe an und CZEKA-
NOWSKI (b): 422 beschreibt sie folgendermaßen: „Das Momvu-Haus ist rund und
trägt auf einem $2^1/_2$ m hohen Zylinder ein konisches Dach mit vorstehenden
Rändern. Die Wände des Hauses bilden senkrecht in den Boden in Abständen
von 20—30 cm eingesteckte Stäbe. An diese Stäbe werden horizontale Reifen

angebunden und in dieser Weise das Gerüst eines, nur von einer Türöffnung
durchbrochenen Zylinders gebildet. Das Gitterwerk des Zylinders wird mit
Blättern schuppenartig benäht und mit einem feinen Gitterwerk aus Holz-
leisten, um die Blätter zu befestigen, noch überdeckt. Das Dachgerüst ist
konisch und besteht aus radiär verlaufenden Stäben, die durch Einflechten
konzentrischer Ringe und Anbinden der unteren Enden an die oberen Ränder
des Wandzylinders stabilisiert werden. Das so gebildete Gerüst wird mit Stroh
bedeckt. Der sauber mit Stäben eingefaßte Türeingang wird mit einem ver-
schiebbaren rechteckigen Türschild verschlossen. Dieser besteht aus einer grö-

Abb. 64. Wohnhütte der Lese-Neger

ßeren Anzahl Horizontalstäben, die an beiden Enden von langen senkrechten
Stäben eingefaßt sind und von hinten durch zwei in den Boden eingerammte
Pfähle gestützt werden." Den runden Hüttenbau der Lese-Neger kennzeichnet
ein Aufriß gleich dem einer breiten Kuppel sowie den eines Bienenkorbes; den
Eingang bildet ein kurzer, überwölbter Vorbau, aus schmalen senkrechten
Seitenwänden bestehend; er allein gewährt Einlaß in das Innere der Hütte, ist
niedrig und kann vermittels eines Verschlages aus zusammengeflochtenen Latten
abgeschlossen werden. Die dicke Schicht Blattwerk, mit welcher die Hütte
vollständig zugedeckt wird, hält ein darüber gespanntes enges Netz kreuz und
quer stramm angezogener Lianen fest.

Die Rechteckform des Wohnhauses verwendet man sowohl für das Reihen-
als auch für das Haufendorf. Beiden Arten in ziemlich gleicher Häufigkeit bin
ich im Bereich der Lika begegnet; während die ihnen benachbarten Medjé sich
nahezu ausschließlich an die erstgenannte halten. Nicht in jedem Straßendorf-
typus werden die Häuser einheitlich nach ihrer Längsachse orientiert aufgestellt; im Bali-Dorf des Awaša unweit Avakubi war die Längswand aller
Wohnhäuser der Straße zugekehrt, indes sah ich in Budu- und in Ndaka-

Dörfern häufig die Giebelseite sich zur Straße hinwenden. An den meisten Rechteckhäusern fehlt eine Art Veranda nicht, die etwa ein Drittel des Hausgrundrisses ausmacht. Entweder ist sie weiter nichts als der Raum unter dem überhängenden, mit eigenen Pfosten gestützten Dache, und demnach ganz offen, wie bei den Bali; oder dieser Vorraum an nur einer Längsseite und an beiden Giebelseiten wird vermittels einer niedrigen Palisade abgegrenzt. Bei den Budu gibt es sogar Palisaden, die rund um das ganze Haus verlaufen und vom Erdboden bis zum Dach hinaufreichen. Ein vorgeschobener Türschild aus Querstäbchen versperrt das Eintreten von außen her in die Veranda. Wo diese Palisadensperre fehlt, liegt der Hütteneingang häufig auf der Giebelseite und ihn verschließt eine vorgehängte Stäbchenrollade.

Alle Rechteckhütten baut man in der Weise auf, daß man zunächst die Eckpfosten in die Erde rammt und danach zwischen sie dünnere Stäbe, die in Handbreite voneinander abstehen, senkrecht stellt, schließlich diese alle miteinander durch ebenso dicke Querstäbe verflicht. Gleichzeitig bringt man das breite, spitze Giebeldachgerüst an. Die Lika, die mit Vorliebe geräumige Häuser aufstellen, und auch die Ndaka verschmieren das wuchtige Flechtwerk mit einer dicken Lehmschicht zur Gänze, daß glatte Wände entstehen. Einige Ndaka-Gruppen und andere Waldstämme führen für ihre kleineren Häuser ein weniger massiges Wand- und Dachgerüst auf und verschmieren diese Gerüstwände mit Lehm allein; auf ihnen befestigen sie mit pflanzlichen Schnüren zwei übereinander gelagerte Schichten von Röhricht, dessen Einzelstäbe bei der einen Schicht quer und bei der anderen längs gerichtet verlaufen. Medjé und Beyru richten häufig erst das Grundgerüst aus enggestellten, armdicken Balken auf, füllen dann die Zwischenspalten mit Lehm aus und überdecken schließlich diese Wände mit hängenden Rolladen aus Röhrichtstäben.

Einer beachtenswerten Sonderform im Wohnbau der Lese hat bereits STANLEY (b): I, 239 folgende Schilderung gewidmet: Die Eigentümlichkeit „besteht in einer langen Straße, die auf beiden Seiten von einem langen niedrigen Holz- oder eigentlich Plankengebäude von 60, 80 oder 120 m Länge eingefaßt wird. Auf den ersten Blick scheinen diese Dörfer ein langes mit schrägem Dach versehenes Gebäude zu sein, welches genau dem First des Daches entlang in der Mitte durchgeschnitten ist, worauf dann beide Hälften des Hauses je 6—9 m zurückgeschoben, an den inneren Seiten mit Brettern bekleidet und mit niedrigen Türen versehen worden sind, welche die Eingänge in die untereinander nicht verbundenen Gemächer bilden. Das Material zu diesen Gebäuden bietet das leichte Holz der Rubiaceen. Nachdem ein passender Baum von 45—60 cm Durchmesser gefällt ist, wird der Stamm in kurze Stücke von $1^{1}/_{4}$—$1^{3}/_{4}$ m Länge zerlegt, die sich vermittels harter Keile leicht spalten lassen und mit Hilfe der kleinen, zierlichen Krummäxte der Eingeborenen zu gleichmäßigen, ziemlich glatten und viereckigen Planken verarbeitet werden. Diese sind gewöhnlich $2^{1}/_{2}$—3 cm stark, während die Bretter für die Decke oder innere Verschalung dünner und schmäler sind. Sobald eine genügende Zahl von Brettern und Planken fertig ist, wird die innere Bekleidung an den senkrechten

Stützen festgebunden . . .; an der äußeren Seite der Stützen werden die dickeren
Planken oder breiten glatten Schalbretter befestigt, während der Zwischenraum
zwischen der inneren und äußeren Bekleidung mit Phrynium- oder Bananenblättern ausgefüllt wird. Die der Straße zugekehrte Wand mag vielleicht 2³/₄ m
hoch sein; die nach dem Walde oder der Lichtung gekehrte Rückwand hat eine
Höhe von 1¹/₄—1¹/₂ m, und die Tiefe des Gebäudes schwankt zwischen 2
und 3 m". Dergleichen Dörfer trifft man auch heutigentags noch an.

Von den Wohnräumen der Bali sagt FEDERSPIEL: 60, sie „sind armselige
Hütten aus Blättern. In einigen Gegenden werden die Blätter durch Mörtel
[= Lehm] ersetzt, mit dem das Holzgeripppe bekleidet wird". Die Türen sind
sehr niedrig und Fensteröffnungen fehlen gänzlich. Allgemein also richten die
Waldneger beim Bau ihrer Wohnhütten zunächst ein standfestes Flechtwerk
aus daumdicken Stäben oder ein geschlossenes Balkenwerk auf und nachher
überziehen sie es mit einer Lehm- oder dicken Blätterschicht, die reichlich unebenmäßig verläuft.

Die vorgelegten Angaben machen es offensichtlich, daß weder die Dorfanlagen noch die Hüttenformen für die Gesamtheit der Waldneger einheitlich
sind, und zwar das nicht einmal innerhalb des gleichen Stammes; etwas anderes
erwartet man sowieso nicht in Anbetracht der verschiedenen völkischen Herkunft aller einzelnen Negergruppen. Anlageform und örtliche Zuweisung der
K l u b h ä u s e r geben eine ähnliche Mannigfaltigkeit zu erkennen. Zuweilen
stehen sie am Ende und häufiger in der Mitte des Dorfes. Bei den Lese, Budu
und einigen anderen Stämmen sind sie nicht mehr als ein breites, schweres, auf
kräftigen Pfosten ruhendes Giebeldach, von dessen vier Seitenrändern breite,
aus Röhricht geflochtene Rolladen herunterhängen. Sie lassen sich bequem
aufrollen und gewähren freien Durchblick nach allen Richtungen hin. Dadrinnen
oder daneben stehen manchmal die Signaltrommeln.

Bevor das Hausgerät und andere Gebrauchsgegenstände besprochen werden, seien noch einige Angaben über die P f l a n z u n g e n eingeschaltet. Solche
dehnen sich ausnahmslos in unmittelbarer Nachbarschaft der Wohnsiedlung
oder in sehr nahem Abstand von ihr aus und dienen sozusagen ausschließlich
dem Anbau der Banane. Diese in ihrer Entwicklung vom Einpflanzen des Schöß-
lings an bis zur Fruchtreife außerordentlich schnelle Staude fordert in dem
nicht zu harten Boden weiter nichts für sich, als daß den Ackergrund weder
Unkraut noch störende Urwaldpflanzen irgendwelcher Art überziehen; ferner,
daß die rund um eine absterbende Staude hervorsprossenden jungen Schößlinge
abgetrennt und in gewissem Abstand voneinander in neues, weiches Erdreich
eingesetzt werden; endlich daß alle unheilbringenden Schädlinge aus dem Tierreich, vor allem die Elefanten, fernbleiben. Wie jedermann weiß, gestatten die
kultivierten Bananenvarietäten seit langen Jahrhunderten bloß noch eine Fort-
pflanzung auf vegetativem Wege, nicht mehr durch Samen. Die in den afrikanischen Tropen am meisten angebauten Varietäten gehören den beiden Unter-
arten *normalis* und *sapientium* der weitverbreiteten Art *Musa paradisiaca L.*
an. Die Früchte der erstgenannten Unterart können nur gekocht oder geröstet

genossen werden; die der letzteren sind zwar ebenfalls samenlos, jedoch von süßem Geschmack, und zur Reife auch roh ohne weiteres bekömmlich.[1]

Der unschätzbare Vorteil einer Bananenpflanzung in der feuchten Tropenzone besteht darin, daß an den einzelnen Stauden die traubenartig herabhängenden schweren Ähren nicht alle gleichzeitig, sondern in einem unregelmäßigen Nacheinander zur Reife gelangen, d. h. in einer beliebigen Woche diese Pflanzen und in der nächsten Woche jene, und so geht es fort. Mithin kann der Pflanzer Tag für Tag im Ablauf des Jahres die für zwei oder drei Mahlzeiten erforderlichen Ähren einholen. Jede Bananenstaude liefert bekanntlich mit einer einzigen Fruchtähre eine außerordentlich große Nährstoffmenge und unvergleichlich mehr als jedwede andere Kulturpflanze; eben deshalb schätzen unsere Waldneger diese Pflanzenart über alles, weil sie darin die Quelle für ihre Hauptnahrung gefunden haben. Wann immer der Neger seine größere Pflanzung besichtigt, d. h. nahezu alltäglich, — er trifft ganz gewiß die eine oder andere Fruchtähre reif an, die er nur auszusuchen braucht und frisch pflücken kann, um mit ihr den augenblicklichen Bedarf seiner Familie zu decken. Auf das bei anderen Kulturpflanzen allein in einem bestimmten Jahresabschnitt erlaubte Ernten der gesamten Frucht braucht der Bananenbauer nicht zu warten; er befindet sich in der glücklichen Lage, einen Tag um den anderen sich direkt von den lebenden Stauden so viele Früchte herunter zu holen, als er gerade benötigt. Von einem Ernten im gewöhnlichen Wortsinne kann bei solchem Vorgehen nicht die Rede sein.

An Gerätschaften zum Bearbeiten des Bananenfeldes verwenden unsere Waldneger den Grabstock und das Beil, gelegentlich auch die Hacke. Muß eine neue Anbaufläche dem Urwalde abgerungen werden, weil das bisherige Feld schon ausgesogen ist, dann obliegt den Männern eine harte Arbeit beim Umlegen der dicken und dicksten Bäume. Sie hacken mit ihrer einfachen Eisenaxt viele Male in den Stamm des Urwaldriesen ein, etwa ein bis zwei Meter über dem Boden, wo die brettartigen Stützen rundherum meist verstreichen und der Stamm beträchtlich schlanker als unmittelbar am Erdboden ist; und wurde er endlich zu Fall gebracht, zerstückeln sie ihn weiter und zünden alles Strauchwerk an. An die noch aufrechten kurzen Baumstümpfe legen einige Männer wiederholt Feuer; doch begegnet man angekohlten Resten noch durch lange Zeit in bereits gut entwickelten Pflanzungen. Ist die erwählte Fläche von Stämmen und Gestrüpp gesäubert, dann ebnen die Frauen das ganze Erdreich und lockern es auf, wobei sie sich einfacher Eisenhacken an einem hölzernen Stiel bedienen. Sofort werden junge Schößlinge in die Erde derart eingelassen, daß die Negerinnen mit einem kurzen Setzstock ein senkrechtes Loch stoßen, dahinein die junge Pflanze senken, das Loch wieder mit Erde anfüllen und zusammengehäufelte Erde mit ihren Händen oder flachen Füßen fest andrücken. Im allgemeinen achten sie darauf, die Schößlinge im erforder-

---

[1] Über die Mannigfaltigkeit an Varietäten der *Musa paradisiaca* und deren Verwendung durch die Eingeborenen in der Tropenzone berichtet ausführlich F. Stuhlmann: Beiträge zur Kulturgeschichte von Ostafrika, Bd. X, S. 37—62. Berlin 1909.

lichen Abstand von etwa 1 m und in gerader Linie aneinanderzureihen. Selbstverständlich ist die weitere Pflege der Pflanzung fast ausschließliche Aufgabe der Negerinnen und sie bleiben darauf bedacht, das reichlich wuchernde Unkraut fernzuhalten. Schon nach Ablauf eines Jahres bietet die neue Pflanzung viele reife Früchte an.

Offensichtlich ist diese Art, das Feld zu bestellen, sehr einfach. Für den Pflug gäbe es in einer Bananenpflanzung keine Betätigungsmöglichkeit, weil die einzelnen Stauden naturgemäß nach ihrer einmaligen Fruchtreife gänzlich unregelmäßig wieder eingehen. Niemand wird wohl dagegen Einspruch erheben, wenn unsere Waldneger den Hackbauern angeschlossen werden.

Mit den erst in neuester Zeit eingeführten Kulturpflanzen, die vorwiegend von den Wangwana gebracht wurden, wie Reis und Erdnüsse, übernahmen unsere Waldneger gleichzeitig die zweckentsprechende Art des Pflanzens und Pflegens, verbunden mit einem periodischen Ernten. Abgesehen von Tabak, um den man sich überall bemüht, haben sich die erwähnten Kulturpflanzen bloß in einigen Bezirken eingebürgert. Der Ölpalme begegnet man ständig in den nördlichen Abschnitten des Ituri-Waldes und auffallend weniger oder gar nicht im Süden.

Ganz allgemein sind auf den angelegten Feldern die Negerinnen mehr und häufiger als ihre Männer beschäftigt, und zwar mit der Krummhacke; zeitraubende und mühsame Pflege erfordern die überall eingerichteten Bananenpflanzungen nicht. Zum Abschlagen der schweren, traubenförmigen Bananenähren bedienen sich beide Geschlechter unterschiedslos eines kräftigen, breitflächigen Haumessers. Da diese schweren Früchte allein für den Tagesbedarf geerntet werden und sie das Hauptnahrungsmittel darstellen, machen sich Speicher für gewöhnlich überflüssig; nur gelegentlich sieht man solche.

Bei den jetzt im Ituri-Walde ansässigen Negern trifft man durchwegs kein reichhaltiges H a u s g e r ä t an; denn diese merkwürdige Umwelt stellt sich auch gegen dingliche Besitzgüter feindlich ein. Als Lagerstätte für den nächtlichen Schlaf verfertigen fast sämtliche Stämme das sogenannte Pfahlbett. An jeder der vier Ecken wird ein handlanger, gegabelter Pflock in den Erdboden gerammt und je eine vordere und hintere Gabel mit einem aufgelegten armdicken Balken verbunden. Jene beiden, die sich der Länge nach erstrecken, verbinden manche Negervölker mit gitterartig kreuz und quer gezogenen 3—5 mm breiten Faserstreifen von der Rotangliane, daß ein federndes Geflecht entsteht, über welches einige Leute noch lange Bastfetzen oder Felle ausbreiten. Budu und Medjé polstern ihre Bettstatt mit Bananenblättern oder überziehen das Gestell bloß mit Matten; andere Familien verzichten auf das Bettgestell gänzlich und schlafen auf einer am Erdboden ausgebreiteten Matte, wobei sie den Kopf vermittels eines unter diese geschobenen Holzklotzes höher lagern.

Die Schlafvorrichtungen der Momvu-Gruppe, die CZEKANOWSKI (b): 426 als „angeblich bodenständige" bezeichnet, entsprechen im wesentlichen dem soeben geschilderten Pfahlbett; sie „bestehen aus zwei langen, runden Stämmen, die auf quergelegten kurzen, ebenso dicken ruhen. Zwischen den beiden langen

Stämmen, die die Bettränder bilden, sind zahlreiche lange Stöcke gelegt, die
eine Platte bilden. Auf ihnen liegt eine mit Matten und Tierfellen bedeckte
Schicht von Bananenblättern, die das Liegepolster bilden". Nach FEDERSPIEL: 60
sind „die Lagerstätten der Babali äußerst primitiv und bestehen nur aus einem
Schragen aus Bambus und einem Tierfell darüber". Während des Schlafes hül-
len sich manche Waldneger in Tierfelle oder in leichte Matten aus pflanzlichen
Faserstreifen ein; diesen Schutz erzwingt die verminderte Nachttemperatur.

Die meisten Erwachsenen, vorwiegend die Männer, wählen für sich zum
S i t z e n eine Art Liegestuhl, soge·
nannte Lehnkrücken; d. s. zweckdienlich verästelte Stammstücke. Dem
Boden aufgestellt neigt sich der Mittelteil ein wenig gegen die Horizontale und wird von den kurz gestützten
Ästen nach Art von Schemelbeinen
über der Erde gehalten; einer dieser
vier oder fünf Äste richtet sich manchmal nach oben und dient als Rücken-
lehne. Daher bezeichnet man dieses
Gestell auch als Astkrücke. Verglichen
mit derartigem Gerät begegnet man
im Urwalde viel seltener den aus
einem Stück geschnitzten Schemeln mit
tellerförmiger Sitzplatte; das 20 bis
30 cm hohe und dicke einzige Schemel-
bein trägt für gewöhnlich Zierschnitzereien. Als neuzeitliche Entlehnung
von den Mangbetu lassen sich der
Frauenschemel und der Männerstuhl
bei den Stämmen der Momvu-Gruppe

Abb. 65. Medjé-Negerinnen

nachweisen; diese Leute haben sich überdies in noch manche andere Abhängigkeit von jenen begeben, was sich hier im einzelnen nicht dartun läßt.

Zum Befördern der Lasten, hauptsächlich der Früchte und Anbauprodukte
vom eigenen Acker, dienen K ö r b e. Am häufigsten begegnet man der Form
eines umgekehrten Bienenkorbes mit weiter Öffnung. Das großmaschige Geflecht
wird aus zerfaserten Palmenblättern im Nordwesten und in den übrigen Bezirken aus Lianenfasern hergestellt, u. zw. zumindest nach drei verschiedenen
Techniken. Eine ansehnliche Mannigfaltigkeit nach Form und Herstellungsver-
fahren weisen die Flechtwerke der Momvu-Gruppe auf, wieder unter Beeinflussung vom nordwestlichen Savannengebiet her; kennzeichnend sind für sie
auch die trapezförmigen, engmaschig geflochtenen Taschen, in denen sich kleine
Habseligkeiten für die Reise unterbringen lassen. Den Medjé-Frauen eigentümlich sind flache, länglich-gerundete Geflechte, kaum größer als ein Suppen-
teller und am meisten einem Deckel ähnlich, die sie wenig oberhalb des Ge-

säßes befestigen und die teils als Tracht, teils als Schmuck gelten. Grob ge-
arbeitete Matten aus Pflanzenfasern verwenden sämtliche Waldnegerstämme,
die Mangbetu stellen sie mit bewundernswerter Kunstfertigkeit her.

Mörser und Tröge werden aus einem geeigneten Holzklotz als ganzes Stück
geschnitzt. Beide trifft man in den meisten Wohnhütten als unentbehrliches
Hilfsgerät für die Nahrungsbereitung an; die Mörser sind von zylindrischer
Hochform, meist mit Zierschnitzereien versehen und mit einem stempelför-
migen Stampfer ergänzt. Noch wichtiger sind irdene T ö p f e , die nahezu jede
Negerin herzustellen versteht. Sie bedient sich allein der Wulsttechnik ohne
Drehscheibe und gibt sich mit einfachen Formen zufrieden, vorwiegend mit der
breit-konischen. Henkel fehlen für gewöhnlich, der obere Rand ist sanft aus-
gebogen und die gesamte Oberfläche ohne Verzierung und nur rauh geglättet.
Verschiedenartige Formen in ihren Töpfereierzeugnissen bringen die an den
Steppenraum heranreichenden Mangbetu-Gruppen zustande. Der allein mit
locker aufgelegten Bananenblättern verschlossene Topf wird beim Kochen auf
drei Herdsteine gestellt, zwischen denen das Feuer brennt.

Auffallen mag es, daß im weiten Urwaldgebiet nur eine einzige Art, das
Feuer zu entzünden, geübt wird, nämlich das F e u e r b o h r e n. Der Vorgang
ist bekannt und besteht darin, daß man einen langen, bleistiftdicken Stab
harten Holzes senkrecht auf ein breiteres, weiches Holzstück stellt und durch
Quirlen mit gleichzeitigem Druck nach unten in schnelle Bewegung versetzt.
Zum Feuerschlagen fehlt im Ituri-Walde der Feuerstein; mithin erzwingt sozusagen die Umwelt jene soeben beschriebene Methode.

Schließlich gehört zum Hausgerät noch der Trinkbecher; er ist eine in der
Längsachse gespaltene Kürbisschale, an der man zuweilen Verzierungen durch
Einbrennen anbringt.

Alle Männer der Waldstämme führen gegenwärtig als ihre am meisten
beliebten W a f f e n den Bogen mit Pfeilen. Von der Genauigkeit, mit der
beide Stücke in wesentlichen und nebensächlichen Einzelheiten denen der
Bambuti gleichen, wird jeder europäische Beobachter überrascht; die Erklärung dieses Sachverhaltes folgt sogleich. Der Jagdbogen unserer Waldneger
ist klein und seine Sehnenspannweite bewegt sich um 75 cm. Dem Bogenstab
ist ein runder Querschnitt eigen, weil man den dafür ausgesuchten Stock allein
von seiner Rinde befreit und oberflächlich glättet. Zur Bespannung dient ein
schmaler Rotangstreifen, und teils zum sicheren Fassen für die Hand, teils als
Verzierung versieht man diesen Bogenstab mit dem Fell vom Affenschwanz,
als ganzes Stück übergezogen oder auf eine kurze Strecke bzw. vollständig mit
einer Drahtumwicklung bedacht. Nach verschiedenen Methoden wird die Bogen-
sehne, falls sie selbst nicht in Schlingen ausläuft, an beiden ein wenig sich ver-
jüngenden Enden des Bogenstabes befestigt, zuweilen auf umständliche Art
verknotet und durch einen ausgeschnitzten Holzring oder einen geflochtenen
aufgesetzten Ring am Abrutschen verhindert. Die sogenannte Stirn- und Schlin-
genbesehnung findet sich überall; häufiger werden beide Sehnenenden an den
Bogenstabenden durch überkreuztes Umwickeln befestigt.

Für den Pfeil benützen die Neger am häufigsten den Blattstengel der an sumpfigen Stellen erreichbaren *duru*-Pflanze *(Calathea)*; er ist leicht und hart, zäh und doch elastisch. Die Flugsicherung bildet ein daumenlanger Blattausschnitt, vorwiegend von Dreieckform, der in einen Schlitz nahe dem Stabende eingeklemmt wird. Die eisernen Pfeilspitzen, entweder dreieckig oder oval, ohne Ansatz 3—5 cm lang, tragen unten Tüllen, mit deren Hilfe sie verläßlich dem Pfeilschaft aufsitzen. Manche sind mit einem sich gegenüberstehenden Paar, auch mit zwei oder drei kurzen Reihen von Widerhäkchen versehen, die zwischen eigentlicher Spitze und Tülle herausstehen. An einzelnen Pfeilen fehlt die aufgesetzte Eisenspitze und dann läuft der Pfeilschaft selbst zugespitzt aus.

Die meisten Neger verfügen auch über einen K ö c h e r , den sie entweder aus einem Rohrgeflecht oder einem Affenfell herstellen. Er weist eine langgezogene, schmale Rechteckform auf und ist um eine Handbreite länger als die darin geborgenen Pfeile. Nahe dem oberen Rande sind beiderseitig ösenartige Henkel angebracht; die daran befestigten Schnüre legt sich jeder Neger in der Weise über seine Schulter, daß der Köcher locker und beweglich über seinem Rücken baumelt. An Form und Herstellungsweise der Köcher erkennt man ebenfalls die gegenseitige Beeinflussung der verschiedenen Negerstämme und erst recht dieser insgesamt durch die Pygmäen.

Tiefere Unterschiede, als in den bisher beschriebenen Waffen, geben ganz allgemein die S c h i l d e zu erkennen, die aus Holz oder pflanzlichem Geflecht hergestellt, lang und vorwiegend genau rechteckig sind; auf der Innenseite ruht der Handgriff oftmals in einer muldenförmigen Vertiefung. Einer weiten Verbreitung bei den Waldstämmen erfreut sich gegenwärtig der Brettschild nach Mangbetu-Form. Czekanowski (b): 457 hat letztere eingehender bei den Momvu-Stämmen erkundet und gelangte daraufhin zur Schlußfolgerung, daß diese Gruppen „ursprünglich wenig Schilde besaßen".

Unsere kulturgeschichtliche Ableitung, so will mir scheinen, läßt sich noch erheblich erweitern. Erwiesenermaßen gleichen die gegenwärtig im Besitz der Waldneger beobachteten Waffen, nämlich Bogen, Pfeil und Köcher, genau denen der Pygmäen. Bringt man die der Negerkunst zu dankenden eisernen Pfeilspitzen in Abzug, so entstammen sämtliche Rohstoffe für die aufgezählten Gegenstände ausschließlich dem Urwalde; die Ausführung selbst deutet in keiner Weise auf eine Bearbeitung oder Herstellungstechnik mit Rohstoffen oder Werkzeugen hin, die in anderen Gegenden zu Hause sind. Selbstverständlich tritt an diesen Stücken die beste Eignung zur Erfüllung aller vom Urwald selbst für das Pirschen geschaffenen Bedingungen zutage. Angesichts dessen fragt jeder ernste Beobachter nach den Gründen für solch verblüffende Gleichheit der Waffen in den Händen der Waldneger und der alteingesessenen zwerghaften Eingeborenen. Die aus kulturgeschichtlicher Arbeitsmethodik heraus allein mögliche Antwort haben einige Forscher bereits tastend angedeutet beim Erwägen, daß die Waldnegerstämme den Bogen erst bei den Pygmäen kennengelernt und von diesen übernommen haben. Die oben angeführten Gründe, hauptsächlich das Vielsagende der verwendeten Rohstoffe für diese Waffen, steigern jene frühere Vermutung für mich zu der historischen Gewißheit: *Die Ituri-Pygmäen allein sind die Erfinder des kleinen Bogens mit den leichten elastischen Pfeilen, die wir heutigentags auch in den Händen der Waldneger sehen.*

Beide Stücke in der ihnen verliehenen Ausführung bewähren sich im wirr verhangenen Innenraum des Urwaldes auf das vortrefflichste; eben deshalb konnten die eingewanderten Negerstämme nicht klüger sich entschließen, als diese Waffen einfachhin genau so, wie sie waren, sich selbst zueigen zu machen. Der eine und andere Volksstamm bringt bei deren Nachbildung naturgemäß unbedeutende technische Eigenheiten und individuelle Erfahrungen oder persönliche Neigung zur Geltung, woher sich die geringfügigen Abweichungen von der nahezu einheitlichen Form im Besitz der Pygmäen erklären.

Demgegenüber läßt sich der Schild nicht als inhaltlich und zweckgemäß mit Bogen und Pfeil verbunden erweisen; er ist kein Allgemeinbesitz der Bambuti und ich möchte ihn als Erfindung der Waldneger beurteilen. Zur eigentlichen Waffe der letzteren, zum Speer gehört er wesentlich. Ob der Speer, den gegenwärtig die Pygmäen führen, von ihnen selbst erfunden — was ich nicht annehmen möchte — oder ihnen von den Negern übermittelt wurde, bedarf noch des endgültigen Nachweises; die Stücke, deren sich diese wie jene bedienen, gleichen einander genau und selbstverständlich stellen ausschließlich die Negerschmiede das eiserne Endstück für oben und unten her. Für gewöhnlich gleicht die Länge der Speere einer Mannesgröße und ihre mit einer fingerlangen Tülle versehene lanzettförmige Spitze sitzt fest dem geglätteten Schaft auf; unten ist dieser in eine eiserne Zwinge eingelassen, die in eine stumpfe Spitze ausläuft. Mancherorts ist ein schwerer Stoßspeer für die Jagd auf Elefanten und Wildschweine im Gebrauch.

Den eigentlichen Waffen kann man auch die Buschmesser beizählen, bei deren Herstellung sich die Budu hervorragend auszeichnen; die meisten anderen Waldstämme geben sich mit einfachen Formen zufrieden. Die vorwiegend rechtwinkelig gebogene Klinge steckt in einem Griff aus Holz oder Knochen; zur Sicherung der Verbindung beider Teile wird Messing- oder Eisendraht herumgewickelt.

Gleich unentbehrlich wie die Waffen dem Manne, sind den Frauen die kleinen M e s s e r. Die eiserne Klinge, etwa fingerlang und meist von gerader Lanzettform, wird unten von einem ebenso langen hölzernen Griff eingefaßt. Beide Ränder der Klinge sind geschärft und laufen in eine feine Spitze aus. Die Negerin trägt dieses ihr allweg unersetzliches Stück, das man füglich als Frauenmesser bezeichnet, überallhin mit sich; es steckt griffbereit und ohne Scheide unter der Hüftschnur. Das Messer der Männer ist meist etwas schmäler und einschneidig. Im Bananenfeld bedienen sich die Negerinnen am meisten der Kniehacke oder Krummhacke mit aufgebundenem Eisenblatt.

Alle aufgezählten Eisengeräte, dazu Schwerter, Beile und längere Messer fertigen unsere Waldneger selbst an; sämtliche Stämme üben das Schmiedehandwerk aus, und zwar scheinen die Bali darin am tüchtigsten zu sein. Dieses Handwerk ist das einzige gut entwickelte Gewerbe. Bei einfachstem Verfahren gewinnen sie aus eisenhaltiger Erde in hochgradig glühender Holzkohle das wertvolle Metall. Der hierbei und zu späterer Verarbeitung unentbehrliche doppelte Blasebalg ist ein Holztrog mit länglichem Auspuffrohr; darüber ist die Haut von einer Ziege oder Zwergantilope locker gespannt und zwei etwa meterhohe Handstöcke sind mit Schnüren unten daran befestigt; ein einziger Mann bewegt sie auf und ab stampfend, während der Blasebalg selbst auf dem Erdboden mit aufgelegten schweren Steinen am Abrutschen verhindert wird. Hämmer und Zangen des Schmiedes weisen verschiedene Größen und Formen auf, als Griff dienen fast ausschließlich verschlungene Lianenstreifen. Die metallenen Schmuckstücke und mannigfaltigen Zieraten stellt ebenfalls dieser Schmied her, den zu besitzen sich jedes einzelne Dorf bemüht.

Eine im wesentlichen vollständige Übereinstimmung zeigen alle Waldnegerstämme hinsichtlich K l e i d u n g und Schmuck. Da sie eines erforderlichen Schutzes gegen die Witterung nicht bedürfen, gebührt dem bescheidenen Stück, das sie am Körper tragen, eher die Bezeichnung: einfacher Lenden- oder Schamschurz. Man gewinnt ihn aus der Bastschicht vom Stamme einer *Ficus*-Art, die, vom Baume abgelöst und aller Borke entledigt, zunächst beschabt und geklopft, dann im Wasser eingeweicht und nachher abermals mit der geriffelten Schmalseite eines Schlegels aus Elfenbein oder härtestem Holz behämmert wird. Unter diesem Verfahren lockern sich die Einzelfäden auf und erweichen bis zu dem Grade, daß sie sich leicht dem Körper anschmiegen. Einige schmale Baststreifen näht man vermittels Pflanzenfasern zusammen und somit erreicht mancher Lendenschurz mehr oder weniger eine Meterbreite. Verzerrungen und Falten beseitigt man auf die Weise, daß man das ganze Stück im Wasser aufweicht, zwischen fingerdicke, in den Erdboden gerammte Pflöcke stramm einspannt und an der Luft trocknen läßt. Häufig bringt man auch eine Färbung an, indem man ein solches Stück ganz in die rote oder schwarze Farbflüssigkeit eintaucht und nachher unter Spannung wieder trocknen läßt.

Männer wie Frauen stecken diesen Baststreifen zwischen den Beinen durch, ziehen das vordere wie rückwärtige Ende hinter der Hüftschnur nach oben und lassen nachher die freien Abschnitte herunterhängen. Der von den Männern angelegte Baststreifen ist beträchtlich breiter als der, den die Frauen benützen; jene erwecken zuweilen den Eindruck, als stecken sie in dick gestärkten Badehosen, während man bei diesen vermutet, sie begnügen sich mit einem handbreiten Fetzen, der vorn und rückwärts an der Hüftschnur hängt. Sie ist zuweilen zusammengesetzt aus mehreren nebeneinander herlaufenden Einzelschnüren, verziert mit Glasperlen, Eisenkügelchen und anderem Tand. Vorwiegend zum Schmuck bringen die Budu- und Medjé-Frauen vorn über dem Schamschurz-Baststreifen eine zu einem dreifingerdicken Wulst zusammengerollte Platte aus geflochtenen Bananenfasern an und rückwärts eine länglichrunde, tellerförmige Platte, aus verschiedenbreiten Faserstreifen mit reichhaltiger Musterung hergestellt (Abb. 65).

Eigentliche Gürtel, die häufig eine dünne Hüftschnur vertreten, legen sich viele Männer aller Waldstämme aus Schmuckbedürfnis an; es sind gewöhnlich handbreite Lederriemen aus Antilopenhaut und seltener aus Okapi-Fell, an denen gelegentlich Affenschwänze, Tierzähne und ähnliche Zieraten baumeln. Auf dem Kopfe tragen unsere Neger leidenschaftlich gern eine mit Federn bestückte Kappe, aus harten und schmalen Faserstreifen oder aus Binsen geflochten, ebenso eine Art Mütze aus langhaarigem Affenfell. Negerinnen verzichten auf eine eigentliche Kopfbedeckung und stecken sich bloß einzelne Federn oder Blumen bei besonderem Anlaß vorübergehend in das Kopfhaar.

Mehrmals wurden in die bisherige Beschreibung kurze Hinweise auf die üblichen S c h m u c k s t ü c k e eingeflochten. Deren gibt es insgesamt nicht viele und durch ihren Besitz unterscheiden sich unsere Waldneger sehr bestimmt von den alteingesessenen Pygmäen.[1] Bei ersteren erfreuen sich besonderer Wertschätzung fingerdicke Messing- und Eisenringe, die das Hand- und Fußgelenk umschließen. Mancherorts hat das Eisen fast alles Messing und Kupfer verdrängt. Einzelne Stämme, so die Bali, legen die metallenen Spangen schon ihren Jugendlichen an; daher kommt es, daß bei zunehmendem Wachstum diese unnachgiebigen Stücke immer tiefer einschneiden, weswegen die benachbarten Weichteile prall hervorquellen. Die Negerinnen tragen Ohrringe aus dünnem Eisendraht, verschönt mit bunten Federchen oder Tierhaaren; auch durch das Nasenseptum ziehen sie gelegentlich solch dünnen Draht. Am häufigsten zieren sie ihren Hals mit Schnüren aus Glasperlen, denen sie kleine Tierzähne, verholzte Früchte und Schneckengehäuse anfügen. Als Ersatz dafür genügt ihnen auch der glatte, wohlriechende grüne Stengel einer Liane. Bei den Frauen des Bira- und Bali- sowie manchen anderen Stammes war der Lippenpflock, bisweilen mit einem Durchmesser von 8 cm und von etwa 2 cm Dicke, eine allgemeine Gewohnheit; gegenwärtig ist sie im Verschwinden begriffen. Männer sind auf die hier angeführten Zieraten weniger versessen und nur einige legen sich Halsschnüre aus Tierzähnen und um die Gelenke metallene Spangen an; dafür aber lassen sie an ihrem breiten Ledergürtel mehrere Affenschwänze baumeln, legen sich über den Rücken das Fell von einer Wildkatze und setzen sich eine buntscheckige Fellmütze auf den Kopf.

Beide Geschlechter bemalen sich gelegentlich das Gesicht und zuweilen auch den ganzen Körper, hauptsächlich als Zeichen der Trauer; hierfür im besonderen bedienen sie sich der weißen Farbe in Verbindung mit Grasbüscheln, die sie über dem Lendenschurz und um die Hüften herum anbringen. Sie verwenden die gleichen Substanzen, mit denen sie ihre Baststoffe färben. Zur schwarzen Bemalung dient ihnen der dunkle Saft aus der Gardenia *(Randia malleifera)*, den sie mit Ruß vermengen; das Rot ist eine Mischung aus Rot-

---

[1] Schon DAVID: 197 sah darin ein trennendes Merkmal und schreibt: „Sämtliche N i c h t - Wambutti betrachten diese letzteren als etwas durchaus Fremdes. Selbst die Walesse, die vielleicht im Wachstum zurückgebliebene Ackerbaustämme sind, lieben ferner den Schmuck, die Narbentätowierung und die Entstellung der Lippen und der Incisivzähne über alles. Die Wawirafrauen tragen sogar Lippenscheiben. Darin sind sie ganz anders als die Pygmäen.“

holzpulver mit Palmöl; das weiße Pulver ist gebrannter Kalk, den sie mit Wasser verrühren. Diese drei Stoffe verreiben sie mit beiden flachen Händen auf ihrem Körper entweder zu einem einheitlichen Anstrich oder zu Punkten und Linien (S. 265).

Bei allen Waldnegerstämmen läßt sich die Banane ganz eindeutig als Grundlage der E r n ä h r u n g nachweisen. Jedes Dorf verfügt über eine ausreichend breite Fläche für die Bananenpflanzung und man gibt den Stauden mit einer trockenen, mehligen Frucht den Vorzug. Auch werden Maniok und Mais, Erdnüsse und Bohnen angebaut, vereinzelt der erst von den Wangwana neuestens eingeführte Reis; doch reichen diese Nahrungsmittel nicht an die Bedeutung der Banane heran, die dem "täglichen Brot" der Europäer gleichkommt. Daher versteht man, daß die Negerinnen sich Tag für Tag in ihrer Bananenpflanzung zu schaffen machen, um sie ertragfähig zu erhalten. Die beträchtlichen Mengen Palmöl, die unsere Eingeborenen benötigen, gewinnen sie aus den Früchten der Ölpalme. Eifrig pflanzen sie diesen herrlichen Baum in der nächsten Nähe ihrer Siedlungen, oftmals zu einer Allee geordnet, und widmen ihm eine ununterbrochene Pflege, damit Wildpflanzen ihn nicht überwuchern.

Der Jagd in offenen Räumen, im Strauchwerk und an Flußläufen, nicht aber im Waldesinnern sind zwar alle Waldstämme, doch unterschiedlich ergeben; die Bali benehmen sich sehr schwerfällig, während z. B. die Budu begeistert dem Weidwerk obliegen. Mit Speeren bewaffnet und von ihren Hunden begleitet, denen eine flache Holzschelle am Halse hängt, beschleichen sie mit Vorliebe das Wild, wenn es sich bei der Tränke einfindet. Einzelne wagemutige Männer gehen mit einem schweren Spieß den Elefanten sogar direkt an. Andere Stämme, wie die Bali, verlegen sich mehr darauf, Fallen zu stellen. Am häufigsten bringen sie, als Falle, einen schwer belasteten Speer an einem starken Aste hängend an, die Spitze nach unten gerichtet, daß ein darunter durchgehendes Großwild die locker sitzende Befestigung selbst löst und von der herabfallenden beschwerten Eisenspitze tödlich verwundet wird. Auch legen sie Schlingen am Waldboden aus, in denen sich Antilopen, Wildschweine und kleinere Tiere verfangen. Schließlich heben sie die bekannten Fanggruben aus, die mehrere Meter tief sind; mit einer sehr lose darüber gezogenen Decke aus Strauchwerk täuschen sie das vom aufliegenden Köder angelockte Großtier. Um kleinere Tiere zu erlegen, nämlich Affen und Ratten, Wildkatzen und Echsen, bedienen sich diese Jäger ihres Bogens mit Pfeilen. In gleicher Weise, wie die Bali es tun, schätzen auch einzelne andere Stämme das Fleisch von Fischen. Mit kleinen Netzen bemühen sich darum manche Negerinnen; am Fischen mit einem langen Netz im wasserreichen, breiten Fluß beteiligen sich mancherorts sämtliche Dorfbewohner.

Das Fleisch erfährt durch einfaches Braten über einer offenen Flamme des Lagerfeuers oder durch Rösten ganz nahe dem Feuer oder durch Dörren in der heißen Asche seine Z u b e r e i t u n g. Rohe Bissen steckt kein Neger in den Mund. Auch Leckereien, wie die weißen Ameisen, Schlangen und

Frösche, Eidechsen und Schnecken macht man durch Rösten oder Dörren gar. Wilden Honig vor dem Genuß eigens zu behandeln, erübrigt sich. Die Banane wird am häufigsten geschält und in Wasser gekocht; dann führt man sie direkt zum Munde oder man zerstampft sie vorerst zu Brei, dem man Fleischteilchen beimischt; auch genießt man ihn zugleich mit Mandiokablättern und anderen Vegetabilien, reichlich in Öl getränkt. Das sehr begehrte Salz verschaffen sich die Waldneger im Handel. Sie selbst kennen allerdings ein Verfahren zum Eigenerwerb, indem sie die Asche von abgebrannten Sumpfpflanzen auslaugen und den alkalihaltigen Rückstand nach Verdunsten gewinnen.

An der Tatsache besteht kein Zweifel, daß auch gegenwärtig noch die Blutrache bei nahezu allen Waldstämmen dazu verpflichtet, den Schuldigen umzubringen; Teile seines Körpers werden da und dort verspeist. M e n - s c h e n f r e s s e r e i aus anderen Beweggründen habe ich im Ituri-Walde nicht erfahren; möglicherweise haben sich ihr früher manche Negergruppen ergeben. Czekanowski (b): 287 erwähnt, daß dieses grausige Benehmen im Budu-Stamme den Männern vorbehalten sei; dann fügt er hinzu, „der Anthropophagie wird im großen Umfang gefröhnt". Zur Zeit meiner Reise war solch abscheuliches Treiben, falls es früher überhaupt den bezeichneten Umfang erreicht haben sollte, derart eingeschränkt und von den Kolonialbehörden mit schwerer Bestrafung bedroht, daß sich nicht einmal Andeutungen mehr über den engen Kreis einzelner Eingeweihter hinaus verbreiteten. Eine der obigen gleiche Mitteilung hat der genannte Forscher auch über die Mamvu veröffentlicht und behauptet: „Sie stehen im Ruf leidenschaftliche Anthropophagen zu sein, die angeblich sogar Leichen nicht verschmähen."

Als alltägliches G e t r ä n k steht den Waldstämmen allein das natürliche Wasser aus Bächen und Flüssen zur Verfügung. Die Milch von ihren Ziegen verschmähen sie. Für festliche Anlässe tischen sie Palmwein auf, *malófu* genannt, den die *Raphia*-Palme liefert. Den Saft gewinnen sie aus der angezapften Baumkrone. Anfangs schmeckt er süßlich und nach mehrtägiger Gärung prickelnd säuerlich; sein Alkoholgehalt ist mäßig. Mit diesem Getränk erfreuen sie auch ihre Gäste und Besucher. Häufiger genießen die Neger das sogenannte Bananenbier, obwohl es von minderem Wert ist; bequem läßt es sich herstellen. Man braucht bloß die Banane in dünne Scheibchen zu schneiden, mehrere Tage in den mit Wasser angefüllten Holztrögen der Gärung zu überlassen und schon kann man den schwach-alkoholischen Trank genießen. Sehr trüb schaut er aus und erweckt den Eindruck einer dünnen Suppe, in der viele Bananenstückchen schwimmen. Sowohl nach Palmwein wie nach Bananenbier hegen beide Geschlechter ein unstillbares Verlangen, der nachfolgende Rauschzustand beglückt sie sehr.

Schließlich besitzen diese Leute im Tabak ein von allen nicht minder begehrtes G e n u ß m i t t e l. In großen Mengen bauen sie die Pflanzen an und verstehen sich gut auf die zweckdienliche Behandlung der Blätter, die nur verraucht werden. Dazu verfertigen sich die Männer eine kurze Pfeife aus einem einfachen trichterförmigen Tonkopf, der einem röhrenförmigen, fingerdicken und geraden Stäbchen aufgesetzt wird. Mehr Vorzug geben sie der langen Mittelrippe vom Bananenblatt, das seiner Länge nach durchbohrt wird und an dessen dickem Ende das Tonköpfchen aufsitzt. Ungewöhnlich ist ihre Art zu rauchen deshalb, weil sie in einem langen Zuge die ganze Lunge mit Rauch anfüllen, ihn für einige Augenblicke zurückhalten und nachher höchst bedächtig wieder ausstoßen. Einzelne Stämme, wie die Budu und ihre nächsten Nachbarn, ergeben sich leidenschaftlich dem Hanfrauchen.

In einer knappen Übersicht zusammenfassend gewertet, erkennt man die Ernährungsweise der Waldneger als bescheiden und sehr einseitig. Beträchtlich überwiegt die Pflanzenkost und Fleisch bildet nur sehr selten eine unansehnliche Zutat; um eßbare Fische bemühen sich bloß einzelne Stämme. Die Bananen gelten als das "tägliche Brot" und was unsere Eingeborenen sonst noch an pflanzlichen Produkten genießen, gewinnen sie mit eigenem Fleiß. STANLEY (b): I, 242 hat bereits über die Lese von Bukiri berichtet: „Sie bauen Mais, Bohnen, Paradiesfeigen und Bananen, Tabak, süße Kartoffel, Jams, Eierpflanzen, Melonen, Kürbisse." Was unsere Waldmenschen an Raupen, Termiten und anderen Kleintieren niederer systematischer Ordnungen zum Munde führen, macht im Ablauf eines ganzen Jahres immerhin eine nennenswerte Menge aus. Selbstverständlich bestehen ortsbedingte Unterschiede und die einen sind reichhaltiger versorgt als die anderen. Das gilt vor allem von den Medjé, deren gesamter Kulturbesitz teilweise mit dem mannigfaltigen Reichtum ihrer sich im Norden anschließenden Steppenbewohner übereinstimmt. Also sieht man auch bei den Medjé viele Wein- und Ölpalmen, Reis und Süßkartoffeln, schließlich ausgedehnte Bananen- und Baumwollefelder; sogar ungewöhnliche Mengen von Hühnern. Nicht allein deswegen stehen sie wirtschaftlich um vieles vorteilhafter als andere Waldstämme da. Alle Nahrungsmittel werden in den selbstgefertigten irdenen Töpfen gekocht, mit Palmöl als Zugabe. An genau festgelegte Mahlzeiten halten sich diese Eingeborenen nicht; etwas reichlicher essen sie einmal am späten Vormittag und einmal am Abend. Das Fleisch, zu dessen Genuß sie sehr vereinzelt gelangen, entstammt ihrem eigenen Bemühen auf der Jagd sowie dem Tauschgeschäft mit den benachbarten Pygmäen, die bekanntlich hervorragende Jäger sind und ihren Urwald vollständig beherrschen (vgl. GUSINDE [f]: 236). Nur bei außergewöhnlichem Anlaß schlachten sie eine von ihren wenigen Ziegen. Diese sind, neben zahlreicheren Hühnern und einzelnen Hunden, die alleinigen Haustiere der Waldneger im bewaldeten Osten des belgischen Kongo.

Mithin zeigt das Gesamtbild von der äußeren Lebensform dieser Negerstämme im Ituri-Bereich eine in allem Wesentlichen übereinstimmende und einfache Wirtschaftsführung, bei grundsätzlicher Anpassung an den sie einschließenden Urwald. Dieser selbst ist es gewesen, der den von allen Seiten eingedrungenen und doch ursprünglich mannigfach verschiedenen Kulturformen eine Vereinheitlichung aufgedrängt hat, die manche vielsagende Grundzüge aus dem Besitz der alteingesessenen Bambuti zeigt. Wie die

Pygmäenkultur ihrerseits, ist auch die Waldnegerkultur großenteils ein Ergebnis der unausweichlich erzwungenen Anpassung an den Urwald selbst und
mithin einzigartig ortsbedingt. Mit vollem Recht anerkennt man sie als eigen-
ständig und ich glaube sie als *"ost-hyläische Kulturform"* bezeichnen zu dürfen.

b. Gesellschaftsordnung

Folgerichtig wirkt sich die Art der wirtschaftlichen Betätigung eines
Eingeborenenstammes bestimmend auf die Wesenszüge seines gesellschaftlichen
Gefüges aus: eine im Reiche der Naturvölker allgemeine Erscheinung. Daran
hat auch der tief einschneidende Umstand nichts abzuändern vermocht, daß
die gegenwärtig innerhalb des Ituri-Waldes ansässigen Negerstämme aus einer
andersgearteten Umwelt hergekommen sind und in ihrer zweiten Heimat sich
von Grund auf neu einrichten mußten. Dabei kam ihnen ein außerordentlich
wertvolles Erfahrungswissen aus der Überlieferung früherer Geschlechter zustatten, dessen Umfang und Bewährung hoch eingeschätzt zu werden verdient.
Derart vollständig hat es die ersten Ankömmlinge im Ituri-Walde beherrscht,
daß diese sogar, um in der gänzlich fremdartigen und durchaus ungewohnten
Umgebung an der m i t g e b r a c h t e n W i r t s c h a f t s f o r m festhalten zu
können, das mühsame Ringen mit dem übermächtigen Urwalde und mit den
ihn stützenden, vorwiegend menschenfeindlichen Naturgewalten aufnahmen.
Zutiefst fühlten sie sich in die bisherige Lebensführung der niederen Feld-
bauern eingewurzelt, als daß sie sich davon losgelöst hätten; mochte das
Beharren darauf selbst mit empfindlichen Mühsalen verbunden sein. Dabei
ging es in dieser Entscheidung nicht weniger um das Dasein wie um das nackte
Leben. Wäre die Übertragung ihrer ehemaligen Wirtschaftsführung aus dem
offenen Raume der Savanne oder Steppe in die gänzlich verschiedenen Natur-
bedingungen des Urwaldes nicht in rascher Lösung geglückt, dann wäre eine
jede der eingezogenen Negergruppen vor dem sicheren Hungertode oder vor
der Zwangslage gestanden, ihr verlassenes Wohngebiet unverzüglich wieder
aufzusuchen; bei der einen wie anderen Entscheidung wäre es um den Fortbestand der Heimatlosen geschehen gewesen. Sie werden sowieso manche
Einheiten ihrer Stammesgemeinschaft eingebüßt haben; denn die Haltung der
alteingesessenen Bambuti war aus einleuchtenden Gründen gereizt feindselig
und mancher harte Kampf zu deren Abwehr unvermeidlich.

Unter allerlei Erschwernissen ist den Eindringlingen dennoch die angestrebte Einbürgerung in den Ituri-Wald gelungen und vermutlich im Ablauf
einer sehr kurzen Frist. Da sie von den Wesenszügen ihrer althergebrachten
Wirtschaftsführung keinen einzigen abzustreichen brauchten, so entspricht, wie
man folgerichtig daraus herleiten darf, ihre jetzige Gesellschaftsordnung im
großen und ganzen dem Gefüge, das ihre Stammesgemeinschaft lange, bevor
sie in ihrer zweiten Heimat bodenständig wurden, zusammengehalten hatte.

Einen grundlegenden Wesenszug, der gleichzeitig den Gegensatz zu den
rastlos umherstreichenden Pygmäen augenfällig betont, stellt die S e ß h a f t i g-

k e i t der Waldneger dar. Ohne eine derartige unverrückbare Gebundenheit
an die Scholle wäre Anbautätigkeit undurchführbar; wie auch umgekehrt die
Feldarbeit ihrerseits innerhalb der tropischen Zone eine unablässige Betreuung
fordert, die allein unentwegte Ortsansässige zu leisten vermögen. Die Orts-
beständigkeit in Form einer Dorfsiedlung bietet zu offenkundig viele schätzenswerte Vorteile gegenüber dem ruhelosen, unsteten Wanderleben, als daß ein
Volksstamm sie mißachten könnte, der sich vor die Wahl gestellt sieht, für die
eine oder andere Lebensweise sich zu entscheiden. Die in den Urwald eindrängenden Negergruppen haben sich zu dem Entschluß durchgerungen, die
bisher getätigte Bearbeitung des Bodens beizubehalten; und so blieb es ihnen
nicht erspart, geeignete Siedlungsplätze aufzuspüren.

Der geschlossene Urwald vermag die ihrem Wirtschaftsbetrieb angemes-
senen Lebensverhältnisse nicht vollkommen zu gewähren; die Ankömmlinge
versuchten deshalb, zunächst in weiteren oder engeren natürlichen Lichtungen
bodenständig zu werden. Damit löste sich die gesamte Stammesgemeinschaft
in Einzelglieder auf, von denen jedes zu einer selbständigen D o r f s i e d l u n g
wurde. Anderswo erfolgte die Besitznahme des neuen Heimatbodens in dem
Sinne, daß einzelne Abteilungen des ganzen Volksstammes unabhängig voneinander und zu verschiedenen Zeiten in den Urwald eindrangen und sich
darin seßhaft machten. Als solche schuf sich eine jede erst mit harter Arbeit
ihren eigenen Wohnbereich, indem sie die offene Fläche innerhalb des Waldraumes durch Roden erweiterte, die kleineren Flußläufe regulierte, Uneben-
heiten im Erdreich ausglich, Verbindungswege zu den benachbarten Siedlungen
aufbrach und den Bau der eigenen Wohnhütten einleitete. So entstand ein
geschlossenes Gemeinwesen, zusammengesetzt aus allen am gleichen Orte angesiedelten Familien.

Von vorneherein fielen die einzelnen Dörfer nach verschiedener Größe und
mannigfaltiger Anlagerichtung aus, in Abhängigkeit von den äußeren Gegebenheiten; auch dürften die einzelnen Gruppen des gleichen Volksstammes sich
nach willkürlichen Wahlrücksichten gleich anfangs zusammengestellt haben und
nach Kopfzahl unterschiedlich ausgefallen sein. Ruhig und geordnet, etwa nach
einem vorausschauenden Plane, ging es dabei nicht zu: war doch das Eindringen
der Negergruppen in den Urwald ein kämpferisches Abdrängen der seit langer
Geschlechterfolge darin beheimateten Pygmäen. Überdies lief es innerhalb
eines Zeitraumes von manchen Jahrzehnten ab, bis es zum nahezu völligen Stillstand gelangt war und sich zu eben dem Erscheinungsbilde gestaltete, das wir
gegenwärtig vor uns sehen. Tatsächlich wird man einer bunten Mannigfaltigkeit
gewahr. Es gibt Urwaldstämme mit einer niedrigen oder mittelmäßigen und
solche mit einer hohen Kopfzahl von Angehörigen; sie verteilen sich auf kleine
und große Dörfer, die näher oder entfernter voneinander abliegen und entweder gar keine oder nur gelegentliche Freundschaftsbeziehungen miteinander
unterhalten, bisweilen sogar sich feindlich gegenüberstehen. Heutigentags findet
sich im Ituri-Walde kein ausgedehnter Bereich, der gänzlich frei wäre von
einem eingeschobenen Negerdorfe.

Für jedes einzelne dieser Waldnegervölker kann man nicht in dem Sinne von einer p o l i t i s c h e n O r g a n i s a t i o n sprechen, daß die Dorfsiedlungen des gleichen Negervolkes insgesamt einer einzigen Autoritätsperson unterstehen und an seine Weisungen gebunden sind; die belgische Kolonialverwaltung hat sich bewußt ebensowenig um eine derartige Einführung bemüht. Wenigstens für einige Stämme läßt sich eine ursprüngliche Aufgliederung ihres gesamten Volksbestandes in landschaftlich getrennte Großclans nachweisen, deren jeder von einem eigenen unabhängigen Häuptling regiert wurde. Diesbezüglich schreibt CZEKANOWSKI (b): 295 beispielsweise: „Die politische Organisation der Mabudu scheint ursprünglich das Niveau einer Clananarchie nicht überragt zu haben." So auch an späterer Stelle (b): 325: „In Übereinstimmung mit den anderen Urwaldstämmen fehlt es den Mabali an einer höheren politischen Organisation, die das Niveau der undifferenzierten Clanordnung überragen würde"; und endlich noch in (b): 353: „Das Babira-Gebiet bildet ein Land freier Clangemeinden. Die Autorität der Häuptlinge ist im Zusammenhang damit gering. Sie scheinen dort, wo die Verhältnisse ihre ursprünglichen Formen gewahrt haben, bloß Clanälteste darzustellen."

Wie ich selbst in Erfahrung gebracht habe, nehmen die Häuptlinge bei den Waldnegerstämmen tatsächlich keine erhöhte Machtstellung ein. Die Mangbetu bilden wahrscheinlich bis jetzt einen einzigen Clan auf vaterrechtlicher Grundlage, weswegen jeder Mann sich seine Ehefrau bei einem Nachbarstamme erwirbt. Um mit einem Worte die vorherrschende Regierungsform zu umschreiben, die vor dem Eingreifen der Wangwana und der belgischen Kolonialbehörde bei den Waldstämmen in Geltung stand, darf man sagen, daß jedes größere Gebiet von einem Oberhäuptling regiert wird, dem einzelne Clans und Dorfsiedlungen mit je einem weniger mächtigen Ortshäuptling unterstehen. In den meisten Fällen entspricht die räumliche Ausdehnung eines Clans einfachhin dem Dorfbereich selbst. Der vaterrechtliche Aufbau dieser Verwaltungsform als eine Allgemeinerscheinung kommt deutlich dadurch zum Ausdruck, daß jeder Großhäuptling sein ernstes Bemühen dahinein setzt, einem seiner Söhne, möglichst dem erstgeborenen, die Nachfolgeschaft im eigenen Amte zu sichern.

Was an Rechten und Machtbefugnissen gegenüber den unmittelbaren Untertanen einem über einige Dörfer bzw. Clans herrschenden H ä u p t l i n g zusteht, ist erstaunlich viel. Ihm obliegt die Rechtsprechung in allen Streit- und Straffällen, die ihm vorgelegt werden und denen er selbst nachspürt; seinen Entscheidungen muß sich jedermann fügen und der Schuldige oder Verurteilte alle verhängten Strafen abbüßen. Willkür und Parteilichkeit bleiben dabei selbstverständlich nicht aus. Sollte sich aber ein Häuptling so weit vergessen, daß er seine Untertanen fortgesetzt niederknüppelt und sich zu viele Übergriffe in deren persönliche Rechte anmaßt, ereilt ihn eines Tages doch sein verdientes Schicksal; sei es, daß er von den vielen Unzufriedenen davongejagt, sei es, daß er von besonders schwer mißhandelten Einzelpersonen umgebracht wird. Je nach den Waldstämmen verschieden steht ihm ein Anrecht entweder auf die gesamte Jagdbeute zu, die er nach freier Entscheidung an die ortsansässigen

Familien als sein Geschenk weiterleitet, oder bloß auf einzelne Teile der erlegten Tiere, die jeder Jäger ihm abliefern muß. Das System anderer pflichtgemäß ihm zu leistender Abgaben wurde von jedem Negerstamme durch weit zurückreichenden Brauch festgelegt; manche Abstriche hat es zufolge der veränderten Lebensbedingungen und Wohnverhältnisse sowie der Eingriffe seitens kolonialer Behörden erfahren.

Im ganzen jedoch erfreut sich jeder Häuptling einer ansehnlichen Machtstellung innerhalb seiner Gemeinde. Seine Befugnisse bei Anwendung von Strafen sind durch die Europäer in neuester Zeit beträchtlich gekürzt. Eine Hinrichtung und eine lange Kerkerhaft zu verhängen, steht ihm jetzt nicht mehr zu; ebensowenig die Einziehung des gesamten Besitzgutes eines Verbrechers, der damit gleichzeitig zum Sklaven gemacht wurde, und noch weniger eine körperliche Verstümmelung, wie solche nach wiederholtem Diebstahl, Ehebruch u. ä. früher angewandt wurde. Wohl aber straft der Häuptling gegenwärtig noch mit Arrest im Kerkerraume des eigenen Dorfes, mit Stockschlägen und einem stundenlangen öffentlichen Niederknien, mit Ablieferung einer bestimmten Anzahl von Haustieren (Hühnern, Ziegen) oder einer bezeichneten Menge von Lebensmitteln und Gebrauchsgegenständen. Falls der Schuldige sich durch Flucht seiner Bestrafung zu entziehen vermag, bestellt der Häuptling gewandte Häscher, die ihn aufspüren und gefesselt zum Dorfe zurückbringen.

Heutigentags sind die Eingeborenen bei der Wahl ihrer Häuptlinge nicht mehr frei; die Kolonialbehörden behalten sich selbst eine entscheidende Einflußnahme vor und geben solchen Männern den Vorzug für dieses Amt, die ihnen selbst gefügig sind. Da die Dorfgemeinde eine Wirtschaftseinheit darstellt, ruft der Häuptling gelegentlich zu gemeinschaftlichen Arbeiten auf. Zu Kämpfen bei Stammesfehden darf er seine Krieger, wie das ehedem geschah, nicht mehr aufstellen.

Eine Gliederung der Dorfbewohner selbst nach sozialen Gesichtspunkten gibt es ebensowenig wie eine solche nach Art von Berufsständen. An H a n d ·
w e r k e r n , die berufsmäßig ihr Gewerbe betreiben, finden sich eigentlich nur die Schmiede. Einen solchen besitzen die meisten Dörfer und er sorgt für den Bedarf an eisernen Gebrauchsgütern seiner Nachbarn. Einer einträglichen Bevorzugung oder Ausnahmsstellung erfreut er sich nicht; jedermann beachtet ihn nicht sonderlich und nimmt seine Dienste nur so weit in Anspruch, als die persönlichen Bedürfnisse es ratsam erscheinen lassen. Wer im Schmiedehandwerk etwas Tüchtiges leistet, wird auch über die Grenzen seines Heimatdorfes hinaus geschätzt und ermöglicht sich mit seinem Gewerbe einen gewissen Reichtum oder Wohlstand. Was Neger und Negerinnen an sonstigen Gerätschaften und Werkzeugen aus nicht-metallischen Stoffen benötigen, verfertigt sich jede Person selbst für ihren Eigengebrauch bzw. der Mann für seine Frau und diese für jenen, sowie die Eltern für ihre Kinder.

Da jedem der Waldnegerstämme eine vielgliedrige, entwickelte Gewerbetätigkeit fehlt, die Schmiedekunst ausgenommen, gibt es zwischen ihnen auch keinen allgemeinen, geordneten H a n d e l ; ebensowenig veranstalten sie regelmäßige und ortsgebundene, zu kopfreichen Ansammlungen sich steigernde Märkte, die bei westafrikanischen Stämmen und anderswo sich großer Beliebtheit erfreuen. Ihr gesamter gegenständlicher Kulturbesitz ist inhaltlich geringfügig und bei allen Waldstämmen derart gleichförmig, daß sich verschiedene Handwerke nicht entwickeln konnten, mithin begehrenswerte Produkte oder seltene Erzeugnisse nicht aufscheinen. Allein einzelne Eisengeräte machen auf dem Wege des Handels ihre Wanderung über die Grenzen des Heimatdorfes hinaus; auch Salz, das von weither aus der Steppe in die meisten Walddörfer eingeführt wird, erwerben sich die einzelnen Genießer durch Tausch gegen alltägliche Besitzgüter. Regelrechten, einigermaßen organisierten Handel gibt es jedoch nicht. Was Einzelpersonen und Familien im gleichen Dorfe miteinander austauschen, sind ebenfalls nur Dinge des allgemeinen Gebrauchs.

Wie es bei den erwähnten Einrichtungen nicht anders sein kann, zeigt jedes Waldnegerdorf das einheitliche Gefüge eines gleichberechtigten Nebeneinander aller Einzelfamilien, die dort ansässig sind. Keiner von ihnen steht ein Vorrang auf erblicher Grundlage oder wegen persönlicher Verdienste zu. Allerdings gewinnt die eine und andere vor allen übrigen an Ansehen oder moralischem Einfluß durch manuelle Tüchtigkeit oder beispielgebende Haltung. Besitzgüter verursachen ebenfalls keinen Rangunterschied, denn an beweglichen Gütern steht der einen Familie gegenüber den anderen ein erhebliches Mehr nicht zur Verfügung; wenn auch keineswegs geleugnet werden kann, daß manch eine wegen Krankheit oder Naturkatastrophen oder schuldbarer Lässigkeit in empfindliche Notlage gerät. Dieses Auf und Ab im Umfang des persönlichen Besitzes unterliegt offenkundig andauernden Schwankungen, entsprechend der individuell entfalteten Regsamkeit und dem unberechenbaren Zufall.

Die eine und andere Häuptlingsfamilie ist allerdings beneidenswert überreichlich mit dinglichen Gebrauchsgütern ausgestattet. Ebensowenig begründet Landbesitz eine Verschiedenheit der wirtschaftlichen Lage bei den Familien der nämlichen Ortschaft; für die meisten Dörfer ist die Anbaufläche ein Gemeingut aller und wie jeder einzelne beim Bestellen derselben mithelfen muß, so steht ihm auch der für alle Dorfbewohner grundsätzlich gleichbemessene Ernteertrag zu.

Wie in den meisten gesellschaftlichen Einrichtungen unserer Waldstämme, so herrscht auch hinsichtlich der E h e f o r m weitestgehende Übereinstimmung. Da bei ihnen ebensowenig wie bei allen ackerbautreibenden Völkern die weiblichen Arbeitskräfte entbehrt werden können, bedeutet ein erhöhter Besitz an Frauen, sei es für den Ehemann und sei es für das dörfliche Gemeinwesen, eine Steigerung des Reichtums. Von der Plattform dieser allgemeinen Wertung aus beurteilt, wird man eine Folgerichtigkeit in allen die ehelichen Verhältnisse regelnden Gewohnheiten nicht leugnen können. Was Federspiel: 62 für die Bali als Regel aufstellt, gilt allgemein für unsere Waldneger: „Der Mabali bekennt sich zur Polygamie. Die Frauen werden gekauft und je nach Reichtum kann einer mehr oder weniger Frauen halten." Grundsätzlich ist jedem Manne mithin die polygame Ehe gestattet. Dazu aber müssen gewisse Voraussetzungen erfüllt werden, die sich häufig nicht einlösen lassen; weswegen die meisten Ehen monogam bleiben. Bei den Lese leben sozusagen sämtliche Männer in Einehe; die kleinen und großen Häuptlinge allerdings besitzen zwei Frauen oder mehr, je nach dem persönlichen Wohlstand.

Alle negerischen Ituri-Waldvölker haben sich auf die mehr oder weniger deutlich ausgebildete K a u f e h e eingerichtet, mag diese zuweilen auch der eigentlichen Tauschehe weichen. Letzterer begegnet man bei den Bali. Ist es einem heiratslustigen Burschen gelungen, mit einem Mädchen aus anderer Sippe bzw. anderem Clan die eheliche Gemeinschaft zu vereinbaren, dann muß der Sippe der Braut für letztere ein Mädchen aus der Sippe des Bräutigams angeboten und freigegeben werden; denn nur darin sieht erstere einen vollwertigen Ersatz dafür, daß durch Heirat ihr ein Mädchen abhanden geht. Falls ein Austauschmädchen nicht gestellt werden kann und die zur Forderung berechtigte Sippe auf ein Angebot an dinglichen Gütern nicht eingeht, dann kommt die geplante Heirat, allein wegen Verbots durch die beiden Sippen selbst, nicht zustande. Daß durch dergleichen Tauschehen die Freiheit der Jugendlichen offensichtlich beeinträchtigt wird und auch unerquickliche Zustände sich entwickeln, falls die beiden Verlobten trotz des Eheverbotes seitens ihrer Sippen nicht voneinander ablassen, bedarf eigener Begründung nicht.

Der Zwang zu einer Ablöse bei der Kaufehe besagt im wesentlichen das gleiche, wie bei der Tauschehe: ein Mädchen, das infolge Heirat in einen anderen Clan übergeht, schaltet sich vom elterlichen Clan ab, weshalb letzterer für den entstandenen Verlust wegen Ausfall einer weiblichen Arbeitskraft zumindest eine Entschädigung in Sachwerten fordert. Je nach den Bedürfnissen des Clans, der ein Mädchen abtreten soll, sowie nach den herrschenden Rechtsgewohnheiten bei diesem und jenem Negerstamme, beträgt der Kaufpreis viel oder wenig. Ihn hat die zusammengeschlossene Sippe des Bräutigams zu leisten; denn sie erhält durch das Einheiraten der jungen Braut aus deren Clan einen Zuwachs, der offensichtlich großen wirtschaftlichen Vorteil bringt. Man erkennt deutlich, daß eine Heirat bei unseren Waldnegervölkern nicht bloß eine Angelegenheit der unmittelbar daran beteiligten Personen darstellt, sondern die ganze Dorfgemeinschaft bzw. Clan oder Sippe angeht. Die Gemeinschaft selbst hilft demnach beim Erstellen des Brautpreises mit.

Das herrschende Recht bei den Bali diesbezüglich erklärt Schebesta (a): 32 wie folgt: „Früher scheint man 24 Stück *(edingo)* Eisenwerkzeuge für eine Frau geboten zu haben, heute sind es 144, das ist *madingo madea*, 6×24 Stück. P. Kawaters gibt das Heiratsgut mit 4×24 Stück an; das mag wohl nach den Gegenden verschieden sein. Als Brautgeld galten Messer, Lanzen, Beile, Meißel, Schilde und der *dondo*, der Schmiedeambos, der bei einzelnen umliegenden Stämmen als Brautgeld (dort *ndundu*) genannt, allein genügt."

Auf Grund dieser eigentumsrechtlichen bzw. geschäftlichen Regelung wird jede Einzelehe zumindest in den beiden Clans oder Sippen, denen die Brautleute angehören, zu einer o f f e n k u n d i g e n A n g e l e g e n h e i t; die Dorfgemeinschaft weiß nun, wer und mit wem jeder verheiratet ist. Die herrschende

Gewohnheit der Tausch- und Kaufehe hat, neben der bisweilen empfindlichen Einschränkung der Freiheit bei der Gattenwahl verliebter Personen, noch die auf der gleichen Linie liegende unerfreuliche Erscheinung im Gefolge, daß von den Erwachsenen zuweilen unmündige Kinder für eine spätere Ehe zusammengestellt werden, zu welcher Verbindung man sie dann in ihren Reifejahren unter andauernder Einwirkung drängt. Selbstsucht und der Wunsch nach persönlichen Vorteilen vergewaltigen dabei das naturgegebene Recht auf Wahlfreiheit bei den zur Heirat entschlossenen Jugendlichen. So hat bei den Bali, nach SCHEBESTA (a): 33, „angeblich der Bruder das erste Anrecht auf seine Schwester, die er im Tauschwege verheiraten kann; dennoch trifft es gewöhnlich zu, daß ältere Sippenglieder, Onkel väterlicherseits, eine ihrer Nichten für sich in Anspruch nehmen, um so eine Frau für sich eintauschen zu können. Die Bestrebungen dieser Alten zielen dahin, sich durch den Tausch ihrer Nichten, Basen und Töchter mehrere Frauen zu erheiraten, was zur Folge hat, daß die Altersunterschiede der Ehegatten oft sehr große sind und zu Störungen der Ehe Anlaß geben". Mancher Lebensbund junger Waldneger wird infolgedessen unglücklich geknüpft; darüber hinaus erfährt jede angestrebte Ehescheidung eine verwickelte Erschwernis von der Verpflichtung her, daß die Eltern der Frau bzw. ihr Clan den bei der Hochzeit ihr überlassenen Kaufpreis dem Clan des Ehemannes rückerstatten müssen.

Gewissen Abweichungen von untergeordneter Bedeutung, die aber den vorher gezeichneten Bedingungen keinen wesentlichen Eintrag tun, begegnet man bei den verschiedenen Negergruppen. So geht beispielsweise im Budu-Stamme der eindeutigen Kaufehe ein Raub des begehrten Mädchens und ein kurzfristiges Zusammenleben der beiden Verliebten wie auf Probe voraus; erst wenn diese Gemeinschaft sich zur Zufriedenheit des Paares gestaltet hat, erfolgt der endgültige Eheabschluß nach den üblichen Kaufverhandlungen. Von ausgiebiger Mannigfaltigkeit sind die eigentlichen Heiratszeremonien und sinngemäß damit verknüpfte Einzelheiten, die der endgültigen Regelung des Kaufpreises vorausgehen.

Bei allen Waldstämmen kommt im Rahmen der Familienganzheit die S t e l l u n g d e r F r a u durchwegs einer untergeordneten Gefügigkeit unter den Willen des Mannes gleich. Nach altem Gewohnheitsrecht fallen der Frau die meisten bzw. nahezu alle Arbeiten in der Pflanzung zu, so daß sie sich zeitweilig darin alltäglich beschäftigt. Hierzu kommt alle Zurichtung der täglichen Nahrung, die Sorge für das Hüttenfeuer und die zeitraubende Pflege der kleinen Kinder. In Anbetracht dessen bliebe ihr weder Zeit noch Lust, sich um die allgemeinen Stammesangelegenheiten zu bekümmern. Solche betrachten die Männer als ihr alleiniges und ausschließliches Recht, das sie den Frauen zur Gänze vorenthalten. Wenn auch der Mann sich zuweilen der Jagd widmet, bei einem notwendig gewordenen Hausbau mithilft und schließlich auch beim Bestellen des Feldes sowie beim Ernten die Hände rührt: die Hauptlast von allen Arbeiten für die gesamte Familie ruht eben doch auf den Schultern der Negerinnen. An der seit altersher für beide Geschlechter bestehenden Arbeitsteilung ändert sich rein nichts und demnach bleibt die damit verbundene mehr oder weniger empfindliche Einschränkung der persönlichen Rechte für die Frauen weiter bestehen. Sie sind von einer allgemeinrechtlichen Gleichstellung mit den Männern noch beträchtlich entfernt, obwohl sie wirtschaftlich mehr als diese zum Fortbestand ihrer Familie und ihrer Dorfgemeinschaft leisten.

Sind mehrere Frauen gleichzeitig ehelich an den nämlichen Mann gebunden, so kommen der ersten oder Hauptfrau gewisse Vorrechte zu; auch übt sie auf den ihnen allen gemeinsamen Mann einen stärkeren Einfluß aus. Das ändert aber nichts daran, daß er einer für gewöhnlich jüngeren Lieblingsfrau mehr zugetan ist, demnach diese mit Geschenken und Zärtlichkeiten vor den anderen auszeichnet. Im allgemeinen führt die erste Frau über die anderen in der gleichen Ehe eine erträgliche Vormachtleitung; obgleich Rivalitäten und Eifersüchteleien nicht ausbleiben, die sich sogar zu handgreiflichen Entladungen steigern. Wird eine Frau fortgesetzt schlecht und unwürdig behandelt, so entläuft sie dem roh gesinnten Gatten und eilt zu ihrer väterlichen Familie zurück, die sie aufnimmt und ihr Schutz gewährt. Weil diese jedoch, wie es jetzt ihre Pflicht ist, den früher übernommenen Kaufpreis nicht herausgeben mag, wirkt sie beschwichtigend auf die entlaufene Frau ein, damit sie zu ihrem Manne zurückkehre. Das Auflösen einer bestehenden Ehe zieht eben gleichzeitig die Familie der Frau in Mitleidenschaft, weswegen diese bei ihrem Manne bis zum äußersten aushält, mag ihr daraus auch viel Ungemach erwachsen. Peinlich gestaltet sich die Lage jener Frau, welcher der Kindersegen vollständig versagt ist: sie muß sich fast jedesmal innerhalb ihrer Familie mit dem Los einer Sklavin abfinden und erntet überdies die Verachtung anderer Stammesmitglieder.

Das Gebären und die sich daran anschließende Behandlung des N e u - g e b o r e n e n samt seiner Mutter begleiten mancherlei Gebräuche je nach den einzelnen Waldstämmen. Übereinstimmend aber bekunden alle eine betonte Freude über jeden Zuwachs, den ihre Volksgemeinschaft infolge einer Neugeburt erfährt. Im Budu-Stamm beispielsweise werden, wie Czekanowski (b): 298 berichtet, „gleich nach der Geburt Mutter und Kind mit Amuletten versehen: das Kind am Halse und am linken Arme, die Mutter nur am linken Arme. Die Wöchnerin hütet das Bett zwei Tage lang und wird mit einem Gericht aus Bananen mit jungen Maniokblättern genährt. Der Vater darf sein Kind erst am fünften Tage sehen und muß bei dieser Gelegenheit die Schwiegereltern beschenken, wobei die Schwiegermutter in erster Linie berücksichtigt wird. Der Schwiegervater antwortet mit der Schenkung einiger Hühner, die zum Verspeisen bestimmt sind. Der Schwiegersohn muß auf dieses kleine Geschenk mit einem großen antworten; es wird dabei manchmal sogar ein Sklave gegeben". Seinen Eigennamen erhält das Kind für gewöhnlich schon in seinen ersten Lebenstagen. Zum Leidwesen der Neger selbst ist die Sterblichkeit der Säuglinge groß. An Liebe und gutem Willen fehlt es den Müttern nicht, wohl aber an den erforderlichen Kenntnissen und unumgänglichen Behelfen für eine erfolgreiche Kinderpflege.

Aufmerksam ist die Sorgfalt der Waldneger für ihren Nachwuchs beiderlei Geschlechtes; obwohl den meisten Familien die Mädchen, hinsichtlich eines für sie beim späteren Eheabschluß zu erwartenden Kaufpreises, erwünschter sind. Die Jugendlichen genießen viele Freiheiten und bleiben sich während der ganzen Kinderjahre großenteils selbst überlassen. Bei sämtlichen Waldstämmen ist die Beschneidung der Knaben ausnahmslos Gesetz, obzwar in verschiedenen Lebensaltern; z. B. bei den Budu für die Zweijährigen und in anderen Gegenden anläßlich der Mannbarkeitsriten. In der einen und anderen Form geben sich alle Waldstämme damit ab. Die Bali unterziehen gegenwärtig ihre Jugendlichen nicht mehr der Beschneidung, statt dessen schnitzen sie ihnen bei jener

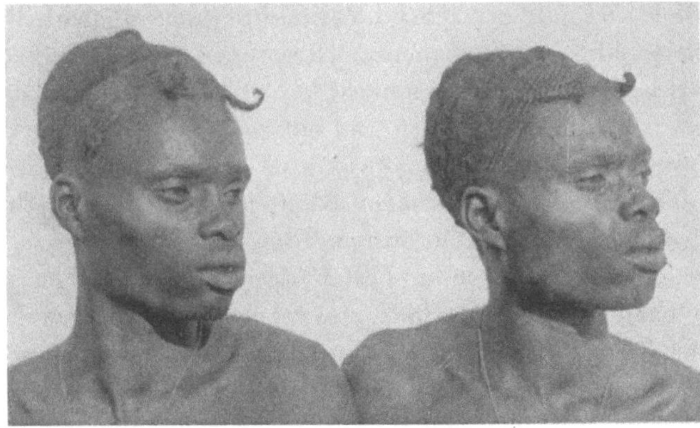

Abb. 66. Budu-Zwillingsbrüder

Veranstaltung wulstig sich vernarbende Stammesmarken in die Haut des Rumpfes ein. Schon FEDERSPIEL: 63, der langjährig Kommandant des dortigen Distriktes war, schrieb seinerzeit über diesen Stamm: „Bei nahender Mannbarkeit werden die Jünglinge beschnitten, ein Akt, der mit großem Zeremoniell vor sich geht. Während zweier Monate haben die jungen Leute im Walde zu leben, nur mit Blättern bekleidet. Von einem weiblichen Wesen dürfen sie dann nicht erblickt werden. Das Essen wird ihnen an bestimmten Stellen im Walde niedergelegt. An bezeichneten Tagen haben sie aber im Dorfe zu erscheinen und müssen dann im wahren Sinne des Wortes Spießruten laufen. Alle Männer haben sich mit biegsamen Ruten bewaffnet, unter deren Schlägen sie auf dem Dorfplatz herumgetrieben werden. Kein Seufzer darf dabei gehört werden und lächelnd ziehen sich die Knaben wieder in den Wald zurück, bis die Wunden vernarbt sind." Das geheime *Mambela*, wie diese Riten des Bali-Volkes heißen, soll, SCHEBESTA (a): 41 zufolge, „die männliche Jugend in die Stammesgepflogenheiten einführen und mit der geheimen Stammesreligion bekannt machen", ferner ihnen die Kenntnis wichtiger Überlieferungen und endlich die Bedeutung dieser Riten selbst vermitteln. Ihre freie Zeit verbringen die Prüflinge in der wochenlangen Abgeschlossenheit mit Jagd und Fischerei. Neben alledem macht man sie mit den geheimen Umtrieben des gefährlichen

Anyoto-Bundes vertraut, dessen Mitglieder man im Hinblick auf die Art ihrer Vermummung und feigen Angriffsweise als "Leoparden-Menschen" bezeichnet.

Eine gewalttätige Schreckensherrschaft übt dieser Geheimbund, der wohl bei sämtlichen Waldstämmen seine Vertreter hat, auf die gesamte eingeborene Bevölkerung schon seit Jahrzehnten aus, ohne daß es den Kolonialbehörden gelungen wäre, ihn vollkommen unschädlich zu machen. Als schuldig an vielen Mordtaten ist er eindeutig überführt worden und seine Anhänger verzehren für gewöhnlich einige Fleischteile von den durch sie selbst zu Tode gequälten Opfern. Der Anyoto-Bund, so macht es den Eindruck, hat im *Mambela* die Eigenart einiger bei den verschiedenen Negervölkern früher selbständiger Mannbarkeitsriten verdeckt, weswegen man diese als solche, samt ihren eigentümlichen Sonderformen, nicht mehr deutlich erkennt.

Wie man dieser kurzen Schilderung des gesellschaftlichen Gefüges der Waldstämme bequem entnehmen kann, setzt sich ein jeder von ihnen, gemäß seiner ursprünglichen Gemeinschaftsform, aus lose nebeneinander gelagerten Clans oder Sippen zusammen, die je von einem eigenen Häuptling regiert werden und meistens sich mit einigen benachbarten zu einem lose geschlossenen Großverband vereinigen. Den Clan selbst bilden mehrere Einzelfamilien, auf vaterrechtlicher Grundlage beruhend. Zu polygamer Ehe drängt es jeden Mann und steht ihm dazu auch ein Recht zu, weil viele weibliche Arbeitskräfte für den Feldbau erwünscht und sogar notwendig sind; eine jede seiner Frauen erwirbt er gegen den vereinbarten Kaufpreis. Der Frau fällt sowohl im Familienleben als auch im Stammesverband bloß eine untergeordnete Rolle zu. Anläßlich der Pubertätsriten wird die männliche Jugend in die Stammesbräuche eingeführt und erlangt damit größere persönliche Selbständigkeit.

c. Geistesleben

Entsprechend dem bislang erörterten wirtschaftlichen und gesellschaftlichen Bereich zeigen die jetzt den Ituri-Wald bevölkernden Negerstämme auch hinsichtlich ihrer geistigen Besitzgüter eine nahezu vollständige Gleichstimmigkeit. Als Überleitung aus der bisherigen Schilderung zu diesem Abschnitt eignet sich eine flüchtige Andeutung einiger allgemein verbreiteter Bräuche auf der Grundlage des T o t e m i s m u s — mag sich ihre Beschreibung immerhin passender in die vorausgegangene Abhandlung über die Gesellschaftsordnung einreihen. Von den andernorts scharf ausgeprägten, arteigenen totemistischen Einrichtungen trifft man viele bei unseren Waldstämmen nicht an; allein die in treuer Beachtung gehaltene Clan-Exogamie und gewisse Tabu-Vorschriften im Benehmen gegenüber einzelnen Tieren lassen nur die eine Deutung zu, daß sie dem totemistischen Gedankengut eigentümlich sind. Tatsächlich fehlen bei unseren Waldstämmen die zahlreichen Beschränkungen und umständlichen Verpflichtungen, die als unersetzbare Begleiterscheinungen des vollentwickelten

Totemismus bei anderen Naturvölkern hervortreten. Was zu der vom Tabu geforderten Lebensführung gehört, z. B. eine ehrfurchtsvolle Zurückhaltung gegenüber dem Chamäleon, verursacht offensichtlich den Waldnegern keine nennenswerte Belastung; und niemand fürchtet, daß ihm aus diesbezüglichen Verfehlungen empfindlich nachteilige Folgen erwachsen.

Kein augenfälliges Anzeichen gibt bekannt, was die Ituri-Neger an R e - l i g i o n im strengen Wortsinne besitzen. Tatsächlich anerkennen sie eine als Persönlichkeit aufgefaßte Gottheit und huldigen ihr in religiösen Riten gelegentlich; doch wird dieser blasse Gottesglaube von ihrer lebendigen Geister- und Seelenverehrung weit in den Hintergrund abgedrängt. Unzweideutig gewann ich bei diesbezüglichen Beobachtungen den Eindruck, als ob ein buntes Durcheinander von zauberischen, abergläubischen und Tabu-bedingten Vorstellungen, gleich einem wirr verknäulten Geflecht, den kleinen Inhaltskern eines bestimmt faßbaren Gottesglaubens überwuchere. Kaum je rufen diese Neger ihre höchste Gottheit um Schutz und Hilfe an, bringen ihr wohl auch nur selten ein Opfer dar und geben sich damit zufrieden, ihr gegenüber eine betont ehrfürchtige Haltung aus unterwürfiger Gesinnung im Hinblick auf deren allmächtiges Kraftvermögen einzunehmen.

Viel zu wenig ist das religiöse Gedankengut der Waldneger bislang erforscht, und mancherorts überhaupt noch nicht, als daß es inhaltlich vollständig hier dargelegt werden könnte. Trotzdem ist zumindest die Tatsache erwiesen, daß sich jeder Waldneger von der Persönlichkeit des ihm übergeordneten Höchsten Wesens abhängig weiß und dementsprechend sich auf eine ergebene Untertänigkeit einstellt. Da und dort ist für diese Gottheit ein regelrechter Eigenname im Umlauf. Ebensowenig, wie sie eine auffällige äußerliche Verehrung oder bildliche Darstellung erfährt, begegnet man Erscheinungen, die auf einen Fetischkult hindeuten. Ein derartiger Ausfall überrascht um so mehr, als in anderen Bezirken Afrikas der Fetischismus außerordentlich vielseitig betätigt wird.

Im Reiche des Außersinnlichen nimmt bei unseren Waldnegern unwidersprochen der H e x e n g l a u b e eine alleserfüllende Vormachtstellung ein. Eine bestimmte Beschreibung dessen, was sie unter Hexen verstehen, wissen sie nicht zu geben; aber diese Unklarheit und Unsicherheit bezüglich allem, was sie mit Hexerei in Verbindung bringen, erfüllt sie selbst mit gesteigerter Angst und erhöht ihr Bewußtsein von der eigenen Hilflosigkeit. Für Hexen und für Personen, die von diesen besessen sind, gibt es verschiedene Bezeichnungen; über deren Betätigung indes herrscht die einmütige Meinung, daß sie den Menschen allerlei Unheil bringen und jeden erdenklichen Schaden zufügen möchten. Hexen sind von Natur aus Feinde der Menschen; demnach müssen diese allen üblen Machenschaften jener auszuweichen suchen. Äußerste Vorsicht ist das erste und wichtigste Gebot! Was könnte man da anderes erwarten, als daß die Neger alles Ungewöhnliche und Seltsame, alle Träume und schlimmen Ahnungen mit Vorliebe und nahezu instinktmäßig als Wirktätigkeit der Hexen deuten. Wie wenn sie auf Schritt und Tritt von diesen übelwollenden Wesen verfolgt würden, so stehen sie angsterfüllt vor ihnen in allen Lebenslagen da, voller Sorge um eine wirksame Abwehr und in vollkommen nackter Hilflosigkeit.

Einzelne Personen, ausnahmslos die Geistesschwachen, Epileptiker und Mondsüchtigen werden beschuldigt, eine Art Medium für die Hexen abzugeben; weswegen man sie selbstverständlich allgemein fürchtet. Man schiebt diesen "Verhexten" die Schuld an manchem Unglücks- und Krankheitsfalle zu, man macht sie für Mißerfolge sowie für allgemeine und individuelle Nöte verantwortlich. An ihnen tobt sich daraufhin die Wut und Rachsucht einer Familie oder eines ganzen Clans aus, die sich betroffen fühlen oder für geschädigt wähnen. Nicht nur werden die Verhexten bewußt stiefmütterlich mit Lebensmitteln bedacht und unter erschwerten Daseinsbedingungen gehalten; man verachtet und beschimpft sie, mancherorts werden sie von der Gemeinschaft ausgeschlossen und hilflos ihrem Schicksal überlassen. Sogar Kinder, die als der Hexerei verdächtig beschuldigt werden, gehen einem traurigen Los entgegen: man ächtet sie und treibt sie in den Wald, aus der bewußten Absicht, daß sie dort verhungern oder von gefährlichen Tieren getötet werden; niemand darf sie aufnehmen oder ihnen Hilfe bieten. Im Flußgebiet des Nepoko kennzeichnet man sie als *bumbimadu* und die Zahl solcher unglücklicher Kinder ist nicht gering. Zumindest müssen sich alle, die man als verhexte Personen fürchtet, grobe Verachtung und Zurücksetzung, Prügel und alles Ungemach gefallen lassen; obwohl sie persönlich sich in keiner Weise schuldig gemacht haben und selbst es nicht wissen, daß sie Hexen sind. Völlig wehrlos stehen sie den Mißhandlungen der Volkswut gegenüber. Zuweilen glaubt die betroffene Gemeinschaft einen Verhexten auch dadurch unschädlich machen zu können, daß sie ihn mehrere Stunden lang gefesselt oder in der Hütte eingesperrt hält. In jedem Falle aber zielt sie darauf hin, sich seiner völlig zu entledigen.

Einzelne Leute beiderlei Geschlechts gibt es, die es sich zumuten, dem Wirken der Hexen steuern zu können. Sie versetzen sich in einen Zustand aufgewühlter seelischer Erregung, wobei sie nahezu vollständig ihr Bewußtsein verlieren und unter autosuggestiver Selbsttäuschung mit den Hexen so lange ringen, bis in ihrer visionären Einbildung deren Macht gebrochen erscheint. Vor allem leisten diese Menschen in ihrer eigenen angequälten Zwangsvorstellung beim Niederkämpfen der Hexen eine schwere geistige Anstrengung; auch ihr Körper nimmt unter äußersten Verrenkungen aller Abschnitte und Gliedmaßen daran teil. Sie zittern unter erschöpfendem Einsatz aller verfügbaren körperlichen sowie seelischen Spannungen, wälzen sich auf dem Erdboden und erheben sich springend; nachher erscheinen sie wie in Schweiß gebadet und der Schaum steht ihnen um den halbgeöffneten Mund herum. Epileptikern im Zustande schwerer Anfälle kommen, gemäß dem Erscheinungbilde, jene Personen gleich, die das geistige Ringen mit Hexen bzw. Verhexten auf sich nehmen; ihr Anblick hat auf mich jedesmal sehr abstoßend gewirkt.

Wie nicht anders zu erwarten ist, entfaltet sich bei den Waldnegern, neben ihrem Hexenglauben, die Z a u b e r e i sehr üppig; beide Vorstellungsbereiche greifen häufig übereinander oder ergänzen sich. Einzelnen Personen und verschiedenartigen Dingen schreibt man ein außergewöhnliches Kraftvermögen zu, dessen man sich zum eigenen Nutzen zu bedienen trachtet, und zwar hauptsächlich als Abwehrzauber. Eine der häufigsten Handlungsweisen dieser Art gilt dem magischen Schutz für die Felder. Um sie herum ziehen die Neger einige Schnüre, an denen viele handlange, schmale Blattstreifen hängen; diese Aufreihung zeitigt die Zauberwirkung, daß jedwede Schädigung fernbleibt. Auch von verschiedenartigen symbolischen Handlungen, ausgeführt von einer Einzelperson oder von vielen, verspricht man sich, aus dem Zauberglauben heraus, sicheren Erfolg. Ebenso kann jemand durch böswilligen Zauber andere Stammesgenossen empfindlich schädigen, sogar ihren Tod bewirken; in manchen Gruppen beurteilt man einfachhin jedweden Todesfall als Zauberhandlung eines niederträchtigen Feindes. Die betroffenen Verwandten oder Clan-Mitglieder bemühen sich daraufhin, den Schuldigen mit Hilfe magischer Methoden ausfindig zu machen und vermittels solcher an ihm auch Rache zu üben. Daher das Mißtrauen aller gegen alle und die gesteigerte Angst vor mächtigen Feinden, welcher man sich allein durch unablässigen und wirksamsten Gegenzauber zu entledigen vermag.

Unsere Waldneger leben somit in einem Geisteszustand andauernder Befürchtung und ständiger Sorge um eine zuverlässige Abwehr der vielen Gefahren, die von allen Seiten ihnen drohen. Nun wird verständlich, warum sie sich selbst, ihre Kinder und Wohnhütten reichlich mit Amuletten behängen.

Im Zusammenhang mit diesen Vorstellungen von Hexerei und Zauberei huldigen die Waldneger einer besonderen Form des S e e l e n g l a u b e n s, die jedoch nicht einheitlich ist. Mancherorts verkettet sich damit echter Ahnenkult; was sich aus ihrer Meinung darüber erklärt, daß zumindest einzelne Seelen zu neuer Inkarnation, nach Art einer Seelenwanderung, wiederkehren und bestimmte Personen beleben. Über das Schicksal bzw. Weiterleben der übrigen Seelen sprechen sich unsere Neger nicht eindeutig aus, sicherlich fehlt ihnen selbst diesbezüglich eine klare Vorstellung. Oftmals sind die Geister, von denen sie sprechen und denen sie durch Opfer oder ehrfurchtsvolle Haltung vor den Geisterhütten ihre Verehrung zollen, eben die Seelen früher verstorbener Stammes- bzw. Clanmitglieder. Von allen Waldnegern bemühen sich am eifrigsten die Bira, dergleichen Geisterhütten aufzustellen; in allen Größen begegnet man ihnen überall in deren gesamtem Wohnbereich.

Teilweise aus der Vorstellung heraus, daß das Sterben gewisser oder aller Personen von einem böswilligen Zauber verursacht wird, entwickeln sich die T r a u e r f e i e r n bei den einzelnen Waldnegerstämmen zu umständlichen Zeremonien. Mancherorts dienen sie unverkennbar dem Gegenzauber und erst recht beteiligen sich die Negerinnen dabei mit fanatischem Eifer. Überdies sollen die rachsüchtigen Einflüsse der feindlich gesinnten Seele des betrauerten Verstorbenen gebannt und unwirksam gemacht werden. Mit lautem Klagen, an dem sich das ganze Dorf beteiligt, wird der Tote einige Tage und Nächte hindurch beweint. Ihren Schmerz bekunden einige Frauen dadurch, daß sie bitterlich weinen, jaulend heulen und sich auf dem Erdboden unter angestrengten Körperverrenkungen hin- und herwälzen. Ihren Körper bestreichen sie meistens mit einer weißen Farberde. Hat der Sterbende seine Seele ausgehaucht, deckt man den Leichnam zu und beläßt ihn zumindest einen Tag in der Wohnhütte, wo die Trauernden in seiner nächsten Nähe sitzen bleiben. Inzwischen wird das Grab bereitet, in das man ihn ohne Beigaben und ohne seine früheren Gebrauchsgegenstände legt. Die Ituri-Neger veranstalten ausschließlich das Erdbegräbnis und überhöhen das Grab selbst zu einem niedrigen Hügel, der damit als solcher sich zu erkennen gibt. Da, wie oben erwähnt, der Tod eines jeden dieser Neger auf den böswilligen Einfluß von Hexen zurückgeführt wird, versuchen in einzelnen Bezirken die nächsten Verwandten des Verstorbenen, den Schuldigen durch Zauber ausfindig zu machen und gehen nachher zur Blutrache über.

Zum Inhalt und Ausdruck des Geisteslebens der Waldneger gehören offenkundig auch ihre Unterhaltungen und Belustigungen. Neger wie Negerinnen plaudern und schwatzen gern, sie benehmen sich überall sehr mitteilsam und in ihrer Gemeinschaft, mag sie groß sein oder klein, geht es jedesmal und anhaltend lebhaft zu. Bei mehreren Stämmen haben es die Männer zur Gewohnheit, allabendlich sich im Klubhaus zu treffen und jedwedes Vorkommnis aus dem Tagesablauf in breitester Ausführlichkeit durchzusprechen. Mancherorts beteiligen sich daran auch die Frauen. Wo ihnen dieser Anschluß an den männlichen Bevölkerungsteil nicht vergönnt ist, treffen sie sich am Hüttenfeuer oder vor einer Hütte oder auf der Dorfstraße; in nie ermüdendem Geplauder schütten sie dann alles aus, was ihren Geist im engen Gedankenkreis beschäftigt und ihre Sinne aufgenommen haben. Angelegenheiten von einiger Bedeutung und wichtige Entscheidungen kommen in langgezogenen Erörterungen erst recht vor einer vielköpfigen Versammlung zur Sprache, für gewöhnlich unter dem Vorsitz des Häuptlings, dem einige Ratgeber zur Seite stehen; jeder Anwesende bekundet lebhafteste Anteilnahme und die dichtgedrängte Gemeinschaft gerät wiederholt in laute Erregung.

In Übereinstimmung mit dieser naturgegebenen Veranlagung für mitteilsame Geselligkeit wandern die Neger viel von einem Orte zum andern, um dort zu plaudern, die jüngsten Neuigkeiten auszustreuen oder einzusammeln, und um vor allem sich selbst in anderer Umgebung eine angenehme Abwechslung zu gönnen. Andauernd sind einige Angehörige jeden Dorfes unterwegs, bald diese und bald jene; kein Neger und keine Negerin bindet sich ohne Unterbrechung an den gleichen Ort für längere Zeit. Selbstverständlich ist der Verkehr der kleinen Häuptlinge untereinander noch reger; manche besuchen sich gegenseitig oder treffen sich beim Großhäuptling mehrmals in der Woche. Das *safari*, das unbeschwerte Dahinschlendern von einem Dorfe zum andern im süßen Nichtstun beglückt jeden Neger mit einem grenzenlosen Genuß.

Seine sorglose Gemütsart hält folgerichtig ihn für jede sich einstellende Lustbarkeit bereit; gern tut er bei Tänzen und Spielen mit, wo und wann immer er dazukommt. Für Belustigungen ist er jederzeit aufgelegt und ausnahmslos zu haben. Am liebsten ergötzen sich, gleich den Pygmäen, auch

unsere Waldneger an Gemeinschaftstänzen; je größer die Zahl der Teilnehmer,
je wilder die Allgemeinheit mitspielt, je lauter das Singen und Trommeln, das
Händeklatschen und verrenkende Zucken aller Körperabschnitte, um so reichlicheren und angenehmeren Genuß empfinden alle dabei. Kein europäischer
Beobachter wird in Abrede stellen, daß die Negerinnen in ihre Tanzbewegungen holdige Anmut neben ungebändigter Ausgelassenheit hineinzulegen
verstehen. Für musikalischen Rhythmus hat die Natur sie mit empfindlichster
Reizbarkeit und Reaktion ausgestattet; daher beginnen ihre Muskeln sofort in
leichten Zuckungen zu federn, wenn leise Taktschläge an ihr Ohr dringen,
mögen diese sogar weiter Ferne entstammen. Selbstverständlich fehlen die
Tanztrommeln in keinem Dorfe. Im scharfen Markieren eines genauesten
Rhythmus üben sich die Neger beiderlei Geschlechtes von frühester Jugend an;
er weckt ihnen jedesmal belebenden Genuß.

Aus glücklicher, naturhafter Veranlagung für Rhythmus und Musik haben
sich die Neger eine mannigfaltige Auswahl an Musikinstrumenten
geschaffen. Die große Holztrommel für den Nachrichtendienst, die in jedem
Dorfe steht (S. 238), gehört zwar nicht in die Gattung der eigentlichen Musikinstrumente, erfreut sich indes einer viel höheren Bedeutung als letztere.
Mehreren Arten dieser Trommeln begegnet man im Ituri-Walde; am häufigsten
der Trogform, die auf vier Beinen ruht, einen schmalen Längsschlitz aufweist,
zuweilen eine Tiergestalt nachahmt und mit Schnitzereien überzogen ist. Durch
sachkundige Führung des Schlegels entlockt man ihr höhere und tiefere Töne
von unterschiedlicher Bedeutung. Diese Nachrichtentrommeln besorgen „das
Sprechen auf weite Entfernung", d. h. außerhalb des Dorfes; für Belustigungen
treten sie nicht in Dienst. Ihn versehen Felltrommeln, die weiter nichts sind
als ein der Länge nach ausgehöhltes Stück eines Baumstammes, dessen breiter
Öffnung bloß an einer Seite das in Holzpflöcken gespannte Fell aufliegt; zum
anderen Ende hin verjüngt sich dieses Stück. An einem in die Erde gerammten
mannshohen, oben gegabelten Pfahl hängt man diese etwa meterlange Trommel
auf. Sie zeigt zuweilen auch Zylinderform, ist dann aber schmäler und kürzer
sowie an beiden Enden mit einem gespannten Fell überzogen. Man schlägt sie
für gewöhnlich mit den Fingern und der Faust.

Reichhaltig der Form nach sind die Flöten, sowie die Signal- und Zauber-
pfeifen; sogar eine Panpfeife tritt zuweilen auf. Zu Trompeten arbeitet man
mit Vorzug das armlange Endstück eines Elefantenzahnes um, überzieht es
auch zur Verzierung mit einer Schlangenhaut und trägt es hängend auf dem
Rücken. Zu Blashörnern verwendet man am häufigsten das schwach gebogene
Horn einer Ziege oder Kuh. Rasseln, die man allerorts zu schwingen pflegt,
bilden unsere Neger aus zwei Teilstücken: der Griff ist ein handlanges Holz-
stäbchen, das im runden Behälter steckt, den man entweder aus schmalen
pflanzlichen Faserstreifen eng geflochten hat, oder der nichts mehr als eine
verholzte Kürbisschale ist; er zeigt die Größe einer kräftigen Männerfaust und
dadrinnen spielen frei einige zwanzig Steinchen. Bei einer anderen Zusammenstellung sitzt an jedem Ende des Stäbchens ein gleichartiger runder Behälter.

Einer Rassel in Rechteckform, aus vielen nebeneinander liegenden Rohr-
stäbchen zusammengesetzt, bedienen sich die Lese und ihre Nachbarn. Die
Mbuba stellen ein harfengleiches Instrument her.

Allgemeiner Beliebtheit erfreut sich die sogenannte Leier, ein eigentliches
Zupfinstrument. Hierfür werden über ein rechteckiges Brettchen in 30—45 cm
Länge mehrere enge Rotangstreifen als Sehnen von der einen Schmalkante zur
anderen gespannt, eine jede gestützt von aufrecht stehenden und nageldünnen
Holzstiften; durch Verschieben dieser ändert man die Sehnenlänge und damit
die Höhe des Tones, welch letzteren das Zupfen der Saiten mit Daumen und
Zeigefinger hervorruft. Vereinzelt sieht man in den Händen der Neger auch
einen Musikbogen, der dem üblichen Jagdbogen wesentlich gleicht; der Musizie-
rende hält den Bogenstab zwischen seinen vorderen Zähnen fest und zupft mit
den Fingern die Sehne oder schlägt diese schwach mit einem kurzen Stäbchen an.

In diesem Zusammenhang dürfen die Tanzschellen nicht ohne Erwähnung
bleiben, obwohl sie als Musikinstrumente im strengen Wortsinne nicht gelten.
Erbsengroße Steinchen hat man entweder in walnußgroße, verholzte Frucht-
schalen mit schlitzförmiger Öffnung oder in geschlossene, ebenso große Frucht-
kapseln eingepreßt, die man alle in kurzen Abständen voneinander an einem
schmalen Band oder Riemen befestigt; ihn bindet sich der Tänzer an jeden
Unterarm oder Unterschenkel, um mit dessen Hilfe den Rhythmus rasselnd
zu betonen.

Mannigfaltiger ist die Auswahl an solchen Gegenständen, die den Negergruppen im Ituri-Wald zum Schmuck dienen (S. 246). Das Einfachste dieser
Art ist die gleichförmige Körperbemalung, ausgeführt mit einem schwarzen
oder weißen oder roten Farbstoff. Ersteren und letzteren verwerten unsere
Eingeborenen auch dazu, den Baststreifen für ihre Schambedeckung zu färben;
dessen natürliche Farbe ist ein helles Kaffeebraun. Der Schamschurz selbst,
den die Negerinnen sich anlegen, weist, je nach Stämmen verschieden, mannigfaltige Formen, Verzierungen und Anhängsel auf; zudem zeigt er in der Art,
wie man ihn trägt, dermaßen zahlreiche, örtlich gebundene Besonderheiten,
daß eine für alle Ituri-Waldneger ausschließlich eigene Grundform nicht zu
erkennen ist. Arm- und Beinringe aus Metall oder aus feinsten gedrehten
Pflanzenfasern können zugleich Zierat und Amulett sein. Dünne, fadenartige
Lederstreifen, an welchen zierliche Körnerfrüchte oder kleine Tierzähne auf-
gefädelt wurden, dienen als Halsketten. Am Kopfhaar befestigen die Negerinnen zuweilen büschelförmige Quasten aus Schweinsborsten oder begnügen
sich damit, einzelne Blüten locker einzustecken und glatte Lianenstengel
diademartig rund um den Kopf zu winden. Mützen und Kappen für den Kopf,
in die bereits beim Anfertigen allerlei Muster eingeflochten werden, verschö-
nert der Träger noch damit, daß er bunte Vogelfedern anbringt.

Einige Schmuckarten, die als körperliche Verunstaltungen zu werten sind,
lieben unsere Waldneger ebenfalls. Beispielsweise haben die Budu von den
Mangbetu nicht nur die bekannte absichtliche Verbildung des Kopfes zur
Langform übernommen, sondern auch das runde Ausschneiden des Ohrmuschel-

bodens. Das bei diesem Stamme weniger häufig ausgeführte Durchlochen der Oberlippe trifft man bei allen übrigen Waldstämmen an. Wie nicht anders zu erwarten, schwankt individuell und nach Volksbrauch die Zahl der eingeschnittenen Löchlein von zwei bis acht; in ihnen bringt man metallene Stiftchen oder Ringelchen oder Häkchen an und statt dessen schiebt man auch Pflanzenstielchen ein. Die gleichen Anhängsel sieht man nicht minder häufig am durchbohrten Ohrläppchen. Die Bali- und Bira-Leute tragen den großen Lippen-

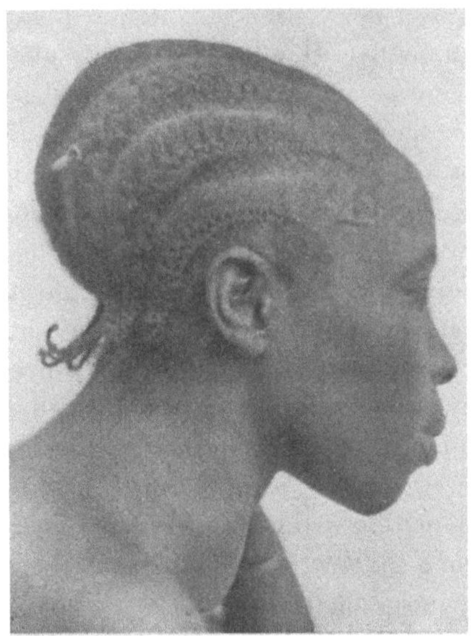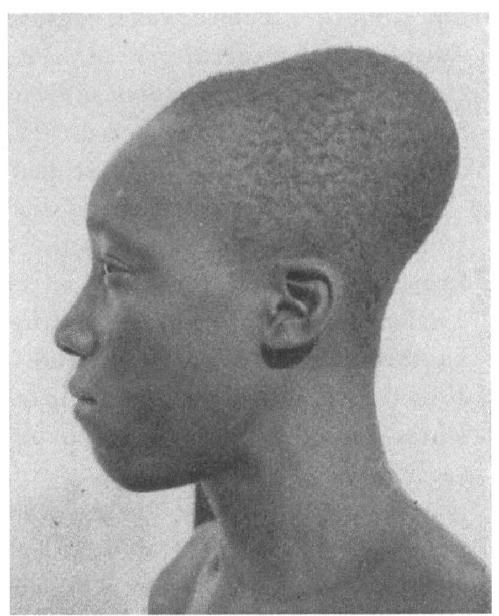

♀   Abb. 67. Mangbetu mit künstlicher Kopfdeformation   ♂

pflock, überwiegend mehr die Frauen als die Männer; jedoch kommt in den letzten Jahrzehnten diese Verunstaltung erkennbar rasch außer Mode.

Alle Wald-Bantu lassen sich die oberen Schneidezähne, zuweilen auch die unteren zuspitzen. Mit einem scharfen Meißel, leicht von einem hölzernen Schlegel gehämmert, werden die Kanten dieser Zähne abgespleißt; dabei entstehen verschiedene Figuren, je nachdem beide Kanten am gleichen Zahn bzw. nur eine Kante höher oder tiefer, gerade oder schräg weggenommen werden. Statt diese Verstümmelung nachzuahmen, die den Verlust der beschädigten Zähne nach einigen Jahren ausnahmslos im Gefolge hat, verschönern sich die Budu damit, daß sie den engen Spalt zwischen den ersten oberen Inzisiven erweitern; sie ahmen darin die Mangbetu nach.[1]

Ziemlich häufig bringen unsere Waldnegerstämme eine echte Tatauierung im Gesicht und auf den Armen, auf dem Bauche und der Brust, auch auf dem

---

[1] Dergleichen Eingriffe, weitestgehend übereinstimmend im Verfahren und Ziel, findet man nahezu überall in Schwarz-Afrika. Vgl. H. LIGNITZ: Die künstlichen Zahnverstümmelungen in Afrika im Lichte der Kulturkreisforschung; Anthropos, Bd. 14/15 und 16/17; Mödling 1919/22.

ganzen Rücken an, und zwar als Punktreihen oder als enggestellte kurze Striche-
lung. Bei den Pubertätsriten wird eine bestimmte Gattung von Ziernarben den
Prüflingen verliehen; andere, die sich jedermann selbst und ohne Zeremonien
anlegen darf, sind bei vielen Mitgliedern aller Waldvölker beliebt. Um die
angestrebte, möglichst wulstige Keloidbildung zu erreichen, kratzt man den
über frischen Einschnitten entstandenen Schorf mehrmals wieder ab und preßt
Palmöl in die wunde Stelle hinein.

Federwedel, die manche eitlen Männer in der Hand tragen, sowie einzelne
lange Federn, die sie sich in den Haarschopf stecken, rechnen wohl auch zum
Schmuck. Im ganzen gibt es also davon, wie ersichtlich, bei den Waldnegern
tatsächlich eine beachtliche Mannigfaltigkeit; und noch manche verschiedenartige Einzelheiten über die aufgezählten Dinge hinaus ließen sich anführen.
Ein entwickelter Kunstsinn ist diesen Menschen eigen, Freude am Ornamen-
tieren und Ausschmücken ihrer reichhaltigen Gebrauchsgegenstände verkettet
sich mit ihrer natürlichen Veranlagung.

Ein günstiges Zeugnis für die geistige Regsamkeit der Negerstämme im
Ituri-Walde legt auch ihr G e w e r b e f l e i ß ab, mancherorts in Verbindung
mit sehr bescheidenem Kleinhandel. Um sogleich das hervorragendste Beispiel
zu nennen, wiederhole ich ungekürzt, was seinerzeit CZEKANOWSKI (b): 287 beim
Budu-Volke ausfindig gemacht hat. In der Gewerbetätigkeit, so schreibt er,
„verdienen die Holzschnitzerei, die Schmiedekunst und die Erzeugung von Salz
aus den Sumpfgräsern besondere Beachtung. Im Schmieden sind sie ebenfalls
geschickt. Sie verstehen außerdem Eisenerze in tiefen Schächten auszubeuten
und das Metall in gewöhnlichen Schmiedeherden zu gewinnen. Messing wird
von besonderen Spezialisten bearbeitet. Das aus den Sumpfgräsern gewonnene
Salz geht weit über die Grenzen ihrer Siedlungen hinaus ... Vom Salz abgesehen bilden noch Palmöl, Waffen, Eisen und Lebensmittel Gegenstände
eines lebhaften Handels". Tüchtige Schmiede gibt es in jedem Negerstamme
(S. 253) und was an Gebrauchsgütern sowie an Feldprodukten der eine erübrigt
und dem anderen fehlt, geht auf dem Wege des Tauschhandels von der einen
Hand in die andere. Ein kindliches Vergnügen, nach Art eines Wechselspieles,
zeigen diese Neger an der Übernahme und Weitergabe irgendwelcher neuer
Gegenstände, einerlei, ob sie dem eigenen Gewerbefleiß oder europäischer
Herkunft entstammen. Daß sie diese nach Form und genauer Ausführung, nach
gewissenhafter Bearbeitung und ihrer Dauerhaftigkeit prüfen und beurteilen,
spricht eindeutig zu Gunsten ihres Schönheitssinnes und Geschmacksempfindens.

Regelmäßige und von zahlreichen Teilnehmern besuchte Märkte, die ein
bedeutsames Betätigungsfeld der westafrikanischen Eingeborenen darstellen,
kommen im Ituri-Walde nicht zustande (S. 254); möglicherweise deshalb nicht,
weil hier die Kopfzahl der Einwohner jeden Dorfes vergleichsweise viel niedriger ist und vor allem die einzelnen Siedlungen meistens ansehnlich weit
auseinander abliegen.

Das geistige Leistungsvermögen der Waldneger offenbaren ferner noch
der Besitz einer gut entwickelten Umgangssprache, die Verwendung der Trom-

melsprache, ihr Zählsystem und das Rechnen. Ihre allgemeinen Naturkenntnisse umfassen begreiflicherweise nur einen kleinen Kreis all des Sichtbaren, das sie umgibt. Dank ihrer geistigen Regsamkeit haben sie das Wissen ihrer Vorfahren um Pflanzenbau und Feldbestellung auf die unwandelbaren Bedingungen ihrer jetzigen Umwelt in Anwendung gebracht und damit jene arteigene Produktionsweise im Bereich des Ituri-Waldes geschaffen, die ihnen den Lebensunterhalt verläßlich gewährleistet. Zu nennenswert entfalteter Viehzucht fehlen dort die unumgänglichen Voraussetzungen; als Haustiere sind ihnen bloß einige Ziegen und Hühner gestattet, neben einem kleinen Hund, um dessen Pflege sie sich nicht sonderlich bemühen (S. 249). Dem verheerenden Wüten wilder Tiere zu begegnen, die in Pflanzungen und Gehöfte einbrechen, haben sie längst gelernt und sind erfolgreich bis an die Grenzen des Möglichen vermittels Fallen, Zäunen und anderen Absperrmaßnahmen; weil sie sich bei solcher Abwehr auf die erkannten Gewohnheiten jener Schädlinge einstellen.

Die Erscheinungen der leblosen Natur, vor allem das Wetter und die Bewegung der Gestirne, verraten in der Äquatornähe eine unabänderliche Gleichförmigkeit; weswegen für unsere Eingeborenen keine Notwendigkeit besteht, durch Berechnungen oder wegen bedrohlicher Anzeichen möglichen Schäden vorzubeugen oder die rettenden Vorkehrungen richtig einzuschieben. An Rohstoffen entnehmen sie dem Urwalde mit kluger Auswahl alles das, was am zweckmäßigsten ihren gesamten materiellen Bedürfnissen dient. Umständlicher Beweise dafür bedarf es sonst nicht, daß sie sich ausgiebig und mit zweckbedingter Überlegung ihre Umwelt zunutze machen.

Gegenwärtig leben die Waldneger nicht mehr unter Bedingungen, die ihnen eine offene und vollständige Entfaltung ihres gesamten Charakters gestatten. Seitdem die belgische Kolonialbehörde eine fortschreitend tiefergreifende Herrschaft über alle Eingeborenen ausübt, gleichzeitig damit alle Lebensbereiche der Neger kontrolliert und beeinflußt, sehen sich diese selbst eingeschränkt und fühlen sich unfrei. Widerspruchslos müssen sie sich bei manchen Anlässen und unter gewissen Bedingungen, entgegen ihrem innersten Wollen, zurückhalten oder unter Verstellung ein Benehmen an den Tag legen, das ihrer Naturanlage nicht entspricht. Trotzdem läßt sich mancher Charakterzug als angeboren deutlich erkennen, zumal einige davon jedem Europäer zuwider werden.

Obenan steht eine schwerfällige, sorglose Trägheit, die es mit den Alltagspflichten und dem Lebensernst nicht sehr genau nimmt, sich von aller Regelmäßigkeit bei den dringenden Arbeiten leicht entschuldigt und überhaupt triebhaft allem ausweicht, was mit irgendwelchem Unbehagen verbunden ist. Würde nicht das Gespenst des Hungers andauernd drohen, vermöchten die meisten Neger keinesfalls sich zu den mühelosesten Handgriffen zu entschließen. Mithin verdient es keiner von ihnen, daß man sich vertrauensvoll auf ihn verläßt; denn viel zu leicht gibt jedweder seiner eigenen Bequemlichkeit nach und vermeidet eher eine ernste Anstrengung, als daß er sich mit der Erfüllung seines Auftrages eine Belästigung zuzieht. Sorglos bis an die Grenze völliger

Verantwortungslosigkeit lebt er, von ernsten Kümmernissen nicht beschwert, vertrauensselig in den Tag hinein und verläßt sich auf das oft trügerische Glück, das ihm unverdient aus jeder Notlage heraushelfen soll.

Von ruhiger Überlegung und folgerichtigem Denken läßt sich der Waldneger am wenigsten dann führen, wenn er weit aus dem seelischen Gleichgewicht geraten ist oder wenn sich seine Leidenschaften entfesselt haben; völlig unberechenbar benimmt er sich unter dem Einfluß seiner magisch-abergläubischen Anschauung. Jedwede kluge und weitschauende Planung in den verschiedensten Lebenslagen wird von seiner heißblütigen Entladung aller Erregung stürmisch überrannt, was zuweilen schwer nachteilige Folgen zeitigt. Zugleich ist eben dieser Waldneger unvorstellbar duldsam und von echt sklavischer Unterwürfigkeit, als ob ihm jedes Ehrgefühl und jede Selbstachtung abginge. Im besonderen legt er gegenüber einem Europäer die höchste Bewunderung und eine sich selbst vergessende hündische Willenlosigkeit an den Tag. Gelegentlich allerdings rafft sich derselbe Neger zu wütenden Gegenschlägen aus Rachegelüsten oder aus höchstgesteigertem Unmut auf; dabei erreicht er meistens nicht das angestrebte Ziel, weil er jeder Planmäßigkeit bei seinem Vorgehen unfähig ist. Von Natur aus verschlagen und lügnerisch, verlegt er sich gern aufs Stehlen; auch versteht er es meisterhaft, jedwede Spur seiner Verbrechen auszutilgen. Die Kunst, sich zu verstellen und über seine geheimen Absichten hinwegzutäuschen, beherrscht er ganz vorzüglich.

Aus diesen Charakterzügen im Allgemeinbesitz der Waldneger treten da und dort noch einige Sonderveranlagungen heraus, die wohl dazu angetan sind, beachtliche Ungleichheiten erkennen zu lassen. Beispielsweise haben mich die Bali günstiger angesprochen als die etwas harten, schroffen Budu und Ndaka. Früher hat sich FEDERSPIEL: 61 über dergleichen charakterliche Verschiedenheiten also geäußert: „Der Mabali ist der furcht- und folgsamste, gutmütigste Neger, den ich kenne. Diese Charaktereigenschaften machen ihn wenig geeignet, Soldat zu werden und er zieht vor, ruhig im Dorf zu leben, sich zu vermehren und im übrigen ein guter Untertan zu sein... Vermöge ihres Charakters sind [Bali] wenig kriegerisch gesinnt und ihre Lanzen und Messer Spielzeuge im Vergleich mit denen ihrer Nachbarn, die dies auch weidlich benützen, den Mabali allerhand Schabernack zu spielen, gegen den man sie beschützen muß." Bangelima kamen mir, trotz ihrer herrlichen Körperbildung, wie unheimliche Gesellen vor, denen sich anzuvertrauen nicht ratsam erschien. Mithin zeigt sich auch im Charakter der Waldneger eine bunte Mannigfaltigkeit der Anlagen und der naturgegebenen Ausstattung, unverkennbar enthüllen diese sich als ein wechselvolles Bild jedem Europäer, der die Siedlungsräume der einzelnen Stämme nacheinander durchquert. Einer aus ihnen, der Zoologe BARNS: 284, hat es mit folgenden einprägsamen Worten gezeichnet: „The natives also differ widely in temperament. The Balese, for instance, are morose and forbidding. The Wabali are exactly the opposite — cheerful and always laughing, with a curious custom of giving a little yelp, especially the women, every now and again like pleased puppies. The Popoi and Makeri peoples are, if anything, still more cheerful and are great singers, seldom going on a journey without singing all the way. The Monghalima and Basoko natives, again, who inhabit the lower Aruwimi, are a lazy, perverse and truculent race of riverine folk, the men spending most of their time titivating and painting themselves, or making a head-dress of monkey skins or parrot's feathers or other fancy article wherewith to adorn themselves, for they are great dudes and are as vain as peacocks. But, curiously enough, their women are entirely lacking in this respect and confine themselves to threading a few beads (often dull-looking seeds of a bush or tree) into holes pierced along the top outer edge of the ear. They even dispense with the usual cicatrisation so common with tribes of the Congo Basin." Damit ist hinreichend bewiesen, daß eine Charakterzeichnung der Waldneger außerordentlich schwierig ist. Erst eine langfristige Beobachtung an Ort und Stelle verschafft dem Europäer die unumgängliche Verläßlichkeit, eine klare, tiefe Einsicht in die seelische und charakterliche Ausrüstung der Naturvölker zu erlangen.

Im weiten Bereich der geistigen Güter und seelischen Ausstattung, die an sich einer unmittelbaren Beobachtung nicht so bequem wie dinglicher Besitz zugänglich sind, bestehen offenkundig ganz erhebliche Unterschiede, durch welche sich die einzelnen Waldnegerstämme gegeneinander abgrenzen. Desungeachtet sind es gerade Übereinstimmungen in hochbedeutsamen Einrichtungen und normgebenden Vorstellungen, die eine weit umfassende Einheitlichkeit im geistigen Sein und Vermögen dieser Waldvölker begründen; wobei die gegenseitige kulturelle Beeinflussung infolge räumlicher Annäherung seit unbestimmter ausgedehnter Frist maßgebend mitgespielt hat.

d. Symbiose mit den Pygmäen

Unvollständig bliebe diese Darstellung und sie enthüllte ein bloß lückenhaftes Bild vom Negerleben im Ituri-Walde, würde nicht wenigstens skizzenhaft auch das Zusammensein der Neger mit den Pygmäen umrissen. Andeutungsweise wurde bereits (S. 27, 230) die Tatsache gestreift, daß diese kleinen Menschen sich als e r s t e I n s a s s e n im düsteren Urwalde eingerichtet und bei ungestörter Selbständigkeit darin viele Jahrhunderte zugebracht haben. Gegenwärtig stellt kein ernster Beurteiler mehr diesen Sachverhalt in Abrede. Als einer von vielen erklärte DAVID: 197 unzweideutig schon vor vierzig Jahren: „Die Wambutti scheinen seit unbestimmbaren Zeiträumen das unberührte Waldvolk gewesen zu sein. Von Degeneration, von Zurückbleiben oder von Ausstoßung anormaler Volksglieder ist hier nicht die Rede. Im Gegenteil, man erkennt in den Wambutti durchaus die Herren des Waldes und eine beachtenswerte Naturkraft an. Ein Wambutti-Häuptling wird in den Negerniederlassungen stets gut empfangen." Noch bestimmter haben sich im gleichen Sinne mehrere Forscher der jüngsten Zeit ausgesprochen.

Da ist es nun aufschlußreich zu erfahren, daß auch weiter nach Westen hin, bis kurz vor die Küsten des Atlantischen Ozeans, sich das gleiche symbiotische Nebeneinander von alteingesessenen Waldzwergen mit verschiedenvölkischen, erst in der Neuzeit vorgestoßenen Negergruppen wiederholt. Mithin beherbergt die zentral-afrikanische Hyläa in ihrer gesamten ungeheuren Ausdehnung gegenwärtig zwei nach Kultur-, Rasse- und Sprachform verschiedene Menschheitsvertreter. Kein einziger größerer Bezirk im langgezogenen Urwalde ist gegenwärtig mehr den alteingesessenen Pygmäen ausschließlich vorbehalten; obgleich die Neger nicht jedwede Stelle tatsächlich besetzen oder durchqueren, nehmen sie sich selbst aus eigener Anmaßung dazu das Recht und tauchen überall dort auf, wo ihnen ein Vorteil winkt — vorausgesetzt, daß sie keine gelegentlich aufflammenden Feindseligkeiten von seiten der Pygmäen befürchten müssen. Wo immer man heutigentags den Urwald im Flußbereich des Ituri durchwandert, trifft man mehr oder weniger kopfreiche Negerdörfer mit anstoßenden Garten- bzw. Feldanlagen an und überzeugt sich aus unmittelbarer Anschauung von dem geschichtlich erweisbaren Geschehnis, daß diese Neger sich als Fremdlinge in ihrem jetzigen Wohnbereich niedergelassen haben.

Eine tiefgreifende Umschichtung der pygmäischen und negerischen Volksgruppen hat sich im Anschluß daran vollzogen, wobei die Struktur der in den Urwald hineingetragenen negerischen Kulturformen in einigen Wesensteilen umgebildet worden ist. Welche Triebkräfte bei diesen stellenweise weitgreifenden Verschiebungen tätig gewesen sind, das im einzelnen und ausführlich zu bestimmen liegt außerhalb des Rahmens der mit unserer Abhandlung angestrebten Ziele. Als sicher kann gelten, daß sich die Neger gewaltsam in den Urwald hereingedrängt und die eroberten Gebiete den alteingesessenen Pygmäen für immer entrissen haben; in den stellenweise langanhaltenden Kriegen zwischen beiden Gegnern sind die technisch wenig vorgebildeten zwerghaften Waldbewohner unterlegen. Das schicksalschwere Ringen hat sich unter wechselnden Sondererscheinungen in der nahezu endlosen Ausdehnung der gesamten zentral-afrikanischen Hyläa abgespielt; seine tief einschneidenden Wirkungen erkennt man augenfällig an ihr selbst und an ihren Insassen.

Die ehedem geschlossene Einheitlichkeit dieser langgezogenen Urwaldfläche liegt gegenwärtig zerrissen da und jeder einzelne seiner weiten Bereiche beherbergt das eine und andere Pygmäenvolk einer bestimmten rassischen Varietät. Obwohl einander gleich in den Wesenszügen des Wirtschafts- und Gemeinschaftslebens, unterscheiden sie sich voneinander in einigen Körpermerkmalen minderer Bedeutung; demzufolge fasse ich alle zentral-afrikanischen Pygmäengruppen als eine genetische Einheit zusammen und löse sie in drei örtlich gebundene sogenannte Twiden-Abteilungen auf; in (f): 401 habe ich diese Gliederung begründet (vgl. auch oben S. 155).

Hinsichtlich der im Gesamtbereich des tropischen Urwaldes jetzt ansässigen Neger läßt sich umfassend feststellen, daß sie verschiedenen Volks- und Rassegruppen angehören, die auch größtenteils unabhängig voneinander und zu wechselnden Zeiten ihre jetzigen Niederlassungen bezogen haben. Dieser und jener Stamm sitzt schon länger in seiner zweiten Heimat und mancher andere erst seit mehreren Jahrzehnten. Mannigfaltig waren sicherlich die Anlässe, aus denen heraus der starke Menschenstrom der Mangbetu-Wanderung um 1660 (nach STUHLMANN) den Ituri-Urwald durchquerte, und die nachfolgenden Völkerbewegungen andere Abschnitte des mittleren und westlichen Urwaldes aufbrachen. Welcher Art auch immer die treibenden Kräfte in jedem größeren Bereich der zentral-afrikanischen Hyläa gewesen sein mögen, das Durcheinanderfließen der mannigfaltigen Völkermassen zeitigte allerorts das gleiche Ergebnis, nämlich ein Nebeneinander der eingedrungenen Negergruppe mit den ursprünglich dort heimischen Pygmäenhorden. Der Ablauf dieser Geschehnisse ist von Ort zu Ort bei weitem noch nicht restlos klargestellt worden; für den Waldabschnitt im Strombereich des Ituri habe ich in (f): 382 darüber einige Angaben gemacht.

Obwohl heutigentags nirgendwo mehr feindselig, stehen sich mancherorts die beiden großen Rassegruppen, die negerische und die pygmäische, noch in einem etwas gespannten Verhältnis gegenüber; indes haben sich die meisten ihrer Abteilungen auf ein friedliches, gegenseitig sich förderndes Nebeneinander eingespielt. Ihre ursprüngliche kulturelle wie rassische Verschiedenheit besteht nach wie vor und bleibt der einen Seite wie der anderen unaustilgbar im Bewußtsein. Die Pygmäen sind Leute des Waldes, hingegen die Neger eingefleischte Ackerbauer. Die wirtschaftliche Seinsweise der letzteren kann nicht unmittelbar dem niederen Nomadismus der ersteren entstammen; denn man fängt nicht plötzlich an, die gewaltigen Baumriesen zu fällen, als ob man dadurch zum Feld- oder Ackerbau gelänge. Nur die eine Erklärung besteht zu Recht, daß die eingedrungenen Negerstämme damit begonnen haben, alle Wesenszüge ihrer aus der ersten Heimat herangeführten Kulturform in den Urwald einzupflanzen. Danach ist unter zweckmäßiger Anpassung an die veränderte Umwelt die vom Ituri-Walde erzwungene S o n d e r f o r m ihres gesamten wirtschaftlichen Betriebes entstanden, in welchen auch die Pygmäen mitgestaltend etwas hineinspielen. Vielleicht könnten die Neger jetzt auch ohne diese kleinen Menschen fertig werden; als vorteilhaft zumindest für beide Teile erweist sich ihre gegenseitige Hilfeleistung.

Wie die Neger beim ersten Einrichten ihrer Siedlungen innerhalb des Urwaldbereiches vorgegangen sind, ist jetzt zwar nicht mehr erweisbar, läßt sich aber einigermaßen wahrscheinlich machen (S. 231). Sie werden sich vorerst auf ausgedehnten Lichtungen niedergelassen und darin ihre Dorfgemeinschaft aufgebaut haben; danach wurde durch Rodungen eine für die Anlage der Felder erforderliche Fläche freigemacht. Aus den mitgebrachten Kenntnissen und Erfahrungen heraus legten sie ihre Pflanzungen an und betreuten deren Wachstum; der Ernteertrag hielt ihr Gemeinwesen am Leben. Die inzwischen angebahnten freundschaftlichen Beziehungen zu den nächsten Pygmäenhorden steigerten sich in der Folgezeit zu einer v i e l g l i e d r i g e n S y m b i o s e, die in ihrer vollen Ausgestaltung die Abhängigkeit der einen rassischen Abteilung von der anderen mit sich brachte und heutigentags in organischer Wechsel·

wirkung weiter tätig bleibt. Ungefähr jedes einzelne Negerdorf betrachtet sich als zusammengehörig mit diesen und jenen Pygmäenhorden, die in ihrer nächsten Umgebung den Urwald durchstreifen; die Neger des gleichen Dorfes wachen aus Eifersucht und um des persönlichen Vorteiles wegen ängstlich darüber, daß die mit ihrer Siedlung verbundenen Pygmäenhorden ausschließlich von ihnen selbst bevormundet und sozusagen kontrolliert werden.

Zunächst besteht ein Zusammenwirken beider Rassegruppen im W i r t - s c h a f t s b e t r i e b. Der Überschuß von seiner Ernte oder ein Teil von ihr, außerdem Tabak und Salz, dient dem Neger hauptsächlich als Angebot im Güteraustausch. Er persönlich weiß sich gänzlich außerstande, im Urwald jagend ein Wild zu erlegen; und sein ausschließlich auf Feldbau eingestellter Wirtschaftsbetrieb liefert ihm wenig oder gar kein Fleisch. Also drängt es ihn, der zuweilen auch gern Fleisch schmecken möchte, zu dem beim Weidwerk sehr erfolgreichen Pygmäen hin, damit dieser ihm von der eingebrachten Beute manches Stück gegen Bananen und Süßkartoffeln, Salz und Tabak sowie eiserne Gebrauchsgegenstände überläßt. Leider begreift der Pygmäe überhaupt nicht, wie schwer er bei jedem Tauschgeschäft vom schlauen Neger überrumpelt wird. Sonnenklar tritt dieses Unrecht zutage, wenn man überlegt, daß ein anmaßender Neger den einen und anderen aus allen ihm hörigen Bambuti auf die Elefantenjagd schickt; bei welchem Unternehmen diese jedesmal ihr Leben aufs Spiel setzen. Und haben sie den gefährlichen Riesen zu Fall gebracht, bleibt ihnen selbst nur dessen Fleisch; wohingegen ihr Auftraggeber, der sich nicht zu mindesten Anstrengung hergegeben hat, einen ansehnlichen Gewinn aus dem Elfenbein zieht, das er vollständig für sich beansprucht. Am häufigsten liefern die Neger ihren Pygmäen eiserne Spitzen für Pfeile und Speere. Offenkundig machen diese für die kleinen Jäger einen unschätzbaren Wert aus. Sind ihre Waffen nämlich mit einem metallenen Aufsatz versehen, dann steigert sich naturgemäß ihre Wirksamkeit um ein Vielfaches; weswegen die neuzeitlichen Pygmäen sich ihrer ziemlich ausnahmslos bei der Jagd auf Antilopen, Affen und Elefanten bedienen. Diese Eisenstückchen zu erlangen, die trotz höchster Vorsicht öfter verlorengehen als sie sich abnützen, bleiben die Bambuti unausweichlich auf die benachbarten Neger angewiesen, die bekanntlich im Schmiedehandwerk erfreuliche Fertigkeit besitzen (S. 41; 244, 267).

Den Pygmäinnen ist in gleicher Weise das Frauenmesser für Negerinnen unentbehrlich geworden; seiner vielseitigen Verwendung nach ist es ein Universalgerät in des Wortes weitester Bedeutung und jede unserer kleinen Frauen trägt es unter die Lendenschnur eingeschoben, damit sie es im gegebenen Augenblick bequem zur Hand hat. Außerdem beziehen die Pygmäinnen, vornehmlich die jugendlichen, allerlei metallene Schmuckstücke von den Negern, die sich dafür durch verschiedenartige Gegenleistungen entschädigen lassen, am meisten durch Nahrungsmittel. Zum eigenen Lebensunterhalt übernehmen die Bambuti von ihren Nachbarn die Bananen in solchem Ausmaß, daß man ohne Übertreibung sagen kann, diese Früchte haben für viele Horden die gleiche Bedeutung wie das Brot für Europäer erlangt. Dementsprechend müssen diese

Horden ansehnliche Mengen von ihrer Jagdbeute abliefern und selbst gar oft
auf Fleischgenuß tagelang verzichten, um alle von den benachbarten Negern
gestellten Forderungen erfüllen zu können. Einem derartigen, nahezu ge-
regelten Warenaustausch gegenüber wird jeder europäische Beobachter die
Überzeugung gewinnen, daß die Bambuti ihre ehedem ziemlich schwankende
und zweifelhafte Versorgungslage erheblich sicherer gestaltet haben. Der Neger
liefert ihnen auch metallene Schmuckstücke und Amulette, Kappen und Mützen
aus Pflanzenfasern geflochten und mit Hühnerfedern verschönt, Peitschen und
Zierstäbe aus Lederstreifen gedreht, die beliebte Negerzither, ein Zupfinstrument (S. 265) und die *sanza*, ein handlanges Brettchen mit mehreren gleich
Lamellen aufsitzenden Klangplättchen aus Metall; schließlich für die Pygmäinnen einen Holztrog, meist in Form eines aufgestellten Zylinders, in dem
geröstete Bananen und Süßkartoffeln, sowie wildwachsende Knollen und Nüsse
zerstampft werden; vereinzelt endlich Tontöpfe zum Kochen einiger Speisen
und hauptsächlich dickbreiiger Suppen.

Alles in allem betrachtet macht das, was von den Negern zu den benachbarten Pygmäenhorden auf dem Wege des Tauschhandels hinüberfließt, eine
beschränkte Auswahl an Gerätschaften und Gegenständen wie auch an Lebens-
und Genußmitteln aus. Zur Anfertigung bzw. zum Herbeischaffen alles dessen
brauchen sich zwar die Hände der Neger und Negerinnen nicht angestrengt zu
regen; ihr schlaues Gebaren und ihre Überlegenheit in handwerklichen Leistungen übervorteilt spielend leicht die nicht geschäftsgewandten Pygmäen.
Keinesfalls darf man anderseits den stellenweise ziemlich regelmäßigen Zuschuß an Fleisch unterschätzen, der den Negern aus dem Güterwechsel mit ihren
zwerghaften Nachbarn zufließt. Aus dieser Quelle beziehen die meisten eine
zwar an sich bescheidene, aber immerhin fördernde Fleischnahrung; ihrer
müßten sie fast zur Gänze entbehren, stünde jene ihnen nicht offen. In dieser
Vergünstigung liegt der entscheidende Grund dafür, daß nahezu jedes Dorf
der Waldneger enge Beziehungen zu den nächsten Pygmäenhorden unterhält.

Bei einem derart vielgestaltigen und mancherorts nahezu regen Güteraustausch konnte naturgemäß eine gegenseitige g e s e l l s c h a f t l i c h e A n-
n ä h e r u n g der pygmäischen und negerischen Rassegruppen nicht ausbleiben.
Am meisten augenfällig ist, daß die pfiffigen Neger gelegentlich mehrere maßgebende Pygmäen oder alle Erwachsenen einer Horde zu einem Trinkgelage
in ihr Dorf einladen, was diese niemals abweisen; sie selbst verstehen es nicht,
alkoholische Getränke herzustellen und finden am beglückenden Zustande des
Trunkenseins ein begehrliches Vergnügen. Selbstverständlich macht bald danach
in harmlos anmutender Aufdringlichkeit das Negerdorf seine Forderungen
geltend, die sachlich weit über das hinausgehen, was den Pygmäen geboten
wurde. Häufig finden sich die Insassen des Negerdorfes und die Mitglieder
einer Pygmäenhorde zu Einzelbesuchen hier wie dort zusammen. Aus den
allgemein-freundschaftlichen Beziehungen der letzteren zu den ersteren haben
sich nahezu überall auch solche vertraulicher und sogar intimer Art entwickelt.
Der zwischenvölkische Geschlechtsverkehr, bei welchem Pygmäinnen sich Ne-

gern hingeben, bahnt sich in jenen Bezirken an, wo letzteren keine genügende
Auswahl unter den weiblichen Mitgliedern ihres eigenen Stammes offen steht.
Stellenweise läßt der Kindersegen der Negerinnen nach, der manche über-
legenden Eingeborenen zu ernster Kümmernis veranlaßt; die Ursachen solch
merkwürdigen Ausfalls wurden bisher noch nicht erforscht. Da aber jedes
Negerdorf zu seinem Weiterbestand eines ausreichenden Nachwuchses nicht
entraten kann, übernimmt mancher Neger ein Pygmäenmädchen als zweite
oder dritte Ehefrau und sie schenkt ihm gewiß die erwünschten Kinder. Naturgemäß verbleibt sie selbst mit diesen im Dorfe ihres Mannes, die, obzwar Bastarde,
später als vollberechtigte Stammesmitglieder gemäß der Vaterfolge gelten.

Man möchte es kaum für möglich halten, daß noch folgenschwerere Aus-
wirkungen sich eingestellt haben. In einigen Bezirken des Ituri-Waldes hat
diese seit mehr als zwei Generationen bestehende, sehr enge Annäherung der
benachbarten Rassegruppen die denkbar innigste Verbrüderung ihrer beiderseitigen Jungmänner gezeitigt. Die im Reifealter stehenden Burschen werden
zur Teilnahme am sogenannten *kare* verpflichtet, d. i. ein Bundesfest von der
Art eigentlicher Mannbarkeitszeremonien. Währenddessen gibt man jedem
Neger einen nahezu gleichaltrigen Pygmäenjüngling bei. Ein jedes dieser
Burschenpaare wird zufolge gleichzeitiger Teilnahme beider Partner am *kare*
zu Blutsbrüdern und seitdem obliegt es einem jeden von ihnen beiden, die aus
solcher Verbindung erfließenden Verpflichtungen zu erfüllen. Aus diesen greift
am tiefsten wohl die, derzufolge der eine *kare*-Bruder ungeschmälert über die
Besitzgegenstände und Eigentumsgüter des anderen zu verfügen berechtigt ist.
Demnach darf beispielsweise der Neger sich zu beliebiger Zeit unbeschränkt
häufig in der Hütte seines pygmäischen *kare*-Bruders einfinden und dessen
Jagdbeute für sich persönlich oder für seine Familie fortführen, ohne Rücksicht auf dessen Eigenbedarf oder die Notlage der gesamten Pygmäenhorde.
Der von Hause aus scheu veranlagte Pygmäe selbst benimmt sich seinem
negerischen *kare*-Bruder gegenüber zurückhaltend, mag er von diesem noch so
gründlich gerupft werden.

Beachtliche Vorteile sind es mithin, hauptsächlich solche wirtschaftlicher
und gesellschaftlicher Art, die den Negern aus ihrer Annäherung an die Bambuti im Ituri-Walde erwachsen sind; alle insgesamt haben ihrerseits dabei
mitgeholfen, jenen Fremdlingen in der neuen Umwelt das Weiterkommen zu
erleichtern. Den Pygmäen indes hat deren Nachbarschaft keinen nennenswerten Segen, wohl aber manch bedenkliche Benachteiligung eingetragen.
Selbstverständlich befinden sich diese kleinen Menschen jetzt in der Zwangslage
des beengten Raumes, der ehedem ihr alleiniges und unbehindertes Schweifgebiet war. Des weiteren sind sie nicht nur in die Schrecken des Zauberwesens
und Hexenwahns der Neger einbezogen worden. Verhängnisvoller droht für
sie der Entzug völkischer und biologischer Werte infolge des in neuester Zeit
vermehrten Einheiratens ihrer Mädchen in Negerdörfer zu werden. Die Neger
allerdings gewinnen eine unschätzbar wertvolle Auffrischung ihres Blutes von
den seit Jahrhunderten unverwüstlich lebenskräftigen, kerngesunden Bambuti.

Wie ersichtlich, wird eine Darstellung — und wäre sie noch so skizzenhaft —
der ortsbedingten Kulturform, die ein artlicher Eigenbesitz der Waldneger im
Ituri-Bereich ist, nicht vollauf gerecht, wenn man das symbiotische Zusammensein dieser Fremdlinge mit den alteingesessenen Pygmäen ohne ausgiebige
Erwähnung übergeht.

Will man die kulturelle Sonderstellung der Waldneger in ihrer Ganzheit
verstehen, dann muß abschließend noch auf die beachtliche Beeinflussung, die
sie durch Wangwana erfahren haben, hingewiesen werden (S. 234). Als
Wangwana oder "Arabisés", bei unklarer Vermengung beider Ausdrücke, bezeichnet man in der belgischen Kongo-Kolonie gegenwärtig die Nachkommen
und Anhänger jener mohammedanischen Zanzibar-Leute, die am beginnenden
letzten Viertel des vergangenen Jahrhunderts auch in den Ituri-Bereich einge-
brochen sind, um dort, so wie im Osten, Westen und Norden, ihre Sklaven-
jagden zu veranstalten und Elfenbein zu rauben, die ansässige Bevölkerung
auszuplündern und unter gewalttätiger Schreckensherrschaft sich alle Überlebenden für die persönliche Bereicherung dienstbar zu halten. Ihren eigenen
Reihen suchten die ersten Zanzibariten willige Negergruppen einzuverleiben
und dabei verloren sie selbst die ursprüngliche Reinheit ihres Blutes; alle
Neger, die sich ihnen anschlossen oder von ihnen niedergezwungen wurden,
mußten sich zum Islam bekennen. Gleichzeitig damit öffnete sich diesen allen
eine etwas höhere Kulturstufe und eine bequemere Lebensart, weswegen sich
zeitweilig Neger beiderlei Geschlechts den Wangwana zahlreich zugesellten.
Anziehend wirkte auf jene leicht beeindruckbaren Naturkinder die geruh-
samere Lebenshaltung, die viel bessere Kleidung und der geschwollene Reichtum der letzteren, samt ihrer aufleuchtenden geistigen Überlegenheit.
    In wenigen Jahrzehnten war dieses merkwürdig zusammengewürfelte
Völker- und Rassengemisch zu einer ansehnlichen Machtstellung emporge-
stiegen und schon nahe daran, ein ausgedehntes Wangwana-Reich im tropischen
Afrika aufzurichten, als unerwartet die siegreichen Truppen des neuen Kongo-
staates auch im Ituri-Bereich sich zielsicher durchsetzten und nach einigem
wechselnden Waffenglück schließlich in den letzten fünf Jahren vor der Jahrhundertwende jene brutale Fremdherrschaft niederrangen. Zur Zeit der entscheidenden Niederlage und unmittelbar danach stand ihre Kopfzahl zwar sehr
beträchtlich hoch; seitdem ihnen jedoch Sklavenjagd und Sklavenhaltung ver-
boten waren, schwand ihr Reichtum schnell dahin und allein mit Warenhandel
vermochten sie ihren wirtschaftlichen Verfall nicht aufzuhalten. Im Ablauf von
kaum fünfzig Jahren sind sie zu gänzlich nebensächlichen und auch kopfzahlmäßig bedeutungslosen Einzelgruppen zusammengeschrumpft. Sie hatten sich
ursprünglich, außerhalb der Negerdörfer, zu abgeschlossenen Siedlungsgemein-
schaften vereinigt, die dann von Jahr zu Jahr sich verkleinerten und in der
Mehrzahl gänzlich verschwanden.
    Arabisierten Negern begegnet man in allen Bezirken der belgischen
Kongokolonie, aber ihre Gesamtheit nimmt unaufhaltsam und schnell ab. Im

Avakubi-Bereich, ihrem jahrzehntelang bedeutendsten Sammelpunkt, waren 1914 noch rund 10.000 angesiedelt; 1934 war diese Zahl auf 3500 abgesunken. Fast keiner dieser ehemaligen Ansiedler ist ausgewandert und sie gehen hauptsächlich an venerischen Krankheiten zugrunde. Jede ihrer Siedlungen ist ein gefährlicher Seuchenherd und auch die polygamen Ehen der vielen Reichen sind, infolge Syphilis und Gonorrhöe, fast durchgehends kinderlos. Die Mehrheit dieser Arabisierten sind freigelassene Sklaven und leben unverheiratet, bloß in freien Liebesverhältnissen weiter. Gegenwärtig machen die selbständigen Wangwana-Niederlassungen im ost-belgischen Kolonialbezirk kein halbes Dutzend mehr aus und eine jede, auch die am vorteilhaftesten eingerichtete bei Avakubi, trägt für den europäischen Beschauer erkennbare Verfallserscheinungen deutlich zur Schau. Nach mehreren Jahren werden auch diese Wohnstätten verlassen dastehen.

Als schwerstwiegende Folgen des Einbruchs der Wangwana in das Ituri-Gebiet glaube ich die Verminderung der Kopfzahl und die Verdrängung mancher dort ansässigen Negergruppen bezeichnen zu müssen; viele Eingeborenen jeden Alters wurden getötet oder verschleppt und andere suchten ihr Heil in weiter Flucht. Wer in unmittelbarer Abhängigkeit oder in nächster Nähe dieser hemmungslos gewalttätigen Eindringlinge leidlich ungestört weiterleben wollte, mußte sich zum Islam bekennen; selbst gegenwärtig noch lassen sich einzelne Neger dafür gewinnen, ohne indes ihr heimatliches Dorf zu verlassen. Die Wangwana haben in der von ihnen beherrschten ausgedehnten Zone das Kingwana als Verkehrssprache eingeführt; es dient auch heutigentags noch der Verständigung vieler Neger mit mancherlei Eigensprachen gegenüber ihresgleichen und Europäern. Die verstümmelnde Abänderung eines Suaheli-Dialektes von einfachem Aufbau ist es, weil von vornherein für die unmittelbare Anwendung zurechtgemacht; immerhin genügt es den einfachsten Bedürfnissen und den Forderungen des Alltags. Schließlich sind die Waldneger durch jene Zanzibariten mit einigen neuartigen Gegenständen bekannt geworden, die indes den althergebrachten Kulturbesitz nicht erwähnenswert abzuändern vermochten.

Im ganzen besehen, war und ist der Einfluß der Arabisierten auf die Waldneger sehr ungünstig; wurden diese ja von jenen wirtschaftlich ausgesogen oder gänzlich zugrunde gerichtet und verheerend entsittlicht. Für koloniale und missionarische Beeinflussung blieben sie bis heutigentags verbissen unzugänglich, ihr Verschwinden gereicht somit der gesunden Negerbevölkerung und auch dem Lande zu vorteilhafter Entlastung. Sie selbst sind sich über ihr bevorstehendes Aussterben im klaren und haben sich klaglos damit abgefunden. Eine bloß kurzfristige, wenngleich das nackte Leben der damaligen Negerstämme bedrohende und sehr erregte Episode stellt das Auftreten der Wangwana im Ituri-Bereiche dar.

Bei gedrängter Zusammenfassung der bisherigen Ausführungen gelangt man zu folgendem H a u p t e r g e b n i s : Die Kulturform der Negervölker im

Ituri-Walde ist ein arteigenes Gebilde, entstanden in Anpassung der früheren
Lebensführung der negerischen Eindringlinge an die vorgefundenen Bedingungen in der neuen Umwelt. Unter Auswertung des aus früheren Wohnbereichen mitgebrachten Erfahrungswissens haben sie eine besondere Form des
Feldbaues geschaffen, der es ihnen gestattet, an jedwedem Tage im Jahres-
ablauf die für den Tagesbedarf erforderliche Menge an pflanzlichen Nahrungsstoffen ihrem Acker zur unmittelbaren Verwendung zu entnehmen. Diesen
unschätzbaren Vorteil gewährt ihr Bananenbau. Um den Ertrag aus anderen
gezogenen Nährpflanzen zu erlangen, müssen die Ituri-Neger auf die Reifezeit
warten, zu welcher sie die gesamte Fruchtmenge auf einmal einernten; daraus
folgert sich die Verpflichtung zum mühsamen Aufbewahren und Verteilen des
in einem einzigen Zuge eingebrachten eigentlichen Erntesegens auf die nächsten Monate. Kluge Berechnung war es also, aus der heraus unsere Eingeborenen sich zum Anbau der Banane in weitüberwiegendem Ausmaß entschlossen haben; denn aus diesen Pflanzungen versorgen sie sich Tag um Tag
ausgiebig und bleiben unabhängig von der ungewissen Jahresernte aus anderen
Pflanzenarten. Das Zurichten des Bananenfeldes fordert im wesentlichen nicht
mehr als das Loslösen und geordnete Einsetzen der jungen Schößlinge, die am
Stamme der alten, nach der Fruchtreife ablebenden Staude hervorsprossen.
Das Feld selbst bedienen die Negerinnen und nur beim eigentlichen Roden
greifen ernsthaft auch ihre Männer ein.

Größere Haustiere zu halten, wäre das auch nur in beschränkter Kopfzahl,
gestattet der Waldbereich nicht, weil ausgedehnte Weideplätze fehlen. Die
Ernährung der Waldneger bleibt nahezu ausschließlich vegetabilisch; fast aller
Zuschuß an Fleisch entstammt dem freien Jagen der benachbarten Pygmäen.
Die Dorfsiedlungen zeigen nach allgemeiner Anlage und Wohnhausform ver-
schiedene Grundrisse, sie liegen in nächster Nähe der Felder und beschränken
sich durchgehends auf eine mäßige Ausdehnung. Der Hausrat hält sich in sehr
bescheidenen Grenzen. Der Körperbedeckung dient ein schmaler Baststreifen.
Zieraten sind zwar mannigfaltig, doch ziemlich einfach und ohne überladene
Ornamente.

Die Gesellschaftsordnung ruht auf vaterrechtlicher Grundlage. Ein Häuptling steht jedem Dorfe vor, deren mehrere von einem Großhäuptling regiert
werden. An die monogame Ehe hält sich die Allgemeinheit und die seltenen
polygamen Ehen gelten als ein Luxus der Reichen mit dem prahlerischen
Wunsche, sich hervorzutun. Irgendwelche Gliederung des Stammesganzen nach
gewerkschaftlichen Ständen bzw. Berufsklassen oder nach geheimbündlerischer
Zugehörigkeit unterbleibt. Gewandte Männer üben das Schmiedehandwerk aus
und die meisten Dörfer besitzen wenigstens einen. Die geistigen Vorstellungen
dieser Waldneger sind vom Hexen- und Zauberglauben erfüllt, selten nur
gelangt das streng religiöse Gedankengut zu einem erkennbaren Ausdruck.
Beherrschende Wirksamkeit jedoch entfaltet der altertümliche Clantotemismus.

Von Stamm zu Stamm betonen sich naturgemäß mehr oder weniger erhebliche Unterschiede in gegenständlichen Besitzgütern wie auch im Bereiche

des Gesellschaftlichen und Geistig-Seelischen. Alle Waldneger stehen jedoch in einem lockeren oder strafferen symbiotischen Abhängigkeitsverhältnis zu den ihnen benachbarten Pygmäenhorden, auf welch letztere sie zwecks Erlangung der Fleischnahrung angewiesen bleiben. Die kurzfristige gewaltsame Berührung beider Rassegruppen, der negerischen und der pygmäischen, mit den mohammedanischen Wangwana gereichte vor allem der ersteren zu einer empfindlichen Schädigung und tiefgreifenden Beeinträchtigung in mehrfacher Hinsicht.

3. Rasseform

„Die Urwaldgebiete im Osten des Kongo und im Westen des Großen Afrikanischen Grabens sind in ethnischer Beziehung viel heterogener als das Zwischenseengebiet. Ihrer Bevölkerung fehlt es vor allem an einheitlicher Kultur, was schon in den sprachlichen Verhältnissen scharf zum Ausdruck kommt. Wir haben hier neben den nordöstlichen Kongo-Bantu noch Sudan-Stämme und zahlreiche Pygmäen, die jedoch den Kongo-Fluß nicht erreichen." Will sich diese Beurteilung, die CZEKANOWSKI (b): 555 seinerzeit ausgegeben hat, auf Grund unserer gegenwärtig besseren Erkenntnis noch aufrecht halten, dann eben nur in dem Sinne, daß an die mannigfachen Sonderformen von durchgehends untergeordneter Bedeutung erinnert wird; ohne indes das grundsätzlich gleiche Wesensbild der negerischen Urwaldkultur für den Ituri-Bereich zu verleugnen. Solchem im vorigen Abschnitt bewiesenen Sachverhalt gegenüber wird es nicht wundernehmen, bezüglich der Rasseform dieser Waldneger eine ähnliche Verteilung von Übereinstimmungen und Verschiedenheiten anzutreffen. Die folgenden Ausführungen dürften davon überzeugen, daß sich ein grundsätzlich einheitlicher Rasseformkreis in den nach Herkunft und Sprachbesitz voneinander abweichenden Waldnegervölkern ausprägt. Von einer säuberlich durchführbaren Typengliederung kann keine Rede sein: was von vornherein deshalb nicht zu befremden braucht, weil Kulturgüter einschließlich der Sprache in eine völlig andersgeartete Sparte fallen als biologische Bildungen und erbbedingte Formen. Gibt es ja doch in der Geschichte der Naturvölker eindeutige Beweise genug, daß Vertreter des gleichen Rasseformkreises eine verschiedenen Sprachstämmen verbundene Mundart reden oder andersgearteten Kulturgruppen angehören; wie umgekehrt auch mehrere rassische Varietäten und selbständige Rassen im Besitz des gleichen Wirtschaftsbetriebes übereinstimmen.

Gefühlsmäßig neigt man dazu, mit eben dem letztgenannten Umwandlungsvorgang für unsere Waldneger zu rechnen, falls sich ausfindig machen ließe, daß ein jeder dieser Stämme seine eigene und selbständige rassische Ausgangsform in das Ituri-Gebiet mitgebracht hat. Gewiß wird es gelingen — um hier schon das Ergebnis der nachfolgenden Erörterungen vorweg zu nehmen —, bei angestrengtem Erpressen da und dort einzelne Typenmodifikationen oder Subvarietäten aus der Gesamtheit eines bestimmten Stammes herauszuheben, zur

abweichenden Unterscheidung von Mitgliedern benachbarter Negervölker. Diese
verflüchtigen sich indes teilweise als echte Phaenotypen und teilweise als gelegentliche Häufungen in einer gegebenen Kontaktzone; weswegen sich alles
Unterschiedliche in den konstitutionellen Komponenten dieser Ituri-Neger-
gruppe tatsächlich auf ein geringes Maß beschränkt. Leider sagen auch diese
vielfach einander angeglichenen Eigenheiten viel zu wenig über die ursprüngliche rassische Herkunft aus.

Niemand wird zu behaupten wagen, die weitgehende Vereinheitlichung im
rassischen Merkmalsbild der Waldneger sei als eine angleichende Wirkung der
jetzigen U m w e l t zuzuschreiben. Sicherlich bleibt diese nicht ohne Einfluß zu
engbegrenzter Abwandlung auf Kleinigkeiten im Körperlichen und Seelischen,
weswegen ein oberflächlicher Beurteiler ihr einen Erfolg über Gebühr zuer-
kennen mag. Zu tiefgreifenden und bleibenden Umgestaltungen vermittels
echter Mutationen für einen kopfreichen Rassetypus ist jedoch, wie ich meine,
keinesfalls der erforderlich lange Zeitraum als Aufenthalt dieser Negergruppen
im Urwalde verstrichen. Seiner biologischen Ganzheit nach beurteilt ist die
Negerrasse offenkundig kein ursprünglicher Waldbewohner; vielmehr war sie
bereits zu ihrer biologischen Eignung für die tropische Steppenlandschaft
herangezüchtet, als widrige Umstände nicht sicher nachweisbarer Art sie in das
Dunkel des feuchten Waldes abschoben, mit dessen offenkundig menschenfeindlichen Lebensbedingungen sie sich nun abfinden muß. Als vordringliche Deu-
tungsmöglichkeit macht sich die geltend, daß sämtliche jetzt im Ituri-Wald
nebeneinander gelagerten Negerstämme von Anfang an sich in den wesentlichen Rassemerkmalen einander nahe standen; — inwieweit sie richtig oder
wahrscheinlich ist, das gelangt gegen Schluß dieser Darstellung ausführlicher
zur Erörterung. Zumindest enthält die Zugehörigkeit eines bestimmten Negerstammes zu dieser oder jener Sprachfamilie bzw. Kulturform einen zweckdien-
lichen Hinweis, den gänzlich unberücksichtigt zu lassen sich keinesfalls empfiehlt. Unumwunden muß auch zugegeben werden — und weiter oben wurde
davon bereits gesprochen —, daß manches Negervolk es mit der Absperrung
gegen seine Nachbarn nicht wirksam streng nimmt; dementsprechend Zwischenheiraten mehr oder wenig häufig und stellenweise sogar als Regel zustande
kommen. Zwar wissen solche Verheirateten für sich selbst um ihre ursprüngliche Stammeszugehörigkeit, indes rechnen ihre Kinder und erst recht Kindes-
kinder unbesehen schon zur Volksgemeinschaft des Vaters bzw. Großvaters.
Diesbezüglich erhöhen selbst tiefe sprachliche Unterschiede die damit gegebene
trennende Scheidewand nicht.

Da es in der Wirklichkeit der Waldneger weder eine deutliche Typen-
aufgliederung größeren Maßstabes noch eine irgendwie geartete, eindeutig
durchführbare rassische Schichtung gibt, faßt die folgende Besprechung der
einzelnen Körpermerkmale aller aufgezählten Ituri-Negervölker notgedrungen
diese letzteren als eine rassebiologische Einheit im weiteren Sinne auf und
begründet ausführlich ihre k e n n z e i c h n e n d e R a s s e f o r m als deren
Eigenbesitz; die begleitenden Sonderbildungen werden als solche gewürdigt

und finden daneben gelegentlich ebenfalls gebührende Berücksichtigung. Körpermaße habe ich selbst bloß von Mitgliedern des Lese-, Ndaka-, Bali- und Beyru-Stammes abgenommen; überdies hatte ich oft ausgiebige Gelegenheit, Neger und Negerinnen anderer Volkszugehörigkeit zu beobachten. Früher schon hat CZEKANOWSKI (a) die Ergebnisse seiner Messungen an vielen Männern aus zwölf Waldstämmen — neben anderen, die in der Steppe leben — veröffentlicht; leider ohne ausführliche Beschreibung. Alles dieses in der folgenden Schilderung zusammengenommen, wird dazu verhelfen, ein erstes einigermaßen vollständiges und anschauliches Bild von der rassischen Eigenart aller Neger im Ituri-Walde zu vermitteln; mag diesem Gewinn auch eine leichte Ungenauigkeit wegen der teilweise niedrigen Vertreterzahl, aus welcher die Mittelwerte berechnet wurden, anhaften.

Die hier zusammengetragenen Werte samt den dazugehörigen morphologischen Erörterungen sind — was jeder Sachkenner weiß — die ersten aus dem bezeichneten Gebiet; und schließlich muß die Anthropologie einmal anfangen, auch dort hineinzuleuchten. Wenn sich also in den erforderlichen Zusammenstellungen zuweilen unerwartet weite Abstände in den Mittelwerten für das gleiche Körper- oder Kopfmaß auftun, z. B. für die Körperhöhe der Bali, berechnet von CZEKANOWSKI = 1579.9 mm und von GUSINDE = 1608.9 mm, mithin ein Unterschied von 19.0 mm, so trägt daran meistens die jeweils ungenügende Menge der untersuchten Personen die Schuld. In den Zahlen allein indes liegt für die Anthropologie nicht die Entscheidung: eine Erkenntnis, die sowieso jedermann geläufig ist. Selbstverständlich habe ich mich bei meinen Messungen an das von R. MARTIN richtunggebend aufgestellte Schema gehalten. Die von CZEKANOWSKI (a): 171 angewandte Methode stimmt nach seinen eigenen Erklärungen mit jenem Verfahren überein, weswegen uneingeschränkte Vergleichung und Zusammenstellung seiner Ergebnisse mit meinen statthaft ist.

Ausführliches über die p e r s ö n l i c h e n N a c h w e i s e der untersuchten Neger und Negerinnen vorzulegen, das dem Ziele dient, ihr körperliches Erscheinungsbild zu vervollständigen, erübrigt sich. Sie sind dort zu Hause, wo ich sie beobachtet habe, und ihre Lebensführung bewegt sich im Rahmen der grundsätzlichen Haltung ihres Stammes. Den gesunden Leuten in mittleren Lebensjahren habe ich für die anthropologischen Messungen den Vorzug gegeben und jede andere Rücksicht bei der Auswahl unterlassen. Selbstverständlich ließ sich das Lebensalter bloß annähernd bestimmen und bei vielen Leuten habe ich es überhaupt nicht verzeichnet, da sie ausnahmslos im Alter von 26 bis 40 Jahren standen. Was an europäischen und mohammedanischen Einflüssen bis zu ihnen vorgedrungen ist und von ihnen übernommen wurde, war nicht dazu angetan, ihren Phaenotypus entscheidend zu ändern oder zu verdecken. Denn obgleich einige Männer beispielsweise bei seltener Gelegenheit ein weißes Europäerhöschen anlegen, so verliert sich infolgedessen nicht ihre natürliche Hautfarbe. Kein einziger der untersuchten Männer hat eine längere oder kürzere Zeit in Minenwerken oder im Militärdienst oder in Sklaverei der Wangwana zugebracht; ebensowenig sind die aufgezählten Negerinnen in einer

Missionsstation oder in der Hauswirtschaft europäischer Ansiedler tätig gewesen. Meine Listen enthalten somit die Maße von gänzlich unverfälschten
Naturmenschen.

Gegen eine Abnahme der an sich gehäuften Körpermaße sträubte sich
niemand, nachdem ich mit humorvoller Würze jeder versammelten Gruppe den
ganzen Vorgang als harmlose Neuigkeit bezeichnet und den Zuschauern mehrmals Gelegenheit gegeben hatte, sich selbst daran nach ihrer Art zu belustigen.
Mit der gleichen Unbefangenheit stellte sich für photographische Aufnahme
jedweder zur Verfügung, den ich aufrief. Der Erwähnung überflüssig ist, daß
sich dabei einzelne höchst linkisch benahmen und in unnatürliche Verzerrungen
verfielen.

Um der Forderung nach scharfer geographischer Kennzeichnung der Ansiedlung aller untersuchten Personen zu entsprechen und in Vervollständigung
der oben gebotenen Angaben zur Umgrenzung des Wohnraumes der einzelnen
Urwaldstämme, werden sofort die Stellen genannt, an denen ich die anthropologischen Maße hauptsächlich gewonnen habe; meistenteils sind sie in die
Landschaftsskizze eingetragen, die diesem Buche beiliegt. *Balese* (Lese) wurden
beobachtet an der allgemeinen Verkehrsstraße von Irumu nach Mambasa, am
meisten nahe dem Loyu-Flusse. *Bandaka* (Ndaka) der Bezeichnung N 101---
N 116 sind in Avakubi, und die mit N 117—N 170 im Dorfe des Kayumba
gemessen worden. *Babali* (Bali) wurden allein im Dorfe des Amaša unweit
Avakubi aufgenommen, wo ich eigens zu diesen Arbeiten einige Aufenthalts-
tage verbracht habe. *Babeyru* (Beyru) habe ich in ihrem eigenen Dorfe auf-
gesucht und dort anthropologisch bestimmt. Wegen Erkrankung und anhaltender körperlicher Ermattung, aber auch aus Mangel an der erforderlichen Zeit
mußte ich mich im Heimatbereich der Babira (Bira), Wabudu (Budu), Balika
(Lika), Medjé und anderer Stämme im ganzen Osten des Ituri-Waldes auf
bloßes Beobachten beschränken und auf eine umständliche Abnahme der
Körpermaße verzichten. Die Lese gehören zu jener Abteilung der Momvu-
Gruppe, die im Walde siedeln, die Beyru sind ebenfalls mit Medjé und Barumbi eigentliche Waldbewohner aus der Mangbetu-Gruppe; Ndaka und Bali,
zusammen mit Lika und Budu gehören den Nord-Bantu, hingegen die Bira,
sowohl als Gras- wie als Wald-Bira, den Süd-Bantu an (S. 228). Mag auch die
Zahl der aus diesen vier Negerstämmen herausgehobenen und anthropologisch
untersuchten Einzelpersonen unbedeutend sein, die den Körpermaßen beigegebenen Beschreibungen vermitteln ergänzend eine hinreichend deutliche Vorstellung von den morphologischen Eigenschaften der Waldneger am Ituri.

a. Das gestaltliche Gesamtbild

In den letzten Jahrzehnten hat das anthropologische Fachwissen die Wirklichkeit rassischer Unterschiede im afrikanischen Zweige des n e g r i d e n
H a u p t s t a m m e s bestimmter erfaßt und entschlossen vertreten. Während
die rassebiologischen Verhältnisse im sogenannten Weiß-Afrika bereits zu einer

erfreulich klaren Sichtung gebracht werden konnten — was vorwiegend das Verdienst französischer Forscher ist —, haben im nicht minder geräumigen Schwarz-Afrika, zumal in dem vom tropischen Urwald überzogenen Landstreifen, diesbezügliche Bemühungen nur an wenigen Stellen eingesetzt. Nicht nur in populären Darstellungen, auch in manchen wissenschaftlichen Erörterungen gab und gibt man sich mit der grobgefaßten Aufgliederung dieser südlichen Negriden in zwei umfangreiche Gruppen zufrieden: in die Neger mit Sudan-Sprachen und in die mit Bantu-Sprachen. Erstere kennzeichnet man als hochgewachsene, stark dolichokephale und dunkelhäutige Menschen, letztere als eine mittelhohe oder kleine, vorwiegend kurzköpfige und hellhäutige Bevölkerung. Die erwähnten Merkmale sagen über die Gesamtform viel zu wenig, ja nahezu gar nichts über die artbedingte Wesensprägung der wirklich vorhandenen Rassen und Varietäten aus, in die das ausgedehnte Schwarz-Afrika zerfällt. Zudem weiß jedermann, welch beträchtliche Einströme fremden Blutes erfolgt sind, hauptsächlich im eurafrikanischen Bereich von seiten der Äthiopiden.[1] Kleinmeisterliche Feinarbeit tut somit in jedem einzelnen Gebietsabschnitt des tropischen Neger-Afrika dringend not und im Dienste dieses Erfordernisses stehen die folgenden Ausführungen. Da letztere grundsätzlich bloß eine sogenannte Materialpublikation sein wollen, finden Hinweise auf anstoßende Negerstämme außerhalb des Ituri-Gebietes keine nennenswerte Berücksichtigung; sowieso liegen keine umfangreichen anthropologischen Monographien vor.

Zu den jedem Beobachter gleich anfangs sich aufdrängenden Rassemerkmalen gehört die K ö r p e r h ö h e. Sie unterliegt im Ablauf des Tages leichten, nachweisbaren Schwankungen, die u. a. durch schwere Arbeit ausgelöst werden. Da sich alle Waldneger und durchgängig noch stärker die Negerinnen in ihren Pflanzungen sowie beim Herbeischaffen der Nahrungsmittel mit nahezu alltäglicher Regelmäßigkeit beträchtlich anstrengen müssen, dabei lange Stunden in gebückter Stellung verharren, habe ich an den untersuchten Personen die Körpermaße ausnahmslos vor ihren üblichen Arbeiten abgenommen, um ein zuverlässiges Ergebnis zu erreichen. Nach R. Martin beläuft sich die Körperhöhe für die gesamte Menschheit im Mittelwert auf 1650 mm, dabei als normalphysiologischen Bereich 1200—2000 mm vorausgesetzt. Mithin nehmen unsere Waldneger eine Stufe in der Übergangszone von den kleinen zu den mittelgroßen Gruppen ein, d. h. der eine Stamm gehört noch zu jenen und der andere Stamm schon zu diesen; weil 1600 mm die rein schematische Grenze bilden. Wer sich bei der Beurteilung dieses Merkmals auf den bloßen Augenschein verläßt, kann leicht in die Irre gehen. Kommt er nämlich, wie es bei mir sich ereignet hat, aus dem Gebiet der schlanken, hochgeschossenen Nilotenstämme ziemlich unvermittelt zu unseren Waldnegern, dann wertet er diese unwillkürlich als klein; sieht er sie aber neben ihren nachbarlichen Bambuti aufge-

---

[1] Unter dieser Rücksicht wirkt der weitgreifende Versuch des bekannten Anthropologen E. von Eickstedt: Völkerbiologische Probleme der Sahara (Beitrag zur Kolonialforschung. Tagungsband I, S. 169—240; Berlin 1943) erfrischend aufschlußreich.

stellt, veranschlagt er sie gefühlsmäßig als groß. Mithin entscheidet allein der einwandfrei gewonnene Mittelwert. Wo ich einen solchen zum Vergleich aus CZEKANOWSKI für dieses und für alle später zu behandelnden Körpermaße beibringen kann, wird er mit: n. Cz. kenntlich gemacht.

	Ganze Körperhöhe			Stammlänge	
♂ n. Cz.	♂	♀	♂	♀
Lese	1540.3	1585.6	1479.8	753.1	711.5
Ndaka	1551.7	1588.0	1504.4	736.2	704.8
Bali	1579.9	1608.9	1513.9	750.2	709.4
Beyru	1615.1	1618.6	1534.7	743.8	687.9

Der für die Körperhöhe vom Geschlecht bedingte Unterschied in den von mir bestimmten Volksstämmen bewegt sich zwischen 105.8 und 83.6 mm und spricht eindeutig normale Verhältnisse aus; denn unsere Neger stehen vorwiegend an der oberen Grenze für die Kleinwuchsgruppe. Drückt man im einzelnen die Körperhöhe des weiblichen Geschlechtes relativ zu der des männlichen Geschlechtes aus, so beläuft sich der Gesamtmittelwert des letzteren auf 93.3% (Balese), 94.7% (Bandaka), 94.1% (Babali) und 94.8% (Babeyru) des ersteren. Demzufolge sind die Negerinnen im Ituri-Walde, verglichen mit den Männern, um weniger als 6% kleiner: ein für Negride übliches Verhältnis.

Erwägt man den weiten Spielraum, den die individuellen Maße für sich beanspruchen, dann läßt sich nicht verhehlen, daß mehrere Männer und Frauen eine manchen Pygmäen gleiche Körperhöhe besitzen. Für die unseren Waldnegern benachbarten Bambuti habe ich als Mittelwert ♂ 1440.3 und ♀ 1370.4 mm herausgefunden. Unverkennbar schlägt die bezeichnete Variationsbreite auch nach oben aus; dafür jedoch ausreichende Triebkräfte anzugeben, die neben individueller Modifikation tätig sind, fehlt es an greifbaren Unterlagen. Die besonders niedrigen Körperhöhen hingegen möchte ich als vereinzeltes Herausmendeln eines pygmäischen Einschlages deuten, da im langen Ablauf des nachbarlichen Nebeneinander beider Rassegruppen einige Blutmischungen stattgefunden haben. Schließlich darf man die Möglichkeit nicht von der Hand weisen, daß die für unsere Neger jetzt im Urwalde ungünstigeren Lebensbedingungen gegenüber denen in ihrer eigentlichen "Züchtungsheimat", wie O. RECHE sich ausdrückt, ihre Körperhöhe im ganzen ein wenig nach unten gedrückt haben; leider kennen wir die biologische Ausgangsform unserer Waldneger nicht. Darüber besteht kein Zweifel, daß verminderte Körperhöhe als Adaptation sich in den äußeren Bedingungen des tropischen Urwaldes vorteilhaft bewährt; was man hinsichtlich der Großwuchsformen nicht sagen kann.

Zieht man vergleichshalber die Körperhöhen heran, die WENINGER: 113 bei hundert Westafrikanern aus mehreren Volksstämmen bestimmt hat, dann tritt unwiderlegbar in die Erscheinung, wie niedrig unsere Gruppen jenen gegenüber sind. Kein einziger westafrikanischer Stamm weist einen solch geringen Mittelwert auf, der zumindest dem höchsten der Ituri-Leute entspräche; beläuft sich doch auch deren Gesamtmittel auf ♂ 1688.6 mm. Um welch ansehnliche Millimeterbeträge die Nilotiden in den offenen Landschaften östlich vom Ituri-Walde unsere Waldneger hinsichtlich Körperhöhe überragen, weiß jedermann. Tatsächlich räumt dieses Merkmal letzteren innerhalb der zentral-afrikanischen Negriden eine augenfällige Sonderstellung ein, der niemand bisher ernstliche Beachtung geschenkt hat.[1]

Im körperlichen Allgemeinbild, das man sich vollauf berechtigt von der artbedingten S t a m m l ä n g e echter Negriden macht, erscheint diese als unbedeutend im Vergleich zu den Gliedmaßen; hingegen weisen die Ituri-Pygmäen eine sehr beträchtliche relative Stammlänge auf und unsere Waldneger nehmen eine Mittelstellung ein. Begreiflicherweise habe ich es vermieden, die Stammlänge mit der Körperhöhe in Vergleich zu stellen; ist ja doch beim Bestimmen des einen und des anderen Maßes die Gesamthaltung des Körpers verschieden. Die Mittelwerte für erstere genügen zu einer lehrreichen Beurteilung, die Variationsbreiten für ein jedes der beiden Geschlechter halten sich in den üblichen Grenzen, ausgenommen bei den Ndaka.

	Rumpflänge		Schulterbreite		Beckenbreite	
	♂	♀	♂	♀	♂	♀
Lese	457.2	445.7	322.2	320.4	245.7	247.9
Ndaka	448.0	431.2	353.4	324.0	263.4	266.5
Bali	466.1	440.4	350.5	326.1	269.7	271.5
Beyru	453.7	419.8	352.8	322.3	263.3	268.3

Gegenüber der Stammlänge, die häufig als sogenannte Sitzhöhe gemessen wird und als solche bei Naturvölkern sich nur schwierig bestimmen läßt, verdient zu brauchbaren Vergleichszwecken die R u m p f l ä n g e bevorzugt zu werden; berechnet als projektivisches Maß aus der Sternalhöhe und der Symphysenhöhe. Die meisten Rassen und Varietäten in Schwarz-Afrika besitzen einen mittellangen, die Twiden hingegen einen überraschend langen Rumpf.

---

[1] Leider fehlt es empfindlich an einer verläßlichen und eingehenden anthropometrischen Bestimmung der westafrikanischen Negriden. Zintgraff hat dergleichen Untersuchungen „von Negern am Congo" (Zs. f. Ethnologie, Bd. 18, S. 26—33; 1886) verschiedener Stammeszugehörigkeit geliefert, auch solche von Duallas in Kamerun (ibidem, S. 644—646); Ludwig Wolf hat die Baluba und ihre Nachbarn (ibidem S. 725—753), Th. Berké und R. Virchow andere Kamerunvölker beschrieben. Negerstämmen weiter im Süden haben sich französische Forscher gewidmet, so Chantre, Poutrin und Verneau, außer denen, deren Arbeiten Dixon: The Racial History of Man (London 1923) aufzählt. Das von ihnen angewandte Meßverfahren erweckt jedoch mehr oder weniger Mißtrauen, weswegen ich die vorliegenden Ergebnisse nicht zu Vergleichen einzustellen wage.

Da ich mich dieser nicht vollständig enthalten möchte, ziehe ich die Beobachtungen „an hundert westafrikanischen Negern" heran, die 1917/18 in deutschen Kriegsgefangenenlagern „von Prof. Dr. Rudolf Pöch und seinem Assistenten Dr. Josef Weninger" durchgeführt worden sind. Obwohl keine größere Personenzahl aus je einem bestimmten Volksstamme vorgeführt wird, leisten die gewonnenen Zahlenwerte, wegen des zuverlässigen Meßverfahrens, bei vergleichender Gegenüberstellung gute Dienste (Weninger: 1).

Eine Zusammenstellung der einschlägigen Zahlen als Mittelwerte macht ersichtlich, daß in unseren vier Gruppen die Bali-Männer und die Lese-Frauen je den längsten Rumpf aufweisen. Außerdem wird bestätigt, daß jedesmal, absolut gewertet, das weibliche Geschlecht gegenüber dem männlichen einen kürzeren Rumpf besitzt, in Übereinstimmung mit der für ersteres niedrigeren Körperhöhe; die sexuelle Differenz unterliegt diesbezüglich nur geringen Schwankungen. Anders verhält es sich ganz allgemein mit der Rumpflänge relativ zur Körperhöhe, wobei die im weiblichen Geschlecht als Regel die im männlichen Geschlecht übertrifft. Wenn in den von mir berechneten Mittelwerten zu diesem Maßverhältnis die Zahlen für ♂ Ndaka und ♂ Beyru um einiges die für das weibliche Geschlecht überragen, so liegt hierin ein Abweichen von der sonst ziemlich allgemeinen Erscheinung bei den Menschenrassen. Eine rassebedingte Neigung nach dieser Richtung dürfte tatsächlich vorliegen, zeigt sich ja doch in den für dieses Maßverhältnis bei Lese und Bali gewonnenen Ziffern nur ein unansehnlicher Unterschied.

Für eine allgemeine Bewertung ist der Nachweis bedeutsam, daß der Rumpf unserer Waldneger, beurteilt nach seiner Längenentwicklung relativ zur Körperhöhe, kurz ist. Bei ihnen allen, Ndaka-Frauen ausgenommen, liegt das Symphysion oberhalb der Körpermitte. Die absolute Höhenlage des Nabels variiert beachtlich, was bei diesem Maß nicht verwundert; die diesbezügliche sexuelle Differenz der Mittelwerte für die einzelnen Volksgruppen ist trotzdem unbedeutend.

	Höhe des Suprasternale		Höhe des Symphysion		Rumpflänge zur Körperhöhe	
	♂	♀	♂	♀	♂	♀
Lese	1301.8	1183.5	830.3	726.8	29.70	30.08
Ndaka	1298.8	1160.4	818.9	799.6	28.31	27.86
Bali	1324.8	1240.7	858.6	800.2	28.98	29.10
Beyru	1328.5	1266.5	874.8	846.7	28.07	27.36

Haben sich in den bisher aufgezählten Längen- und Höhenmaßen geringfügige Unterscheidungen des einen Negerstammes vom anderen abgezeichnet, so verraten alle Maße für die R u m p f b r e i t e enge und engste gegenseitige Annäherung; was sowohl für die Schulter-, Taillen- und Beckenbreite, als auch für den Transversalen Brustdurchmesser gilt, deren aller Mittelwerte sich zuweilen fast genau decken. Unsere Waldneger insgesamt verfügen somit über die nämliche und allen gemeinsame Rumpfform, sie zeigt kein besonderes Eigenmerkmal für diesen oder jenen Negerstamm. Nur um weniges weiter ist der Spielraum für den Mittelwert der beiden sagittalen Maße gezogen, d. h. für den Sagittalen Brust- und Bauchdurchmesser, obwohl für sie beide offenkundig die individuelle Variabilität naturgegeben weiter auszuschlagen pflegt. Kurzum: unsere vier Waldstämme und die meisten ihrer Nachbarn besitzen einen nahezu genau gleichgeformten Rumpf.

Allein auf der Grundlage dieser zuletzt vorgelegten absoluten Maße läßt sich eindeutig die Rumpfform aller Ituri-Neger umreißen. Sie kommt einem langgezogenen, ziemlich ebenmäßigen Rechteck nahe, weil die Seitenränder in der Ebene der Taillenbreite bloß sehr flach und vereinzelt gar nicht einsinken.

	Transversaler Brustdurchmesser		Sagittaler Brustdurchmesser		Sagittaler Bauchdurchmesser	
	♂	♀	♂	♀	♂	♀
Lese	249.9	229.3	192.7	171.4	201.3	195.5
Ndaka	255.1	238.2	186.3	174.1	193.5	193.9
Bali	252.8	239.0	187.1	171.5	198.1	193.3
Beyru	252.0	236.9	192.4	175.3	201.5	198.7

Die Beckenbreite der Frauen überragt letztere, zufolge der berechneten Mittelwerte, einmal um 41.1 mm und sonst um einen geringeren Betrag, insgesamt um 20.3 bis 41.1 mm. Bei den Männern bewegt sich dieser Betrag allein zwischen 20.4 und 27.5 mm; bei ♂ Lese wird die Beckenbreite von der Taillenbreite sogar übertroffen, mag es sich auch bloß um den unansehnlichen mittelwertigen Betrag von 2.8 mm handeln. Dergleichen geringfügige Unterschiede verschwinden nahezu vollständig für die Beurteilung nach dem bloßen Augenschein. Jedenfalls kennzeichnen sich unsere Neger als betont schmalhüftig und schließen sich mit diesem Merkmal dem von allen Negriden verkörperten Rassebild an.

Die Breite zwischen den Akromien neigt individuell zu Schwankungen, doch pflegt sich durchgängig eine schmale Schulterbreite mit einem längeren Rumpf zu verbinden; daher kommt es wohl, daß „das Verhältnis der Schulterbreite zur Körpergröße keine deutlichen Rassedifferenzen zeigt" (R. MARTIN). Tatsächlich wiederholt sich bei unseren Negern die für alle Negriden als häufigste erkannte Kombination, nämlich: mittellanger Rumpf und schmale Schultern. Über die Breitenentwicklung des unteren Rumpfabschnittes klärt entscheidend die Beckenbreite auf und unterstützend hilft dabei die Taillenbreite mit. Wie schon erwähnt wurde, kommt die nahezu ebenmäßige Rechteckform des Rumpfes unserer Waldneger unbestritten dadurch zustande, daß sie schmalhüftig sind. Ein winziges Mehr und nicht nur ein unansehnliches Minus im Mittelwert für die Taillenbreite gegenüber dem für die Beckenbreite bedeutet für ♂ Negride keine außergewöhnliche Erscheinung, mithin auch nicht für unsere Lese; unter ihnen finden sich Personen, bei denen die Verschmälerung des Rumpfes von den Achselhöhlen her in unabänderlich scharfer Linienführung nach unten verläuft. Unverkennbar eng nähern sich einander alle Mittelwerte für die relativ zur Körperhöhe gesehene Schulterbreite, während die Ziffern für das Verhältnis der Schulterbreite zur Rumpflänge einige Streuung anstreben.

Ein Hinweis auf diese Zahlenverhältnisse bei einigen westafrikanischen Negriden fügt sich passend hier ein. An diesen Gruppen wurden nämlich höhere

Werte für ihre relative Schulterbreite berechnet, z. B. für die ♂ Dualla 25.3, für die ♂ Ewe 25.0 u. ä. m.; die Männer sind im gesamten Aufbau ihres Körpers voller, massiger und schwerer. Um das Merkmal der schmalen Hüften unserer Waldneger noch bestimmter zu verdeutlichen, habe ich ausnahmsweise allein aus den zugehörigen Mittelwerten das Verhältnis der Beckenbreite zur Ganzen Körperhöhe bestimmt; unverkennbar tritt dabei auch die sexuelle Differenz in die Erscheinung.

	Schulterbreite zur Körperhöhe		Schulterbreite zur Rumpflänge		Rumpfbreiten-Index	
	♂	♀	♂	♀	♂	♀
Lese	20.93	20.33	70.51	67.47	73.89	82.41
Ndaka	22.27	21.55	79.02	75.31	74.52	82.34
Bali	21.71	21.55	75.29	74.24	77.06	83.29
Beyru	21.85	21.00	77.89	76.91	74.72	83.39

Alle vorgelegten Berechnungen bekräftigen übereinstimmend, daß sich der Rumpf unserer Ituri-Neger durch eine betont schmale Rechteckform von den westafrikanischen Gruppen absondert. Sehr bestimmt spricht in diesem Sinne der bedeutsame Rumpfbreiten-Index; denn die für unsere Waldneger berechneten Durchschnittsziffern fallen in die Wertzone der höchsten Ziffern für diesen Maßvergleich. Zur biogenetischen Würdigung der aufgezählten Beckenmaße verdient ernste Berücksichtigung die Tatsache, daß sämtliche Negerinnen im Ituri-Bereich mit schwerer körperlicher Tagesarbeit belastet sind und die meisten von ihnen multipare Frauen sind; mithin von diesen beiden Einwirkungen her, zufolge Auslese, die Breitenentwicklung der unteren Rumpfhälfte über ursprüngliche Erbanlagen hinaus gesteigert wird. Die Durchschnittszahlen für den Rumpfbreiten-Index unserer vier Negergruppen bewegen sich zwischen ♂ 73.89 und 77.06 bzw. ♀ 82.41 und 83.39; offensichtlich weiter ist der Spielraum für die erstgenannten. Um mehrere Einheiten ragen diese Werte über alle einzelnen und über die mittlere Gesamtsumme hinaus, die bei männlichen Angehörigen westafrikanischer Stämme berechnet wurden; die einzelnen halten sich zwischen 64.77 und 69.39, der Durchschnittswert lautet auf 67.68.

	Beckenbreite zur Körperhöhe	
	♂	♀
Lese	15.49	16.75
Ndaka	16.59	17.71
Bali	16.76	17.93
Beyru	16.27	17.48

Angesichts dieser Ziffern erklärte WENINGER: 123, daß jene Neger „mit ihrem Mittelwert auf der untersten Stufe der bis jetzt über diesen Index bekannten Zahlenreihe stehen". Bei unseren Negern verjüngen sich die seitlichen Be-

grenzungslinien des Rumpfes, von vorn gesehen, nicht in gleichstarker Neigung
nach unten; er ist anders gebildet und betont augenscheinlich seinen Unterschied gegenüber jener ungewöhnlichen Form. Jedesmal handelt es sich um eine
rassemäßige Eigenheit.

Will man die Formgebung des Rumpfes in die üblichen morphologischen
Konstitutionstypen eingliedern, dann wird man unsere Waldneger teils dem
leptosomen und teils dem athle-
tischen Habitus zuweisen. Ihr B r u s t-
k o r b kennzeichnet sich sowohl durch
eine beträchtliche Länge als auch
durch mäßige Abflachung der ganzen
vorderen Wand. Da alle Männer
durchwegs zu schweren Arbeiten im
Dienste des Nahrungserwerbs verpflichtet werden, hebt sich im Laufe
der Jahre die Brustmuskulatur zu
beachtlich erhöhter Plastik heraus.
Bei Jungmännern erfreut jeden Beschauer der pralle Turgor in den
oberflächlich glatten, dem knöchernen Brustkorb aufgelagerten, straff
gepolsterten Gewebeschichten; dann
beginnen etwa mit dem 30. Lebensjahre die stärker beanspruchten
Muskelgruppen sich augenfällig
durch die Oberhaut hindurch ab-
zuzeichnen und die Grenzen der
einzelnen Muskelkomplexe sich bestimmt abzustecken. Gleichzeitig
verdeutlicht sich eine gewisse Gliederung in den unregelmäßig dik-

Abb. 68. Lika-Neger

ken Weichteilschichten wegen der sich eingrabenden Falten und Fältchen
sowie durch ein merkliches Einsinken der Sternalrinne, und verbunden
damit eine scharfe reliefartige Umrandung jedes Musculus pectoralis
major zur Mitte und nach unten hin. Weiter abwärts treten die sogenannte Magengrube, die Unterrippengrübchen und die Inscriptiones des Musculus rectus abdominis griffig in die Erscheinung; zum Nabel ziehen meistens
mehr oder weniger tiefe Querfältchen, doch sinkt diese Gegend nur selten ein.
Am Schultergürtel sind die Fossa jugularis, die beiden Fossae supraclavicu-
lares sowie die Fossa infraclavicularis deutlich sichtbar ausgehöhlt. Dieser
Zeichnung zufolge besitzt das Hautrelief der vorderen Rumpfwand bei den
Männern reiferen Alters eine reichhaltige plastische Gliederung.

Ganz anders fällt das Bild von diesem Körperabschnitt bei den Negerinnen
der mittleren Lebensjahre aus. Naturgemäß gibt es in der Körperhaut der

Jugendlichen nur eine quellende Fülle. Obwohl diese im Laufe der Jahre manches von ihrer prallen Straffheit verliert, kommt niemals ein vielgestaltiger Oberflächenreichtum von Erhebungen und Vertiefungen zustande, der die vordere Rumpfwand gebildmäßig gliedert. Zwar werden in der Schlüsselbeingegend die bekannten Gruben als flache Senkung sichtbar und vereinzelt auch die Sternalrinne; aber außer einer seichten, grubenartigen Einsenkung eng um den Nabelknopf verstreicht die Haut ganz glatt über die gesamte vordere Rumpfwand. Erst im Greisenalter setzt die physiologisch bedingte Allgemeinerschlaffung der oberflächlichen Gewebe in beiden Geschlechtern ein, es entstehen die unzähligen kurzen, seichten Fältchen gehäuft in manchen Abschnitten und das aufgelockerte Absinken ganzer Bezirke.

Über das hinaus, was bereits angedeutet wurde, weist die vordere Fläche des B a u c h e s nichts Bemerkenswertes auf. Bei den meisten Männern, die ja durchgehends mäßig muskelkräftig und mager sind, zeichnet sich die sogenannte antike Beckenlinie nachdrücklich in die Haut ein und bei sehr vielen jeglichen Alters wölbt sich der ganze Bauch erkennbar tonnenförmig vor, daß von diesem, bei Vorderansicht, häufig die beiden ausgeschweiften Seitenlinien der Taillengegend überdeckt werden. Daher, wie schon oben erwähnt, ein Hinausragen vieler Einzelwerte für die Taillenbreite über solche der Beckenbreite. Geringer ist die Zahl der Frauen, bei denen sich der Bauch in ähnlicher Form ein wenig aufbläht; solche sind es, die in den besten Jahren stehen und schon geboren haben. Ohne einen flachen oder mäßigen Weichenwulst sieht man nicht selten Männer und Frauen mittleren und höheren Alters; bei einzelnen Erwachsenen nur schwillt er geringfügig voller an.

Während bei den Männern jeglichen Alters die Querlinie oberhalb der queren Bauchfalte einem deutlich eingeritzten Strich gleicht, ist die darunter verlaufende Querlinie nur schwach betont; um so bestimmter gibt sich bei Negerinnen die Leisten- und Schenkellinie zu erkennen, zugleich auch als ziemlich scharfe obere Begrenzung der Schambehaarung. Der Nabel zeigt ungefähr in gleicher Häufigkeit die rundliche und die längs-ovale Form, seine mittlere knopfartige Erhöhung verrät viel Unregelmäßigkeit.

Der außerordentlich schlank geformte Rumpf unserer Waldneger wirkt als solcher noch auffälliger, wenn man ihn vom R ü c k e n her betrachtet; dabei erscheint er auch sehr lang und ziemlich genau rechteckig, trotz der flachen Verengerung im Bereich der Taille. Die überwiegend mittelmäßige Magerkeit aller Erwachsenen verhilft zu einer reichhaltigen Oberflächenplastik bei beiden Geschlechtern; deutlich scheinen die Schulterblätter, der Wulst des Deltoides, die Lendenwirbel und der obere Abschnitt des Kreuzbeines durch die aufgelagerten Hautgewebe hindurch, bereits an der Vertebra prominens beginnt die erst flache und im weiteren Verlauf allmählich sich vertiefende Mittelrinne. Beträchtlich sinkt bei den Negerinnen die Lendenlordose ein, ohne daß sich eigentliche Steatopygie anschließt; vielmehr entfaltet sich das gesamte Gesäß nur mäßig, ausgenommen bei vereinzelten ungewöhnlich fetten Weibern. Selbstverständlich fehlt auch den Männern nicht eine mäßig ausgetiefte Lendenlordose, durch deren Einsenkung sie sich von Europäern absondern: handelt es sich hierbei ja um ein für die meisten negriden Gruppen artliches Merkmal. Außerdem werden fast regelmäßig in der vertieften Lendengrube die unter dünner Hautschicht lagernden Corpora und Processus der Vertebrae lumbares bestimmt erkennbar. Weil die Hüftbeine selbst sich bloß geringfügig seitwärts erstrecken, der Panniculus adiposus in der ganzen Hüft- und Gesäßgegend sich auf eine unscheinbare Auflagerung beschränkt, deshalb schnüren sich ebensowenig die nach oben gezogenen seitlichen Rumpfkonturen nennenswert ein und jede tiefe oder mäßige Taillenverengung bleibt aus.

Die allermeisten Waldneger besitzen einen absolut langen und dünnen H a l s , der fast überall den genau gleichen Durchmesser beibehält. Sein Übergang zu den Schultern verläuft in scharfkantigen Ecken und demzufolge nimmt sich der Hals für das beurteilende Auge noch länger aus, als er wirklich ist.

An der Entwicklung der w e i b l i c h e n B r u s t fällt zunächst die leichte Neigung zum achselständigen Ansatz auf, denn dieses Organ rückt bei jugendlichen Waldnegerinnen mehr zur Seite hin als bei Vertreterinnen anderer Rassestämme. Bequem lassen sich die altersbedingten, bekannten vier aufeinanderfolgenden Ausbildungsstadien unterscheiden; und nicht nur an ihnen, sondern ebenso reichlich auch an den Formverhältnissen der endgültigen sekundären Mamma tritt eine regellose Mannigfaltigkeit in die Erscheinung. Die anfänglich schalenförmige und halbkugelige Brust erschlafft für gewöhnlich schon bei Mädchen ziemlich rasch und senkt sich, als wäre sie ein kurzer, schmaler Beutel. Häufiger als bei dieser Entwicklung setzt schon früh die Neigung zur konischen Brustform ein, die nach der ersten Laktation eine Ziegeneuterform annimmt, sich senkt und eine mäßige Fülle durch etliche Jahre beibehält. Erst kurz vor dem Greisenalter verflacht sich auch dieses Organ nach Art eines breiten Fleischlappens. Außerordentlich selten nur begegnet man einem Supramammarwulst von geringer oder mittelmäßiger Anschwellung.

Zu den Sondermerkmalen der großen menschlichen Rassegruppen gehört die absolute sowie relative Längen- und Dickenentwicklung der E x t r e m i t ä t e n . Naturgegeben verfügen diesbezüglich auch die Negriden über unleugbare Eigenheiten und ganz allgemein trifft zu, daß ihre Extremitäten sehr lang und dünn sind.

Was zunächst die A r m e anbelangt, so belehrt der bloße Augenschein bereits eindeutig über die ungewöhnliche Länge, die sie aufweisen. Den unerwarteten Eindruck, den sie hervorrufen, verstärkt überdies ihre überraschend schlanke Form, die bei vielen Frauen sozusagen in Zierlichkeit übergeht. Sämtlichen Waldnegern sind lange und sehr dünne Arme eigen, mag auch dann und wann bei einzelnen Männern die Armmuskulatur ein wenig reichlicher ausgebaut und bei manchen Frauen mittleren Lebensalters das Unterhautfettgewebe ergiebiger eingelagert sein. Bei unseren vier Negerstämmen liegen die Mittelwerte für die Ganze Armlänge relativ zur Körperhöhe zwischen ♂ 44.92 und 46.10 bzw. ♀ 44.68 und 45.02, was in beiden Geschlechtern einem ziemlich engen Spielraum entspricht. Diese Verhältniszahlen stellen sich störungslos in jene Reihe ein, die bisher von anderen menschlichen Rassen berechnet wurde; alle insgesamt weisen anscheinend keine rassediagnostische Verwendbarkeit auf. Zumindest läßt die absolute Ganze Armlänge darüber keinen Zweifel, daß sie, weil sehr beträchtlich, als kennzeichnendes Merkmal der Negriden einge-schätzt zu werden verdient. Sie bewegt sich im Mittelwert für die untersuchten Waldneger ♂ zwischen 711.6 und 739.6 mm, bzw. ♀ zwischen 662.3 und 686.9 mm; gleichzeitig betont sie einen ansehnlichen geschlechtlichen Unter-schied.

	Ganze Armlänge		Armlänge z. Körperhöhe		Armlänge z. Rumpflänge	
	♂	♀	♂	♀	♂	♀
Lese	718.6	662.3	45.31	45.02	152.65	149.14
Ndaka	711.6	672.6	45.63	44.71	161.05	156.16
Bali	739.6	676.4	46.10	44.68	158.94	153.95
Beyru	727.1	686.9	44.92	44.75	160.51	163.93

Die Länge des Ober- und des Unterarmes habe ich je als projektivisches Maß bestimmt, die Maße der Hand hingegen als absolute. Die Mittelwerte für erstere nähern sich einander mehr oder weniger eng. Eine genaue Vorstellung vom Längenverhältnis des Unterarmes zum Oberarm ermöglicht der allein für die Lese berechnete Ober-Unterarm-Index; der Durchschnitt beträgt ♂ 83.74 und ♀ 87.45, bei einer Variationsbreite von ♂ 76.74—91.69 bzw. ♀ 81.35—91.69. Bekanntlich zeigt dieser Index in seinen Mittel-werten auch bei den auf afrikanischem Boden lebenden Menschenrassen eine weitgespannte Variabilität; und zwar nach den bis jetzt von verschiedenen Beobachtern zugänglich gemachten Berechnungsergebnissen von 76.9 bis 96.4 für männliche Eingeborene, mit dem nahezu gleichen Spielraum für das weib-liche Geschlecht. Der für unsere Lese aufgestellte Index macht es offenbar, daß im männlichen Geschlecht gegenüber dem weiblichen der Unterarm etwas kürzer ist. Aus einer von MARTIN: 298 besorgten Zusammenstellung ersieht man, daß die höchsten Ziffern für den Ober-Unterarm-Index tatsächlich auf die afrikanischen Negriden fallen; mithin verhilft dieses Zahlenverhältnis zur Kennzeichnung echter Rassenmerkmale.

	Länge der Hand		Breite der Hand		Hand-Index	
	♂	♀	♂	♀	♂	♀
Lese	164.1	156.2	76.3	69.0	46.62	40.75
Ndaka	167.1	161.1	74.5	65.9	43.00	41.00
Bali	170.5	161.2	71.1	66.6	41.79	41.42
Beyru	170.1	164.2	73.2	66.4	43.13	40.49

Der Hand-Index, der deutlich die sexuelle Differenz hervorkehrt, verrät eine sehr schlanke und schmale H a n d unserer Ituri-Negerinnen; die der

Männer ist nur geringfügig breiter. Die ständige und zuweilen schwere Arbeit
gestattet es keinem der beiden Geschlechter, ihre Hände zu pflegen oder zu
schonen; und das sieht man ihnen auch an. Die Handflächen der meisten Erwachsenen zeigen Schwielen und Risse, die Finger erscheinen grob und knochig,
ohne gefällige und regelmäßige Formen. Wenn sich troß alledem die rassebedingte Zierlichkeit und Kleinheit ihrer Hände erhält, so das nur auf Grund
erbgebundener Anlagen. Die unverbildete Form der Hände und Finger kann
man nur an jugendlichen Personen beobachten, weil sich die alltägliche Be-

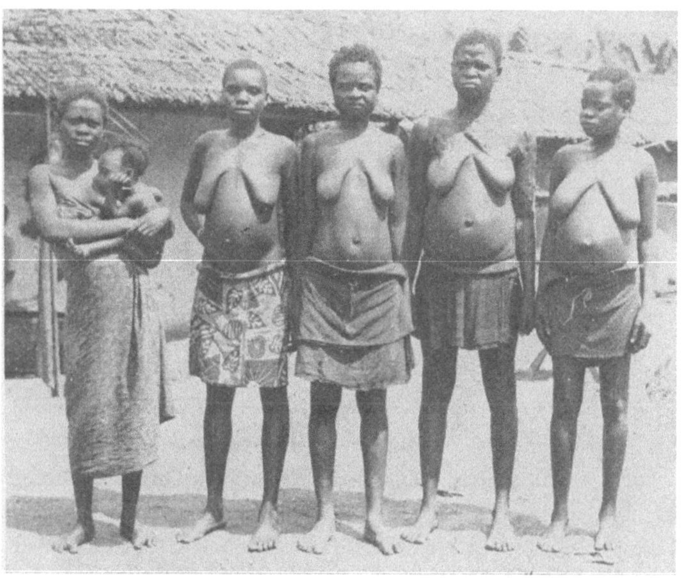

Abb. 69. Beyru-Negerinnen

anspruchung bei ihnen noch nicht gestaltändernd auswirkt. Man überzeugt sich
leicht, daß plumpe und schwere Formen auch bei Männern ausbleiben und
bisweilen nur eine schwache Neigung zur Verbreiterung vorhanden ist. Die
Hände der Negerinnen sind bereits von ihrem Wurzelbeginn an auffallend
zierliche Gebilde, in Übereinstimmung mit den zarten Unterarmen; jeder
Finger gleicht meistens einem ebenmäßigen, engen Zylinder, der zum Endglied
hin sich zierlich verengt. Verdickte Fingerbeeren treten nie auf. Infolge andauernd schwerer Arbeit, die alle Finger leisten müssen, büßen sie bei Erwachsenen mehr oder weniger ihre federnde Beweglichkeit ein; und das zuweilen schon bei Personen, die noch in den besten Jahren stehen.

Niemand bezweifelt den geringen Wert, den die ziemlich häufig gemessene
K l a f t e r w e i t e beanspruchen darf; sie ist eben ein zusammengeseßtes Maß.
Da sie wichtige Proportionsverhältnisse am menschlichen Körper lehrreich
erläutert, sollte man sie bei Primitivrassen niemals übergehen. Bekanntlich
gleicht sich Körperhöhe und Spannweite bloß bei einigen menschlichen Rassen;
bei allen bisher untersuchten Negriden durchweg und erst recht bei unseren

vier Ituri-Stämmen ragt letztere ansehnlich über erstere hinaus. Nicht nur diesen Sachverhalt beglaubigen die absoluten Mittelwerte, sondern auch die überwiegend häufige relative Verkürzung des weiblichen Armes gegenüber dem männlichen. Was den absoluten Wert der Spannweite im bezeichneten Ausmaß bei den Waldnegern steigert, ist nicht die naturgegebene Schulterbreite, die sich nachweislich in bescheidenen Grenzen hält, sondern die Ganze Armlänge selbst; letztere stört gefühlsmäßig jeden europäischen Beobachter bereits an den Jugendlichen. Auch CZEKANOWSKI (a) hat die absolute und relative Klafterweite an mehreren Waldstämmen bestimmt. Beim Gegenüberstellen seiner und meiner Berechnungen tritt eine solch enge Annäherung der Ergebnisse zutage, wie man sie sich bei einem komplexen Maße, das die Klafterweite nun einmal darstellt, nicht günstiger wünschen kann.

	Klafterweite			Klafterweite zur Körperhöhe		
	♂ n. Cz.	♂	♀	♂ n. Cz.	♂	♀
Lese	1611.3	1682.8	1528.3	104.73	106.14	108.72
Ndaka	1662.8	1690.5	1573.0	107.18	106.26	104.60
Bali	1681.8	1720.3	1589.8	106.49	106.89	105.02
Beyru	1697.7	1698.8	1599.9	105.16	104.79	104.24

Hinsichtlich der Umfänge des Oberarmes und Unterarmes weiß jedermann, daß diese Maße sich zu entscheidender rassendiagnostischer Verwertung nicht eignen; sie sind hauptsächlich vom Entwicklungsgrad der Muskulatur und des eingelagerten Fettgewebes, d. h. von schwankenden Zuständen streng individueller Art abhängig. Trotzdem sprechen die bei unseren Waldnegern ermittelten Durchschnittswerte eindeutig für den schlanken und nahezu zierlichen Bau ihrer Arme; was jeder einfache Vergleich bekräftigt. Der größte mittlere Umfang des Oberarmes beträgt bei unseren Lese ♂ 244.8 und ♀ 226.5 mm; das sind Werte, die man z. B. für 16jährige französische Knaben ausfindig gemacht hat. Diese hier angeführten und die entsprechenden bei den drei anderen Ituri-Stämmen nachgewiesenen Mittelwerte geben zu erkennen, daß sich bei ihnen allen eine nur unansehnliche Differenz von wenigen Millimetern im Oberarm-Umfang geltend macht. Nicht minder deutlich tritt das an den Maßen für den Kleinsten Umfang des Unterarmes hervor: ein neuerlicher Hinweis auf den außerordentlich dünnen, schmächtigen Arm auch der Ituri-Männer.

	Ganze Beinlänge		Beinlänge zur Körperhöhe			Beinlänge zur Rumpflänge	
	♂	♀	♂ n. Cz.	♂	♀	♂	♀
Lese	865.6	802.6	56.80	54.42	54.09	184.44	180.00
Ndaka	886.7	834.5	57.08	55.90	55.45	199.30	193.98
Bali	889.0	835.3	57.73	55.72	55.16	192.14	190.19
Beyru	909.8	881.7	57.38	56.21	57.44	200.93	210.53

Das allgemein verbreitete Vorstellungsbild vom mageren, langarmigen und hochbeinigen Neger paßt genau auf unsere Ituri-Leute; jeden Europäer beeindruckt auf befremdliche Art die Wirklichkeit ihrer hohen und dünnen B e i n e und erst lange Vertrautheit damit stumpft gegen eine dergleichen uns ungewohnte Erscheinung ab. Am meisten überrascht den Beobachter der oftmals außerordentlich geringfügige Dickenunterschied des Ober- und Unterschenkels; erst recht bei Negerinnen, bei denen man eine naturgemäß stärkere Anschwellung nach oben von reichlicher eingelagertem Muskel- und Fettgewebe erwartet. Einzelpersonen gibt es selbstverständlich, deren Beine in Übereinstimmung mit dem etwas massigen Rumpf ein wenig dicker und voller sind; außerordentlich gefälliger und schlanker Beine erfreuen sich die Negerinnen der nördlichen Waldbezirke. Dennoch sind es diese Extremitäten hauptsächlich, an denen sich eine mehrfach unschöne Bildung und schlechte Haltung der einzelnen Abschnitte zueinander offenbart. Schweres Lastenschleppen ist es, zu dem bereits die Mädchen im frühesten Lebensalter verpflichtet werden, das gar oft eine unharmonische Gestaltung der dünnen Beine erzwingt. Die Ganze Beinlänge habe ich selbst als Maß 53(1) im Schema MARTINS aus der Symphysenhöhe berechnet, während CZEKANOWSKI (a): 173 vom Iliospinale anterius ausging; die beiderseitigen Ergebnisse, die das Verhältnis der Beinlänge zur Körperhöhe ausdrücken, glaubte ich desungeachtet nebeneinander stellen zu dürfen.

Unsere Neger halten ihre Beine nahezu genau aufrecht gestellt und vermeiden ein Einknicken im Knie selbst geringen Ausmaßes; wohl aber stehen sie ausnahmslos mehr oder weniger geöffnet breitbeinig da. Weder am Oberschenkel noch an der Wade quellen die Muskelbäuche erheblich hervor; als massigen Wulst sieht man diese bei unseren Waldnegern nie und man macht gerechtfertigt seine Schlüsse auf ein enggedrängtes und dünnes, aber um so zäheres Muskelgewebe. Im ganzen zeigen diese Menschen ohnehin das Bild einer straffen, sehnigen Weichteilebildung.

Sowohl die absolute Länge als auch den Umfang des Ober- und Unterschenkels habe ich bestimmt; die individuellen Maße wurden in den Sammeltabellen untergebracht. In den Längenmaßen kommt deutlich zum Ausdruck, daß der Unterschenkel im Verhältnis zum Oberschenkel beim weiblichen

	Länge des Fußes		Breite des Fußes	
	♂	♀	♂	♀
Lese	245.0	221.0	97.6	84.1
Ndaka	247.1	226.1	98.4	88.9
Bali	250.8	227.7	98.9	88.2
Beyru	247.1	232.3	96.9	86.1

Geschlecht etwas länger ist als beim männlichen, und zwar in sämtlichen vier Waldnegerstämmen: eine Erscheinung, die eine Abweichung von der Mehrheit der menschlichen Rassen darstellt.

An der Ganzen Beinlänge beteiligt sich auch die sogenannte Fußhöhe, die
für unsere Neger beträchtlich ist; obwohl sich ihr F u ß im ganzen dem Erdboden nahezu gänzlich flach aufstellt. Im weiblichen Geschlecht weist dieses
Maß ausnahmslos niedrigere Werte als im männlichen auf. Ein langer Fuß gilt
mit Recht als ein die Negriden kennzeichnendes Merkmal und gegenüber der
Länge tritt die Größte Breite unverkennbar weit zurück. Bemerkenswert ist
die sexuelle Differenz nicht nur hinsichtlich der absoluten Länge, sondern auch
hinsichtlich der Breite des Fußes. Durchgehends in gleichmäßiger Entfaltung

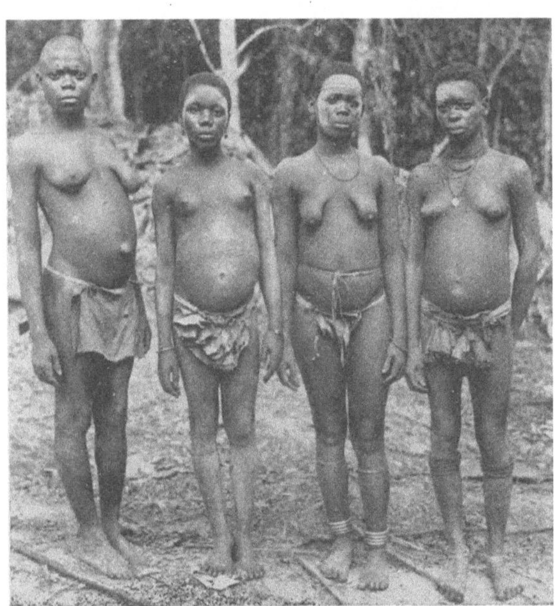

Abb. 70. Lese-Negerinnen

verbreitert sich der ganze
Fuß von der Ferse zu den
Zehen hin fächerförmig, beträchtlicher bei den Män-
nern als bei den Frauen.
Die Ferse steht erheblich
weiter nach hinten heraus
als bei Europäern.

Bei der überwiegenden
Mehrheit der erwachsenen
Waldneger beiderlei Ge-
schlechts ist es die erste
Zehe, die über die zweite
nach vorn vorragt. Das
Interstitium zwischen diesen
beiden hält sich in uner-
wartet mäßigen Grenzen
und die übrigen Zehen
lehnen sich in der Ruhe-
stellung locker aneinander;
eigentliches Spreizen kann

man diese Haltung nicht nennen. Daß die Männer und mehr noch die Frauen
ihre großen Zehen in einer uns Europäern ungewohnten Stärke und Häufigkeit
in Anspruch nehmen, bedarf keines besonderen Hinweises.

Wie schon erwähnt wurde, stellt sich der Fuß unserer Eingeborenen
nahezu vollständig flach mit seiner ganzen Sohle dem Erdboden auf; trotzdem
erkennt man eine sehr bescheidene Wölbung im Abschnitt unterhalb des
Malleolus medialis, weswegen von einem echten Pes planus keine Rede sein
kann. Sicherlich wirken die Höhe der schlanken Beine und die ansehnliche
Länge der nach vorn verbreiterten Füße zusammen, um die eigenartige Gangweise der Ituri-Neger hervorzubringen; und darin gleichen sie allen hochbeinigen Negriden.

Im I n t e r m e m b r a l - I n d e x , den ich aus der Ganzen oberen und
Ganzen unteren Extremität festgestellt habe, hebt sich wieder für jeden einzelnen unserer Waldstämme die sexuelle Differenz heraus, und zwar mit den
niederen Werten für das weibliche Geschlecht; sicherlich wegen seiner kürzeren

Beine. Die in diesem Index allgemein für die menschlichen Rassen zum
Ausdruck gelangenden Unterschiede sind wohl hauptsächlich auf die wechselnde
Kürze ihrer Arme zurückzuführen. Zum Vergleich ziehe ich (nach MARTIN: 324)
hier die Werte für zwei andere Rassegruppen heran. Lange Arme und noch

Intermembral-Index

	Lese	Ndaka	Bali	Beyru	südafrik. Bastarde	Badenser
♂	84.44	81.73	82.82	79.92	81.7	87.2
♀	82.35	80.82	81.03	77.91	80.5	82.8

längere Beine, in absoluter wie relativer Wertung, sind nun einmal hervorstechende Rassemerkmale der schlanken Negriden. Gleichfalls sind, wie soeben
erörtert wurde, manche andere Besonderheiten in der Körperform unserer
Ituri-Leute eindeutig negrid; trotzdem gebührt dieser Eingeborenengruppe eine
Sonderstellung im bezeichneten menschlichen Rassehauptstamm (S. 367).

b. Der Kopf

Ausführlicher fällt die folgende Beschreibung des Kopfes unserer Waldneger aus; bekanntlich schenken alle Anthropologen einer genauen Schilderung
der rassebedingten Kopfmerkmale aus sachlichen Rücksichten eine erhöhte
Aufmerksamkeit. Die vier von uns bevorzugten Negerstämme werden fortlaufend in jenen Einzelheiten getrennt behandelt, die nicht allen gemeinsam
sind. Wie es bisher geschehen ist, wird auch weiterhin eine engere Annäherung
der Ndaka an die Bali zutage treten; offenbar liegt eine seit altersher bestehende innigere Blutsverwandtschaft vor.

Die natürlichen Formverhältnisse des Hirnschädels lassen sich mühelos
bestimmen; denn die überwiegende Mehrheit der Negerstämme im Ituri-Walde
hat sich bis jetzt gegen jede willkürliche Verbildung, die vom Sudan her in die
nördliche Baumzone eingedrungen ist, ablehnend verhalten. Die Verunstaltung
der Lippen, sei es durch Einschneiden stricknadelweiter Löchlein oder durch
Einsatz eines verschiedengroßen, scheibenförmigen Pflocks, findet bei der gegenwärtigen, vom Europäertum tiefgreifend beeinflußten Bevölkerungsschicht der
jüngeren Leute keinen wirksamen Anklang mehr; dergleichen und verwandte
Eingriffe verhindern nirgendwo noch eine einwandfreie Beschreibung des mittleren und unteren Gesichtes. Allerdings lassen viele Jungmänner noch immer
nicht von der schädlichen Sitte ab, sich die Schneidezähne nach üblichen Vor-
bildern zu verstümmeln. Mag die folgende Darstellung noch so erlesene Fein-
heiten in der Formgebung des ganzen Kopfes vorlegen: ihre naturnotwendige
Ergänzung von eingehenden Zeichnungen des knöchernen Craniums her bleibt
leider aus, weil bislang kein Fachmann nicht einmal den und jenen Neger-
schädel aus dem Ituri-Gebiet zu kranioskopischer Untersuchung zu erlangen
vermochte.

Ein geübtes Auge erkennt mühelos, daß sich bei allen Waldnegern die durchgängige **Kopfform** zwischen einem mäßigen Rund und einem bescheidenen Lang bewegt. Der Beobachtung gereicht es zu sehr erwünschtem Vorteil, daß sich unsere Eingeborenen ihr Kopfhaar häufig kürzen lassen; alle Formverhältnisse des ganzen Kopfes liegen sozusagen an der Oberfläche und sind dem Untersucher unbehindert zugänglich. Keine Kopfbedeckungen und Zierschnüre, diademartige Metallreifen oder ähnliche Schmuckstücke beeinflussen in irgendwelcher Weise den natürlichen Wachstumsverlauf. Mit umständlichen und zeitraubenden Haarfrisuren geben sich unsere Negerinnen nicht ab; die manchmal zu Längsreihen gekräuselten Haarknötchen bilden nie dicke Polster und verdecken ebensowenig die natürlichen Umrißlinien des Kopfes.

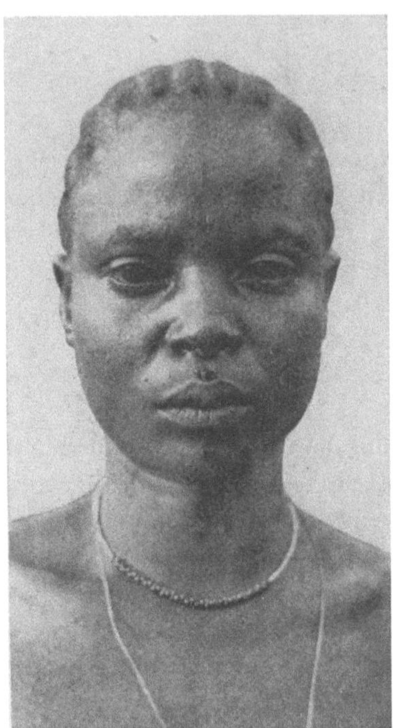

Abb. 71. Bali-Negerin

Eine erste genaue Vorstellung von der Größe des Hirnschädels vermitteln die maßgebenden **Umfänge** bzw. Bögen. Allein auf Abnahme des Horizontalumfanges über die Glabella habe ich mich beschränkt und die dabei erlangten Mittelwerte gleichen jenen, die oberhalb der mittleren Zone des normalen Bereiches für dieses Maß lagern; seine physiologischen Grenzwerte bestimmen 454 und 578 mm. Schon hierbei macht sich der kleinere Wert im weiblichen Geschlecht bemerkbar; was sich durchgehends an den übrigen absoluten Raummaßen des Hirnschädels wiederholt. Alle bisher eingebrachten diesbezüglichen Erfahrungen erhalten in gleicher Weise durch unsere Waldneger eine Bekräftigung, daß sich nämlich in den Mittelwerten und Variationsbreiten für den horizontalen Kopfumfang rassische Unterschiede unerwartet schwach oder gar nicht aussprechen. Beispielsweise stehen unsere Waldneger mit diesem ihrem Mittelwert zwischen denen der Turfan-Leute und der Chinesen mit den Weißrussen.

	Horizontalumfang		Sagittaler Kopfbogen		Transversaler Kopfbogen	
	♂	♀	♂	♀	♂	♀
Lese	552.1	529.7	351.9	344.9	344.6	334.2
Ndaka	553.3	529.3	378.8	366.2	362.0	346.5
Bali	543.3	530.2	362.8	360.7	355.5	346.5
Beyru	552.1	534.5	379.3	362.0	363.5	344.6

Jedoch machen sich rassische Art und Sonderbildungen am Sagittalen und Transversalen Kopfbogen deutlich bemerkbar, kommt doch für diese räumliche

Ausdehnung die eigentliche Schädelform selbst in Betracht. Mithin überrascht nicht die Sprache der Ziffern für die bezeichneten beiden Kopfbögen, insofern bei Vergleichen für ersteren die allerhöchsten unter den bislang bekannten und für letzteren sehr hohe Mittelwerte aufscheinen; obwohl, wie soeben erwähnt, die Ziffer für den horizontalen Umfang der Ituri-Leute nur wenig oberhalb der Mitte jener Reihe liegt, die von den Durchschnittswerten aus vielen Menschenrassen gebildet wird. Innerhalb unserer vier Urwaldvölker selbst offenbart sich eine gewisse gegenseitige Beziehung der beiden Ziffernbereiche insofern, als dem niedrigsten Mittelwert für den Sagittalen Kopfbogen ein solcher für den Transversalen Kopfbogen entspricht und ebenso hinsichtlich des höchsten Wertes; beides jedesmal geltend für das eine wie andere Geschlecht.

	Größte Kopflänge			Größte Kopfbreite		
	♂ n. Cz.	♂	♀	♂ n. Cz.	♂	♀
Lese	186.0	188.4	180.6	146.6	143.9	138.0
Ndaka	188.5	186.9	178.4	147.5	144.9	136.0
Bali	184.6	184.7	178.9	144.9	142.0	138.0
Beyru	189.7	187.9	179.6	145.0	143.3	137.4

Den Hirnabschnitt des Kopfes bestimmen ausschlaggebend zwei g e r a d e M a ß e , die Größte Kopflänge und Größte Kopfbreite. Im Durchschnitt bewegt sich ersteres zwischen ♂ 184.7 und 188.4 mm bzw. ♀ 178.4 und 180.6 mm für unsere vier Ituri-Negerstämme. Diese Zahlen liegen in der mittleren Sphäre der bis jetzt aufgestellten Wertreihe für die Größte Kopflänge der Menschenrassen, auch nahezu in der Mitte vom normal-physiologischen Bereich, den man mit 140 und 230 mm abgrenzt. Bezüglich des Mittelwertes für die Größte Kopfbreite macht sich eine Neigung zu den niedrigen Werten in der Vergleichsreihe mit anderen Menschenrassen erkennbar; nicht derart deutlich indes, wenn man ihn in den normal-physiologischen Bereich von 100—180 mm einstellt. Mithin darf der Kopf unserer Ituri-Neger, auf Grund dieser Maße, als mittelgroß bezeichnet werden; unter ihnen ragen mit höchstem Wert für die Größte Kopflänge beide Geschlechter der Lese hervor und mit den Höchstwerten für die Größte Kopfbreite die Ndaka-Männer und die Lese-Frauen.

Die Bedeutung dieser beiden Maße fordert es, die früher von Czekanowski eingebrachten Ergebnisse vergleichsweise heranzuziehen. Die Mittelwerte für die Größte Kopflänge der ♂ Vertreter aus zwölf von ihm untersuchten Waldnegerstämmen bewegen sich zwischen 184.0 und 191.8 mm; was einem Abstand von bloß 7.0 mm entspricht, innerhalb welchem auch die von mir bestimmten Werte liegen. Für die aus Angehörigen verschiedener Negervölker Westafrikas zusammengestellte hundertköpfige Soldatenschar hat Weninger: 29 als mittleren Wert der Größten Kopflänge 191.35 mm ausfindig gemacht, bei einem Spielraum dieser Mittelwerte von 189.17—193.00 mm für die fünf einzelnen Volksgruppen. Ein näheres Eingehen auf die individuellen Variationsbreiten erübrigt sich; allein die vorgelegten Durchschnittsziffern lassen darüber keinen Zweifel aufkommen, daß alle für unsere Waldneger geltenden Werte im ganzen unter dem für jene Westafrikaner berechneten gemeinsamen Mittelwerte liegen, allein Balika ausgenommen.

Die von CZEKANOWSKI bei zwölf Waldstämmen zusammengestellten durchschnittlichen ♂ Werte für die Größte Kopfbreite bewegen sich im sehr engen Rahmen von 144.9—147.5 mm; während die von mir bei unseren vier Waldstämmen bestimmten ♂ Mittelwerte sich zwischen 142.0 und 144.9 mm halten, also unmittelbar unter den erstgenannten liegen. Mithin weist die unterste und oberste Maßgrenze für die Größte Kopfbreite von 142.0—147.5 mm die nur geringfügige Spannung von 5.5 mm bei insgesamt 1024 Ituri-Negern auf. Bei den von WENINGER: 31 beobachteten hundert Westafrikanern lauten die Ergebnisse: gesamter Mittelwert 142.5 mm aus sechs durchschnittlichen Einzelwerten zwischen 141.27 und 145.1 mm, bei einer unbedeutenden Spannung für diese sechs von 3.83 mm.

Einem fachmännisch geübten Auge tun sich die Unterschiede zwischen den zuletztgenannten und den vorherigen Werten deutlich auf, sie werden greifbarer im bald zu erörternden Längenbreiten-Index. Die Ähnlichkeit unserer Ituri-Neger, auf Grund dieser beiden Längenmaße, mit den Gruppen im Raume östlich von der Baumgrenze kommen weiter unten zur Sprache.

Vom Beurteilen der hier abgehandelten beiden Liniengrößen übergehend zu dem der Kopfform, verdient der zu klassifikatorischen Zwecken allgemein verwendete I n d e x aus Größter Kopflänge und Größter Kopfbreite zuerst besprochen zu werden. Eindeutig weisen sich unsere Waldneger mit allen vier Durchschnittswerten als *mesokephal* aus, u. zw. halten sich beide Geschlechter der Beyru sowie die Lese-Negerinnen an der unteren Grenze für Mesokephalie. Allerdings weitet sich die Variationsbreite für alle individuellen Werte beträchtlich, nämlich ♂ von 70.65—87.43 bzw. ♀ von 70.00—82.56, und reicht dementsprechend in die dolicho- und brachykephalen Formen hinein. Darin sind gleichzeitig die Durchschnittswerte einbezogen, die CZEKANOWSKI (a) für unsere Ituri-Männer ausfindig gemacht hat. Seinerzeit hat er (c): 424 den Längenbreiten-Index des Kopfes auch an mehreren umliegenden Negervölkern bestimmt; allerdings zunächst auf eine nicht ganz einwandfreie Weise, insofern „die langwierige Berechnung der Mittelwerte der Indices durch die Bestimmung der Indices der Mittelwerte ersetzt wurde. Diese Vereinfachung ist bei der geringen Genauigkeit der vorläufigen Mitteilung erlaubt. Tatsächlich sind die Indices der Mittelwerte stets etwas größer als die Mittelwerte der Indices". Beispielsweise nennt er als Längenbreiten-Index in (c): 425 für die ♂ Ndaka 80.0 und für ♂ Bali 77.6, hingegen in (a): 352, 355 auf Grund richtiger Rechnungsweise, für erstere 78.32 und für letztere 78.57. Offenkundig handelt es sich um Unterschiede, die bei einem dergleichen richtunggebenden Maße nicht als belanglos veranschlagt werden dürfen.

Deutlicher, als die beiden oben behandelten Längenmaße es vermögen, spricht der Längenbreiten-Index eine diesbezügliche Absonderung unserer Ituri-Leute von den erwähnten hundert Westafrikanern aus. Die Gesamtheit

der leʒteren weist einen Index von 74.62 auf, bei einer Variationsbreite für
die sechs Gruppenwerte von 73,89—76.10. Nicht nur der verzeichnete allge-

Kopf- maße	Längenbreiten-Index			Längenhöhen-Index		
	♂ n. Cz.	♂	♀	♂ n. Cz.	♂	♀
Lese	78.86	76.33	76.44	65.83	64.58	65.96
Ndaka	78.32	77.59	76.22	68.05	70.20	71.47
Bali	78.57	77.62	77.14	68.12	71.07	71.17
Beyru	76.49	76.34	76.49	66.54	71.61	69.88

meine Mittelwert, sondern auch der höchste Einzelwert liegen unter jedem
Durchschnitt für unsere vier Ituri-Gruppen. Darin den Ausdruck einer selbständigen rassischen Typenbildung je im Osten und Westen zu sehen, besteht
offenkundig zu Recht; insofern unsere Neger im unteren Bereich für Meso-
kephale stehen und die westafrikanischen sich in der Mittelzone für Dolichokephale halten, beide mithin durch mehrere Einheiten voneinander getrennt
sind.

Den Längenhöhen-Index habe ich vermittels der Ohrhöhe des Kopfes
berechnet und dafür Werte ♂ zwischen 64.58 und 71.61 bzw. ♀ zwischen 65.96
und 71.47 erzielt, die ausnahmslos für eine hypsikephale Gestaltung sprechen.
Man nimmt für diesen Index einen normal-physiologischen Bereich von 50.0—
90.0 an. Die von CZEKANOWSKI für unsere Ituri-Männer aufgefundenen vier
Mittelwerte bewegen sich in noch engeren Grenzen, nämlich bloß zwischen
65.83 und 68.12; die für weitere acht Waldstämme von ihm verzeichneten
♂ Durchschnittswerte halten sich ebenfalls in den von mir berechneten Grenzwerten. Sie alle sowie die für unsere Negerinnen bekunden eindeutig Hypsikephalie. Von unserer gesamten Rassegruppe entfernen sich die schon erwähnten hundert Westafrikaner mit einer Durchschnittsziffer von 66.88, bei
einer an sich engen Schwankungsbreite für die sechs Sondergruppen von
66.47—68.18. Alle diese Neger sind, wie WENINGER: 36 feststellt, „mit Ausnahme von 6⁰/₀ ... hypsikephal und die 6 orthokephalen sind auch schon nahe
der Grenze für Hypsikephalie. Mittel, Maxima und Minima sind für alle
Stämme ziemlich gleichartig“. Troʒdem besteht der erwähnte Unterschied
zwischen West und Ost; überdies gibt es unter unseren Ituri-Männern keinen
einzigen orthokephalen. In den meisten menschlichen Rassen herrscht eben
Hypsikephalie oder gesteigerte Orthokephalie, wegen des relativ zur Größten
Kopflänge hohen Gehirnschädels.

Über die Form des Kopfes vermittelt auch der Breiten-Ohrhöhen-Index
wertvollen Aufschluß. Leider unterläßt es mancher Beobachter, die dafür
erforderliche absolute O h r h ö h e abzunehmen und diesbezügliche Vergleiche
lassen sich dann nicht anführen. Die ♂ Durchschnittswerte für dieses Maß bei
unseren Waldstämmen gehören zu den höchsten, die bisher aufgedeckt wurden;
die anderen ♀ halten sich in einer hohen Zone (vgl. MARTIN: 690). Bei einem
Vergleich dieser vier Mittelwerte untereinander fallen die niedrigen Ziffern

für unsere Lese auf, was für beide Geschlechter gilt und durch das von CzEKA-
NOWSKI herausgestellte Ergebnis bekräftigt wird. Wie schon oft in den vorher-
gehenden Schilderungen und in den noch folgenden, decken sich die Ziffern für
Ndaka und Bali nahezu vollkommen, während Beyru sich von diesen beiden
Volksstämmen und von den Lese kennbar absondert. Über den engeren rasse-
genetischen Zusammenhang von Ndaka und Bali besteht jetzt schon kein
Zweifel mehr.

	Ohrhöhe des Kopfes			Tragionbreite	
	♂ n. Cz.	♂	♀	♂	♀
Lese	122.4	121.6	118.9	126.5	125.2
Ndaka	128.2	131.5	127.4	124.8	119.4
Bali	125.7	131.2	127.2	124.6	121.8
Beyru	126.2	134.5	125.4	126.3	119.8

Bei den erwähnten hundert Westafrikanern wurden 127.92 mm als durchschnittlicher Wert für die Ohrhöhe des Kopfes berechnet, und zwar liegen die
sechs Gruppenwerte zwischen 126.87 und 129.54 mm. Diese Ziffern machen
rassische Unterschiede zu unseren Ituri-Leuten nicht eindeutig ersichtlich; die
ansehnliche Mehrheit der menschlichen Rassen besitzt ja, wie soeben gesagt
wurde, ein hohes Neurokranium.

Zu einer richtigen Vorstellung von der Kopfform verhilft als Breitenmaß
noch die Breite über dem Gehörgang, d. h. zwischen dem rechten und linken
Tragion. Diese T r a g i o n b r e i t e verfügt über anatomisch gesicherte Ansatz-
punkte; nicht aber erfreut sich solcher die Größte Kopfbreite, die häufig einige
oder viele Millimeter oberhalb jener Ebene verläuft. Die Wertunterschiede in
beiden Breitenmaßen lassen erkennen, ob in ihrem Bereich die Kopfwände
mehr steil oder mehr gerundet verlaufen. Für unsere vier Negergruppen bewegt sich der Unterschied zwischen diesen Breitenmaßen von ♂ 17.0—20.1 und
♀ 12.8—17.6 mm. Mithin läßt sich davon herleiten, daß die Seitenwände des
Kopfes mäßig gerundet abfallen. Die stärkste seitliche Ausweitung des Hirnschädels unserer Waldneger liegt ansehnlich oberhalb der Ebene der Tragion-
breite. Entscheidende rassendiagnostische Bedeutung kommt diesem Breitenmaß nicht zu.

„Die Rassenunterschiede in der Höhenentwicklung sind absolut geringer
als diejenigen hinsichtlich der Länge und Breite, aber trotzdem scheint bei
mehreren Rassen das Verhältnis der Höhe zur Länge oder Breite noch cha-
rakteristischere Unterschiede zu ergeben als der Längenbreiten-Index"
(MARTIN: 690). Unter dieser Rücksicht habe ich auch den B r e i t e n - O h r -
h ö h e n - I n d e x bestimmt. Für die Gesamtheit der menschlichen Rassen
bewegt er sich innerhalb einer ansehnlichen Schwankungsweite, die nach bisher
vorliegenden Berechnungen von ♂ 75.3—97.5 und von ♀ 81.7—96.7 reicht
(R. MARTIN: 698). Die einzelnen vier Mittelwerte von unseren Ituri-Leuten
liegen ♂ zwischen 84.50 und 93.90 bzw. ♀ zwischen 84.23 und 93.30. Zweimal

übertreffen dabei die Werte der Männerköpfe und zweimal die der Frauen-
köpfe je ihre Stammesgenossen des anderen Geschlechtes. In der Liste für alle
Menschenrassen streben jene Werte offenkundig zu den hohen Ziffern hin.
Eine im Erbgefüge grundgelegte mögliche Korrelation dieses Index mit dem
Längenbreiten- und dem Längenhöhen-Index zu erörtern, verspricht nicht viel
Erfolg.

	Breiten-Ohrhöhen-Index		Kleinste Stirnbreite		Transv. Fronto-parietal-Index	
	♂	♀	♂	♀	♂	♀
Lese	84.50	84.23	107.6	103.5	74.78	74.98
Ndaka	89.95	87.98	109.1	105.0	75.47	77.25
Bali	91.66	93.30	105.2	105.0	73.48	76.15
Beyru	93.90	91.28	108.9	105.3	76.19	76.77

Als letztes geradliniges Maß am Hirnteil des Kopfes der Neger im Ituri-
Bereich habe ich die Kleinste Stirnbreite abgenommen. Dabei wurden
Mittelwerte für die einzelnen vier Stämme erzielt, die einander sehr nahe
kommen; sie bewegen sich ♂ zwischen 105.2 und 109.1 mm bzw. ♀ zwischen
103.5 und 105.3 mm, was einen Unterschied von bloß ♂ 4.1 bzw. ♀ 1.8 mm
ausmacht. Weil diese Werte über 100 mm liegen, kann man sie „als große
Maßzahlen bezeichnen" (R. MARTIN: 710); nur wenige Einzelpersonen der Bali-
und Lese-Gruppe halten sich mit dem Stirnbreitenmaß unter dieser Grenze.
Einander also ziemlich eng verbunden, was man am allerwenigsten an den
Ziffern für die Negerinnen übersehen kann, decken sie sich ungefähr genau
mit dem Durchschnittswert für die gesamte Menschheit. Die dem Stirnbein
aufliegende Haut fand ich locker und dünn, weswegen dieses Maß sich bequem
abtasten ließ. Die Gegend der Meßpunkte zieht sich naturgemäß ein, doch nicht
zu einer erwähnenswerten Tiefe.

Die Kleinste Stirnbreite, die als absolutes Maß manches über die Stirn-
entwicklung auszusagen vermag, verhilft zur Berechnung des Transversalen
Frontoparietal-Index. Er rückt das Verhältnis der Stirnbreite zur
parietalen Kopfbreite in die Erscheinung. Offenkundig ziehen verbindende
Fäden von ihm zum Längenbreiten-Index hinüber, die Unterschiede zwischen
beiden werden von der stärker sich wandelnden Größten Schädelbreite und
kaum je von der ziemlich konstanten Kleinsten Stirnbreite ausgelöst. Zwischen
beiden Breitenmaßen besteht naturgemäß eine enge Wechselbeziehung. Die
für diesen Index aufgestellten Mittelwerte zeigen im weiblichen Geschlecht
ausnahmslos um Weniges erhöhte Ziffern, die an und für sich eine relativ
bessere Ausbildung der Stirn unserer Negerinnen bezeugen. Die vier Werte
liegen ♂ zwischen 73.48 und 76.19 bzw. ♀ zwischen 74.98 und 76.77, der
gesamte Schwankungsbereich umfaßt mithin bloß 2.29 Einheiten. Im ganzen
gelten diese Indices als hochwertig; leider fehlen ausgiebige Beobachtungen an
anderen negerischen Rassevarietäten, die einen Vergleich ermöglichen würden.

In Ergänzung der bis hierher vorgelegten absoluten und relativen Messungswerte läßt sich die Gesamtform des Hirnabschnittes am Kopfe noch durch eine
kurze Beschreibung verdeutlichen. Der Verlauf der großen Umrißlinien sagt
darüber am meisten aus. Die S t i r n steigt im allgemeinen nahezu senkrecht
und mehr oder weniger hoch auf, der haarfreie Teil ist nach den Seiten hin bei
Männern mehr als mäßig breit und bei Frauen meist etwas eingeschränkt.
Stark plastische Einzeichnungen in die Oberfläche fehlen. Augenfällig deuten
sich vielfach sehr niedrige Stirnhöcker an und bei der nahezu gleichen Anzahl
von Erwachsenen verläuft horizontal eine ganz ebenmäßige Rundung der Stirn
über den Höckerbereich, ohne diese merkbar hervorzukehren. Jede dieser
beiden Formgruppen macht ungefähr ein Drittel der Gesamtbevölkerung aus
und beim restlichen Drittel erscheint einer Vorwölbung der oberen Stirn-
schuppe nach Art einer abgeflachten Beule, jedoch weit unansehnlicher als an
den meisten Pygmäenköpfen. Entweder besitzt diese beulengleiche Erhebung
einen rundlichen oder einen breit-ovalen Umriß und die letztgenannte Formung
zieht wie ein sehr seichter, gerundeter Querbalken über die Mittelstirn hinweg.
Mag diese so oder so gestaltete Ausbeulung auch bloß mit niedrigster Abflachung ausgestattet sein, sie kennzeichnet alle damit ausgerüsteten Waldneger
im gesamten Ituri-Bereich eindeutig und ruft dem Beobachter unwiderstehlich
das gleiche, allerdings nahezu blasenförmig aufgetriebene Merkmal an der
Pygmäenstirn in die Erinnerung. In dieses plastisch beulenförmige Gebilde
sind, genau wie an der Pygmäenstirn, die beiden Zonen der Stirnhöcker einbezogen; und man ersieht daraus dessen weitgreifende Ausdehnung nach den
beiden Seiten hin.

Ein anderes den Waldnegern insgesamt anhaftendes Merkmal ist der
etwas höher herausgehobene Arcus supraorbitalis, der naturgemäß sich bei
Männern kräftiger betont. Um so mehr drängt er sich für den Beobachter
hervor, je bestimmter die Ausbeulung der Mittelstirn sich bemerkbar macht;
zugleich senkt sich nämlich der fingerbreite Streifen oberhalb des Arcus zu
einer flachen Furche ein, die gegen jede Schläfe hin schräg nach unten zieht.

Die Stirn als Ganzes, nach dem überwiegend häufigen Verlauf der mediansagittalen Profillinie beurteilt, steigt, mit Beginn bei der Glabella, wie gesagt,
ziemlich gerade oder mit sanfter Rückwärtsneigung nach oben. Oft läßt sich
dieser Abschnitt der Profillinie als gerader Strich zeichnen. Kurz vor der Haargrenze und manchmal auch mit dieser zusammenfallend knickt die sagittale
Stirnlinie beinahe winkelig in Überleitung zum Scheitelabschnitt um. Freilich
vollzieht sich dieser Übergang nicht in allen Fällen nahezu kantig, wie bei
einem rechten Winkel; aber auch dort erscheint er schroff gebrochen, wo er
sich bogenförmig abrundet. Bei jenen Personen, deren mittlere Stirn sich flach-
beulenartig vordrängt, zeigt die Profillinie, von der Seite her betrachtet, überzeugend deutlich eine vorgewölbte Stirn, die als Ganzes steil ansteigt. Wohl
bemerkt man unter den nördlichen Waldnegern gar manche Personen mit einer
leicht nach rückwärts geneigten Stirn, die aber nie zu einer fliehenden wird;
solchen Formen fehlt sinngemäß jedesmal das beulenförmige Vorquellen des

Mittelteils und das betonte Heraustreten der Stirnhöcker. Selbstverständlich
sind hier die unverbildeten, im natürlichen Wachstum nicht behinderten
Formen gemeint. Was durch künstliche Eingriffe an hochgradiger Abflachung
der Stirn erreicht werden kann, z. B. von den Mangbetu im offenen Landstrich
anstoßend an den mittleren Nordrand des Ituri-Waldes, übertrifft vereinzelt
die stark fliehende Stirn an echt primitiven Schädeln der Vorzeit (Abb. 72).

Zu beiden Seiten hin schlägt die Stirn ziemlich allgemein mit einiger
schroffer Kantenzeichnung nach hinten um, mag manchmal auch mehr oder
weniger Rundung die Ecken abflachen.
Mithin gilt die Stirn aller Ituri-Neger
als mäßig hoch und hoch, sowie als mäßig
breit und breit, entsprechend der hypsi-
kephalen und mesokephalen Formung
des gesamten Hirnschädels; ihre Umgrenzung und Oberflächenplastik verraten arteigene Merkmale.

Entsprechend der knickartigen Überleitung der mediansagittalen Kurve von
ihrem Frontalabschnitt in den anschließenden mittleren Abschnitt, zieht sich von
da an das S c h ä d e l d a c h sehr flach und
mit einem unscheinbar geringen Ansteigen
nach rückwärts. Ist nämlich die starke
und zumeist winkelige Krümmung beim
Übergang der Frontalkurve in die Scheitelkurve überwunden, setzt sie sich oft als
ziemlich gerade Linie weiter fort; manch-

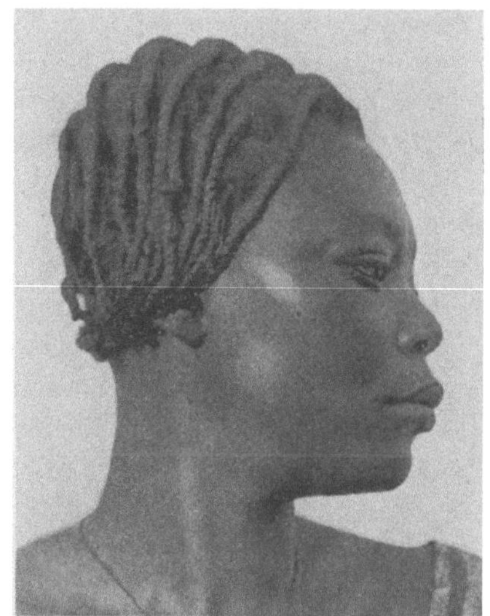

Abb. 72. Mangbetu-Negerin

mal nur kommt eine sehr flache sagittale Wölbung über das ganze Schädeldach
hinweg zustande, niemals ein kräftig aufsteigender und ebensolcher abfallender
Verlauf. Nach beiden Kopfseiten hin sinkt das Schädeldach am häufigsten mit
schroffen Rundkanten ab, manchmal nur mit einer gleichmäßig geschwungenen,
in der Mediansagittale beginnenden Wölbung; was die Ansicht des Kopfes in
der Norma frontalis überzeugend zu erkennen gibt. Die erstgenannte Bildung
betont ersichtlich die flache Abplattung der ganzen Breite des Schädeldaches
sowie die nahezu senkrechte Aufrichtung der ziemlich geradflächigen, nahezu
unscheinbar gerundeten Seitenwände des Hirnschädels. Wie wenig die vertikale
Neigung dieser letzteren zur Mitte hin beträgt, läßt sich aus der geringfügigen
Verkürzung der Jochbogenbreite gegenüber der Größten Kopfbreite ableiten.

Diese hiermit umrissene Beschaffenheit des Schädeldaches und der Seitenwände des Kopfes aller Waldneger vorausgesetzt, erwartet man, in Anbetracht
der bereits erwiesenen Mesokephalie, kein stark ausladendes H i n t e r h a u p t.
Wohl ist es schwach oder mäßig hinausgeschoben, hält sich damit jedoch in
bescheidenen Grenzen. Als häufigste Form zeigt sich eine niedrige Rundung,
von der oberen Schädeldachgrenze an zum Halse hin, ohne auffallenden Knick

über der Protuberantia occipitalis externa. Bei jenen Erwachsenen jedoch, deren Schädeldach an seinen beiden Seiten erkennbar kantig abbiegt, wiederholt sich die gleichartige Begrenzung am Übergang vom Schädeldach zum Hinterhaupt; infolgedessen stellt sich in der Norma occipitalis eine nahezu rechteckige Umrandung der Hinterhauptfläche vor. Unter diesem Eindruck verliert sich für den Beobachter die Wirklichkeit eines mäßig hinausgeschobenen Hinterkopfes; man braucht sich dann nur zur Seitenansicht einzustellen und befindet sich wieder im richtigen Sachverhalt. Häufiger als bei den anderen Waldstämmen zeigt sich die geschilderte kantige Umrandung des Kopfes bei den Ndaka und eben sie weisen ein stark abgeflachtes Hinterhaupt auf. Bei allen übrigen Negern verläuft die mediansagittale Occipitalkurve in einem niedrig geschweiften harmonischen Bogen zum Genick hinunter. Ziemlich genau in der Mitte dieses occipitalen Abschnittes der Mediansagittale liegt der am weitesten hinausragende Punkt als hinterer Maßansatz für die Größte Kopflänge, das Opisthokranion. Etwa gleich häufig erscheint es sowohl oberhalb als auch unterhalb einer Horizontale gelagert, die man sich durch die Glabella laufend vorstellt.

Die bisher erläuterten Einzelheiten, im besonderen die absoluten Maße und die geschilderten Krümmungsverhältnisse, vermitteln jedermann eine ausreichende Vorstellung von der durchschnittlichen Kopfform unserer Ituri-Leute. Selbstverständlich ließen sich noch mancherlei Kleinigkeiten aufzählen. Aber die Somatologie, als ein Zweig der anthropologischen Wissenschaft, zielt auf Synthese ab; sie in detaillierte Zeichnungen von Einzelwesen auflösen, wäre gleichbedeutend einer naturgeschichtsmethodischen Individualcharakte ristik. Bei typenmäßiger Unterscheidung der Waldneger trennen sich die Ndaka, gemeinsam mit den Budu und Bira, von allen restlichen Waldstämmen: ihr Kopf spricht etwas wuchtig oder schwer an, auch verläuft das Schädeldach der Erstgenannten mehr flach, als das der übrigen Ituri-Neger. Die Medjé ihrerseits, samt ihren sprachlich verwandten Waldstämmen, besitzen einen im Vergleich zu allen Nachbarn zierlich gebauten Kopf; und zwar machen sie selbst dieses Merkmal durch künstliche Verunstaltung noch offensichtlicher. Über weitere Eigenheiten dieser Sondergruppen, die wohl als selbständige Typen innerhalb der rassischen Einheitlichkeit sämtlicher Waldstämme im Ituri-Bereich gelten können, wird fortlaufend zu berichten sein.

c. Das Gesicht

Im großen und ganzen vermittelt das Gesicht unserer Ituri-Völker einen Gesamteindruck, welcher sich dem ziemlich nähert, den jeder Europäer gegenüber westafrikanischen Negriden empfindet. Hauptsächlich wird er vom massigen, den negriden Hauptstamm kennzeichnend vorgeschobenen Bau des Untergesichtes mit den wulstigen oder hoch aufgeworfenen Lippen, sowie von der breiten, platten Nase und den schweren Weichteilen rund um die Augen bestimmt; und damit verbindet sich bei Westafrikanern häufig ein beträcht-

liches Rückwärtsneigen der Stirn. Unleugbar jedoch erscheinen diese und
andere Extremformen im negriden Hauptstamme bei unseren Waldnegern
beträchtlich gemildert bzw. zurückgedrängt, sie selbst demnach mit angenehmeren und nahezu europiden Bildungen ausgestattet. Kurz gesagt, unsere
Waldvölker beeindrucken den fremden Besucher etwas wohltuend und teilweise gewinnend; im Gegensatz zu den ausgeprägten Negertypen in der westafrikanischen Wald- und Küstenzone. Erst recht sind es viele Einzelgesichter,
die, in Verbindung mit einer geschmeidigen Körpergestalt, auch jeden Europäer einnehmend ansprechen. Die allge-
meinen Maß- und Formverhältnisse des Gesichtes unterliegen für unsere vier Waldnegerstämme selbstverständlich greifbaren
Schwankungen, doch schließt eine gewisse
Einheitlichkeit in den stützenden Grundzügen sie alle mehr oder weniger eng
zusammen. Letztere findet ihre Begründung nur teilweise in den absoluten und
relativen Maßzahlen, weit mehr in einer
genauen Beschreibung der morphologischen
Ausbildung jener Weichteile, die jeden
Abschnitt des Gesichtes gestalten.

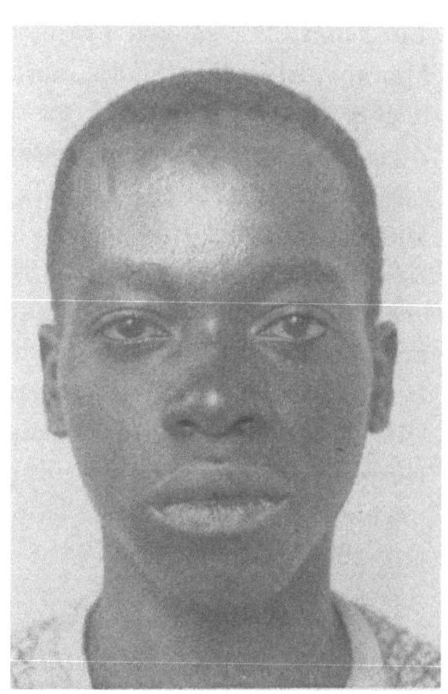

Abb. 73. Ndaka-Neger

Schwerlich dürfte der Versuch gelingen, auf Grund der Höhen- und Um-
rißbestimmungen eine alle Ituri-Gruppen
artlich kennzeichnende G r u n d f o r m
herauszustellen. Trotzdem werden ihrer
aller Gesichter von gewissen einheitlichen Zügen getragen: welchen Sachverhalt die unmittelbar vorausgegangenen
Andeutungen zum Ausdruck brachten. Die vorherrschende Form des waldnegerischen Gesichtes ist ein mittelbreites Oval, das unten ebensooft spitz
als gerundet abschließt. In diesem Umriß drängt die Jochbeingegend häufig,
jedoch nicht allgemein, mäßig stark seitwärts hinaus; nach unten hin verengt
sich die Gegend der Unterkieferwinkel beträchtlicher, als man gefühlsmäßig
erwartet. Würden sich bei den vielfach mageren Gesichtern die knöchernen
Unterlagen nicht gar so erheblich durch die dünne aufgelagerte Weichteileschicht hindurch ausbeulen, spräche die bezeichnete Umrißlinie noch gefälliger
an. Die mediansagittale Profillinie, deren einzelne Abschnitte bald gesondert
zu besprechen sind, kennzeichnen das Gesicht unserer Neger als ziemlich gerade
aufgerichtet; d. h. gar nicht oder bloß ein wenig neigt sich das Obergesicht
nach rückwärts und die untere Gesichtshälfte hält sich entweder in der nämlichen Vertikale oder schiebt sich zu einer durchgehends bloß mäßigen Prognathie vor. Der horizontale Umriß in der Ebene der Jochbogenbreite verdeutlicht
das wenig breite, nach vorn vorgewölbte Gesicht; mithin bleiben mäßig flache

Gesichter fast vollständig aus, erst recht ganz flache. Über diesen Aufbau täuschen selbst die vollen Formen einzelner gut genährter Gruppen der Ituri-Leute nicht hinweg; handelt es sich hierbei ja bloß um gelegenheitsbedingte Erscheinungsbilder.

Zwei Grundmaße verhelfen zur sicheren morphologischen Bestimmung der gesamten G e s i c h t s b r e i t e. Was zunächst die Jochbogenbreite angeht, so bewegen sich die Mittelwerte für unsere vier Waldvölker zwischen ♂ 133.5 und 136.7 mm bzw. ♀ 126.4 und 128.0 mm. Die für sie von CZEKANOWSKI bestimmten Zahlen liegen etwa 3 mm höher, nämlich zwischen ♂ 136.2 und 139.2 mm. Im ganzen ergibt sich eine Spannung von 133.5—139.2 mm für Männer; also Werte, die ein wenig unter den jener hundert Westafrikaner liegen, die WENINGER: 43 bestimmt hat, und die sich oberhalb der mittleren Zone für die gesamte Menschheit einreihen. Das für jene Westafrikaner zusammengefaßte Mittel beläuft sich auf 137.3 mm; eine Ziffer, die über jeden Durchschnitt bei unseren vier Waldstämmen hinausgeht. Obwohl alle Werte für dieses Breitenmaß, die CZEKANOWSKI von weiteren acht Waldstämmen berechnet hat, denen bei genannten Westafrikanern näher kommen als meine eigenen Ergebnisse, ändert dieser Umstand nichts an der Tatsache, daß die Ituri-Neger einer für Negriden mäßige Jochbogenbreite besitzen und dadurch sich von den westlichen Gruppen entfernen. Die Ausweitung des mittleren Gesichtes in die Breite bedingt verbürgte Rassenunterschiede; von der Jochbogenbreite weiß man, daß sie „in den Rassemitteln (♂) von 121 mm bis 145 mm schwankt" (R. MARTIN: 794).

	Jochbogenbreite			Gonia-Breite	
	♂ n. Cz.	♂	♀	♂	♀
Lese	138.1	136.7	127.9	103.7	97.1
Ndaka	137.5	135.7	126.8	103.5	99.6
Bali	136.2	133.5	128.0	102.7	100.7
Beyru	139.2	136.3	126.4	103.2	97.1

Für die Untergesichtsbreite zwischen beiden Gonia bezeugen alle Mittelwerte ebenfalls eine mäßige Breitenentfaltung. Überraschenderweise nähern sie sich den niedrigsten Werten für die Gesamtmenschheit. Sie bewegen sich nämlich zwischen ♂ 102.7 und 103.7 mm bzw. ♀ 97.1 und 100.7 mm. Hierzu sei bemerkt, daß ich das Meßinstrument grundsätzlich sanft angelegt habe, weil bei den untersuchten Personen die aufgelagerte Weichteileschicht durchgehends dünn war; mithin drückt jedes Maß die genaue Breite des unteren Gesichtes aus und widerspricht nicht der unmittelbar beobachteten Gesichtsumrißlinie. Beide Umstände: die absolut mäßige Gesamtbreite und die bescheidene Dicke der Weichteile wirken dabei zusammen, die Gegend der Unterkieferwinkel nicht betont hervorzuheben. Sie stellt sich erst dort naturgemäß aufdringlich heraus, wo vorgeschrittene Magerkeit die Wangen einsinken läßt; von ihr wird jedoch die Umrißlinie des Ganzgesichtes nicht nennenswert beeindruckt.

Ein Vergleich der Jochbogenbreite mit der Kleinsten Stirnbreite sowohl
als auch mit der Unterkieferwinkelbreite verdeutlicht das Bild von den seitlichen Umrissen des Gesichtes. Bei unseren Waldnegern ist ein mittelbreites
Oval im Ganzgesicht vorherrschend, neben welchem auch die schmal-ellip-
tischen und verkehrt-ovalen Gesichtsformen ihren Platz finden. Eckige und
scharfkantige Umrisse zeigen sich fast nie. Für den Jugofrontal-Index wird ein
Schwankungsbereich der allgemeinen Rassenmittel von 66—91 angegeben. Die
Durchschnittswerte für unsere vier Urwaldvölker liegen zwischen ♂ 78.77 und
80.48 bzw. ♀ 80.87 und 83.42; sie stellen sich demzufolge über die Mittelzone
des für die gesamte Menschheit ausgeforschten Spannungsbereiches. Ein beträchtliches seitliches Auswölben der Jochbogengegend über die Kleinste Stirnbreite hinaus fehlt unseren Ituri-Negern; die Unterschiede in den absoluten
Mittelwerten für diese beiden Breitenmaße halten sich zwischen ♂ 26.6 und
29.1 mm bzw. ♀ 21.1 und 24.4 mm, für jedes Geschlecht also in sehr engen
Grenzen.

	Jugomandibular-Index		Jugofrontal-Index	
	♂	♀	♂	♀
Lese	75.90	80.06	78.77	80.87
Ndaka	76.29	78.52	80.48	82.78
Bali	77.00	78.78	78.85	82.02
Beyru	75.73	76.91	80.00	83.42

Die ansehnliche Verschmälerung des Untergesichtes von der Jochbogengegend her gegenüber dem Obergesicht offenbart der Jugomandibular-Index,
der beträchtlich niedriger als der Jugofrontal-Index lautet. Unsere vier Negerstämme weisen für ersteren die Mittelwerte zwischen ♂ 75.73 und 77.00 bzw.
♀ 76.91 und 80.06 auf. Um mehr Einheiten im weiblichen als im männlichen
Geschlecht trennen sich die hier vorgelegten Ziffern voneinander, was ebenfalls
für eine Verjüngung des Untergesichtes gegenüber der Stirnbreitenzone zeugt;
denn „je näher die beiden Indices sich stehen und je höher sie sind, um so
quadratischer und eckiger wird der Gesichtsumriß" (R. Martin: 803). Hinsichtlich beider Indices werden höhere Durchschnittswerte für das weibliche Geschlecht verzeichnet, was für alle menschlichen Rassen als Regel gelten darf;
bekanntlich scheint in der Jochbogenbreite eine größere sexuelle Differenz als
in der Kleinsten Stirnbreite und Unterkieferwinkelbreite auf. Der ovale Gesichtsumriß verkettet sich harmonisch mit der schlanken, hohen Körperform
der Ituri-Leute. Bei den schon mehrmals erwähnten hundert Westafrikanern
halten sich die Mittelwerte für den Jugomandibular-Index um geringfügige
Einheiten unter den bei unseren Waldnegern berechneten; mithin ist deren
Unterkieferwinkelbreite im Vergleich zur Jochbogenbreite etwas enger als bei
diesen, oder, anders ausgedrückt, die Westafrikaner haben ein relativ schmä-
leres Untergesicht als die Ituri-Neger.

Nach den vorgelegten Maßen zu schließen, besitzen alle Negriden durchwegs niedrige Werte für ihre G e s i c h t s h ö h e. Das physiognomische Gesichts-
höhenmaß steht an Verläßlichkeit insofern hinter dem morphologischen zurück,
als ihr oberer Ansatzpunkt nicht an einer knöchernen Unterlage haftet. Früher
wurde schon der Nachweis erbracht, daß unsere Waldneger sich einer nahezu
hohen Stirn erfreuen. Wenn trotzdem ihre ganze Physiognomische Gesichtshöhe
zu den sehr niedrigen Werten innerhalb der Reichweite für das Menschheits-
ganze zählt, dann erfolgt dies auf Kosten des verkürzten Mittel- und Untergesichtes. Die Durchschnittszahlen stellen sich zwischen ♂ 157.7 und 178.7 mm
bzw. ♀ 165.6 und 168.8 mm ein; dabei fällt der enge Schwankungsbereich für
beide Geschlechter unübersehbar in die Augen. R. MARTIN: 791 führt als Mittelwert für dieses Höhenmaß viele Einzelziffern zwischen 170 mm (= Mawambi-
Pygmäen) und 192 mm auf. Unwidersprochen rücken unsere Waldneger an die
Gruppen mit sehr niedriger Physiognomischer Gesichtshöhe heran. Niemand
streitet ab, daß dieser Sachverhalt dem bloßen Augenschein widerspricht; denn
ihm zufolge wertet man das Gesicht zumindest als mittelhoch, hauptsächlich
wegen der nicht zu niedrigen und vielmehr nahezu gerade aufsteigenden Stirn.
Der Augenschein täuscht eben gar zu leicht über das kurze Mittel- und Untergesicht hinweg.

	Physiognomische Gesichtshöhe		Morphologische Gesichtshöhe		
	♂	♀	♂ n. Cz.	♂	♀
Lese	176.7	165.6	105.3	109.3	97.2
Ndaka	175.7	168.8	110.0	107.8	98.4
Bali	178.0	168.0	111.6	106.5	100.6
Beyru	178.7	166.7	112.6	107.1	95.9

Ein verläßlicheres Maß stellt die Morphologische Gesichtshöhe dar; obwohl
sich nicht leugnen läßt, daß die Bestimmung des Nasion bei den Negern zuweilen Schwierigkeiten begegnet. Mit den Bedenken gegen Abnahme dieses
Maßes vom Ophryon oder von der Nasenwurzel her, brauchen wir uns nicht zu
befassen; allerdings schalten hier dergleichen durchgeführte Maße zu Vergleichen mit den unsrigen aus. Die Mittelwerte, die von CZEKANOWSKI und mir
berechnet wurden, schwanken zwischen ♂ 105.3 und 112.6 mm bzw. ♀ 95.9 und
100.6 mm. Derart niedrige Werte für das weibliche Geschlecht treten darin
hervor, wie solche in der Liste für die bis jetzt berechneten menschlichen
Rassenmittel nach R. MARTIN: 792 nicht aufscheinen. Teilweise sind auch die
von mir verzeichneten Durchschnittsziffern um wenige Millimeter niedriger als
die von CZEKANOWSKI gewonnenen; überraschend aber ist die noch beträcht-
lichere sexuelle Differenz in den von mir aufgestellten Mittelwerten. Über die
sehr niedrige Morphologische Gesichtshöhe der Ituri-Neger besteht somit kein
Zweifel. Ein vergleichshalber hier eingeführter kurzer Hinweis auf die schon
mehrmals erwähnten hundert Westafrikaner bekräftigt dieses Werturteil als

richtig· keine einzige der sechs vorgeführten Gruppen und ebensowenig der
zusammengefaßte Mittelwert verzeichnet derart niedrige Durchschnittsziffern
wie solche für die Morphologische Gesichtshöhe bei unseren Waldnegern
herausgestellt werden konnten.

Viel offensichtlicher, als es das vorher behandelte Höhenmaß zuwege
bringt, rückt die Morphologische Obergesichtshöhe den rassendiagnostisch bedeutsamen Vorgang ins Blickfeld, daß sich das Ganzgesicht auf Kosten des
niedrigen Mittel- und Untergesichtes verkürzt. Die für unsere vier Waldvölker
berechneten Durchschnittszahlen liegen zwischen ♂ 59.8 und 63.2 mm bzw.
♀ 54.8 und 60.2 mm; mit dem sexuellen Unterschied eines ganz belanglosen
Minus von 3—5 mm für das weibliche Geschlecht. In der Wertskala für alle
Rassenmittel nehmen diese Ziffern schlechterdings die unterste Zone ein, genau
gleichsinnig mit dem Morphologischen Gesichts-Index. Mithin befremdet nicht,
daß die nämlichen niedrigen Ziffern bei keiner der sechs westafrikanischen
Gruppen (nach WENINGER: 49) aufscheinen; letztere kennzeichnet ein zusammengefaßter Durchschnittswert von 66.78 mm.

	Physiognomische Obergesichtshöhe		Morphologische Obergesichtshöhe		
	♂	♀	♂ n. Cz.	♂	♀
Lese	72.3	67.5	68.6	63.2	60.2
Ndaka	71.4	63.9	68.8	61.6	57.3
Bali	70.4	65.9	70.6	60.7	58.0
Beyru	69.7	62.4	72.3	59.8	54.8

Dem allen gegenüber erwecken die diesbezüglichen Aufstellungen CZEKA-
NOWSKIS berechtigte Bedenken an seiner Methode, die Morphologische Obergesichtshöhe zu bestimmen; denn die seinerseits von unseren vier Waldvölkern
gewonnenen mittleren Zahlen stehen zwischen ♂ 68.6 und 72.3 mm; überragen
also um mehrere Einheiten alle oben vorgelegten Ergebnisse, einschließlich die
von den Westafrikanern. Nach seinen eigenen Worten hat CZEKANOWSKI (a): 173
die Morphologische Gesichtshöhe „vom Nasion bis zum oberen Alveolarpunkt"
gezogen: welche Erklärung offenkundige Übereinstimmung mit der üblichen
Methode nach MARTIN: 165, Maß 20 bestätigt, die von der „geradlinigen Entfernung des Nasion vom Prosthion" spricht. Wahrscheinlich hat dieser Forscher
seinen Gleitzirkel eben doch zu tief angesetzt und demzufolge die höheren
Werte aufgestellt. Meine Vermutung glaube ich mit folgendem Nachweis rechtfertigen zu können. Für die ♂ Bali hat CZEKANOWSKI (a): 355 eine durchschnittliche Morphologische Obergesichtshöhe von 70.58 mm ausfindig gemacht, während das von mir bestimmte Mittelmaß für die Physiognomische Obergesichtshöhe beim gleichen Negerstamm nur 70.4 mm ergab; und bekanntlich liegt der
untere Ansatzpunkt für letztere, nämlich das Stomion, unterhalb des Prosthion.

Was die Physiognomische Obergesichtshöhe selbst anbelangt, so weist sie
für unsere vier Waldvölker durchschnittliche Werte zwischen ♂ 69.7 und

72.3 mm bzw. ♀ 62.4 und 67.5 mm auf; das sind, verglichen mit den bisher veröffentlichten Rassenmitteln, wiederum sehr niedrige Ziffern. Etwas anderes ist folgerichtig nicht zu erwarten, auf Grund der vorher erörterten Morphologie des Mittelgesichtes. Die sexuelle Differenz betont auch hier ein Minus von 4.5—7.5 mm für das weibliche Geschlecht.

Deutlicher, als die absoluten Höhen- und Breitenmaße es vermögen, klären die üblichen Indexberechnungen über Formverhältnisse des Mittelgesichtes auf. Für den Physiognomischen Gesichts-Index verteilen sich die höheren Mittelwerte stammweise auf das männliche sowie auf das weibliche Geschlecht. Alle Ziffern halten sich überdies in den engen Grenzen von 122.34—133.48 für beide Geschlechter zugleich, was einer knappen Spannung entspricht. Dieser doppelte Tatbestand liefert eine hinreichende Erklärung für die durchgängige Gleichförmigkeit bzw. enge gegenseitige Annäherung der Gesichtsform aller Ituri-Leute; u. zw. nicht nur der Vertreter beider Geschlechter je unter sich, sondern auch der Männer an die Frauen und dieser an jene.

	Physiognomischer Gesichts-Index		Morphologischer Gesichts-Index		
	♂	♀	♂ n. Cz.	♂	♀
Lese	129.42	122.34	76.33	80.00	78.04
Ndaka	131.86	133.16	79.98	79.60	77.60
Bali	133.48	131.29	81.97	79.85	78.66
Beyru	131.64	132.46	80.83	78.62	75.92

Anatomisch besser gesichert steht der Morphologische Gesichts-Index da. Die bei unseren vier Waldvölkern herausgestellten Mittelwerte für Männer, nämlich 78.62—80.00, schieben sich in die von Czekanowski berechneten mittleren Grenzwerte für Männer ein, nämlich 76.33—81.97; die für Negerinnen schwanken zwischen 75.92 und 78.66. Für alle diese Ziffern gibt es bloß einen ziemlich engen Spielraum und somit rücken sie an die untersten, bisher bekannt gewordenen Rassenmittel für Euryprosopie heran, ja reichen selbst in den hypereuryprosopen Bereich hinein. Ein anderes Resultat aus der Aufstellung dieses Index war nicht zu erwarten, nachdem alle absoluten Höhenmaße sich für ein sehr niedriges Gesicht unserer Ituri-Leute ausgesprochen haben.

Nun überrascht zu sehen, wie beträchtlich die Westafrikaner unter Rücksicht auf diesen Index von unseren Waldnegern abstehen; der für alle sechs Gruppen einheitliche Mittelwert lautet auf 85.89 und übertrifft um viele Einheiten die oben dargelegten Verhältnisse. Auch in den einzelnen durchschnittlichen Gruppenwerten kennzeichnen sich jene westafrikanischen Neger eindeutig als mesoprosop, mit eigenem, von unseren Waldbewohnern abweichendem Gesichtstypus. Der herausgestellte Sachverhalt schließt jeden Zweifel an seinem genauen Nachweis aus, weil alle in diesen Zeilen zum Vergleich stehenden Maße nach einheitlicher Methode gewonnen worden sind.

Die noch zu erläuternden beiden Obergesichts-Indices ändern keinen
Wesenszug an dem Bilde, das die bisher vorgelegten absoluten und relativen
Maße vom Gesicht unserer Waldneger entworfen haben. Zunächst gelangt der
Morphologische Obergesichts-Index zur Erörterung. Die von CZEKANOWSKI berechneten Ziffern möchte ich wegen des soeben erhobenen Bedenkens gegenüber der von ihm abgenommenen Morphologischen Obergesichtshöhe hier
unberücksichtigt lassen. An den von mir aufgestellten Mittelwerten überrascht
zunächst ihr sehr geringer Abstand voneinander innerhalb des gleichen Geschlechtes, dann aber auch der nur winzige Unterschied in beiden Geschlechtern
des nämlichen Volksstammes. Sie reichen von ♂ 43.90 bis 46.03 bzw. von
♀ 43.40 bis 45.35, was jedesmal einer Spanne von ♂ 2.13 bzw. von ♀ 1.95
Einheiten entspricht: hier wie dort ein unscheinbarer gegenseitiger Abstand.
Der durchschnittliche Gemeinschaftswert für die sechs Sondergruppen der
hundert Westafrikaner lautet auf 48.70 und spricht offenkundig ein ansehnliches Abweichen von jedem einzelnen für die Ituri-Männer berechneten Mittel
aus; jene Ziffer deckt sich mit keinem der letztgenannten.

	Obergesichts-Index			
	Physiognomischer		Morphologischer	
	♂	♀	♂	♀
Lese	52.97	52.79	46.03	45.35
Ndaka	51.77	50.44	45.57	45.21
Bali	52.85	51.50	45.57	45.43
Beyru	51.17	49.35	43.90	43.40

Gleichsinnig mit der in diesen Zahlen gezeichneten Bildung des Mittelgesichtes nähern sich engstens ebenfalls die durchschnittlichen Werte für den
Physiognomischen Obergesichts-Index bei unseren vier Ituri-Völkern. Sie fallen
zwischen ♂ 51.12 und 52.97 bzw. ♀ 49.35 und 52.79; demnach verraten auch
sie eine sehr geringe Spannung sowohl innerhalb des gleichen Geschlechtes für
alle vier Gruppen als auch innerhalb der beiden Geschlechter für jeden einzelnen Negerstamm.

Leider fehlen ausreichende Mitteilungen von anderen menschlichen Rassen
über die beiden hier zuletzt behandelten Indices. Trotzdem bestätigen sie allein
für sich, wie auch im Verein mit den absoluten Maßen, daß ein niedriges und
mäßig breites Mittelgesicht zu den wesentlichen Rassemerkmalen der Ituri-
Neger gehört. In diesen Zusammenhang paßt ein kurze Beschreibung der
W a n g e n g e g e n d hinein. Daß ein Negridengesicht beim europäischen Beobachter den allgemeinen Eindruck von Breite hervorruft, ist eine bekannte
Erscheinung, die sich mit dem Hinweis auf vermindertes horizontales Relief
im Mittelgesicht einesteils und andernteils auf niedrige, breite Abflachung der
ganzen Nase begründen läßt. R. MARTIN: 807 umschreibt die zuerst genannte
Formgebung als transversale oder horizontale Profilierung. Tatsächlich gliedert

sich das Mittelgesicht wenig plastisch und die zentrale Vertikalzone mit der
Nase im besondern baut sich nicht gleich weit gebildmäßig vor, wie bei europiden Rassevarietäten. Nun zeigen die Ituri-Neger im ganzen einen schlanken
Körperbautypus und dessen entsprechende Magerkeit zeichnet sich ins Gesicht;
folgerichtig vermindert sich der Eindruck, den die mangelnde horizontale Profilierung verursacht, und das ganze Gesicht erscheint schmal oder mäßig breit.

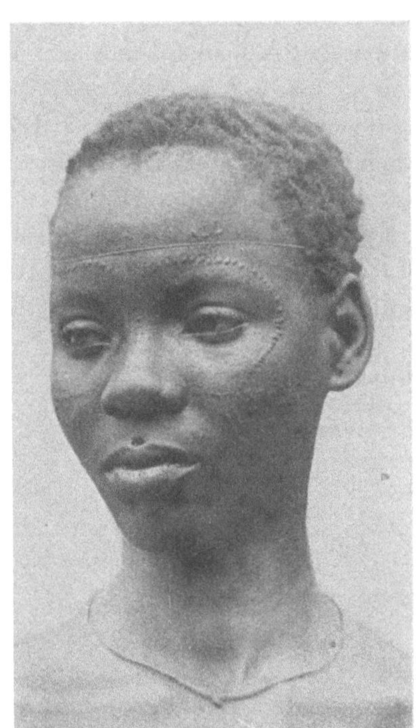

Abb. 74. Bali-Negerin

Zu dieser Wirkung tragen bestimmend
die schwach entwickelten Wangenbeine
ebenfalls bei; nur infolge Magerkeit heben
sie sich eindrucksvoll heraus. Durchgehends
schieben sich die Wangenbeine soeben erkennbar nach vorne vor und fallen mit
scharf gewölbtem Umbiegen nach hinten
ab; damit verliert sich jene Form des Flachgesichtes, die den Mongoliden eigentümlich
ist. M. a. W., in der horizontalen Profilierung erscheinen beide Wangenbeinge-
genden hinter die Nasion-Subnasale-Linie
zurückgedrängt. Die Wangenflächen selbst
ziehen von der Ebene der stärksten Wan-
genbeinausladung her, sich zur Mediansagittale hinneigend, nach hinten-unten und
schaffen eine meist angenehm ansprechende
Verschmälerung des Untergesichtes bzw.
des Gesichtsumrisses. Für gewöhnlich lagert
der Wangenbeingegend eine kaum mäßig
dicke Weichteileschicht auf; doch ist diese
imstande, jene mit sanfter Abflachung abzu-
runden, falls keine fortgeschrittene Magerkeit die Haut tiefer zum Absinken bringt.

Dem allgemeinen Eindruck zufolge überkleiden den negerischen Gesichtsschädel etwas dickere Schichten von Binde- und Fettgewebe, als beim Europäer;
auch erscheint die gesamte Kaumuskulatur kräftiger entwickelt. Diese wo
immer vorhandenen Vorbedingungen verleihen dem Negergesicht eine gewisse
Fülle, ohne daß eine erhöhte Massigkeit vorhanden ist. Dergleichen Formgebungen gehören zu den morphologischen Sonderbildungen aller Negriden.

Ihr ganzes Gesicht spricht wohltuender an als das der Westafrikaner mit
seinen wenig erfreulichen Extrembildungen in einzelnen Merkmalen. Zu dieser
Unterscheidung liefert die folgende Beschreibung noch einige Beiträge.

d. Weichteile des Gesichtes und Kopfes

Im Verlauf der bisherigen Schilderung sind mehrmals die für alle Ituri-
Waldneger gültigen D i c k e n v e r h ä l t n i s s e der Gesichtshaut in Betracht
gezogen worden. An erster Stelle sind dafür die vorherrschenden Ernährungs-

bedingungen entscheidend und der Tropenwald stellt solche seinen Insassen
wahrlich nicht beneidenswert günstig. Einige Volksstämme machen sich teilweise unabhängig von der allgemeinen Lage und wissen sich geschickter als
andere zu helfen: sogar auf einige Aufbesserung mit Fleisch- und Fischnahrung
zielt ihr Bemühen hin, weswegen sie sich eines vorteilhaften Ernährungszustandes und eines günstigen Aussehens erfreuen. Auf sogenannte volle Gesichter stößt man im Ituri-Walde nicht oft, obwohl manche mit einem ausgiebigen Panniculus adiposus versehen sind, der zum Ausdruck eines zufriedenstellenden Genährtseins verhilft; eine pralle Spannung in den Weichteilen bei
einzelnen Jugendlichen trägt das Ihrige gleichfalls zum günstigen Allgemein-
bilde bei. Als durchgängiges Merkmal darf wohl gelten, daß die Weichteileschicht im Gesicht, zumal in seiner unteren Hälfte, bei diesen Eingeborenen ein
wenig dicker als bei Europäern ist: und zwar als erbbedingte rassische Eigenheit, unabhängig vom jeweiligen allgemeinen Ernährungszustand. Offensichtlich
fehlt unseren Negern die gesteigerte Anlagerung eines Panniculus malaris.
Demgegenüber verdickt sich stärker die Weichteileschicht in der gesamten
Kiefergegend, weswegen das Untergesicht vielfach plump und massig ausfällt.

Im Sinne dieser rassebedingten Veranlagung erfährt zunächst die gesamte
A u g e n g e g e n d eine alle Europiden übertreffende Anreicherung mit eingelagerten Geweben: man fühlt sich gedrängt zu sagen, daß die Augenhöhlen
und ihre unmittelbare Umgebung, im besonderen der Abschnitt oberhalb der
Lidspalte mit seiner aufgequollenen Deckfalte, einen gefüllten Zustand darstellen. Im Alter verschwindet diese reichliche Polsterung allmählich, im Zuge
der allgemeinen Erschlaffung aller oberflächlichen Gewebsschichten: und dann
täuschen die Augenhöhlen einen weiteren Raum als früher vor. Daß mit dem
erstgenannten Zustand die Ausdrucksfähigkeit des Auges in eine bestimmte
Richtung gedrängt wird, läßt sich nicht umgehen: häufig kommt dabei das
sogenannte hängende Oberlid zustande.

	Breite zw. inneren Augenwinkeln		Breite zw. äußeren Augenwinkeln		Breite der Lidspalte	
	♂	♀	♂	♀	♂	♀
Lese	35.8	34.7	93.9	93.7	30.1	29.3
Ndaka	34.3	32.7	92.6	88.3	28.8	27.4
Bali	33.2	34.0	89.8	89.3	27.8	27.4
Beyru	34.6	33.6	92.7	88.4	28.7	27.0

Unsere Waldneger gleichen allen Negriden in dem bekannten Merkmal
eines weiten Abstandes der beiden inneren Augenwinkel voneinander; m. a. W.,
ihre Zwischenaugendistanz ist beträchtlich. Die Lidspalte selbst hält sich, verglichen mit anderen menschlichen Rassenmitteln und nach ihrer horizontalen
Ausdehnung beurteilt, im Bereich der engen Formen: kürzer ist ausnahmslos
die weibliche gegenüber der männlichen. In der vertikalen Ausdehnung gesehen, muß man die Höhe der Lidöffnung als mittelmäßig bewerten: zugleich

macht sich an vielen Personen das hängende Oberlid bemerkbar. Wirklich
schmal ist die Lidspalte dann, wenn sich über ihr eine dicke obere Deckfalte
hinzieht und ihre Querachse sich zur Mediansagittale neigt. Genau horizontal
verläuft diese quere Achse der Lidspalte fast nie, allerdings beträgt ihr schrä-
ges Absinken zur Körpermitte hin durchgehends bloß wenige Grade. Am häufigsten zeigt sich eine mäßig enge Spindelform der Lidspalte; m. a. W., die
inneren wie die äußeren Augenwinkel laufen eng und spitzig aus. Im ersteren
sieht man unbehindert die Caruncula lacrimalis mit der winzigen Plica semi-

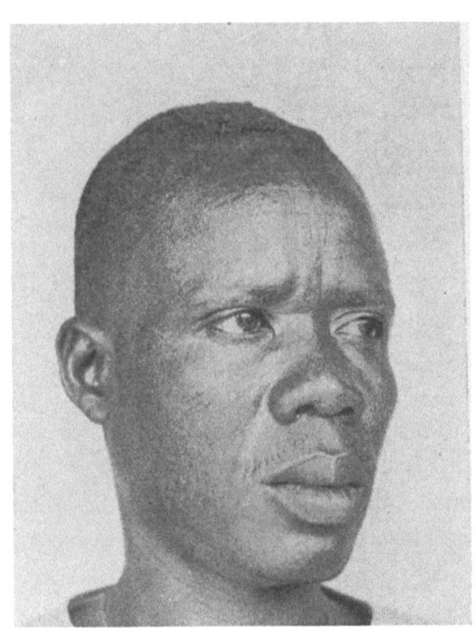

Abb. 75. Beyru-Neger mit innerer Winkelfalte am
rechten Auge

lunaris. Die Mittelmaße für die Lidspalte bewegen sich zwischen ♂ 27.8 und
30.1 mm bzw. ♀ 27.0 und 29.3 mm: das
sind Werte, die in der mittleren Zone
für die menschlichen Rassenmittel liegen.

Was nun den genaueren Bau des
oberen Augenlides betrifft, so kennzeichnet sich dieses, wie schon erwähnt,
durch eine dicke, breite Deckfalte bei
der überwiegenden Mehrheit der Neger
und Negerinnen. Deren Umschlags-
kante verläuft am häufigsten vom inneren Augenwinkel her dem eigentlichen Oberlidrand genau parallel zum
äußeren Augenwinkel hin und verstreicht
seitwärts von ihm. Daneben treten
zwei Sonderbildungen als sehr seltene
Einzelerscheinungen auf. Die erste ist
eine richtige Mongolenfalte, auch als
Nasenlidfalte bekannt; bei ihr verlängert sich die Deckfalte am inneren
Augenwinkel vorbei nach unten ziehend und geht als ganz kurzer sichelförmiger
Bogen in die Nasenhaut über. Als zweite Sonderbildung zeigt sich an Erwachsenen ein echter Epikanthus bei einem oder beiden inneren Augenwinkeln
in folgender Ausbildung: Vom oberen Lidrande kurz vor seinem Zusammentreffen mit dem unteren, zweigt ein zartes Hautfältchen ab, das über den
eigentlichen Winkelpunkt der inneren Lidkommissur hinweg weiter nach unten
zieht und sich bei leicht sichelförmiger Schweifung in der Nasenhaut verläuft.
Dieser Bildung gebührt richtig die Bezeichnung: innere Winkelfalte.

Seinerzeit habe ich bei Feuerland-Indianern eine also bezeichnete mediale
Randfalte beobachtet und beschrieben,[1] die nun neuestens EICKSTEDT: II. 1002
auch als "Negerfalte" ausgibt: ihrer anatomischen Bauart nach gebührt ihr
richtiger die Benennung mediale "Randleiste". Den Unterschied zwischen ihr

---

[1] Vgl. M. GUSINDE: Die Feuerland-Indianer, Bd. III 2 Anthropologie, S. 38 (Wien-Mödling
1939). Dort wird die innere Winkelfalte der sogenannten Indianerfalte im inneren Augenwinkel gegenübergestellt.

und der oben beschriebenen inneren Winkelfalte begründet der Umstand, daß
letztere eben unterhalb des inneren Augenwinkels mit kurzer Sichelkrümmung
verstreicht. Offensichtlich nähert sich die Bildung dieses inneren Epikanthus
morphologisch der echten Mongolenfalte, aber während letztere sozusagen eine
Fortsetzung der Deckfalte nach unten hin ist und in ihrem Verlauf den inneren
Augenwinkel überdeckt, spaltet sich erstere vom Lidrande ab und läßt bei
ihrem Verlauf nach unten die Lidkommissur bis auf ihre innerste Ecke frei.

Bei unseren Waldnegern drängt sich der Augenbulbus selbst aus seiner
natürlichen Umrahmung fast gar nicht nach außen vor; zum Unterschied von
den benachbarten Pygmäen, deren Augapfel nahezu störend weit herausquillt.
Meist glänzt das Auge der ersteren mit dem ungewöhnlich großen Augenstern
belästigend stark. Das untere Augenlid verläuft in einer geringeren Schweifung
als das obere, beide sind mäßig bis reichlich dicht mit Wimpern besetzt, die
oberen kurz aufwärts gebogen. Der untere Sulcus orbito-palpebralis zeichnet
sich meistens deutlich ein, oft erkennt man ihn gar nicht. Die bei Europiden
mittleren und vorgeschrittenen Alters auf beiden Lidern einziehenden feinen
horizontalen Fältchen treten bei unseren Negern kaum je auf, ihre Augenlider
bleiben zeitlebens glatt. Die Sklera zeigt ausnahmslos einen bräunlichen Schimmer und eingesprenkelte braune Pünktchen, an Zahl mehr oder weniger, einige
bis zur Größe einer Stecknadelkuppe und unregelmäßig verteilt. Das Tiefbraun
der Iris liegt meistens zwischen Nr. 2 und 3 der MARTINschen Augenfarbentafel,
auch genaue Übereinstimmungen mit Nr. 2 kommen vor, niemals aber das
tiefe Schwarzbraun der Nr. 1.

Zur Vervollständigung der Stilzeichnung negrider Augengegend gehört die
Entwicklung der Brauen. Daß die Wimpern nur mäßig lang und mitteldick
sind, sei vorweggenommen. Am häufigsten ordnen sich die Augenbrauen in der
Weise an, daß sich die Härchen dichter am inneren Orbitarande bei der Nasenwurzel zusammendrängen und der geschlossene Haarstreifen sich bei seinem
leicht-gebogenen Verlauf zu den Seiten hin verschmälert. Echte Räzel bleiben
gänzlich aus, sogar alleinstehende Härchen sieht man nie im Bereich der Glabella. Das Einzelhaar verläuft unregelmäßig wellig oder gekräuselt, weswegen
ihre Gesamtheit eine buschige Fülle vortäuscht; eben sie erlaubt es, daß
mancher Erwachsener zur Verzierung seines Gesichtes sich mehrere zündholz-
breite Strichlein mit senkrechtem Verlauf in jeder Augenbraue ausrasieren
läßt. Der Gesamtausdruck des Auges unserer Waldbewohner, im besonderen
ihr Blick, verrät weder Lebhaftigkeit noch Tatkraft: zeigt vielmehr matte
Schwerfälligkeit und müde Indolenz, die beide zu den rassebedingten Wesenszügen ihres Charakters gehören.

An der alle Negriden kennzeichnenden Gesichtsbildung nimmt offenkundig
die gesamte Bauart der äußeren N a s e einen vielsagenden Anteil: nicht allein
deshalb, weil sie das am meisten hervorragende Organ ist, sondern auch, weil
ihre an sich flächenhaft wenig ausgeweiteten Weichteile trotz ihrer mannigfachen Formung den grundlegenden Typus nahezu ausnahmslos in die Erscheinung rücken. Die negride Nase ist eben eine konstitutionelle, rasse-

gebundene Bildung an und für sich, mag sich bei ihr auch ausnahmsweise sogar eine mäßige Annäherung an die europide Nase offenbaren. Obwohl erstere gerade bei den Eingeborenen der afrikanischen Tropenzone zuweilen eine für menschliche Rassen niedrigste Flachheit erreicht, so bleibt sie dennoch eine richtige, eigentliche Nasenkonstruktion und weist sich als ein unzweideutiges menschliches Organ aus; in anatomisch begründeter Absonderung von der homologen Schnauzenbildung bei den Tieren, denen allen eine wirkliche Nase fehlt.

	Höhe der Nase		Nasenflügelbreite		Nasenbodenlänge	
	♂	♀	♂	♀	♂	♀
Lese	45.1	43.2	43.6	39.4	11.9	10.8
Ndaka	43.7	41.1	42.4	38.4	13.7	12.5
Bali	43.8	41.3	42.7	39.8	12.0	11.4
Beyru	42.6	39.6	43.3	39.0	14.1	13.0

An den Nasen unserer Ituri-Neger überrascht jeden Beobachter die außerordentliche individuelle Variabilität der Formprägung. Deren wirkliche Größe machen zunächst die absoluten Maße ersichtlich. Der Nasenhöhe zufolge, die sich für unsere vier Volksstämme durchschnittlich zwischen ♂ 42.6 und 45.1 mm bzw. ♀ 39.6 und 43.2 mm hält, besitzen diese Eingeborenen niedrige Nasen: während beispielsweise für die schon mehrmals erwähnten hundert ♂ Westafrikaner 48.0 mm als Mittel berechnet wurden, mit einer Variationsbreite von 37—57 mm. Mag auch die Verschiedenheit der Mittelwerte für dieses Maß bei unseren vier Waldvölkern bloß gering sein, noch unansehnlicher ist sie für die durchschnittliche Nasenflügelbreite und zeigt eine Spannung von nur ♂ 1.2 bzw. ♀ 1.4 mm. Die absoluten Ziffern selbst liegen zwischen ♂ 42.4 und 43.6 mm bzw. ♀ 38.4 und 39.8 mm. In Anbetracht des an sich kleinen Maßes sind Abweichungen von anderen Rassenmitteln absolut gesehen unbedeutend, trotzdem nicht minder entscheidend für rassendiagnostische Zwecke.

Hohe und höchste Breitnasigkeit der Negriden ist hinreichend bekannt, für sie spricht im gleichen Sinne auch der bei unseren vier Waldvölkern berechnete Höhenbreiten-Index. Die Ziffern bei den Männern sowohl als auch die bei den Frauen drücken Durchschnittswerte aus, die stark zur Hyperchamaerrhinie hinneigen und solche bei ersteren wirklich bestätigen. Dabei erscheint eine individuelle Schwankungsweite von ♂ 80.77—124.39 und ♀ 75.51—128.95 auf, die von beiden Geschlechtern der Lese hergenommen ist und innerhalb deren Grenzen sich sämtliche Einzelzahlen von den drei anderen Waldstämmen halten. Eine derart weitgezogene Mannigfaltigkeit reicht bis in die zentrale Zone für Mesorrhinie hinein und deutet von sich aus auf einen erstaunlichen Formenreichtum wechselvoller Spielarten hin, der anschließend zur Besprechung gelangt.

Vorher sei die Abweichung unserer Eingeborenen von der westafrikanischen Gruppe im Höhenbreiten-Index kurz gestreift. Diese verfügt über

einen Mittelwert von bloß ♂ 92.94, bei einer Variationsbreite von 66.07—
124.39 mm; und obwohl der letztgenannte Individualwert sich merkwürdigerweise mit dem von mir aufgefundenen genau deckt, fällt doch der erstgenannte
tiefer ab, wobei der rassisch bedingte Unterschied zwischen beiden Gruppen
nicht minder als beim Mittelwert selbst offen zutage tritt. Die außerordentliche
Spannungsweite der individuellen Werte in der einen wie in der anderen
Gruppe bringen den Fachmann nicht in Verlegenheit: weiß er doch, daß der
Höhenbreiten-Index aus sehr niedrigen Ziffern entsteht und daß sich jene
weitgezogene Schwankung auf einen
vielgestaltigen Formenreichtum zurückführen läßt.

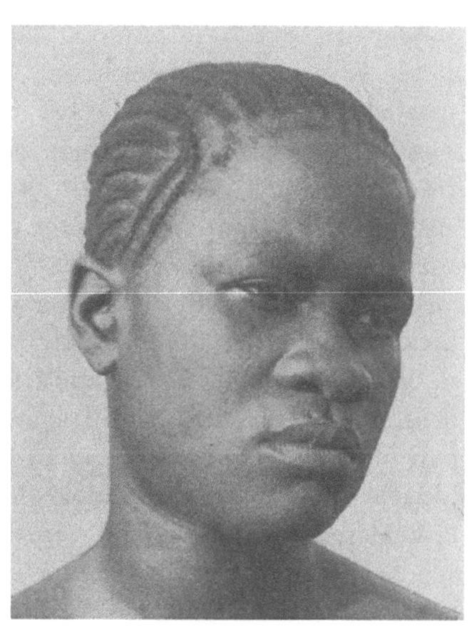

Abb. 76.
Bambu-Negerin mit verdickter Knopfnase

Die bei unseren Eingeborenen bereits begründete Ausdehnung der Nase
in die Breite wird morphologisch von
einer sehr geringen Tiefe des Septum-
bereiches ausgeglichen; belaufen sich
doch die Mittelwerte für die Länge des
Nasenbodens bloß auf Spannungen zwischen ♂ 11.9 und 14.1 mm bzw. ♀ 10.8
und 13.0 mm. Bestimmter noch, als es
aus den bisher besprochenen Nasen-
maßen in die Erscheinung trat, macht
sich bei diesem Maße das Abweichen
unserer Ituri-Leute von den hundert
Westafrikanern deutlich, da für letztere
♂ 18.9 mm als Durchschnittsziffer gelten: alle sechs einzelnen im Westen
aufgefundenen Mittelwerte liegen aus-
nahmslos um mehrere Einheiten über den im Ituri-Walde festgestellten.

	Höhenbreiten-Index der Nase		Breitentiefen-Index der Nase	
	♂	♀	♂	♀
Lese	95.14	91.98	27.39	28.26
Ndaka	97.81	93.92	32.45	32.56
Bali	97.73	97.59	28.17	28.56
Beyru	102.27	99.17	32.65	33.54

In unausweichlicher Folgerung aus dem bezeichneten Merkmalsstand offenbart der Breitentiefen-Index der Nase derart ungewöhnlich niedrige Durchschnittsziffern, daß man in den für echte Pygmäen geltenden Wertbereich versetzt zu sein glaubt. Die mittleren Indexwerte liegen zwischen ♂ 27.39 und
32.65 bzw. ♀ 28.26 und 33.54; die Steigerung dieser Ziffern im weiblichen
Geschlecht erklärt sich aus der geringeren Nasenflügelbreite. Bei den schon

mehrmals vergleichshalber herangezogenen hundert Westafrikanern bewegen
sich die berechneten Mittelwerte für den gleichen Index zwischen ♂ 41.71 und
44.62; der ansehnliche Abstand dieser Leute von den Ituri-Negern hinsichtlich
der absoluten und relativen Nasenmaße ist damit überzeugend verdeutlicht.
Um die allgemeine rassendiagnostische Bedeutung des Breitentiefen-Index auch
angesichts der hier vorgelegten Berechnungsergebnisse zu betonen, weise ich
nur kurz darauf hin, daß er „bei leptorrhinen Nordeuropäern 100" erreicht
(MARTIN: 457).

Haben alle bisher vorgelegten Zahlenwerte von sich aus die arteigene
Sonderform der Nase unserer Ituri-Neger zu verstehen gegeben, so liefert zu
dieser Erkenntnis die Zeichnung ihrer N a s e n m o r p h o l o g i e einen um so
ansehnlicheren Beitrag, als bei einigen Merkmalen ganz ausgefallene Ent-
wicklungssteigerungen aufscheinen. Ihrem anatomischen Aufbau zufolge stellt
die menschliche Gesamtnase ein unter mehrfacher Rücksicht zusammengefügtes,
histologisch vielfach geschichtetes Gebilde dar, dessen einzelne Abschnitte, jeder
auf seine Weise, sich an den rassetypischen Abweichungen zu beteiligen pflegen.
Zwecks geordneter Berücksichtigung für eine vollständige Untersuchung stellt
EICKSTEDT: II, 1026 die mannigfaltigen Erscheinungen in vier Gruppen, insofern
sie sich äußern „in I. der knöchernen Region der Obernase, II. der weichen
Septum-Nasalregion der Mittelnase, III. der Kuppenknorpelregion der Unternase und IV. der Flügelkuppenregion des Nasenbodens". Erst beim näheren
Eingehen auf diese morphologisch bequem trennbaren Abschnitte kommt ein
lückenloses und klares Bild von der rasseeigenen Bauart der Gesamtnase zustande. Es lohnt alle dabei aufgewandte Mühe; denn der Nase fällt eine hochbedeutsame Beteiligung am Ausdruck und Wirkungsvermögen des menschlichen
Antlitzes zu, das großenteils ein Spiegelbild der Seele abgibt.

Als allgemeine, die tropischen Negriden kennzeichnende Merkmale sind
bereits die niedrige vertikale Höhe und die geringe Erhebung des basalen
Abschlusses mit seiner beträchtlichen, abgeflachten Verbreiterung nach seitwärts vorgeführt worden. Als selbständige Großformen, die sich bei unseren
Waldnegern am häufigsten zeigen, möchte ich drei H a u p t t y p e n aussondern,
die sich durch vielgestaltige Überleitungen mehr oder weniger eng miteinander
verketten.

In überwiegender Häufigkeit findet sich bei den genauer untersuchten
vier sowie bei allen übrigen südlichen und westlichen Stämmen im Ituri-Wald-
gebiet die sogenannte *Knopfnase*. Ihr ist eine sehr bescheidene Erhöhung der
Nasenwurzel samt knöchernem Teil der Mittelnase eigen und dieser ganze
Abschnitt geht mit gerundeter Abflachung zu den Seiten hin beträchtlich in die
Breite. Die Profillinie selbst zeigt ein tief geschweiftes Absinken vom Nasion
her; sie erhebt sich wieder beim oberen Ansatz der Knorpelnase und erfährt
eine leichte Knickung nach vorn-oben beim Beginn der Nasenkuppe. Dieses
ganze Gebilde gleicht sehr genau dem gleichnamigen unteren Abschnitt der
bekannten osteuropiden Stupsnase, allerdings mit dem Unterschied, daß sie
sich viel mehr verbreitert, ihre seitlichen Flügelteile sich mehr oder weniger

ansehnlich blähen und das unter die Lochflächenebene herunterhängende Septum vorn außerordentliche Breite besitzt, im Vergleich zu seiner sehr kurzen Keilform. Bemerkenswert am Formgefüge dieses Nasentypus ist bloß der untere Abschnitt, der wegen seiner sonderbaren Erhebung der mittleren Zone zur Bezeichnung: Knopfnase angeregt hat. Stilreiner ist die Knopfnase der Osteuropiden insofern als sie mit einer viel engeren Nasenflügelbreite gekoppelt erscheint.

Unschwer zu deutende Übergangsformen führen von der bestimmt ausgeprägten Knopfnase zum klar faßbaren zweiten Typus, der als trapezförmige *Trichternase* der Ituri-Pygmäen früher (S. 124) beschrieben wurde. Ihr Grundriß als ein gleichschenkeliges Trapez liegt scharf umrissen im mittleren Gesichtsabschnitt und diese Figur kommt infolge erheblicher Breite zwischen den inneren Augenwinkeln und der noch beträchtlicheren Nasenflügelbreite zustande. Ihr ganzer knöcherner Abschnitt erhebt sich wenig mehr und erfährt eine geringere konkave Einsenkung als der an den Knopfnasen, während der fleischig verdickte untere Abschnitt einen wulstigen oder knolligen Zustand offenbart. Das Stützgewebe der Nasenkuppe, als ihr anatomischer Unterbau, wird überkleidet von einer schwammig aufgelockerten, plump verteilten Oberflächenschicht, die im besonderen als Umrandung der

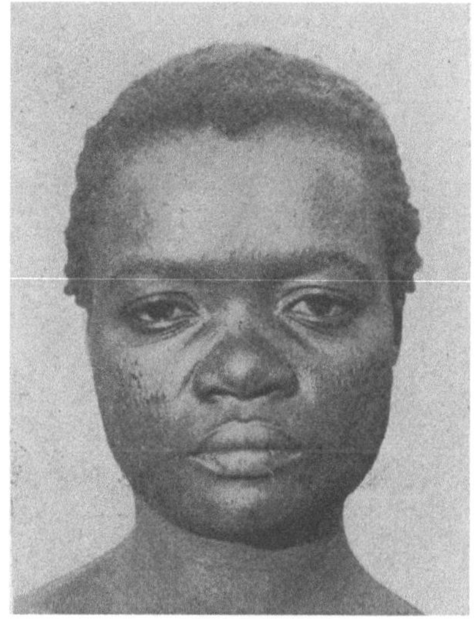

Abb. 77.
Beyru-Negerin mit kleiner Knopfnase

Nasenlöcher unförmlich wirkt und diese letzteren zu sehr kleinen Öffnungen zurückdrängt; auch das sehr kurze, nach hinten keilförmig verschmälerte Septum ist vorn sehr breit und hängt nach unten vor. Die breite Ebene der Lochfläche neigt sich bei dieser Nasenbildung nur wenig nach unten oder hält sich horizontal. Im ganzen handelt es sich um den unförmlichsten und deshalb unschönsten Nasentypus der Waldneger.

Ansprechender ist der dritte gestaltet, die mittelhohe *Dreiecknase;* denn sie nähert sich der europiden Form. Abweichend vom vorher beschriebenen Typus, ist sein Grundriß bei Vorderansicht ein deutlich abgestecktes Dreieck, weil ein mäßig erhöhter Nasenrücken in der Nasenwurzel seinerseits über die Breite des Augenzwischenraumes hinwegtäuscht. Der Nasenrücken behält seine Erhöhung nach unten fortlaufend bei und zeigt für gewöhnlich eine gerade Weiterführung der Profillinie, manchmal nur sinkt sie zu sehr flacher Konkavschweifung ein. Die Ganznase verbreitert sich zur Basis hin sehr ebenmäßig, zuweilen nur setzt in der Mittelzone eine leicht beulenförmige seitliche Ausweitung ein und ohne auffallende Unterbrechungen fügt sich die Nasenkuppe an, deren Flügel sich regelmäßig niedrig halten und nicht übermäßig verdicken. Die Seitenwände fallen in ihrem gesamten vertikalen Verlauf mit sanfter, dachförmiger Neigung ab. Kennzeichnend für diesen Nasentypus ist mithin der mittelhohe Rücken mit gerader Profillinie und seine harmonisch kontinuierliche Verbreiterung nach unten, wo eine kaum erkennbar nach oben geneigte Nasenlochebene und die meist niedrigen Nasenflügel den unteren Abschluß bilden. Vorn schneidet die Flügelfurche beiderseits des Mittelknorpels nicht ein und dieser leitet geradflächig zu den eigentlichen Flügeln über.

Abb. 78. Ndaka-Neger mit Trichternase

Selbstverständlich koppeln sich die drei beschriebenen Haupttypen vermittels mehrfach gestalteter Übergangsformen. Allen gemeinsam ist das sehr kurze, keilförmige Septum, das vorn auffallend breit beginnt und mit seinem mehr oder weniger flachbogigen sagittalen Außenrand nach unten heraushängt; niemals besitzt es eine Rinne und sein unterer Abschluß verläuft gerundet vom rechten zum linken Seitenrande. Die Nasenlöcher sind beim letztgenannten Typus rundlich, bei den beiden anderen länglich-schmal. Am Nasenboden besonders treten infantil-primitive Merkmale in die Erscheinung. Die Ganznase auch unserer Waldneger ist ein plumpes und fleischiges, breites und flaches Gebilde, das im wesentlichen dem aller Negriden gleicht.

Nicht bloß die knöcherne Unterlage, sondern auch die Weichteile der Mundgegend für sich allein bestimmen die arteigene Gestaltung des negriden Untergesichtes. Eine schwache bis mäßig gesteigerte Prognathie tritt bei allen Erwachsenen des Ituri-Waldes auf und schon deswegen schieben sich die Lippen vor. Die Mundspalte ist, im Vergleich zu anderen Menschenrassen, kaum mittelmäßig breit; durchgehends verläuft sie genau waagrecht, vereinzelt sinkt sie von der Mitte zu den Mundwinkeln hin sehr sanft ab.

	Breite der Mundspalte		Höhe der Schleimhautlippen		Höhe der Ganzen Oberlippe	
	♂	♀	♂	♀	♂	♀
Lese	48.4	47.8	22.3	21.2	26.1	24.5
Ndaka	52.0	47.5	23.4	20.6	25.7	22.6
Bali	50.2	47.5	23.7	21.0	25.7	23.5
Beyru	51.8	46.7	24.8	22.8	26.2	21.5

Als arteigenes Gebilde kennt jedermann die negriden Schleimhautlippen, die bei allen Ituri-Leuten durchgehends stark und nur manchmal mittelmäßig gewulstet sind. Am häufigsten stellt sich der gleiche Grad der Wulstung an beiden Lippen ein; doch ebensooft zeigt sich die obere Lippe mehr aufgeworfen als die untere, wie auch umgekehrt. Der freie Rand der unteren Lippe stülpt sich zuweilen nach rückwärts um und erweckt den Eindruck, als hänge er lose herab. Auf der unteren Schleimhautlippe zeigen sich zahlreichere und tiefer eingeschnittene, einander parallel und sagittal verlaufende Rillen als auf der oberen. Beide besitzen als kennzeichnende Farbe ein bläuliches Schiefergrau mit opalisierendem Fettglanz, und zwar zieht sich diese Färbung etwa fingerbreit hinter die Mundverschlußlinie in die Mundhöhle selbst hinein. Diese Färbung der Schleimhautlippen ist in allen Teilen durchaus einheitlich und gleichstark, nur der Oberflächenglanz läßt heller und dunkler reflektierende Stellen aufscheinen.

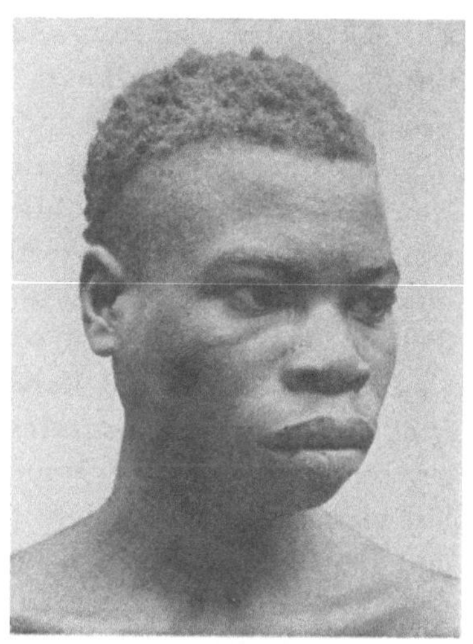

Abb. 79.
Lese-Neger mit mittelhoher Dreiecknase

Ein deutlich abgesetzter Saum bildet den Übergang der beiden Schleimhaut- zu den Harthautlippen. Der an jeder Oberlippe steigert sich oft zu einer richtigen Lippenleiste, die sich im medialen Teile ein wenig mehr verdickt als in den beiden seitlichen Abschnitten, welch letztere erst in den Mundwinkeln selbst zum Abschluß kommen. Für gewöhnlich verläuft dieser Lippensaum als ein geschweifter Bogen, weil er sich im Zusammenhang mit dem Philtrum ein wenig einsenkt. Die ansehnlichen Durchschnittswerte für die Höhe der Schleimhautlippen unserer vier Urwaldvölker liegen zwischen ♂ 22.3 und 24.8 mm bzw. ♀ 20.6 und 22.8 mm.

In morphologisch bedingter Abhängigkeit von diesem Gebilde ist die Integumental-Oberlippe ausgestattet. Man fühlt sich gedrängt zu sagen, sie verkürzt sich zu Gunsten der Schleimhautlippen. Ihre geringe Höhe ist ein um so deutlicher augenfälliges Kennzeichen, als die benachbarten Pygmäen sich mit einer gesteigert erhöhten Harthaut-Oberlippe sehr hervortun.[1] Bei unseren vier Negerstämmen bleiben die Mittelwerte an sich innerhalb einer engen Spanne, was einesteils auf nahezu einheitlicher Bildung bei diesen Eingeborenen und andernteils auf eine mäßige Höhe dieser Lippe hindeutet. Ihre Profilkurve verläuft regelmäßig konkav, niemals gerade und noch viel weniger

---

[1] Der streng ausschließliche Besitz solch einer konvexen Harthaut-Oberlippe wird damit nicht behauptet. Das hieße nämlich die Tatsache verkennen, daß dieses Merkmal, wenngleich in ansehnlich verringerter Ausprägung, auch bei Einzelpersonen anderer Zwergwuchsgruppen (Buschmänner, asiatische Pygmoiden) in die Erscheinung tritt.

konvex. Demzufolge entsteht eine mittelmäßige oder starke Procheilie, daß im Profilbild die Schleimhautlippen um einige Millimeter die Nasenspitze überragen und eine Ausdrucksform zustande kommt, die EICKSTEDT: II, 1100 mit der wenig vornehmen Wortschöpfung "Schnutigkeit" umschreibt. Das Philtrum erscheint als eine flache und breite Rinne, die sich unmittelbar vor dem Lippensaume tiefer einsenkt. Die Füllung aller Gewebe in der Mundgegend macht es erklärlich, daß sich die darin üblichen Falten im allgemeinen teils bloß mäßig und teils gar nicht erkennbar einzeichnen. Den Sulcus nasolabialis als scharf gezeichneten Strich weisen fast nur Personen oberhalb der mittleren Lebensjahre auf; er zieht geradlinig oder flachbogig abwärts und verstreicht in einigem Abstand hinter den Mundwinkeln auf der Mundspaltebene. Nicht einmal im Gesicht magerer alter Leute tritt die vordere Wangenfurche und die Mundwinkellinie auf.

Die Integumental-Unterlippe weist keine markanten Besonderheiten auf. Nur seicht gräbt sich der Sulcus mentolabialis ein und etwas unterhalb deutet sich kaum je ein flacher vertikaler Spalt auf dem Kinn an. Dieses selbst ist durchgehends klein und etwas zurückgedrängt, ohne ganz abzuflachen oder fliehend zu sein; von vorn gesehen, zeigt es sich am häufigsten spitz gerundet. Unsere Waldneger sind durchwegs mager, mithin entwickelt sich kein sogenanntes Doppelkinn und einer Unterkinnfurche begegnet man nie. Die Ausgestaltung der gesamten Mundgegend gehört zu den hervorstechendsten Sonderbildungen im negriden Gesicht, die spezifische Anlage der gesamten Muskel- und Bindegewebsschicht bedingt entscheidend den mimischen Ausdruck.

Ohr-Maße	Physiognomische Länge		Physiognomische Breite		Physiognomischer Index	
	♂	♀	♂	♀	♂	♀
Lese	58.1	56.2	34.2	32.8	56.92	58.62
Ndaka	57.3	53.8	34.8	31.4	61.04	58.45
Bali	56.1	55.8	33.5	33.3	60.22	59.91
Beyru	58.3	54.4	34.9	32.2	60.16	59.38

Auf seine Art hilft auch das O h r mitbestimmend beim physiognomischen Gesamtbild. Sondermerkmale weist es im negriden Hauptstamme zwar nicht auf, gibt aber gewisse Eigenheiten zu erkennen, die zunächst in den absoluten und relativen Maßen hervortreten. Übereinstimmend mit nahezu sämtlichen Negerrassen gehören auch die Ituri-Leute zur misoten Gruppe, zeigen jedoch höhere Mittelwerte als die von WENINGER: 103 bestimmten hundert Westafrikaner. Die Ziffern für die Physiognomische Ohrbreite halten sich in der mittleren Zone von allen menschlichen Rassenwerten. Als sexuelle Differenz zeigen sich in beiden Maßen für das männliche Geschlecht höhere Ziffern als für das weibliche. Die vorgelegten Zahlen und der mit ihnen berechnete Physiognomische Index kennzeichnen das Ohr der Ituri-Leute als kaum mittellang und mäßig breit. Die morphologischen Maße reden dieselbe Sprache. Leider fehlt es an Beobachtungen bei anderen negriden Rassegruppen, die einen mehrfachen Vergleich unter sich allein und mit den übrigen gestatten würden.

Im Rahmen der Kopfgröße und der Ganzen Körperhöhe wirkt das Ohr unserer Eingeborenen eher klein als groß. Vereinzelt nur steht es ab und stellt sich am häufigsten in die Richtung der Seitenwände des Kopfes. Seine Längsachse bildet mit der Ohraugen-Ebene einen auch den Europiden rasseeigenen Winkel, hält sich also gerade gerichtet. In Beziehung zur Höhe des Gehirn- und Gesichtsschädels sitzt es tief, seine allgemeine Umrißform neigt zum Rundoval.

Von seiner oberen Insertion an zieht der Helix erst mäßig nach schräg-oben und fällt dann bald mit weiter Kurve nach unten ab; um in weit geschweifter Rundung zum Ohrläppchen überzuleiten. Die architektonische Gliederung der Ohrmuschel ruft starke plastische Gegensätze hervor und häufig drängt der Anthelix dabei seitlich hinaus; auch die Anthelixäste zeigen sich erheblicher als bei anderen Rassen von hinten her ausgebeult und der ganze Tragus ist kräftig entwickelt. Das Darwin'sche Höckerchen tritt sehr selten auf und dann bloß in den Formen der üblichen Schemanummer 5 oder 4. Sehr selten fehlt das Ohrläppchen gänzlich, entweder ist es klein oder mittellang, niemals lang; zungen- oder bogenförmig leitet es zur unteren Insertion über, am häufigsten ist es halb angewachsen. Zum Verunstalten und Verzieren ihrer Ohren neigen unsere Waldneger nicht.

Ohr-Maße	Morphologische Länge		Morphologische Breite		Morphologischer Index	
	♂	♀	♂	♀	♂	♀
Lese	31.6	32.5	50.4	49.5	161.62	150.97
Ndaka	35.8	33.6	47.9	45.7	134.24	136.28
Bali	34.3	35.6	48.9	48.2	143.38	135.56
Beyru	35.1	33.2	48.5	47.1	138.85	142.30

Eine kurze Bemerkung über die Z ä h n e glaube ich hier anfügen zu dürfen; eingehende Beobachtungen konnte ich diesen Organen nicht widmen. Unsere Neger besitzen ziemlich allgemein einen nicht zu breiten ellipsoiden Zahnbogen, der geräumig genug ist, um allen Zähnen den erforderlichen Platz zu bieten. Stellungsanomalien bin ich nicht begegnet. Überdies sind die Zähne höchstens mittelgroß und auch klein, besonders bei den Frauen: eingerichtet häufiger für Labidontie und weniger oft für Psalidontie. Der weiße Elfenbeinfarbton hebt sich kontrastkräftig von der dunklen Gesichtshaut ab.

e. Integumentalorgane

Die Ituri-Leute stimmen bezüglich ihrer Integumentalorgane mit den übrigen Negriden im wesentlichen überein und da es sich um gut bekannte Merkmale handelt, bedarf es hier umständlicher Ausführungen nicht. Was zunächst ihre H a u t anbelangt, so erscheint als erste augenfällige Beschaffenheit ein straffer, teilweise praller Tonus. Diesen Zustand veranlassen die gut polsternden, zuweilen wulstig aufgehäuften Unterhautgewebe. Mithin unterbleibt eine nennenswerte Faltenbildung und Massenfältelung auf der ganzen Oberfläche, wenige Stellen ausgenommen. Auch bei mageren und sehr mageren Erwachsenen höheren Alters liegt die Körperhaut dem knöchernen Gerüst eng und fest auf, vergleichbar einem straff angepreßten Überzug; ganz im Gegensatz zur schwappligen Schlaffheit, die bei hochbejahrten Europiden in die Hautdecke einzieht. Beliebte Flächen für Faltenbildung am Körper sind die Nabel- und Kniegegend.

Im Ruhezustand des Körpers fühlt sich bei sanftem Betasten die Haut spröd-trocken an; das will heißen: nicht glatt, sondern rauh, vergleichbar einem nicht polierten Brett. Nur unter bestimmter Beleuchtung zeigt sich auf größeren Hautbezirken fettiger Schimmer oder matter Glanz. Er entstammt nicht etwa einer frisch aufgelagerten feinsten Fettschicht aus den Talgdrüsen; denn gar oft ließ ich meine flache Hand darüber hinwegstreichen, ohne daß sich an jener Haut und an meiner Hand etwas veränderte. Vielmehr liegt jener Schimmer in der Epidermis selbst oder im durchschimmernden Corium begründet, der sich z. B. durch Behandlung mit Seife nicht abstellen läßt und als Eigenwirkung eines bestimmten eingelagerten Gebildes gedeutet werden muß. Die Intensität dieses Schimmers ist sowohl regional beim Einzelindividuum als auch und mehr noch von Person zu Person verschieden. Außerdem zeigt sich ein anderer Unterschied, insofern bei einigen Leuten der ganze Körper und bei anderen bloß gewisse Bezirke und bei anderen nicht einmal diese in der bezeichneten matten Weise spiegeln. Diese ganze Erscheinung erinnerte mich an die gleiche Wirkung, die wechselgradiges Belichten auf einer dick berusten Fläche hervorruft und jedermann nachprüfen kann.

Mit dem trockenen Zustand der Hautoberfläche bei unseren Waldnegern verbindet sich auch eine deutliche Kühle. Eben deshalb, weil sich deren Haut durchaus trocken-kühl und etwas rauh oder hart anfühlt, erfährt man bei Berührung kein wohltuend belebendes Empfinden.

Alle Negriden erfreuen sich einer in verschiedenem Grade reichlichen Pigmentierung ihrer Körperoberfläche. So gibt auch die H a u t f a r b e der Ituri-Leute eine gewisse Vielfalt der Braun- und Grautönungen zu erkennen, die sich offenbar nicht mit einem Worte umschreiben läßt. Einzelne Flächen sind fast ausnahmslos etwas dunkler, nämlich die Wangen und die Brust, die obere Rückenwand und der seitliche Streifen der Oberarme, ferner je ein handbreiter Bezirk ober- und unterhalb der Knie, schließlich der Rücken jeden Fußes. Der Grad dieses tieferen Dunkels ist individuell außerordentlich wandelnd und zuweilen kaum bemerkbar.

Zu diesen in der natürlichen Anlage selbst gegebenen Bedingungen gesellt sich ein anderer Umstand, der ein in untrüglichen Worten eindeutiges Festlegen der Hautfarbe erschwert, nämlich ihr wechselndes Abwandeln unter den Tagesschwankungen der allgemeinen Belichtung. Das Opfer einer diesbezüglichen optischen Täuschung bin ich selbst wohl nicht geworden; denn jeder genaue Beobachter wird mir recht geben zu der Behauptung: die Hautfarbe der Negriden wird von unserem Auge unterschiedlich, je nach der augenblicklich herrschenden Lichtstärke aufgenommen. Damit sind nicht tiefgradige Abwandlungen gemeint; wohl aber Änderungen, die den Benützer der Luschan'schen Farbentafel beim Bestimmen einmal an diese und einmal an jene benachbarte Nummer weisen. Halte man mir nicht entgegen, es unterliege die Farbentafel selbst den gleichen Schwankungen der äußeren Lichtstärke; ich glaube bei meinen Beobachtungen nicht fehlgegangen zu sein, die mich davon überzeugten, daß sich derartige Wandlungen im diffusen Licht der wechselnden Tageszeiten auf der negriden Körperhaut in einer ganz ausschließlichen Art widerspiegeln. Aber auch abgesehen von der hier erörterten, in der Wirklichkeit nicht belanglosen Eigentümlichkeit, hat nur vereinzelt ein Muster in jener Farbentafel genau auf die Hautfarbe in natura gepaßt, obwohl eine langgezogene Reihe von Nuancen an den vielen Negern zur Beobachtung gelangt ist.

Am häufigsten zeigen sich Farbentöne, die den Nummern 25 bis 27 am engsten entsprechen, sofern es sich um Farbentiefe handelt; jedoch treten auch solche Farben auf, die heller und dunkler sind. Daneben gibt es, und zwar hauptsächlich im nördlichen Ituri-Bezirk, eine Farbtongruppe, in welcher ein bläuliches Schiefergrau mit Braun vermischt oder über dieses dominierend auftritt; ein sozusagen schmutziges Farbengemisch, das ich keiner Nummer in Luschan's Farbentafel nahezubringen vermag. CzEKANOWSKI (a) nennt daraus die Nummern 26.97 bis 28.17 als Hautfarbe für die Männer unserer vier Ituri-Stämme; für weitere acht Negerstämme macht er die Nummern 27.34 bis 30.57 namhaft. Darüber besteht jedenfalls kein Zweifel, daß die Eingeborenen am Ituri wegen ihrer Hautfarbe ansehnlich von den dunkelsten Negriden abstehen.

Auffallend hell, der Nr. 12 am ähnlichsten und mehr gelb, sind die inneren Handflächen, um weniges dunkler die Fußsohlen gezeichnet. Allmählich erst gewöhnt sich der europäische Beobachter an das seltsame Farbenspiel, wenn davoneilende Neger in das dunkle Braun ihrer Körperfarbe rhythmisch das bräunliche Gelb ihrer nach rückwärts gehobenen Fußsohlen einschieben und schnell wieder verschwinden lassen. Warzenhof mit Papille sind selbstverständlich bei jedermann vielgradig dunkler als die umliegenden Flächen. Hingegen ist die behaarte Kopfhaut um vieles heller als Stirn und Nacken, sicherlich infolge verminderter Pigmentmengen: Farbtöne der Nr. 8 und 9, jedoch mit Grau gemischt, treten am häufigsten auf.

Die Irisfärbung der Ituri-Leute ist schon verzeichnet worden (S. 317), auch die Farbe der Schleimhautlippen (S. 323); die innere Auskleidung der Mundhöhle zeigt ein dunkleres Rot als bei Europiden, dagegen erscheint das Rot der negriden Zunge mehr weißlich als das der europiden.

Wenn oben erwähnt wurde, die Haut der Waldneger fühlt sich sprödtrocken an, soll damit nicht geleugnet werden, daß meistens eine feinste Schicht kompakten Talges ihr zäh anhaftet, das Erzeugnis langanhaltender Drüsentätigkeit. Dieses Produkt wird man erst gewahr, wenn man mit dem eigenen Handteller unter Druck über eine größere Hautfläche streift, auch wenn sich der Neger selbst mit seinem Rücken oder Arm oder mit einem anderen Körperteil an einer tadellos weißen Kalkwand mit schwachem Druck reibt. Man kann demnach sagen, die Talgschicht auf der Oberhaut pickt sehr fest.

Den Talg- und Schweißdrüsen bzw. ihren Erzeugnissen, nebst eigenen Duftdrüsen entstammt der starke, eigenrassige Hautgeruch, durch den unsere Waldneger sich von ihren pygmäischen Nachbarn eindeutig unterscheiden. Freilich steigern ihn allgemeine Unreinlichkeit und oberflächlich verriebenes Pflanzenöl; aber auch ohne solche Beimischung vermeint man ein Duftgemenge von ranzigem Öl, Ammoniak und Harn aufzunehmen, das jeden Europäer anwidert und ihm nahezu unerträglich wird, wenn sich mit ihm mehrere Neger im gleichen Raume aufhalten. Eben dieser irgendwo abgestreifte, am Schamschurz und an den meisten Gebrauchsgegenständen haftende Hauttalg ist es, der die genannten Dinge mit dem gleichen typischen Hautgeruch durchtränkt.

Wie in den bisher vorgeführten integumentalen Merkmalen die Ituri-Leute als echte Negriden sich bewähren, so auch in der Ausbildung und Form ihrer B e h a a r u n g. Folgerichtig fällt diese sehr spärlich aus. An erwachsenen Personen zeigen sich ausnahmsweise nur noch da und dort leichte Spuren von Flaumhaar, in der Achselhöhle und Schamgegend sprossen bloß vereinzelte unregelmäßig wellige oder gekräuselte Haare, die Augenbrauen stehen als mäßig gedrängte Streifchen da und Barthaar tritt bei Männern sehr spärlich bis dürftig auf, vereinzelt ist der Bart mitteldicht und häufig fehlt er gänzlich. Man sieht demnach bloß einzelne Haare, und zwar mehr auf der Oberlippe; welch letztere sich manchmal zu einem verfilzten Streifen zusammenschließen. Unterhalb der Mundspalte drängen sie sich genau um das Kinn herum zum sogenannten Bocksbart zusammen, oder bilden bloß beziehungslose, sehr schütter gestellte Haargrüppchen. Die Barthaare sind genau so hart und dick wie die Kopfhaare, ringeln sich jedoch fast nie zur gleich engen Spirale zusammen, sondern verlaufen engwellig oder in lockerer und unregelmäßiger Verkräuselung. Nur bei sehr wenigen Männern sprossen auch einzelne Haare auf den schmalen Backenflächen vor den Ohren und im Raume der Unterkieferwinkel.

Auf dem Kopfe gelangt das engspiralig gekräuselte Haar zu seiner vollen Ausbildung. Das Einzelhaar ist dick und hart, windet sich während des Wachstums zu einer gedrängten Spirale mit unregelmäßigem Durchmesser und zeigt von seinem Sichtbarwerden an das Bestreben, sich mit einigen benachbarten Haaren zu verwickeln. So verfilzen sich 8—15 Einzelhaare miteinander zu einem mehr oder weniger festen Haarknötchen, seiner unregelmäßigen Außenform nach beurteilt wie ein Pfefferkorn anzuschauen, und rund umher erscheint die kleine entblößte Fläche der Kopfhaut. Diese Verknäulung zur bekannten Bildung des Pfefferkornhaares vollzieht sich in den ersten Wochen unmittelbar nach einer Rasur des gesamten Kopfhaares. Läßt der Neger die anfänglich zu einander beziehungslosen Haarknötchen länger auf seinem Kopfe stehen, verlängert sich wachsend das Einzelhaar selbstverständlich und jedes bis dahin füllig zusammengedrängte Knötchen lockert sich aufblähend langsam mit fortschreitendem Wachstum. In der Folgezeit nähern sich die aufgelockerten Haarknäulchen einander und die anfängliche engspiralige Verkräu-

selung sämtlicher Haargrüppchen wandelt sich in ein zottig verfilztes Haar-
polster um, das sich über den behaarten Kopfteil als derb verdickte Kappe
hinzieht. Manche Erwachsenen verflechten die längeren, von selbst aufgelockerten Haare zu vielgestaltigen Frisuren, andere rasieren enge Streifen, Bögen
und vollkommene Zierfiguren auf der mit Haarknötchen unter unregelmäßiger
Verteilung besetzten Kopfhaut aus.

Die Abgrenzung des behaarten Kopfbezirkes verläuft fast nirgendwo
scharf und bestimmt; man könnte von einer Übergangszone sprechen, in
welcher, bei der eigentlichen dichten Behaarung angefangen, auf einem schmalen Streifen von 2 bis 3 cm die einzelnen Haare fortschreitend weniger werden,
bis die freie Fläche erreicht ist. Im Genick verteilen sich die auslaufenden
Einzelknötchen und Einzelhaare auf einen breiteren Bezirk, vereinzelt dringen
sie bis tief ins Genick hinunter.

Schließlich gedeiht Terminalbehaarung noch auf den Gliedmaßen einiger
Männer. Dabei handelt es sich um weit voneinander abstehende harte Haare,
die entweder nahezu gerade oder weitwellig und sogar gekräuselt verlaufen.
Sie zeigen, wie alle Haare unserer Neger, ein tiefes Braun, mehr oder weniger
mit Schwarz gemischt. Bei Hochbejahrten setzt langsam der Übergang zum
schmutzigen Grau ein; gewöhnlich in der Weise, daß sich erst da und dort ein
graues Einzelhaar einschleicht und fortschreitend ihre Zahl sich erhöht, bis sich
die nahezu ganze Fläche verfärbt hat. Daß durch Haarausfall die Dichte des
Haarbestandes der jüngeren Lebensjahre sich nennenswert lichtet, habe ich nicht
beobachtet, folgerichtig fehlt ausgeprägte Glatzenbildung.

Was an letzter Stelle die N ä g e l anbelangt, so handelt es sich bei ihnen,
in Übereinstimmung mit den schlanken Fingern und Zehen, um geringe Breiten
und Längen. Besonders gilt das für die Fingernägel mit ihrer rechteckigen
Form: sie sind also länger als breit und zeigen eine nur mäßige transversale
Wölbung, während eine longitudinale meistens ausbleibt. Auch die Zehennägel
sind kurz und häufig quadratisch oder rechtwinklig. Die einen wie die anderen
Nägel sind dick und hart, zeigen eine bräunlich-gelbe Farbe, etwa der Stärke
Nr. 10 in der Luschan'schen Tafel entsprechend, und verraten ein schnelles
Wachstum. Sehr häufig werden sie in Anspruch genommen oder erleiden fort-
während Beschädigungen, doch binnen kurzem ergänzt sich wieder das ge-
spaltene oder abgebrochene Teilchen. Regelmäßig sie zu beschneiden erübrigt
sich; im Alltag wetzt und stößt sich oft mehr ab, als die schutzbedürftigen
Endglieder zu ertragen vermögen.

Auf die Korrelation von Haar-, Haut- und Augenfarbe näher einzugehen,
erachte ich für unnötig. Die hier abschließenden kurzen Erörterungen über die
Integumentalorgane unserer Ituri-Leute erbringen den Beweis dafür, daß sie in
allem Wesentlichen die Übereinstimmung mit den gleichartigen Merkmalen
halten, die man als eigenrassisches Gut der afrikanischen Negriden längst kennt

f. Physiologisch-demographische Einzelheiten

In loser Folge werden hier einige Bemerkungen aneinandergereiht, die nichts mehr als eine Ergänzung zum Bilde von der Daseinsweise und Lebensform der Ituri-Neger sein wollen. Sie sind als eine Nebenfrucht meiner anthropologischen Hauptaufgaben anzusehen und erheben nicht den Anspruch, eine vollständige Schilderung alles Wissenswerten aus den physiologischen und demographischen Fachgebieten zu sein.

Trotz mancher nicht zu übersehender Unterschiede des einen Volksstammes vom anderen wird man durchgehends den allgemeinen Ernährungszustand unserer Waldmenschen als befriedigend beurteilen dürfen. Freilich verrät ihr Äußeres keine üppige Körperfülle, vielmehr zeigen die meisten Personen einen Zustand mäßiger Magerkeit und die restlichen den einer guten Versorgung; echte Hungerformen als Allgemeinerscheinung gibt es nicht. Einzelne Stämme sind körperlich besser ausgestattet, z. B. die Bali, Bambu und Budu; andere eindeutig schlank gebaut, wie die Lese. Hauptsächlich handelt es sich um eine konstitutionelle Veranlagung, da die Negriden durchwegs nicht zur Fettleibigkeit neigen.

Für unsere Neger, die in einer durchaus andersgearteten als der gegenwärtigen Umwelt ihren Ursprung genommen haben, war es kein leichtes Unterfangen, im Urwalde sich ortsbedingte, neue Lebensformen zu schaffen. Tatsächlich blieben sie im wesentlichen das, was sie vorher waren: Bauern, die sich ihre Nahrungsmittel fast zur Gänze aus der Feldarbeit erwerben. Die Art, den Boden im Bereich des Urwaldes zu bestellen, weicht unter mancher Rücksicht von ihren früheren, in freien Räumen angewandten Arbeitsweisen ab; immerhin erreichen sie nachweislich die erforderlichen Mengen an Nahrungsstoffen aus ihren Pflanzungen. Auf ertragreiche Viehzucht allerdings müssen sie im Urwalde notgedrungen verzichten, weswegen ihnen nur selten und dann nie mehr als eine sehr bescheidene Fleischmenge zur Verfügung steht. Bloß dieser und jener Stamm widmet sich mit einigem Eifer dem Fischfang; man gewinnt den Eindruck, daß deren Mitglieder durchwegs besser genährt dastehen. Über den Reichtum an großen und schmackhaften Fischen im Ituri-Strome selbst und in seinen breiten Nebenflüssen weiß jeder Neger gut Bescheid; die allzu schwerfällige, gemächliche Lässigkeit der Eingeborenen enthält die Erklärung dafür, daß sie selbst sich um diese hochwertigen und leicht erreichbaren Nährstoffe wenig oder gar nicht bemühen.

Aus diesen kurzen Angaben und früheren Schilderungen leuchten deutlich die Grundzüge für die Ernährungsweise der Ituri-Neger auf. Sie ist eine überwiegend vegetarische, wobei der Banane die Hauptbedeutung zufällt; und eben dieser Umstand kennzeichnet die unterscheidende Eigenart ihrer Wirtschaftsform. Andere Nährpflanzen, wie Maniok und Reis, Süßkartoffeln und Kürbisse, werden mit unterschiedlichem Vorzug zwar von diesem und jenem Negerstamme angebaut, reichen indes mengenmäßig bei weitem nicht an die Bananenernte heran. Das dem menschlichen Organismus unentbehrliche ansehnliche Maß an Fettstoffen liefert die Ölpalme meistens allein, mancher Zuschuß, zwar unerheblich, entstammt fetthaltigen Nüssen, Fischen und Raupen.

Wie soeben angedeutet, steht unseren Negern eine außerordentlich geringfügige Kleinigkeit an Fleisch von Landtieren zur Verfügung. Um Fischfang bemühen sich bloß einige Stämme und diese nicht einmal erheblich, andere überhaupt nicht; allerdings verdient der Umstand berücksichtigt zu werden, daß viele Negersiedlungen in weiter Entfernung von einem größeren Flusse liegen. Sollte wirklich die Dorfgemeinschaft zwei oder höchstens drei Ziegen im Ablauf eines ganzen Jahres schlachten, dann fallen auf alle Beteiligten kaum wenige Bissen. Sowieso ist es jedem Europäer rätselhaft, wie diese ausgemergelten Tiere bei ihrem zeitlebens bedauernswert chronischen Hungerzustand und bei gänzlicher Vernachlässigung von seiten ihrer Besitzer sich überhaupt im Dasein zu erhalten vermögen; viel Fleisch und Fett fällt beim Schlachten solch klapperdürrer Ziegen wahrhaftig nicht ab.

Zur gelegentlichen Versorgung mit Fleisch leisten bekanntlich die Pygmäen den Negerfamilien sehr geschätzte Dienste; denn sie verstehen sich auf das Weidwerk vorzüglich und kennen ihren Urwald mit allen seinen tierischen Insassen genauestens. Im ganzen besehen, macht auch diese von den Pygmäen in offensichtlicher Unregelmäßigkeit gelieferte Menge nicht viel aus; aber sie deckt, dem Anschein nach, den sehr geringen Bedarf, auf den die Neger sich angewiesen fühlen. Begeisterte Fleischesser sind sie von Natur aus nicht, tierischer Milch können sie keinen Geschmack abgewinnen und lassen sie stehen; in gleicher Weise verhalten sie sich Hühnereiern gegenüber. Im Essen beherrscht unsere Eingeborenen ausnahmslos eine überraschend bescheidene Genügsamkeit; es fehlt ihnen buchstäblich an gehäuften Nahrungsmengen zu üppigen Festgelagen und reichlichen Tagesmahlzeiten.

Um so begeisterter sprechen sie den alkoholischen Getränken zu, die sie in sehr beschränkter Auswahl herzustellen wissen, nämlich Palmwein sowie Bananen- und Maisbier. Zu ihrem Mißbehagen gibt es nur seltene Gelegenheiten, sich gründlich zu berauschen; werden doch die Gelage fast ausschließlich vom Häuptling veranstaltet, der nicht beliebig und nach Wunsch die erforderlichen Rohstoffe herbeizuschaffen vermag. Unsere Eingeborenen leiden oft und durch lange Zeit an Salzmangel.

Man wird sich zusammenfassend zu der ehrlichen Erklärung entschließen, daß die Waldneger schwache Esser sind, nur sehr wenig Fleisch und Fett, Salz und Alkohol genießen, sowie im Wassertrinken sich unerwartete Zurückhaltung auferlegen. Außer zu den bereits erwähnten Genußmitteln haben sie noch Zutritt zu einigen anderen, die hauptsächlich zum Würzen der Nahrung dienen, wie der Buschpfeffer *(Capsicum)*. Nahezu leidenschaftlich vergnügen sich die meisten Männer am Tabakrauchen. Auf ihren eigenen Feldern bauen sie Tabakpflanzen und bereiten zweckdienlich die Blätter, die sie auf dem Handelswege auch manchmal weitergeben. Verglichen mit anderen Völkern und Rassen, hält sich der Grundumsatz unserer Ituri-Leute niedrig.

Abgesehen von der konstitutionellen Veranlagung, findet die hier aufgestellte physiologische Bewertung ihre Begründung außerdem in der schwächeren K ö r p e r l e i s t u n g. Offenkundig müssen unsere Eingeborenen einigermaßen ums Dasein ringen und der Alltag lädt beiden Geschlechtern eine mehr
oder minder schwere Last auf. Vorteilhafterweise fehlt sehr zu ihrer Erleichterung der unerbittliche Zwang zur pausenlosen Stetigkeit bei den üblichen
Verpflichtungen und an die insgesamt wenigen Tage einer erhöhten Anstrengung bei der Feldbestellung oder auf
Wanderungen zur Lastenbeförderung schließt
sich eine unverhältnismäßig ausgedehnte
Ruhepause an, die der einzelne nach Gutdünken sogar über Gebühr in die Länge
ziehen darf. Ähnlich wie bei vielen Ein-
geborenengruppen in anderen Erdstrichen
läuft auch bei unseren Waldnegern das
Arbeiten sozusagen ruckweise, mit häufig
eingeschobenen Rastzeiten ab; zu zähem
Durchhalten auf lange Frist und zu unnach-
giebiger Regelmäßigkeit bei den zu erledi-
genden Aufgaben fehlt es allen Negern an
der starken Willenskraft. Ihr gesamtes
Muskelvermögen setzen sie zwar für kurze
Zeit ein, aber standzuhalten bis zum er-
strebten Endziele entspricht nicht ihrer
Natur.

Offensichtlich versagen ihre Körperkräfte in beiden Geschlechtern schneller als
die anderer menschlicher Rassen und ihre
verhältnismäßig frühzeitig sich einstellende
Ermattung ist unleugbarer Ausdruck ihres
physischen Unvermögens zu höheren Lei-

Abb. 80. Bambu-Negerinnen

stungen. Eben deshalb bleiben alle Neger durchwegs nur kurzfristig in Tätigkeit
und sinnen währenddessen auf lange Ruhepausen. Beim angestrengten Arbeiten
während des Hochstandes der Sonne setzt bei ihnen rasch ein reichlicher Schweiß-
ausbruch ein, der lange anhalten kann, ohne eine anschließende tiefe Ermattung
nach sich zu ziehen.

Müssen unsere Neger irgendwelche Lasten befördern, seien es Säcke oder
Koffer eines Europäers, seien es gewichtige Trauben einer Bananenstaude oder
mit Früchten angefüllte Körbe, dann richten sie sich darauf ein, solche Dinge
balancierend auf dem Kopfe zu halten; die Anstrengungen bei dieser Tragweise beschweren Männer und Frauen weniger als jedes andere Bemühen. Als
allgemeine Neigung kann man bei ihnen beobachten, alles und jedes, sogar
federleichte Kleinigkeiten auf ihrem Kopfe zu tragen; wahrscheinlich in dem
instinktiven Bestreben, beide Hände sich freizuhalten. Daneben ist hauptsäch-

lich bei Negerinnen noch eine andere Tragweise üblich, nämlich die schweren
Bündel dem Rücken aufzulasten und sie am Abrutschen durch ein breites
Tragband zu verhindern, das vor der Stirn vorbeiläuft; die Nackenmuskeln
hauptsächlich haben dabei die Aufgabe, sich dem kräftigen Zug nach hinten-
unten entgegenzustemmen.

Diese Angaben und manche andere Beobachtungen bezeugen ein gut ent-
wickeltes Gleichgewichtsempfinden unserer Neger. Daher ihre selbstbewußte
Sicherheit bei Fahrten im ausgehöhlten Baumstamm trotz unruhiger Strömung,
ferner beim Erklettern kräftig bewegt schaukelnder, freihängender Lianen
und höchster Bäume, endlich seelenruhiges Hangeln durch die im Sturm sich
neigenden Baumkronen. Hurtig und behend zeigen sich Kinder wie Erwachsene
beim Aufsteigen und Abgleiten an jedem noch so umfangreichen Baumriesen,
mag seine Rinde glatt wie die der Palmen verlaufen, oder dicht mit Parasiten
und Epiphyten überzogen sein, wie die meisten Hartlaubstämme im Urwald.

Wie auch immer sich unsere Neger beschäftigen mögen, schneller als bei
anderen Rassen setzt bei ihnen Ermüdung ein und macht sich das Bedürfnis nach ausgiebigem Rasten geltend. Solches Unvermögen zu langanhaltender, strenger Tätigkeit ist bei ihnen offensichtlich konstitutionell festgelegt. Da hilft kein noch so nachdrückliches Aneifern mit Worten, keine
Drohung und keine noch so verlockende Aussicht auf begehrte Geschenke oder
reichliche Belohnung. Der Europäer darf demgegenüber keineswegs in den
falschen Glauben verfallen, als unterliegen die Neger nicht ebenso wie er im
hohen Maße der lähmenden, erschlaffenden Beeinflussung der Witterungsverhältnisse im heiß-feuchten Urwalde. Ganz im Gegenteil zeigen sie sich deren
Einflüssen zum mindesten mit der gleichen ohnmächtigen Widerstandslosigkeit
und sogar noch mehr verfallen als wir Europäer; denn von Natur aus ist der
Organismus der Negriden weniger leistungsfähig. Man braucht sie nur zu
beobachten, wie ängstlich sie sich vor der Sonne in den Stunden ihres Höchst-
standes — und am liebsten im tiefsten Schatten des Hütteninnern — verbergen; kaum je sieht man sie während dieser Zeitspanne auf einem offenen
Wege oder auf dem Felde. Die Mittagsrast von etwa zwei Stunden bringt ihnen
eine erkennbare Erfrischung, die sie zur Geschäftigkeit für die folgenden drei
oder höchstens vier Stunden befähigt, sei es, daß sie in der Feldbestellung und
beim Holzfällen oder als Lastenträger tätig sind. Hier läßt sich einfügen, daß
sie in gleicher Weise den Wirkungen der Stenothermie unterliegen, wie diesbezüglich von den Pygmäen berichtet wurde (S. 24, 37).

Man gewinnt beim Zusammenfassen der vorgelegten Einzelheiten die
Überzeugung, daß unsere Neger von einem starken Bedürfnis nach Körperruhe erfüllt sind. Daher ihre bedächtige Gemächlichkeit bei allen Arbeiten
und Erledigungen, welcher gegenüber manch unerfahrener europäischer Auftraggeber in Raserei gerät. Daher auch ihr Verlangen darnach, zu wiederholten
und in jedesmal möglichst lang ausgedehnten Zeitabschnitten sich über einen
Lehnstuhl auszustrecken oder auf einer geflochtenen Matte hockend zu verweilen; daher endlich ihre Gewohnheit, die Nachtruhe über viele Stunden

hinzuziehen. Zwar verbringen sie diese zur Gänze nicht schlafend; trotzdem ruhen sie behäbig und genießen mit sorglosem Wohlbehagen den beglückenden Zustand des Nichtstuns. Von seltenen Perioden stärkster Übermüdung abgesehen, ist der Schlaf unserer Waldneger, übereinstimmend mit den Beobachtungen bei anderen Naturvölkern, ungemein leicht, so daß sie bei leisesten Geräuschen aufwachen und sich sofort im Zustand frischer Aufmerksamkeit befinden.

Das Faulenzen behagt ihnen sehr; die Männer können sich ihm ohne empfindliche Störung im Wirtschaftsbetrieb leichter überlassen als die Negerinnen, weil letztere von ihren Verpflichtungen als Mutter und Hausfrau schärfer zur unablässigen Regsamkeit angestachelt werden. Bedächtige Gemächlichkeit und bleierne Schwerfälligkeit steckt unseren Ituri-Leuten zeitlebens in den Knochen; obwohl einige Stämme, im ganzen gesehen, betriebsamer und mehr beweglich, auch geistig frischer als andere sind. Ein ausgiebiges Maß an Körperruhe bringt den Ausgleich gegen die Erschlaffung durch das heiß-feuchte Klima, gegen alle Mängel in der unzureichenden Ernährung und die durch schwache Konstitution bedingte Kräfteminderung. Die Arbeitsleistung eines Negers in der Tropenzone bleibt ebenfalls hinter der seines Rassegenossen im gemäßigten Erdgürtel zurück, wie das ungefähr für die eines Europäers in Äquatornähe gilt. Dem Neger in der heißen Zone seine Indolenz und Trägheit, seine Unlust zur Arbeit und sein ausgedehntes Ruhebedürfnis zum Vorwurf zu machen, ist nur zu einem Teil gerechtfertigt und offenbart schweres Verkennen seiner physiologischen Minderwertigkeit.

Zu den Rassemerkmalen im weiteren Sinne des Wortes rechnet man wohlbegründet die **Körperhaltung** in Ruhestellung und in Bewegung. Zur Nachtruhe strecken sich unsere Neger auf ihre Bettstatt hin und liegen meistens auf der Seite, einen Arm unter den Kopf geschoben. Tagsüber benützen sie einen niedrigen Schemel, auf dem sie stundenlang bei tiefer Beugung des Oberkörpers hocken. Nicht minder beliebt als die sehr niedrigen Sessel ist eine Art Klappstuhl, in dem sie bei ungezwungener Haltung der Arme und Beine halb sitzen und halb liegen. Aufrecht stehen für lange Zeit verabscheuen Männer wie Frauen.

Ihre Gangart wird vom Bauplan des ganzen Körpers und hauptsächlich von den ganzen unteren Extremitäten bestimmt. Diese sind, verglichen mit dem Rumpf, lang bis sehr lang und dünn, mit schwacher Ausbildung der Waden. Auch bei kräftigen Männergestalten und erst recht bei den schlanken Negerinnen sind die Knöchel und Fesseln zierlich geformt. Am Fuße selbst wird der Eindruck einer schönen, ebenmäßigen Bildung durch die starken Veränderungen verwischt, die stetes Barfußgehen auf der unteren Fußfläche hervorruft. Die andauernde Belastung und fortschreitende Verhärtung der Sohle hat eine derartige Verdickung der Schwarte zur Folge, daß diese auch an den Seiten als ein fingerdicker, schwieliger Rand zu sehen ist, der wie die Fußsohle selbst mit seiner hellen Farbe von der übrigen dunklen Haut absticht. Beim langsamen Gehen greifen die Männer mehr als die Frauen mit langen

Schritten aus. Beliebt ist ein trippelndes Laufen, wobei sie hauptsächlich mit der vorderen Fußhälfte auftreten und das ganze Bein im Knie mäßig geknickt halten. Zum beschleunigten Rennen entschließen sie sich nur bei höchster Dringlichkeit (S. 333).

Allgemein kann man ihre Art, sich von der Stelle zu bewegen, als ein gänzlich unauffälliges, geräuschloses und sozusagen regungsloses Schleichen bezeichnen. Wie oft wird der noch so umsichtige Europäer erstaunt gewahr, daß schon wieder ein Neger vor ihm steht und ihn scharf beobachtet, von dessen Annäherung er nicht das geringste gespürt hat. Buchstäblich ist es so. daß man sich nirgendwo vor den durchdringenden Blicken dieser Eingeborenen in Sicherheit wiegen darf, deren katzenartig schleichendes Vorwärtskommen an Unauffälligkeit nahezu einem Schattenbilde gleicht. Am meisten fiel mir bei dieser rasseeigenen Bewegungsart auf, daß unsere Eingeborenen jedes Knistern und Rascheln unter ihren Füßen zu vermeiden wissen und trotzdem mit außerordentlicher Geschwindigkeit vorüberhuschen.

Im großen und ganzen mutet das gesamte Gebaren der Neger plump, wenig gemessen und linkisch an; trotzdem darf man ihnen eine gewisse G e - s c h i c k l i c h k e i t nicht absprechen. Sie wurde schon teilweise gekennzeichnet als eine Begabung, Gegenstände vom leichtesten zum schwersten Gewicht auf dem Kopfe balancierend zu tragen, wie auch unter außergewöhnlichen Verrenkungen des Körpers mühelos und sicher zu klettern und zu kriechen. Bei ihren Tänzen verzerren sie ihre ganze Gestalt mit federnder Gefälligkeit in pudelnärrische Formgebilde, die wegen ihrer verschrobenen Umrisse befremden und gleichzeitig kraft ihrer biederen Derbheit versöhnen. Obwohl die Finger bei Männern wie Frauen dünn und durchwegs nicht unschön gebildet sind, führen sie manche Arbeiten grobschlächtig, plump und unebenmäßig aus, einige wenige gelingen besser hinsichtlich Symmetrie, Gliederung und Naturtreue. Beim Malen und Schnitzen, beim Herstellen der unentbehrlichen Gerätschaften lassen sie sich vielfach von einer kaum zu überbietenden Nachlässigkeit leiten und geben sich damit zufrieden, daß der Gegenstand überhaupt leidlich gebrauchsfähig ist.

Ernstliches Bemühen um schöne Form, um genaue Ausführung, um tadelloses Ebenmaß u. ä. m. liegt ihnen fern. Und doch fehlt ihnen ein Gefühl für dergleichen Wertigkeiten nicht; denn sie schätzen die fehlerlosen Eisengeräte, die mancher Schmied zustande bringt, ferner die nahezu formvollendeten Holzschnitzereien, die manchem Manne gelingen, endlich proportionell richtige Zeichnungen, die irgendjemand an einer Lehmwand anbringt. Der entwickelte Sinn für Symmetrie und Proportionen, für Farbenwahl und Farbenzusammenstellung geht ihnen trotzdem ab.

Unsere Waldneger sind vorwiegend Rechtshänder, setzen aber daneben ihre linke Hand zu den verschiedensten Erfordernissen geschickt ein. Die häufige Inanspruchnahme der Zehen macht von früher Jugend an auch diese zu allerhand Hilfeleistungen geeignet, am häufigsten unterstützen sie die Frauen und Mädchen bei Flechtarbeiten und bei Fadenspielen.

Vieles ließe sich über den Gebrauch und die Leistungskraft ihrer einzelnen S i n n e s o r g a n e sagen; auf kurze Hinweise beschränke ich mich. Wie die benachbarten Pygmäen, verfügen auch diese Waldneger über eine außerordentliche Sehschärfe. Nicht nur auf weite Entfernung, sondern auch auf trübes Licht und tiefes Dunkel sind sie eingeübt. Die hohe Stärke ihrer Sehkraft bezeugt der Umstand, daß sie genau aufzufassen und scharf zu unterscheiden vermögen, obwohl sich die im gesamten Landschaftsbild herrschende unwandelbare Grünfärbung auf jedwedes Tier und alle Gegenstände irgendwie überträgt. In diesem gleichförmigen Farbeneinerlei erspäht ihr Auge eben doch, was es sucht. Nun verweilen diese Eingeborenen beständig im Freien und dürfen in ihrem Ringen mit der sie umfassenden Natur nie nachlassen; dabei entwickeln sie ihr Sehvermögen zu einer uns Europäern kaum annähernd erreichbaren Vollendung. Offenkundig handelt es sich bloß um eine Anlage, die durch persönliche Übung und natürliche Auslesevorgänge zur bezeichneten Vollkommenheit gesteigert wird, mag man sie auch jetzt zu den vorteilhaften Rassemerkmalen zählen. Mit solch höchstmöglicher Begabung zur Beobachtung der äußeren Natur und aller Vorgänge darin erleichtern sich unsere Neger den Kampf ums Dasein ganz beträchtlich. Der Europäer hat demgegenüber ein viel zu wenig geschultes Auge, um sich selbst und seine Sachen vor den scharfen Blicken der Eingeborenen in acht zu nehmen; er weiß sich erst dann entdeckt und verraten, wenn es schon zu spät für ihn ist.

Eine nicht minder hochwertige Leistungskraft zeigt ihr Gehör; so daß sie nicht nur feinste Geräusche aufzunehmen vermögen, sondern diese zugleich auch richtig zu deuten wissen. Beide Fähigkeiten erleichtern ihnen das Tagewerk in unschätzbarem Ausmaß, führen sie auf sichere und gewinnbringende Spuren und bewahren sie vor allerlei Gefahren. Oft versagt das Auge den Dienst in der undurchdringlich verworrenen Dichte der tropischen Laubwaldfülle: da obliegt es dem Gehör, mit erhöhter Leistung den Ausfall der Sehkraft wett zu machen. Beide Sinne ergänzen und ersetzen einander im lebensnotwendigen Dienst für das gesamte Wohlergehen unserer Eingeborenen. Der Urwald bildet sie nämlich, wenn man so sagen darf, zu Augen- und Ohrenmenschen um: weil sie vorwiegend vermittels dieser beiden Organe ihre Aufmerksamkeit allem und jedem zuwenden, was für sie unter vielerlei Rücksichten irgendwelche Bedeutung hat.

Weniger bestimmt läßt sich ermitteln, bis zu welchem Grade die Ituri-Leute ihren Geruchssinn entwickelt haben. Ob er mit feinerer oder gröberer Empfindlichkeit als bei uns Europäern seiner Anlage gemäß einsetzt, kann der bloße Augenschein nicht entscheiden; die hoch oder niedrig gestufte Reaktion ist großenteils ein Ergebnis des persönlichen Wollens und der allgemeinen Erziehung. Betont stark zeigt sich bei den Waldnegern ein Widerwillen gegen Leichengeruch, während andere abscheuliche Düfte ihr Riechorgan wenig oder gar nicht anzugreifen scheinen; zumindest verhalten sie sich aus schwerfälliger Schlaffheit im übelsten Gestank unverständlicherweise ruhig und gelassen. Manche Bissen, die vom Geruch als schon lange nicht mehr einwandfrei er-

wiesen werden, verschlucken die Neger ohne Bedenken. Solches Verhalten
deutet darauf hin, daß ihr Geschmackssinn keine hochgeschraubten Forderungen stellt. Für ein wohlschmeckendes Zubereiten ihrer Mahlzeiten nehmen
sie sich nicht die Mühe, obwohl sie Leckerbissen mehrfacher Auswahl schätzen.
Kochsalz ist ihnen aus physiologischem Bedürfnis des Körpers jederzeit erwünscht.

Endlich zeigt auch der allgemeine Gefühlssinn in mancher Beziehung, je
nachdem, eine gesteigerte Leistungskraft oder eine regungslose Stumpfheit.
Wenn man diesen Negern nachsagt, sie sind nicht wehleidig, so ist damit nicht
völlige Gefühllosigkeit gemeint, sondern ein schwerfälliges Reagieren auf den
äußeren Reiz, das man in die Wortfassung kleidet: sie haben ein dickes Fell.
Um so feinfühliger erscheinen sie bei anderen Gelegenheiten. Beispielsweise
hat die Erfahrung es diesen Menschen gelehrt, mit den Füßen unbewußt
tastend beim Barfußgehen die Bodenunebenheiten zu vermeiden, wandernde
Ameisenzüge zu umgehen und sumpfiges Erdreich auf seine Tragfähigkeit
abzutasten. Anderseits bedeutet es für sie keine nennenswerte Belästigung, in
tagelangen Wanderungen barfuß auf dem rauhen Kies der Straßen zu tram-
peln; denn unsagbar sind sie in das *safari* verliebt, das sorglose Umher-
schlendern von einem Besuch zu andern. Mit staunenswerter Sicherheit wittern
sie eine nahe Gefahr, als würden sie von einem sechsten Sinn darüber belehrt,
daß eine Giftschlange am Wege lauert, ein Leopard die Wohnhütten im weiten
Bogen umkreist oder Elefanten in die Pflanzungen einzubrechen drohen; wie
ein nicht faßbares Unbehagen überfällt sie diese gefahrkündende Ahnung und
ruft ihre erhöhte Aufmerksamkeit wach. Dabei strafft sich plötzlich ihre äußere
Haltung und gibt zu erkennen, daß sie zur Abwehr bereit stehen. Wer sich auf
diesen feinen Spürsinn der Neger verläßt, kann schadlos jeder Gefahr begegnen. In anderen umstandbedingten Lagen, in denen wir Europäer zur
Raserei getrieben würden, bewahren diese Neger eine eiskühle Gleichgültigkeit: mögen Dutzende von Fliegen auf ihren Wunden umherkrabbeln, mag
dicker Eiter aus einem breiten Geschwür tropfen und dieses noch so sehr
brennen, zur Abhilfe rühren sie kaum je die Hand. Gleich lässig schlapp
verharren sie regungslos bei Hitze und Frostgefühl, in schwerem körperlichem
Weh, bei Hunger und Ermattung. Ihre grenzenlose Duldsamkeit erweckt den
Anschein einer gänzlichen Gefühllosigkeit. Offenkundig betätigen sich alle
Sinnesorgane unserer Eingeborenen auf rasseeigene Art und in bester Anpassung an das Vielerlei ihres Alltags.

Viel zu wenig Zeit stand mir zur Verfügung, um mich tiefgreifend mit den
K r a n k h e i t e n zu befassen, von denen die Ituri-Neger geplagt werden.
Parasitären Leiden und Infektionen sind sie in höherem Grade als die Pygmäen
ausgesetzt, weil den in geräumigen Lichtungen eingerichteten Dorfsiedlungen
der gesundheitliche Schutz von seiten aller vorteilhaften Bedingungen des geschlossenen Urwaldbereiches fehlt; obwohl nicht übersehen werden darf, daß
der freie Zutritt der glühenden Sonne fast alltäglich viele bakterielle und
infektiöse Gefahren bis zur Wurzel durchgreifend ertötet. Darüber bin ich zur

unanfechtbaren Gewißheit gelangt, daß die Neger für nahezu sämtliche Erkrankungen anfälliger als die benachbarten Pygmäen sind. Dieser empirische
Beweis erläutert und bestätigt die Ergebnisse der natürlichen Auslese und der
Umweltanpassung; die letztgenannten Eingeborenen haben gegenüber den anderen eine unvergleichlich weitere Zeitspanne in den einzigartigen Daseinsbedingungen des tropischen Urwaldes hinter sich. Weiters muß man in Erwägung ziehen, daß die einzelnen Negergruppen untereinander und diese
wieder mit den Europäern häufige und enge Fühlung haben; was eine
schnelle Verbreitung der Infektionen fördert.

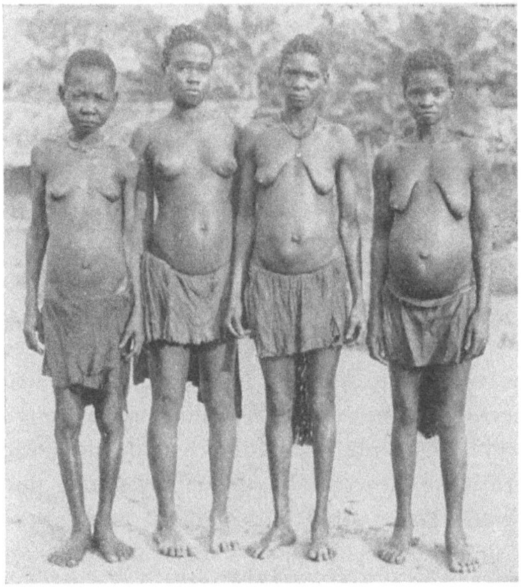

Ohne auf Einzelheiten der mannigfaltigen pathologischen Erscheinungen einzugehen, die auch an den Waldnegern sichtbar werden, will ich nur kurz die venerischen Erkrankungen und Lepra zur Erwähnung bringen. Einzelfälle von Gonorrhöe und Syphilis habe ich im nördlichen Randbereich des Ituri-Waldes diagnostiziert, wo sich den an-sässigen Negern mehr Berührung mit der "Außenwelt" öffnet. Im östlichen Waldrande sind mir an verschiedenen Orten zwei in-fizierte Männer begegnet, die von den Minen in Kilo herkamen und weiter nach Süden zogen, Angehörige des Banyari-Stam-mes. Mithin gelten, zum Glück für die Bevölkerung, Geschlechtskrankheiten als seltene Vorkommnisse im Ituri-Walde.

Abb. 81. Bali-Negerinnen

Eine weniger günstige Feststellung läßt sich für Lepra-Leiden treffen;
denn wie in anderen Bezirken des belgischen Kongo, haben sie auch in den
östlichen Waldbereich irgendwann Eingang gefunden. Im Gesamtgebiet der
Provinz Stanleyville, zu welcher auch der Ituri-Waldabschnitt gehört, wurden
Ende 1938 insgesamt 14.707 Lepröse gezählt, davon fallen allein auf die
Bezirke Wamba 909 und Faradje 1009.[1] Im Norden und Osten überwiegen
diese Erkrankungen, gegenüber dem Süden und Westen mit niedrigeren Zahlen.
Die Kolonialbehörden bemühen sich eifrigst, dem Übel zu steuern; sie stoßen
leider auf den Unverstand der Eingeborenen. Aufrichtig ist es zu begrüßen,
daß viele Gruppen unserer Waldneger wegen ihrer vom allgemeinen Verkehr

---

[1] Diese und andere ausführlichere Angaben finden sich in Obst: Afrika, Handbuch der
praktischen Kolonialwissenschaften, Bd. XI/2, S. 297. Berlin 1943.

abgedrängten Wohnlage neuen Infektionen nur wenig oder gar nicht ausgesetzt sind; aus ihren Reihen übersiedeln bloß einzelne in die Massenlager bei den Minen, wo sie leicht ihre Gesundheit gefährden. Sie sind es auch, die nach ihrer Rückkehr ins heimatliche Dorf die eigene Infektion auf den einen oder anderen Stammesgenossen bzw. auf die eigenen Kinder übertragen.

Eine folgenschwere Erscheinung, die inhaltlich in den demographischen Bereich überleitet, ist die S t e r i l i t ä t so mancher Frauen in mehreren Negerdörfern. Diese Erscheinung ist seit einiger Zeit von Ortsansässigen selbst erkannt und als Tatsache festgestellt worden, beruht also nicht auf Täuschung oder bloßer Vermutung. Aus dieser Erkenntnis heraus und um den Ausfall des Nachwuchses wett zu machen, übernehmen manche Neger als zweite Frau ein Pygmäenmädchen, das ihnen verbürgt den erwünschten Kindersegen schenkt. Mithin entstand eine Bastardierung der Neger, über deren Folgen weiter unten ausführlicher zu sprechen sein wird. Seit zwei bis drei Geschlechterfolgen macht sich diese Unfruchtbarkeit bei einer erheblichen Zahl von Negerinnen bemerkbar, begreiflicherweise zum Bedauern ihrer selbst und ihrer Dorfnachbarn. Absichtliche Geburtenbeschränkung, die nachweisbar vereinzelt mancherorts geübt wird, schaltet als Grund für diese Erscheinung aus. Für sie haben die Eingeborenen selbst keine befriedigende Erklärung. Ob sich die veränderte Umwelt in des Wortes weitester Bedeutung jetzt auszuwirken beginnt? Der Urwald ist eben doch nicht ein vollwertiger Ersatz für die Daseinszustände in der ursprünglichen Heimat des Negers, die eine offene, freie, sonnenerfüllte Landschaft war. Wohl lohnend wäre es, dieser bevölkerungspolitisch bedeutsamen Erscheinung nachzugehen, sowie auch die Gründe für den allgemeinen Rückgang der negerischen Bevölkerung in der gesamten Kongo-Kolonie aufzuspüren.

Daß die Verminderung der zusammengefaßten Kopfzahl seit einigen Jahren anhält, beweisen unzweifelhafte Statistiken. Bedauerlicherweise verlegen sich auch gar manche gesunde und schön gebaute Frauen des Budu-Stammes auf planmäßige Geburtenbeschränkung aus Bequemlichkeit. Vor allem gilt es, die physiologischen Gründe für richtige Sterilität ausfindig zu machen und diesen Übelstand zu beheben, der sich früher oder später nachteilig auf die wirtschaftlichen Bestrebungen der Kolonialmacht auswirken wird. Will letztere nicht sich selbst um unersetzliche eingeborene Arbeitskräfte bringen, darf sie nicht noch länger tatenlos bleiben.

Erst in neuester Zeit bemühen sich die belgischen Regierungspersonen, auch im wenig übersichtlichen Waldgebiet des Ituri-Bereiches eine zuverlässige B e v ö l k e r u n g s s t a t i s t i k zu gewinnen. Dieses Ziel ist bei weitem noch nicht erreicht; weil den Stammeshäuptlingen selbst viel darin liegt, mit Rücksicht auf die steuerlichen Abgaben die Zahl ihrer Untertanen bewußt zu niedrig anzugeben. In welcher Form dergleichen Statistiken für die einzelnen Stammverbände geführt werden, zeigt folgende Zusammenstellung, die mir der Administrateur D. WINKELMANS in Wamba zugänglich gemacht hat und die für Dezember 1934 gilt; sie betrifft das "Territoire des Wabudu".

Famille	*Chef*		*Nombre d'habitants*
Bafwakoye I	Apanaku	18.195	territoire Wamba
Bafwakoye II	Punda s. [1]	2.190	
Bafwadikanzi	Duana s.	1.850	
Maha N	Medjedje s.	14.190	route Gombari
Maha SO.	Mando s.	2.242	
Maha Sud	Modu	5.154	Este de Wamba
Bafwagada	Karume	19.416	N. de Bibaka
Malamba I	Adzapana	6.936	route Gombari
Malamba II	Amboko s.	1.218	
Timoniko	Kotinay	19.248	Ibambi
Wadimbiza	Boonoku	5.698	N. de Ibambi
Makoda	Abiangama	22.173	route Pawa vers S. E.
Babeyru	Mangbalu	2.070	S. de Babonde
Malika-Toriko	Kanzai	29.500	O. de Bibaka
Malika	Tomu	6.521	route Wamba vers Gombari
Bafwaotuku	Nenguolioko s.	783	
Mangbele	Bokuma	2 610	route Nyangaro
Licenciés		1.342	

Die Kopfzahl der einzelnen Waldstämme anzugeben, und wäre es auch bloß
schätzungsweise, sehe ich mich außerstande. Sie nimmt ganz allgemein ab; das
beweist ein im Jahre 1934 veröffentlichtes Preisausschreiben der obersten
Kolonialbehörde zur Beantwortung der Frage: „Wie steuern wir dem Be-
völkerungsschwund in unserer Kolonie?"

Ein besonderer Umstand, der die schwankende Ungenauigkeit in den
Bevölkerungsstatistiken erklärt, ist die Angst der jungen Männer vor dem
Militärdienst und vor allen ungewohnten Arbeiten in den Minen. Ein aufrichtiger Administrateur erklärte mir unumwunden, es stehe sowohl das eine
wie das andere fest, nämlich daß die Jungmänner an Zahl sich fühlbar verringert haben und jedweder dem Dienst im Waffenrock zu entfliehen trachtet.
Große und größte Mühe kostet es den Ortshäuptlingen, strichweise verschieden
den angeforderten Schub jugendlicher Arbeiter für die Minen zu stellen. Setzt
die Werbung für den einen wie anderen Dienst ein, verstecken sich viele Jungmänner auf Wochen im Walde oder tauchen in einem abgelegenen Dorfe für
längere Zeit unter; aus kluger Beobachtung und direkten Mitteilungen fürchten
sie, als Folgen längerer und gänzlicher Abhängigkeit von den Europäern, ihrem
eigenen Volksstamm entfremdet und dem heimischen Brauchtum entwurzelt
zu werden, sowie gesundheitlicher Schwächung und vielleicht ernster Schädigung zu verfallen.

Ein kluger Negerhäuptling erklärte dem Administrateur in Faradje an
einem treffenden Vergleich den Schwund des lebensfrohen Nachwuchses in
seinem Volksstamme: „Das Werk des Auslöschens unseres Volkes, begonnen
mit dem Einbrennen von Kennmarken auf unsere jungen Männer [zum Skla-
vendienst], setzen jetzt die Minen der Europäer fort!" M. a. W., die negerische
Bevölkerung verringert sich fortschreitend und damit läuft leider parallel eine

---

[1] Die Abkürzung s. bedeutet: sous-chef.

biologische Verminderung ihres gesundheitlichen Wertes infolge eingeschleppter Krankheiten und entnervender, von Europäern übernommener Gebarung.

Um allen körperlichen Leiden, den schweren Epidemien und hauptsächlich dem gänzlichen Mangel an Hygiene wirksam zu steuern, arbeitet in größeren Ortschaften ein fachmännisch gut gelenkter s a n i t ä r e r   D i e n s t. Erklärlicherweise schätzen die Neger noch viel zu wenig seine augenfälligen, überaus fördernden Vorteile; ebensowenig begreifen sie alle notwendigen Maßnahmen und ärztlichen Verfügungen, welch letztere sie sogar zuweilen mißdeutend gleich böswilliger Plackerei ablehnen. In einzelnen Gebieten allerdings haben schon manche Negerinnen die wohltuende Hilfe erfahren, die ihnen selbst bei der Niederkunft und die ihren Neugeborenen in den Spitälern zuteil wurde; andere werdende Mütter suchen furchtlos die sanitären Hilfsstellen auf und mancherorts macht sich bereits eine Verminderung der Kindersterblichkeit bemerkbar. Diese bislang noch ortsgebundene Wendung zum Besseren wird wohl kaum am allgemeinen, wenn auch langsamen Schwund der Negerbevölkerung im gesamten belgischen Kolonialbereich viel zu ändern vermögen. Einer bis zu gewissem Grade schützenden Geborgenheit erfreuen sich vorläufig noch unsere Eingeborenen im Ituri-Raume. Aber auch ihn durchschneiden gegenwärtig schon einige breite Fahrstraßen, die zugleich Brücken in die "Außenwelt" darstellen und allerlei Fremdartiges an Gebrauchsgegenständen und Vorstellungen einströmen lassen, damit zugleich neue Wünsche und Forderungen bei den Eingeborenen selbst wecken. Nicht alles und jedes bringt ihnen fördernde Vorteile.

Wie nicht anders zu erwarten, ist für die Waldneger am Ituri die allgemeine ö k o n o m i s c h e L a g e weniger günstig als die ihrer Stammesgenossen in offenen und für Ackerbau geeigneteren Landstrichen. Erstere müssen hochwertige Produkte vom Anpflanzen ausschließen und sich mit einem niedrigeren Ertrag ihrer Felder zufrieden geben; ihn auf die Absatzmärkte schaffen, ist mühsam und wird nicht allem Aufwand entsprechend entlohnt. Folgerichtig können sie sich durch Austausch die erwünschten Gebrauchs- und Genußgüter bloß im bescheidensten Umfang aneignen. Stellt man neben diese Einschränkungen noch ihre engbegrenzten Ernährungsmöglichkeiten und einfachen Wohnungsbedingungen, dann überzeugt man sich widerspruchslos von der Tatsache, daß, kurz gesagt, ihre Lebenshaltung auf sehr niedriger Stufe steht.

Allerdings gibt es sogar im Ituri-Bereich selbst diesbezügliche Unterschiede, je nach der Ergiebigkeit des Bodens. Mit diesen naturgegebenen Voraussetzungen rechnet klugerweise auch die Kolonialbehörde in ihren Steuervorschreibungen. So muß, um nur ein Vergleichsbeispiel zu nennen, jeder Mann im Raume von Bafwasende alljährlich $54^{1}/_{2}$ Frcs und jeder, der auf dem rechten Ufer des Ituri wohnt, $40^{1}/_{2}$ Frcs entrichten. Vielleicht mutet diese Summe uns Europäer geringfügig an, für die Neger aber bedeutet sie einen mühsam zu erringenden Betrag. Indes gereicht ihnen m. E. die einfache Lebenshaltung, mit manchem Verzicht und vielen Einschränkungen verbunden, mehr zum gesundheitlichen Vorteil als üppige Ergiebigkeit eines Wirtschaftsbetriebes.

Eigener Empfehlung dafür bedarf es nicht, daß die gesundheitlichen und demographischen Belange der Ituri-Leute von den zuständigen europäischen Stellen mit hoher Aufmerksamkeit und wohlwollender Förderung berücksichtigt werden müssen, damit nicht etwa erschütternde Störungen und schädigende Einflüsse deren biologische Volkskraft schwächen und gänzlich gefährden.

g. Der eigenrassische Waldnegertypus

Geschichtlich erweisbar ist die gegenwärtig im Ituri-Walde ansässige Negerbevölkerung aus allen Richtungen und zu verschiedenen Zeiten eingeströmt,

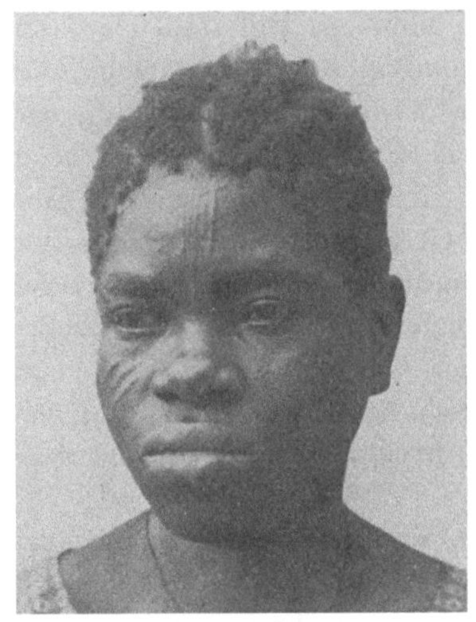

Abb. 82. Bira-Negerin

die jüngsten Völkerwellen wohl erst vor vier oder fünf Generationen. Welche individuelle Rasseform jeder einzelne dieser Negerstämme vorher besessen hat, ist nirgendwo festgelegt oder heutigentags bestimmbar; allein die biologische Stetigkeit des Genotypus vermag einigen zuverlässigen Aufschluß darüber zu vermitteln. Der Eigentäuschung liefert man sich selbst wohl nicht mit der Annahme aus, daß jeder der seinerzeit eingedrungenen Negerstämme eine bestimmte, für sich a b g e s c h l o s s e n e V a r i a n t e im negriden Rassehauptstamm darstellte, sei es als Unterrasse oder sei es als Varietät und Typus. Da nun diese Varianten, teils sich näher und teils sich ferner stehend, erst anderthalb bis höchstens vier Jahrhunderte im Urwalde wohnen, so kann

zufolge erbbiologischer Gesetze eine mutationsbedingte Abwandlung der in den heiß-feuchten Tropenwald mitgebrachten Körpermerkmale für die gesamte Stammesgruppe nicht in einem größeren Ausmaß erfolgt sein. Bereitwilligst räumen wir die Wahrscheinlichkeit ein, daß die von Grund auf völlig andersartigen Umwelt- und Lebensbedingungen im Ituri-Walde, kaum faßbar weit abweichend von den im eigentlichen Entstehungsraume der Neger, mancherlei Mutationen zur Auslösung gebracht haben. Mögen diese auch noch so mannigfach und tiefgreifend gewesen sein; es ist die seitdem verstrichene Zeit längst nicht ausreichend genug, um eine den gesamten Volksstamm erfassende Umgestaltung herbeizuführen. Desto bereitwilliger wird man eine Abänderung des Phänotypus gelten lassen, die um so schneller einsetzte und um so weiter ausschlug, je plötzlicher sich der Übergang vom ursprünglichen Milieu in die außergewöhnlichen Wirklichkeiten des Waldbereiches am Ituri vollzog.

Niemand verschließt seine Augen vor der biologischen Tatsache, daß gegenwärtig eine offenkundige V e r e i n h e i t l i c h u n g des rassischen Gesamtbildes alle Volksstämme im Ituri-Walde verbindet. Eine derartige Angleichung kann für den Phänotypus selbstverständlich im Ablauf von wenigen Geschlechterfolgen zustande kommen, währenddessen einige jede Sondergruppe kennzeichnende erbbedingte Merkmale bestehen bleiben. Die Kraft zu solch enger Angleichung der verschiedenen rassischen Eigenformen aneinander wird man dem übermächtigen Urwalde nicht absprechen dürfen; denn er ist grundsätzlich menschenfeindlich eingestellt und ihn unterstützt eine natürliche Auslese von hochgesteigerter Schärfe. Für jeden Einzelmenschen, der die erforderliche Anpassung nicht innerhalb kürzester Frist erreicht, ist baldiger Untergang oder schwere Gesamtschädigung unvermeidlich. Im rasch tätigen Ausleseprozeß bleiben somit alle jene Eingeborenen übrig, denen ein sofortiges Anpassen der am stärksten zur Abwandlung gezwungenen Merkmale gelingt. Unter der allen Widerstand brechenden Einwirkung dieser beiden allgewaltigen Kräfte, Anpassungszwang und natürliche Auslese, ist vermutlich diese äußerliche Verähnlichung im rassischen Merkmalsbilde aller Negerstämme am Ituri erfolgt. Erst wenn man sich die außerordentlich sonderbare Eigenart der Daseinsmöglichkeiten und Lebensbedingungen im Urwaldraume am Äquator einzeln vor Augen führt, wird man zum Verständnis der jede Unzweckmäßigkeit im Merkmalskomplex der Eindringlinge niederzwingenden Gewalt dieser feindseligen Umwelt gelangen.

Die anfängliche rassische V e r s c h i e d e n h e i t der einzelnen in den Ituri-Waldraum eingeschobenen Negerstämme ist indes von dem sie alle einander angleichenden Anpassungszwang tatsächlich nicht zur Gänze ausgelöscht worden; die meisten Volksgruppen haben sich einen Großteil von ihrer individuellen Rasseform bewahrt. Eine sogar das Gen-Gefüge aufreißende Umgestaltung ließ sich in der bezeichneten engen Zeitspanne ihres Urwaldaufenthaltes eben doch nicht erzwingen. Von Anfang an schon dürfte, wie bereits angedeutet, eine ziemlich nahe Ähnlichkeit auch im Gen-Gefüge der jetzigen Urwaldneger angelangt gewesen sein; an welches sich überdies zumindest der Phänotypus noch mancher anderer negerischer Völkerschaften im nördlichen und südlichen Waldrande anlehnt. Mit CzEKANOWSKI (b): 570 „muß man betonen, daß die Momvu-Stämme [sämtlich von der negritischen Abteilung der Sudansprachen, z. B. unsere Lese und Mbuba], die früher weiter nach Westen reichten, in anthropologischer Beziehung von den Urwald-Bantu kaum zu unterscheiden sind, und daß man dieselben anthropologischen Elemente auch im Gebiet der Madi-Stämme, wenn auch weiter im Norden stark modifiziert, verfolgen kann".

In diesem Zusammenhange sei daran erinnert, daß seit weit zurückliegender Zeit reine Bantu-Sprachen zwischen dem Kongo-Strom und Viktoria-See die Herrschaft besitzen; sind doch beispielsweise gar nicht lange zurück auch die „Bakumu des Nordostens ... den Ituri entlang heraufgewandert. Ihre alte Heimat lag, wie CzEKANOWSKI (b): 355 nachweist, weit unten am Lualaba (Kongo), in der Nähe von Kisangani (Stanleyville)". Im Raume, der die am dichtesten gestellte Pygmäenbevölkerung einschließt, sind gleichzeitig südlich die Wald-Bira und nördlich die Lese-Neger ansässig. Erstere grenzen im Nordosten und Osten an die Lese-Mbuba, im Nordwesten an die Ndaka, im Westen an die Rumbi und erreichen nach Süden hin den Lindi-Fluß; durch die im Osten eingeschobenen Lese werden sie von ihren Stammesgenossen, den sogenannten Gras-Bira getrennt. Die den Bira sprachlich verwandten Kumu dehnen sich von der Westgrenze der Rumbi bis fast zur Lindi-Flußmündung aus. Bira und Kumu, beide je aus mehreren Völkerschaften bestehend, sind Bantu. Was schon STUHLMANN (b): 337, 469 vermutet hatte, nämlich daß die Wald-Bira „in verhältnismäßig junger Zeit", vor etwa hundert Jahren „aus dem fernen Südwesten" in ihr jetziges Wohngebiet eingedrungen sind, genau das fand CZEKANOWSKI (c): 355 durch die mündlichen Überlieferungen dieser Leute bestätigt, „in denen von ihren Wanderungen aus dem Südwesten berichtet wird". Im großen und ganzen dürfte sich dieser Wanderzug am Ituri-Strom entlang nach Nordosten vorgeschoben haben; ihre alte Heimat muß man wohl weit unten um Lualaba suchen. Mehrere Ansiedlerwellen dieses Volksstammes sind heraufgeströmt und zur ältesten gehören offenkundig die Gras-Bira; als sie die offene Steppenlandschaft besetzten, gab es dort bloß einige volkarme Lendu-Siedlungen.

Die Richtungen der verschiedenzeitlichen und auseinanderlaufenden großen Völkerbewegungen zwischen dem Kongo-Strome und dem Großen Graben können hier zwar nicht ausführlich gezeichnet werden; zumindest verdienen sie eine kurze Erwähnung, um das enge Nebeneinander und die zuweilen überkreuzte Lagerung von Volksstämmen mit Bantu- und Sudan-Sprachen zu veranschaulichen. Um eine teilweise Klärung der verworrenen, oftmals sich verknäuelnden Völkerbewegungen haben sich vor einigen Jahrzehnten schon STUHLMANN und CZEKANOWSKI bemüht.

Der Vermutung bzw. der mehrmals früher ausgegebenen Behauptung, die Volksstämme mit Bantu-Sprachen verraten sich durch eine allen gemeinsame Rasseform, zum Unterschied von einer solchen, die für alle Träger der Sudan-Sprachen eigentümlich ist, möchte ich hier schon entgegentreten. Damit soll indes das sinnfällige Erscheinungsbild nicht verschleiert werden, daß durchschnittlich die nördlichen Ituri-Neger im gesamten Körperbau den im Sudan beheimateten Stämmen nahezu gleichen bzw. sehr ähnlich sind, mithin schlank und geschmeidig erscheinen; hingegen muten die südlichen Gruppen kräftiger und vollschlank an. Keinesfalls aber können diese beiden Konstitutionstypen, die sich miteinander durch mehrere Zwischenformen verbinden, als eindeutig klassifikatorisch bestimmend gelten.

Zur Begründung dessen folgen hier einige faßliche Mitteilungen über die i n d i v i d u e l l e E i g e n a r t im körperlichen Merkmalsganzen, sozusagen der einzelnen negerischen Waldvölker. Die beiden Bira-Gruppen, dem Bantu-Sprachstamm zugehörig, unterscheiden sich rassisch kaum erkennbar voneinander; abgesehen selbstverständlich davon, daß die Wald-Bira im ganzen ein wenig heller sind, vermutlich infolge der gegenüber den Gras-Bira viel geringeren direkten Sonnenbestrahlung. Da STUHLMANN (b): 468 für eine ziemlich ausgedehnte Vermischung der alteingesessenen Pygmäen mit den neuestens im Urwalde angesiedelten Negerstämmen offenkundig Stimmung macht, ist seine Erklärung, daß „ein gleiches weder mit den Lendu noch mit den Wawira [= Bira] vorkommt", umso beachtenswerter und der Wahrheit entsprechend.

Meine persönlichen Beobachtungen ergeben folgendes Rassebild von den *Wald-Bira:* Sie sind durchwegs blutreine Urwaldneger und, übereinstimmend mit allen anderen negerischen Waldvölkern, mittelgroß. Eine durchgehend tiefdunkelbraune Hautfarbe kennzeichnet sie. Mit ihrem gut ausgebildeten, muskulösen Körper, verbunden mit mittelmäßigem Knochenbau, übertreffen sie einige andere Waldvölker, die schlanker sind. Die volleren Formen der Bira tragen dazu bei, daß diese Menschen nicht besonders hochbeinig erscheinen, obwohl ihre Körperproportionen im allgemeinen denen der übrigen Negergruppen gleichen. Den ansehnlichen Prognatismus, verbunden mit ziemlich wulstigen Schleimhautlippen, haben sie mit den meisten Eingeborenen im Ituri-Walde gemeinsam. Bei der Mehrheit der Bira neigt die Nasenform zum Typus der Knopfnase hin, der beispielsweise bei den Lese und Ndaka längst nicht so häufig auftritt. Kräftiger als anderswo ist bei ihnen die Supraorbitalgegend modelliert. Jedoch sind die hier aufgezeigten Sonderbildungen keineswegs derart und ebensowenig genügend deutlich, daß sie als Unterscheidungsmerkmale eines jeden Mitgliedes des Bira-Stammes dienen könnten. Es überrascht, daß CZEKANOWSKI (b): 32 die Wald-Bira als „typische Vertreter der kurzge-

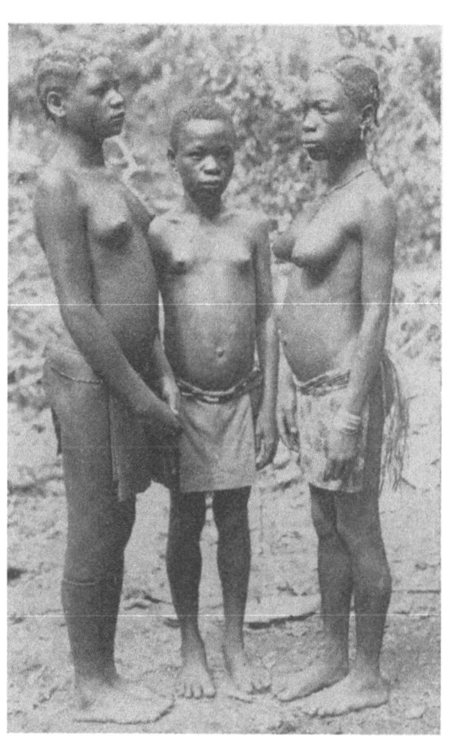

Abb. 83. Lese-Negerinnen (Drei Schwestern)

sichtigen Urwald-Brachycephalen" beurteilt; was mir um so weniger verständlich ist, da er selber für 341 Männer dieses Stammes 77.20 als mittleren Längenbreiten-Index des Kopfes und 112.8 mm als mittlere Morphologische Gesichtshöhe verzeichnet hat. Augenfällig entfernen sich die Bira vom durchschnittlichen Waldnegertypus eigentlich nur durch ihren etwas gedrungenen, nahezu vollen Körperbau und durch ein dunkleres Braun ihrer Hautfarbe: beide Merkmale machen ihre individuelle Eigenart aus.

Ihnen sind im Norden die *Lese* benachbart, der Momvu-Gruppe mit Sudan-Sprachen angehörend und allein mit den Buba nicht in der Savanne ansässig; daher man sie als die "Momvu des Waldes" bezeichnet. Die äußere Erscheinung der Lese berührt angenehmer als die der meisten Waldvölker, hauptsächlich wegen ihrer schlanken und teilweise sogar eleganten Formen. Zwar besitzt

dieser Stamm lange Beine, was an mageren Personen stärker sinnfällig wird;
doch ohne daß man ihn als übertrieben hochbeinig zu beurteilen braucht.
Gegenüber den Bira wirkt die Hautfarbe insofern heller, als das Braun sich
mit Grau reichlich mischt. Ihr Gesicht, zumal das der Frauen, spricht nahezu
gewinnend den Europäer an; denn der Prognatismus ist mäßig und die Aufwulstung der Schleimhautlippen öfters sogar nur gering. Für das Ganzgesicht
überwiegt der rund-ovale Umriß. Ihre Augenlidspalte öffnet sich mehr als die
der Bira. Neben der üblichen flachen Form der Knopfnase tritt auch die

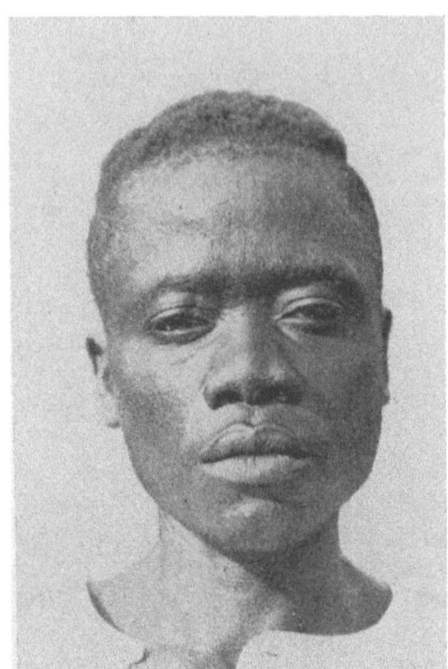

Abb. 84. Beyru-Neger

erhöhte dreieckige Trichternase auf. Bei je
drei Dutzend Männern und Frauen aus dem
Lese-Stamm habe ich als mittleren Längenbreiten-Index des Kopfes 76.33 bzw. 76.44
bestimmt, womit sich beide Geschlechter als
mesokephal und eng an Dolichokephalie angrenzend ausweisen. Auch die Lese verdeutlichen unmißverständlich den Waldnegertypus
und die in ihrer Stammesgemeinschaft vorhandenen bekannten Bastarde fallen wegen
mehrerer Merkmale unverkennbar aus dem
einheitlichen Erscheinungsbilde heraus.

Einer gewinnend schlanken Körperform
mit praller Straffung der Hautgewebe erfreuen sich die *Budu;* auch tragen die wohltuenden Proportionsverhältnisse ihrer Ge-
samtgestalt dazu bei, daß die Frauen dieses
Stammes als die schönsten im Ituri-Raume
gepriesen werden. Den Ndaka ist eine nicht
mindere Schlankheit eigen, doch muten die

oberflächlichen Weichteile etwas schlaff an und verleihen dem ganzen Äußeren
eine gewisse Mattigkeit. Noch geschmeidiger und teilweise sogar zierlich geglie-
dert heben sich die wendigen Gestalten der *Medjé* im nördlichen Abschluß des
Ituri-Waldes heraus. Die Frauen dieses Stammes übertreffen an leichter Eleganz
ihrer Bauart augenscheinlich die zartgliedrigen Gestalten der im südlichen
Ituri-Raume wohnhaften Ndaka-Frauen; trotz dieses Unterschiedes stellt man
beide Gruppen ohne Bedenken zum leptosomen Konstitutionstypus.

Man kommt demzufolge an der allgemeinen Erscheinung nicht vorbei, daß
sich die wichtigsten Grundlinien im Phänotypus aller Ituri-Völkerschaften
wiederholen und daß die damit verbundenen individuellen Sonderformen untergeordneter Bedeutung in jedem Einzelvolk das abgerundete Bild von der
einheitlichen körperlichen Gestaltung aller Ituri-Leute negerischer Reinblütig-
keit nicht durchbrechen.

Was ich, auf Grund der weiter oben vorgelegten Maße und morphologischen Beschreibungen, als die eigenrassische Körperform der
Waldneger herausstellen möchte, ist ein Neger von mittlerer Körperhöhe bei

vorwiegend ♂ 159 cm und ♀ 150 cm. Sein Rumpf ist nicht besonders kräftig, selten nur ein wenig gedrungen und häufiger schlank, mittellang oder etwas kurz gegenüber den langen Armen und den noch längeren Beinen. Die Rückenlordose der beiden Geschlechter verläuft in der flachen Schweifung, die für die menschliche Allgemeinheit als Gattungsbesitz gilt; die ganze Gesäßgegend zeigt nur mittelmäßigen Umfang und der Bauch bleibt ziemlich flach. Durch diese drei komplexen Merkmale entfernen sich die Waldneger reichlich weit von den Bambuti.

Als Hautfarbe tritt am häufigsten ungefähr Nr. 27 oder Nr. 28 der Luschan'schen Tafel auf; daneben auch eine hellere und dunklere Tönung, zuweilen in Mischung mit schwärzlichem Grau. Deutlich abweichend von den blutreinen Pygmäen und Pygmäen-Neger-Bastarden besitzt der Waldneger eine von Lanugo völlig freie Haut und übereinstimmend damit bleibt die Terminalbehaarung außerordentlich spärlich.

Die schwache Mesokephalie, mit einem individuell sich fast nur zwischen 76.20 und 77.90 bewegenden Längen-breiten-Index, entspricht einem etwas länglichen Schädel von rund-ovaler Form. Der Längen-Ohrhöhen-Index bezeugt Hypsikephalie für alle Negerstämme. Die Mediansagittalkurve verläuft oben und hinten ziemlich flach, nur mit geringer Wölbung.

In Frontalansicht begegnet man am häufigsten der elliptischen Gesichts-

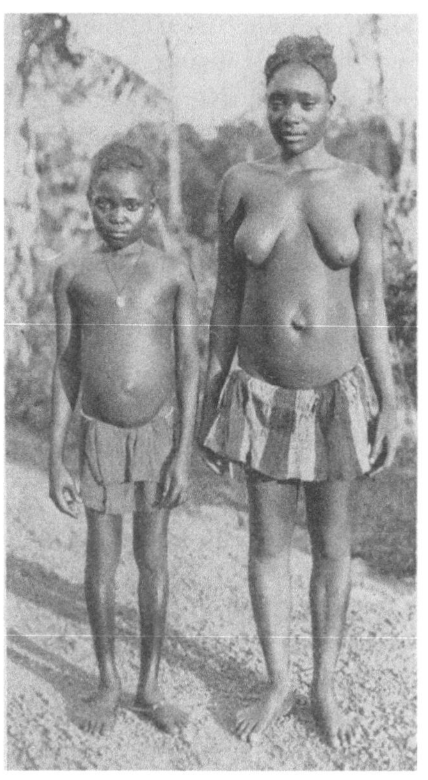

Abb. 85. Budu-Negerinnen

form, wohingegen andere Umrisse genau so selten wie die rundlichen auftreten. Im ganzen ist das Gesicht mittelhoch und das Untergesicht keineswegs gegenüber dem Obergesicht verkürzt. Die Stirn steigt nahezu steil auf, jedenfalls mit nur mäßiger Rückwärtsneigung; häufig ist sie glatt gerundet und ebensooft zeigt sie eine mehr oder weniger erkennbare Plastik im ganzen Bereich der Tubera frontalia, ausnahmsweise sogar ein flach-beulenförmiges Heraustreten der mittleren Stirnfläche. Die zuweilen kräftige Supraorbitalgegend deutet eine primitive Bildung an. Die Augenlidspalte ist höchstens mäßig-weit geöffnet, zuweilen sogar schmal, und ausnahmslos liegt der Augenbulbus zurück.

Die mittellange oder kurze Nase zeigt trapezförmigen oder breit-dreieckigen Grundriß: der knöcherne Abschnitt ist flach und breit, doch erhebt sich ebenso häufig auch ein mäßig-hoher Rücken. Ausnahmslos verläuft die sagittale

Profillinie des Nasenrückens mehr oder weniger konkav. Entweder zieht eine furchenförmige Einsattelung quer über die Nasenwurzel hinweg oder letztere liegt genau im tiefen Niveau der Nachbarteile oder sie hebt sich vereinzelt über dasselbe als niedriger Rücken hinaus. Der breite, niedrige oder kaum mittelhohe Knorpelabschnitt deutet oft die Form der Knopfnase mit stumpf gerundetem Abschluß der Nasenspitze an; man sieht aber nicht minder häufig auch die kantige Nasenspitzenpartie auf schmal-dreieckiger Nasenbasis. Stark blähen sich die Nasenflügel niemals, sondern verstreichen fast durchgehends mit sehr flacher Wölbung. Regelmäßig ist das Septum kurz und keilförmig, auch sehr breit an der Nasenspitze. Die Längsachse der am häufigsten länglich-ovalen Nasenlöcher hebt sich nach hinten und auswärts.

Alle Volksgruppen im Ituri-Walde besitzen eine mäßige Prognathie des ganzen Untergesichtes. Nur bei wenigen, z. B. Ndaka, treten dickwulstige Schleimhautlippen auf; sie bewirken eine Verkürzung der Integumental-Oberlippe, womit sich zuweilen eine schnauzenförmige Bildung der ganzen Kiefergegend verbindet. Die überwiegende Mehrheit dieser Leute besitzt nur mitteldicke, mäßig oder gar nicht aufgeworfene Schleimhautlippen; fast allgemein erkennt man eine mehr oder weniger abgehobene Lippenleiste. Das spitzgerundete, gut sichtbare Kinn erscheint wegen der minder oder mehr beträchtlichen Procheilie als nach hinten gerückt, ist jedoch gegen die Unterlippe meistens deutlich abgesetzt.

Durchgehends fehlt dem Gesicht unserer Ituri-Leute der häßliche und abstoßende Ausdruck, der uns Europäern von den Negern der Westküste her geläufig ist; m. a. W., die bekannte grobe Form des Negergesichtes zeigt sich bei unseren Ituri-Leuten auffallend gemildert. Auch diese Eigentümlichkeit, verbunden mit der nahezu vollschlanken Bauart des ganzen Körpers und der helleren Hautfarbe, räumt den hier vorgeführten Waldnegervölkern eine Sonderstellung im negriden Hauptstamme ein.

Die allgemeine gegenseitige Angleichung der Körper- und Kopfform aller in den Ituri-Wald eingeströmten Negergruppen dürfte sich wohl am besten als eine "Plastizität der Typen" umschreiben lassen, deren genaue Ursachen noch nicht bestimmbar sind (vgl. MARTIN: 687). Nach ihrer Körperhöhe allein beurteilt, nehmen sich die Urwaldneger etwas kleiner als die Steppenbewohner aus. Nun, die dem Urwald biologisch angepaßte Rasseform ist dort eben die der Bambuti. Was Wunder, wenn die dahinein abgedrängten Negervölker im auffälligen Merkmal der Körperhöhe und auch in anderen Kennzeichen mutiert haben (vgl. E. FISCHER [b]: 183).

Der früher geführte Nachweis dürfte davon überzeugen, daß die gegenwärtig den Ituri-Raum besiedelnden Negergruppen vor nicht zu langer Zeit dahinein vorgedrungen sind, und zwar als fertige Rasseformen mit bestimmt gefügter Merkmalsprägung. Die neue Urwald-Umwelt hat eine augenfällige Vereinheitlichung im Erscheinungsbilde aller dieser Negerstämme zustande gebracht, die wohl hauptsächlich auf Abwandlungen des Phänotypus und auf eine schon vorher grundgelegte, enge gegenseitige Annäherung des gesamten Gen-Gefüges zurückzuführen ist. Deshalb, und weil individuelle, obzwar nebensächliche Unterschiede zwischen den einzelnen Negervölkern bestehen blieben, wage ich es nicht, sie insgesamt zu einem determinierten Typus oder zu einer selbständigen Varietät zusammenzuschließen, sondern betrachte sie als einen deutlich geprägten Formkreis. Allein in dieser unmißverständlichen Wortbedeutung sind meine alle Einzelstämme vereinigenden Ausdrucksweisen, wie: eigenrassischer Waldtypus, Rasseform der Ituri-Neger, Waldnegertypus u. a. aufzufassen und zu werten. Als Genus-Bezeichnung für die vereinheitlichte körperliche Sonderbildung der Ituri-Waldneger möchte ich die Wortschöpfung: *ost-hyläischer Formenkreis* vorschlagen. In gleichsinniger Übereinstimmung mit dieser Namengebung ließe sich die im Ituri-Raume angesiedelte negerische Gruppengemeinschaft selbst als: *östliche Hyläaiden* kennzeichnen.

Die vorgeschlagene generelle Benennung: *ost-hyläischer Formenkreis* räumt unmißverständlich der waldnegerischen Gesamtheit die ihr gebührende eigenrassische Stellung im negriden Hauptstamme ein. Trotzdem verwischt sie nicht eine erbbiologische Selbständigkeit jeder größeren Volksgemeinschaft zufolge ihres individuellen, bereits vor der Übersiedlung in den Urwald grundgelegten Gen-Gefüges.

In den verflossenen drei bis vier Jahrhunderten oder in einer noch weiter ausgedehnten Zeit, da der Ituri-Raum vielstämmigen Negerscharen teils als Durchzugsgebiet diente und teils zur freiwilligen Wahlheimat wurde, blieben Bastardierungen der beiden sich gegenüberstehenden Rassegruppen nicht aus. Von deren Folgen sind die Neger im allgemeinen reichlicher als die Pygmäen betroffen worden, unvermeidlich auch die einzelnen Negerstämme und Pygmäenhorden in verschieden starkem Grade. Absoluter Blutreinheit erfreut sich demzufolge weder die pygmäische noch die negerische Rassegemeinschaft, doch läßt sich ein auch nur annähernd bestimmbares Ausmaß der erfolgten und tatsächlich geringfügigen Blutmischung nicht ermitteln. Wie schon (S. 339) angedeutet, ehelichen seit wenigen Jahrzehnten die Neger in einzelnen Dörfern häufig Pygmäenmädchen; über diese Bastardierung, deren Ergebnisse für eine genaue Beobachtung zugänglich sind, wird später (S. 377) ausführlich berichtet. Aber auch die vor längerer Zeit eingegangenen Kreuzungen ließen, so scheint es mir, ihre Spuren erkennbar zurück; und zwar in jenen kleinen, untersetzten, groben Gestalten, denen man als Einzelpersonen in manchen Negersiedlungen begegnet. Eine gen-bedingte, in einer Gemeinschaft oder Population zusammengeschlossene Selbständigkeit kommt diesen nur selten aufscheinenden Körperformen nicht zu und somit fehlt die Berechtigung, sie als eigenständigen Schlag anzusprechen. Wie gesagt, als vereinzelte Sonderlinge fallen sie aus dem einheitlichen rassischen Gesamtbilde eines jeden Negervolkes heraus, bei dem man ihnen begegnet. Sie verdienen demnach keine Erwähnung in der Zusammenstellung jener Merkmale, die das einheitliche Wesensgefüge des ost-hyläischen Formenkreises ausmachen. Ihre Herkunft werde ich in einem anderen Zusammenhange (S. 370) verständlich zu machen und zu begründen versuchen.

Waldneger	Lese			
	36 Männer		39 Frauen	
Absolute und relative Maße	M	$V_1 - V_n$	M	$V_1 - V_n$
Ganze Körperhöhe	1585.6	1447-1723	1479.8	1369-1640
Höhe des Suprasternale	1301.8	1188-1418	1183.5	1115-1350
Höhe des Nabels	951.6	864-1085	876.8	775-1006
Höhe des Symphysion	830.3	735-938	726.8	682-864
Höhe des Akromion	1317.2	1200-1423	1219.5	1106-1356
Höhe des Radiale	1014.1	945-1089	948.7	853-1060
Höhe des Stylion	762.4	694-822	710.8	621-796
Höhe des Iliospinale ant.	894.7	805-1010	830.4	746-926
Höhe des Tibiale	438.2	386-498	398.5	363-447
Höhe des Sphyrion	67.4	53-79	59.9	50-72
Klafterweite	1682.8	1484-1825	1528.3	1423-1722
Stammlänge	753.1	680-824	711.5	631-776
Rumpflänge	457.2	421-531	445.7	384-496
Schulterbreite	322.2	302-375	320.4	273-332
Transv. Brustdurchmesser	249.9	229-268	229.3	206-253
Sagitt. Brustdurchmesser	192.7	173-221	171.4	151-218
Sag. Durchmesser des Abdomen	201.3	172-232	195.5	163-236
Breite der Taille	248.7	232-279	227.6	203-268
Beckenbreite	245.7	198-275	247.9	223-285
Ganze Armlänge	718.6	630-809	662.3	601-723
Armlänge ohne Hand	554.5	480-622	508.5	465-560
Länge des Oberarmes	302.0	247-344	271.1	243-299
Länge des Unterarmes	252.6	232-271	237.8	210-264
Länge der Hand	164.1	146-187	156.2	139-176
Länge des Handrückens	72.3	61-87	69.4	57-77
Breite der Hand	76.3	68-87	69.0	60-79
Ganze Beinlänge	865.6	770-973	802.6	717-899
Länge des Oberschenkels	430.8	364-487	408.6	339-473
Länge des Unterschenkels	370.8	328-427	327.6	301-378
Länge des Fußes	245.0	224-271	221.0	212-249
Breite des Fußes	97.6	88-108	84.1	80-98
Brustumfang	812.6	742-932	743.2	660-852
Taillenumfang	761.8	686-866	718.8	637-834
Größter Umfang d. Oberarmes	244.8	199-284	226.5	179-259
Kleinster Umfang d. Unterarmes	144.0	125-165	135.5	115-149
Größter Umfang d. Oberschenkels	446.6	362-510	443.1	382-518
Größter Umfang d. Unterschenkels	305.5	251-371	234.7	241-334
Rumpflänge zur Körperhöhe	29.70	26.72-33.42	30.08	26.36-33.58
Klafterweite zur Körperhöhe	106.14	101.22-111.48	108.72	99.00-111.20
Ganze Armlänge zur Körperhöhe	45.31	42.97-49.42	45.02	39.15-47.99
Ganze Beinlänge zur Körperhöhe	54.42	51.37-57.78	54.09	50.58-59.04
Schulterbreite zur Körperhöhe	20.93	18.55-23.38	20.33	18.43-22.37
Ganze Armlänge zur Rumpflänge	152.65	133.33-168.54	149.14	130.44-179.43
Ganze Beinlänge zur Rumpflänge	184.04	153.69-216.28	180.00	150.60-220.82
Schulterbreite zur Rumpflänge	70.51	63.87-81.44	67.47	60.71-79.41

Waldneger	Lese			
	36 Männer		39 Frauen	
Absolute und relative Maße	M	$V_1 - V_n$	M	$V_1 - V_n$
Hand-Index	46.62	39.77-54.05	40.75	36.14-51.08
Extremitäten-Index	84.44	76.88-89.89	82.35	70.04-89.42
Rumpfbreiten-Index	73.89	68.80-80.70	82.41	79.81-85.62
Größte Kopflänge	188.4	175-202	180.6	162-192
Größte Kopfbreite	143.9	134-153	138.0	127-148
Kleinste Stirnbreite	107.6	97-120	103.5	97-111
Breite über Gehörgang	126.5	119-136	125.2	111-133
Jochbogenbreite	136.7	125-148	127.9	119-137
Unterkieferwinkelbreite	103.7	89-116	97.1	88-109
Breite zw. inneren Augenwinkeln	35.8	29-47	34.7	30-39
Breite zw. äußeren Augenwinkein	93.9	86-110	93.7	86-102
Breite der Lidspalte	30.1	26-33	29.3	26-34
Nasenflügelbreite	43.6	37-51	39.4	32-49
Breite der Mundspalte	48.4	38-58	47.8	35-59
Ohrhöhe des Kopfes	121.6	109-142	118.9	106-131
Physiognomische Gesichtshöhe	176.7	156-209	165.6	150-182
Morphologische Gesichtshöhe	109.3	100-118	97.2	88-111
Physiognom. Obergesichtshöhe	72.3	64-78	67.5	58-78
Morpholog. Obergesichtshöhe	63.2	56-72	60.2	52-71
Höhe der Nase	45.1	38-58	43.2	36-50
Länge des Nasenbodens	11.9	7-16	10.8	7-17
Stirnhöhe	67.5	48-94	65.7	54-82
Höhe der Schleimhautlippen	22.3	16-30	21.2	14-28
Höhe der Ganzen Oberlippe	26.1	22-31	24.5	19-28
Physiognom. Länge des Ohres	58.1	50-68	56.2	47-65
Physiognom. Breite des Ohres	34.2	31-40	32.8	28-38
Morpholog. Länge des Ohres	31.6	21-42	32.5	22-40
Morpholog. Breite des Ohres	50.4	44-60	49.5	41-60
Horizontalumfang d. Kopfes	552.1	516-602	529.7	479-561
Sagittaler Kopfbogen	351.9	311-398	344.9	315-372
Transversaler Kopfbogen	344.6	310-387	334.2	306-367
Längenbreiten-Index d. Kopfes	76.33	70.79-87.43	76.44	70.00-82.56
Längenhöhen-Index des Kopfes	64.58	59.89-78.29	65.96	57.22-75.90
Breiten-Ohrhöhen-Index d. Kopfes	84.50	76.92-97.18	84.23	75.89-94.93
Transv. Frontoparietal-Index	74.78	67.36-83.09	74.98	70.29-80.60
Physiognom. Gesichts-Index	129.42	111.26-152.55	122.34	118.75-148.33
Morpholog. Gesichts-Index	80.00	71.33-86.15	78.04	67.91-86.67
Morpholog. Obergesichts-Index	46.03	40.54-52.18	45.35	38.81-53.33
Physiognom. Obergesichts-Index	52.97	47.22-58.46	52.79	46.27-62.50
Jugomandibular-Index	75.90	68.24-81.02	80.06	68.75-85.25
Jugofrontal-Index	78.77	69.23-86.96	80.87	76.12-85.83
Höhenbreiten-Index der Nase	95.14	80.77-124.39	91.98	75.51-128.95
Breitentiefen-Index der Nase	27.39	15.56-37.84	28.26	17.50-43.59
Physiognom. Ohr-Index	56.92	50.82-66.67	58.62	50.77-68.09
Morphologischer Ohr-Index	161.62	112.82-228.57	150.97	115.00-211.11

Waldneger	Ndaka			
	54 Männer		16 Frauen	
Absolute und relative Maße	M	$V_1 - V_n$	M	$V_1 - V_n$
Ganze Körperhöhe	1588.0	1441-1746	1504.4	1409-1600
Höhe des Suprasternale	1298.8	1179-1444	1160.4	1159-1322
Höhe des Nabels	950.2	833-1080	889.6	814-995
Höhe des Symphysion	851.8	751-952	799.6	726-898
Höhe des Akromion	1281.6	1176-1445	1233.5	1155-1330
Höhe des Radiale	970.7	895-1105	944.7	891-1027
Höhe des Stylion	752.1	669-844	722.1	679-787
Höhe des Iliospinale ant.	885.9	783-1008	827.4	767-930
Höhe des Tibiale	424.8	368-491	391.3	352-431
Höhe des Sphyrion	57.7	47-72	53.8	44-61
Klafterweite	1690.5	1510-1854	1573.0	1488-1650
Stammlänge	736.2	680-803	704.8	672-752
Rumpflänge	448.0	403-501	431.2	405-473
Schulterbreite	353.4	300-394	324.0	300-347
Transv. Brustdurchmesser	255.1	231-285	238.2	219-259
Sagitt. Brustdurchmesser	186.3	156-212	174.1	162-192
Sag. Durchmesser des Abdomen	193.5	155-225	193.9	169-219
Breite der Taille	243.0	216-276	230.2	209-250
Beckenbreite	263.4	240-298	266.5	236-280
Ganze Armlänge	711.6	636-838	672.6	633-721
Armlänge ohne Hand	555.4	481-648	511.5	476-554
Länge des Oberarmes	309.4	275-366	288.9	264-311
Länge des Unterarmes	240.0	202-282	222.8	206-243
Länge der Hand	167.1	150-195	161.1	145-174
Länge des Handrückens	78.2	71-93	75.5	68-80
Breite der Hand	74.5	66-81	65.9	60-73
Ganze Beinlänge	886.7	786-987	834.5	761-933
Länge des Oberschenkels	452.5	415-521	436.1	380-499
Länge des Unterschenkels	367.1	307-419	337.5	304-370
Länge des Fußes	247.1	220-274	226.1	200-237
Breite des Fußes	98.4	85-108	88.9	83-101
Brustumfang	841.7	733-940	776.2	731-822
Taillenumfang	758.6	688-876	716.3	647-779
Größter Umfang d. Oberarmes	252.6	210-302	240.8	222-275
Kleinster Umfang d. Unterarmes	147.7	129-162	141.1	130-156
Größter Umfang d. Oberschenkels	459.1	399-547	461.7	428-516
Größter Umfang d. Unterschenkels	316.8	274-383	306.6	278-347
Rumpflänge zur Körperhöhe	28.31	27.97-30.70	27.86	26.50-30.73
Klafterweite zur Körperhöhe	106.26	101.74-113.86	104.60	100.72-107.95
Ganze Armlänge zur Körperhöhe	45.63	42.83-56.50	44.71	42.44-46.46
Ganze Beinlänge zur Körperhöhe	55.90	53.54-58.26	55.45	53.65-58.31
Schulterbreite zur Körperhöhe	22.27	19.42-23.78	21.55	19.69-23.28
Ganze Armlänge zur Rumpflänge	161.05	130.02-187.75	156.16	146.51-174.58
Ganze Beinlänge zur Rumpflänge	199.30	174.43-232.31	193.98	175.75-220.04
Schulterbreite zur Rumpflänge	79.02	70.91-84.86	75.31	65.53-83.95

Waldneger	Ndaka			
	54 Männer		16 Frauen	
Absolute und relative Maße	M	$V_1 - V_n$	M	$V_1 - V_n$
Hand-Index	43.00	37.31-49.68	41.00	36.36-45.91
Extremitäten-Index	81.73	76.49-87.43	80.82	75.88-85.00
Rumpfbreiten-Index	74.52	69.79-82.63	82.34	75.14-89.00
Größte Kopflänge	186.9	173-197	178.4	170-190
Größte Kopfbreite	144.9	132-154	136.0	126-142
Kleinste Stirnbreite	109.1	101-116	105.0	100-110
Breite über Gehörgang	124.8	113-134	119.4	110-127
Jochbogenbreite	135.7	125-145	126.8	122-135
Unterkieferwinkelbreite	103.5	92-116	99.6	92-108
Breite zw. inneren Augenwinkeln	34.3	30-39	32.7	29-37
Breite zw. äußeren Augenwinkeln	92.6	84-101	88.3	84-92
Breite der Lidspalte	28.8	26-34	27.4	24-30
Nasenflügelbreite	42.4	35-50	38.4	35-41
Breite der Mundspalte	52.0	35-60	47.5	43-52
Ohrhöhe des Kopfes	131.5	113-150	127.4	115-134
Physiognomische Gesichtshöhe	175.7	163-199	168.8	153-174
Morphologische Gesichtshöhe	107.8	97-117	98.4	92-109
Physiognom. Obergesichtshöhe	71.4	62-77	63.9	57-73
Morpholog. Obergesichtshöhe	61.6	52-70	57.3	51-62
Höhe der Nase	43.7	36-52	41.1	36-46
Länge des Nasenbodens	13.7	10-19	12.5	10-15
Stirnhöhe	68.1	61-84	70.5	62-80
Höhe der Schleimhautlippen	23.4	17-31	20.6	12-28
Höhe der Ganzen Oberlippe	25.7	21-30	22.6	18-29
Physiognom. Länge des Ohres	57.3	49-66	53.8	49-58
Physiognom. Breite des Ohres	34.8	30-43	31.4	29-34
Morpholog. Länge des Ohres	35.8	28-40	33.6	29-36
Morpholog. Breite des Ohres	47.9	41-57	45.7	37-51
Horizontalumfang d. Kopfes	553.3	515-583	529.3	502-561
Sagittaler Kopfbogen	378.8	355-399	366.2	334-395
Transversaler Kopfbogen	362.0	339-388	346.5	312-358
Längenbreiten-Index d. Kopfes	77.59	70.68-85.96	76.22	71.98-80.00
Längenhöhen-Index des Kopfes	70.20	63.48-75.28	71.47	65.26-76.47
Breiten-Ohrhöhen-Index d. Kopfes	89.95	73.86-100.0	87.98	87.32-103.17
Transv. Frontoparietal-Index	75.47	69.80-83.82	77.25	72.54-80.92
Physiognom. Gesichts-Index	131.86	118.62-152.39	133.16	121.42-145.60
Morpholog. Gesichts-Index	79.60	70.00-90.70	77.60	69.63-87.20
Morpholog. Obergesichts-Index	45.57	37.14-51.16	45.21	40.16-49.60
Physiognom. Obergesichts-Index	51.77	43.66-57.94	50.44	44.88-58.40
Jugomandibular-Index	76.29	70.07-84.67	78.52	70.77-83.33
Jugofrontal-Index	80.48	73.94-86.05	82.78	79.53-86.89
Höhenbreiten-Index der Nase	97.81	84.44-116.67	93.92	78.26-105.56
Breitentiefen-Index der Nase	32.45	21.74-46.34	32.56	25.00-38.89
Physiognom. Ohr-Index	61.04	53.33-75.44	58.45	53.45-64.00
Morphologischer Ohr-Index	134.24	107.89-185.71	136.28	115.62-158.62

Waldneger	Bali			
	22 Männer		26 Frauen	
Absolute und relative Maße	M	$V_1 - V_n$	M	$V_1 - V_n$
Ganze Körperhöhe	1608.9	1500-1708	1513.9	1387-1594
Höhe des Suprasternale	1324.8	1223-1424	1240.7	1109-1298
Höhe des Nabels	970.3	892-1076	908.0	821-965
Höhe des Symphysion	858.6	785-991	800.2	728-856
Höhe des Akromion	1334.5	1236-1445	1249.0	1116-1303
Höhe des Radiale	962.7	940-1091	952.7	838-1017
Höhe des Stylion	764.8	717-814	733.8	633-814
Höhe des Iliospinale ant.	910.4	820-1064	841.2	772-891
Höhe des Tibiale	434.6	398-512	402.2	374-431
Höhe des Sphyrion	62.1	57-71	55.4	48-63
Klafterweite	1720.3	1542-1862	1589.8	1478-1680
Stammlänge	750.2	688-793	709.4	633-775
Rumpflänge	466.1	431-502	440.4	381-480
Schulterbreite	350.5	320-377	326.1	301-347
Transv. Brustdurchmesser	252.8	234-282	239.0	218-273
Sagitt. Brustdurchmesser	187.1	163-206	171.5	151-192
Sag. Durchmesser des Abdomen	198.1	182-218	193.3	163-232
Breite der Taille	242.2	224-262	230.4	208-262
Beckenbreite	269.7	256-288	271.5	239-295
Ganze Armlänge	739.6	677-817	676.4	621-740
Armlänge ohne Hand	544.0	509-631	515.2	466-569
Länge des Oberarmes	324.0	292-363	296.3	269-313
Länge des Unterarmes	246.0	217-277	211.5	185-256
Länge der Hand	170.5	157-186	161.2	144-177
Länge des Handrückens	77.5	73-87	71.1	64-83
Breite der Hand	71.1	64-80	66.6	58-72
Ganze Beinlänge	889.0	820-1026	835.3	763-887
Länge des Oberschenkels	464.1	426-527	437.8	389-496
Länge des Unterschenkels	372.5	336-450	344.8	313-375
Länge des Fußes	250.8	228-266	227.7	203-245
Breite des Fußes	98.9	87-108	88.2	75-97
Brustumfang	835.8	724-928	772.3	665-885
Taillenumfang	756.3	683-834	711.0	617-836
Größter Umfang d. Oberarmes	248.1	202-303	237.2	178-273
Kleinster Umfang d. Unterarmes	145.3	129-164	136.8	115-159
Größter Umfang d. Oberschenkels	430.3	382-542	458.8	335-553
Größter Umfang d. Unterschenkels	305.6	260-357	293.0	239-330
Rumpflänge zur Körperhöhe	28.98	25.79-30.88	29.10	25.58-31.33
Klafterweite zur Körperhöhe	106.89	101.71-111.62	105.02	98.72-109.72
Ganze Armlänge zur Körperhöhe	46.10	44.18-51.27	44.68	41.43-47.99
Ganze Beinlänge zur Körperhöhe	55.72	53.53-65.67	55.16	52.44-58.63
Schulterbreite zur Körperhöhe	21.71	19.12-23.27	21.55	19.94-23.12
Ganze Armlänge zur Rumpflänge	158.94	146.91-174.94	153.95	132.97-179.42
Ganze Beinlänge zur Rumpflänge	192.14	174.12-236.95	190.19	167.38-229.16
Schulterbreite zur Rumpflänge	75.29	68.52-83.99	74.24	65.51-90.36

| Waldneger | Bali | | | |
| Absolute und relative Maße | 22 Männer | | 26 Frauen | |
	M	$V_1 - V_n$	M	$V_1 - V_n$
Hand-Index	41.79	37.22-46.39	41.42	37.65-47.30
Extremitäten-Index	82.82	77.68-86.89	81.03	75.00-87.78
Rumpfbreiten-Index	77.06	69.25-84.11	83.29	74.06-91.22
Größte Kopflänge	184.7	173-197	178.9	166-187
Größte Kopfbreite	142.0	133-150	138.0	129-149
Kleinste Stirnbreite	105.2	100-115	105.0	99-112
Breite über Gehörgang	124.6	119-131	121.8	113-128
Jochbogenbreite	133.5	125-142	128.0	122-134
Unterkieferwinkelbreite	102.7	94-118	100.7	92-110
Breite zw. inneren Augenwinkeln	33.2	29-37	34.0	31-39
Breite zw. äußeren Augenwinkeln	89.8	86-98	89.3	80-98
Breite der Lidspalte	27.8	24-33	27.4	24-32
Nasenflügelbreite	42.7	39-48	39.8	36-43
Breite der Mundspalte	50.2	45-58	47.5	41-55
Ohrhöhe des Kopfes	131.2	120-141	127.2	117-136
Physiognomische Gesichtshöhe	178.0	157-194	168.0	154-178
Morphologische Gesichtshöhe	106.5	97-115	100.6	93-108
Physiognom. Obergesichtshöhe	70.4	63-78	65.9	58-72
Morpholog. Obergesichtshöhe	60.7	54-69	58.0	53-63
Höhe der Nase	43.8	37-50	41.3	36-45
Länge des Nasenbodens	12.0	9-16	11.4	7-15
Stirnhöhe	71.5	56-85	67.3	58-76
Höhe der Schleimhautlippen	23.7	19-28	21.0	12-26
Höhe der Ganzen Oberlippe	25.7	21-33	23.5	19-28
Physiognom. Länge des Ohres	56.1	49-63	55.8	47-62
Physiognom. Breite des Ohres	33.5	29-38	33.3	31-40
Morpholog. Länge des Ohres	34.3	26-39	35.6	31-40
Morpholog. Breite des Ohres	48.9	43-60	48.2	41-56
Horizontalumfang des Kopfes	543.3	520-563	530.2	508-558
Sagittaler Kopfbogen	362.8	342-382	360.7	332-380
Transversaler Kopfbogen	355.5	326-376	346.5	322-367
Längenbreiten-Index des Kopfes	77.62	72.19-82.66	77.14	71.27-81.93
Längenhöhen-Index des Kopfes	71.07	60.91-77.90	71.17	64.64-77.71
Breiten-Ohrhöhen-Ind. d. Kopfes	91.66	83.33-102.22	92.30	86.01-97.06
Transv. Frontoparietal-Index	73.48	68.46-79.86	76.15	70.71-81.16
Physiognom. Gesichts-Index	133.48	119.84-146.96	131.29	118.46-141.93
Morpholog. Gesichts-Index	79.85	73.24-88.00	78.66	73.23-84.68
Morpholog. Obergesichts-Index	45.57	40.14-55.20	45.43	41.54-50.00
Physiognom. Obergesichts-Index	52.85	45.07-60.00	51.50	45.67-56.25
Jugomandibular-Index	77.00	71.74-83.10	78.78	71.32-83.97
Jugofrontal-Index	78.85	75.36-82.58	82.02	76.74-85.50
Höhenbreiten-Index der Nase	97.73	86.96-118.92	97.59	81.82-114.71
Breitentiefen-Index der Nase	28.17	20.45-36.36	28.56	17.50-38.46
Physiognom. Ohr-Index	60.22	53.97-68.00	59.91	51.61-68.09
Morphologischer Ohr-Index	143.38	125.64-166.66	135.56	115.00-151.35

Waldneger	Beyru			
	35 Männer		18 Frauen	
Absolute und relative Maße	M	$V_1 - V_n$	M	$V_1 - V_n$
Ganze Körperhöhe	1618.6	1445-1762	1534.7	1458-1637
Höhe des Suprasternale	1328.5	1172-1455	1266.5	1192-1341
Höhe des Nabels	977.4	864-1088	932.9	849-1012
Höhe des Symphysion	874.8	769-977	846.7	800-926
Höhe des Akromion	1337.7	1180-1463	1270.4	1188-1373
Höhe des Radiale	1018.8	894-1106	972.1	910-1045
Höhe des Stylion	775.0	673-851	747.7	699-793
Höhe des Iliospinale ant.	903.5	830-1025	872.7	821-950
Höhe des Tibiale	440.8	389-514	420.5	385-452
Höhe des Sphyrion	59.2	47-68	53.7	45-64
Klafterweite	1698.8	1539-1859	1599.9	1496-1702
Stammlänge	743.8	676-829	687.9	648-748
Rumpflänge	453.7	403-521	419.8	380-463
Schulterbreite	352.8	315-399	322.3	294-364
Transv. Brustdurchmesser	252.0	224-290	236.9	217-255
Sagitt. Brustdurchmesser	192.4	168-226	175.3	158-200
Sag. Durchmesser des Abdomen	201.5	177-228	198.7	170-226
Breite der Taille	241.2	215-276	229.4	212-250
Beckenbreite	263.3	239-287	268.3	245-297
Ganze Armlänge	727.1	647-805	686.9	629-762
Armlänge ohne Hand	557.0	487-623	522.8	469-588
Länge des Oberarmes	318.9	284-358	298.3	278-328
Länge des Unterarmes	237.2	203-265	224.5	191-260
Länge der Hand	170.1	153-193	164.2	151-174
Länge des Handrückens	77.8	66-89	75.4	68-83
Breite der Hand	73.2	64-80	66.4	61-73
Ganze Beinlänge	909.8	804-1012	881.7	835-961
Länge des Oberschenkels	481.4	418-581	468.3	422-534
Länge des Unterschenkels	381.6	335-454	367.3	336-394
Länge des Fußes	247.1	218-273	232.3	220-247
Breite des Fußes	96.9	82-108	86.1	78-95
Brustumfang	841.0	745-932	785.2	717-854
Taillenumfang	765.7	691-861	716.0	658-790
Größter Umfang d. Oberarmes	248.2	203-292	243.2	209-282
Kleinster Umfang d. Unterarmes	147.3	128-173	137.8	125-155
Größter Umfang d. Oberschenkels	453.7	386-524	450.6	398-542
Größter Umfang d. Unterschenkels	308.7	245-355	300.4	278-334
Rumpflänge zur Körperhöhe .	28.07	26.07-29.82	27.36	24.97-29.64
Klafterweite zur Körperhöhe	104.79	100.19-109.60	104.24	99.28-108.74
Ganze Armlänge zur Körperhöhe	44.92	42.79-48.40	44.75	43.11-46.66
Ganze Beinlänge zur Körperhöhe	56.21	54.27-58.74	57.44	55.61-59.25
Schulterbreite zur Körperhöhe	21.85	19.60-24.09	21.00	19.59-22.24
Ganze Armlänge zur Rumpflänge	160.51	147.16-183.13	163.93	147.51-180.49
Ganze Beinlänge zur Rumpflänge	200.93	183.02-225.29	210.53	188.33-237.28
Schulterbreite zur Rumpflänge	77.89	71.40-86.90	76.91	66.09-87.65

Waldneger	Beyru			
	35 Männer		18 Frauen	
Absolute und relative Maße	M	$V_1 - V_n$	M	$V_1 - V_n$
Hand-Index	43.13	36.99-50.96	40.49	38.04-43.98
Extremitäten-Index	79.92	72.74-88.96	77.91	74.43-82.46
Rumpfbreiten-Index	74.72	68.59-81.89	83.39	77.74-92.02
Größte Kopflänge	187.9	178-201	179.6	166-199
Größte Kopfbreite	143.3	137-152	137.4	126-148
Kleinste Stirnbreite	108.9	103-117	105.3	101-112
Breite über Gehörgang	126.3	117-139	119.8	115-127
Jochbogenbreite	136.3	128-149	126.4	119-137
Unterkieferwinkelbreite	103.2	94-116	97.1	90-106
Breite zw. inneren Augenwinkeln	34.6	30-41	33.6	30-37
Breite zw. äußeren Augenwinkeln	92.7	82-103	88.4	82-92
Breite der Lidspalte	28.7	24-34	27.0	24-32
Nasenflügelbreite	43.3	39-51	39.0	34-44
Breite der Mundspalte	51.8	47-60	46.7	42-53
Ohrhöhe des Kopfes	134.5	126-145	125.4	116-137
Physiognomische Gesichtshöhe	178.7	160-202	166.7	154-189
Morphologische Gesichtshöhe	107.1	94-124	95.9	87-108
Physiognom. Obergesichtshöhe	69.7	63-82	62.4	57-71
Morpholog. Obergesichtshöhe	59.8	51-76	54.8	48-65
Höhe der Nase	42.6	37-53	39.6	34-45
Länge des Nasenbodens	14.1	11-18	13.0	10-15
Stirnhöhe	71.6	58-83	70.8	60-81
Höhe der Schleimhautlippen	24.8	14-33	22.8	17-29
Höhe der Ganzen Oberlippe	26.2	20-34	21.5	13-27
Physiognom. Länge des Ohres	58.3	50-65	54.4	50-62
Physiognom. Breite des Ohres	34.9	31-40	32.2	29-37
Morpholog. Länge des Ohres	35.1	31-44	33.2	29-38
Morpholog. Breite des Ohres	48.5	42-56	47.1	41-57
Horizontalumfang des Kopfes	552.1	528-575	534.5	502-573
Sagittaler Kopfbogen	379.3	353-406	362.0	327-400
Transversaler Kopfbogen	363.5	339-386	344.6	324-365
Längenbreiten-Index des Kopfes	76.34	70.65-80.56	76.49	71.86-81.77
Längenhöhen-Index des Kopfes	71.61	64.62-78.33	69.88	64.48-74.16
Breiten-Ohrhöhen-Ind. d. Kopfes	93.90	87.50-101.45	91.28	86.21-98.56
Transv. Frontoparietal-Index	76.19	71.62-84.14	76.77	71.13-84.92
Physiognom. Gesichts-Index	131.64	115.82-149.62	132.46	120.61-148.81
Morpholog. Gesichts-Index	78.62	70.07-87.22	75.92	66.92-85.04
Morpholog. Obergesichts-Index	43.90	36.81-56.30	43.40	37.98-51.18
Physiognom. Obergesichts-Index	51.17	44.68-60.74	49.35	44.19-53.54
Jugomandibular-Index	75.73	70.59-82.96	76.91	72.00-85.25
Jugofrontal-Index	80.00	72.48-85.94	83.42	77.69-88.52
Höhenbreiten-Index der Nase	102.27	84.91-116.22	99.17	80.00-115.79
Breitentiefen-Index der Nase	32.65	25.58-40.00	33.54	27.50-42.86
Physiognom. Ohr-Index	60.16	50.00-66.67	59.38	50.00-71.15
Morphologischer Ohr-Index	138.85	115.00-162.50	142.30	118.91-167.64

Waldneger nach Czekanowski	Balese 7	Bandaka 6	Babali 12	Babeyru 35	Babira 342	Balika 56	Wabudu 62	Medjé 24	Barumbi 6	Bambisa 37	Bambuba 44	Momvu 246
Ganze Körperhöhe	1540.3	1551.7	1579.9	1615.1	1605.5	1613.0	1591.6	1662.2	1550.0	1633.6	1568.6	1637.7
Höhe des Iliospinale ant.	872.3	889.3	913.7	927.0	920.3	933.2	917.9	944.9	885.7	950.8	897.0	941.6
Klafterweite	1611.3	1662.8	1681.8	1697.7	1719.8	1702.1	1683.5	1757.9	1661.5	1749.9	1671.6	1728.5
Klafterweite z. Körperhöhe	104.73	107.18	106.49	105.16	107.10	105.45	105.77	105.85	107.28	107.10	106.57	105.59
Beinlänge zur Körperhöhe	56.80	57.08	57.73	57.38	57.33	57.86	57.63	56.91	57.23	58.15	57.19	57.48
Größte Kopflänge	186.0	188.5	184.6	189.7	189.7	191.8	190.9	190.3	184.0	187.2	188.7	188.3
Größte Kopfbreite	146.6	147.5	144.9	145.0	146.3	145.6	144.9	145.0	146.8	146.3	145.9	146.6
Jochbogenbreite	138.1	137.5	136.2	139.2	139.4	137.8	137.4	138.0	133.8	137.8	140.1	137.5
Morph. Gesichtshöhe	105.3	110.0	111.6	112.6	112.7	110.0	111.2	118.2	111.2	111.1	112.2	115.2
Morph. Obergesichtshöhe	68.6	68.8	70.6	72.3	70.8	70.6	70.9	77.8	68.2	70.0	70.1	72.5
Ohrhöhe des Kopfes	122.4	128.2	125.7	126.2	123.3	126.6	127.9	124.5	125.3	119.3	125.7	123.1
Höhe der Nase	47.1	47.3	48.7	49.5	49.2	50.0	49.1	54.7	49.7	50.0	49.3	51.2
Nasenflügelbreite	42.9	43.7	43.7	43.4	43.9	40.6	42.2	42.3	43.0	42.2	44.5	42.3
Längenbreiten-Index d. K.	78.86	78.32	78.57	76.49	77.20	76.05	75.98	76.32	79.88	78.17	77.32	77.90
Längenhöhen-Index d. K.	65.83	68.05	68.12	66.54	64.68	66.08	67.07	65.45	68.27	63.79	66.62	65.47
Morph. Gesichts-Index	76.33	79.98	81.97	80.83	80.89	79.91	81.04	85.76	83.03	80.70	80.17	83.87
Morph. Obergesichts-Index	49.69	50.10	51.87	52.03	50.84	51.32	51.66	56.46	50.98	50.85	50.07	52.77
Nasen-Index	89.74	92.98	90.12	88.07	89.68	81.58	86.48	77.80	89.58	84.47	90.57	83.03

Dritter Teil

Pygmäen und Neger im Nebeneinander

Überrascht steht man heute vor einem abgeschlossenen, rassegenetischen Geschehnis im weiten Waldraume am Ituri: vor dem engverflochtenen B e i - s a m m e n s e i n der altertümlichen Pygmäen und der erst jüngstens, d. h. vor einigen Jahrhunderten dahinein vorgestoßenen negerischen Eindringlinge. Ernste Forscher, die sich um Aufhellung dieses langwierigen und vielverschlungenen geschichtlichen Ablaufes bemüht haben, sind zur angestrebten Klärung dessen nicht gelangt. STUHLMANNS (b): 469 grundsätzliche Annahme ging dahin, daß im östlichen Kongo-Urwalde „ursprünglich eine Pygmäenbevölkerung ansässig gewesen ist ... Von Süden und von Norden sind negerische Völkerschaften in diese Gegend eingedrungen ... Sie haben sich mit den Pygmäen vermischt oder auch einen Teil von ihnen veranlaßt, Ackerbau zu treiben und feste Siedlungen zu errichten ..." Doch hat der verdiente Forscher manches davon nicht richtig gesehen und einiges falsch gedeutet. Später erklärte CZEKANOWSKI (b): 569: „Unter den großwüchsigen Bewohnern des Nil-Kongo-Zwischengebietes werden die ältesten Bevölkerungsschichten durch die rundköpfigen gedrungenen Urwaldbewohner und einen Teil (wenigstens) der Niloten (der Nigritier) dargestellt." Da weit zurückreichende Überlieferungen uns im Stiche lassen, „können wir nur vermuten, daß in den ausgedehnten Urwaldgebieten, vielleicht von den Ländern der Momvu-Gruppe abgesehen, von einer nigritischen Schicht nicht gesprochen werden kann. Hier scheint die Schicht der kurzköpfigen breitgesichtigen Urwald-Neger unmittelbar sich den Pygmäen überlagert zu haben. Dafür sprechen ganz entschieden die von uns näher untersuchten Verhältnisse des westlichen Zwischengebietes". Weit mehr Klärung derselben haben erst die eingehenden Beobachtungen in den beiden letzten Jahrzehnten gebracht.

Die Pygmäen überzeugen auf Grund ihres Körperbaues und aller Seinsbetätigung, bestausgerüstete Waldmenschen zu sein. Die gegenwärtig im Ituri-Bereich wohnhaften Negerstämme, ehemals in der Steppe angesiedelt, sind ihres Phänotypus und ihrer Daseinsweise zufolge, andersgeartete Menschen. Die S e l b s t ä n d i g k e i t eines jeden dieser beiden Erscheinungsbilder, im somatologischen wie kulturellen Bereich, gilt es, auch einmal von der Verschiedenheit des anderen her zu beleuchten, um, vom erfaßten ursprünglich Gegensätzlichen ausgehend, ihre nach und nach eingeleiteten nachbarlichen Beziehungen festzustellen. Nicht bloß hat der Austausch von Kulturgütern gegenständlicher wie geistiger Art eine enge gegenseitige Angleichung beider Gruppen nach sich gezogen; darüber hinaus hat eine freiwillig angestrebte Blutmischung echten Bastardprodukten zum Dasein verholfen, die es dem europäischen Beobachter ermöglichen, über rassische Gestaltungsprozesse innerhalb des negriden Rassehauptstammes zu richtungweisenden Folgerungen zu gelangen.

1. Rassische Verschiedenheit

Im ganzen Verlauf der vorliegenden Schilderung wurde sorgsam Bedacht genommen auf eine reinliche Abtrennung der beiden im gleichen Raume gelagerten Gruppen voneinander, der pygmäischen von der negerischen. Jede von beiden läßt sich als eine selbständige Rasseform mit homozygoter Anlage ihrer artlichen Körpermerkmale eindeutig ausweisen; man braucht sich nur den oben (S. 149 bzw. S. 342) niedergelegten Grundriß einer jeden von ihnen vor Augen zu halten. Indes vereinigen sich beide in der Zugehörigkeit zum n e g r i d e n H a u p t s t a m m. Im diesbezüglichen Beweisverfahren für die Waldneger jedweder Stammeszugehörigkeit bestehen keine Unklarheiten. Abweichend von den beiden anderen menschlichen Rassehauptstämmen, besitzen unsere Ituri-Neger mit den Pygmäen gemeinsam eine reichlicher pigmentierte Haut, allerdings von beträchtlich tieferen Tönen als diese; ferner die krause, zur Pfefferkornbildung gesteigerte Haarform, außerdem die sehr ins Breite gehende Nase mit außerordentlich niedrigem, flachem Rücken und innerhalb der Menschheit

M a ß e : absolute und relative	Bambuti		Waldneger	
	♂ 510	♀ 382	♂ 147	♀ 99
Ganze Körperhöhe	1440.3	1370.4	1597.8	1502.4
Höhe des Symphysion	734.0	691.4	853.0	779.7
Rumpflänge	435.8	423.3	454.3	432.8
Schulterbreite	315.1	295.6	345.4	322.8
Beckenbreite	239.7	244.1	255.0	258.3
Ganze Armlänge	648.6	605.7	721.2	672.1
Ganze Beinlänge	769.1	726.5	887.4	822.6
Rumpflänge zur Körperhöhe	30.36	30.92	28.69	28.67
Armlänge zur Rumpflänge	148.25	143.22	158.54	152.72
Beinlänge zur Rumpflänge	176.27	171.98	194.87	188.67
Größte Kopflänge	184.3	177.5	187.2	179.6
Größte Kopfbreite	141.9	136.9	144.0	137.6
Kleinste Stirnbreite	105.3	102.6	108.0	101.5
Jochbogenbreite	133.1	126.3	135.7	127.5
Unterkieferwinkelbreite	99.7	96.9	103.4	98.5
Nasenflügelbreite	44.7	41.1	42.8	39.3
Ohrhöhe des Kopfes	122.9	119.1	129.8	123.7
Morphologische Gesichtshöhe	104.1	95.7	107.8	98.1
Höhe der Nase	43.3	40.5	43.5	41.7
Höhe der Schleimhautlippen	15.4	14.8	23.5	21.4
Höhe der Ganzen Oberlippe	25.7	23.6	25.9	23.4
Horizontalumfang des Kopfes	540.5	520.9	551.2	525.3
Längenbreiten-Index des Kopfes	76.99	77.22	76.99	76.60
Längenhöhen-Index des Kopfes	66.84	67.06	69.29	68.93
Morphologischer Gesichts-Index	78.34	75.80	79.44	77.75
Höhenbreiten-Index der Nase	103.79	101.85	98.25	95.56

weitester Flügelbreite; überdies eine mehr oder weniger ansehnliche Prognathie. Endlich vergleichsweise lange und zierliche Arme u. a. m. Die Sonderstellung der Ituri-Pygmäen innerhalb des negriden Hauptstammes ist schon im ersten Abschnitt dieses Buches deutlich gemacht worden und gelangt gleich anschließend nochmals zur Sprache.

Für die ansässigen Eingeborenen nicht minder wie für die durchreisenden Europäer gelten Neger und Pygmäen widerspruchslos als zwei v e r s c h i e d e n e   R a s s e g r u p p e n . Vollkommen überflüssig macht es sich, die zahllosen übereinstimmenden Urteile zu wiederholen. Den für jedermann faßbaren Merkmalen gesellen sich noch solche bei, die allein Fachleute sich zugänglich machen, z. B. die Blutgruppenzugehörigkeit sowie einige Kopf- und Körper-Indices. Die meisten aller augenfälligen, im Erbbild angelegten rassischen Unterschiede lassen sich metrisch bestimmen und ordnen sich in der beigeschlossenen kurzen Tabelle zusammen. Allein die Mittelwerte gelangen zur Berücksichtigung, andere erwünschte Einzelheiten kann man den ausführlichen Sondertabellen entnehmen. Für alle von den vier untersuchten Negerstämmen abgenommenen

Abb. 86. Lese-Neger mit drei Bambuti

und zum Vergleich hier herangezogenen Maße glaubte ich je einen gemeinsamen Durchschnittswert bestimmen zu dürfen, ausschließlich zu der angestrebten klassifikatorischen Sonderung der beiden großen im Ituri-Raume wohnhaften Rassegruppen; ohne daß dadurch die Erkenntnis von der erbbedingten Eigenform, die jeder dieser Negerstämme in den Urwald herein mitgebracht hat, vernebelt werden soll. Die ausgewählten Maße zusammenzulegen erlaubt und berechtigt der früher (S. 342) durchgeführte Nachweis, daß sich für die gesamte Körperform der eingewanderten Neger, unter Einwirkung der neuartigen Umwelt, eine erkennbare Angleichung durchgesetzt und eine sinnfällige Vereinheitlichung ausgewirkt hat.

Zu den eindeutig trennenden Merkmalen gehören auch solche, die ausschließlich mit Worten sich wiedergeben lassen. Stellt man die auffälligsten einander gegenüber, dann unterliegt man keiner Täuschung, wer ein Mbuti und wer ein Neger ist. Die Eingeborenen auf beiden Seiten bedienen sich selbst dieser Kennzeichen, hauptsächlich wenn es sich darum handelt, einen Reinblütigen von einem Bastard zu trennen. Man kann sich auf den rassendiagnostischen Eigenwert eines jeden von den in dieser Tabelle vereinigten Merkmalen unbedingt verlassen, derart ausschließlich und unzweifelhaft sondern sie den einen vom anderen Rasseangehörigen ab.

Merkmale	Pygmäen	Waldneger
Körperhöhe	die niedrigste überhaupt	mittelmäßig
für Rumpflänge	zu kurze Beine	zu lange Beine
Obergesicht	hoch bis sehr hoch	mäßig hoch
Mittelgesicht	sehr niedrig bis niedrig	mäßig hoch
Harthaut-Oberlippe	rel. sehr hoch, meist konvex	rel. niedrig, meist konkav
Schleimhautlippen	rosa, meist mäßig dick	bläulich, dick oder wulstig
Augenbulbus	herausquellend	tiefliegend
Augenlidspalte	weit geöffnet	wenig geöffnet
Sklera	rein- oder bläulich-weiß	bräunlich, braun punktiert
Körperbehaarung	sehr reichlich	sehr schwach
Hautfarbe	helles Lehmgelb	mitteltiefes Braun

Die zuerst erwähnte Tatsache vorausgesetzt, daß unsere Pygmäen und Waldneger dem gleichen negriden Hauptstamme angehören, drängen erbbiologische Erwägungen angesichts der soeben herausgestellten Verschiedenheit beider in mehreren bedeutsamen Einzelmerkmalen zu der Schlußfolgerung, daß eine unübersehbar langfristige Trennung beide Rassegruppen auseinander gehalten haben muß. Ein nach Jahrhunderten bestimmbares Zeitmaß läßt sich dafür nicht einmal annähernd ausgeben. Bis nämlich biologische Umwandlungen eine ganze Population, sei es in der pflanzlichen und tierischen oder sei es in der menschlichen Rassenwelt, vollständig und gleichmäßig im Erscheinungsbild und zugleich im Erbgefüge abgeändert haben, beanspruchen sie für solch tiefgründigen Gestaltwechsel dermaßen unfaßbar langwierige Zeitläufe, daß solche keiner menschlichen Beobachtung zugänglich sind. Mag somit unsere Neugierde nach der unauffindbar weitgespannten Umbildungsdauer völlig unbefriedigt bleiben, als wertvolle Erkenntnis wird uns die geschenkt, daß nicht nur beide gegenwärtig im Ituri-Walde benachbarten Gruppen sich gegeneinander seit ungezählten Jahrhunderten abgesperrt haben, sondern auch im besonderen die Pygmäen sich durch eine wahrscheinlich noch längere Zeit in selbstgewählter oder aufgezwungener Isolierung jeder Blutmischung mit anderen Negridenabteilungen enthalten haben. Einzig und allein auf dieser Voraussetzung konnte sich die weitestgesteigerte Ausprägung einiger Merkmale entwickeln, in deren alleinigem Besitz sie stehen; und gerade er bezeugt bestimmter, als jedes andere Beweismittel, das außerordentlich hohe Alter der Pygmäen.

Nicht nur durch eine an sich ansehnliche Reihe von Merkmalen unterscheiden sich die beiden hier geschilderten menschlichen Gruppen im Ituri-Walde, auch der unterschiedliche Abstand in jedem einzelnen dieser Merkmale ist beträchtlich und zuweilen sogar das konträre Gegenstück. Mit vollem Recht gibt man beide als deutlich voneinander getrennte Menschenrassen aus.

2. Sonderstellung der Ituri-Pygmäen

Die Entstehung des gesamten Negridenblocks ist noch in Dunkel gehüllt und demgemäß fehlen verläßliche Anhaltspunkte für die H e r k u n f t der Ituri-Pygmäen sowie aller ihnen genetisch nahestehenden Twiden. An anderer Stelle (f): 402 und auch weiter oben (S. 156) habe ich den Entwicklungslauf als mögliches Geschehen andeutend zur Darstellung gebracht. Nach frühzeitlicher Aufspaltung des negriden Hauptstammes in einen afrikanischen, asiatischen und melanesischen Zweig sind auf afrikanischem Boden als selbständige Minus-Varietät die dort heimischen Twiden infolge Minus-Mutation ihrer Erbanlage für die Körperhöhe entstanden, wie gleichfalls in Indonesien und Melanesien jeweils selbständig sich die dort wohnhaften Kleinwuchsformen mit allen übrigen artlichen Merkmalen herausgebildet haben. Mithin gelten, zufolge dieser Vermutung, die Twiden in Afrika als ebenso eigenständige Minus-Mutanten im afro-negriden Rassezweig, wie als solche im australiden bzw. indiden Rassezweig die ihnen zugehörigen außer-afrikanischen Zwergwuchs-rassen zu veranschlagen sind. Ein engerer genetischer Zusammenhang besteht mithin allein für den zu mehreren geographisch unabhängig gelagerten Sonder-gruppen im zentralen Afrika aufgesplitterten Twidenverband, nicht aber dieses letzteren mit den Pigmoiden in anderen Weltteilen. Dabei darf man nicht aus dem Auge verlieren, daß Kleinwuchs allein als Anpassungserscheinung jüngerer Herkunft (bei einzelnen Gebirgsstämmen in Neu-Guinea) oder als Bastardie-rungsergebnis (z. B. die Negritos auf den Philippinen) keinesfalls den Anspruch erhebt, als echt pygmäisches Rassemerkmal bewertet zu werden. Bloß unter der einen Rücksicht vereinigen sich rassebiologisch die bezeichneten Gruppen als Isolate aus drei Erdteilen, daß sie insgesamt Negriden sind.[1]

Was die mehrfachen Kleinwuchsformen ausschließlich im afrikanischen Raume anbelangt, so habe ich in einer früheren Erörterung (f): 407 die nicht unbeträchtliche Zahl dieser Einzelvölker zu einer b i o l o g i s c h e n E i n - h e i t erklärt und sie als solche dem vielgestaltigen negerischen Rassenverband gegenübergestellt. Infolgedessen ist es unrichtig, die Pygmäen als "kleine Neger" auszugeben; wie das der von einigen französischen Verfassern ange-wandte Ausdruck: *Négrilles* beabsichtigt. Die bezeichnete biologische Einheit ruht begründet auf der Übereinstimmung mehrerer für alle gemeinsam homo-zygot angelegter Eigenschaften, neben denen manche voneinander abweichende

---

[1] Mit dergleichen nur kurz entfalteten Hauptgedanken stehe ich nicht allein da. Eickstedt: I, 636 wenigstens möchte ich mit seiner gleichgerichteten Ansicht hier zu Worte kommen lassen; er schreibt: „Es liegt nahe, die Pygmäen oder Bambutiden als die älteste Schicht des Südkontinents anzusehen. Ist es denkbar, daß sie je in einer anderen Gegend, einer anderen Umwelt lebten? Man kann dies bei ihrer außerordentlichen Spezialisierung kaum annehmen. Man kann sich aber auch nur schwer vorstellen, daß sie je mit den anderen echt negriden Kleinwuchsgruppen, die wir heute noch aus Südasien kennen, in direktem Zusammenhang standen. Schon die geographischen und klimatologischen Bedingungen gäben nur geringe Handhabe für eine derartige Annahme, die somatischen Tatsachen, die grund-legenden Verschiedenheiten zwischen asiatischen und afrikanischen Pygmiden sprechen deutlich dagegen."

Körpermerkmale als individuelle Variationen bestehen. Unter Berücksichtigung der letzteren empfiehlt sich eine Aufgliederung des Gesamtverbandes in
drei Gruppen, die zufolge ihrer raumbedingten Lagerung nach folgender Verteilung aneinander gereiht werden können:

1. *Die Twiden im Strombereich des Ituri:* Bambuti, und zwar im bekannten Nebeneinander nach linguistischen Erwägungen als die Efé, Basúa und Aka.

2. *Die Twiden im Bereich der Großen Seen:* Twa in Ruanda und Urundi,
mit den in einiger Entfernung umherschweifenden Splitterstämmen.

3. *Die Twiden im west-äquatorialen Waldgebiet:* Bàgielli, Babinga, Obongo,
Akoa, Bačwa und andere Völkchen.

Vermutlich entstammen diese drei Twiden-Abteilungen in Afrika einer
und derselben Ausgangsform. Indem diese sich fortschreitend entfaltete, haben
sich alle einer jeden dieser drei Gruppen eigentümlichen Rassemerkmale ausgeprägt; wozu die Umwelt mit ihren mutationsauslösenden Einflüssen einen
entscheidenden Beitrag geliefert hat. Gleichartige Umweltfaktoren vorwiegend
sind die Triebkraft zum ungefähr parallelen Entwicklungslauf gewesen, indem
sie zur Formung der in den drei Twiden-Abteilungen übereinstimmenden Merkmalen angeregt haben; hingegen konnte wegen andersgearteter Umweltkräfte
und sonstiger ortsgebundener Bedingungen solch hoher Grad in mehreren
Spezialisationen — ohne zu sprechen von den geringfügigen Unterschieden,
deren die Ituri-Pygmäen sich erfreuen — von den beiden anderen Twiden-
Verbänden nicht erreicht werden. Es ist, als wären auf dem Wege von der
gemeinsamen Grundform her zur Ausbildung der einer jeden Gruppe eigenen
Sondermerkmale die Bambuti allein am weitesten vorangekommen und ihnen
gegenüber die beiden anderen Twiden-Gruppen zurückgeblieben. Mit dergleichen Redewendungen bekenne ich mich keinesfalls zum lamarckistischen
Mechanismus; sie wollen nicht mehr besagen, als was unsere erbbiologischen
Kenntnisse und Erfahrungen von der Rassewerdung und Mutationswirkung
wirklich zulassen. Verzwergung, meine ich, entsteht rasch in kleinen Isolaten.

Beachtung verdient der überraschende Nachweis, daß unerwarteterweise
den Twiden ausgeprägt primitive Merkmale fehlen. Damit wird die Annahme,
sie erfreuen sich eines außerordentlich h o h e n A l t e r s , in keiner Weise
erschüttert. Zur Erläuterung mögen folgende Erwägungen dienen. Im freien
Spiel der Kräfte haben sich die mutationsbedingten Änderungen eben auf jene
Merkmale verlagert, die uns in der heutigen Gestalt der Twiden als einmalig
weitestgediehene Formprägungen vor Augen treten; wobei gleichzeitig die
natürliche Auslese zur Anpassung an die Urwaldbedingungen mitgeholfen
haben. Letzten Endes stellen die sogenannten Primitivmerkmale selbst eigentliche Sonderbildungen dar, zu deren Ausgestaltung ebenfalls einzigartige Umweltbedingungen und einseitig gerichtete Auslesewirkungen beigetragen haben.
Die eine wie die andere Entwicklung fordert für sich einen unbestimmbar
langgezogenen Zeitenablauf.

Auch für eine davon verschiedene Deutung spricht manche Berechtigung.
Möglich, daß in einer frühzeitlich von der Proto-Twidenmasse — um diese

Umschreibung zu gebrauchen — abgetrennten Sondergruppe einige Anzeichen für echte Primitivmerkmale neandertaloider oder alt-australiformer Prägung aufgetreten sind; indes dürfte diese kleine Gruppe der Frühmenschheit sich schon sehr bald in bewaldeter Gegend angesiedelt haben, wo alsogleich die Entwicklung zur echten Waldform begann und alle andersgerichteten Merkmalsansätze zum Verkümmern bzw. Verschwinden gebracht wurden. Offenkundig ist mit diesen Deutungsversuchen keine restlos befriedigende Erklärung für den Werdegang des pygmäischen Waldtypus erbracht. Zu seinem Zustandekommen jedoch muß der Urwald selbst entscheidend reichlich beigetragen haben; was der eindeutige Nachweis nahelegt, daß alle echten Pygmäen und pygmoiden Körperformen ausschließlich Waldbewohner der heißen Zone sind und sich als Sondertriebe vom negriden Rassehauptstamm abgezweigt haben.

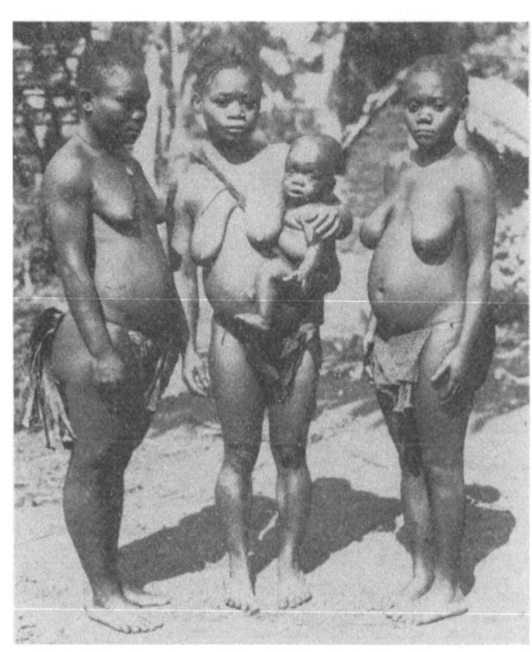

Abb. 87. Bambuti-Frauen

Wie dem auch sein mag: viel liegt mir daran, keinen Zweifel jedenfalls darüber aufkommen zu lassen, daß weder bei den Bambuti noch bei den anderen pygmäischen Rassegruppen die echten Primitivmerkmale am Schädel und Skelett auftreten; wie solche ein artbedingtes Kennzeichen der längst ausgestorbenen prähistorischen Rassen sind und gegenwärtig noch von einzelnen Volksstämmen (Australier, Feuerland-Indianer) zur Schau gestellt werden. Nicht minder verdient aufmerksame Beachtung der Nachweis, daß die Bambuti eine überaus zarte Bauart ihres gesamten Knochengerüstes und auffallenderweise sogar des Schädels zeigen; weswegen Überaugenwülste und sogenannte Ossifikationen, bekanntlich hervorstechende Merkmale am Schädel prähistorischer Rassen und der heutigen Feuerland-Indianer, fehlen. Pöch: 313 „möchte diese Eigentümlichkeiten, durch welche sich die Pygmäenschädel von den Schädeln großgewachsener primitiver Rassen unterscheiden, vor allem aus der größeren Ökonomie der Form und der Verhältnisse erklären, die den Zwergvölkern überhaupt eigen ist und vielleicht am deutlichsten in den Gesichtsunterschieden eines Australier- und Pygmäenschädels zum Ausdruck kommt".

Pflanzengeographische Erkenntnisse berechtigen zu der Mutmaßung, daß die geschlossene Hyläa des zentralen Afrika einer mehr oder weniger einheitlichen floristischen Beschaffenheit in nicht allzu ferner Zeit breite Flächen außerhalb seiner gegenwärtigen Ränder weit nach Norden und Süden hin überzogen hat. In diesem erweiterten Raume waren sozusagen als ortsbedingte Ansiedler ebenfalls Pygmäen zu Hause und ihr damaliger W o h n b e r e i c h ansehnlich ausgedehnter als heutzutage. Vor allem weisen kleine Splitter-gruppen mit niedrigem Körperwuchs und anderen pygmäischen Merkmalen sowie blutartliche Mischungspopulationen im langgezogenen Sudan darauf hin, daß die von der Natur zum Aufenthalt im Walde geformten und ausgerüsteten Leute bereits zu einer Zeit dort wohnhaft waren, wo die ehemals dichte Baum-flora gegenwärtig verschwunden ist. Man merkt es solchen versprengten Volks-stammresten unwidersprochen deutlich an, daß sie rein zufällig als Relikt-erscheinungen übriggeblieben sind; weil günstige Lebensbedingungen und wirk-samer Schutz von seiten der veränderten Landschaft sie zu erhalten ver-mochten, deren konstitutionsgebotener Daseinsraum eigentlicher Urwald ist. Naturgemäß war die Kopfzahl der im damaligen Waldbereich umherschwei-fenden Pygmäen, eben wegen seiner beträchtlicheren Ausweitung als gegen-wärtig, mehr oder weniger gesteigert; wenn auch nicht alle Bezirke mit ihnen besetzt gewesen zu sein brauchen und kein einziger die gleiche dichte Be-stockung aufwies, die man heutigentags im Ituri-Walde antrifft. Wohl muß man eingestehen, daß mit dem allmählichen Einzug der sich verengenden Wald-grenzen ein Großteil der pygmäischen Eingeborenen in den waldigen Rand-streifen zugrunde ging oder von einigen neuen, darin angesiedelten Völker-schaften fremder Rassezugehörigkeit aufgesogen wurde; und daß nur ein kleiner Bruchteil tiefer in das weiter fortbestehende Waldinnere hinein sich zu retten verstand.[1]

Angesichts des allen afrikanischen Pygmäen eigenen rassischen Waldtypus, dessen Sondermerkmale andernorts (S. 151 ss.) zusammengestellt worden sind, verstummt jedweder Zweifel an der Tatsache, daß diese kleinen Menschen als e r s t e B e s i e d l e r sich in der mittelafrikanischen Waldzone niedergelassen haben. Erhöhte Bedeutung kommt dem Zeugnis aller negerischen Eingeborenen zu, die ihrerseits jene als frühere und erste Ankömmlinge übereinstimmend erklären. Über mehrere Jahrtausende reicht die Geschlechterfolge der Pygmäen zurück; liegt doch sogar aus dem 3. Jahrtausend v. Chr. das schriftliche Do-kument eines ägyptischen Pharao vor, dem wir ein zuverlässiges, weitver-breitetes Wissen der damaligen Zeit um zwerghafte Menschen im bewaldeten Zentral-Afrika entnehmen können. Frühgeschichtlichen Überlieferungen zufolge gelten sie als befremdliche Wesen "am Südrande der Welt" lebend; das wäre

---

[1] Kürzlich erinnerte W. ABEL (b): 142 wieder an die Überlieferungen aus HERODOT und aus anderen Quellen, die „dafür sprechen, daß kleinwüchsige Menschen in früheren Zeiten im Norden des Sudans und vielleicht auch im Westen keine Seltenheit darstellten. Sie sind durch die Austrocknung der Sahara aus ihren alten Lebensräumen nach Norden und Süden verdrängt worden und anscheinend in der die Sahara umwohnenden Bevölkerung aufge-gangen." Und bald danach (S. 145) fügt er an: „Wir finden (im Sudan) Formgebungen, die von europäischen Einschlägen über palaenegride zu rein pygmiden variieren. Neben den Pygmäentypen treten uns im Sudan auch noch andere kleinwüchsige Formen entgegen."

im ost-afrikanischen Bereich am Übergang von der Steppe zum Urwald, mithin an der damals weiter nordwärts hinaufreichenden Südgrenze der Nordmenschheit. Wer vermöchte das Rätsel ihres Dortseins nach zeit-, kultur- und rassegeschichtlicher Rücksicht zu lösen? Statt einer klaren Antwort auf diese tief zurückgreifende, einige Aufhellung erheischende Frage gibt es nur ein schwer faßliches Ahnen, das E. von EICKSTEDT: I, 637 in das mit Verzicht erfüllte Sichbescheiden kleidet: „So mögen die afrikanischen Pygmäen, die verdrängtesten der Verdrängten, von jeher im Urwalde gelebt haben. In der Pluvialzeit reichte dieser östlich bis an den Fuß des Hochlands von Habesch, daher finden sich dort Restgruppen. Aber nicht das geringste wissen wir über etwaige Wanderungen oder Beziehungen der zahllosen kleinen Horden selbst, die heute, deutlich in Gruppen gesondert, in dem gewaltigen Gebiet der kongolesischen Urwälder noch streifen. Immer waren sie im Urwalde, lebten hier seit unvorstellbar langen Zeiten als ureigenste Spezialisierungsform und erschienen damit als die passivsten der passiven Standvölker."

Alle Bambuti im Ituri-Bereich werden dadurch zu einer mehrfach verketteten Einheit zusammengeschlossen, daß ihr kennzeichnender Rassetypus sowohl genau als auch vollständig zugleich Träger der nämlichen Sprache und desselben Kulturgefüges ist. Die beiden zuletzt genannten geistesweltlichen Bereiche sind, wie erwiesen, ebenfalls Gebilde von einmaliger Prägungsart. Nachdrücklicher ließe sich die Sonderstellung unserer Bambuti im Gesamtrahmen des menschlichen Natur- und Kulturbildes weder verdeutlichen noch durchschlagender begründen. Die mit den Ituri-Pygmäen zusammengeschlossenen Twidengruppen stellen ein vom afro-negriden Rassezweig abgespaltetes biogenetisches Eigengewächs dar; keinesfalls ist es Grundstock im Sinne einer Ausgangsform für andere rassische Typen und neue Varietäten.

3. Sonderstellung der Ituri-Neger

Auf den ersten Blick mag es befremden, wenn die Rede auf einen "Waldnegertypus" gebracht wird; ist man doch gewohnt, die Neger als Ackerbauer in offenen Steppen und auch in solchen freien Räumen zu sehen, die sie sich selbst durch Urwaldrodungen (z. B. in Ruanda) bloßgelegt haben. Tatsächlich muß man das Ursprungszentrum aller negriden Verbände außerhalb des Ituri-Raumes suchen; und die Daseinsweise einzelner negerischer Völkerschaften darin ist eine später ausgebildete Anpassung an den Tropenwald. Mithin ist der Waldneger als Fremdling in den bewaldeten Raum eingedrungen und seine rassische Abwandlung eine offenkundige Sekundärerscheinung. Erst neulich legte O. RECHE: 161 als Ergebnis seiner Erörterungen die niemals ernsthaft bezweifelte Grundtatsache vor, „daß der afrikanische Neger seine Züchtungsheimat in einem tropischen Steppengebiet haben muß und nicht etwa in einer feucht-heißen Urwaldzone... In Afrika herrschte (während der Wurm-Eiszeit) die letzte sogenannte Pluvialzeit mit erheblich feuchterem Klima als heute... Ein Teil der jetzigen Steppen war von tropischen Urwäldern eingenommen, dafür dehnten sich aber die Grasländer weit in die heutigen Wüsten aus. Diese Grasländer mit reichem Wildbestand gab es damals in Afrika hauptsächlich im Norden und Osten ... In diesen Grasländern dürfte die Negerrasse ihre Züchtungsheimat haben, hier ist sie mit ihren Eigenschaften besonders der Haut gezüchtet worden, die in diesem Lebensraum — und nur in einem Raum mit solchen klimatischen Verhältnissen — hohen Auslese- und Züchtungswert hatten. In den großen Urwäldern Mittelafrikas kann der Neger nach dem Gesagten nicht gezüchtet sein... Also die afrikanischen Grasländer des Nordens und vielleicht auch des Ostens und Arabiens sind als Heimat der Negerrasse anzusehen. Von hier aus ist sie dann infolge der langsamen Austrocknung dieser Gebiete nach Süden abgedrängt worden...“[1] In diesen Erläuterungen findet das reiche Erkennen aus der Dynamik des rassebiologischen Geschehens, das uns neuestens zugänglich geworden ist, leider keine volle Anwendung: immerhin stellen sie beachtenswerte Einzelheiten in den Vordergrund.

Abb. 88. Beyru-Neger

Die angeschlossene Schilderung beschränkt sich auf die negerischen Rasseformen im afrikanischen Raume, ohne die außer-afrikanischen Negriden zu berücksichtigen. Überzeugende Gründe rechtfertigen es, daß E. Fischer: 183 sämtliche Varietäten und Typen als Formgebilde der einzigen und alleinigen Negerrasse deutet; allerdings liegt deren Aufgliederung nach biologischen Rücksichten noch im argen, hauptsächlich wegen der bislang sehr ungenügend durchgeführten rassenkundlichen Untersuchungen. Eickstedt: I, 484 zufolge, stellte „erst Montandon (1928)[2] erstmalig folgendes in größerem Rahmen fest: wir haben einen großen, zentralen, negriden Block, den Urwaldneger, das ist der eigentliche Negride, das gemeinsame Substrat. Und wir haben weiterhin die Graslandneger, das sind die differenzierten und auch zivilisierten Gruppen der Sudaner, Niloten und Bantu. Sie stellen Kontaktformen

---

[1] Auch Eickstedt (a): 193 erklärt nahezu gleichlautend: „Der Neger ist der Mensch der Savanne. Hier ist sein Zuchtraum, hier allein stehen die physiologischen Erbanlagen der Haut mit den Gegebenheiten des Klimas im Einklang. Daher kränkelt er im ariden und gemäßigten Klima.“

[2] Statt auf die umständlichen Einzelheiten einzugehen, die Montandon dazu angeregt haben, eine selbständige "race nègre paléotropicale" aufzustellen, verweise ich auf seine eigene ausführliche Begründung in: L'Ologenèse Humaine, p. 229 ss. Eickstedt benennt jene Körperform "palänegrid"; in seinem Sinne wende auch ich diese Bezeichnung an.

mit der europiden Nordmenschheit dar, die sich zu selbständigen, somatischen
Einheiten entwickeln ... Die genannten Gruppen aber werden ihrerseits, wie
die einzelnen Rassen auch des europiden und mongoliden Kreises, gemeinsam
zu einer höheren Einheit, dem n e g r i d e n R a s s e n k r e i s zusammengefaßt.
Dessen vier Glieder gingen durch Differenzierung und Kontaktmetamorphose
aus der einstigen eiszeitlichen Südmenschheit in ähnlicher Weise hervor, wie
diejenigen der heutigen Europiden und Mongoliden aus der glazialen Nord- und
Ostmenschheit".

Zu dieser Deutung hier Stellung zu nehmen, was zu weitgreifenden Erörterungen verpflichten würde, gestattet das enggesteckte Ziel der vorliegenden
Abhandlung nicht. Da aber auch Montandon seiner rassischen Gliederung der
dunkelhäutigen afrikanischen Eingeborenen den Besitz einer ihrer drei Haupt-
sprachen zugrunde legt, macht er stillschweigend das Eingeständnis, daß er zu
einer scharfen Absonderung der zahlreichen negerischen Typen gegeneinander
nach erbgenetischen Grundsätzen außerstande ist. Unsere rassenkundlichen
Erkenntnisse sind bis heutigentags noch nicht so weit gediehen, daß sie auch
zu dieser letzten Einsicht verhelfen könnten, wie die "Vor-Neger" geformt
gewesen und wo sie entstanden sind. Zwar sprechen wir viel von Wanderungen
der Neger; aber welchen Ausgangspunkt die einzelnen Abteilungen genommen
und ob sie miteinander wenigstens teilweise verbunden waren, darüber fehlen
uns sichere Erkenntnisse. Niemand weiß, wie sie zu Beginn ihrer rassischen
Differenzierung beschaffen gewesen sind.

An die Montandonsche Aufstellung eines viergliederigen afro-negriden
Rassekomplexes haben sich weitergreifende Deutungen geknüpft und mancherorts wurde der von ihm selbst als "paläotropische Rasse" bzw. als *Palänegriden*" bezeichnete Block wie eine tatsächlich bestehende rassische Form-
einheit — etwas leichtgläubig, meines Erachtens — übernommen. Nach Eickstedt: I, 487 ist „die palänegride Rasse" gleichbedeutend mit den „zentral-
gelagerten Urwaldnegern". Da gilt es zunächst, einer sich vordrängenden Ver-
wechslung zu begegnen. Unsere Abhandlung diente zur Hälfte der Schilderung
des F o r m e n k r e i s e s jener in den Ituri-Wald eingedrungenen Negergruppen, deren Anwesenheit die letzten Jahrhunderte begreift. Sie haben sich
seinerzeit je als fertiger, bestimmt gekennzeichneter Rassetypus oder negride
Varietät, als voneinander unabhängige Völkerwellen aus dem Norden und
Süden kommend, im Ituri-Raume ansässig gemacht. Den allermeisten von
ihnen ist noch anzumerken, mit welchen Steppenbewohnern sie ehedem engen
rassischen Zusammenhang besaßen; jedoch hat eine unverkennbare Vereinheitlichung sie alle insgesamt im Urwalde derart genähert, daß trotz Wahrung
vieler individueller Eigenheiten, eine selbständige Waldnegervariante zustande
gekommen ist. Für diese Sonderform, die sich eindeutig abzeichnen läßt, finde
ich zur treffenden Benennung nichts Besseres als die Umschreibung: *ost-
hyläischer Formenkreis;* hat sich ja das ursprüngliche rassentypische Vielerlei
nur bis zu naher Angleichung der einzelnen Gruppen aneinander abgewandelt.
Weitest davon entfernt, eine sogenannte Altform zu sein, handelt es sich bei

der zusammengefaßten negerischen Vielfalt im Ituri-Bereich um eine Anpassungserscheinungen in rassischer und auch kultureller Hinsicht aus jüngster Zeit.

Aus dieser gegenwärtig ziemlich gleichförmigen Einheitlichkeit, deren Grundzüge früher (S. 346) niedergelegt wurden, fällt unübersehbar, obzwar in aufdringlicher Beschränkung nur an vereinzelten Personen, ein a n d e r s g e b a u t e r E i n z e l t y p u s heraus. Die ihn tragenden seltenen Gestalten tauchen in den dortigen Populationen verschiedengradig spärlich auf; mir ist kein waldsiedelnder Negerstamm begegnet, der in seiner Mehrheit oder auch nur in nennenswerter Beteiligung aus solchen bestünde. Dieser zur Rassendynamik hin wegweisende Umstand drängt an sich schon den Beobachter auf die richtige Spur.

Abb. 89.
Bambu-Neger, links der sog. Einzeltypus

Zunächst sei das rassische A u ß e n b i l d dieses Einzeltypus umrissen: Am auffälligsten sind, gegenüber dem Durchschnitt seiner Stammesgenossen, eine etwas verminderte Körperhöhe, die ans Athletische anklingende plumpe Gesamtkonstitution, überlanger Rumpf von breitem Rechteckschnitt und im Vergleich zu ihm zu kurze, aber kräftige Beine sowie zu lange, meist dünne Arme. Der umfangreiche Kopf erscheint als zu groß für die niedrige Ganzgestalt, mag diese auch gedrungen sein; u. a. m. Mit dergleichen augenfälligen Maßverhältnissen rückt dieser Sondertypus ziemlich eng an die Körperform der blutreinen Bambuti heran. Er nähert sich ihr außerdem wegen anderer Bildungen, aus denen folgende am meisten herausstehen: Auf der ausnahmslos hohen Stirn zeichnen sich dicke, wulstige Hautfalten ein, die sich mit Vorliebe in der Glabellar-Gegend und über dem Nasensattel verstärken. Diese Falten bzw. Hautverdickungen schaffen eine Art vorgeschobener Abschirmung für die Augenhöhlen und erwecken den Eindruck primitiver Bauart der Arcus superciliares. Die Ganznase bekundet gesteigerte Breitenentwicklung, daß sich die Maße für die Mundbreite und Nasenflügelbreite zuweilen aufs engste nähern; am häufigsten scheinen die Extremformen der platten Knopfnase und der breiten, trapezförmigen Trichternase auf, jede mit sehr niedriger, abgerundeter Nasenspitze. Im hohen Ganzgesicht verkürzt sich ungewöhnlich das Mittelgesicht und das Untergesicht rückt wenig prognath heraus. Die Lidspalte öffnet sich zumindest mäßig weit oder etwas mehr; und wegen der kräftigen Beschirmung am unteren Stirnrand erfährt das Gesicht auch von dieser Gegend her einen düster drohenden Allgemeinausdruck. Bei Frauen deutet sich häufig ein Trommelbauch an, während bei einzelnen Männern der Bart in einer für die erdrückend überwiegende Negermehrheit ungewöhnlich dichten Fülle sproßt. In beiden Geschlechtern sind die Hände und Füße klein, schmal und sogar zierlich (Abb. 89, 90 und 91).

Diese Aufzählung faßt nur solche Merkmale zusammen, die einen engen Anschluß an den pygmäischen Phänotypus aussprechen. Andere — vielleicht darf ich sagen — schwankende Merkmale, die sich ganz oder nahezu gleichgeformt allgemein bei Negern und Pygmäen finden, demnach keinen durchschlagenden rassendiagnostischen Wert aufweisen, kommen hier nicht zu Worte; z. B. die allgemeine Kopfform, die Kopf- und Gesichts-Indices, die Hautfarbe, die Lippenbildung u. a. m.

Gewisse Merkmale hingegen weisen den hier behandelten Eigentypus eindeutig als negerisch aus; als da sind: die gesteigerte Körperhöhe, die dunkle Hautfarbe, der empfindliche Mangel an Terminalhaar und vollständiges Fehlen eines Lanugo, die bläulich-grau gefärbten Schleimhautlippen, die bräunlich schimmernde, häufig mit braunen feinsten Pünktchen betupfte Sklera u. a. m. Angesichts dessen braucht nicht zu überraschen, daß frühere Afrikareisende dieses von mir hier erstmalig in seinen augenfälligen Einzelheiten zusammengesetzte Erscheinungsbild weder herausgehoben noch gewürdigt haben.

Zur tieferen Kennzeichnung jenes bewußten Sondertypus, ihn gleichzeitig abgrenzend gegen die einheitliche Negergemeinschaft einerseits sowie gegen die blutreinen Bambuti anderseits, stütze ich mich vorgreifend auf meine Beobachtungsergebnisse an Bastarden, die bald zur Sprache kommen werden. Die meisten Eigenschaften, die MONTANDON für seine "race paléotropicale" namhaft macht, sind differential-diagnostisch zu unbestimmt, um zu einer gesicherten Rassentrennung zu verhelfen. Dergleichen Merkmale, sowohl einzelstehende als auch kombinierte, gibt es in der gesamten Waldnegergemeinschaft. Wenn also MONTANDON seine "race paléotropicale" als mittellangköpfig und hypereurrhin ausgibt, so kann ich die gleichen Eigenschaften für meine Bambuti, Waldneger und Neger-Bambuti-Bastarde des Ituri-Raumes in Anspruch nehmen. Man sieht, rassentrennende Kriterien müssen sehr bestimmt und völlig eindeutig sein. EICKSTEDT: I, 533—540 widmet den "Palänegriden" eine Schilderung von nahezu epischer Stilbreite; überprüft man aber genau die aufgezählten Merkmale ins einzelgehende, dann findet man fast ein jedes bei unseren Waldnegern wieder; bloß jene wenigen ausgenommen, die ich selbst oben als wesentlich für die hier behandelte Sonderform herausgehoben habe, doch ohne daß der genannte Verfasser gerade sie als die am meisten eindeutigen und maßgebenden Unterscheidungszeichen anstreicht. Vielleicht ergeht es einem andern Wahrheitssucher genau so wie mir, daß er sogar nach wiederholter Lesung der bezeichneten Seiten bei EICKSTEDT nicht weiß, wie er sich einen Palänegriden vorstellen und wie er ihn von den vielen Negergruppen innerhalb und außerhalb des Urwaldes unterscheiden soll.

Gegenüber solch unvermeidlich verwirrender Unklarheit[1] verweise ich auf die e i n d e u t i g e n   M e r k m a l e , mit denen sich im Ituri-Bereich die uns hier beschäftigende Sonderform vorstellt. Naturgemäß findet sich eine geschlossene Gesamtheit dieser Kennzeichen nicht jedesmal restlos vollzählig bei dem und jenem Waldneger wieder. Demnach kann man einem Einzelwesen begegnen, das die Ganznase artlich vollendeter ausgeprägt zeigt als mancher

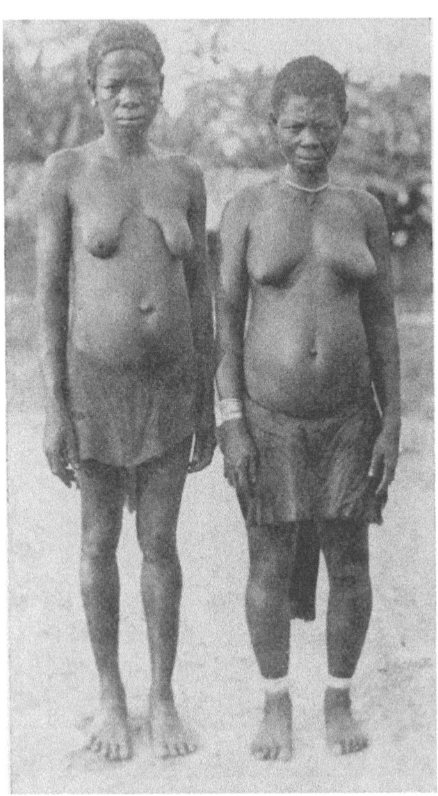

Abb. 90.
Bali-Negerinnen, rechts der sog. Einzeltypus

Pygmäe, oder das allein die niedrige Körperhöhe, auch eine plumpe Konstitution aufweist und in allem übrigen genau dem großen Ganzen seiner Stammesgenossen gleicht, u. dgl. m. Erhöhte Bedeutung messe ich der folgenden Beobachtung bei. Wo sich Gelegenheit zum angestrebten Nachweis bot, habe ich weder in der Aszendenz noch in der Deszendenz unseres wie oben bestimmt und vollständig gekennzeichneten Sondertypus die genaue Wiederholung aller seiner körperlichen Eigenschaften wiedergefunden; meistens schien keine einzige mehr von diesen in seinen nächsten Vorfahren und Nachkommen auf. Hält man sich diesem Spiel der Natur gegenüber vor Augen, daß, wie bald bewiesen werden wird, die echt pygmäischen Rassemerkmale durchwegs rezessiver Art sind und daß seit dem ersten Zusammentreffen der Neger mit den Pygmäen gelegentliche Blutmischungen unleugbar erfolgt sind, so bleibt mir als Antwort auf die Frage nach dem Entstehen des hier behandelten individuellen Einzeltypus, einbezüglich der soeben aufgezählten Umstände, nur die eine Erklärung: *er ist eine auf Rückschlag begründete Bastardform.* Von dieser

---

[1] Wie ich vermute, haben dergleichen verschwommene Vorstellungen und undeutliche Begriffsabgrenzungen einzelner Fachleute ihren Quellgrund darin, daß die unmittelbare Beobachtung des lebenden Rassevertreters im angestammten Heimatraume nicht vorausgegangen ist. Mögen Photographien und selbst stereoskopische Aufnahmen noch so genau sein; sie geben niemals die Formbildung in der dreidimensionalen Ausweitung mit solch plastischer Treue und körperbedingter Vollständigkeit wieder, wie das allein die lebendige Gestalt auf dem Hintergrunde der heimatlichen Landschaft vermag. Anthropologisches Arbeiten darf die Einheit von Mensch und Umwelt ebensowenig außer acht lassen, weil jede ausgeprägte Rasseform im Heimatboden, biodynamisch gesehen, tief eingewurzelt dasteht; andernfalls entgeht ihm das Verständnis für die innere Notwendigkeit und hochwertige Zweckmäßigkeit wesenhafter Merkmalseigenart. Oftmals verdankt diese ihr Sosein der Wechselwirkung von Umwelt und Erbanlage.

Erörterung sind alle Mischlinge ausgenommen, die erst in den zwei oder drei jüngsten Geschlechterfolgen entstanden und unten (S. 377) beschrieben sind.

Zur klärenden Ergänzung dessen folgen noch einige Hinweise. Der hier geschilderte bastardierte Sondertypus zeigt einen plumpen Körper mit gedrungener Formung. Bekanntlich liegt in der Twidengruppe die physiologische bzw. konstitutionelle Neigung zum Ansatz einer dickeren Muskel- und Fettschicht; was an jenen Personen offenkundig wird, die an den alltäglichen, vom Nahrungserwerb geforderten Körperanstrengungen behindert sind und die sich bei gewisser behaglicher Ruhe reichlicher Nahrungszufuhr erfreuen. Da beide Bedingungen sich bei unseren Bastarden erfüllen, nimmt möglicherweise bei ihnen jene in den Genen angelegte Neigung der pygmäischen Rasse sichtbare Form an. Indes muß nicht die kräftigere Bauart des Körpers eines ganzen Volksstammes an und für sich als Ergebnis des Einströmens von Pygmäenblut gedeutet werden; erst recht dann nicht, wenn sonstige pygmäische Merkmale fehlen. Tatsächlich begegnet man mehrmals im Ituri-Walde und an seinen Rändern diesem Sachverhalt, d. h. sämtliche Stammesmitglieder besitzen einen gedrungenen und volleren Körper als ihre stammesverschiedenen Nachbarn, und deutlich pygmäische Kennzeichen entbehren sie. Angesichts dessen sind Stimmen laut geworden, die zur Begründung der besonderen Körperform eines jeden der Waldnegervölker eine allgemeine Bastardierung als Ursache ausgegeben haben: — eine Entscheidung offenkundig unter völliger Verkennung der Anpassung und Auslese sowie der erbbedingten Konstitution und individuellen Variation, nebst mannigfacher von der Umwelt angeregter Modifikationen.[1] Einem derartigen, allzu großzügigen Gleichmachertum ist schon DAVID: 197 entgegengetreten, gedrängt von der Überzeugung, daß beispielsweise STUHLMANN sich auf falschen Deutungswegen befand: er schreibt: „Die Walessestämme desselben Reviers [= auf der Wasserscheide zwischen Semliki

---

[1] Nachweisbar ließen sich jene Forscher, die allzu leichtfertig einen ganzen Negerstamm als Bastardenhaufen abgestempelt haben, nicht von erbgesetzlichen Richtlinien leiten, da diese uns erst in neuester Zeit geläufig geworden sind; sie machten sich durchwegs vom bloßen Eindrucksbilde abhängig. Daß mancherorts im afrikanischen Waldbereich sich Blutmischungen größeren Ausmaßes abgewickelt haben, beabsichtigt niemand zu bezweifeln und STUHLMANN (b): 471 erklärt bis zu einem gewissen Grade richtig: „Ähnliche Mischvölker [wie die am Nordostrande des Ituri-Waldes] bzw. seßhaft gewordenen Pygmäen sind die Bapoto FRANÇOIS' und die Wambwonilehi am Lomami. Mischungen von Pygmäen mit anderen Stämmen sind auch sonst noch beobachtet: nach WISSMANN sind seine Batwa mit den Bassonga und Wabudsche vermischt, WOLF sagt, daß die Batwa Lukengos sich mit Bakuba mischten, nach FRANÇOIS haben die Batwa und Inkundo fast einen Typus, usw." Das Ergebnis aus dergleichen Kreuzungen ist nur Rassenmischung und wird niemals eine eigene Rasse.
Manchmal kommt jenen vorschnellen Verfechtern einer allgemeinen Bastardierung ganzer Negerstämme das Wagnis ihrer kühnen Behauptung zum Bewußtsein und sie schlagen zwischendurch zaghafte Ausdruckstöne an, wie STUHLMANN (a): 186 beispielsweise: „Es ist wahrscheinlich, daß aus Vermischung dieser Einwanderer[=Waldneger] mit den Zwergen die kleinen Völker der Wambuba, Walesse und Momfu entstanden; möglicherweise haben wir in diesen teils auch seßhaft gewordene Zwerge zu erblicken." Eine zuverlässige Entscheidung bringt erst die Anwendung erbgenetischer Gesetze und analoger Erscheinungen im Tierreich (vgl. hierzu B. LUNDHOLM, Uppsala 1947). Indes kann ich mich der Deutung, die A. STAFFE neuestens versucht, nur teilweise anschließen.

und Ituri] sind ebenfalls Menschen, deren Wuchs meist unter dem Minimum
der gewöhnlichen Negergröße zurückbleibt. STUHLMANN sprach sie als Pygmäen-
mischlinge an. Ich finde jedoch, daß die Walesse in ihrem schwerfälligen Körperbau richtiger Ackerbauer, in ihren gröblichen Gesichtszügen und den massigen Schädeln sehr wenig mit den Wambutti gemeinschaftlich haben. Auch ...
stehen sie ganz entschieden den Wambutti sozial weniger nahe als z. B. die
großgewachsenen Wanande."

Aus persönlichem Erleben kenne ich die Westhälfte der zentralafrikanischen Hyläa nicht und meine Schlußfolgerungen haben allein die Verhältnisse
im Ituri-Bereich zur Grundlage. Doch dürfte dort im Westen nichts hindern,
die von DAVID für die Körperform der Lese ausgegebene Erklärung mutatis
mutandis anzuwenden, wenn man sich auf die sichere Gewähr für intensive
Bastardierung des gesamten Negerstammes nicht zu stützen vermag. Keinesfalls darf man seine eigene Entscheidung auf bloß oberflächliche Beobachtungen
aufbauen.[1] Die kräftige Körperform allein als Gesamtbesitz eines Waldneger-
stammes ist also kein Beweis für seine allgemeine Bastardierung durch Pygmäen.

Noch eine andere Erscheinung gibt den hier behandelten Einzeltypus als
bastardiert zu erkennen, nämlich die Regellosigkeit im Aufscheinen
rückschlägiger pygmäischer Merkmale. Die negerischen lasse ich deshalb aus
dieser Besprechung heraus, weil sie durchwegs dominanten Charakters sind.
Sehr gelegentlich schlägt ein einzelnes oder komplexes Kennzeichen vom pygmäischen Ahnen her durch, z. B. der schmal-ovale Kopfumfang; im Alltag geht
man achtlos daran vorbei und ist ja schließlich darüber nicht sicher, ob eine
Modifikation oder bloß individuelle Abweichung vorliegt. Auch falls mehrere
solcher Merkmale sich in einer Person vereinigen, sind die miteinander verglichenen Träger dieser Merkmalssumme trotzdem insofern nicht einheitlich
gestaltet, als die einzelnen Merkmale nicht im harmonischen Ausgleich nebeneinander stehen und meist wegen zu starker negerischer Ausprägung des einen
oder des anderen. So entsteht eine Formwidrigkeit, eine nicht ausgewogene
Zusammenstellung des einen Merkmals mit dem anderen, von denen man
jedem deutlich seine biogenetische Herkunft anmerkt. Eine derartige regellose Disharmonie im Zusammentreffen einer Merkmalssumme ist Bastarden
aus weiter zurückliegender Blutmischung eigentümlich. Sinnlos wäre es demnach, die Körpermaße von den hier erörterten und eindeutig bestimmbaren
Sondertypen zu Vergleichen nebeneinander zu stellen: denn zufolge ihres nicht-
rassereinen Ursprungs aus einer mehrere Generationen zurückreichenden Blutmischung unterliegt das Erscheinungsbild unberechenbaren Schwankungen.
Eben deshalb mußte ich die F_1- und F_2-Bastarde, deren es in guter Anzahl jetzt
im Ituri-Walde gibt, aus dieser Erörterung ausschalten; bei ihnen wirken

---

[1] Daher in diesen Deutungsversuchen so mancher Widerspruch. Beispielsweise schreibt
STUHLMANN (b): 468 hinsichtlich der Bira: „Die Pygmäen gehen mit den Wambuba Mischehen
ein, während ein gleiches weder mit den Lendu noch mit den Wawira vorkommt." Bei einem
anderen Forscher kann man das genaue Gegenteil lesen, nämlich: „Die Bakumu-Babira ...
haben viel Pygmäen-Blut aufgesogen ...;" was nicht im wörtlichen Sinne, sondern als Bastardierung gemeint ist.

deutlich erkennbare Gesetze für die Dominanz und Rezessivität, mithin eine
geregelte Rückkehr der rezessiven Merkmale. Sollte sich im westlichen Abschnitt des afrikanischen Urwaldes eine sehr reichliche Bastardierung des einen
oder anderen Negerstammes vollzogen haben, und zwar — was von entscheidender Bedeutung ist — vor längerer Zeit, also zumindest über mehrere
Geschlechterfolgen hinweg, dann darf als Beweis für diese Tatsache zunächst
einmal nicht das gelegentliche Wiederaufscheinen eines ziemlich vollständigen
Pygmäentypus fehlen und ferner
muß sich häufiger ein vereinzeltes,
unzweideutiges pygmäisches Merkmal einstellen, welches im dominanten negerischen Rassebild einige
Disharmonie, bald in diesem und
bald in jenem Körperbereich, verursacht. Auch die menschlichen
Bastarde unterstehen den Vererbungsgesetzen.

Abb. 91. Bali-Neger, links der sog. Einzeltypus

Schließlich sei erneut daran
erinnert, daß der von mir oben
geschilderte bastardierte, anders-
gebaute Einzeltypus n u r g e l e -
g e n t l i c h bei einer im ganzen
einheitlichen Population in die Erscheinung tritt. Er fehlt auch nicht
bei solchen Waldnegerstämmen am
Ituri, die, wie unsere Bira, einen
gut ausgebildeten, muskulösen Körper und verbunden mit kräftigem
Knochenbau besitzen. Dann erscheint eben der plumpe Einzeltypus um so schwerer und
breiter; wie z. B. die Gestalt des Häuptlings PALIGBO und meines Dieners
MUSI samt seines Bruders. Sie sind kleiner, untersetzt und massig, so daß sie
allein wegen dieser Konstitution aus der allgemeinen Körperbauform der
Bira herausfallen. Gegenwärtig und erst recht früher sind die Leute dieses
Negerstammes einer blutartlichen Vermischung mit den Bambuti ausgewichen.
Wie der Großhäuptling AUSE MKUBWA an der Straße Irumu-Mambasa beim
Kilometer 568 mir gelegentlich erklärte, ereignete sich in seinem weiten Jurisdiktionsbereich seit Menschengedenken keine Zwischenheirat, wohl aber sind
seit kurzem einige Leute des nahezu benachbarten Häuptlings PALIGBO und
andere Bira weiter westlich zu solchen ehelichen Verbindungen übergegangen;
sie handeln nach dem Vorbild der ihnen räumlich angeschlossenen Lese. Mithin
können nur vereinzelte Mischlinge aus weit zurückliegender Zeit im Bira-
Stamme vorhanden sein. Obwohl seine Leute durchgehends eine tief-dunkel-

braune Hautfarbe aufweisen, dessen Tönung ich als die tiefste von allen Waldnegerstämmen veranschlage, zeigte sich bei den sehr seltenen bastardierten
Einzeltypen keine Aufhellung. Dies sei hervorgehoben, um vor dem Mißgriff
zu warnen, eine etwas hellere Hautfarbe der Stammesgemeinschaft als Blutmischung mit den hellhäutigen Bambuti zu deuten. Das pygmäische Hell ist
gegen das negerische Dunkel in der Körperhaut rezessiv.

Abschließend sei nochmals die Einschränkung betont, daß ich den innerhalb der Waldnegervölker sehr seltenen andersgebauten Einzeltypus: niedrig,
etwas plump und mit pygmäennahen Körperproportionen, als gelegentlich her-
ausgemendelte Bastardform auf Grund einer zeitlich w e i t e n t f e r n t e n
B l u t m i s c h u n g beurteile. Die beiden Ausgangsrassen sind Bambuti und
Negerstämme, die sich auch gegenwärtig noch im Ituri-Walde aufhalten, obwohl
seitdem die letzteren eine sich einander annähernde Vereinheitlichung ihres
rassischen Erscheinungsbildes erlangt haben. Was ich als Begründung dieses
Einzeltypus erklärend vorgelegt habe, ist einfach und klar, nach jeder Richtung
hin mit den Vererbungsgesetzen übereinstimmend. Und weil sie m. E. genügt,
besteht für den Ituri-Raum keine Notwendigkeit aus erbgesetzlicher Forderung,
jene gelegentlichen Einzeltypen samt den wenigen mit einem offenkundig
pygmäischen Merkmal ausgestatteten Individuen als eine selbständig bestehende "palänegride Rasse" oder als "negro-bambutide Rasse" zusammenzuschließen. Biogenetisch gesehen sind sie eben doch nur ein loses Nebeneinander
von Bastarden und weit entfernt, eine Rasse zu sein oder zu werden.

Gefühlsmäßig — was zwar nicht entscheidend ist — zweifle ich überhaupt
an der Eigenständigkeit dieser seit MONTANDON häufig genannten "palänegriden
Rasse" auch außerhalb des Ituri-Bereiches und vermute, wie schon angedeutet,
daß ihre sogenannten Vertreter im Westabschnitt der afrikanischen Hyläa die
gleichen Bastardierungsprodukte wie die hier geschilderten im östlichen Waldabschnitt darstellen. Ist es nicht, als zeige man mit dem Finger darauf, wenn
EICKSTEDT: I, 539 erklärt: „Das Verbreitungsgebiet der Palänegriden läßt sich
mit einem Wort umschreiben: U r w a l d"; obwohl er anfügt: „Aber im einzelnen gibt es auch hier eine beträchtliche Reihe von A u s n a h m e n." Seinem
Ursprung nach ist der Neger eben ein Steppenbewohner und er bleibt es bis an
die Grenze des Möglichen. Warum und wie soll sich eine ganze Rasse in einer
der unübersehbaren Ausdehnung der tropischen Hyläa gleichbreiten Schwarmlinie in den Urwald eingedrängt haben und das so ziemlich auf einmal von
allen Seiten her? Wer vermöchte den Beweis zu erbringen oder es wahrscheinlich zu machen, daß die gesamte sogenannte palänegride Rasse anfänglich in
einheitlicher Formung dastand und jenseits der damals beträchtlich weiter
ausgreifenden Urwaldränder rundherum ansässig war, bevor sie ihre offenen
Siedlungsflächen mit den ungeheuren Dunkelräumen der Hyläa vertauschte?

Solch untergrundlosen Möglichkeitserwägungen stelle ich, außer den erwiesenen Tatsachen, den noch weiteren Verlauf der Entwicklung als wahrscheinlich gegenüber: Im ganzen weiten Urwald waren anfänglich allein Pygmäen zu Hause und erst in der Neuzeit schoben sich verschiedengestaltige

Negervölker ein; überall kam es seitdem zu Blutmischungen, hier mehr und dort weniger, teils reichlich und teils sehr spärlich. Anzunehmen, die pygmäischen Merkmale, obwohl ausnahmslos von rezessiver Art, seien in den überlebenden Negergruppen zu vollkommener Unkenntlichkeit ausgelöscht, widerspricht den unwandelbaren Vererbungsgesetzen über die Konstanz der Gene. Vielleicht fördern genaue Untersuchungen in den einzelnen Bezirken des zentral-afrikanischen Westens die Erkenntnis zutage, daß auch dort die vermeintlichen Palänegriden das Bastardierungsergebnis aus Pygmäen und Waldnegern sind.

Seit einiger Zeit wiederholt sich in den fachwissenschaftlichen Abhandlungen manche Umschreibung in der Deutung als Altrassen. In diesem Sinne äußert sich W. ABEL: 145: „Bei den altnegriden Formen [im südlichen Sudan lagernd] erscheint das Gesicht länger, der Mittelgesichtsabschnitt kurz und die untere Gesichtspartie höher." Soweit mir bekannt, paßt eine solche Höhenmaßverteilung ganz eindeutig bloß auf das Gesicht der Pygmäen. EICKSTEDT (a): 184 schildert einen "archaischen Typus" und behauptet von ihm: er „ist durch starke Überaugenwülste, tiefliegende Augen und Nasenwurzel und breitnasiges, grobes, rundes und niedriges Gesicht gekennzeichnet. Das ist der paläsaharide Typus". Indes, allein den runden Gesichtsumriß teilweise ausgenommen, passen diese Merkmale genau auf die uns von einzelnen Fachleuten vorgeführten vermeintlichen Palänegriden. Dergleichen neue Wortschöpfungen ohne eindeutigen Inhalt halten uns unabwendbar die tiefen und breiten Lücken in unserem Wissen um die negriden Rasseformen vor Augen. Sie auszufüllen ist ein dringendes Gebot der Gegenwart, bevor durch verstärkte Europäisierung des zentral-afrikanischen Raumes jede Möglichkeit dazu für alle Zukunft verschüttet wird. Um eine sehr weitgespannte Aufgabe geht es.

4. Bastardierung

Auf den letzten Seiten wurde schon manches besprochen, was eigentlicher Inhalt dieses Abschnittes ist. Es lohnt die Mühe, nochmals das völkische Situationsbild knapp zu umreißen. Im gesamten bewaldeten Osten der belgischen Kongo-Kolonie hausen gegenwärtig die Bambuti nicht als die alleinigen Herren und Besitzer; nach Westen hin, bis an die Küsten des Atlantischen Ozeans siedeln ebenfalls später eingeschobene Negervölker neben den alteingesessenen zwerghaften Waldbewohnern. In ursprünglichen Verhältnissen hatten einzig und allein pygmäische Gruppen die gesamte zentral-afrikanische Hyläa inne; für welche Tatsache hinreichend deutlich die klaren Aussagen der Pygmäen selbst und der heutigen Waldneger, sowie rein sachliche Erwägungen vorwiegend kulturgeschichtlicher Art sprechen. In der Abgeschlossenheit des Waldlebens unterblieb in langen Jahrhunderten jedwede Blutmischung mit Andersrassigen. Ihren jetzigen Lebensraum bewerte ich als Rückzugsgebiet, in das sich diese kleinen Menschen einstmals vor bedrängenden Völkergruppen, vermutlich Neger, flüchtend zurückgezogen haben; und sie konnten deswegen

ungestört leben, weil jene sich darin nicht zurechtgefunden und noch viel
weniger wohlgefühlt hätten, mithin ihm fernblieben. Damals waren die kleinen
Menschen noch nicht im Vollbesitz ihrer hochspezialisierten Körpermerkmale.
Beide Großgruppen verharrten in scharfer Abgrenzung gegeneinander; an der
Zonengrenze mieden sie sich aus berechtigtem Mißtrauen und zu Blutmischungen kam es damals wohl nie. Jahrhundertelang bewahrten sich auch
unsere Bambuti reinblütig und erreichten eben deshalb ihre einzigartige rassische Sonderform.

Dieser Zustand eines durchwegs ungestörten und unveränderten Nebeneinander erfuhr einen stürmischen Wechsel in n e u e r e r   Z e i t durch das
gewaltsame Einbrechen mehrerer Negergruppen aus nahezu allen Richtungen
in den von ihnen nie betretenen Urwald. Am stärksten war eine aus Bantu-
Stämmen zusammengesetzte Einwandererwelle, der es gelang, sich vom Süden
her in den Waldbereich hineinzupressen. Freundlich haben die alteingesessenen Pygmäen jene gewalttätigen Eindringlinge nicht aufgenommen, vielmehr
ihnen mancherorts lange sich hinziehende Kämpfe geliefert; bis sie selbst
schließlich, weil technisch gar nicht vorgebildet, das Feld räumen oder die
Waffen strecken mußten. Bei diesem weitgespannten Durcheinander sind
Einzelhorden und Hordenverbände der Bambuti wahllos verschoben, kleinere
oder größere Pygmäengruppen sogar gänzlich vernichtet worden und einzelne
schließlich in irgendwelcher Negerbevölkerung restlos aufgegangen.

Das damit eingeleitete erzwungene Nebeneinander der alteingesessenen
Bambuti und der eingedrungenen Neger konnte von vornherein nichts weniger
als freundlich sein; denn diese dünkten sich über jene weit erhaben und ge-
bärdeten sich als Sieger, während jene kein erlittenes Unrecht vergessen noch
verschmerzen konnten. Sogar noch um die letzte Jahrhundertwende waren die
Pygmäen, wie STUHLMANN (b): 462 erklärt, „überall als heimtückische, rach-
süchtige Waldkobolde gefürchtet. An manchen Stellen ist man [= sind die
Neger] zwar in friedliche Beziehungen zu ihnen getreten ... An den meisten
Plätzen aber fürchtet man sie und sucht, wo immer nur möglich, sie zu verjagen
oder zu töten. Bei kleineren Gemeinschaften gelingt dies, große aber werden
respektiert, weil man die Pfeile fürchtet. Wenn ein Dorf mit einem nahen
Zwergenlager im Kriege ist, so kann kein Mensch auch nur über den Dorfplatz, geschweige denn in den Wald gehen, ohne von den Pfeilen belästigt zu
werden ... In den Grenzgebieten der Zwerge werden kleine Zwergenkolonien,
wenn möglich, verjagt". Solange dergleichen äußere Zustände und die davon
abhängige Geistesverfassung auf beiden Seiten herrschten, war der Geschlechtsverkehr zwischen Einzelpersonen aus diesen benachbarten Rassegruppen eine
seltene Ausnahme. Einiges Negerblut, und mag es stellenweise bloß sehr wenig
gewesen sein, ist nun doch in die bis dahin völlig unvermischte, reinrassige
Pygmäengemeinschaft hineingekommen. Ein überwiegender Großteil der
Einzelhorden indes hat sich völlig unversehrt bewahrt.

Was bald nach erfolgtem Eindringen der Neger in manchen Teilgebieten
als vereinzeltes Liebesspiel angefangen hatte, das fand in j ü n g s t e r   Z e i t

eine ziemlich weit sich ausdehnende Nachahmung, nämlich die gegenseitige
Bastardierung der beiden im Ituri-Walde nebeneinander gelagerten Rassegruppen; allerdings in einem nach räumlicher und völkischer Verteilung durchaus verschiedengradigen Ausmaß. Mit wenigen Grundlinien umrissen, läßt sich
folgendes Bild aufrollen. Die Insassen einzelner Negerdörfer, hauptsächlich die
im Osten und Nordosten der Waldzone, haben vor drei bis fünf Generationen
in ihren Volksverband Pygmäinnen übernommen und mit ihnen Kinder ge-
zeugt, die, obwohl Mischlinge, rechtlich als Neger galten und als solche
zuständig in den Dörfern ihrer Väter verblieben. Dergleichen Geschehnisse
waren keineswegs eine örtlich allgemeine Erscheinung, sondern machten sich
abhängig von der persönlichen Beurteilung des Negerhäuptlings selbst sowie
von der seiner Untertanen; selbstverständlich ausschlaggebend von den aus
ihrer feindseligen Haltung herausgetretenen Pygmäen. Zu einer gewissen Orts-
beständigkeit waren die Bambuti-Horden von vornherein infolge des Haftens
an dem ihnen seit altersher zugestandenen Schweifgebiet verpflichtet; lagerte
sich nun eine Negergruppe daneben und gelang es ihr, deren Gesinnung zu
versöhnlichen Beziehungen vorteilhaft zu beeinflussen, dann war folgerichtig
der Weg zur Übernahme einzelner Bambuti-Mädchen ins Negerdorf offen.

Unter diesem vor Ausgang des letzten Jahrhunderts sich strichweise zum
Günstigen ändernden Verhalten der beiden völkischen Gruppen zueinander
ist nicht etwa die Durchmischung eines ganzen Negerstammes mit pygmäischen
Rassemerkmalen zustande gekommen, und noch viel weniger eine solche aller
Waldnegervölker; vereinzelt nur gab es da und dort kleine Siedlungen bzw.
Dörfer mit einer im geringen Ausmaß bastardierten Einwohnerschaft. Bloß
dann und wann übersiedelte ein Pygmäenmädchen für immer zur Verehelichung mit einem Neger in seine Dorfgemeinschaft und viele Negerhäuptlinge
lehnten nach wie vor derartige Zwischenheiraten ausnahmslos ab. Erst dieses
Vierteljahrhundert hat strichweise die frühere Strenge gelockert und manche
von langer Geschlechterfolge aufgerichtete Schranken umgelegt. Daß diesbezüglich sogar Nachbargemeinden ein gegensätzliches Verhalten an den Tag
legen, hat mir z. B. der Bira-Häuptling Ause Mkubwa ungeschminkt einge-
standen (S. 375, 383).[1]

In der einen oder anderen Negersiedlung, hauptsächlich am Ostrande des
Ituri-Waldes, kann man nun g e g e n w ä r t i g eine beachtliche Zahl von Mischlingen ersten und zweiten Grades antreffen, die sich selber als Neger auf-
spielen und bei ihren Dorfgenossen auch als solche gelten. Der Entschluß, aus
dem heraus einzelne Neger oder kleinste Dorfgemeinschaften sich heutigentags
um Pygmäenmädchen bemühen, entspringt nicht gesellschaftlichem Zwang,

---

[1] Einem Bericht über Ndaka-Neger vom Mai 1934 an die belgische Administration in
Wamba entnahm ich folgende diesbezügliche Erklärungen: „Anciennement il était excessive-
ment rare, qu'un Mundaka o mombo prenne femme chez les Bambuti. Les anciens étaient
très sévères à ce sujet et il fallait l'autorisation des notables et être particulièrement denué
de tout pour pouvoir se marier avec une femme pygmée. Actuellement cette coutume est
complètement abandonnée et nombreux sont les Bandaka et les Bombo possédant une ou
plusieurs femmes bambuti."

sondern, wenn man so sagen darf, bevölkerungspolitischer Notwendigkeit. Strichweise läßt nämlich die Fruchtbarkeit der Negerinnen aus unaufgeklärten Gründen nach (S. 339). Nun aber ist der Neger für seinen erfolgreichen Wirtschaftsbetrieb auf Nachwuchs, besonders an Mädchen, angewiesen und falls solchen die Weiber seines eigenen Stammes nicht im gewünschten Ausmaß zu gebären vermögen, greift er nach Pygmäinnen, die nach allgemeiner Erfahrung sehr fruchtbar sind und diesbezügliche Erwartungen ihres fremdrassigen Eheherrn erfüllen. Was Wunder, wenn sich in diesem und jenem Negerdorfe eine mehr oder weniger ansteigende Bastardierung durchgesetzt hat, die sich wahrscheinlich in der nächsten Zukunft noch erhöhen wird.

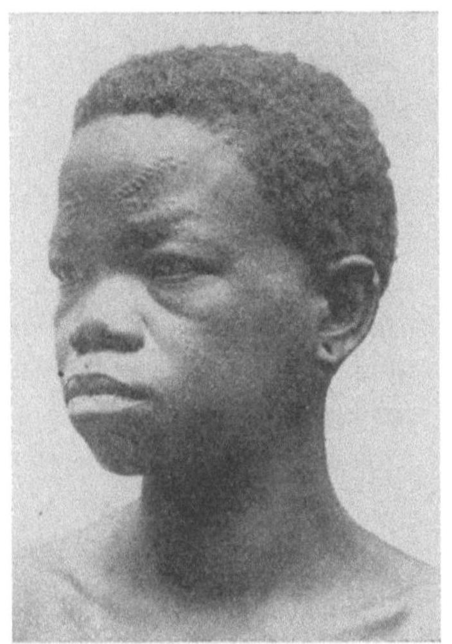

Abb. 92. Lese-Negerin, F_2-Bastard

Passend fügt sich hier ein, daß gelegentlich Bedenken geäußert wurden, das zu eng gebaute Becken der Pygmäinnen mache es dem Kinde eines den großwüchsigen Rassen angehörigen Vaters sehr schwer, den Mutterleib zu verlassen. Zunächst läßt sich allgemein dagegen erwidern, daß die Neger im Ituri-Walde nur von mittlerer Körperhöhe sind und daß nicht dieses Körpermaß, sondern Umfang und Form des Kindkopfes zum erschwerten Gebärakt beitragen. Meinen früheren Aufstellungen zufolge unterscheiden sich die größten Längen- und Breitenmaße am Kopfe der erwachsenen Pygmäen und Neger bloß um 2 bis 3 cm, außerdem sind die pygmäischen Neugeborenen im ganzen unerwartet groß. Schließlich werden jene Bedenken durch das tatsächliche Geschehen augenfällig zerstreut. Beide Rassegruppen würden sich hüten, das Leben von Mutter und Kind allein wegen gefährdeter Entbindung aufs Spiel zu setzen; zu ihrem beruhigenden Selbstgenügen haben es die Neger erfahren, daß ihnen der Kindersegen nicht versagt bleibt, falls sie sich der Pygmäinnen bedienen. Diese Eingeborenen selbst wissen nichts davon, daß sich an das Gebären eines Mischlings vermeintlich größere Gefahren und Schwierigkeiten knüpfen. Aus den Beckenmaßen selbst läßt sich eine Entscheidung nicht herleiten, weil die gynäkologischen Maße andere als die anthropologischen sind.

Eine vereinzelte Sondererscheinung, die sich aus der engen Nachbarschaft der pygmäischen mit der negerischen Großgruppe ebenfalls erst in neuester Zeit herausgebildet hat, sind die Basóa-Dörfer. Im ausgedehnten Ituri-Gebiet habe ich deren nur noch zwei angetroffen und ihre Insassen bezeichnen sich selbst als die *Basóa*. Beide Ortschaften liegen im Wohnbereich der Bali-Neger; die eine bei Bafwasende am Apare-Fluß, mit dem damaligen von der Kolonialbehörde bestellten Chef Azapoli, und die andere an der äußersten Grenze der Bali-Siedlungen, als ihr am weitesten westlich vorgeschobenes letztes Dorf am Ituri-Fluß. Erstere hat sich vor nicht langer Zeit aus zwei getrennten Niederlassungen zu einer einzigen zusammengeschlossen. Der Umstand an und für sich, daß beide Dörfer offensichtlich in einem Randgebiet liegen, verhilft zum Verständnis ihrer Entstehung und der eigenartigen Rassenmischung ihrer Insassen. Nach allem, was ich an Ort und Stelle in Erfahrung bringen konnte, hat sich eine Entwicklung abgespielt, die sich mit folgenden Hauptlinien zeichnen läßt.

Den Grundstock bildeten Neger, vorwiegend des Bali-Stammes, die von ihrer Volksgemeinschaft ausgestoßen oder abgeschoben worden waren und teils an dieser wenig belebten Stelle eine Zuflucht gefunden hatten. Zu ihnen gesellten sich solche, die keine Negerin zur Frau erlangen konnten, weil sie Verbrecher waren oder mittellos dastanden. Die eine und andere Negerin, für die es anderswo kein Bleiben mehr gab, hat sich ihnen beigesellt. Alle insgesamt: ausnahmslos Strandgut aus der näheren und entfernteren Nachbarschaft. Diese Gemeinschaft fühlt sich in den kleinen Niederlassungen geborgen und erhält sich durch gegenseitige Hilfeleistung. In weit überwiegender Mehrheit waren Männer verschiedener Stämme vertreten und sie griffen nach den in nächster Nähe schweifenden Pygmäinnen, mit denen sie sich verehelichten. Da diese Siedler von ihrem eigenen Volksstamme aufgegeben und nicht mehr als ihm zugehörig betrachtet wurden, übertrugen sie ihre Neigung stärker auf die nachbarlichen Pygmäen, mit denen sie sich nach kurzer Zeit eng verbunden fühlten. Inzwischen hatten die Dorfsiedlungen eine feste Grundlage erhalten und die Insassen sahen sich zu einer fertigen Gemeinschaft zusammengeschlossen; da nannten sie sich selbst: *Basóa*, nach einer vermutlich aus dem Pygmäischen hergenommenen Bezeichnung. Die rassische Durchmischung in völliger Regellosigkeit nahm ihren Fortgang und da vorwiegend Negerblut in den Adern der Ansässigen fließt, beherrschen negerische Merkmale aus mehreren Stammesgruppen das Erscheinungsbild; wohingegen pygmäische nur in verschwindender Minderzahl auftauchen. Dieses Mißverhältnis findet seine grundlegende Erklärung darin, daß fast sämtliche pygmäischen Rassemerkmale, wie ich nachweisen kann, rezessiven Charakters sind.

Im Laufe der Zeit hatte die Bevölkerung eines jeden Basóa-Dorfes eine gewisse Kopfzahl erreicht und seitdem heirateten die jungen Leute nahezu ausnahmslos innerhalb der eigenen Siedlung. Im Dorfe am Apare-Fluß gab man mir die Zusicherung, daß Basóa-Mädchen auch von reinblütigen Negern, die anderswo wohnten, zur Ehe genommen wurden; wobei sie selbstverständlich zur Niederlassung des Mannes übersiedelten. Auf diesem Wege griff die Bastardierung auch auf entferntere Negergruppen über. Hingegen, so wurde mir nachdrücklich betont, ist kein einziges Basóa-Mädchen von einem blutreinen Pygmäen zur Frau erwählt worden; ebensowenig hat sich ein solcher der Basóa-Bevölkerung angeschlossen. Folgerichtig kann es gar nicht anders sein, als daß in diesen rassisch bunt durchmischten Dörfern nicht nur die negerischen Merkmale allgemein, sondern auch die der verschiedenen Negervarietäten bei weitem vorwiegen (Abb. 93).

Bis hierher ist in großen Zügen geschildert worden, wie sich die Bastardierung einzelner Negerstämme vollzogen hat; wobei die verschiedenen Grade dieser blutartlichen Umwandlung und der Umfang einiger davon betroffenen Bevölkerungen nur kurz gestreift werden konnte. Die uns näherliegende Frage, wie sich diesen Geschehnissen gegenüber die G e s a m t h e i t d e r B a m b u t i verhalten hat, läßt sich mit wenigen Worten abtun. Von einer Vermischung mit Negerblut hat sich die große Masse unserer kleinen Waldmenschen in neuerer wie neuester Zeit nahezu vollkommen frei gehalten. Man

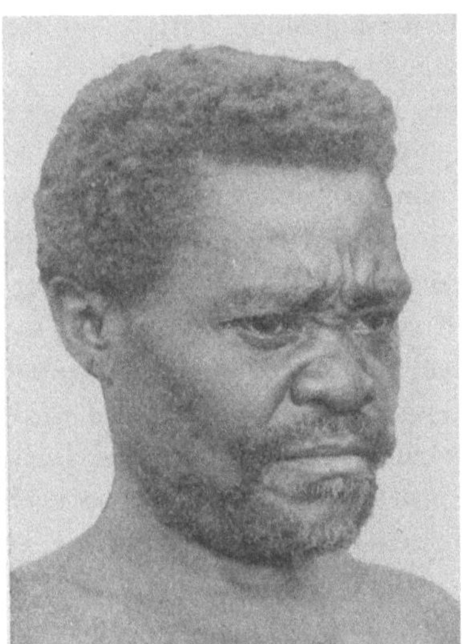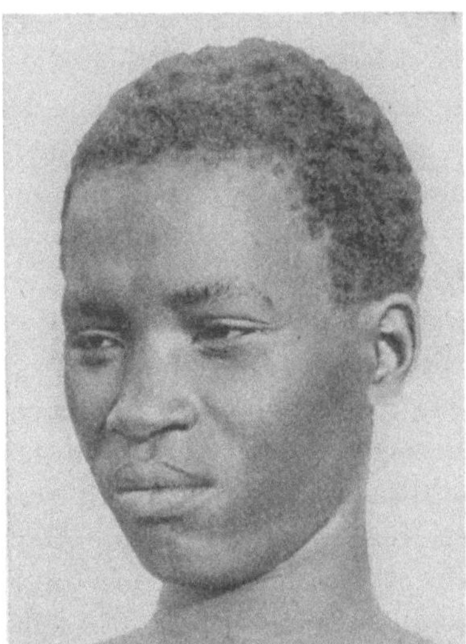

Abb. 93. Typen aus dem Basóa-Dorf am Apare-Fluß

beachte, daß das friedliche Nebeneinander von Pygmäen und Negern im Ituri-Walde nur an wenigen Stellen über drei bis vier Generationen zurückreicht und dort, wo Zwischenheiraten zustande gekommen sind, blieb die Pygmäin mit ihren Kindern im Negerdorfe. Seitdem sich die allgemeine Befriedung im Urwalde durchgesetzt hat, kommt es ausnahmsweise zu außerehelichem Geschlechtsverkehr zwischen Negern und Pygmäinnen, der vielleicht auch Folgen hat. Überdies ereignet es sich, obzwar sehr selten, daß eine verwitwete Pygmäin samt Kindern nach dem Tode ihres Negergatten den Weg zurück zu ihrer Horde nimmt und bei dieser endgültig verbleibt. Das sind zwei Schleusen — um diese Umschreibung zu gebrauchen —, durch welche Negerblut in die Adern der Pygmäen geflossen ist und noch fortgesetzt einträufelt. Ließe sich dieser Zufluß in Zahlen bewerten, glaube ich nicht weit zu fehlen mit der Aufstellung, daß der Gesamtheit unserer kleinen Waldmenschen im Verlauf einer Generation 0.5% Negerblut neu zugeleitet werden. Zieht man in Erwägung, daß noch aus früherer Zeit eine sehr geringe Beimischung negerischen Blutes in dem der Bambuti fließt, so macht doch das alles in ihrer vielköpfigen, ausgebreiteten Volksgemeinschaft bloß eine verschwindende Kleinigkeit aus,

die es nicht verbietet, unsere zwerghaften Ituri-Menschen kurzweg als eine
reinblütige Rasse mit erbgenetisch begründeter Eigenstellung auszugeben.[1]

Um unrichtigen Deutungen vorzubeugen, folgen kurze einschlägige Erklärungen. Nicht ein einziges Mal hat ein mit seiner Horde verbundener Pygmäe
sich eine Negerin zur Frau genommen; denn sie ist völlig ungeeignet zum
sammlerischen Wirtschaftsbetrieb im Urwalde und würde für diesen Mann
weiter nichts als eine untragbare Last abgeben. Dort, wo Neger sich aus den
ihnen benachbarten Pygmäenhorden ein Mädchen zur Ehe in ihr eigenes Dorf
holen, trifft es wohl auch einmal zu, daß wegen des vertraulichen gesellschaftlichen Allgemeinverkehres eine Negerin sich außerehelich einem Pygmäen hingibt; grundsätzlich jedoch unterbleiben solche Intimitäten und werden in
manchen Gebieten von der Negerbevölkerung beiderlei Geschlechts mit Ent-
rüstung verabscheut. Wenn auch gegenwärtig das Nebeneinander der beiden
Rassegruppen eine befriedigende Wechselbeziehung darstellt, darf man demgegenüber nicht aus dem Auge verlieren, mit welch gereizter Feindseligkeit
sich beide vielerorts vor einem halben Jahrhundert gegenüberstanden. Selbst
heutigentags fehlt noch in manchen Bezirken des Ituri-Waldes eine auf gegen-
seitigem Vertrauen begründete Nachbarschaft und geschlechtliche Beziehungen
der einen zu den anderen unterbleiben.

Die erbbiologischen E r g e b n i s s e solcher Bastardierung habe ich nach
dem phänotypischen Wechselspiel der Merkmale an 14 F_1- und an 17 F_2-
Bastarden herausgestellt. Die negerischen Ausgangsformen für diese 31 Mischlinge sind Lese und Bira beiderlei Geschlechts, zwei Negergruppen, die rassisch voneinander kaum nennenswert abweichen. Man beachte, daß die
beiderseitigen Eltern und Großeltern der Bastarde zwei Formengruppen angehören, die sich beide zum sehr ausgebreiteten afro-negriden Rassezweig vereinigen und eben deshalb in manchen Merkmalen, die selbstverständlich homo-
zygot angelegt sind, von vornherein miteinander übereinstimmen bzw. sich sehr
nahe kommen. Leider konnte ich mich aus Zeitmangel diesem aufschlußreichen
Forschungsgegenstande nicht mit der Ausführlichkeit widmen, die seine Bedeutung unwidersprochen fordert.

Augenfällig und derart eindeutig geben unsere F_1-Bastarde ihre Misch-
lingsnatur zu erkennen, daß jeder Beobachter ihre halbpygmäische Herkunft

---

[1] Absolute Blutreinheit im ausschließlichen Wortsinne ist hiermit keinesfalls gemeint;
eine solche gibt es eben nicht. Die Anthropologie der Buschmänner erörternd, schreibt
MARTIN (a): 438: „Die Annahme, irgendwo auf der Erde noch Individuen reiner Rasse auf-
zufinden, ist selbstverständlich eine Illusion; es kann sich nur um relative Reinheit handeln;
und selbst dieser Begriff hat so viel Hypothetisches, daß man besser auf ihn verzichtet. Das
einzige, was wir erwarten dürfen, ist eine gewisse, gegenüber anderen Populationen vielleicht
auffallende Einheitlichkeit im Merkmalkomplex einer Gruppe, die durch die Wechselwirkung
von idiogenen, idiokinetischen und parakinetischen Auslesefaktoren entstanden sein dürfte.
So kommen wir wenigstens zu gegeneinander abgrenzbaren anthropologischen Gruppen, und
mit solchen Feststellungen werden wir uns einstweilen begnügen müssen. Wir sind bei der
Auffindung scharf begrenzter Lokalformen nur zu leicht geneigt, ihre Bedeutung zu über-
schätzen und sie als ursprünglich anzusehen. Aber nur erbbiologische Untersuchungen werden
im Einzelfall etwas weitergehende Erkenntnisse bringen können.“

förmlich greift. Alle untersuchten F_2-Bastarde sind Rückkreuzungsprodukte negerischer Eltern, von denen je nur ein Elter ein Bambuti-Neger-Mischling ist; sie verraten ihre Zwitternatur viel weniger deutlich und bloß durch das eine oder andere Merkmal mit verschiedengradiger Bestimmtheit. Vor Negern könnte sich ein Bastard ersten und zweiten Grades als solcher unmöglich verbergen, weswegen er sich darum keinesfalls bemühen würde.

Vergleicht man unsere Bastarde mit den elterlichen Ausgangsrassen, dann tritt sehr bestimmt zutage, daß für den Beschauer die meisten Bastardmerkmale sich in den Grenzen für die gleichnamigen Merkmale ihrer Elternrassen bewegen; diese F_1- und manche F_2-Formen muten an wie phänotypische Zwischengebilde. Die Maßzahlen zu wiederholen erachte ich als überflüssig, da diese, wie auch Photographien und Diagramme, jedermann in meiner Abhandlung (e) einsehen kann; dort sind auch alle einschlägigen Einzelheiten zusammengetragen.

Rein äußerlich beurteilt neigt die Ganze Körperhöhe unserer Bastarde der ersten und zweiten Filialgeneration — denn ausschließlich von solchen ist hier die Rede — mehr zur höheren negerischen und weniger zur niedrigeren pygmäischen Elternrasse. In ihrem Körperbau wiederholt sich ein gewisses Mißverhältnis zwischen dem kräftigen Rumpf und den allzu schlanken Armen sowie schwachen Beinen. Bei einigen von ihnen wirkt der Rumpf ausgesprochen plump, obwohl ihre Gliedmaßen, absolut gewertet, nicht schwächer als die der negerischen Ausgangsgruppe entwickelt sind. Durchwegs geben sie vollere und nahezu gedrungene Gestalten ab (Abb. 94).

Ein unerwartetes Verhalten zeigt die Hautfarbe der beobachteten Mischlinge; denn insgesamt 29 F_1- und F_{r2}-Bastarde weisen genau oder ungefähr das Dunkelbraun der Neger auf, nur ein F_1- und ein F_{r2}-Mischling das helle Gelb mit sehr blasser Brauntönung der Bambuti. Die F_{r2}-Gruppe ist gegenüber der F_1-Gruppe dunkler und neigt mehr zu den Negern hin. Überdies sind einzelne Personen aus beiden Gruppen im ganzen dunkler als die Neger selbst und die auf der ganzen Haut blutreiner Bambuti vorherrschende Komponente: Gelb verschwindet im Erscheinungsbild der Mischlinge sozusagen restlos.[1] Mit dieser Allgemeinfärbung vergesellschaftet sich ein überraschendes Farbenspiel in den Augenhöhlen, einschließlich Lider und Nasenwurzelstreifen: bei solchen Mischlingen, deren Körperfarbe die tiefe Tönung der Neger aufweist, ist die bezeichnete Gegend überraschend heller; jedoch mit dunklem Schatten überzogen, wenn die gesamte Haut ausnahmsweise an das Gelb der Bambuti anklingt.

Die glatte Hautoberfläche mit sehr spärlichem Terminalhaar ist ein für Neger nicht minder artlich bedingtes Rassemerkmal als die reiche Haar-

---

[1] Dieser Ablauf des Erbgeschehens regt besonders zu einer Nachprüfung an. Wahrscheinlich spielt die erst seit kurzem bekannte Tatsache einer Andersartigkeit der Keratine bei verschiedengefärbten Haaren mit herein. (Vgl. R. RICHTER und Z. STARY: Haarfarbe und Haarfarbstoffe; in: Archiv f. Dermatologie und Syphilis, Bd. 178, H. 4, S. 373—380; Berlin 1939.) Leider wurden diesbezügliche Untersuchungen an den zahlreichen Haarproben von Pygmäen und Negern, die ich mitgebracht habe, noch nicht abgeschlossen.

bildung auf dem ganzen Körper ein solches für die blutreinen Bambuti darstellt. Die Bastarde ihrerseits lassen in der Behaarung des gesamten Körpers bzw. einiger bevorzugter Bezirke eine unwandelbare Regelmäßigkeit nicht erkennen; es gibt unter ihnen reichlich und spärlich behaarte sowie andere, die zwischen den bezeichneten Grenzformen stehen. Trotzdem leuchtet ein grundsätzlicher Zug im Entwicklungsablauf erkennbar heraus, insofern die F_1-Misch-

linge noch überwiegend beträchtlich behaart, hingegen beide Geschlechter der F_{r2}-Mischlinge größtenteils spärlich behaart dastehen. Mithin tritt in den Bastarden die reichliche Bambuti-Behaarung zugunsten der glatten Körperoberfläche der Waldneger zurück. Der Lanugo im besonderen zeigt sich noch überwiegend dicht bei unseren F_1-Mischlingen, hingegen licht bei der anderen Gruppe. Den Rückgang der beträchtlichen Behaarung im Phänom aller Bastarde erläutert sehr augenfällig der Bart; gedeiht er doch bei ihnen niemals so voll und ausgebreitet wie durchwegs bei den reinrassigen Bambuti.

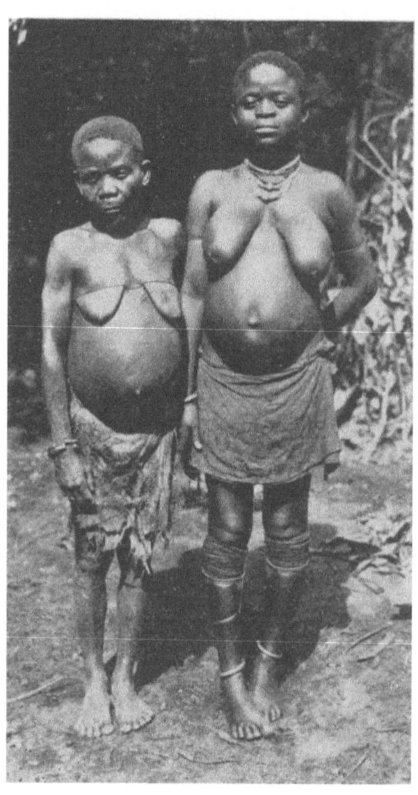

Abb. 94. Mutter (blutreine Mbuti) und Tochter (F_1-Lese-Bastard)

Da unsere Waldneger in ihrem Längenbreiten-Index des Kopfes kaum nennenswert von dem für die Bambuti berechneten Mittelwert abweichen, ist von vornherein eine auffallende Sondergestaltung der Kopfform bei den Bastarden nicht zu erwarten. Die beulenförmige Vorwölbung des ganzen Mittelbezirkes der Stirn gilt mit Recht als ein einzigartiges Merkmal der Bambuti. Allerdings tritt es ein wenig abgeändert und in verschwindend geringer Häufigkeit auch bei vereinzelten Angehörigen der östlichen Waldnegervölker auf; gleichfalls besitzen diese, neben der viel häufigeren mäßig-geneigten, eine fast gerade aufsteigende Stirn. An der weit überragenden Mehrheit der Bastarde nun beult sich die gesamte Mittelstirn einschließlich der beiden Tubera-Gegenden als harmonisch abgerundetes Gebilde derart heraus, daß diese Vorwölbung zu ihrer höchsten Höhe in der Mediansagittalebene gelangt: gleichzeitig verliert sich in dieser Formgestaltung die anderwärts selbständige Ausprägung der beiden gegen einander und gegen die Mittelstirn abgesonderten Tubera frontalia. Unerwarteterweise betonen vier ♀ F_{r2}-Bastarde dieses für Bambuti typische Merkmal auffallend deutlich.

Die Gesichtsformen verteilen sich derart, daß das Ganzgesicht der F_1-Bastarde mehr rund als oval, hingegen das der F_{r2}-Bastarde häufiger oval als rund ist; also gleichen sich letztere mehr den Negern und erstere mehr den Bambuti an. Obzwar das Ganzgesicht der Mischlinge gegenüber dem ihrer elterlichen Ausgangsformen eine nachweisbare absolute Verlängerung nicht erfährt, verkürzt sich zumindest ihr Untergesicht zugunsten des bei den Bambuti sehr niedrigen Mittelgesichts. Vor allem ist es die bei letzteren außerordentlich hohe Integumental-Oberlippe, die an Bastarden beträchtlich niedriger dasteht und gleichzeitig werden die viel schmäleren pygmäischen Schleimhautlippen an den Bastarden zu sehr dicken und sogar zu wulstigen Negerlippen. An Hand des Erscheinungsbildes kann man sagen: Was die den Bambuti eigene sehr hohe Integumental-Oberlippe für die Bastarde an Höhe verliert, kommt diesen wieder zugute durch sehr dicke und gelegentlich sogar gewulstete Schleimhautlippen. Konvexe Vorwölbung der gesamten Harthautlippe verrät unweigerlich den Bastard erster wie zweiter Generation. Weniger häufig zeigt sich ein anderer eigentümlicher Verlauf der mediansagittalen Profillinie: Die obere Hälfte der Harthautlippe wölbt sich noch erkennbar vor, doch senkt sich ihre untere Hälfte flach-konkav ein und zeigt ein seicht vertieftes Philtrum; sogar geradlinig verläuft vereinzelt die Profillinie vom Subnasale zum Oberrand der Schleimhautlippen.

Ein ganz eindeutiges Kennzeichen für Mischblut ist die nicht-einheitliche Färbung der Schleimhautlippen; wegen untrüglicher Verläßlichkeit bedienen sich seiner sogar die Neger. Während diese Lippen der blutreinen Bambuti frisch-rosa gefärbt sind und die Waldneger ein tiefes Graublau aufweisen, lassen sich auf denen der Bastarde überwiegend häufig zwei Zonen gegen einander abgrenzen. Der äußere, 2—5 mm breite Saum ist blaß-bläulich verfärbt, während der restliche, nach innen gelagerte Oberflächenstreifen hell- oder blaß-rosa anspricht; jede der beiden Zonen kann die andere an Breite übertreffen. Bei einzelnen F_{r2}-Bastarden erscheint sogar die gesamte Oberfläche in Graublau, während manche F_1-Bastarde nur graublaue Pünktchen in das frische Rosa gesprenkelt aufweisen. Mithin offenbart sich eine nahezu genau abgestufte Überleitung von der reinen rosa-farbenen Lippe der Pygmäen zur gänzlich graublauen Negerlippe an den Mischlingen. Als richtungweisend bewährt sich nicht minder das Auftreten der Lippenleiste; man sieht eine solche ausgeprägt an den Bambuti sozusagen nie, mehrmals jedoch an den Bastarden und häufig an den blutreinen Negern.

Spricht man von den sehr großen Augen der Ituri-Pygmäen, so will man damit zum Ausdruck bringen, daß der Bulbus beträchtlich aus seinen Höhlen wegen der weit aufgerissenen Lidspalte heraussteht. Bei den Waldnegern ist die Lidspaltenöffnung längst nicht so hoch und in ihrer überwiegenden Mehrheit etwas schmäler als bei Europäern. Die Bastarde schieben sich mit diesem Merkmal zwischen Pygmäen und Neger ein. Das gleiche Verhalten wiederholt sich bezüglich der Irisfarbe. Im großen und ganzen besitzen die Pygmäen ein helleres Braun als die Waldneger; die Mittelstellung unserer Mischlinge ersten

und zweiten Grades kennzeichnet sich derart, daß in ihrer Iris das hellere
Bambuti-Braun sich häufiger als das dunklere Negerbraun wiederholt. Untrüglicher Unterscheidungswert kommt der Sklera zu. Sie ist bei den Pygmäen
rein-weiß oder sehr leicht bläulich getönt, bei den Negern jedoch regelmäßig
mehr oder weniger stark bräunlich verfärbt und fast immer mit braunen
Pünktchen getupfelt. Eindeutig bezeichnend verhält sich dieses Merkmal bei
den Bastarden. Während nämlich bei den F_1-Mischlingen das Weiß gegen Braun
überwiegt, zeigen die F_{2r}-Mischlinge genau die umgekehrte Verteilung. Mithin
auch an diesem Phänom ein stufenweises Abgleiten von den Bambuti her über
die Bastarde zu den Waldnegern hin.

Mit der ganz ungewöhnlichen Form der Wimpern, deren sich unsere
Bambuti erfreuen, hängt die nicht minder überraschende Wimpernform der
Bastarde genetisch zusammen. Das freie Ende ihrer oberen Wimpern läuft
nicht etwa, wie bei den Waldnegern, nahezu geradlinig aus, sondern biegt sich
hakenförmig auf; und diese Form besagt, daß das geschlossene überaus kleine
Ringelchen am Wimpernende der Bambuti sich etwa zur Hälfte geöffnet hat.

Bei der für die gesamte Menschheit einzigartigen Nasenform der Bambuti
herrscht in beiden Geschlechtern der Typus einer sogenannten Knopfnase vor.
Für die Waldneger darf die breite, mittelhohe Trichternase als artlich gelten.
Jedoch tritt letztere, obgleich weniger hoch, gelegentlich auch bei den Pygmäen
auf; und das braucht nicht zu befremden, weil beide Gruppen dem afro-
negriden Rassezweig zugehören, welchem Breitnasigkeit eigentümlich ist. Bei
den Mischlingen ersten Grades zeigt sich am häufigsten die bestimmt pygmäen-
hafte Gestaltung der Gesamtnase, bei jenen zweiten Grades sind Trichter- und
Trapezformen mit wenig erhöhtem Rücken häufiger. Sie ist kurz, ganz flach
oder niedrig und breit, die Nasenwurzelgegend sehr flach und die Nasenspitze
breit gerundet. Die Nasenflügel fallen meist niedrig gewölbt oder dachartig ab;
ihre Wände sind sehr dick, weswegen die Nasenlöcher außerordentlich klein
bleiben. Das immer sehr dicke und keilförmige Septum hängt häufig nach
unten vor.

Schließlich ist im Rahmen dieser Beschreibung auch die Richtung, welche
der Tragus am Ohre einhält, von einigem Wert. Als ein Rassemerkmal der
Bambuti darf gelten, daß der ganze Tragus nach vorn-außen gebogen dasteht;
bei Negern liegt er, genau wie bei Europäern, in der Ebene der Ohrmuschel.
Wie kaum anders erwartet wird, wiederholt sich bei den Mischlingen die eine
Richtung ebensooft als die andere.

Ohne auf weitere in meiner Sonderabhandlung (e) zusammengestellten
Erscheinungen einzugehen, gestatten die daraus hier vorgelegten Mischungs-
ergebnisse eindeutig gerichtete S c h l u ß f o l g e r u n g e n, und zwar drei als
wichtigste: Unsere Bambuti-Waldneger-Bastarde ersten und zweiten Grades
nehmen, zufolge des Phänoms ihrer Rassemerkmale, ungefähr eine Mittelstellung zwischen den elterlichen Ausgangsrassen ein, abgesehen von der bei
ihnen gesteigert kräftigen oder plumpen Bauart des Rumpfes und einigen
anderen Kleinigkeiten.

In manchen der oben besprochenen Merkmale offenbart sich eine überwiegend stärkere Neigung der F_1-Bastarde zu den Bambuti hin, eine solche jedoch in allen Merkmalen zu den Waldnegern hin bei den F_{r2}-Bastarden mit negerischer Rückkreuzung.

Die sehr beträchtliche Mehrheit der pygmäischen Rassemerkmale spricht deutlich ihren rezessiven Erbcharakter aus — eine überraschende Erscheinung!

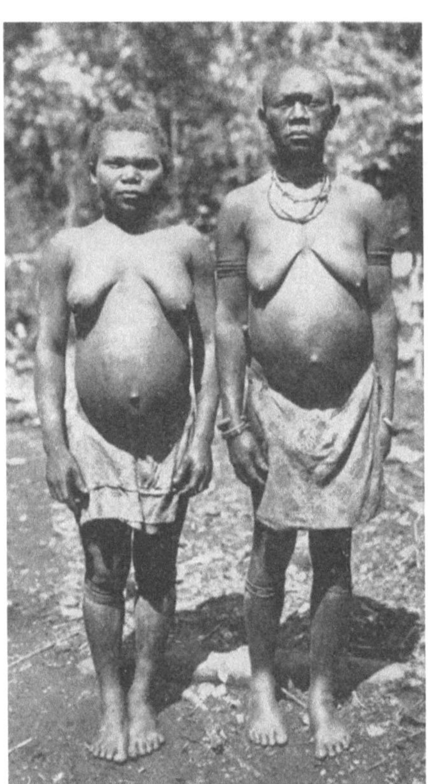

Abb. 95. Lese-Negerinnen, rechts reinblütig links
F₂-Bastard

Bei einem solchen in seiner Hauptrichtung nicht mißverständlichen Erbgang verschwinden naturgemäß im Phänom der Bastarde dritten und höheren Grades alle sicheren Anklänge an die Merkmalsgestaltungen von der pygmäischen Seite her. Den Vererbungsgesetzen folgend, treten sie bloß bei jenen Einzelpersonen wieder in die Erscheinung, deren beide Eltern in ihrem Gen-Bestand die pygmäischen Anlagen trugen; dabei vorausgesetzt, daß es in der kopfreichen Population bloß ganz seltene Mischlinge gibt — ein Zustand, den die Bambuti-Gemeinschaft allgemein zumindest bis vor einem halben Jahrhundert aufwies und vielerorts heute noch beibehält. Sachlicher Grundlage entbehren demnach die Behauptungen, es seien ganze Waldnegervölker reichlich mit Pygmäenblut vermischt, weil sie eine hellere Hautfarbe aufweisen, oder etwas kleiner sind oder sonstwelche andere Merkmale als die übrigen Negerstämme im Ituri-Raume besitzen. An jenen Plätzen selbstverständlich, wo in den letzten Jahrzehnten — und das geschieht bloß da und dort — die Blutmischungen sich steigern, gibt es eine höhere Bastardenzahl; und der Hauptteil davon sind solche der ersten und zweiten Filialgeneration mit Rückkreuzung des negerischen Teiles. Daß diese Individuen in ihrer Population eine gewisse Anzahl pygmäischer Merkmale oft zeigen und zeigen müssen, geht aus dem oben geschilderten Ablauf des Erbgeschehens hervor. Aber von dergestaltigen Zuständen einiger weniger am Ostrande des Ituri-Waldes gelegener Dörfchen abgesehen, gab es, wie (S. 377 ss.) sehr wahrscheinlich gemacht wurde, bis zur letzten Jahrhundertwende in der ausgedehnten Weite des Ituri-Raumes bloß bei verschwindend wenigen Einzelnegern eine Einkreuzung pygmäischen Blutes. Unmöglich, daß dieser Vorgang einen ganzen Negerstamm im Erscheinungs-

bild, wie es mit seiner nicht zu verkennenden Einheitlichkeit und durch-
gängigen Gleichförmigkeit vor unseren Augen steht, den Pygmäen angenähert
habe! In den seltenen Einzelwesen jedoch, in deren beider Eltern von irgendwann hergeleitetes Pygmäenblut floß, mendeln gesetzmäßig gewisse Bambuti-
Merkmale aus. Diese Leute sind die (S. 370) also umschriebenen vereinzelt
dastehenden andersgebauten Sondertypen, d. h. abweichend vom Körperbau-
plan ihrer negerischen Stammesgenossen; nicht aber sind sie, so scheint es mir,
Vertreter der vermeintlichen palänegriden Rasse (S. 371).

Schließlich sei ein klärendes Wort über die Anwendung des Begriffes *Rasse*
hier eingefügt. Nach E. FISCHER (c): 250 gehört es zum Wesen einer Rasse, daß
alle Merkmale auf homozygoter Anlage der Gene beruhen. Wenn, wie vereinzelt behauptet wird, die Gesamtheit der Waldneger im Ituri-Bereich oder
nur einzelne dieser Volksstämme ein Kontaktprodukt darstellen, nämlich „eine
aus allmählicher Kreuzung von Negern und Bambuti herausgewachsenen Rasse",
so ist die Bezeichnung "Rasse" zu Unrecht angewandt. Jene Kreuzungsprodukte, wenn sie solche wären, muß man ehrlich als ein "Rassengemisch" oder
als eine Bastardpopulation ausgeben. Ein derartiges Gemenge können die
Negervölker am Ituri allerdings nicht sein — um jetzt zum tatsächlichen Sachverhalt, wie ich ihn glaube erwiesen zu haben, überzugehen. In einem Rassengemisch gibt es erfahrungsgemäß nicht eine Einförmigkeit des Phänotypus
aller Individuen von solchem Ausmaß, wie es sich nahezu vollständig in jedem
Negerstamme am Ituri offenbart. Für unseren Bereich nehmen wir von dieser
Formengleichheit nur jene Einzelwesen mit dem oben (S. 370) eigens beur-
teilten seltenen Sondertypus und die wenigen Personen aus, in deren Adern
etwas Araberblut fließt. Angesichts der rassischen Gleichförmigkeit innerhalb
jedes negerischen Einzelstammes sowie auch wegen des gerechtfertigten Zu-
sammenschlusses aller Waldnegervölker zu einem engen Formenkreis verdient
die Behauptung, sie seien das Ergebnis einer Bastardierung aus jüngster Zeit,
keine Berücksichtigung.

Mithin bestätigen auch meine Beobachtungen an den Pygmäen-Neger-
Bastarden die längst erkannte Unwandelbarkeit der M e n d e l 's c h e n G e -
s e t z e , derzufolge, in Anwendung auf unseren Untersuchungsgegenstand, die
häufigen sogenannten Zwischenformen aus der Kreuzung verschiedenrassiger
Eltern keinen Dauerbestand aufweisen. Derartige Bastarde sieht man schon
nach kurzer Generationsreihe vollkommen in den Merkmalstypus des einen
oder anderen seiner Eltern zurückgestellt. Daran ändert wesentlich auch eine
plötzlich bezogene, andersgeartete Umwelt nichts und sie bleibt auf ein ganz
bescheidenes Ausmaß bei ihrem Angleichungsbemühen beschränkt. Deutlich
erkennt man diese Begrenzung an der nur geringfügigen gegenseitigen rassischen Annäherung der Waldnegervölker (S. 342). Von dieser biogenetischen
Dynamik her beurteilt, verschwindet auch die Grundlage für die theoretisch
angenommene palänegride oder Urwaldneger-Rasse als eines somatischen Anpassungstypus an den Urwald, mag man ihn auch (nach EICKSTEDT: I, 536) als
„eine Altform!" einschätzen. Wenn, wie der genannte Anthropologe erklärend

angibt, „manche großen Stämme der Graslandneger zu verschiedenen Zeiten von mächtigen Gegnern in den Urwald hineingedrängt worden sind und sich dort teilweise mit den Urbewohnern gemischt haben", so handelt es sich bei beiden Gruppen, nämlich der eindrängenden und der alteingesessenen, um je eine fertig ausgebildete Rasse. Was die eingeströmte Negermasse betrifft, so kann sie unmöglich eine alle Individuen erfassende einheitliche Formung erst vom Urwalde erlangt haben, da ja Steppe ihre Züchtungsheimat ist und sie erst vor wenigen Jahrhunderten ihren neuen Wohnbereich bezogen hat; überdies die bis dahin homozygoten Gen-Anlagen durch einfließendes Pygmäenblut aus der Gleichung gebracht worden sein sollen. Erste und ältere Neger im Ituri-Walde sind m. E. eben jene Stämme, die wir darin heutigentags noch wohnhaft antreffen. Im Ablauf der wenigen Jahrhunderte ihres Wohnens darin unterlagen die Siedlungsplätze selbst und deren genaue Grenzen manchen Wandlungen. Das rassische Bild eines jeden dieser Negervölker hat infolge Modifikation keine wesentliche Abwandlung erfahren, nur unbedeutende Änderung durch Zwischenheirat mit Negern anderen Stammes und durch sehr begrenzte Bastardierung seitens der Bambuti.

Man halte dieser Gedankenführung nicht entgegen, es seien die Pygmäen ein vorzüglich zweckmäßiger Anpassungstypus an den Urwald, auch Tiere zeigen darin eine verminderte Körperhöhe gegenüber ihren Artgenossen in der Steppe, wie Elefant und Büffel. Nun, die beiden letzteren mögen etwas niedriger sein als ihre Verwandten in offener Landschaft, vielleicht zufolge Selektion oder geringerem Können im Kampf ums Dasein und weniger förderlicher Lebensbedingungen; geändert hat sich nur das Phänom, nicht aber der Gen-Bestand. Die Bambuti und alle Twiden blicken schon auf manches Jahrtausend als unverbrüchliche Stammgäste des Urwaldes zurück. Keine Erfahrungsbeobachtung und experimentelle Prüfung verbietet es, mit der Wahrscheinlichkeit zu rechnen, daß in fernsten Zeittiefen ein plötzlicher Übergang in eine gänzlich ungewohnte Umwelt stärkere und häufigere Mutationen ausgelöst hat, die unter Beihilfe von Selektion schließlich jenen Gen-Bestand festigte, der nun die Grundlage ihrer rassischen Eigenart bildet. Nach E. Fischer (b): 183 können bei festgefügten Rassen alle „günstigen und ungünstigen Einflüsse die ererbte Körpergröße nur in einem relativ geringen Grade modifizieren, d. h. sie vermögen den Einfluß der Rasse nie ganz zu verwischen... Wie konstant sich die Körpergröße verhält, kann am besten... bei Rassenkreuzungen gezeigt werden. Sind die beiden elterlichen Komponenten von verschiedener Größe, so zeigt sich in den Kindern immer die Prävalenz des einen oder anderen Elter, wie dies für alle Merkmale gilt. Würden bei der Mischung großer und kleiner Individuen Mittelformen entstehen, so müßte längst die ganze Menschheit von mittlerer Körpergröße sein. Es ist daher falsch, die mittelgroßen Rassen als Kreuzungsprodukte Großer mit Kleinen aufzufassen... Es liegen auch beim Menschen hier Fälle des sogenannten Luxurierens vor", daß z. B. die Körperhöhe der Nachkommen verschieden großer Ausgangsrassen die der letzteren ansehnlich überragt.

Bei alledem muß man sich ständig vergegenwärtigen: unmöglich ist es, die geschlossene Gesamtheit der körperlichen Merkmale in ihren genotypischen und paratypischen Anteil zu zerlegen; und selbst wenn sich dies bewerkstelligen ließe, wäre es ungerechtfertigt, einzig und allein den genotypischen Besitz als wesentliche Rassemerkmale anzuerkennen. Maßgebend ist und bleibt der Phänotypus, wie er sich dem Beobachter darbietet. Denn niemand vermag nach dem bloßen Augenschein darüber zu entscheiden, ob beispielsweise die helle Hautfarbe paratypisch ist oder von jeder Einzelperson selbständig in der Ontogenese erworben wird.

Die richtige Anwendung der Vererbungsgesetze hilft entscheidend mit bei der Klärung des Rassenbildes im Ituri-Raume. Mithin kann als erwiesen gelten:

Die Bambuti sind eine eigenständige Rasse mit einzigartiger Sonderbildung mehrerer Merkmale, zweckmäßig dem Urwalde angepaßt als seine ersten und unberechenbar langfristigen Bewohner. Sie stellen eine Minus-Varietät im afronegriden Rassezweig dar.

Die Waldnegervölker sind als fertige Rassetypen und als verschiedengeartete Kulturgruppen vor einigen hundert Jahren im Ituri-Walde ansässig geworden. Unter seinem unbezwinglichen Einfluß haben diese sämtlichen Negerstämme eine wesentlich einheitliche Wirtschaftsform ausgebildet wie auch im gesellschaftlichen und geisteskulturlichen Bereich ansehnliche Übereinstimmung erreicht. Durch Anpassung und Modifikation erfolgte ebenso eine erkennbare leichte Angleichung des Phänoms ihrer artlichen Formprägung; welche Entwicklung dazu berechtigt, sie insgesamt zum sogenannten osthyläischen Formenkreis zusammenzuschließen.

Seit der allerersten gegenseitigen Fühlungnahme dieser beiden großen Rassegruppen erfolgten sehr vereinzelte Blutmischungen, die sich in neuester Zeit bei den drei oder vier jüngsten Generationen mancherorts verstärkt haben. Die Gemeinschaft der Neger wird in weit höherem Maße von der Bastardierung betroffen als die der Pygmäen. Die pygmäischen Merkmale sind offenkundig und auch ausnahmslos rezessiven Charakters.

5. Zukunftsaussichten

In allen bewohnten Teilen der Welt haben die jeweils ursprünglich angesiedelten Menschengruppen im Ablauf der Jahrhunderte ein buntgestaltiges, mannigfach wechselvolles Schicksal erfahren. Im zentral-afrikanischen Tropenwalde heben sich deutlich drei r a s s e n g e s c h i c h t l i c h e   E p o c h e n   gegeneinander ab. Unberechenbare Zeitlängen hindurch war das wirre, dunkle Dickicht der hemmungslos wuchernden Laubbaumflora ein ungestörter Tummelplatz für Tiere der verschiedensten Gattungen, angefangen vom größten Menschenaffen oder vom Riesen unter den Landsäugetieren über die Myriaden von Insekten hinweg zu den niedersten zoologischen Formen. Irgendwann haben die ersten Proto-Pygmäen vom äußeren Waldrande her scheu suchend sich ins

Innere vorwärts getastet. Ein breiter Landstreifen in der Steppe, anstoßend
an den Urwald, mag als letztes Kraftfeld im offenen Raume der Entfaltung
ihrer individuellen Lebensform gedient haben; der dichte Baumbestand bot
ihnen zeitweilig Obdach und Schutz. Feindliche Kräfte unbestimmbarer Herkunft und nicht zu erweisenden Auswirkens haben vor unauffindbar langer
Zeit jene noch nicht kopfreiche Menschengruppe für immer in das Waldinnere
abgedrängt; wo sie in völliger Abgeschiedenheit von der Außenwelt, ausschließlich auf sich allein gestellt, die seltsame Art ihrer Lebensführung in Anpassung
an die außergewöhnlichen Umweltbedingungen geschaffen und wo sich im
Zusammenwirken von selektionistischen mit mutationsauslösenden Kräften die
einmalige Merkmalsgestaltung ihrer endgültigen Körperform verlebendigt hat.
Als eine echte und vielleicht als die schärfst gemodelte Waldrasseprägung im
gestaltenreichen Vielerlei der Menschenrassen, nach kultureller wie somatologischer Eignung gewürdigt, verbrachten die sich langsam mehrenden Geschlechterfolgen ein Jahrtausend um das andere unter den schützenden, eng
verknäulten Baumkronen; die optimale Anpassung ihres körperlichen und
wirtschaftlichen Seins an den Lebensraum enthob sie jeder Sorge um die
Zukunft. Die gebotene Erfüllung ihrer bescheidenen ans Leben gestellten
Forderungen begründete die seelische Ausgeglichenheit als Voraussetzung für
einen befriedeten und harmonievoll glücklichen Allgemeinzustand. Vereinzelte
Störungen durch katastrophale Einbrüche der Naturkräfte oder durch Klein-
krieg von seiten benachbarter Horden riefen zum Einsatz alles körperlichen
und charakterlichen Könnens auf; und sie bestärkten nach dem überwundenen
Toben das Selbstvertrauen auf das eigene Kraftvermögen — wie Einzelzüge
tiefsten Atemholens, zur Unterbrechung des unbewußten Gleichlaufes der nicht
angestrengten Lungen.

Den ausgeglichenen Zusammenhalt dieser zwerghaften Menschen mit der
Titanengewalt des ungeheuren Urwaldes rissen stürmisch eindringende Negerstämme vor einigen Jahrhunderten jäh auseinander. Die Fremdlinge suchten
vor allem einen wirksamen persönlichen Schutz und verbürgte Ungestörtheit
zum Weiterleben, nicht aber hat Raumhunger sie zur Befriedigung wirtschaftlicher Notwendigkeiten angetrieben. Für die Pygmäen war das ehedem fried-
same und von Bedrohung durch Artgenossen freie Dasein für immer vorbei.
Kämpfe und fluchtartiges Ausweichen, Verlagerung der Siedlungsstelle und
zwangsweises Verschleppen durch die mächtigeren Feinde war das diesen
kleinen, im heimatlichen Walde aufgeschreckten Leuten plötzlich aufgezwungene
Los. Jahrzehnte verstrichen, in denen manches Menschenleben verfrüht ausgelöscht wurde und allgemeine Unsicherheitswellen wie sturmgepeitschte Bran-
dung durch einzelne Bezirke des Urwaldes trieben, dessen massige Schwerfälligkeit sich davon kaum betasten ließ. Diese bedrängnisvollen Geschehnisse
durchwühlten die Gesamtfläche der unübersehbar ausgeweiteten Hyläa im
tropischen Afrika. Schließlich setzte wohl erst vor einem reichlichen Jahrhundert auch in den tiefinnersten Räumen des Ituri-Waldes die in den Randgebieten schon früher begonnene Wendung zu einem äußerlich friedfertigen

Nebeneinander der beiden großen Rassegruppen ein und mancherorts entstand
daraus sogar ein symbiotisch ausgetastetes Zusammenwirken in den lebens-
wichtigsten wirtschaftlichen Erfordernissen. Währenddessen hatten sich auch
die Neger ihre vorwiegend vom Urwalde aufgezwungene Lebensart geschaffen, die ihnen seitdem ein leichtes Fortkommen in der neuen Heimat
gewährleistet.

Mit der allgemeinen Befriedung sämtlicher eingeborener Gruppen von
seiten der mit unwiderstehlicher Machtfülle eingreifenden Kolonialbehörden

Abb. 96. Verfasser mit Basúa-Bambuti

kann man die dritte rassegeschichtliche Periode für unsere Ituri-Pygmäen
beginnen lassen. Ansteigend enger verflechten sie sich blutartig sowie im
wirtschaftlichen und gesellschaftlichen Betrieb mit den im Urwalde zufrieden-
stellend heimisch gewordenen Negern. Äußere Anzeichen dafür sind die sich
steigernden Verbrüderungen der je aus einem Pygmäen und Neger zusammen-
gekoppelten Jungmännerpaare sowie die Zwischenheiraten. Jede kriegerische
Handlung zum Austrag von Verbrechen und Feindseligkeiten würden die belgischen Verwaltungsbeamten im Keime ersticken. Ein ruhiges und teilweise
ausgeglichenes Nebeneinander der Pygmäen und Neger kennzeichnet gegenwärtig ihre Lagerung im Ituri-Walde.

Jedermann bestaunt aus vollster Überzeugung die in mehreren Jahrtausenden von den zwerghaften B a m b u t i bewiesene biologische Lebenstüchtigkeit und wirtschaftliche Leistungskraft. Ihre gegenwärtige Volkszahl
veranschlage ich auf etwa 32.000, sie dürfte bis vor zweihundert Jahren wahrscheinlich das Doppelte ausgemacht haben. Der menschenfeindlichen, übermächtigen Umwelt sind sie nicht nur nicht erlegen; vielmehr ist es ihnen

gelungen, ihr mit geringem Müheaufwand den erforderlichen Lebensbedarf abzuringen und im Düster ihres Wohnraumes geistig nicht zu verkümmern.

Welche Zukunftsaussichten bieten sich dieser kerngesunden, lebensfähigen und widerstandskräftigen Rasse, frei von tuberkulösen und venerischen Infektionen? Wären sie, wie vor Jahrhunderten, auch gegenwärtig noch die alleinigen Insassen ihres immergrünen, hochstämmigen Laubwaldes, brauchte niemand um ihren ungeschmälerten Weiterbestand zu bangen. Schon aber beginnt die Nachbarschaft der rücksichtslosen negerischen Eindringlinge sich nachteilig auf unsere arglosen, abwehrschwachen Waldmenschen auszuwirken, hauptsächlich infolge der von den Negern begehrten Zwischenheiraten. Dem Volksganzen der Bambuti ist eine eheliche Verbindung ihrer Mädchen mit Negern grundsätzlich nicht erwünscht. Die nachdenklichen Stammesältesten und auch jüngere Leute erkennen darin sehr klar den Verlust biologischer Werte für die eigene völkische Gemeinschaft; sehen sich indes oftmals außerstande, erfolgreich den Forderungen der Neger zu begegnen. Aus einleuchtenden Gründen neigen viele Pygmäenmädchen hinüber zum angenehmeren und müheloseren Leben im Negerdorfe, wo ihnen als nahezu einzige Aufgabe nur die obliegt, die Kinder ihres Negergatten zu warten.

Infolge der sich unablässig steigernden Zwischenehen darf man die Verminderung des pygmäischen Volksbestandes durch Wegnahme vieler Mädchen, deren Kinder den Negerdörfern zufallen, keineswegs als unbedenklich veranschlagen. Eine doppelte Gefahr unter bevölkerungsdynamischer Rücksicht erhebt sich: Anwachsend fragwürdig wird das lebensfähige Erhalten jener Pygmäenhorden — auf weite Sicht das des gesamten Bambuti-Volkes überhaupt —, deren heiratsfähige Burschen nur schwerlich sich mit altersgleichen Partnerinnen verehelichen können oder überhaupt unverheiratet bleiben müssen, weil die geeigneten Mädchen ihrer Rasse von den Negern abgezogen werden; tatsächlich fehlt es mancherorts an Mädchen für heiratsfähige Bambuti-Jungmänner. Nicht minder, obgleich weniger unmittelbar fragwürdig ist der Fortbestand jener kleinen negerischen Dorfgemeinschaften, die sich nach einigen Geschlechterfolgen gänzlich oder überwiegend aus Bastarden zusammensetzen werden; denn es ist noch keineswegs ausgemacht, daß den Mischlingen das Leben nach herkömmlicher Negerart im heiß-feuchten und dunklen Urwaldraume zum physiologischen und erbgesundheitlichen Vorteil gereicht. Gar nicht zu sprechen von Krankheiten und anderen bei Pygmäen-Neger-Bastarden die Lebenskraft schwächenden Einflüssen, die für ein gesundes Gedeihen ihrer Kinder nicht belanglos sind, liegt offen zutage, daß die Gesamtheit der Bambuti durch andauerndes Einheiraten ihrer Mädchen in die Negerdörfer eine sich bis zu dem Grade steigernde Einbuße an biologischen Rassewerten und uralten Volksgütern erfahren wird, bei welchem ihr Widerstand schließlich erlahmt und gänzlich aufhört. Sollte sich gleichzeitig das oben angedeutete Bedenken verwirklichen, daß bei den Nachkommen der Bastarde, trotz weiterer Rückkreuzung mit Pygmäinnen, der Kindersegen sich vermindert und ausbleibt, stünden auch die Waldneger selbst ihrem Untergange nahe.

Eine entscheidend rettende Maßnahme zugunsten der Bambuti könnte die Kolonialbehörde unverzüglich treffen: sie braucht nur der wirtschaftlichen Abhängigkeit, in welche unsere abwehrschwachen kleinen Menschen durch das herausfordernde Benehmen der negerischen Urwaldfremden geraten sind, mit wirksamen Verfügungen zu steuern. Als ersprießliche Folge davon würde sich, wie von selbst, zugleich die Zahl der Zwischenheiraten vermindern; offenkundig zugunsten von Heiraten blutreiner Pygmäen unter sich. Einwandfreie und ausgedehnte Beobachtungen veranlassen mich dazu, die zwerghaften alteingesessenen Besiedler des Ituri-Waldes gegenüber den zugewanderten Negern als biologisch viel wertvoller einzuschätzen. Das unaufhaltsame Vordringen des Europäertums zur Ausbeute der Naturschätze im tropischen Afrika wird, wahrscheinlich schon in nächster Zukunft, beträchtliche Gruppen der gegenwärtig noch frei im dichten, menschenfeindlichen Urwalde umherschweifenden Bambuti in das weitschichtige Räderwerk der kolonialwirtschaftlichen Entwicklung einbeziehen. Sind sie dann noch blutrein, ungeschwächt und kerngesund, so werden sie, bei kluger und verantwortungsbewußter Betreuung, wenigstens einige breite Lücken auszufüllen imstande sein, die durch unaufhaltsames und vorschnelles Hinschwinden der Neger, auch zum unmittelbaren Nachteil für die europäischen Wirtschaftsziele, aufgerissen worden sind. Um eine sehr dringliche und hochbedeutsame Forderung geht es: biologische Werte und gesunde Volkskräfte für die Zukunft Afrikas zu retten!

Unterschätze man daneben doch ja nicht die unheilschweren Folgen aus der offenkundig andauernden Verminderung des anderen Eingeborenenteiles, der Waldneger. Daß ihre Kopfzahl in der gesamten Kongo-Kolonie abnimmt, weiß jedermann; dem Verfall erfolgreich zu steuern, ist bislang nicht geglückt (S. 339). Ein beachtlich kräftiger Menschenschlag sind sie nicht. Anzeichen sprechen dafür, daß sie erst in ihrem jetzigen Wohnraume geistig und körperlich matter geworden sind; ebensowenig entfalten sie jene Entschlossenheit und frische Arbeitslust, die sich an ihren Rassegenossen in der Steppe kundgibt. Allerdings fällt dem Urwald die Schuld daran zu, daß sie ihre Anlagen und Kräfte nur im beschränkten Maße auswirken dürfen, daß dem Wechselverkehr und Gedankenaustausch zwischen verschiedenen Stämmen enge Grenzen gezogen sind, daß endlich die unwandelbare Eintönigkeit der sie umgebenden Natur zu starrer Erschlaffung führt. Ob die verminderte Fertilität so mancher Negerinnen eine Folge der wenig günstigen Lebensbedingungen im Urwalde sind, weiß niemand; indes darf man sowohl mit dieser Möglichkeit rechnen, als vielleicht auch mit jener, daß sich gelegentlich noch andere physiologische Unregelmäßigkeiten und Störungen bemerkbar machen werden.

Uns Europäern kann es nicht gleichgültig sein, ob die Waldneger am Ituri sich in bester gesundheitlicher Verfassung erhalten oder ob sie langsam ermattender biologischer Auszehrung anheimfallen. Wäre es auch nicht um dieser selbst willen, daß die belgische Kolonialverwaltung deren Wohl und Fortbestand steigert; der allgemeinen Weltwirtschaft können auch die Negervölker im tropischen Waldbereich wertvolle Hilfsdienste leisten. In seinen sehr ungünstigen Klimaverhältnissen vermag außer Negern und Pygmäen niemand die mühsame, schwere Handarbeit auf Feldern und Flüssen, in Dickichten und Bergwerken fortgesetzt zu leisten. Sind aber einmal beide Rassegruppen nicht mehr lebensfähig und leistungtüchtig, dann wird der Europäer ratlos dastehen und keinen gleichwertigen Ersatz aus anderen Erdgebieten beizustellen vermögen. An uns ist es, wenigstens den unverminderten Weiterbestand der anspruchslosen, dem heiß-feuchten Urwalde bestens angepaßten Bambuti verläßlich zu stützen sowie ihre blutreine, gesundheitstrotzende Volkskraft vor Bastardierung zu bewahren. Beides vermag eine einzige Maßnahme zu erreichen, nämlich: daß man die übertölpelten, wehrlosen Zwergmenschen aus den Klauen ihrer blutsaugenden Nachbarn befreit.

Entschließt sich die Kolonialbehörde nicht rasch genug zu diesem Eingriff, dann werden sich die bereits mancherorts eingeleiteten Zwischenheiraten an absoluter Zahl sowie mit örtlicher Erweiterung steigern und nach einigen Jahrzehnten die rassischen wie völkischen Eigenheiten beider Gruppen durcheinander gemengt haben. Damit wird auch im Ituri-Bereich der nämliche Zustand herbeigeführt sein, in welchem sich beträchtliche Teile aus den pygmäischen Splittergruppen mit den sie umgebenden Negern in Kamerun und im Gabun, sowie aus den Bačwa mit den Nkundu am unteren Kongo und aus den Twa mit den Hutu in Ruanda gegenwärtig befinden; nämlich: Mischvölker und ein Rassengemenge von minderem biologischen Wert.

Unsere Bambuti stellen die einzige blutreine Twidenvarietät Afrikas dar. Bereits beginnen tiefgreifende Einflüsse sich geltend zu machen, die den Wesenskern selbst der pygmäischen Biogenese aufzulösen drohen. Rettend Einhalt zu gebieten, obliegt zunächst der Kolonialbehörde; darüber hinaus entbindet allgemeine Menschlichkeit niemanden dieser Pflicht. Vor mehr als 30 Jahren schon hat Paul SARASIN: 55 als „wichtigste von allen Aufgaben und zugleich als die würdigste“ der Weltnaturschutzkommission folgende aufgezeigt: „Die letzten Reste der primitiven Völkerstämme vor Ausrottung zu bewahren und sie der Nachwelt möglichst unbeeinflußt zu erhalten; können wir uns doch glücklich schätzen, daß ein günstiges Schicksal bis auf unsere Tage Menschenstämme erhalten hat, die nach Lebensweise und nach Denken und Empfinden einen Durchgangszustand unserer eigenen Kultur darstellen, sodaß, indem wir auf ihr Leben und Treiben hinblicken, wir wie von einem Turme herab unsere eigene Vergangenheit mit leiblichen Augen schauen . . . Wenn wir uns demnach bestreben, die tierischen Lebewesen vor dem Untergang zu retten, so müssen wir uns ebenfalls, ja erst recht dafür einsetzen, auch dem Naturmenschen, diesem edelsten aller freilebenden Naturgeschöpfe, tatkräftigen Schutz angedeihen zu lassen.“ Als merkwürdigste Vertreter der vielgestaltigen Menschheit stehen die Bambuti des Ituri-Waldes vor uns. Gerade deshalb sollte ihnen, gleich einem uralten anthropologischen Naturdenkmal, die sorgfältigste Pflege für alle Zukunft zuteil werden.

Literaturverzeichnis

ABEL, Wolfgang
  (a): Die Vererbung von Antlitz und Kopfform des Menschen. Zs. f. Morphologie und Anthropologie; Bd. 33, S. 262—315. Stuttgart 1934.
  (b): Rassenprobleme im Sudan und seinen Randgebieten. Beiträge zur Kolonialforschung; Tagungsband I., S. 140—151. Berlin 1943.

BARNS, T. Alexander: A Trans-African Expedition. Journ. of the African Society; vol. XXIV, p. 272—286. London 1924/25.

CZEKANOWSKI, Jan
  (a): Wissenschaftliche Ergebnisse der Deutschen Zentral-Afrika-Expedition 1907—1908. Bd. I: Ethnographie-Anthropologie, IV. Anthropologische Beobachtungen. Leipzig 1922.
  (b): Wissenschaftliche Ergebnisse der Deutschen Zentral-Afrika-Expedition 1907—1908. Bd. VI, Zweiter Teil: Ethnographie. Leipzig 1924.
  (c): Beiträge zur Anthropologie von Zentral-Afrika. Bull. de L'Académie des Sciences de Cracovie; Série B., p. 414—432. Cracovie 1910.

DAVID. Dr. J.: Notizen über die Pygmäen des Ituriwaldes. Globus; Bd. 86, S. 193—198. Braunschweig 1904.

EICKSTEDT, Egon von:
  I. Rassenkunde und Rassengeschichte der Menschheit; erste Auflage. Stuttgart 1931.
  II. Idem; zweite Auflage. Stuttgart seit 1937.
  (a): Völkerbiologische Probleme der Sahara. Beiträge zur Kolonialforschung; Tagungsband I., S. 169—240. Berlin 1943.

FEDERSPIEL, E.: Wie es im Kongostaate zugeht. Zürich 1909.

FISCHER, Eugen
  (a): Anthropologie; in: HINNEBERGS Kultur der Gegenwart, S. 122 ss. Leipzig 1923.
  (b): Versuch einer Genanalyse des Menschen. Zs. f. indukt. Abstammungs- und Vererbungslehre; Bd. 54, S. 128—224. Berlin 1930.
  (c): Die gesunden körperlichen Erbanlagen des Menschen in: BAUR-FISCHER-LENZ: Menschliche Erblehre, Bd. I. München 1936.

GUSINDE, Martin
  (a): Bei den Ituri-Pygmäen. Ethnologischer Anzeiger; Bd. 4, S. 68—76. Stuttgart 1936.
  (b): Zur Rassenbiologie der Kongo-Pygmäen. Wiener Klinische Wochenschrift; Nr. 1. Wien 1937.
  (c): Die Rassenmerkmale der Bambuti-Pygmäen. Akad. Anz. d. Akademie d. Wissenschaften in Wien; Nr. 10 der mathem.-naturw. Klasse vom 27. Juni 1940. Wien 1940.
  (d): gemeinsam mit F. LAUSCHER: Meteorologische Beobachtungen im Kongo-Urwald. Sitzungsber. d. Akademie d. Wissenschaften in Wien; Mathem.-naturw. Klasse, Abt. II a; Bd. 150, S. 281—317. Wien 1941.
  (e): Pygmäen-Neger-Bastarde im östlichen Kongogebiet. Zs. f. Morphologie und Anthropologie; Bd. XL, S. 92—148. Stuttgart 1942.
  (f): Die Kongo-Pygmäen in Geschichte und Gegenwart. Nova Acta Leopoldina; Bd. XI, Nr. 76, S. 147—415. Halle (Saale) 1942.
  (g): Erforschung der Bambuti-Pygmäen und ihrer Blutgruppen. Zs. f. Rassenphysiologie; Bd. VIII, H. 1, S. 12—20. München 1936.
  (h): Benennung der afrikanischen Pygmäengruppen. Mitteilungen d. Geographischen Gesellschaft in Wien; Bd. 88, S. 47—53. Wien 1945.

JADIN, J.: Les groupes sanguins des Pygmées. Mémoires de l'Institut Royal Colonial Belge. Bruxelles 1935.

JULIEN, P.: Bloedgroeponderzoek der Efe-Pygmeen en der omwonende Negerstammen. Verhandelingen van het Kon. Belgisch Kolonial Instituut. Brussel 1935.

LUNDHOLM, Bengt: Abstammung und Domestikation des Hauspferdes. Zoologiska Bidrag fran Uppsala; Bd. 27, S. 1—287. Uppsala 1947.

MAAS, I. et BOONE, O.: Les peuplades du Congo Belge. Bruxelles 1935.

MONTANDON, George: L'Ologenèse Humaine. Paris 1928.

MARTIN, Rudolf: Lehrbuch der Anthropologie. Jena 1914.
   (a): Zur Anthropologie der Buschmänner; in: E. KAISER: Die Diamantenwüste Südafrikas; Bd. II, S. 436—525. Berlin 1926.

MATIEGKA, J.: Das Skelett der Ituri-Bambuti; in SCHEBESTA (b) Bd. I.

MILDBRAED, J.
   (a): Die Vegetationsverhältnisse im Sammelgebiet der Expedition. Wissenschaftliche Ergebnisse der Deutschen Zentral-Afrika-Expedition 1907—1908; Bd. II: Botanik, Lief. 7, S. 603—677. Leipzig 1914.
   (b): Das Regenwaldgebiet im äquatorialen Afrika. Notizblatt d. Botan. Gartens und Museums zu Berlin-Dahlem; Nr. 78, Bd. VIII, S. 574—599. Berlin 1923.

PANCKOW, Hellmuth: Über Zwergvölker in Afrika und Süd-Asien. Zs. d. Gesellschaft für Erdkunde; Bd. 27, S. 75—120. Berlin 1892.

PÖCH, Rudolf: Zwergvölker und Zwergwuchs. Mitteil. d. k. k. Geographischen Gesellschaft in Wien; Bd. 52, S. 304—327. Wien 1912.

RECHE, Otto: Herkunft und Entstehung der Negerrassen. Beiträge zur Kolonialforschung; Tagungsband I., S. 152—168. Berlin 1943.

SARASIN, Fritz: Anthropologie der Neu-Caledonier und Loyalty-Insulaner. Berlin 1916/24.

SARASIN, Paul: Über die Aufgaben des Weltnaturschutzes. Denkschrift gelesen an der Delegiertenversammlung zur Weltnaturschutzkommission in Bern am 18. November 1913. Basel 1914.

SCHEBESTA, Paul
   (a): Vollblutneger und Halbzwerge. Salzburg 1934.
   (b): Die Bambuti-Pygmäen vom Ituri. Bd. I. Bruxelles 1938.

SCHMIDT, E.: Die Größe der Zwerge und der sog. Zwergvölker. Globus; Bd. 87, S. 121—125. Braunschweig 1905.

SCHWEINFURTH, Georg: Im Herzen von Afrika. Leipzig 1922.

STAFFE, Adolf: Zur Frage der Rassenzwerge bei Haustier und Mensch. Schweizer Archiv für Tierheilkunde; Bd. 89, S. 413—459. Zürich 1947.

STANLEY, Henri M.
   (a): Im dunkelsten Afrika. Leipzig 1890.
   (b): Durch den dunklen Weltteil. Leipzig 1878.

STUHLMANN, Franz
   (a): Die Zwergvölker von Afrika, besonders des oberen Ituri. Zs. f. Ethnologie (Vhdlg.); Bd. 25, S. 185—186. Berlin 1893.
   (b): Mit EMIN PASCHA ins Herz von Afrika. Berlin 1894.

WENINGER, Josef: Eine morphologisch-anthropologische Studie. Durchgeführt an 100 westafrikanischen Negern, als Beitrag zur Anthropologie von Afrika. Wien 1927.

Anhang

Die palmaren Hautleisten
Hinweise auf die Rasseneinordnung der afrikanischen Bambutiden

Von GEORG GEIPEL

MATERIAL: Das der folgenden Untersuchung zugrunde liegende Material an Hand- und Fingerabdrücken ist dem Untersucher von Herrn Martin GUSINDE in Wien freundlicherweise zu Verfügung gestellt worden. Es beläuft sich auf 716 Palmen; sie sind den Aka-, Basúa- und Efé-Pygmäen sowie den Kivu-Twa zugehörig. Die drei erstgenannten Gruppen bilden das kopfreiche Volk der Bambuti, rassereine Pygmäen im östlichen Urwalde des Belgisch-Kongo; die sogenannten Kivu-Twa sind in den Gebirgswäldern von Ruanda beheimatet und gelten ebenfalls als Pygmäen.

Der genannte Forscher hat von seiner Reise ein wesentlich umfangreicheres Material mitgebracht; leider ist ein großer Teil während des letzten Krieges oder kurz nachher am Orte der Verlagerung, ein anderer bei der Eroberung Berlins zerstört worden. Demnach konnten nur folgende Unterlagen der Bearbeitung zugeführt werden:

Palmen von Pygmäen

	♂		♀		
	r	l	r	l	Σ
Aka	103	103	79	79	364
Basúa	1	—	83	82	166
Efé	84	50	32	5	171
Twa	6	—	9	—	15
	194	153	203	166	716
	347		369		716

Davon lassen sich die zwei hier angeschlossenen Beobachtungsgruppen abtrennen:

Palmen von Pygmäen-Neger-Mischlingen

♂		♀		Σ
r	l	r	l	
22	19	9	10	60

Palmen von Balese-Negern

♂		♀		Σ
r	l	r	l	
57	38	31	23	149

Verlorengegangen sind auch sämtliche Fußabdrücke. Der Verlust ist umso bedauerlicher, als es sich gewiß um gutes Material handelte; denn die vorhandenen Handabdrücke lassen große Sorgfalt bei der Aufnahme erkennen. Nicht so gut gelungen sind die Fingerabdrücke: die Abrollung der Fingerbeere ist in einer größeren Anzahl von Fällen nicht vollständig ausgeführt worden, so daß die seitlich gelegenen Triradien fehlen. Infolgedessen konnten an manchen Fingern nicht alle Leisten abgezählt, sondern nur eine Mindestzahl ermittelt werden. Andere Fingerbeeren wieder weisen Entstellungen durch Verletzungen oder andere Ursachen auf; sie mußten für die Beurteilung ausfallen. Erfreulich ist es, wie gut bei den Handabdrücken die Handtellermitte auch bei alten Personen wiedergegeben worden ist. Offenbar haben jene Urwaldbewohner sehr nachgiebige, überspannbare Grundgelenke der Finger, wodurch beim Spreizen eine vollkommene Abflachung des Handtellers ermöglicht wird. Infolgedessen konnte der Verlauf der Hauptlinien fast in allen Fällen gut verfolgt werden. Ganz besonders gilt dies von der am Grunde des Zeigefingers entspringenden A-Linie, die quer, sich dabei häufig senkend, über die Handfläche, meist durch deren Mitte verläuft. Beim Übertritt über die auch quer, jedoch weniger absinkend ziehende Fünffingerfurche ließ sie sich meist deutlich bis an ihren Auslauf am äußeren (ulnaren) Handrande oder ihrer schleifenförmigen Umbiegung auf dem ulnaren Ballen (Hypothenar) verfolgen. Auf Abdrücken der deutschen Bevölkerung gelingt dies nur bei Kindern und Jugendlichen. Bei älteren Personen, namentlich grob arbeitenden, ist die Handmitte im Abdruck nicht immer vorhanden und nur mittels Verwendung von unterzulegenden, hochgewölbten Polstern bei Abnahme des Abdrucks zu gewinnen. Entstellungen des Leistenverlaufs infolge Verhornung der Handfläche waren kaum zu beobachten; eher infolge Verletzungen, wie Stiche oder Risse (offenbar am Dorngebüsch), oder Verbrennungen (am Herdfeuer). Es darf wohl angenommen werden, daß die Handfläche in der überaus feuchten Atmosphäre des Urwaldes sich weich erhält. Daß sie aber dabei faltenreich wird und die Falten Ursache von weißen Strichen im Abdruck werden, ist nicht verwunderlich. Meist hindern diese die Bearbeitung aber nicht.

BEUGEFURCHEN: Auffällig ist fernerhin das Bild des Beugefurchensystems. Obwohl es nicht zum Handleistensystem gehört, soll doch einiges dazu gesagt werden, weil es an dessen Entstehung beteiligt ist. Die sogenannte Vierfinger- (Affen) Furche ist in zweifelsfreier Ausprägung selten zu finden, nur zu 1.5% rechts und 0.7% links; das ist etwa dieselbe Häufigkeit wie in der Berliner Bevölkerung (1.65% nach Portius). Ziemlich wechselnd ist die Lage der Drei- und der Fünffingerfurche. Das radiale Ende der Dreifingerfurche, das für gewöhnlich in der Nähe des distalen Triradius a am Grunde des Zeigefingers liegt, ist bald nach distal, also in den Zwischenfingerraum II, bald nach proximal, also nach I verschoben. Während in jenem Falle die Dreifingerfurche in einem ansteigenden, nach distal offenen Bogen verläuft, ist sie in diesem geradlinig gestaltet. Die Fünffingerfurche zieht für gewöhnlich, die Daumenfurche distal begleitend, bis zur Handmitte, wo sie mit der Mittelfingerfurche sich kreuzt und nach proximal absinkt. Von diesem Verlauf gibt es mancherlei Ausnahmen bei den Pygmäen, insofern als die Furche nicht absinkt, sondern ansteigt und sich der Dreifingerfurche zu nähern sucht. Die Dreifingerfurche ihrerseits sendet auf rechten Händen in 7.1%, auf linken in 5.7% der Hände einen in der Handmitte entspringenden Zweig nach proximal hin, also zur Fünffingerfurche, eine sogen. Brücke (Abb. 1). Auf diese Weise entsteht eine nicht „echte" Vierfingerfurche, die in ihrem mittleren Teile zweimal geknickt ist, nämlich an den beiden Brückenköpfen. Meist gut ausgebildet ist die vom Grunde des Mittelfingers entspringende und in der Längsrichtung der Hand ziehende Mittelfingerfurche. Sie kreuzt die Drei- und die Fünffingerfurche, jene meist am Brückenkopf; gelegentlich stößt sie auch noch auf die Daumenfurche. Es ist dann die Configuration in Abb. 1 zu beobachten, in der die Abschnitte 1, 2 und 3 eine Vierfingerfurche vortäuschen.

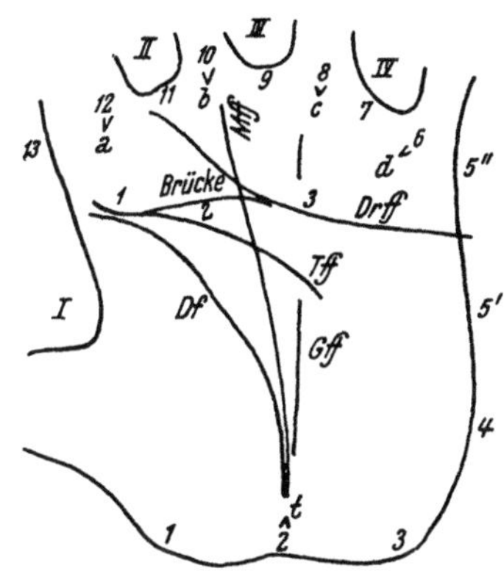

Abb. 1.

I—IV = Zwischenfingerräume, 1—13 = Handkantenabschnitte für die Hauptlinienendigungen, Df = Daumenfingerfurche, Drff = Dreifingerfurche, Fff = Fünffingerfurche, Mff = Mittelfingerfurche.

I. Handleisten

Die Besprechung des Handleistensystems hat zwei Fragen zu beantworten:
1. Welchen Verlauf nehmen die Hauptlinien?
2. Wie sind die Triradien und die Muster verteilt?
Eine Trennung der Ergebnisse bei den vier eingangs genannten Pygmäengruppen ist im nachfolgenden nicht vorgesehen.

1. Die Hauptlinien

Die Kennzeichnung der Hauptlinien ist nach den nun wohl allgemein verwendeten Zeichen erfolgt, die in den „*Revised Methods*" (1929) von H. CUMMINS und seinen Mitarbeitern niedergelegt sind. Die Tab. 1 bringt eine Übersicht über den Hauptlinienverlauf, für dessen Beurteilung die Aufmerksamkeit auf Quer- oder auf Längsrichtung zu lenken ist.

Aus Tab. 1 ersieht man in den (l + r) überschriebenen Säulen, daß die tiefstliegende A-Linie nur zu etwa 5% nach 1 und 2 absinkt, also die Handfläche zu 95% quer durchzieht, wovon nur 17% der Lagen auf 3 entfallen, alle anderen münden zwischen 4 und der Dreifingerfurche. Die benachbarte B-Linie liegt niemals tiefer als 5', das sie zu 41% erreicht; die höhere Lage 5" ist fast ebenso häufig. Die nächsthöhere C-Linie kommt nur noch selten nach 5' (1.8%); sie mündet zu 36.6% auf oder oberhalb der Dreifinger-

Tab. 1. Die Hauptlinienendigungen auf Pygmäen-

	A-Linie			B-Linie		
	l	r	l + r	l	r	l + r
1	0.3	—	0.1	—	—	—
2	8.8	1.0	4.5	—	—	—
3	30.1	6.6	17.1	—	—	—
4	29.5	24.3	26.6	—	—	—
5'	30.7	65.6	50.0	55.4	29.8	41.2
5"	0.6	2.3	1.5	36.2	42.4	39.6
6	—	—	—	0.9	2.0	1.5
7	—	0.2	0.1	7.5	23.5	16.4
8	—	—	—	—	0.3	0.2
9	—	—	—	—	1.8	1.0
10	—	—	—	—	—	—
11	—	—	—	—	—	—
12	—	—	—	—	—	—
13	—	—	—	—	—	—
x	—	—	—	—	—	—
0	—	—	—	—	0.2	0.1
Palmen	319	395	714	318	396	714

Tab. 2. Die Endigungstypen der D-C-B-Hauptlinien
und Balese-Negern im Vergleich

	Inder (Schlaginhaufen 52 P.) (Biswas 100 P.)	Europ. Amerikaner (Cummins a. Midlo)	Ostgrönländ. Eskimo (W. Abel) ·	Ainu (Hasebe)	Hottentotten (Fleischhacker)	Buschmänner (M. Weninger)
Personenzahl	152	800	135	110	94	50
7.5.5	17.1	9.2	6.6	19.1	19.1	24.0
9.7.5	13.8	23.0	41.4	33.6	16.0	26.0
11.9.7	45.4	32.4	30.3	30.9	31.9	30.0

Die von M. Weninger übernommene Tabelle 4 ist durch 100 Inder (Biswas 1936), 616 Chi-

händen im Hundertsatz der Palmen

	C-Linie			D-Linie		
	l	r	l + r	l	r	l + r
1	—	—	—	—	—	—
2	—	—	—	—	—	—
3	—	—	—	—	—	—
4	—	—	—	—	—	—
5'	3.5	0.5	1.8	—	—	—
5''	40.1	33.7	36.6	—	—	—
6	1.6	5.6	3.8	—	—	—
7	21.0	13.7	17.0	43.6	34.1	38.4
8	0.3	0.5	0.4	3.1	4.8	4.1
9	25.7	38.2	32.6	44.2	32.3	37.6
10	—	0.3	0.1	2.8	5.6	4.4
11	—	0.7	0.4	6.3	22.6	15.3
12	—	—	—	—	—	—
13	—	—	—	—	0.3	0.1
x	5.0	3.5	4.2	—	—	—
0	2.8	3.3	3.1	—	0.3	0.1
Palmen	319	395	714	319	393	712

von Pygmäen, Pygmäen-Neger-Mischlingen
mit anderen Gruppen nach WILDER

Japaner (WILDER 390 P.) (HASEBE 552 P.)	Chinesen (WILDER 200 P.) (SHINO 616 P.)	Pygmäen (GUSINDE)	Pygmäen-Neger-Mischlinge (GUSINDE)	Balese-Neger (GUSINDE)	Westafrik. Neger (CUMMINS)	Zentralamerik. Indianer (CUMMINS)
942	816	716	58	149	132	69
29.7	30.9	37.8	44.8	31.5	44.8	29.0
25.6	20.2	18.1	24.1	21.5	21.7	49.2
20.6	15.8	12.3	13.8	16.1	9.9	7.2

nesen (SHINO 1925), Pygmäen, Pygmäen-Neger-Mischlinge und Balese-Neger erweitert worden.

furche, geht zu 17% nach 7 und zu 33.1% nach 9, 10 oder 11. Infolgedessen kann die D-Linie zu 19.7% nach 10 und 11 und zu 37.6% nach 9 gelangen.

Läßt man die A-Linie außer Betracht, bestimmt also nach H. H. Wilders Vorgang die Häufigkeit der Typen 7.5.5, 9.7.5 und 11.9.7, die hierbei zusammen 68.2% ausmachen, so findet man 7.5.5 zu 37.8%

9.7.5 zu 18.1%

11.9.7 zu 12.3%

das heißt: eine absteigende Häufigkeitsreihe.

Damit ordnen sich die Pygmäen im Vergleich mit anderen Volksgruppen unter Japaner, Chinesen, Neger und Indianer ein, wie das die Tab. 2 zeigt. Ob sie damit von den Buschmännern und Hottentotten endgültig getrennt sind, kann aus der Tafel nicht mit Sicherheit abgeleitet werden, weil die von den beiden Südafrikanern bisher untersuchten Gruppen nicht zahlreich genug sind, um statistisch gesicherte Werte zu liefern. Vorläufig aber stehen die Busch-

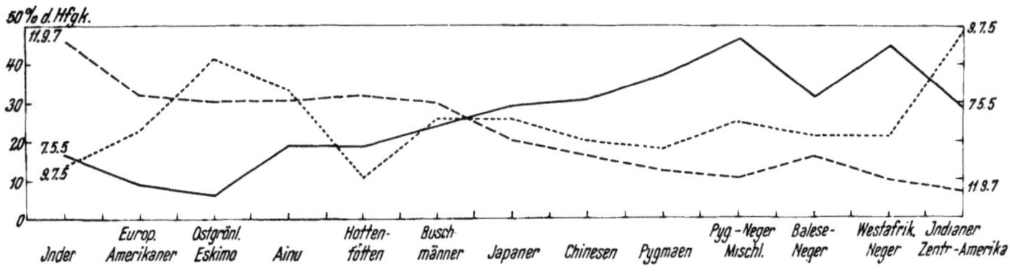

Abb. 2.

Die drei Kurven zeigen den Wechsel der Häufigkeiten der WILDERschen Typen von Volksgruppe zu Volksgruppe in Prozent der Palmen. In der Mitte des Bildes zwischen Buschmännern und Japanern scheinen die Kurven durch denselben Punkt zu laufen. Es entsteht die Frage: Für welche Gruppe sind 11,9.7., 9.7.5. und 7.5.5. gleichhäufig? Gibt es ein solches Volk überhaupt?

männer auf der Grenze zwischen den Gruppen mit ansteigender Hundertsatz-reihe (in der Tafel links) und denjenigen mit abfallender (in der Tafel rechts). Für die Tab. 2 ist zu ihrer Veranschaulichung eine Zeichnung (Abb. 2) beigegeben. Sie zeigt das Ansteigen der Kurve 7.5.5 und das Absinken der Linie 11.9.7; während die Kurve 9.7.5 überwiegend eine mittlere Lage einhält, von der sie nur in den beiden Fällen der ostgrönländischen Eskimo und der zentralamerikanischen Indianer nach der Seite höherer Häufigkeit wesentlich abweicht.

Eine weitere Zeichnung (Abb. 3) zeigt den Unterschied in der Häufigkeit der Endigungen auf linken und rechten Pygmäenhänden, der besonders bei der Linie A auffallend ist. Aber auch die B-Linie unterscheidet sich, indem sie links nur von 5′—7 variiert, während sie rechts es von 5′—9 tut. Die stärkste Variation weist die C-Linie, und zwar rechts auf, wo sie von 5′—11 reicht. Die D-Linie überschreitet die Lage 11′ sogar in einem seltenen Falle einer rechten Hand eines Kivu-Pygmäen und zieht nach 13; während alle anderen Linien am distalen Handrande, nämlich in 11, 9 und 7 münden.

Es ist eindrucksvoll, den Linienverlauf der Pygmäen mit dem von Indern zu vergleichen, von denen Biswas 200 Palmen bearbeitet hat. Auch diese

Häufigkeiten sind in Abb. 3 enthalten und rechts und links wesentlich voneinander verschieden. Noch auffallender ist aber der Unterschied gegenüber

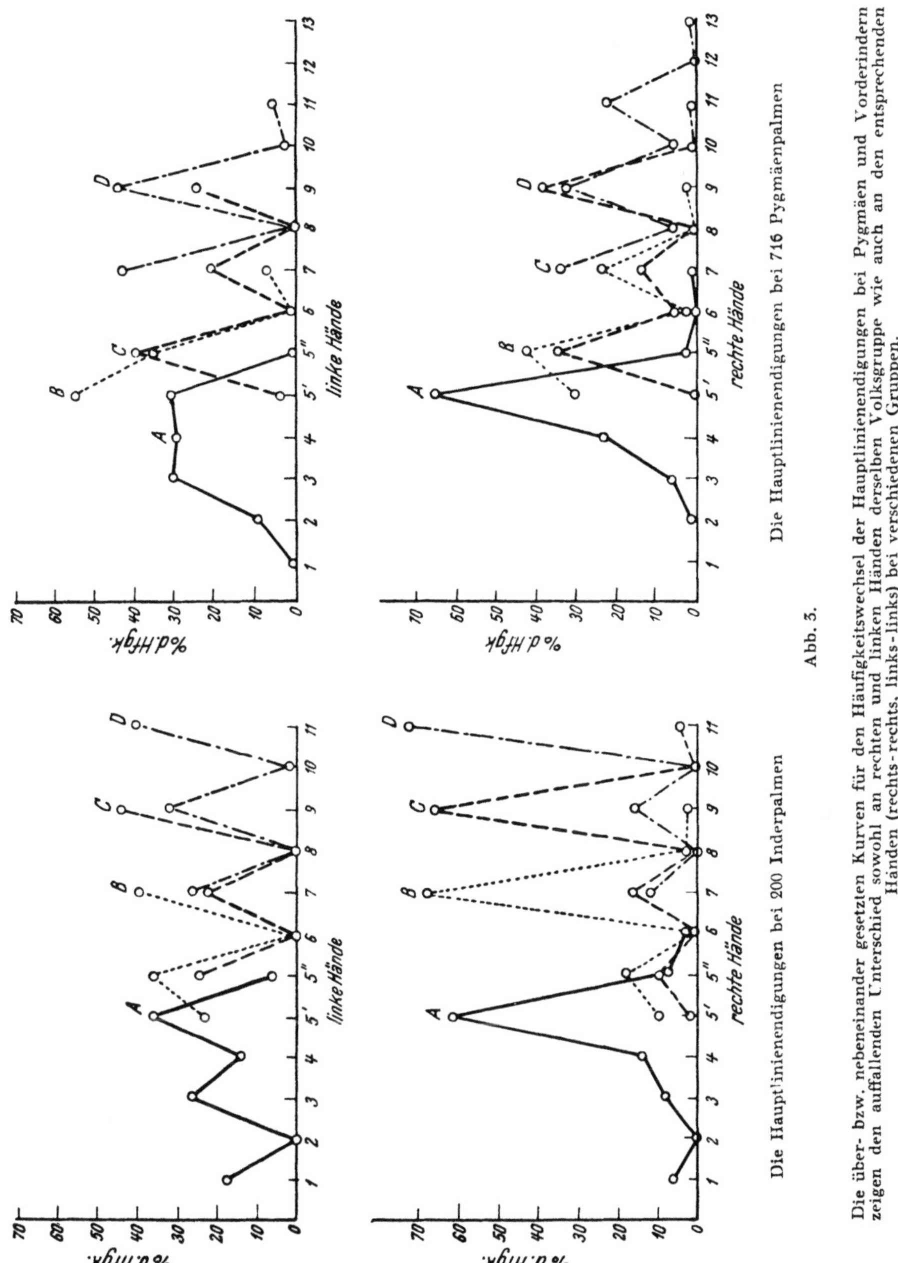

Die über- bzw. nebeneinander gesetzten Kurven für den Häufigkeitswechsel der Hauptlinienendigungen bei Pygmäen und Vorderindern zeigen den auffallenden Unterschied sowohl an rechten und linken Händen derselben Volksgruppe wie auch an den entsprechenden Händen (rechts-rechts, links-links) bei verschiedenen Gruppen.

den Pygmäen. So z. B. liegen die Häufigkeiten der Endigungen 7.9.11 auf den rechten Händen der Inder bei 66—72%, während sie bei den Pygmäen nicht einmal 40% erreichen. Auf den linken Inderhänden ist die Endigung 11 der D-Linie mit 40%, bei den Pygmäen aber nur mit 6.3% vertreten. Diese Unterschiede haben sicherlich folgende entwicklungsgeschichtliche Ursachen.

J. Schaeuble hat die Entstehung der digitalen Triradien a,b,c,d an Embryonen untersucht und dabei außer der Ballenfaltung und Furchenfaltung zweierlei Wachstumstendenzen auf der Handfläche, eine radiale und eine ulnare, festgestellt. Meyer-Heydenhagen hat davon bei der Erläuterung der Entstehung der Wilderschen Typen 7.5.5 und 11.9.7 Anwendung gemacht; sie sagt dazu folgendes (S. 6): „Bildet die Furchenfaltung des zweiten Zwischenfingerraumes mit der Arealfaltung des dritten Fingers und der Ballenfaltung des dritten Zwischenfingerraumes den Triradius b [nun] eher, als die Furchenfaltung der Dreifingerfurche mit den dortigen Faltungen den Triradius d bilden kann, so endet die Hauptlinie B in 5'. Die Leisten des zweiten Zwischenfingerraumes, die weit nach proximal reichen, stoßen nämlich mit der in der Gegend von 5' gelegenen Faltung zusammen. Der Linie D wird so der Weg nach 11 versperrt; sie kann nur noch in 9 oder 7 münden. Liegt das Zentrum einer Schleife im vierten Zwischenfingerraum näher zum 'Triradius d' als zum 'Triradius c' heran, so wird sie mit der Arealfaltung des fünften Fingers und der Dreifingerfurchenfaltung zusammen den Triradius d bilden. Die Hauptlinie D 'endet' dann in 7. In diesen Fällen wird im dritten Zwischenfingerraum meist keine Schleife gebildet, so daß die Linie C nicht in 9, sondern, da die Faltung dort sich mit der Dreifingerfurche verbindet, in 5″ mündet.

Umgekehrt entsteht 11.9.7: Die Furchenfaltung des ulnaren Teiles der Dreifingerfurche ist eher am 'Triradius d' als die Furchenfaltung des zweiten Zwischenfingerraumes am 'Triradius b' ist. Die Faltung der Dreifingerfurche erreicht also diejenige des zweiten Zwischenfingerraumes in einem Teil, der radial vom Triradius b liegt, d. h. die Linie D 'mündet in 11'. Je früher das Wachstum ulnar eingesetzt hat, desto mehr liegt der Endpunkt der Linie D radialwärts, je später, desto mehr ulnarwärts, an den Triradius b (Lage 10) heran. Durch die Endung der Linie D in 11 ist für die Linie C der Weg nach den ulnaren Lagen (5 usw.) versperrt. Sie kann nur nach 11.9.7. Am häufigsten endet sie in 9, weil sich in dem ulnaren Teil des dritten Interdigitalraumes eine Schleife ausbildet. Die Linie B kann nur nach 9 oder 7. Ersteres, durch eine radial gelegene Schleife im dritten Zwischenfingerraume bedingt, kam nur in vier Fällen zusammen mit der Lage 11 für die Linie C vor, sonst war hier die Lage 7 für die Linie B die Regel." Ein Verlauf der B-Linie nach 9 bei radial gelegener Schleife im dritten Zwischenfingerraum konnte auch bei den Pygmäen festgestellt werden, und zwar dreimal: bei einem Efémann, bei einer Kivu- und einer Basúafrau. Da der Typ 11.9.7 mit ulnarer Wachstumstendenz in 12.3% und der Typ 7.5.5 mit radialer in 37.7% der Palmen vorkommen, zeigt sich ein wesentliches Überwiegen der radialen. Zweifellos handelt es sich hier um ein erbliches Merkmal. Dasselbe gilt natürlich auch für alle anderen Gruppen der Zahlentafel 2 mit absinkender Reihe der Hundertsätze. Die radiale bzw. ulnare Wachstumstendenz ist also als Gruppenmerkmal zu werten. Da mit ulnarer Wachstumstendenz transversaler Hauptlinienverlauf verbunden ist, der als

Ein Wirbelmuster an Stelle der karpalen Schleife kommt nur ein einziges
Mal vor. Im Falle der Reduktion bleiben von der radialen Schleife, deren Ort
der nicht immer voll ausgebildete kleine Ballen im Interdigitalraum I ist, nur
einige parallele im Daumenwinkel mündende Leisten übrig, die keinerlei
Schlingenform aufweisen, und von der Q-Figur nur ganz kurze parallele
Stummel nahe der Daumenfurche, die leicht übersehen oder für belanglose
Leistenstörungen gehalten werden können. Manchmal stößt die karpale
Schleife unmittelbar an die radiale an oder die radiale verdrängt, dadurch, daß
sie bis auf den Daumenballen vorgreift, die karpale völlig. Für das Auftreten
des Musterkomplexes ist die linke Hand wesentlich, und zwar nicht nur bei
Pygmäen, bevorzugt, denn hier liegen 32.9% gegenüber rechts 16.4%. Das
Verhältnis von links zu rechts ist also 2:1. Im Durchschnitt für beide Hände
ist die Häufigkeit mit 23.7% anzugeben. Auf Grund dieses Wertes dürfen, wie
die Tab. 5 zeigt, die Pygmäen zwischen die Buschmänner und Hottentotten
eingereiht werden.

**Tab. 5. Häufigkeit der Muster am Thenar
und im ersten Interdigitalraum nach M. WENINGER**

	Anzahl der Palmen	Anzahl der Muster in %		
		links	rechts	zusammen
Buschmänner (M. WENINGER)	64	37.5	21.9	29.7
Pygmäen (GUSINDE)	716	32.9	16.4	23.7
Hottentotten (FLEISCHHACKER)	100	—	—	21.0
Pygmäen-Neger-Mischlinge (GUSINDE)	58	35.7	3.3	19.0
Westafrik. Neger (CUMMINS)	198	22.4	9.6	15.7
Balese-Neger (GUSINDE)	150	18.0	12.4	14.7

c. Die Interdigitalräume II, III und IV: Die hier vorkommenden Muster sind
sehr selten Wirbel, falls sie vorhanden, nur sehr kleine Spiralwirbel. Bei den
Pygmäen tritt nur einmal ein solcher auf. Häufiger sind die Schleifen, die als
einfache L-Schleifen oder als solche mit einem Nebentriradius, D oder L/N,
ausgebildet sind. Bei letzteren ist der Nebentriradius abseits nach der Dreifingerfurche hin gerückt. Diese Verschiebung kann so weit gehen, daß er
in J II bis unter den dritten, in J IV bis unter den vierten Finger zu liegen
kommt. Schleifen dieser Art sind bei den Pygmäen häufiger als die eigentlichen
D-Schleifen, bei denen das Schleifenmuster an den Nebentriradius anstößt und
die ihre Bezeichnung der Verdoppelung des Triradius verdanken. Ein Unterschied zwischen beiden Schleifenarten ist hier nicht gemacht worden. Sie sind
in allen drei Interdigitalräumen anzutreffen, also auch in J III. Auf einigen
Händen ist eine ulnar gelegene Schleife so weit nach radial vorgreifend ausgebildet, daß ihr Nebentriradius dicht an eine ebenso gelegene in J III anstößt,
so daß kaum zu unterscheiden ist, zu welcher Schleife der Nebentriradius gehört, und ob die von ihm auslaufende Leiste, als zur ersten gehörig, nach 9
oder als zur zweiten gehörig nach 5″ zieht. Die Entscheidung ist in solchen

Fällen zugunsten der höheren Zahl getroffen worden, wenn überhaupt die
Aufstellung der Handformel es verlangte.

Tab. 6. Die Häufigkeit der Muster und offenen Felder
in den Interdigitalräumen II, III und IV auf 716 Palmen von Pygmäen

Interdigitalraum		links			rechts			beide Hände		
		II	III	IV	II	III	IV	II	III	IV
Schleifen **mit**	abs	18	15	115	38	40	114	56	55	229
Nebentriradius	$^0/_0$	5.6	4.7	36.0	9.6	10.1	28.7	7.8	7.7	32.0
L-Schleifen **ohne**	abs	—	68	176	—	138	200	—	206	376
Nebentriradius	$^0/_0$	—	21.3	55.2	—	34.8	50.4	—	28.8	52.5
Offene	abs	301	236	28	359	219	83	660	455	111
Felder	$^0/_0$	94.4	74.0	8.8	90.4	55.1	20.9	92.2	63.5	15.5
	Summe	319	319	319	397	397	397	716	716	716

Die Tab. 6 gibt die Verteilung der Interdigitalmuster an. Schleifen
m i t Nebentriradien treten am häufigsten in J IV, mit geringer Bevorzugung
der linken Hand auf, nämlich zu 36.0% links, zu 28.7% rechts, im Durchschnitt
zu 32.0%. Hinsichtlich J II und J III ist die rechte ein wenig gegen die linke
bevorzugt gefunden worden, rechts rund 10.0%, links rund 5.0%. Infolge der
großen Häufigkeit von Schleifen mit Nebentriradien heben sich die Pygmäen-
hände gegenüber der Berliner Bevölkerung deutlich ab, denn hier wurden
von GEIPEL auf 640 ♂ Palmen in J II — J IV nur 5.3%, 0.6%, 12.8%
gefunden.

Schleifen o h n e Nebentriradien fehlen in J II vollständig. In J III treten
sie links zu 21.3%, rechts zu 34.8%, in J IV links zu 55.2%, rechts zu 50.4%
auf. J IV ist danach durchschnittlich zur Hälfte, J III zu einem reichlichen
Viertel mit Schleifen L besetzt. Infolge dieser Verteilung sind J II zu 92.2%,
J III zu 63.5% und J IV zu 15.5% frei von Mustern. Die Berliner haben
in J III und J IV 36.7% bzw. 37.3% L-Schleifen, also auch andere Werte.

Auf Grund des V e r h ä l t n i s s e s d e r H ä u f i g k e i t der Schleifen
von J IV:J II ordnen sich die Pygmäen zwischen die westafrikanischen Neger
und die Japaner ein, und zwar gilt dies sowohl für die eine wie für die andere
Schleifenart.

d. Die axialen Triradien: Unter den drei axialen Triradien t (45.1%), t′ (57.5%)
und t″(1.1%) ragt der intermediäre durch seine große Häufigkeit hervor.
Doch sei bemerkt, daß die Unterscheidung zwischen t und t′ nicht immer
zweifelsfrei möglich war. Da ein sicheres Kennzeichen wohl nicht anzugeben
ist, schon deshalb nicht, weil manche Handabdrücke den karpalen Handrand
nicht immer vollständig bringen, so ist zur Unterscheidung die Lage des
Triradius zur Daumen- und zur Mittelfingerfurche benützt worden. Ein t wurde
angenommen, wenn der Triradius zwischen beiden oder noch auf einer von
beiden liegt, ein t′, wenn er nach der ulnaren Seite ausgewichen ist. Meist liegt

er dann auch merklich höher, so daß das kleine karpale Leistenfeld, normalerweise zu t gehörend, als karpaler Arcus gedeutet werden konnte. Leider ist ein Vergleich mit anderen Gruppen nicht möglich, weil die für axiale Triradien ohnedies spärliche Literatur hier z. Z. nicht eingesehen werden kann. Viermal ($= 0.6\%$) tritt neben t_1 noch ein t_2 auf, häufiger ist gleichzeitiges Auftreten von t und t' (27mal $= 3.8\%$), auch t'_1 t'_2 wurde einmal beobachtet, desgleichen t' t''. In Verbindung mit t' liegt häufig ein Parting vor, gewissermaßen ein Ersatz für t. Für Arnsberger (Westfalen) gelten unter Abschnitt *c.* und *d.* ähnliche Werte wie für Berlin.

Schließlich soll auch auf die von H. Cummins angeregte und von M. Weninger bei ihren Buschmännern nachgeprüfte Frage einer Korrelation zwischen Bogenmustern auf den Fingerbeeren und Hauptlinienendigungen eingegangen werden. Dabei wurden nur die D-Linienendigungen in Betracht gezogen. Das Ergebnis ist folgendes, aus der Tab. 7 ersichtliche.

Tab. 7. **Verteilung der Palmen mit Bogenmustern (auf den Fingerbeeren) auf Grund der jeweiligen Endigung der D-Linie**

Anzahl der Endigungen	Palmen	davon mit Bogenmustern	
	abs	abs	$\%$
in 7 einschl. 5,x,8	301	92	30.6
in 9 einschl. 10	305	77	25.2
in 11 einschl. 12,13	110	33	30.0

Eine aufsteigende Reihe der Hundertsätze ist nicht zu erkennen, eher eine gleichmäßige Verteilung. Übrigens hat auch schon W. King bei seinen Chinesen (200 Palmen) keine korrelative Beziehung gefunden.

II. Fingerleisten

Für eine Besprechung der Fingerleisten stehen zwei Fragen im Vordergrunde des Interesses:

1. Wie sind die drei Grundformen der Muster (Wirbel, Schleifen und Bogen) verteilt?

2. Welches sind die mittleren quantitativen Werte der einzelnen Finger und insgesamt?

Folgendes läßt sich darauf antworten:

1. Als *Wirbel* wurden registriert alle Muster mit zwei und mehr Triradien, als *Schleifen* alle mit nur e i n e m Triradius, als *Bogen* alle triradienfreien Muster, bei denen also Leisten überhaupt abgezählt werden konnten.

Die *Musterverteilung* geht aus der Tab. 8, allerdings nur in links und rechts, nicht in männlich und weiblich getrennt, hervor, die für 3973 Finger der 405 bearbeiteten Pygmäen gilt. Die 77 fehlenden Finger waren im Abdruck der Bearbeitung nicht zugänglich.

Tab. 8. Verteilung der Mustertypen
auf die einzelnen Finger bei Pygmäen

		1. Finger		2. Finger		3. Finger		4. Finger		5. Finger	
		links	rechts	links	rechts	links	rechts	links	rechts	links	rechts
		397	397	397	398	398	399	395	399	397	396
Wirbel	abs	111	107	72	73	40	29	85	104	42	41
	$^0/_0$	28.0	27.0	18.1	18.3	10.1	7.3	21.5	26.1	10.6	10.4
Radiale	abs	5	2	50	19	4	—	4	3	—	1
Schleifen	$^0/_0$	1.3	0.5	12.6	4.8	1,0	—	1.0	0.8	—	0,3
Ulnare	abs	216	236	200	242	276	321	263	264	323	330
Schleifen	$^0/_0$	54.4	59.4	50.4	60.8	69.3	80.4	66.6	66.2	81.4	83.3
Bogen	abs	65	52	75	64	78	49	43	28	32	24
	$^0/_0$	16.4	13.1	18.9	16.1	19.6	12.3	10.9	7.0	8.1	6.1

Greift man zum Vergleich etwa Finger I und Finger IV heraus, so zeigt sich folgendes: Hinsichtlich der *Wirbelhäufigkeit* liegt Finger I mit durchschnittlich 27.5⁰/₀ über dem Finger IV mit nur 23.8⁰/₀. Vergleicht man damit die von Dankmeijer bei seinen 207 Pygmäen gefundenen Werte von 32.6 bzw. 21.0⁰/₀, so findet man Übereinstimmung nur, was das Überwiegen des ersten Fingers angeht, zugleich aber auch eine Variationsbreite von 27.5—32.6⁰/₀, bzw. 21.0—23.8⁰/₀.

Hinsichtlich der *Bogenhäufigkeit* weisen die beiden Finger bei Dankmeijer mit 17.4 bzw. 17.6⁰/₀ keinen Unterschied auf, während sich bei Gusindes Pygmäen mit 14.7, bzw. 7.1⁰/₀ ein bedeutender herausstellt. Der Grund hierfür dürfte in der verschiedenartigen Polsterung der Fingerbeeren liegen. Im Vergleich mit der Berliner Bevölkerung (nach Geipel), die auf Finger I 37.2⁰/₀, auf Finger IV sogar 44.5⁰/₀ Wirbel tragen, überwiegt der Finger IV den Finger I und geht weit über die Pygmäen hinaus. Dafür ist aber die Bogenhäufigkeit der Deutschen erheblich geringer, nämlich nur 4.4 bzw. 2.3⁰/₀.

Hervorzuheben ist auch, daß Finger II der Gusindeschen Pygmäen mit Wirbeln zu 18.2⁰/₀ und mit Bogen zu 17.5⁰/₀ ausgestattet ist, und daß auch bei Dankmeijer sich diese Gleichheit mit 21.2⁰/₀ für beide Muster ergibt.

Damit, daß die Bogenmuster so zahlreich und auf dem Finger III links mit 19.6⁰/₀ sogar über Finger II hinausgehen, schließen sich die Pygmäen beider Gruppen nicht nur an einander, sondern zugleich an die Buschmänner M. Weningers dicht an, die deren auch 21⁰/₀ besitzen.

Zwischen rechts und links tritt in der Tab. 8 ein größerer Unterschied (10%) nur bei den Schleifen und Finger III hervor, sonst halten sich die beiden Körperseiten annähernd die Waage.

Um den Geschlechtsunterschied zu prüfen, wurde folgende Übersicht in der hier anschließenden Tab. 9 aufgestellt:

Tabelle 9

	Wirbel		Schleifen				Bogen		Σ		Ge-samt	Index	
	♂	♀	♂ rad	♂ uln	♀ rad	♀ uln	♂	♀	♂	♀		Bogen Wirbel	
												♂	♀
abs	336	368	42	1316	46	1355	246	264	1940	2033	3973		
%	17.3	18.1	2.2	67.8	2.3	66.6	12.7	13.0	100.0	100.0		73.2	71.7

Ein *Geschlechtsunterschied* ist zwar vorhanden, aber er ist sehr gering; denn die Wirbelhäufigkeit unterscheidet sich nur um 0.8% und die Bogenhäufigkeit nur um 0.3% zugunsten des weiblichen, die Schleifenhäufigkeit nur um 1.2% zugunsten des männlichen Geschlechts. Auch trifft es für diese Pygmäengruppe n i c h t zu, was DANKMEIJER für seine Gruppe gefunden hat, daß nämlich der Wirbelbogen-Index des weiblichen Geschlechts größer als der des männlichen sei (vgl. Tab. 9 am Ende).

Daß die Anzahl der Wirbel — wenn auch nur wenig — größer ist im weiblichen Geschlecht, ist jedenfalls sehr auffällig und bedarf der Hervorhebung, weil es bei anderen Volksgruppen gerade umgekehrt ist.

Eine Einordnung der Pygmäen in eine Vergleichsgruppe unter Zugrundelegung der Musterverteilung bringt die Tab. 10, in welcher ohne Berücksichtigung des Geschlechts und der beiden Körperseiten die Besetzung der einzelnen Finger mit Wirbeln, Radial- und Ulnarschleifen sowie Bogen aufgeführt ist; die letzte Zahlensäule enthält auch die Durchschnittswerte. Richtet man sich nach ihnen, so rücken die Pygmäen an zweite Stelle zwischen die Buschmänner und die Hottentotten, und zwar behalten sie diesen Platz auch für Ulnarschleifen und Bogen.

Besonders hervorzuheben ist, daß hinsichtlich der durchschnittlichen Wirbelanzahl (Finger I—V) die Buschmänner, Pygmäen und Hottentotten dicht beieinander liegen mit bzw. 15.1%, 17.7% und 18.6%, während die Balese-Neger und die Mischlinge mit bzw. 22.1% und 23.0% ihnen in gewissem Abstande folgen. Weitab davon stehen die westafrikanischen Neger mit 38.9%. Diese weisen auch nur 3.6% Bogen auf, wogegen die vorgenannten Völker mindestens 5.1% (Hottentotten), 5.9% (Balese-Neger), 8.2% (Mischlinge), 12.8% (Pygmäen) und 16.4% (Buschmänner) haben. Infolgedessen bestehen auch wesentliche Unterschiede in der Schleifenanzahl, die bei den Hottentotten bis zu 76.3%, bei den Balese-Negern bis zu 72.0% ansteigt, bei den westafrikanischen Negern aber nur bis 57.3% reicht.

2. Für den Vergleich der *quantitativen Mittelwerte* der einzelnen Finger ist nun die Tab. 11 aufgestellt worden. Hierin sind nicht nur die Geschlechter von einander, sondern auch die Wirbel von den Schleifen getrennt; außerdem sind die Durchschnittswerte ausschließlich und einschließlich der Bogen angegeben. Auch sind die für die rechten bzw. linken Hände geltenden Durchschnittswerte vorhanden. Den Abschluß dieser Zahlentafel bilden die Mittelwerte aller Wirbel, aller Schleifen, einzeln und insgesamt, sowohl o h n e als auch m i t Einschluß der Bogen.

Der Mittelwert der Wirbel geht nicht über 17.7 Leisten im männlichen und 16.6 Leisten im weiblichen Geschlecht hinaus und betrifft Finger I rechts. Hierauf folgt Finger III ♂ links mit 17.1, dann IV links mit 16.8 und IV rechts mit 16.6 Leisten, woran sich noch IV rechts ♀ mit 16.1 Leisten anschließt. Alle anderen Werte liegen tiefer, bei rund 15 und 14 und 13 Leisten. Die zweiten Finger weisen die niedrigsten Werte auf. Die Unterschiede der Geschlechter sind gering und gehen nicht über 1.8 Leisten hinaus. Die Mittelwerte der ganzen linken Hand weichen nur im weiblichen von denen der rechten ab, und zwar bloß um 0.9 Leisten weniger, so daß das Gesamtmittel der ♀ Wirbel um nur 0.5 Leisten unter dem des männlichen liegt (Zeile 16/17).

Bei den Schleifen ragen nur die ersten und vierten Finger hervor, und zwar rechts wie links: gehen aber über 12.8 bei Finger I r. ♂ hinaus und sinken nicht unter 10.1 bei I links ♀ herab. Die Mittelwerte der anderen Finger variieren zwischen 7.9 und 9.9 Leisten. Auch hier sind die Gesamtmittel der Hände nicht sehr verschieden, nur um 0.6 Leisten bei den Männern, 0.9 Leisten bei den Frauen, bei letzteren um diesen Betrag höher. Nimmt man auf die Bogen keine Rücksicht, so stellt man eine geringe Variation um den Wert 11.3 rechts und 10.7 links hinsichtlich des Wirbel-Schleifenmittels auf beiden Seiten fest (Säule 3, Zeile 18/36). Berücksichtigt man aber auch die Bogen, so sinken die Werte auf bzw. 10.1 und 9.1 (Säule 4, Zeile 18/36), 9.6 durchschnittlich.

Ein Vergleich der Tab. 11 mit den von anderen Autoren bei Pygmäen gefundenen Werten ist, wenn überhaupt, jedenfalls z. Z. nicht möglich, wohl aber der in Säule 3, Zeile 18, 36 und 39 stehenden Mittelwerte: 11.3 für die Finger der rechten, 10.7 für die der linken Hand und schließlich auch 11.0 für beide Hände zusammen. Bonnevie gibt die entsprechenden Zahlen für Norweger (Seite 240; 1929) an; sie lauten bzw. 15.12, 14.69 und 14.97, also rund 15.0. Demnach haben die Pygmäen im Gesamtdurchschnitt 4 Leisten weniger als die Norweger, wenn man die Bogen vernachlässigt. Piebenga veröffentlicht eine Reihe von 19 Mittelwerten (einschl. Bogen), die mit 8.6 (für 101 Pygmäen) beginnt und mit 20.6 für Eskimo schließt.

Der hier durchgeführte Vergleich fördert ein bedeutsames Ergebnis zutage, das sich in folgende Formel fassen läßt: *Die zentralafrikanischen Pygmäen weisen an ihren Händen die niedrigste Leistenanzahl auf.*

Tab. 10. Häufigkeit der Mustertypen bei Pygmäen, Pygmäen-Neger-Mischlingen und Balese-Negern im Hundertsatz der beobachteten Finger zum Vergleich mit anderen Gruppen (nach M. WENINGER)

	\multicolumn{6}{c}{Finger}
	I	II	III	IV	V	I—V
Wirbel						
Buschmänner (M. WENINGER)	30.9	26.3	12.9	8.1	—	15.1
Pygmäen (GUSINDE)	27.5	18.2	8.7	23.8	10.5	17.7
Hottentotten (FLEISCHHACKER)	37.1	29.9	13.3	18.9	3.1	18.6
Balese-Neger (GUSINDE)	37.6	25.3	11.2	28.7	7.8	22.1
Pygmäen-Neger-Mischlinge (GUSINDE) .	36.7	18.0	16.4	31.1	13.1	23.0
Norweger (BONNEVIE)	35.04	28.89	16.22	37.10	11.01	25.65
1183 Deutsche (GEIPEL)	37.15	36.35	21.00	44.46	15.38	30.88
Westafrik. Neger (CUMMINS)	55.1	38.4	21.0	40.8	19.2	38.9
Radiale Schleifen						
Buschmänner (M. WENINGER)	—	19.3	—	—	—	3.7
Pygmäen (GUSINDE)	0.9	8.7	0.5	0.9	0.1	2.2
Hottentotten (FLEISCHHACKER)	—	20.6	1.0	—	1.0	4.1
Balese-Neger (GUSINDE)	0.6	7.9	—	0.6	—	1.8
Pygmäen-Neger-Mischlinge (GUSINDE) .	—	3.2	—	—	—	0.6
Norweger (BONNEVIE)	0.34	23.98	2.31	0.78	1.64	5.81
Westafrik. Neger (CUMMINS)	—	4.3	—	0.5	—	1.0
Ulnare Schleifen						
Buschmänner (M. WENINGER)	50.9	33.3	66.1	83.9	85.5	64.8
Pygmäen (GUSINDE)	56.9	55.6	74.9	66.4	82.3	67.2
Hottentotten (FLEISCHHACKER)	57.7	40.2	79.6	74.7	94.9	72.2
Balese-Neger (GUSINDE)	52.8	57.9	82.7	68.5	88.8	70.2
Pygmäen-Neger-Mischlinge (GUSINDE) .	58.3	62.3	77.0	62.3	80.3	68.1
Norweger (BONNEVIE)	60.71	30.66	70.44	58.71	85.18	61.14
Westafrik. Neger (CUMMINS)	37.0	48.6	76.4	58.1	80.2	56.3
Zusammen						
Buschmänner (M. WENINGER)	50.9	52.6	66.1	83.9	85.5	68.5
Pygmäen (GUSINDE)	57.8	64.3	75.4	67.3	82.4	69.4
Hottentotten (FLEISCHHACKER)	57.7	60.8	80.6	74.7	95-9	76.3
Balese-Neger (GUSINDE)	53.4	65.7	82.7	69.1	88.8	72.0
Pygmäen-Neger-Mischlinge (GUSINDE) .	58.3	65.6	77.0	62.3	80.3	68.8
Norweger (BONNEVIE)	61.05	54.64	72.75	59.49	86.82	66.95
Deutsche (GEIPEL)	58.41	51.69	71.30	53.21	82.88	63.50
Westafrik. Neger (CUMMINS)	37.0	52.9	76.4	58.6	80.2	57.3
Bogen						
Buschmänner (M. WENINGER)	18.2	21.1	21.0	8.1	14.5	16.4
Pygmäen (GUSINDE)	14.7	17.5	15.9	8.9	7.1	12.8
Hottentotten (FLEISCHHACKER)	5.2	9.3	6.1	6.3	1.0	5.1
Balese-Neger (GUSINDE)	9.0	9.0	6.1	2.2	3.4	5.9
Pygmäen-Neger-Mischlinge (GUSINDE) .	5.0	16.4	6.6	6.6	6.6	8.2
Norweger (BONNEVIE)	3.91	16.47	11.03	3.41	2.17	7.40
Deutsche (GEIPEL)	4.44	11.96	7.70	2.32	1.73	5.63
Westafrik. Neger (CUMMINS)	7.9	8.6	2.6	0.5	0,5	3.6

**Tab. 11. Die quantitativen Fingerwerte
der Pygmäen für die einzelnen Finger nach Wirbeln
und Schleifen, wie auch nach dem Geschlecht getrennt**

Finger			Wirbel	Schleifen	W + S	W + S + B	
1	· I	♂	17.7	12.8	14 3	12.6	
2		♀	16.6	11.8	13.3	11.4	
3		♂ + ♀	—	—	13.8	12.0	
4	II	♂	12.8	9.0	9.9	8.2	
5		♀	13.1	9.2	10.0	8.5	
6		♂ + ♀	—	—	9.9	8.3	
7	III	♂	13.9	9.8	10.3	8.8	
8		♀	14.6	9.0	9.3	8.4	
9		♂ + ♀	—	—	9.8	8.6	
10	IV	♂	16.6	11.7	13.0	11.9	
11		♀	16.1	10.8	12.3	11.7	
12		♂ + ♀	—	—	12.7	11.8	rechts
13	V	♂	14.5	9.9	10.5	9.9	
14		♀	14.8	9.4	9.9	9.3	
15		♂ + ♀	—	—	10.2	9.6	
16	$^{1}/_{5}\Sigma$ r	♂	15.5	10.6	11.6	10.3	
17		♀	15.5	9.9	11.0	9.8	
18		♂ + ♀	—	—	11.3	10.1	
19	I	♂	15.2	11.5	12.5	10.5	
20		♀	15.4	10.1	12.2	10.1	
21		♂ + ♀	—	—	12.3	10.3	
22	II	♂	14.1	8.4	9.7	8.0	
23		♀	12.9	7.9	9.1	7.3	
24		♂ + ♀	—	—	9.4	7.6	
25	III	♂	17.1	9.6	10.6	8.6	
26		♀	15.3	8.6	9.4	7.5	
27		♂ + ♀	—	—	10.0	8.0	links
28	IV	♂	16.8	11.3	12.5	11.2	
29		♀	15.0	10.3	11.6	10.3	
30		♂ + ♀	—	—	12.0	10.7	
31	V	♂	15.1	9.6	10.1	9.5	
32		♀	14.8	8.6	9.5	8.5	
33		♂ + ♀	—	—	9.8	9.0	
34	$^{1}/_{5}\Sigma$ l	♂	15.6	10.0	11.1	9.6	
35		♀	14.7	9.0	10.3	8.7	
36		♂ + ♀	—	—	10.7	9.1	
37	$^{1}/_{2}\Sigma$ r + l	♂	15.6	10.3	11.3	9.9	
38		♀	15.1	9.5	10.7	9.3	
39		♂ + ♀	—	—	11.0	9.6	

FOLGERUNGEN und Hinweise auf die Rasseneinordnung der Pygmäen: Bei allen Folgerungen ist zu bedenken, daß die Zahl der untersuchten Hände z. T. zu klein ist, um die Ergebnisse als gesichert anzunehmen, was besonders von manchen Vergleichsgruppen, z. B. den Buschmännern (50 Hände), Hottentotten (94) und von den Pygmäen-Negermischlingen (58) gilt. Trotzdem sind, zumal bei der Seltenheit und Erstmaligkeit dieser Befunde, die Ergebnisse mindestens als Unterlage für künftige Untersuchungen auch anderer Rassenmerkmale von besonderer Bedeutung. Die auffälligsten Punkte sind folgende:

Durch die deutliche Neigung zu transversaler Stellung der *Handleisten* und das Überwiegen des WILDERschen Typ's 7.5.5 über 9.7.5 und 11.9.7 setzen sich die Bambutiden deutlich von den westafrikanischen Negern ab, und zwar nach der Richtung der Mongoliden. Dabei sind sie deutlich von den Khoisaniden (Buschmänner und Hottentotten) getrennt.

Unter den auch bei den Pygmäen festzustellenden sog. allrassischen Formeln zeigt die Wiederkehr der Formeln 7.5.5.3 und 7.5.5.5, wie vorhin, ein Abrücken von Negern in derselben Richtung wie dort, hier gegen USA-Neger und Japaner, und in der Häufigkeit der Formel 11.9.7.5 gegen Neger aus Liberia und abermals Japaner.

Mit dem zahlenmäßigen Auftreten von *Hypothenarmustern* reihen sie sich dagegen den westafrikanischen Negern, wenn auch mit Abstand, an und trennen sich von den Khoisaniden. In der Kreuzung mit Balese-Negern überschreitet die Zahl der Hypothenarmuster der Mischlinge (37.9%) die beider Elternrassen (Pygmäen 26.1% und Balese 30.0%). Aber es ist an die bekannte Umweltlabilität der Hypothenarmuster zu denken.

In der Häufigkeit der *Thenarmuster* bleiben die Mischlinge (19.0%) zwischen den Eltern: Pygmäen 23.7% und Balese 14.7%. Gegenüber den Khoisaniden sind keine bemerkenswerten Unterschiede (Buschmänner 29.7% und Hottentotten 21.0%), dagegen rücken sie wieder von den westafrikanischen Negern etwas ab (15.7%).

Auf den Fingern läßt die Anreicherung von *Bogen* auf Kosten der Wirbel die Pygmäen den Khoisaniden gleichen und von den Negern abrücken. Die Mischlinge stehen zwischen ihren Elternrassen. Dagegen reichen mit den Häufigkeitszahlen der *Wirbel* die Mischlinge wieder über jene beiden hinaus. Die reinen Pygmäen fallen mit den Wirbelzahlen zwischen die Khoisaniden und entfernen sich deutlich von den Negern. Ob man gerade bei diesem Merkmal an die den Pygmäen und den Khoisaniden eigene geringe Handgröße als gemeinsame Ursache der Wirbelhäufigkeit denken soll, bleibe hier offen.

Somit ergibt sich aus diesen Untersuchungen als deutlicher Hinweis: *eine bestimmte Selbständigkeit der Bambutiden sowohl gegen Neger wie gegen Khoisaniden.*

Literaturverzeichnis

Abel W. (1933a): Papillarmuster ostgrönländischer Eskimos. Wissenschaftliche Ergebnisse der Deutschen Grönland-Expedition Alfred Wegener. Leipzig.

Bonnevie, K. (1929): Was lehrt die Embryologie der Papillarmuster der menschlichen Fingerballen über ihre Bedeutung als Rassen- und Familiencharakter? Z. f. ind. Abst., Bd. 50 2.

Biswas, P. C. (1936): Über Hand- und Fingerleisten von Indern. Z. f. Morphologie und Anthropologie, Bd. 35/3.

Cummins H. (1930): Dermatoglyphics in Negroes of West Africa. Americ. Journ. of Phys. Anthrop., Vol. 14/9.

Cummins Keith, Midlos usw. (1929): Revised Methods usw. Am. Journ. of Phys. Anthrop., Vol. 12.

Dankmeijer J. (1938): Some anthropological Data on finger prints. Americ. Journ. of Phys. Anthrop., Vol. 23/4.

Fleischhacker H. (1934): Untersuchungen über das Hautleistensystem der Hottentottenpalme. Anthropolog. Anzeiger, B.d 11/1—2.

Geipel G. (1935): Anleitung zur erbbiologischen Beurteilung der Finger- und Handleisten. München.
(1942): Die Verteilung der Fingerleistenmuster und die homologe Konkordanz bei ein- und zweieiigen Zwillingen. Z. f. Morphologie und Anthropologie, Bd. 40/1.

Hasebe K. (1918): Über das Hautleistensystem der Vola und Planta der Japaner und Aino. Arbeiten Anat.Inst. Kaiserl. Univ. Sendai H. 1.

King W. W. (1939): Die Hautleisten am Mittel- und Grundglied von Chinesenhänden und deren übriges Leistensystem. Z. f. Morph. und Anthropol., Bd. 38, 2.

Meyer-Heydenhagen G. (1934): Die palmaren Hautleisten bei Zwillingen. Z. f. Morph. und Anthropol., Bd. 33/1.

Piebenga H. T. (1938): System. und erbbiol. Untersuchung über das Hautleistensystem der Friesen, Flamen und Wallonen. Z. f. Morph. und Anthropol., Bd. 37.
(1942): Das Hautleistensystem der Bewohner der Insel Urk. ib., Bd. 40/1.

Portius W. in L. Doxiades & W. Portius, 1937, Zur Ätiologie des Mongolismus usw. Zs. f. menschliche Vererbungs- und Konstitutionslehre. Bd. 21, H. 3.

Schaeuble J. (1935): Die Entstehung der palmaren digitalen Triradien. Z. f. Morph. und Anthropol., Bd. 31/3.

Schlaginhaufen O. (1906): Zur Morphologie der Palma und Planta der Vorderinder und Ceyloner. Z. f. Ethnologie, Bd. 38/4—5.

Shino K. (1925): Hautleistensystem der Chinesen. Jap. Journ. Med. Science. II. 2.

Weninger M. (1936): Untersuchungen über das Hautleistensystem der Buschmänner. Mitt. d. Anthropolog. Ges. in Wien, Bd. 55/2.

Wilder H. H. (1922): Racial Differences in Palm and Sole Prints of Japanese and Chinese. Americ. Journ. of phys. Anthropol., Vol. V/2.

Satz von Missionsdruckerei St. Gabriel, Mödling bei Wien.

101/48/1/58.

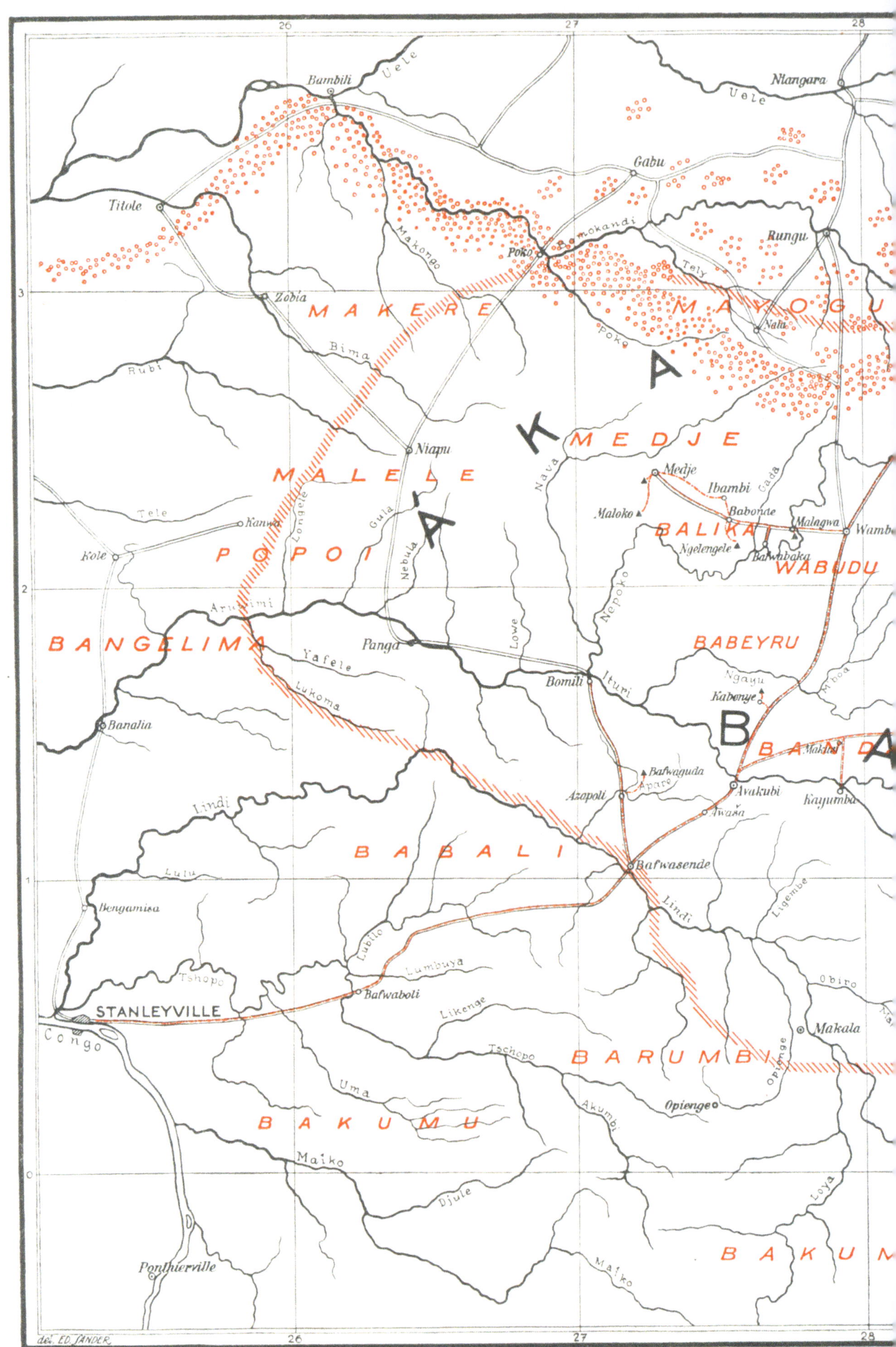

Gusinde, Urwaldmenschen am Ituri.

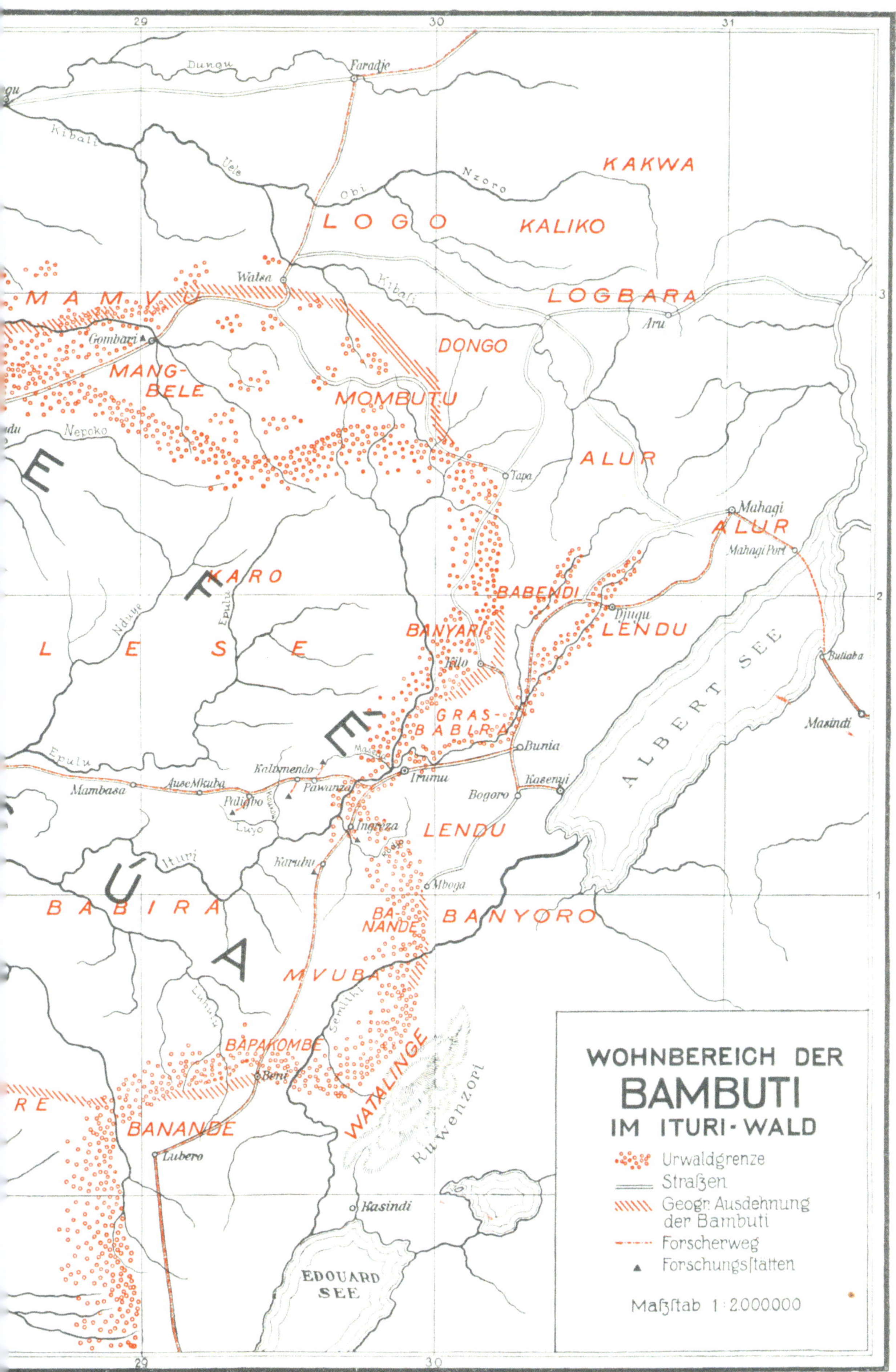

29
30
31
3
Dungu
Faradje
Kibali
KAKWA
Nzoro
LOGO
KALIKO
Obi
Uele
Walsa
Kibali
LOGBARA
MAMVU
Aru
Gombari
DONGO
MANG-
BELE
MOMBUTU
Nepoko
ALUR
Tapa
Mahagi
ALUR
Mahagi Port
KARO
BABENDI
Djugu
LENDU
Epulu
BANYARI
2
Nduye
Kilo
Buliaba
L
E
S
E
ALBERT SEE
Masindi
GRAS-
BABIRA
Epulu
Maa
Bunia
Kalimendo
Ituri
Irumu
Kasenyi
AuseMkuba
Pawunza
Mambasa
Pdigbo
Bogoro
Luyo
Ineriza
LENDU
Karubu
Mboga
1
BABIRA
BANYORO
BA-
Ituri
NANDE
Lunya
A
MVUBA
Semliki
BAPAKOMBE
Beni
Ruwenzori
WATALINGE
RE
BANANDE
Lubero
Kasindi
EDOUARD
SEE

WOHNBEREICH DER
BAMBUTI
IM ITURI·WALD
Urwaldgrenze
Straßen
Geogr. Ausdehnung
der Bambuti
Forscherweg
Forschungsstätten
Maßstab 1:2.000000